高等学校土木工程专业研究生教材

# 高等混凝土结构基本理论

吴 涛 主 编

邢国华 王 博 刘 喜 副主编

人民交通出版社股份有限公司

北 京

# 内 容 提 要

本书详尽地介绍了钢筋混凝土结构相关的基本理论及有关分析计算,共 11 章,主要内容包括:混凝土与钢筋的基本材料性能、钢筋与混凝土粘结、混凝土损伤与断裂、钢筋混凝土构件的正截面承载力、斜截面受剪承载力和受扭承载力、约束混凝土、裂缝与变形控制、耐久性设计、钢筋混凝土构件的抗震性能及特殊受力性能、现代结构混凝土的发展等。

本书可作为结构工程类专业的研究生教材或教学参考书,也可供钢筋混凝土结构的设计、施工人员和相关研究者参考使用。

## 图书在版编目(CIP)数据

高等混凝土结构基本理论 / 吴涛主编. —北京:
人民交通出版社股份有限公司, 2021.3
ISBN 978-7-114-16514-6

Ⅰ.①高…　Ⅱ.①吴…　Ⅲ.①混凝土结构　Ⅳ.
①TU37

中国版本图书馆 CIP 数据核字(2020)第 071999 号

高等学校土木工程专业研究生教材
Gaodeng hunningtu Jiegou Jiben Lilun

| | |
|---|---|
| 书　　　名: | 高等混凝土结构基本理论 |
| 著 作 者: | 吴　涛 |
| 责任编辑: | 李　瑞 |
| 责任校对: | 赵媛媛 |
| 责任印制: | 张　凯 |
| 出版发行: | 人民交通出版社股份有限公司 |
| 地　　　址: | (100011)北京市朝阳区安定门外外馆斜街 3 号 |
| 网　　　址: | http://www.ccpcl.com.cn |
| 销售电话: | (010)59757973 |
| 总 经 销: | 人民交通出版社股份有限公司发行部 |
| 经　　　销: | 各地新华书店 |
| 印　　　刷: | 北京虎彩文化传播有限公司 |
| 开　　　本: | 787×1092　1/16 |
| 印　　　张: | 26.25 |
| 字　　　数: | 647 千 |
| 版　　　次: | 2021 年 3 月　第 1 版 |
| 印　　　次: | 2021 年 11 月　第 2 次印刷 |
| 书　　　号: | ISBN 978-7-114-16514-6 |
| 定　　　价: | 80.00 元 |

(有印刷、装订质量问题的图书由本公司负责调换)

# 前言

　　混凝土结构课程是土建类专业必修的主干课程之一。混凝土结构的材料自身具有非线性特征,本构关系复杂,而且在混凝土开裂后应力进行重分布,其力学性能十分复杂。近年来,混凝土结构的结构形式和计算理论等不断发展。本书旨在介绍钢筋混凝土结构的基本性能及一般规律,着重阐述了混凝土结构的基本原理与分析手段。同时,概述了轻质混凝土、再生混凝土、纤维混凝土等新型混凝土的发展情况。

　　本书共分为 11 章。

　　第 1 章阐述了混凝土和钢筋材料的基本性能及特点,分析了基本受力状态下混凝土与钢筋的强度和变形。此外,还分类介绍了混凝土与钢筋的多种本构模型,为钢筋混凝土结构的数值模拟提供了必要的理论支持和计算依据。

　　第 2 章介绍了钢筋与混凝土之间的粘结作用,包括粘结力的组成、粘结机理、试验测量、粘结力的影响因素、多种粘结-滑移本构模型。

　　第 3 章论述了混凝土的损伤与断裂性能和理论,包括混凝土的各类损伤(静力损伤、动态损伤、徐变损伤、疲劳累积损伤等)及其损伤模型、断裂力学(线弹性断裂力学、非线性断裂力学)及其在混凝土结构中的应用。

　　第 4~6 章分别介绍了钢筋混凝土构件的正截面(受弯、受压)承载力、斜截面受剪承载力及受扭承载力的相关理论及计算方法。

　　第 7 章介绍了约束混凝土的受力机理、极限承载力及其本构模型,着重介绍了矩形箍筋、螺旋箍筋及钢管约束下的混凝土。

　　第 8 章阐述了正常使用状态下的混凝土力学性能,包括裂缝与变形控制和耐久性设计。

第9章、第10章针对钢筋混凝土构件在常遇的特殊受力状态下的性能,包括抗(地)震、疲劳、抗爆及抗高温等,介绍了混凝土和钢筋材料与基本构件的反应特点及其分析计算。

第11章给出了超高性能混凝土、轻质混凝土、纤维混凝土、再生混凝土等多种结构混凝土的制备、特点及力学性能等。

本书由吴涛担任主编,邢国华、王博、刘喜担任副主编。其中,第1章由吴涛编写,第2章、第3章和第5章5.1~5.6节由邢国华编写,第4章、第6章、第7章、第9章由王博编写,第8章、第10章、第11章和第5章5.7节由刘喜编写。全书由吴涛统稿。

因作者水平有限,书中难免有错误或不足之处,敬请各位专家与读者批评指正。

编 者
2019 年 8 月

# 目录

# 混凝土与钢筋的基本材料性能

## 1.1　混凝土的基本性能

### 1.1.1　混凝土的材料组成与特性

1）混凝土的材料组成

混凝土是由胶凝材料、水、骨料和外加剂按一定比例拌和而成的混合材料[1-1]。各组成材料的成分、性质和相互比例，以及制备和硬化过程中的各种条件和环境因素，都对混凝土的力学性能有不同程度的影响。混凝土的内部构造如图 1-1 所示。

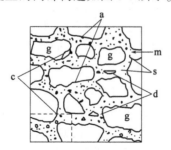

图 1-1　混凝土的内部构造

g-粗骨料；m-水泥砂浆；a-气孔；s-粗砂；c-缝隙；d-杂质

（1）胶凝材料

建筑上将散粒材料（如砂、石等）或块状材料（砖、砌块等）粘结成为整体的材料，统称为胶凝材料。胶凝材料按其化学成分可分为无机胶凝材料（水泥、石灰、石膏等）和有机胶凝材料（沥青、树脂等）。无机胶凝材料又分为气硬性胶凝材料和水硬性胶凝材料两类。气硬性胶凝材料指只能在空气中硬化，并只能在空气中保持或继续发展其强度的胶凝材料，如石灰、石膏和镁质胶凝材料等。水硬性胶凝材料指既能在水中，又能在空气中硬化，并保持或继续发展其强度的胶凝材料，如各种水泥。

（2）骨料

在混凝土中，骨料占 2/3 以上的体积。由于骨料的价格便宜、体积稳定性好，在配制混凝土时，需要用最少量的胶凝材料浆体将尽可能多的骨料粘结在一起，所以骨料应具有从细砂到大石子的连续颗粒级配，以减少混合后的空隙。颗粒粒径在 5mm 以下的骨料称为细骨料，又称为砂；在 5mm 以上的骨料称为粗骨料，又称为石子。

按照密度大小可将骨料分为普通骨料、轻骨料和重骨料等。普通骨料为用于生产普通混凝土骨料的天然石料，包括花岗岩、石灰岩、砂岩、河砂等，其密度为 2550 ~ 2750kg/m³。现在广泛使用的轻骨料多为人造陶粒，其表观密度为 300 ~ 1200kg/m³。表观密度低的陶粒强度低，多用于制造保温隔热建筑制品，表观密度高的陶粒强度相应较高，可用于配制结构用轻质混凝土。重骨料适用于配置建造核电站防辐射的安全壳需要的高密度混凝土，如重晶石骨料可使混凝土表观密度达到 3500 ~4500kg/m³。

（3）外加剂

现代混凝土多用外加剂调整混凝土性能。外加剂种类繁多，有减水剂、缓凝剂、促凝剂、引气剂、缓蚀剂、防水剂、抗冻剂、泵送剂等。这些外加剂可以单独使用，也可以复合使用。

减水剂是用量最大、使用最广泛的外加剂，其在保持混凝土拌和物工作性能的前提下，能够减少拌和用水量。减水剂主要成分为表面活性剂，按照不同的使用功能可分为木质素磺酸盐型减水剂、萘磺酸盐甲醛缩合物型减水剂、磺化三聚氰胺甲醛缩合物型减水剂、聚羧酸盐型减水剂等。除木质素磺酸盐型减水剂之外，其他三种减水剂的减水率大于 12%，有的甚至高达 30% 以上，被称为高效减水剂。

2）混凝土的材料特性

混凝土的材料组成和构造决定了它的基本材料特性。

（1）复杂的微观内应力、变形和裂缝状态

混凝土可以看作是由粗骨料和硬化水泥砂浆等两种主要材料构成的不规则三维实体结构，其具有非匀质、非线性和不连续的性质。在承受荷载（应力）之前，在混凝土内部就已经存在复杂的微观应力、应变和裂缝，而在受力后会有更剧烈的变化。

在混凝土的凝固过程中，水泥的水化作用在表面形成凝胶体，水泥浆逐渐变稠、硬化，并和粗细骨料粘结成整体。在此过程中，水泥浆的失水收缩变形远大于粗骨料的，此变形差使得粗骨料受压、砂浆受拉，还会产生其他应力分布[图 1-2a)]。这些应力场在截面上的合力为零，但局部应力可能很大，以至在骨料界面产生微裂缝[1-2]。

粗骨料和水泥砂浆的热工性能有差别。当混凝土中水泥产生水化热或外部环境温度变化时，二者的温度变形差将使其相互约束形成温度应力场。当混凝土承受外力作用时，即使作用的应力完全均匀，混凝土内也将产生不均匀的空间微观应力场[图 1-2b)]，这取决于粗骨料和水泥砂浆的面(体)积比、形状、排列和弹性模量值,以及界面接触条件等。在应力的长期作用下,水泥砂浆和粗骨料的徐变差会使混凝土内部发生应力重分布,粗骨料将承受更大的压应力。且混凝土内部有不可避免的初始气孔和缝隙,其尖端附近因收缩、温度变化或应力作用都会形成局部应力集中区,应力分布更复杂,应力值更高。

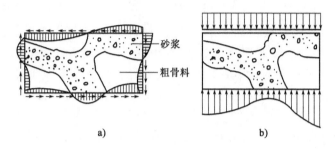

图 1-2 微观的内应力分布
a)收缩和温度差引起;b)均匀应力作用下

所以,从微观上分析混凝土,必然是一个非常复杂的、随机分布的三维应力(应变)状态,其对混凝土的宏观力学性能,如开裂、裂缝开展、变形、极限强度和破坏形态等,都有重大影响。

(2)变形的多元组成

混凝土在承受应力作用或环境条件改变时都将产生相应的变形。从混凝土的组成和构造特点分析,其变形值由三部分组成:

①骨料的弹性变形——占混凝土体积绝大部分的石子和砂,本身的强度和弹性模量值均比其组成的混凝土高出许多,所以当混凝土达到极限强度值时,骨料并不会破碎,变形仍在弹性范围以内,即变形与应力成正比,卸载后变形可全部恢复,不留残余变形[图 1-3a)]。

②水泥凝胶体的黏性流动——水泥经水化作用后生成的凝胶体,在应力作用下除了即时产生的变形外,还将随时间的延续而发生缓慢的黏性流(移)动,混凝土的变形不断地增长,形成塑性变形[图 1-3b)]。卸载后,这部分变形一般不能恢复,出现残余变形。

③裂缝的形成和扩展——在拉应力作用下,混凝土沿应力的垂直方向产生裂缝。裂缝存在于粗骨料的界面和砂浆的内部。裂缝的不断形成和扩展,使得拉应变很快增长。在压应力作用下,混凝土大致沿应力平行方向发生纵向劈裂裂缝,穿过粗骨料界面和砂浆内部。这些裂缝的增多、延伸和扩展,将混凝土分成多个小柱体,增加了纵向变形。在应力的下降过程中,变形将会继续增长,卸载后大部分变形不能恢复[图 1-3c)]。

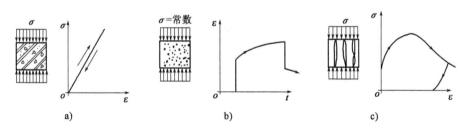

图 1-3 混凝土变形的组成部分
a)骨料弹性变形;b)水泥砂浆变形;c)裂缝扩张

不同原材料和组成的混凝土,在不同的应力水平下,这三部分变形所占比例有很大变化。

当混凝土的应力较低时,骨料的弹性变形占主要部分,总变形很小;随着应力的增大,水泥凝胶体的黏性流动变形逐渐加速增长;接近混凝土极限强度时,裂缝的变形才逐渐显露,但其因数量极大,很快就可超过其他变形成分。在应力峰值之后,随着应力的下降,骨料弹性变形开始恢复,凝胶体的流动减小,而裂缝的变形却继续加大。

(3)应力状态和途径对力学性能的巨大影响

与钢、木等拉、压强度和变形接近相等的结构材料不同,混凝土单轴抗拉和抗压强度的比值约为1/10,相应的峰值应变之比约为1/20,均相差一个数量级,单轴受拉和受压的破坏形态也存在根本区别。而这种差异使得混凝土在不同应力状态下的多轴强度、变形和破坏形态等有很大的变化。例如,当横向和纵向的应力(变)存在梯度时,混凝土的强度和变形值将发生变化;在荷载的重复加卸载和反复作用下,混凝土将产生程度不等的变形滞后、刚度退化和残余变形等现象;多轴应力状态下,不同的应力作用途径将会改变微裂缝的发展状况和相互约束条件,使得混凝土出现不同的力学性能反应。

混凝土的这种在不同应力状态和途径下力学性能的巨大差异,是由其材料特性和内部微结构所决定的。而这差异足以对构件和结构的力学性能造成重大影响,在实际工程中不容忽视。

(4)时间和环境条件的巨大影响

混凝土随着水泥水化作用的发展而渐趋成熟。有试验表明,水泥颗粒的水化作用由表及里逐渐深入,至20年龄期后仍未终止。混凝土成熟度的增加,意味着水泥和骨料粘结强度的增大,水泥凝胶体的稠化和黏性流动变形的减小,因而混凝土的极限强度和弹性模量值都随之逐渐提高。但在应力的持续作用下,因水泥凝胶体的黏性流动和内部微裂缝的开展产生的混凝土徐变与日俱增,使得混凝土材料和构件的变形加大,长期强度降低。

混凝土周围的环境条件会影响其成熟度的发展,同时也会与其发生物理和化学作用,对混凝土的性能产生影响。环境中温度和湿度的变化,会在混凝土内部形成变化的不均匀的温度场和湿度场,影响水泥的水化作用和水分的散发,产生相应的应力场和变形场,促使内部微裂缝的发展,甚至形成表面宏观裂缝。环境介质中的二氧化碳气体还会与表层混凝土发生碳化反应。此外,介质中的氯离子对水泥(和钢筋)的腐蚀作用会降低混凝土结构的耐久性(详见第8章)。

混凝土的这些材性特点,决定了其力学性能的复杂、多变和离散。由于混凝土性质与原组成材料性质差别很大,想要完全从微观的定量分析来解决混凝土的性能问题,得到准确而实用的结果是十分困难的。

## 1.1.2　混凝土的抗压强度与弹性模量

1)抗压强度

抗压强度是混凝土材料在工程应用时首先要考虑的力学性能之一。抗压强度除了可以反映混凝土的承载力之外,还可以间接地反映混凝土的弹性模量、韧性和渗透性等性能。抗压强度一般由试验测得,包括立方体抗压强度、棱柱体抗压强度和圆柱体抗压强度等。

(1)立方体抗压强度

我国《普通混凝土力学性能试验方法》(GB 50081—2002)[1-3]中规定:取标准试件为边长150mm的立方体,在标准条件下[(20±2)℃,相对湿度>95%]养护28天后,在试验机上以一定条件加压至试件破坏,试件单位面积可承受的压力即为混凝土的标准立方体抗压强度($f_{cu}$,N/mm$^2$)。

试验机需通过钢垫板对试件施加压力。由于垫板的刚度有限,且试件内部和表层的材料性能与受力状态有所差别,试件承压面上的竖向压应力分布并不均匀[图1-4a)]。另外,钢垫板和试件的弹性模量($E_s$、$E_c$)和泊松比($\nu_s$、$\nu_c$)不等,即在相同应力 $\sigma$ 作用下二者的横向应变不等($\nu_s\sigma/E_s < \nu_c\sigma/E_c$),故垫板约束了试件的横向变形,在试件的承压面上作用着水平摩擦力[图1-4b)]。

承压面上的竖向力和水平力会使得试件内部产生不均匀的三维应力场:垂直中轴线上各点为明显的三轴受压,四条垂直棱边接近单轴受压,承压面的水平周边为二轴受压,竖向表面上各点为二轴受压或二轴压/拉,内部各点则为三轴受压或三轴压/拉应力状态[图1-4c)]。此时是将试件看作了等向匀质材料,若考虑混凝土组成和材性的随机性,试件的应力状态将更为复杂。

试件开始加载后,竖向发生压缩变形,水平向为伸长变形。试件的上、下端因受加载垫板的约束横向变形小,中部的横向膨胀变形最大[图1-4b)]。随着荷载或者试件应力的增大,试件的变形逐渐加快增长。试件接近破坏前,首先在靠近侧表面的中部出现竖向裂缝,随后裂缝往上和往下延伸,逐渐转向角部,形成正倒相连的八字形裂缝[图1-4d)]。继续增加荷载,新的八字形裂缝由表层向内部扩展,试件中部向外鼓胀,混凝土开始剥落,最终形成正倒相接的四角锥破坏形态。

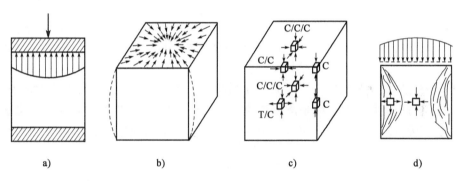

图1-4 立方体试件受压后的应力和变形

a)承压面压应力分布;b)横向变形和端面约束;c)各点应力状态;d)破坏形态

对于非标准尺寸试件的抗压强度,可用修正系数折算成标准试件的强度值(表1-1)。试件的尺寸越小,测得的抗压强度值越大。

立方体强度尺寸修正系数　　　　　　　　　　　　　表1-1

| 混凝土试件 | 立方体尺寸(mm × mm × mm) | | |
| --- | --- | --- | --- |
| | $100 \times 100 \times 100$ | $150 \times 150 \times 150$ | $200 \times 200 \times 200$ |
| 抗压强度相对值 | 0.95 | 1.00 | 1.05 |

混凝土立方体试件的应力和变形状况,以及其破坏过程和破坏形态均表明,标准试验方法并未在试件中建立起均匀的单轴受压应力状态,由此测定的混凝土单轴抗压强度也并不理想。尽管如此,混凝土的标准立方体抗压强度仍是确定混凝土的强度等级、评定和比较混凝土的强度、制作质量的最主要的相对指标,且是判定和计算其他力学性能指标的基础,有着重要的技

术意义。

（2）棱柱体抗压强度

为了消除立方体试件两端局部应力和约束变形的影响，可以改用棱柱体试件进行抗压试验。根据圣维南原理，加载面上的不均布垂直应力和总和为零的水平应力，只影响棱柱体试件端部的局部范围（高度约等于试件宽度），试件中间部分已接近于均匀的单轴受压应力状态［图1-5a)］。棱柱体试件的受压试验也表明，破坏发生在试件的中部。试件的破坏荷载除以其截面面积，即为混凝土的棱柱体抗压强度 $f_c$ 或称轴心抗压强度[1-1，1-3]。

试验结果表明，混凝土的棱柱体抗压强度随试件高厚比（$h/b$）的增大而单调下降，但 $h/b \geqslant 2$ 后，强度值变化不大［图1-5b)］，故取标准试件的尺寸为 $150\text{mm} \times 150\text{mm} \times 300\text{mm}$，试件的制作、养护、加载龄期和试验方法都与立方体试件的标准试验相同。

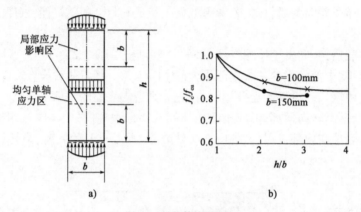

图1-5　棱柱体抗压试验
a)试件的应力区；b)试件高厚比的影响

混凝土棱柱体试验是国内外进行最多的混凝土基本材性试验，发表的试验结果也最多。由于混凝土自身的随机性及试验量测方法的差异，给出的试验结果有一定的离散度。混凝土的棱柱体抗压强度随立方体强度单调增长（图1-6），其比值的变化范围为：

$$\frac{f_c}{f_{cu}} = 0.70 \sim 0.92 \tag{1-1}$$

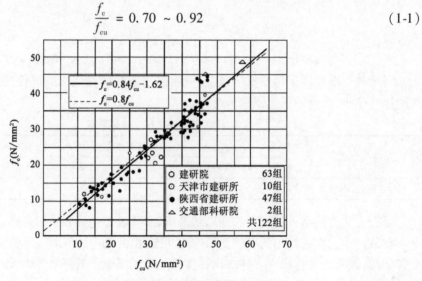

图1-6　棱柱体强度和立方体强度[1-5]

强度等级(或 $f_c$)高的混凝土,此比值偏大。表 1-2 给出了棱柱体抗压强度的多种计算式,一般 $f_c/f_{cu} = 0.78 \sim 0.88$。各国设计规范中,出于对结构安全度的考虑,一般取用偏低的值。例如,中国的设计规范[1-1]给出的设计强度为 $f_c = 0.76f_{cu}$(适用于强度等级 $\leqslant$ C50 的混凝土)。

混凝土棱柱体抗压强度计算式 表 1-2

| 建 议 者 | 计 算 式 | 文 献 |
|---|---|---|
| 德国<br>Graf | $f_c = \left(0.85 - \dfrac{f_{cu}}{172}\right)f_{cu}$ | [1-4] |
| 苏联<br>ГВОЗR eВ | $f_c = \dfrac{130 + f_{cu}}{145 + 3f_{cu}}f_{cu}$ | [1-4] |
| 中国 | $f_c = 0.84f_{cu} - 1.62$ | [1-5] |
| | $f_c = 0.8f_{cu}$ | 图 1-6 |

如图 1-7 所示,棱柱体试件达到极限强度 $f_c$ 时的相应峰值应变 $\varepsilon_p$ 虽表现出了较大的离散度[1-6],但其随混凝土强度($f_c$ 或 $f_{cu}$)单调增长的规律十分明显。如文献[1-7]分析了混凝土强度 $f_c = 20 \sim 100\text{N/mm}^2$ 的试验数据,给出:

$$\varepsilon_p = \left(700 + 172\sqrt{f_c}\right) \times 10^6 \tag{1-2}$$

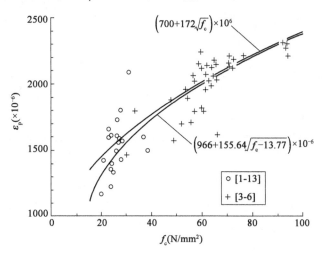

图 1-7 峰值应变与棱柱体强度[1-7]

表 1-3 列出了受压峰值应变的多种经验计算式。

混凝土受压峰值应变计算式 表 1-3

| 建 议 者 | 计算式 $\varepsilon_p (\times 10^{-3})$ | 建 议 者 | 计算式 $\varepsilon_p (\times 10^{-3})$ |
|---|---|---|---|
| Ros | $\varepsilon_p = 0.546 + 0.0291f_{cu}$ | 匈牙利 | $\varepsilon_p = \dfrac{f_{cu}}{7.9 + 0.395f_{cu}}$ |
| Emperger | $\varepsilon_p = 0.0232\sqrt{f_{cu}}$ | Saenz | $\varepsilon_p = \left(1.028 + 0.108\sqrt[4]{f_{cu}}\right)\sqrt[4]{f_{cu}}$ |
| Brandtzaeg | $\varepsilon_p = \dfrac{f_{cu}}{5.97 + 0.26f_{cu}}$ | 林-王 | $\varepsilon_p = 0.833 + 0.121\sqrt{f_{cu}}$ |

(3)圆柱体抗压强度

另一种消除立方体试件两端局部应力和约束变形影响的方法是采用圆柱体试件进行抗压试验。如美国、日本、加拿大等国家均采用这种方法,一般以直径 6 in × 长 12 in(约直径150 mm × 长 300 mm)的圆柱体为标准试件,由加压破坏试验测定其抗压强度。圆柱体直径越小,测得的强度越大,由非标准试件测得的强度可由表 1-4 中的修正系数换算到标准试件。

立方体强度尺寸修正系数　　　　　　　　　　　　表 1-4

| 混凝土试件 | 圆柱体尺寸(直径 mm × 长 mm) | | |
|---|---|---|---|
| | 100 × 200 | 150 × 300 | 250 × 500 |
| 抗压强度相对值 | 0.97 | 1.00 | 1.05 |

显然,圆柱体抗压强度不等于立方体抗压强度。对同一种混凝土,二者换算关系如下:

$$\left.\begin{array}{l} f'_c = (0.83 \sim 0.85)f_{cu,20} \\ f'_c = (0.79 \sim 0.81)f_{cu,15} \end{array}\right\} \quad (1\text{-}3)$$

式中:$f_{cu,20}$、$f_{cu,15}$——立方体抗压强度,下标 20 和 15 表示立方体试件的尺寸;

$f'_c$——圆柱体抗压强度。

两种试件强度与强度等级的换算关系见表 1-5。

两种试件强度与强度等级的换算关系表　　　　　　　　表 1-5

| 混凝土强度等级 | C12 | C20 | C30 | C40 | C50 | C60 | C70 | C80 |
|---|---|---|---|---|---|---|---|---|
| 圆柱体强度(N/mm²) | 12 | 20 | 30 | 40 | 50 | 60 | 70 | 80 |
| 立方体强度(N/mm²) | 15 | 25 | 37 | 50 | 60 | 70 | 80 | 90 |

2)弹性模量

弹性模量是衡量材料变形性能的主要指标,为了比较混凝土的变形性能、进行构件变形计算等,需要标定一个混凝土弹性模量值($E_c$)。一般取相当于结构使用阶段的工作应力 $\sigma = (0.4 \sim 0.5)f_c$ 时的割线模量值。

如图 1-8 所示,已有的大量试验给出了混凝土的弹性模量随其强度($f_{cu}$ 或 $f_c$)而单调增长的规律,但其离散度较大。表 1-6 列出了多种弹性模量值的经验计算式,可供参考。

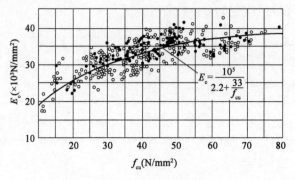

$$E_c = \frac{10^5}{2.2 + \dfrac{33}{f_{cu}}}$$

图 1-8　弹性模量和立方体抗压强度[1-5]

混凝土弹性模量的计算式 　　　　　　　　　　表 1-6

| 建 议 者 | 计算式 $E_c$（N/mm²） | 建 议 者 | 计算式 $E_c$（N/mm²） |
|---|---|---|---|
| CEB-FIP MC90 | $E_c = \sqrt[3]{0.1f_{cu} + 0.8} \times 2.15 \times 10^4$ | 苏联 | $E_c = \dfrac{10^5}{1.7 + (36/f_{cu})}$ |
| ACI 318-77 | $E_c = 4789\sqrt{f_{cu}}$ | 中国[1-5] | $E_c = \dfrac{10^5}{2.2 + (33/f_{cu})}$ |

试验中量测的混凝土试件横向应变 $\varepsilon'$ 和泊松比 $\nu_s$ 等，受纵向裂缝及量测点位置的影响很大。特别是进入应力-应变曲线的下降段（$\varepsilon > \varepsilon_p$）后，离散度更大。在开始受力阶段，泊松比的值为：

$$\nu_s \approx \nu_t = 0.16 \sim 0.23 \qquad\qquad (1-4)$$

### 1.1.3　混凝土的抗拉强度

混凝土的抗拉强度是混凝土的基本力学性能之一。它既是研究混凝土的破坏机理和强度理论的一个主要依据，又直接影响着钢筋混凝土结构的开裂、变形和耐久性。

混凝土一向被认为是一种脆性材料，抗拉强度低，变形小，破坏突然。其抗拉强度很低，只有抗压强度的 1/20 ~ 1/8，且不与抗压强度成比例地增大。在实际工程中，除少数有特殊功能需要的构件或预应力混凝土，很少直接利用混凝土的抗拉强度。但钢筋混凝土的抗裂性、抗剪、抗扭承载力等均与混凝土的抗拉强度有关。在现代研究得较多的多轴应力状态下的混凝土强度理论中，混凝土的抗拉强度是一个非常主要的参数。但因影响混凝土抗拉强度的因素很多，并且要实现均匀拉伸也非易事，因此对抗拉强度的试验方法及标准仍然需要进一步研究。

测定抗拉强度的试验方法主要有 3 种（图 1-9）：轴心拉伸试验、劈裂试验和弯曲抗折试验，可分别得到 3 种不同的抗拉强度值：轴心抗拉强度、劈（裂抗）拉强度和弯（曲抗）拉强度。

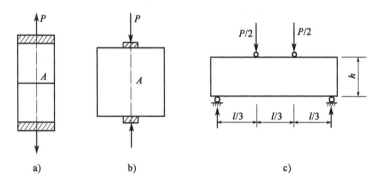

图 1-9　抗拉强度的试验方法[1-3]
a）轴心拉伸试验；b）劈裂试验；c）弯曲抗折试验

1）轴心拉伸试验（直接拉伸试验）

轴心拉伸试验通常采用两端埋设钢筋的柱体试件，如图 1-9a）所示，在埋钢筋的两端可预先对中（控制钢模的孔位），在试验机上夹紧钢筋拉伸试件，靠钢筋与混凝土之间的粘结力对中间混凝土截面形成拉应力，由破坏时的拉应力确定混凝土的抗拉强度。

从棱柱体试件的轴心拉伸试验得到轴心抗拉强度：

$$f_t = \frac{P}{A} \qquad (1\text{-}5)$$

我国进行了大量的混凝土抗拉性能试验[1-5]。试验发现混凝土的轴心抗拉强度随其立方强度单调增长，但增长幅度渐减（图1-10）。经回归分析后得经验公式[1-9]：

$$f_t = 0.26 f_{cu}^{2/3} \qquad (1\text{-}6)$$

欧洲混凝土模式规范 CEB-FIP MC90[1-10] 给出与此相近的计算式：

$$f_t = 1.4 \left( f_c'/10 \right)^{2/3} \qquad (1\text{-}7)$$

式中：$f_{cu}$、$f_c'$ ——混凝土的立方体和圆柱体抗压强度，$N/mm^2$。

试验结果还表明，尺寸较小的试件实测抗拉强度偏高，尺寸较大者强度低[1-5]，这种现象一般称为尺寸效应。

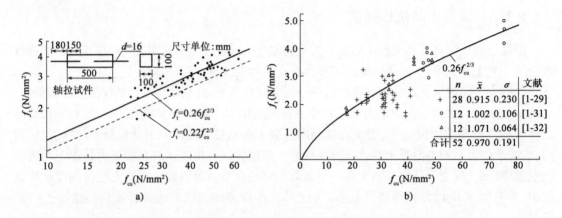

图1-10  轴心抗拉强度与立方体抗压强度

2）劈裂试验

轴心拉伸试验的实现较为困难，而劈裂试验简单易行，采用标准立方体试件，且测定结果离散性较小，成为了最普遍的测定手段。劈裂试验是将立方体试件放在压力机上，试件上、下置以钢条（钢条宽度应不大于试件直径或边长的 1/10），加载压力至试件劈裂破坏，如图1-9b）所示。由弹性理论可知，在上述受力条件下，可在试件中部很大范围内形成几乎均匀分布的拉应力，压应力只在垫条附近形成。试件在拉应力作用下劈裂破坏，劈（裂抗）拉强度 $f_{t,s}$ 可按式（1-8）计算：

$$f_{t,s} = \frac{2P}{\pi A} \qquad (1\text{-}8)$$

试验给出的混凝土劈拉强度与立方体抗压强度的关系如图1-11所示，经验回归公式[1-5]为：

$$f_{t,s} = 0.19 f_{cu}^{3/4} \qquad (1\text{-}9)$$

3）弯曲抗折试验

弯曲抗折试验如图1-9c）所示。对于弯曲抗拉试验，英国有试验标准，可分三点弯曲或四点弯曲试验，试件通常为 4in×4in×16in（约 102mm×102mm×406mm）。由材料力学可得梁

底拉应力与作用弯矩的关系,从而可推算出弯曲抗拉强度(抗折强度)为:

$$f_{t,f} = \frac{M}{W} = \frac{6M}{bh^2} = \frac{Pl}{bh^2} \tag{1-10}$$

式中:$P$——试件的破坏荷载;

$l$——试件的净跨;

$b$、$h$——试件的截面尺寸(宽、高)。

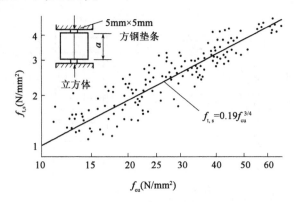

图 1-11 劈拉强度与立方体抗压强度[1-5]

弯曲抗折与抗压强度的关系,美国 ACI(美国混凝土结构设计规范)建议取:

$$f_{t,f} = (0.62 - 1.0)\sqrt{f'_c} \tag{1-11}$$

欧洲混凝土委员会建议取:

$$f_{t,f} = 0.79\sqrt{f'_c} \tag{1-12}$$

混凝土抗拉强度与抗压强度的关系如图 1-12 所示。

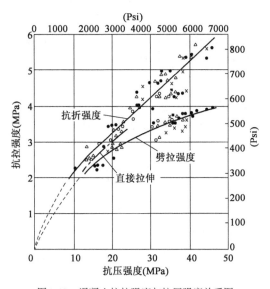

图 1-12 混凝土抗拉强度与抗压强度关系图

### 1.1.4 混凝土的抗剪强度与剪切模量

1)抗剪强度

在实际工程结构中混凝土受纯剪的情况是很少的,但常会出现一些剪切破坏现象。由试验可知,剪切破坏往往是突然发生的,属脆性破坏。目前,混凝土抗剪强度的试验方法已有多种(图 1-13),各方法采用的试件形状和加载方法有很大差别,分别介绍如下。

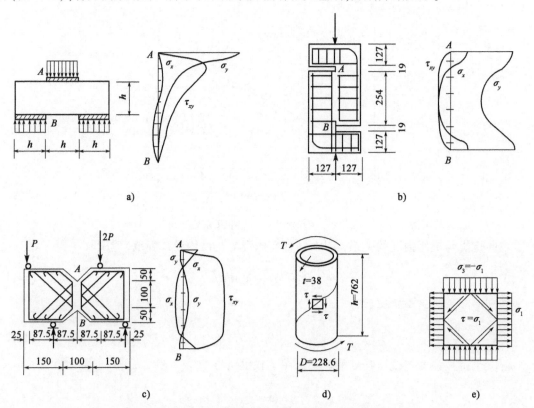

图 1-13 抗剪试验方法和剪切面应力分布[1-11](尺寸单位:mm)
a)矩形短梁;b)Z 形试件;c)缺口梁;d)薄壁圆筒;e)二轴拉/压

(1)矩形短梁直接剪切

这是最早的试验方法,直观而简单。Mörsch、过海镇[1-4]等早就指出,试件的破坏剪切面是由锯齿状裂缝构成的,锯齿的两个方向分别由混凝土的抗压强度($f_c$)和抗拉强度($f_t$)控制,平均抗剪强度的计算式为:

$$\tau_p = k\sqrt{f_c f_t} \tag{1-13}$$

式中:$k$——修正系数,取为 0.75。

这类试验得到的混凝土抗剪强度值较高:

$$\tau_{p1} = (0.17 \sim 0.25)f_c = (1.5 \sim 2.5)f_t \tag{1-14}$$

(2)单剪面 Z 形试件[1-12]

试件沿两个缺口间的界面剪切破坏,混凝土抗剪强度的试验值约为:

$$\tau_{p2} = 0.12f'_c \tag{1-15}$$

（3）缺口梁四点受力[1-13]

梁的中央截面弯矩为零,中间区段的剪力为常值。梁中间的缺口大,凹角处应力集中严重,裂缝首先从凹角处出现,随后贯穿缺口截面导致试件发生破坏。试验得到的混凝土抗剪强度值($\tau_{p3}$)约与抗拉强度($f_t$)相等。

（4）薄壁圆筒受扭[1-13]

当筒壁很薄时,试件将处于理想的均匀、纯剪应力状态。试件沿45°的螺旋线破坏,混凝土抗剪强度按试件的破坏扭矩($T_p$)计算:

$$\tau_{p4} = \frac{2T_p}{\pi t (D - t)^2} \approx 0.08f_c \approx f_t \tag{1-16}$$

式中:$D$、$t$——圆筒试件的外径和壁厚,mm。

（5）二轴拉/压

对立方体或板式试件施加二向轴应力,当 $\sigma_2 = 0$ , $\sigma_3 = -\sigma_1$ 时,可等效于45°方向的纯剪应力状态。试验结果给出的混凝土抗剪强度为:

$$\tau_{p5} = \sigma_1 \approx f_t \tag{1-17}$$

以上介绍的试验方法中,后两类试件最接近理想的纯剪应力状态,但其需要使用技术复杂的专用试验设备进行试验,在一般试验室中不易实现。因此,至今采用较多的是前两类试验方法。

各种试验方法给定的混凝土抗剪强度($\tau_{p1} \sim \tau_{p5}$)相差可达一倍多。文献[1-11]分析了前三类试件破坏剪面上的应力分布(图1-13),表明前两类试件剪切面上的剪应力分布不均匀,且剪切面上存在的正应力($\sigma_x$、$\sigma_y$)值高出平均剪应力数倍,与纯剪应力状态相差甚远,故得到了较高的抗剪强度值。而第三类试件剪切面中间部分的剪应力分布均匀,正应力($\sigma_x$、$\sigma_y$)值约为平均剪应力的12%~25%,接近于纯剪应力状态。所以,后三类试件的应力状态比较合理,得到的混凝土抗剪强度值也比较接近。

文献[1-11]吸取了第三类试验方法的优点,设计了四点受力等高梁的抗剪试验,如图1-14所示。为避免应力集中,试件中部没有缺口。为了能更好地控制破坏位置,将试件的厚度减薄,且布设了45°交叉的电阻片,以量测主应变($\varepsilon_1$、$\varepsilon_3$)。经分析,试件中部的剪应力分布均匀,与全截面平均剪应力($\bar{\tau}$)之比为1.22~1.28,正应力为 $\sigma_y \leqslant 0.1\bar{\tau}$,$\sigma_x \leqslant 0.2\bar{\tau}$,接近于纯剪应力状态。此外,在加载时采取措施使之缓慢破坏,以便观察混凝土的剪切破坏过程。试件的设计、制作和试验方法详见该文献。

若试件中间截面的面积为 $A$,剪力为 $V$,破坏时的剪力为 $V_p$,考虑到剪应力分布的不均匀,剪应力($\tau$)和混凝土抗剪强度($\tau_p$)的取值为:

$$\tau = 1.2\frac{V}{A}, \quad \tau_p = 1.2\frac{V_p}{A} \tag{1-18}$$

剪应变($\gamma$)由量测的主拉、压应变($\varepsilon_1$、$\varepsilon_3$)计算:

$$\gamma = \varepsilon_1 - \varepsilon_3 \tag{1-19}$$

式中,主应变($\varepsilon_1$、$\varepsilon_3$)取拉为正,压为负。

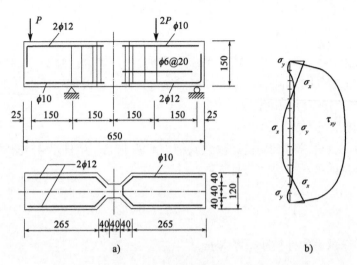

图 1-14　四点受力等高梁抗剪试验[1-11]（尺寸单位：mm）
a）试件和加载；b）截面应力分布

　　按上述试验方法对不同强度等级的混凝土进行抗剪试验，测得试件的主拉、压应变的典型曲线如图 1-15 所示。从开始加载至 $V = 60\% V_p$，混凝土的主拉、压应变和剪应变都与剪应力近似成比例增长。增大荷载至 $V = (0.6 \sim 0.8) V_p$，试件的应变增长稍快，曲线微凸。再增大荷载，可听到混凝土内部开裂的声响。接近 $V_p$ 时，试件中部"纯剪"段出现斜裂缝，与梁轴线约成 45°夹角。随后，裂缝两端沿斜上、下方迅速延伸，穿过变截面区后，裂缝斜角变陡，当裂缝到达梁顶和梁底部时，已接近垂直方向。裂缝贯通试件全截面后，将试件"剪切"成两段。

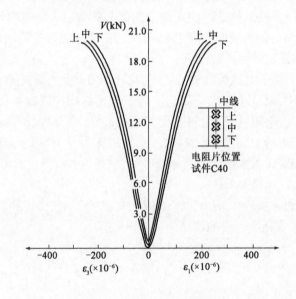

图 1-15　剪力-主应变曲线[1-11]

　　不同强度等级（≤C70）的混凝土试件，剪切破坏形态相同，通常只有一条斜裂缝。裂缝的断口界面清晰、整齐，两旁混凝土坚实，无破损症状。试件的破坏特征与主拉应力方向的斜向受拉相同。

混凝土的抗剪强度（$\tau_p$）随立方体抗压强度（$f_{cu}$）单调增长（图1-16），回归经验式为：

$$\tau_p = 0.39 f_{cu}^{0.57} \tag{1-20}$$

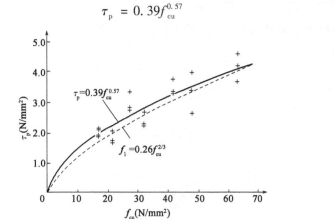

图1-16 抗剪强度和立方体抗压强度关系

此结果与混凝土轴心抗拉强度接近，且与薄壁圆筒受扭和二轴拉/压试验的结果一致。试件的破坏形态和裂缝特征也与轴心受拉相同。

如图1-17所示，试件破坏时的峰值应变，包括主拉、压应变（$\varepsilon_{1p}$、$\varepsilon_{3p}$）和剪应变（$\gamma_p$），都随混凝土抗剪强度（$\tau_p$）（或强度等级$f_{cu}$）单调增长，回归分析得到的峰值应变计算式为[1-11]：

$$\left.\begin{array}{l} \varepsilon_{1p} = (156.90 + 33.28\tau_p) \times 10^{-6} \\ \varepsilon_{3p} = -(19.90 + 50.28\tau_p) \times 10^{-6} \\ \gamma_p = (176.80 + 83.56\tau_p) \times 10^{-6} \end{array}\right\} \tag{1-21}$$

式中：$\tau_p$——混凝土的抗剪强度，$N/mm^2$。

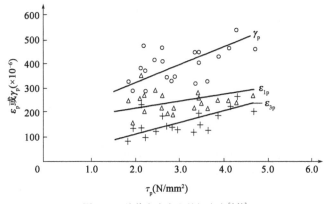

图1-17 峰值主应变和剪切应变[1-11]

混凝土剪切破坏时的主拉应变和主压应变分别大于相同应力（$\sigma = \tau_p$）下的混凝土单轴受拉应变和单轴受压应变。其主要是因为纯剪应力状态等效于一轴受拉和一轴受压的二维应力状态，两向应力的相互横向变形效应（泊松比）增大了应变值，且两向应力的共同作用使得试件在垂直于主拉应力的方向上更早地出现微裂缝，裂缝发展也更快。在接近峰值应力时，两方向上的塑性变形均有较大发展。因此,尽管混凝土的抗剪强度与抗拉强度值相近,但是混凝土的剪应变,特别是峰值剪应变远大于轴心受拉的相应应变,也大于相同应力下单轴受拉和受压的应变之和。

混凝土的剪应力-剪应变($\tau$-$\gamma$)曲线形状处于单轴受压和单轴受拉曲线之间,文献[1-11]建议用四次多项式拟合曲线的上升段:

$$y = 1.9x - 1.7x^3 + 0.8x^4 \tag{1-22}$$

其中:

$$x = \gamma/\gamma_p, \quad y = \tau/\tau_p \tag{1-23}$$

理论曲线与试验结果的对比如图1-18所示。

2)剪切模量

混凝土的剪切模量可直接从剪应力-剪应变曲线方程推导求得。有限元分析中要求使用的割线剪切模量($G_s$)或切线剪切模量($G_t$)分别为:

$$G_s = \frac{\tau}{\gamma} = G_{sp}\left[1.9 - 1.7\left(\frac{\gamma}{\gamma_p}\right)^2 + 0.8\left(\frac{\gamma}{\gamma_p}\right)^3\right] \tag{1-24}$$

$$G_t = \frac{d\tau}{d\gamma} = G_{sp}\left[1.9 - 5.1\left(\frac{\gamma}{\gamma_p}\right)^2 + 3.2\left(\frac{\gamma}{\gamma_p}\right)^3\right] \tag{1-25}$$

式中,混凝土峰值割线剪切模量$G_{sp}$可由式(1-26)得出:

$$G_{sp} = \frac{\tau_p}{\gamma_p} = \frac{10^6}{83.56 + (176.8/\tau_p)} \tag{1-26}$$

而初始切线剪切模量则为:

$$G_{t0} = 1.9G_{sp} \tag{1-27}$$

混凝土的初始剪切模量和峰值割线剪切模量都随混凝土的强度($f_{cu}$)单调增长,理论曲线与试验结果的比较如图1-19所示。

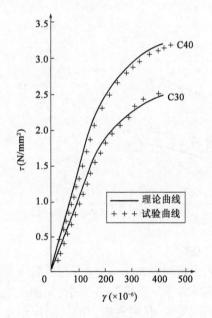

图1-18 $\tau$-$\gamma$理论曲线[1-11]

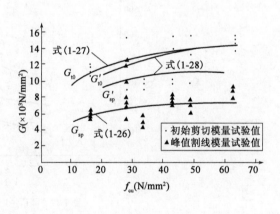

图1-19 剪切模量和立方体抗压强度的关系

按照弹性力学的原则和方法,考虑材料的受拉和受压弹性模量不相等,可推导得出剪切模量的计算式:

$$G' = \frac{E_t E_c}{E_t + E_c + \nu_c E_t + \nu_t E_c} \tag{1-28}$$

式中:$E_t$——材料的受拉弹性模量;

$E_c$——材料的受压弹性模量;

$\nu_t(\nu_c)$——主拉(压)应力对主压(拉)应力方向变形的影响系数(泊松比)。

从图 1-19 中可以看出,将混凝土的初始拉、压弹性模量值代入式(1-28)计算得到的初始剪切模量 $G'_{t0}$,与按式(1-27)计算的 $G_{t0}$ 值接近。然而,以应力等于混凝土抗剪强度($\sigma = \tau_p$)时的单轴拉、压割线弹性模量代入式(1-28)得到的割线剪切模量 $G'_{sp}$,要比试验值和式(1-26)的理论值高得多。这说明式(1-28)只适用于混凝土应力较低的阶段,$\tau > 0.5\tau_p$ 时会导致计算剪应变过小,产生误差。所以,混凝土剪切模量不能简单地采用由单轴拉、压关系推导的公式或数值进行计算。

### 1.1.5 收缩和徐变

1) 收缩

收缩是混凝土在非荷载因素下因体积变化产生的变形。将混凝土放入水中体积会有所膨胀,最大可达 $150 \times 10^{-6}$。而混凝土在空气中硬化产生的收缩值要大得多,一般在经历数十年后可达 $(300 \sim 600) \times 10^{-6}$,在不利的条件下甚至可达 $(800 \sim 1000) \times 10^{-6[1-4, 1-10]}$。

混凝土在空气中凝结硬化发生体积收缩的主要原因有:①化学性收缩——水泥水化后生成物的体积小于原体积;②物理性收缩(干燥收缩)——混凝土的毛细孔水及凝胶体吸附水的蒸发;③碳化收缩——空气中的二氧化碳与表层混凝土发生碳化反应引起少量收缩。由此可知,混凝土的收缩是一个长期过程。如表 1-7 所示,混凝土的收缩变形在早期发展较快,随后逐渐减慢,大部分收缩在 3 个月内完成,但龄期超过 20 年后收缩也仍未停止。

| | 混凝土收缩变形的发展 | | 表 1-7 |
|---|---|---|---|

| 龄期 | 2 周 | 3 个月 | 1 年 | 20 年 |
|---|---|---|---|---|
| 比值 | 0.14 ~ 0.30 | 0.40 ~ 0.80 | 0.60 ~ 0.85 | 1 |

当混凝土不能自由收缩时,会在混凝土内引起拉应力而产生裂缝,这是造成混凝土初始缺陷的主要原因。在钢筋混凝土构件中,钢筋的存在可以限制混凝土的部分收缩。

混凝土的收缩值受水泥的品种和用量、骨料的性质和含量、养护条件、使用期的环境条件、构件的形状和尺寸等的影响,要精确计算尚有一定困难。对于普通的中小型构件,收缩变形能促生表面裂缝,但一般不至于明显降低结构的安全度。所以,在构件计算时可不考虑收缩的影响,采取一些附加构造措施,如增设钢筋或钢筋网作为补偿等即可。而对于一些重要的大型结构,需要有定量的混凝土收缩变形值进行结构分析时,有条件的应进行混凝土试件的短期收缩试验,用测定值推算其极限收缩值,或可按有关设计规范进行计算。

欧洲混凝土模式规范 CEB-FIP MC90 中,普通混凝土在正常温度下,湿养护不超过 14d,暴露在平均温度 5 ~ 30℃ 和平均相对湿度 RH% = 40% ~ 50% 的环境时,素混凝土构件在未加载情况下的平均收缩(或膨胀)应变的计算式为:

$$\varepsilon_{cs}(t,t_s) = \varepsilon_{cso}\beta_s(t-t_s) \tag{1-29}$$

式中：$\varepsilon_{cso}$——名义收缩系数（即极限收缩变形），取为

$$\varepsilon_{cso} = \beta_{RH}[160 + \beta_{sc}(90 - f_c)] \times 10^{-6} \tag{1-30}$$

$\beta_{sc}$——取决于水泥种类，如普通水泥和快硬水泥取 5，快硬高强水泥取 8；

$\beta_{RH}$——取决于环境的相对湿度 RH%，取值如下

$$\left.\begin{array}{ll} 40\% \leqslant RH\% \leqslant 99\% & \beta_{RH} = -1.55\left[1 - \left(\dfrac{RH}{100}\right)^3\right] \\[3mm] RH\% > 99\% & \beta_{RH} = +0.25 \end{array}\right\} \tag{1-31}$$

$f_c$——混凝土的抗压强度，N/mm$^2$；

$\beta_s(t-t_s)$——收缩应变随时间变化的系数，取为

$$\beta_s(t-t_s) = \sqrt{\dfrac{t-t_s}{0.035\left(\dfrac{2A_c}{u}\right)^2 + (t-t_s)}} \tag{1-32}$$

$t$、$t_s$——混凝土的龄期和开始发生收缩（或膨胀）时的龄期，d；

$A_c$——构件的横截面面积，mm$^2$；

$u$——与大气接触的截面周界长度，mm。

这一计算模型中考虑了 5 个主要因素对混凝土收缩变形的影响，包括水泥种类（$\beta_{sc}$）、环境相对湿度（RH%）、构件尺寸（$2A_c/u$）、时间（$t$、$t_s$）和混凝土的抗压强度（$f_c$）。试验证明，混凝土强度值本身并不影响其收缩变形量。只是因为混凝土中的水泥用量、水灰比、骨料状况、养护条件等影响收缩的因素，在结构分析或设计时无法预先确定，但它们都在不同程度上与混凝土强度有联系，所以在计算式中引入混凝土抗压强度来综合反映这些因素的间接影响。

按上述公式计算的混凝土收缩变形随各主要因素的变化规律和幅度如图 1-20 所示。

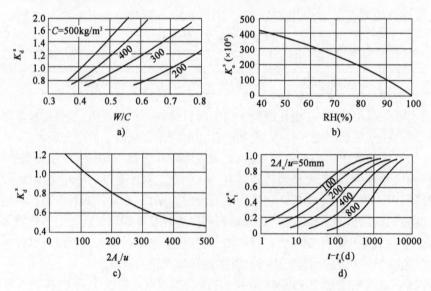

图 1-20　主要因素对混凝土收缩的影响[1-14]

a）水泥用量和水灰比；b）环境相对湿度；c）截面的形状和尺寸；d）收缩的时间

2）徐变

混凝土在应力 $\sigma_c$ 作用下产生的变形，除了在龄期（$t_0$）时施加应力后即时的起始应变 $\varepsilon_0(t_0)$ 外，还包括在应力的持续作用下不断增大的应变 $\varepsilon_{cr}(t,t_0)$。后者称为徐变（图 1-21）。混凝土的徐变随时间增大，但增长率随时间渐减，2~3 年后变化已不大，最终的收敛值称为极限徐变 $\varepsilon_{cr}(\infty,t_0)$。

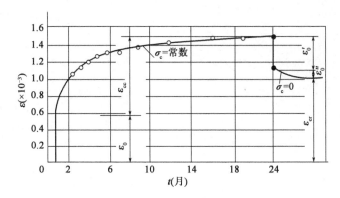

图 1-21　混凝土变形随试件的变化

应力持续在多时后卸载至零（$\sigma_c = 0$），混凝土有一即时的恢复变形（弹性恢复[1-14]）$\varepsilon_{ce}$。随时间的延长，仍有少量滞后的恢复变形缓缓出现，称为弹性后效（徐变恢复[1-14]）$\varepsilon_{cr}'$。但是，仍保留相当数量的残余变形 $\varepsilon_{re}$。

解释混凝土的徐变机理有多种理论观点[1-15, 1-16]，但都不能圆满地说明所有的徐变现象。一般认为，混凝土在应力施加后的起始变形，主要是由骨料和水泥砂浆的弹性变形与微裂缝的少量发展构成的。徐变则主要是水泥凝胶体的塑性流（滑）动，以及骨料界面和砂浆内部微裂缝发展的结果。内部水分的蒸发也产生附加的干缩徐变。与此类似，混凝土卸载后的弹性恢复和徐变恢复有着相应但相反的作用。

混凝土的徐变增长可延续数十年，但大部分在前 1~2 年内出现，前 3~6 个月发展极快（表 1-8）。

混凝土徐变随时间的变化　　　　　　　　　　　表 1-8

| 应力持续时间（$t-t_0$） | 1 个月 | 3 个月 | 6 个月 | 1 年 | 2 年 | 5 年 | 10 年 | 20 年 | 30 年 |
|---|---|---|---|---|---|---|---|---|---|
| 比值 | 0.45 | 0.74 | 0.87 | 1 | 1.14 | 1.25 | 1.26 | 1.30 | 1.36 |

影响混凝土徐变值和变化规律的主要因素有以下几个。

（1）应力水平

混凝土承受的应力水平 $\sigma(t_0)/f_c(t_0)$ 越高，则起始应变越大，随时间增长的徐变也越大（图 1-22）。

当 $\sigma(t_0)/f_c(t_0) \leqslant 0.4 \sim 0.6$ 时，在应力长期作用下混凝土徐变有极限值，且任何时间的徐变值约与应力成正比，即单位徐变与应力无关，称为线性徐变；当 $0.4 \sim 0.6 \leqslant \sigma(t_0)/f_c(t_0) < 0.8$ 时，应力长期作用下徐变收敛，有极限值，但单位徐变值随应力水平而增大，称为非线性徐变；当 $\sigma(t_0)/f_c(t_0) > 0.8$ 时，混凝土在高应力作用下，持续一段时间后因徐变发散而发生破坏，长期抗压强度约为 $0.8f_c$。

实际结构工程在使用过程中,混凝土的长期应力一般处于线性徐变范围。

(2)加载时的龄期

混凝土在加载(应力)时龄期越小,成熟度越差,起始应变和徐变都大,极限徐变要大得多(图1-23)。单位徐变的比较见表1-9。

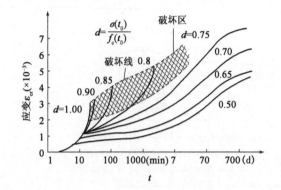
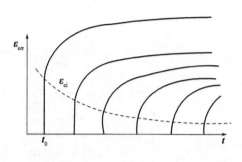

图1-22  不同应力水平的徐变　　　　　　　　图1-23  不同加载龄期的徐变

**不同加载龄期的混凝土单位徐变比较**　　　　　　　　　　　表1-9

| $t_0$(d) | 3 | 7 | 28 | 90 | 365 |
|---|---|---|---|---|---|
| 相对值 | 1.6~2.3 | 1.5 | 1 | 0.70 | 0.35~0.50 |

(3)原材料和配合比

混凝土中水泥用量(kg/m$^3$)大、水灰比($W/C$)大和水泥砂浆含量大(或骨料含量小)者,徐变亦大。使用普通硅酸盐水泥比早强快硬水泥的混凝土徐变大。

(4)制作和养护条件

混凝土振捣密实,养护条件好,特别是蒸汽养护后成熟快,可减小徐变。

(5)使用期的环境条件

构件周围环境的相对湿度(RH%)小,因水分蒸发产生的干缩徐变越大[图1-24a)];从20℃到70℃,徐变随温度的升高而增大,但在71~96℃之间,徐变值反而减小[图1-24b)]。

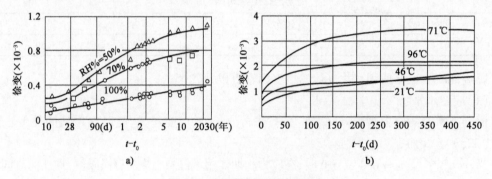

图1-24  环境温湿度对徐变的影响

a)环境相对湿度;b)环境湿度

(6)构件的尺寸

构件的截面尺寸越小,或截面面积与截面周界长度的比值($A_c/u$)越小,混凝土水分蒸发越快,干燥徐变增大(图1-25)。处于密封状态的混凝土,水分不会蒸发,构件尺寸不影响徐变值。

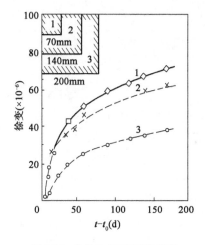

图1-25 构件尺寸对徐变的影响

(7)其他因素

其他影响因素还有粗骨料的品种、性质和粒径,混凝土内各种掺和料和添加剂,混凝土的受力状况和历史,环境条件的随机变化等。

因影响因素多,变化幅度大,试验数据离散,混凝土的徐变值不易精确计算。我国《混凝土结构设计规范》[1-1]中对于计算构件的长期荷载下挠度、预应力构件的预应力损失等,给出了综合的经验值或系数,可供一般工程应用。《水工混凝土结构设计规范》[1-17]中,对于计算大体积混凝土的温度作用,直接给出了混凝土的应力松弛系数。

对于一些重要的和复杂的结构,需要作具体的徐变分析时,需要知道较为准确的混凝土徐变值及其随龄期的变化规律。比较可靠的办法是用相同的混凝土制作试件,直接进行徐变试验和量测,或用短期的量测数据推算长期徐变值。在缺乏试验条件的情况下,可根据用已有试验数据拟合的经验计算式进行分析。

欧洲混凝土模式规范 CEB-FIP MC90 建议的应力水平 $\sigma_c/f_c(t_0) < 0.4$ 时,暴露在平均温度 $5 \sim 30℃$ 和平均相对湿度 RH% $=40\% \sim 100\%$ 环境中的混凝土徐变计算公式如下:

$$\varepsilon_{cc}(t,t_0) = \phi(t,t_0)\varepsilon_{ci}(t_0) \tag{1-33}$$

其中:

$$\varepsilon_{ci}(t_0) = \frac{\sigma(t_0)}{E_c(t_0)}$$

式中:$t_0$ ——施加应力时的混凝土龄期;

$t$ ——计算所需应变的龄期;

$E_c(t_0)$ ——龄期 $t_0$ 时的混凝土弹性模量值。

混凝土的徐变系数为:

$$\phi(t,t_0) = \phi(\infty,t_0)\beta_c(t-t_0) \tag{1-34}$$

式中,名义徐变系数的计算式为:

$$\phi(\infty, t_0) = \beta(f_c)\beta(t_0)\phi_{RH}, \quad \begin{cases} \beta(f_c) = \dfrac{16.76}{\sqrt{f_c}} \\[2mm] \beta(t_0) = \dfrac{1}{0.1 + t_0^{0.2}} \\[2mm] \phi_{RH} = 1 + \dfrac{1 - (RH/100)}{0.1(2A_c/u)^{1/3}} \end{cases}$$

式中：$\beta(f_c)$ ——按 28d 龄期的混凝土平均抗压强度（$f_c$，N/mm²）计算的系数；

$\beta(t_0)$ ——与加载时龄期（$t_0$，d）有关的参数；

$\phi_{RH}$ ——与环境湿度有关的参数，式中最后一项为附加的干燥徐变，当 RH% = 100% 时，此项为零，试件尺寸也无影响。

徐变随应力持续时间的变化系数取为：

$$\beta_c(t - t_0) = \left[ \frac{(t - t_0)}{\beta_H + (t - t_0)} \right]^{0.3}$$

$$\beta_H = 1.5 \left[ 1 + \left( 1.2 \frac{RH}{100} \right)^{18} \right] \frac{2A_c}{u} + 250 \leqslant 1500$$

式中，$\beta_H$ 取决于相对湿度和构件尺寸。

这一计算模型主要考虑了加载时混凝土的龄期（$t_0$）、应力持续时间（$t - t_0$）、环境湿度（RH%）和构件尺寸（$A_c/u$）等对徐变的影响。此外，有试验证明混凝土的抗压强度本身对徐变值的影响并不大，计算式中引入此量是为间接地反映水灰比（$W/C$）和水泥用量的影响。

模式规范中还给出了对不同种类的水泥、环境温度（≤80℃）、高应力[$(0.4 \sim 0.6)f_c$]等情况下的徐变值修正计算。其徐变的理论计算值与试验观测的趋势相符较好，离散系数约为 20%。

已有的混凝土徐变试验，绝大多数是在等应力加载下进行应变量测。而在实际结构中，混凝土的长期应力不可能保持常值。在变应力状态下的混凝土徐变并不能直接引用等应力徐变试验的结果。因此，需要建立一定的徐变计算理论，将等应力徐变试验结果应用于变应力作用的结构分析。

现有的几种主要的徐变计算理论有：有效模量法、老化理论、弹性徐变理论、弹性老化理论、继效流动理论等。各种理论基于不同的简化假设，建立起相应的计算公式，因而繁简程度和计算精度各有差别，可在徐变分析时看情况选用。

## 1.2　混凝土的本构模型

混凝土的本构关系是指在外部作用下，混凝土材料内部应力与应变之间的物理关系。这种物理关系在细观意义上描述了材料的基本力学性质，构成了研究混凝土构件和结构在外部作用下力学性能的基础。

由 1.1 节可知，混凝土是由多种材料组合而成的混合材料，内部具有微孔洞、微裂缝等初始缺陷。在外力作用下,这些初始损伤进一步发展,导致材料单元的应力-应变关系逐步偏离线性,表现出非线性特征。同时,混凝土材料各组分的分布具有随机性,因而无论是初始的损伤分布还是后续的损伤演化过程,都不可避免地具有随机性。非线性与随机性是混凝土本构关系的两个基本特征。

混凝土的本构关系可以采用经验物理模型、理论物理模型或随机本构模型加以反映。

经验物理模型一般是对试验现象的简单模拟,而混凝土在简单应力状态(单轴受力)下的应力-应变关系较为明确,可以相当准确地在相应的试验中测定,并用合理的经验回归式加以描述,因此典型的经验物理模型常见于对混凝土单轴受力本构关系的描述。

理论物理模型是对试验现象的物理本质进行的概括与总结。混凝土在多轴应力状态下,各方向上的正应变和横向变形效应相互约束和牵制,影响内部微裂缝的出现和发展程度。而且,混凝土多轴拉/压强度的变化,扩大了混凝土应力值范围,改变了各部分变形成分的比例,出现了不同的破坏过程和破坏形态。这些都使混凝土在多轴应力状态下的本构关系变得十分复杂。因此,对于混凝土多轴受力本构关系多采用理论物理模型加以反映。根据模型反映的物理本质近似程度,模型可划分为4类:①线弹性本构模型;②非线弹性本构模型;③经典塑性力学模型;④损伤力学模型。

上述经验物理模型和理论物理模型都属于确定性本构模型,在试验样本集合的均值意义上反映了混凝土材料的非线性。为了反映混凝土材料受力行为中特有的随机性,引入随机本构模型。这类随机本构模型可以简单地将确定性本构关系中的关键参数取为随机变量,由现有的混凝土本构关系转换给出。也可通过混凝土材料受力时的细观物理机制分析,结合概率论的建模方式获得更为合理的随机本构模型。

各类本构模型的理论基础、建立方法、表达形式和适用范围迥异,很难确定一个通用的混凝土本构模型,只能根据结构特点、应力范围和精度要求适当选择。

### 1.2.1 经验物理模型——混凝土单轴受力本构关系

1)单轴受拉

由于混凝土抗拉强度低、变形小、破坏突然,在 20 世纪 60 年代中期以前,人们还很难得到混凝土单轴试验应力-应变全曲线。1966 年,英国的 Hughes 和 Chapman 首次报道了受拉应力-应变全曲线的试验结果[1-18]。1968 年,Evans 和 Marathe 报道了类似的试验结果[1-19]。此后,有不少国家的研究者先后研究了这一问题[1-20～1-22]。

典型的混凝土单轴受拉应力-应变全曲线如图 1-26 所示。在初始受拉阶段,应力-应变基本按线性增长,在应力达到抗拉强度的 40%～60% 时,变形增长逐渐加快,应力-应变关系逐渐偏离线性,表现出非线性特点。到达峰值应力 $f_t$ 时,相应的应变 $\varepsilon_{t,p}$ 为 $(70～140) \times 10^{-6}$。随后,应力水平很快下降,曲线进入下降段。当平均应变达 $2\varepsilon_{t,p}$ 时,可在构件表面观察到细小的横向裂缝,缝宽为 $0.04～0.08mm$,此时,试件残余应力为 $(0.2～0.3)f_t$。此后裂缝迅速延伸、发展,最终贯穿全截面,试件破坏,断成两截。从细观角度来看,上述破坏过程可视为因混凝土初始缺陷(微裂缝、微孔洞)处应力集中产生损伤,因损伤逐步累积导致的破坏。

根据上述应力-应变曲线的基本特征,可以采用曲线拟合的方式建立轴心受拉本构方程。例如,美国的 Gopalaratnam 和 Shah 建议将受拉应力-应变全曲线分别按上升段和下降段来表示,下降段曲线与裂缝宽度有关[1-21],有:

$$\sigma = f_t \left[ 1 - \left( 1 - \frac{\varepsilon}{\varepsilon_{t,p}} \right)^{\alpha} \right] \tag{1-35}$$

$$\sigma = f_t e^{-kw\lambda} \tag{1-36}$$

$$\alpha = E_t \frac{\varepsilon_{t,p}}{f_t} \tag{1-37}$$

式中：$w$——裂缝宽度；

$E_t$——初始切线模量；

$\lambda$、$k$——常数，可取 $\lambda = 1.01$，$k = 1.544 \times 10^{-3}$。

图 1-27 为按上式计算的应力-位移关系与试验值的比较示例[1-23]。

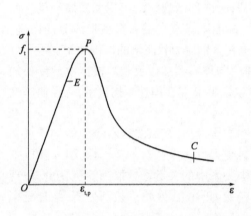

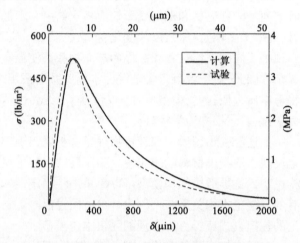

图 1-26　轴心受拉应力-应变全曲线　　　　图 1-27　计算的应力-位移关系与试验值的比较

根据文献[1-22]，我国《混凝土结构设计规范》[1-1]也给出了分段式混凝土单轴受拉应力-应变全曲线方程：

$$\sigma = f_t \left[ 1.2 \frac{\varepsilon}{\varepsilon_{t,p}} - 0.2 \left( \frac{\varepsilon}{\varepsilon_{t,p}} \right)^6 \right] \tag{1-38}$$

$$\sigma = f_t \frac{\varepsilon / \varepsilon_{t,p}}{\alpha_t (\varepsilon / \varepsilon_{t,p} - 1)^{1.7} + \varepsilon / \varepsilon_{t,p}} \tag{1-39}$$

式中，峰值应变 $\varepsilon_{t,p}$ 随抗拉强度的增加而增大（图 1-28），其经验回归式为：

$$\varepsilon_{t,p} = 65 \times 10^{-6} f_t^{0.54} \tag{1-40}$$

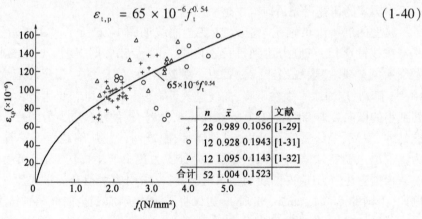

图 1-28　峰值应变与抗拉强度的关系

式(1-39)中的参数 $\alpha_t$ 亦随混凝土抗拉强度的增加而增大(图1-29),可按下述经验回归式计算:

$$\alpha_t = 0.312f_t^2 \tag{1-41}$$

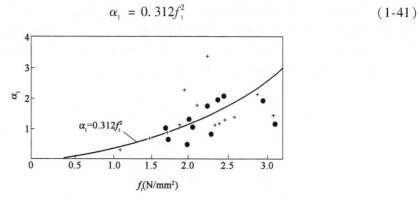

图 1-29 下降段曲线参数 $\alpha_t$[1-22]

图 1-30 示出了若干按上述方程计算的应力-变形关系与试验结果的对比结果[1-24]。

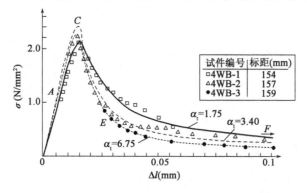

| 试件编号 | 标距(mm) |
|---|---|
| 4WB-1 | 154 |
| 4WB-2 | 157 |
| 4WB-3 | 159 |

图 1-30 受拉应力-应变全曲线[1-22]

在混凝土结构的非线性分析中,也可以采用简化的应力-应变关系,如图1-31所示。欧洲混凝土模式规范 CEB-FIPMC90[1-25] 则建议按混凝土开裂前后分别采用折线形的应力-应变和力-裂缝宽度关系,如图1-32所示。

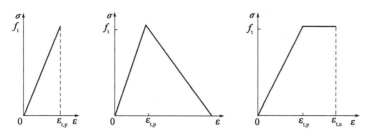

图 1-31 混凝土受拉本构模型——简化模型[1-22]

2)单轴受压

与单轴受拉类似,混凝土单轴受压的破坏过程同样是试件内部微裂缝、微缺陷开展导致损伤逐步累积的过程。不同的是,在单轴受压破坏过程的后期,考虑了混凝土塑性变形的影响。

典型的混凝土单轴受压应力-应变全曲线如图1-33所示。由图可见:在试件截面平均应力较小时[$\sigma \approx (0.3 \sim 0.4)f_c$，$A$ 点]，试件的应力-应变关系近似成比例。此后，应变逐渐加速增长，应力-应变曲线开始呈现非线性。当试件平均应力 $\sigma$ 达到$(0.8 \sim 0.9)f_c$时[$B$ 点，$\varepsilon \approx (0.65 \sim 0.85)\varepsilon_p$，$\varepsilon_p$ 为峰值应变]，切线泊松比 $\upsilon$ 达到 0.5，体积压缩变形 $\varepsilon_v$ 达到极值，说明混凝土内部微裂缝有较大程度的开展，但试件表面一般尚无肉眼可见裂缝。此后，混凝土内部微裂缝开展加快，混凝土泊松比迅速增大，平均应力很快达到极限抗压强度$f_c$（$C$ 点）。在控制应变增长速率条件下，应力-应变曲线在 $C$ 点以后进入下降段。

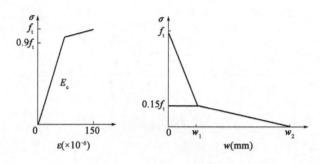

图 1-32　混凝土受拉本构模型[1-25]

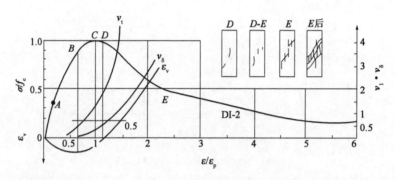

图 1-33　混凝土受拉变形和破坏过程

进入下降段后不久，当应变 $\varepsilon = (1 \sim 1.35)\varepsilon_p$时[$D$ 点，$\sigma = (1 \sim 0.9)f_c$]，试件表面出现第一条可见裂缝，裂缝大体平行于受力方向。此时，混凝土体积应变 $\varepsilon_v$ 为 0，表明裂缝开展引起的体积增大已经抵消了此前混凝土的压缩变形。继续增大应变，试件表面相继出现多条不连续的纵向裂缝，试件承载力迅速下降。到达 $E$ 点时[$\varepsilon \approx (2 \sim 3)\varepsilon_p$，$\sigma \approx (0.4 \sim 0.6)f_c$]，在试件表面出现宏观斜裂缝，并逐步贯通。此后，试件内部承受正应力和剪应力的综合作用，随加载应变值的增大，前述斜裂缝逐渐形成破损带，试件残余承载力缓慢下降。当应变 $\varepsilon$ 达到 $6\varepsilon_p$时，残余强度为$(0.1 \sim 0.4)f_c$，在更大的应变下，试件的残余强度仍未完全消失。

对于不同强度的混凝土，其应力-应变曲线的形状是相似的（图 1-34）。混凝土的强度越高，其应力峰值所对应的应变值也高，相应地，其曲线下降段也更为陡峭。

采用 X 光摄像技术观测到的混凝土单轴受压的裂缝过程如图 1-35 所示[1-26]。在这一组试验中，采用了理想化的圆形骨料，普通骨料的观测结果与圆形骨料大体相同。

由上述分析可知，正确的单轴受压本构方程应当针对图 1-33 中 $E$ 点之前的曲线建立。在 $E$ 点之后，由于斜裂缝的产生，混凝土内部处于复杂应力状态，无法用单轴本构模型反映。

采用现象学的方式拟合混凝土单轴受压本构关系，可以给出多种形式。表 1-10 列出了一些代表性的本构方程[1-26]。常用的有 Sargin 模型、Hogenestad 模型和过镇海模型。

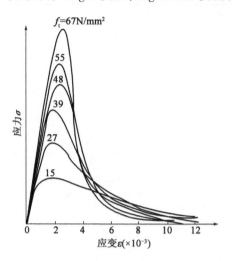

图 1-34 不同抗压强度混凝土的应力-应变关系曲线

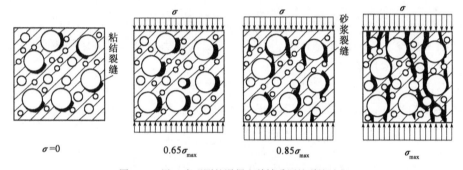

图 1-35 用 X 光观测的混凝土单轴受压的裂缝过程

**混凝土受压应力-应变全曲线方程** 表 1-10

| 函数类型 | 表 达 式 | 建 议 者 |
|---|---|---|
| 多项式 | $\sigma = c_1 \varepsilon^m$ | Bach |
| | $y = 2x - x^2$ | Hognestad |
| | $\sigma_1 = c_1 \varepsilon + c_2 \varepsilon^m$ | Sturman |
| | $\varepsilon = \dfrac{\sigma}{E_0} + c_1 \sigma^n$ | Terzaghi |
| | $\varepsilon = \dfrac{\sigma}{E_0} + c_1 \dfrac{\sigma}{c_2 - \sigma}$ | Ros |
| | $\sigma^2 + c_1 \varepsilon^2 + c_2 \sigma \varepsilon + c_3 \sigma + c_4 \varepsilon = 0$ | Kriz-Lee |
| 指数式 | $y = x \mathrm{e}^{1-x}$ | Sahlin 等 |
| | $y = 6.75(\mathrm{e}^{-0.812x} - \mathrm{e}^{-1.218x})$ | Umemura |
| 三角函数 | $y = \sin\left(\dfrac{\pi}{2}x\right)$ | Young |
| | $y = \sin\left[\dfrac{\pi}{2}(-0.27\,|\,x-1\,|+0.73x+0.27)\right]$ | Okayama |

| 函数类型 | 表达式 | 建议者 |
|---|---|---|
| 有理分式 | $y = \dfrac{2x}{1 + 2x^2}$ | Desayi 等 |
| | $y = \dfrac{(c_1 + 1)x}{c_1 + x^n}$ | Tulin-Gerstle |
| | $\sigma = \dfrac{c_1 \varepsilon}{(\varepsilon + c_2)^2 + c_3} - c_4 \varepsilon$ | Alexander |
| | $y = \dfrac{x}{c_1 + c_2 x + c_3 x^2 + c_4 x^4}$ | Saenz |
| | $y = \dfrac{c_1 x + (c_2 - 1)x^2}{1 + (c_1 - 2)x + c_2 x^2}$ | Sargin |

| 分段式 | 上升段 $0 \leqslant x \leqslant 1$ | 下降段 $x \geqslant 1$ | |
|---|---|---|---|
| | $y = 2x - x^2$ | $y = 1 - 0.15 \dfrac{x-1}{x_u - 1}$ | Hognestad |
| | $y = 2x - x^2$ | $y = 1$ | Rusch |

Sargin 模型用一个有理分式拟合单轴受压应力-应变曲线,表达式为:[1-27]

$$\sigma = \frac{A(\varepsilon/\varepsilon_p) + (D - 1)(\varepsilon/\varepsilon_p)^2}{1 + (A - 2)(\varepsilon/\varepsilon_p) + D(\varepsilon/\varepsilon_p)^2} \cdot f_c \tag{1-42}$$

式中,$A = E_0/E_p$,$E_0$ 为初始弹性模量,$E_p = f_c/\varepsilon_p$ 为应力达到 $f_c$ 时的割线模量;$D$ 为控制曲线形状的参数,取 $0 \leqslant D \leqslant 1$。

不同 $D$ 值下的应力-应变曲线如图 1-36 所示。$D$ 值对曲线上升段的影响较小,主要影响曲线下降段。在欧洲混凝土模式规范 CEB-FIP MC90 中[1-25],取 $D = 0$,即简化的 Sargin 公式为:

$$\sigma = \frac{E_0 \varepsilon/E_p \varepsilon_p - (\varepsilon/\varepsilon_p)^2}{1 + (E_0/E_p - 2)(\varepsilon/\varepsilon_p)} \cdot f_c \tag{1-43}$$

Hognestad 模型采用分段表达式反映混凝土单轴受压应力-应变关系,表达式为:[1-28]

$$\sigma = \left[ 2\frac{\varepsilon}{\varepsilon_p} - \left(\frac{\varepsilon}{\varepsilon_p}\right)^2 \right] \cdot f_c \qquad (0 \leqslant \varepsilon \leqslant \varepsilon_p) \tag{1-44}$$

$$\sigma = \left( 1 - 0.15 \frac{\varepsilon - \varepsilon_p}{\varepsilon_u - \varepsilon_p} \right) \cdot f_c \qquad (\varepsilon_p \leqslant \varepsilon \leqslant \varepsilon_u) \tag{1-45}$$

式中:$\varepsilon_u$——计算用混凝土受压极限应变,通常取 $\varepsilon_u = 0.0033$。

Hognestad 模型的曲线形式如图 1-37 所示,这一模型在北美洲地区应用广泛。

在试验研究和对受压应力-应变全曲线的几何特征分析的基础上,过镇海等建议的混凝土单轴受压应力-应变关系表达式为:[1-29]

$$\sigma = \left[ \alpha_a \frac{\varepsilon}{\varepsilon_p} + (3 - 2\alpha_a)\left(\frac{\varepsilon}{\varepsilon_p}\right)^2 + (\alpha_a - 2)\left(\frac{\varepsilon}{\varepsilon_p}\right)^3 \right] \cdot f_c \qquad (0 \leqslant \varepsilon \leqslant \varepsilon_p) \tag{1-46}$$

$$\sigma = \frac{\varepsilon/\varepsilon_p}{\alpha_d (\varepsilon/\varepsilon_p - 1)^2 + \varepsilon/\varepsilon_p} \cdot f_c \qquad (\varepsilon \geqslant \varepsilon_p) \tag{1-47}$$

式中,$\alpha_a = E_0/E_p$,一般 $1.5 \leqslant \alpha_a \leqslant 3.0$,当 $\alpha_a = 2$ 时,式(1-46)退化为抛物线形式,即 Hognestad 模型中的上升段[式(1-44)];$\alpha_d$ 为下降段参数,常取 $0.4 \leqslant \alpha_d \leqslant 2.0$。对 $\alpha_a$、$\alpha_d$ 赋以不同的数值,可以给出不同的受压应力-应变曲线(图 1-38)。对于不同强度等级的混凝土,$\alpha_a$、$\alpha_d$ 可参考表 1-11 选用。我国规范采用了过镇海模型作为单轴受压本构模型。

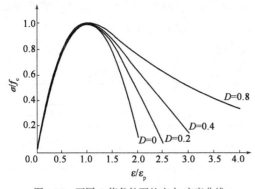

图 1-36 不同 $D$ 值条件下的应力-应变曲线

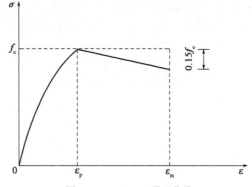

图 1-37 Hognestad 模型曲线

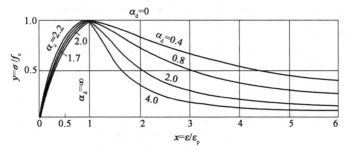

图 1-38 混凝土单轴受压应力-应变全曲线

全曲线方程参数选用表 表 1-11

| 强 度 等 级 | 使用水泥标号 | $\alpha_a$ | $\alpha_d$ | $\varepsilon_p$ ( $\times 10^{-3}$ ) |
|---|---|---|---|---|
| C20、C30 | 3.25 | 2.2 | 0.4 | 1.40 |
| | 3.25 | 1.7 | 0.8 | 1.60 |
| C40 | 3.25 | 1.7 | 2.0 | 1.80 |

　　在上述单轴受压应力-应变本构模型中,除抗压强度 $f_c$ 之外,峰值应变 $\varepsilon_p$ 也是一个关键参数。一般来说, $\varepsilon_p$ 随混凝土立方体抗压强度 $f_{cu}$ ( 或棱柱体抗压强度 $f_c$ ) 的增加而增长 (图 1-39),但具有明显的离散性。这种离散性主要是由混凝土材料分布及损伤演化的随机性引起的。表 1-12 给出了不同研究者所给出的 $\varepsilon_p$-$f_{cu}$ 之间的经验均值关系。图 1-39 给出了文

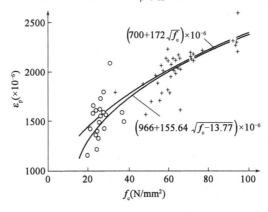

图 1-39 峰值应变与棱柱体强度

献[1-24]所建议的经验均值关系。显然,在结构非线性有限元分析中,采用均值经验关系难以正确反映混凝土结构中真实的应力和变形分布。类似的问题也表现在$f_c$的取值上。

**混凝土受压峰值应变计算式**　　　　表1-12

| 建 议 者 | 计算式 $\varepsilon_p(\times 10^{-3})$ | 建 议 者 | 计算式 $\varepsilon_p(\times 10^{-3})$ |
|---|---|---|---|
| Ros | $\varepsilon_p = 0.546 + 0.0291 f_{cu}$ | 匈牙利 | $\varepsilon_p = \dfrac{f_{cu}}{7.9 + 0.395 f_{cu}}$ |
| Emperger | $\varepsilon_p = 0.232\sqrt{f_{cu}}$ | Saenx | $\varepsilon_p = (1.028 - 0.108\sqrt[4]{f_{cu}})\sqrt[4]{f_{cu}}$ |
| Brandtzseg | $\varepsilon_p = \dfrac{f_{cu}}{5.97 + 0.26 f_{cu}}$ | 林-王 | $\varepsilon_p = 0.833 + 0.121\sqrt{f_{cu}}$ |

混凝土弹性模量是材料变形性能的另一个主要指标。在确定了应力-应变本构方程的基本形式之后,需要计算任意点的切线模量和割线模量。然而,在工程中尤其是在进行结构线弹性分析或构件变形计算时,通常使用一个标定的混凝土弹性模量。一般而言,混凝土弹性模量随混凝土强度($f_c$或$f_{cu}$)的增加而增长,但存在明显的离散性(图1-40)。这种离散性,同样是由混凝土材料分布及损伤演化的随机性引起的。

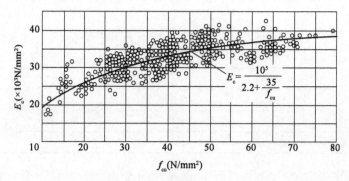

图1-40　弹性模量和立方强度

与单调加载条件下的应力-应变关系研究相比较,混凝土在重复加载条件下的应力-应变关系研究还远未成熟。图1-41是一典型的重复受压试验应力-应变曲线。现有研究表明:重复荷载下混凝土应力-应变曲线的外包络线与单调加载的全曲线大体相同[1-30,1-31]。因此,可以采用单调加载条件下的应力-应变关系表达重复荷载条件下的应力-应变曲线外包络线。而重复荷载条件下应力-应变关系中的应力卸载与再加载曲线,则存在各类不同的经验表达方式[1-31]。

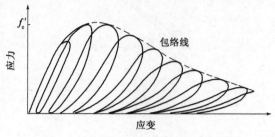

图1-41　低周反复循环加载的应力-应变曲线

### 1.2.2 理论物理模型——混凝土多轴受力本构关系

1）线弹性本构模型

线弹性本构模型是最简单、最基本的材料本构模型。材料变形（应变）在加载和卸载时都沿同一直线变化（图1-42），完全卸载后无残余变形。即应力和应变有确定的唯一关系，其比值为材料的弹性常数，称为弹性模量。

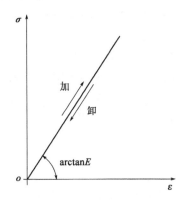

图1-42 线弹性应力-应变关系

线弹性本构关系是弹性力学的物理基础。它是迄今发展最成熟的材料本构模型，也是其他类本构模型的基础和特例。基于线弹性本构关系的结构二维和三维有限元分析程序已有许多成功的范例，如 SAP、ADINA、ANSYS 等在工程中已使用多年。

当然，混凝土的变形特性，包括单轴应力状态及多轴应力状态下的应力-应变曲线，都是非线性的，从原则上讲线弹性本构模型不能适用。但是在一些特定情况下，采用线弹性模型进行分析不失为一种简捷、有效的手段。例如：①混凝土的应力水平较低，内部微裂缝和塑性变形未有较大发展时；②预应力结构或受约束结构开裂之前；③体形复杂结构的初步分析或近似计算时；④有些结构选用不同的本构模型，对计算结果不敏感，等等。至今国内外已建成的所有混凝土结构中，绝大部分都是按照线弹性本构模型进行内力分析后设计和配筋建造的。工程实践证明，这样做可使结构具有必要的，甚至稍高的承载力安全度。设计规范如文献[1-1]中允许采用此类本构模型。

考虑到材料性能的方向性差异，可建立不同复杂程度的线弹性本构模型。

（1）各向异性本构模型

结构中任何一点都有 6 个应力分量，相应地就有 6 个应变分量。如果各应力和应变分量间的弹性常数都不同，其本构关系的一般式为：

$$
\begin{Bmatrix} \sigma_{11} \\ \sigma_{22} \\ \sigma_{33} \\ \hdashline \tau_{12} \\ \tau_{23} \\ \tau_{31} \end{Bmatrix} = \left[ \begin{array}{ccc:ccc} c_{11} & c_{12} & c_{13} & c_{14} & c_{15} & c_{16} \\ c_{21} & c_{22} & c_{23} & c_{24} & c_{25} & c_{26} \\ c_{31} & c_{32} & c_{33} & c_{34} & c_{35} & c_{36} \\ \hdashline c_{41} & c_{42} & c_{43} & c_{44} & c_{45} & c_{46} \\ c_{51} & c_{52} & c_{53} & c_{54} & c_{55} & c_{56} \\ c_{61} & c_{62} & c_{63} & c_{64} & c_{65} & c_{66} \end{array} \right] \begin{Bmatrix} \varepsilon_{11} \\ \varepsilon_{22} \\ \varepsilon_{33} \\ \hdashline \gamma_{12} \\ \gamma_{23} \\ \gamma_{31} \end{Bmatrix} \tag{1-48}
$$

这里已经取 $\tau_{12} = \tau_{21}$、$\tau_{23} = \tau_{32}$、$\tau_{31} = \tau_{13}$ 和 $\gamma_{12} = \gamma_{21}$、$\gamma_{23} = \gamma_{32}$、$\gamma_{31} = \gamma_{13}$。式(1-48)可简写为：

$$\left\{\begin{array}{c} \sigma_{ii} \\ \hline \sigma_{ij} \end{array}\right\} = \left[\begin{array}{c|c} E_{ii,ii} & Y_{ii,ij} \\ \hline H_{ij,ii} & G_{ij,ij} \end{array}\right] \left\{\begin{array}{c} \varepsilon_{ii} \\ \hline \gamma_{ij} \end{array}\right\} \tag{1-49}$$

式中:$E_{ii,ii}$——正应力 $\sigma_{ii}$ 和正应变 $\varepsilon_{ii}$ 之间的刚度系数,即弹性模量;

$G_{ij,ij}$——剪应力 $\tau_{ij}$ 和剪应变 $\gamma_{ij}$ 之间的刚度系数,即剪切模量;

$Y_{ii,ij}$——正应力 $\sigma_{ii}$ 和剪应变 $\gamma_{ij}$ 之间的刚度系数;

$H_{ij,ii}$——剪应力 $\tau_{ij}$ 和正应变 $\varepsilon_{ii}$ 之间的刚度系数,后两者都称为耦合变形模量。

这一本构模型中的刚度矩阵不对称,共有 $6 \times 6 = 36$ 个材料弹性常数(模量)。

(2)正交异性本构模型

对于正交异性材料,正应力作用下不产生剪应变($Y_{ii,ij} = \infty$),剪应力作用下不产生正应变($H_{ij,ii} = \infty$),且不在其他平面产生剪应变。本构模型可以分解简化为:

$$\left\{\begin{array}{c} \sigma_{11} \\ \sigma_{22} \\ \sigma_{33} \end{array}\right\} = \left[\begin{array}{ccc} c_{11} & c_{12} & c_{13} \\ c_{21} & c_{22} & c_{23} \\ c_{31} & c_{32} & c_{33} \end{array}\right] \left\{\begin{array}{c} \varepsilon_{11} \\ \varepsilon_{22} \\ \varepsilon_{33} \end{array}\right\} \tag{1-50}$$

$$\left\{\begin{array}{c} \tau_{12} \\ \tau_{23} \\ \tau_{31} \end{array}\right\} = \left[\begin{array}{ccc} c_{44} & 0 & 0 \\ 0 & c_{55} & 0 \\ 0 & 0 & c_{66} \end{array}\right] \left\{\begin{array}{c} \gamma_{12} \\ \gamma_{23} \\ \gamma_{31} \end{array}\right\} \tag{1-51}$$

其中,式(1-50)中的刚度矩阵对称,只含 6 个独立常数,式(1-51)中含 3 个常数,故正交异性本构模型中的弹性常数减少为 9 个。

若材料的弹性常数用熟知的工程量 $E$、$\nu$ 和 $G$ 等表示,建立的本构关系即广义虎克定律为:

$$\left\{\begin{array}{c} \varepsilon_{11} \\ \varepsilon_{22} \\ \varepsilon_{33} \end{array}\right\} = \left[\begin{array}{ccc} \dfrac{1}{E_1} & -\dfrac{\nu_{12}}{E_2} & -\dfrac{\nu_{13}}{E_3} \\ -\dfrac{\nu_{21}}{E_1} & \dfrac{1}{E_2} & -\dfrac{\nu_{23}}{E_3} \\ -\dfrac{\nu_{31}}{E_1} & -\dfrac{\nu_{32}}{E_2} & \dfrac{1}{E_3} \end{array}\right] \left\{\begin{array}{c} \sigma_{11} \\ \sigma_{22} \\ \sigma_{33} \end{array}\right\} \tag{1-52}$$

$$\left\{\begin{array}{c} \gamma_{12} \\ \gamma_{23} \\ \gamma_{31} \end{array}\right\} = \left[\begin{array}{ccc} \dfrac{1}{G_{12}} & 0 & 0 \\ 0 & \dfrac{1}{G_{23}} & 0 \\ 0 & 0 & \dfrac{1}{G_{31}} \end{array}\right] \left\{\begin{array}{c} \tau_{12} \\ \tau_{23} \\ \tau_{31} \end{array}\right\} \tag{1-53}$$

式中:$E_1$、$E_2$、$E_3$——3 个垂直方向的弹性模量;

$G_{12}$、$G_{23}$、$G_{31}$——3 个垂直方向的剪切模量;

$\nu_{12}$——应力 $\sigma_{12}$ 对 $\sigma_{11}$ 方向的横向变形系数,即泊松比;

$\nu_{23}$、$\nu_{31}$ 等类推。

式(1-52)中的柔度矩阵对称,故

$$E_1\nu_{12} = E_2\nu_{21}, \quad E_2\nu_{23} = E_3\nu_{32}, \quad E_3\nu_{31} = E_1\nu_{13} \tag{1-54}$$

本构模型中的独立弹性常数也是 9 个。

(3)各向同性本构模型

各向同性材料三个方向的弹性常数值相等,式(1-52)简化为:

$$\begin{Bmatrix} \varepsilon_{11} \\ \varepsilon_{22} \\ \varepsilon_{33} \end{Bmatrix} = \begin{bmatrix} \dfrac{1}{E} & -\dfrac{\nu}{E} & -\dfrac{\nu}{E} \\ -\dfrac{\nu}{E} & \dfrac{1}{E} & -\dfrac{\nu}{E} \\ -\dfrac{\nu}{E} & -\dfrac{\nu}{E} & \dfrac{1}{E} \end{bmatrix} \begin{Bmatrix} \sigma_{11} \\ \sigma_{22} \\ \sigma_{33} \end{Bmatrix} \tag{1-55}$$

$$\begin{Bmatrix} \gamma_{12} \\ \gamma_{23} \\ \gamma_{31} \end{Bmatrix} = \dfrac{1}{G} \begin{Bmatrix} \tau_{12} \\ \tau_{23} \\ \tau_{31} \end{Bmatrix} \tag{1-56}$$

式中只有 3 个弹性常数,即 $E$、$\nu$ 和 $G$。由于

$$G = \dfrac{E}{2(1 + \nu)} \tag{1-57}$$

独立的弹性常数只有 2 个,即 $E$ 和 $\nu$。

对式(1-55)、式(1-56)求逆,可得用刚度矩阵表示的应力-应变关系:

$$\begin{Bmatrix} \sigma_{11} \\ \sigma_{22} \\ \sigma_{33} \\ \tau_{12} \\ \tau_{23} \\ \tau_{31} \end{Bmatrix} = \dfrac{E}{(1+\nu)(1-2\nu)} \left[ \begin{array}{ccc:ccc} 1-\nu & \nu & \nu & & & \\ \nu & 1-\nu & \nu & & 0 & \\ \nu & \nu & 1-\nu & & & \\ \hdashline & & & \dfrac{1-\nu}{2} & 0 & 0 \\ & 0 & & 0 & \dfrac{1-\nu}{2} & 0 \\ & & & 0 & 0 & \dfrac{1-\nu}{2} \end{array} \right] \begin{Bmatrix} \varepsilon_{11} \\ \varepsilon_{22} \\ \varepsilon_{33} \\ \gamma_{12} \\ \gamma_{23} \\ \gamma_{31} \end{Bmatrix} \tag{1-58}$$

这就是弹性力学中的一般本构关系。

将此线弹性本构模型用于混凝土,只需测定或给出弹性模量 $E$ 和泊松比 $\nu$ 的值,就可用有限元方法分析各种混凝土结构。

2)非线弹性本构模型

线弹性本构模型总体上并不适用于非线性的混凝土材料,使得分析时的应用范围和计算精度受到限制,因而发展和建立了混凝土的非线弹性类本构模型。它们反映了混凝土应力-应变曲线的非线性特点,采用了逐渐退化(递减)的弹性常数,前述的线弹性本构模型基本计算式均可应用。

非线弹性本构关系的基本特征如图 1-43 所示。加载时,变形按一定规律非线性增长,刚度逐渐减小;卸载时,应变沿原曲线返回,无残余应变。

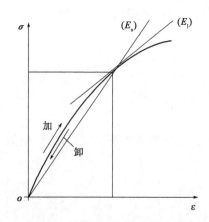

图 1-43　非线弹性的应力-应变关系

　　此类本构模型能够反映混凝土受力变形的非线性;计算式和参数值都来自试验数据的回归分析,在单调比例加载情况下有较高的计算精度;模型表达式简明、直观,易于理解和应用,因而在工程中应用最广泛。但其因卸载后无残余变形,即加卸载路线一致,不能应用于卸载、加卸载循环和非比例加载等情况。

　　这类模型目前已有很多,其表达式和计算方法各异,适用应力范围和计算精度有别。表 1-13列出了一些代表性的本构模型,详细内容可查阅有关文献。

非线弹性混凝土本构模型　　表 1-13

| 类型 | 作　者 | 维数 | 物理量 | 模量形式 | 适用范围 | 应力途径 | 参数确定方法 | 破坏准则 | 文献 |
|---|---|---|---|---|---|---|---|---|---|
| 各向同性 | Kupfer/Gerstle | 2、3C① | $K$、$G$ | 割线 | 上升段 | 单调 | 试验拟合 | — | [1-34] |
| | Romstad/Taylor/Herrmann | 2 | $E$、$\nu$ | 切线 | 上升段 | 单调 | 分段给定 | 折线 | [1-35] |
| | Palaniswamy/Shah | 3 | $K$、$\nu$ | 切线 | 稳定裂缝前 | 单调 | 试验拟合 | — | [1-36] |
| | Cedolin/Crutzen/DeiPoli | 3 | $K$、$G$ | 割、切线 | 上升段 | 单调 | 试验拟合 | 折线 | [1-37] |
| | Ottosen | 3 | $E$、$\nu$ | 割线 | 全曲线 | 单调 | 等效单轴 | Ottosen | [1-38][1-39] |
| 正交异性 | Liu/Nilson/Slate | 2C① | $E_1$、$E_2$、$\nu$ | 切线 | 上升段 | 单调 | 等效单轴 | 折线 | [1-40] |
| | Tasuji/Slate/Nilson | 2 | $E_1$、$E_2$、$\nu$ | 切线 | 上升段 | 单调 | 等效单轴 | 折线 | [1-41] |
| | Darwin/Pecknold | 2 | $E_1$、$E_2$、$\nu$ | 切线 | 上升段 | 单调 | 等效单轴 | Kupfer | [1-42] |
| | Elwi/Murray | 3 | $E_1$、$E_2$、$E_3$、$\nu$ | 切线 | 全曲线 | 单调 | 等效单轴 | Willsrn-Warnke | [1-43] |
| 各向异性 | Korsovos/Newman | 3 | $K$、$G$、$H$ | 割、切线 | 稳定裂缝前 | 非比例 | 试验拟合 | 折线 | [1-44] |
| | Kotsovos | 3 | $K$、$G$、$H$ | 割、切线 | 全曲线 | 非比例 | 试验拟合 | — | [1-45] |
| | Gerstle | 2、3 | $K$、$G$、$H$ | 切线 | 上升段 | 非比例 | 试验拟合 | — | [1-46]、[1-47] |
| | Stankowski/Gerstle | 3 | $K$、$G$、$H$、$Y$ | 切线 | 上升段 | 非比例 | 试验拟合 | | [1-48] |

注:①只适用于多轴受压应力状态。

（1）Ottosen 的三维各向同性全量模型[1-37]

引入一非线性指数 $\beta$ 表示当前应力（$\sigma_1$、$\sigma_2$、$\sigma_3$）距破坏包络面的远近,以反映塑性变形的发展程度。假定主应力 $\sigma_1$ 和 $\sigma_2$ 值保持不变,$\sigma_3$（压应力）增大至 $f_3$ 时混凝土破坏,则:

$$\beta = \frac{\sigma_3}{f_3} \tag{1-59}$$

混凝土的多轴应力-应变关系仍采用单轴受压的 Sargin 方程

$$-\frac{\sigma}{f_c} = \frac{A\left(\dfrac{\varepsilon}{\varepsilon_c}\right) + (D-1)\left(\dfrac{\varepsilon}{\varepsilon_c}\right)^2}{1 + (A-2)\left(\dfrac{\varepsilon}{\varepsilon_c}\right) + D\left(\dfrac{\varepsilon}{\varepsilon_c}\right)^2} \tag{1-60}$$

以多轴应力状态的相应应力值代替

$$\left. \begin{array}{l} -\dfrac{\sigma}{f_c} = \dfrac{-\sigma}{f_3} = \beta, \quad A = \dfrac{E_0}{E_p} = \dfrac{E_i}{E_f} \\[3mm] \dfrac{\varepsilon}{\varepsilon_c} = \dfrac{\varepsilon}{\varepsilon_f} = \dfrac{\sigma/E_s}{f_3/E_f} = \beta\dfrac{E_f}{E_s} \end{array} \right\} \tag{1-61}$$

式中各符号的意义见图 1-44。将式（1-61）代入式（1-60）后,可得混凝土的多轴割线模量:

$$E_s = \frac{E_i}{2} - \beta\left(\frac{E_i}{2} - E_f\right) \pm \sqrt{\left[\frac{E_i}{2} - \beta\left(\frac{E_i}{2} - E_i\right)\right]^2 + E_f^2\beta\left[D(1-\beta) - 1\right]} \tag{1-62}$$

式中:$E_i$——混凝土的初始弹性模量;

$E_f$——多轴峰值割线模量。

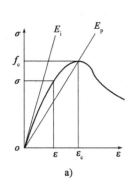
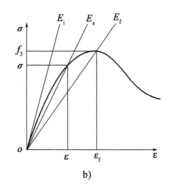
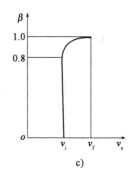

图 1-44 Ottosen 本构模型

a）单轴受压 $\sigma\text{-}\varepsilon$ 关系;b）多轴 $\sigma\text{-}\varepsilon$ 关系;c）泊松比

$$E_f = \frac{E_p}{1 + 4(A-1)x} \tag{1-63}$$

式中:$E_p$——单轴受压的峰值割线模量;

$$A = \frac{E_0}{E_p} > \frac{4}{3}$$

$$x = \frac{\sqrt{J_{2f}}}{f} - \frac{1}{\sqrt{3}} \geqslant 0$$

割线泊松比（$\nu_s$）值随 $\beta$ 的变化如图 1-44c）所示,计算式为:

$$\left. \begin{array}{ll} \beta \leqslant 0.8 & \nu_s = \nu_i = \text{常数} \\ 0.8 < \beta \leqslant 1.0 & \nu_s = \nu_f - (\nu_f - \nu_i)\sqrt{1 - (5\beta - 4)^2} \end{array} \right\} \quad (1\text{-}64)$$

其中泊松比的初始值和峰值可取 $\nu_i = 0.2$、$\nu_f = 0.36$。

将不同应力值或 $\beta$ 值下的 $E_s$ 和 $\nu_s$ 代入式(1-58),即为混凝土的各向同性本构模型。

(2)Darwin-Pecknold 的二维正交异性增量模型[1-40]

正交异性材料的二维应力-应变关系增量式,由式(1-52)和式(1-53)简化为:

$$\begin{Bmatrix} \mathrm{d}\varepsilon_{11} \\ \mathrm{d}\varepsilon_{22} \end{Bmatrix} = \begin{bmatrix} \dfrac{1}{E_1} & \dfrac{\nu_2}{E_2} \\ \dfrac{\nu_1}{E_1} & \dfrac{1}{E_2} \end{bmatrix} \begin{Bmatrix} \mathrm{d}\sigma_{11} \\ \mathrm{d}\sigma_{22} \end{Bmatrix}$$

$$\left. \begin{array}{c} \\ \mathrm{d}\gamma_{12} = \dfrac{1}{G}\mathrm{d}\tau_{12} \end{array} \right\} \quad (1\text{-}65)$$

若取

$$\left. \begin{array}{c} \nu_1 E_2 = \nu_2 E_1 \\ \nu = \sqrt{\nu_1 \nu_2} \end{array} \right\} \quad (1\text{-}66)$$

矩阵求逆后得:

$$\begin{Bmatrix} \mathrm{d}\sigma_{11} \\ \mathrm{d}\sigma_{22} \\ \mathrm{d}\tau_{12} \end{Bmatrix} = \frac{1}{1 - \nu^2} \begin{bmatrix} E_1 & \nu\sqrt{E_1 E_2} & 0 \\ \nu\sqrt{E_1 E_2} & E_2 & 0 \\ 0 & 0 & \dfrac{1}{4}(E_1 + E_2 - 2\nu\sqrt{E_1 E_2}) \end{bmatrix} \begin{Bmatrix} \mathrm{d}\varepsilon_{11} \\ \mathrm{d}\varepsilon_{22} \\ \mathrm{d}\gamma_{12} \end{Bmatrix} \quad (1\text{-}67)$$

则主应力方向为:

$$\begin{Bmatrix} \mathrm{d}\sigma_1 \\ \mathrm{d}\sigma_2 \end{Bmatrix} = \frac{1}{1 - \nu^2} \begin{bmatrix} E_1 & \nu\sqrt{E_1 E_2} \\ \nu\sqrt{E_1 E_2} & E_2 \end{bmatrix} \begin{Bmatrix} \mathrm{d}\varepsilon_1 \\ \mathrm{d}\varepsilon_2 \end{Bmatrix} \quad (1\text{-}68)$$

以柔度矩阵表示为:

$$\begin{Bmatrix} \mathrm{d}\varepsilon_1 \\ \mathrm{d}\varepsilon_2 \end{Bmatrix} = \begin{Bmatrix} \dfrac{1}{E_1} & -\dfrac{\nu}{\sqrt{E_1 E_2}} \\ -\dfrac{\nu}{\sqrt{E_1 E_2}} & \dfrac{1}{E_2} \end{Bmatrix} \begin{Bmatrix} \mathrm{d}\sigma_1 \\ \mathrm{d}\sigma_2 \end{Bmatrix} \quad (1\text{-}69)$$

式中:$\nu$——多轴状态的等效泊松比;

$E_1$、$E_2$——各主方向的切线弹性模量,数值不等。

材料在多轴应力状态下的应变,除了本方向应力直接产生的应变外,还包括了其他方向应力的横向变形影响,即泊松效应,试验中量测的结果也是如此。由于式中已引入泊松比($\nu$),故 $E_i(i=1,2)$ 应该只反映多轴应力状态下的本方向的应力-应变关系。这种关系既非试验量测所得的多轴应力-应变关系,又不同于材料的纯粹单轴(压或拉)应力-应变关系,其应力峰值为多轴强度($f_i \neq f_c$ 或 $f_t$),相应的应变也不等于单轴峰值应变($\varepsilon_{if} \neq \varepsilon_p, \varepsilon_{t,p}$),故称为等效单轴应力-应变关系。当多轴应力状态退化为单轴应力状态时,等效单轴应力-应变关系显然为单轴应力-应变关系。

Darwin-Pecknold 本构模型中,将混凝土的等效单轴应力-应变关系取为 Saenz 的单轴受压应力-应变关系(图 1-45),其曲线方程为:

$$\sigma = \frac{\varepsilon E_0}{1 + \left(\dfrac{E_0}{E_2} - 2\right)\left(\dfrac{\varepsilon}{\varepsilon_p}\right) + \left(\dfrac{\varepsilon}{\varepsilon_p}\right)^2} \tag{1-70}$$

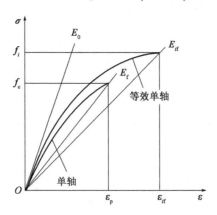

图 1-45 单轴和等效单轴应力-应变曲线

对于二轴应力状态,需将式中的应变改为等效单轴应变,式(1-70)变为:

$$\sigma_i = \frac{\varepsilon_{iu} E_0}{1 + \left(\dfrac{E_0}{E_{if}} - 2\right)\left(\dfrac{\varepsilon_{iu}}{\varepsilon_{if}}\right) + \left(\dfrac{\varepsilon_{iu}}{\varepsilon_{if}}\right)^2} \qquad (i = 1,2) \tag{1-71}$$

对此式求导数,得到切线模量:

$$E_i = \frac{\mathrm{d}\sigma_i}{\mathrm{d}\varepsilon_{iu}} = \frac{\left[1 - \left(\dfrac{\varepsilon_{iu}}{\varepsilon_{if}}\right)^2\right] E_0}{\left[1 + \left(\dfrac{E_0}{E_{if}} - 2\right)\left(\dfrac{\varepsilon_{iu}}{\varepsilon_{if}}\right) + \left(\dfrac{\varepsilon_{iu}}{\varepsilon_{if}}\right)^2\right]^2} \tag{1-72}$$

式中: $E_0$——混凝土的初始弹性模量;

$E_{if} = f_i/\varepsilon_{if}$——$i(=1,2)$ 方向的峰值割线模量;

$\quad f_i$——混凝土的二轴强度($f_1$、$f_2$),按合理的破坏准则计算(原建议取 Kupfer 准则);

$\quad \varepsilon_{if}$——混凝土的二轴峰值应变($\varepsilon_{1f}$、$\varepsilon_{2f}$),按经验式(表 4-10)计算。

泊松比($\nu$)按表 1-14 取值。

**Darwin-Pecknold 本构模型中的 $\varepsilon_{if}$ 和 $\nu$ 值**　　　　　表 1-14

| 应力状态 | $\varepsilon_{ic}$ | $\nu$ |
|---|---|---|
| C/C、 T/C($\sigma_2 < -0.96f_c$) | $\varepsilon_{ic} = \varepsilon_p\left(3\dfrac{f_i}{f_c} - 2\right)$ | 0.2 |
| T/C ($\sigma_2 > -0.96f_c$) | $\varepsilon_{2f} = \varepsilon_p\left[-1.6\left(\dfrac{f_i}{f_c}\right)^3 + 2.25\left(\dfrac{f_i}{f_c}\right)^2 + 0.35\left(\dfrac{f_i}{f_c}\right)^3\right]$ $\varepsilon_{1f} = 150 \times 10^{-6}$ | $0.2 + 0.6\left(\dfrac{f_i}{f_c}\right)^4 + 0.4\left(\dfrac{f_i}{f_c}\right)^4$ ($< 0.99$) |
| T/T | $\varepsilon_{1f} = 150 \times 10^{-6}$ | 0.2 |

我国规范建议"采用非线弹性的正交异性模型"或"经过验证的其他本构模型",但未给出明确的具体模型。

(3)过镇海、徐焱等的正交异性模型[1-7,1-47,1-48]

此模型的主要特点是引入了拉应力指标以区分不同应力状态下的混凝土破坏形态,给出了相应的等效单轴应力-应变曲线方程,以及按照不同的试验规律赋予受压和受拉泊松比值,合理地反映了混凝土多轴变形的特点。

拉应力指标定义为拉应力矢量(分子)与总应力矢量(分母)的比值:

$$\alpha = \sqrt{\frac{\sum_i (\delta_i \sigma_i)^2}{\sum_i \sigma_i^2}} \tag{1-73}$$

当 $\sigma_i \leqslant 0$ 时, $\delta_i = 0$;当 $\sigma_i > 0$ 时, $\delta_i = 1$。显然,纯受压应力状态(C、C/C、C/C/C)时, $\alpha = 0$,纯受拉应力状态(T、T/T、T/T/T)时, $\alpha = 1$,而多轴拉/压应力状态(T/C、T/C/C、T/T/C)时, $0 < \alpha < 1$。

当拉应力指标达到一临界值 $\alpha_t$ 时,混凝土将发生拉断破坏。统计试验数据后发现,此临界值的变化范围为 $\alpha_t = 0.05 \sim 0.09$。本构模型中建议采用偏低值。

$$\alpha_t = 0.05 \tag{1-74}$$

即当 $\alpha \geqslant 0.05$ 时混凝土为拉断破坏,当 $\alpha < 0.05$ 时为其他破坏形态(表1-15)。

等效单轴应力-应变曲线方程的参数值      表1-15

| 多轴应力状态 | 拉应力指标 | 破坏形态 | $n$ | $A$ | $B$ | $C$ |
|---|---|---|---|---|---|---|
| T、T/T、T/T/T | $\alpha = 1$ | 拉断 | 6 | 1.2 | 0 | -0.2 |
| T/T/C | $\alpha \geqslant \alpha_1$ | | | | | |
| T/C、T/C/C | $\alpha < \alpha_2$ | 柱状压坏<br>片状劈裂 | 3 | 2.2 | -1.4 | 0.2 |
| C、C/C、<br>C/C/C ($\sigma_1/\sigma_3 \leqslant 0.1$) | $\alpha = 0$ | | | | | |
| C/C/C<br>($\sigma_1/\sigma_3 > 0.1$) | $\alpha = 0$ | 斜剪破坏<br>挤压流动 | 1.2 | 式(1-82) | 式(1-81) | 式(1-81) |

应力水平指标为:

$$\beta = \frac{\tau_{oct}}{(\tau_{oct})_f} \tag{1-75}$$

式中, $\tau_{oct}$ 按当前应力( $\sigma_1$、 $\sigma_2$、 $\sigma_3$ )计算。 $(\tau_{oct})_f$ 为按比例加载( $\sigma_1:\sigma_2:\sigma_3 =$ 常数)计算得到的混凝土破坏时( $f_1$、 $f_2$、 $f_3$ )的八面体剪应力。二者的比值可反映混凝土塑性变形的发展程度。

泊松比在受压和受拉状态有不同的变化规律[1-49~1-51][图1-46a)],割线和切线泊松比( $\nu_s$、 $\nu_t$ )的计算式取为:

$$\left. \begin{array}{l} \beta \leqslant 0.8 \qquad \nu_s = \nu_t = \nu_0 \\ 0.8 < \beta < 1.0 \qquad \nu_s = \nu_{sf} - (\nu_{sf} - \nu_0)\sqrt{1 - (5\beta - 4)^2}, \\ \qquad\qquad\qquad \nu_t = \nu_{tf} - (\nu_{tf} - \nu_0)\sqrt{1 - (5\beta - 4)^2} \end{array} \right\} \tag{1-76}$$

式中，取初始值 $\nu_0 = 0.2$ ，则 $\beta = 1.0$ 时的峰值为：

$$\begin{aligned} \sigma < 0(\text{压}) & \quad \nu_{\text{sf}} = 0.36, \quad \nu_{\text{tf}} = 1.08 \\ \sigma > 0(\text{拉}) & \quad \nu_{\text{sf}} = \nu_{\text{tf}} = 0.15 \end{aligned}\right\} \tag{1-77}$$

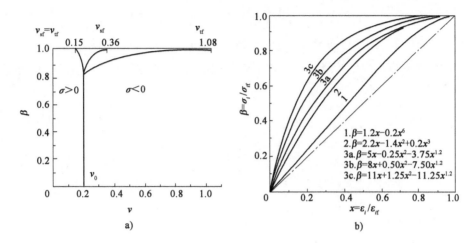

图 1-46 过镇海、徐焱等的本构模型
a)压、拉泊松比；b)等效单轴 $\sigma$-$\varepsilon$ 曲线

混凝土在单轴受压、受拉、三轴受压和多轴拉/压应力状态的应力-应变曲线的形状和数值，因破坏形态的不同而有很大差别。选用单一的曲线形状，不可能准确地模拟不同的试验曲线。本模型建议统一的应力-应变基本方程如下，但式中参数按照破坏形态分别赋值：

$$\beta = Ax + Bx^2 + Cx^n \tag{1-78}$$

式中：$\beta$——当前的应力水平指标，$\beta = \sigma_i / \sigma_{if} = \tau_{\text{oct}} / (\tau_{\text{oct}})_f$；

$x$——当前应变与等效单轴应力-应变曲线上峰值应变的比例为：

$$x = \frac{\varepsilon_i}{\varepsilon_{if}} = \frac{\sigma_i / E_{is}}{f_i / E_{if}} = \beta \frac{E_{if}}{E_{is}} \tag{1-79}$$

$E_{if}$——$i$ 方向等效单轴曲线的峰值割线模量，$E_{if} = f_i / \varepsilon_{if}$；

$E_{is}$——$i$ 方向当前应力下的割线模量，$E_{if} = \sigma_i / \varepsilon_i$。

式(1-78)应满足边界(几何)条件：

$$\begin{aligned} x = 0 \quad \beta = 0, & \quad \frac{\text{d}\beta}{\text{d}x} = A = \frac{E_0}{E_F} \\ x = 1 \quad \beta = 1, & \quad \frac{\text{d}\beta}{\text{d}x} = 0 \end{aligned}\right\} \tag{1-80}$$

得式中系数为：

$$B = \frac{n - (n-1)A}{n-2}, \quad C = \frac{A-2}{n-2} \tag{1-81}$$

独立参数只剩 $A$ 和 $n$ 。

混凝土在三轴全应力范围的应力-应变曲线，可按破坏形态或拉应力指标分为三类[图1-46b)]。三轴受压状态(C/C/C)下的 $A$ 值按下列公式计算。[1-54]

$$A = \frac{1}{0.18 + 0.086\theta + 0.0385 \left| \dfrac{\sigma_{oct}}{f_c} \right|^{-1.75}} \qquad (0 \leqslant \theta \leqslant 60°) \qquad (1\text{-}82)$$

$$A \frac{E_{if}}{E_{is}} + B\beta \left( \frac{E_{if}}{E_{is}} \right) + C\beta^{n-1} \left( \frac{E_{if}}{E_{is}} \right) - 1 = 0 \qquad (1\text{-}83)$$

式中，$E_{if} = E_0/A$。用迭代法解此式即得混凝土的多轴割线模量（$i$ 方向）$E_{is}$。

正交异性材料的本构关系用主应力和主应变表示，其一般方程同式(1-52)，式中柔度矩阵对称，即式(1-54)。

若取

$$E_1 \nu_{12} = E_2 \nu_{21}, \quad E_2 \nu_{23} = E_3 \nu_{32}, \quad E_3 \nu_{31} = E_1 \nu_{13},$$

$$\mu_{12} = \sqrt{\nu_{12}\nu_{21}}, \quad \mu_{23} = \sqrt{\nu_{23}\nu_{32}}, \quad \mu_{31} = \sqrt{\nu_{31}\nu_{13}} \qquad (1\text{-}84)$$

并对矩阵求逆，得基本方程

$$\begin{Bmatrix} \sigma_1 \\ \sigma_2 \\ \sigma_3 \end{Bmatrix} = \frac{1}{\phi} \begin{bmatrix} E_1(1 - \mu_{23}^2) & \sqrt{E_1 E_2}(\mu_{31}\mu_{23} + \mu_{12}) & \sqrt{E_1 E_3}(\mu_{12}\mu_{23} + \mu_{13}) \\ & E_2(1 - \mu_{31}^2) & \sqrt{E_2 E_3}(\mu_{12}\mu_{31} + \mu_{23}) \\ (对称) & & E_3(1 - \mu_{12}^2) \end{bmatrix} \begin{Bmatrix} \varepsilon_1 \\ \varepsilon_2 \\ \varepsilon_3 \end{Bmatrix} \quad (1\text{-}85)$$

其中：

$$\phi = 1 - \mu_{12}^2 - \mu_{23}^2 - \mu_{31}^2 - 2\mu_{12}\mu_{23}\mu_{31} \qquad (1\text{-}86)$$

这是本构模型的全量式。同样方法可推导得本构模型的增量式[1-7]。按此模型计算的多种应力状态下的混凝土应力-应变曲线，以及不同应力比例下的峰值应变值变化规律，都与试验结果相符[1-7]。

3）经典塑性力学模型

经典的塑性力学理论主要包括形变理论与增量理论。形变理论仅适用于简单加载情况，增量理论则试图描述材料在弹塑性变形过程中应力与应变速度或应变增量之间的关系。在混凝土本构关系研究中，主要是增量理论得到了应用。

增量塑性理论包括三方面的基本假定：屈服条件与破坏条件、强化法则、流动法则与加卸载准则。将这些基本假定结合起来，便可以导出弹塑性本构关系。

（1）屈服条件与破坏条件

混凝土材料的初始屈服条件和强度破坏条件将应力-应变曲线分为 3 个阶段：①当材料的应力水平未达到初始屈服条件时，曲线表现为弹性关系；②当应力水平超过初始屈服而未达到强度破坏条件时，曲线表现为弹塑性关系；③当应力水平超过破坏条件时，材料部分或全部退出工作。

在应力空间中，屈服和破坏条件表现为空间曲面，一般可表示为：

$$f(\sigma_{ij}, k) = 0 \qquad (1\text{-}87)$$

式中：$\sigma_{ij}$ ——应力状态；

$\qquad k$ ——硬化参数。

关于混凝土破坏面或强度准则已有大量的研究成果，其中具有代表性的混凝土破坏准则见表 1-16[1-24]。然而，关于混凝土初始屈服面即弹性极限曲面的研究结果却很少。这成了混凝土塑性力学研究与应用中的一个难题。

混凝土破坏准则 表 1-16

| 破坏准则 | 参数个数 | 原表达式 | 统一表达式 |
|---|---|---|---|
| Reimann | 4 | $\dfrac{\xi}{f_c} = a\left(\dfrac{r_c}{f_c}\right)^2 + b\left(\dfrac{r_c}{f_c}\right) + c, r = \phi r_c$ | $\sigma_0 = \dfrac{c}{\sqrt{3}} - \dfrac{b}{\phi}r_t - \dfrac{\sqrt{3}a}{\phi^2}r_t^2$ |
| Ottosen | 4 | $a\dfrac{J_2}{f_c^2} + \lambda\dfrac{\sqrt{J_2}}{f_c} + b\dfrac{I_1}{f_c} - 1 = 0$ | $\sigma_0 = \dfrac{1}{3b} - \sqrt{\dfrac{1}{6}}\dfrac{\lambda}{b}r_t - \dfrac{a}{2b}r_t^2$ |
| Hsieh-Ting-Chen | 4 | $a\dfrac{J_2}{f_c^2} + b\dfrac{\sqrt{J_2}}{f_c} + c\dfrac{\sigma_1}{f_c} + d\dfrac{I_1}{f_c} - 1 = 0$ | $\sigma_0 = \left(\dfrac{1}{3d} - \dfrac{c}{3d}\dfrac{\sigma_1}{f_c}\right) - \sqrt{\dfrac{1}{6}}\dfrac{b}{d}r_t - \dfrac{a}{2d}r_t^2$ |
| Podgorski | 5 | $\sigma_{oct} - c_0 + c_1 P r_{oct} + c_2\tau_{oct}^2 = 0$ | $\sigma_0 = c_0 - c_1 P \cdot r_t - c_2 f_c \cdot r_0^2$ |
| Bresier-Pister | 3 | $\dfrac{\tau_{oct}}{f_c} = a - b\dfrac{\sigma_{oct}}{f_0} + c\left(\dfrac{\sigma_{oct}}{f_c}\right)^2$ | $\tau_0 = a - b\sigma_0 + ca_0^2$ |
| Wittam-Warnke | 5 | $\theta = 0° \dfrac{\tau_{mt}}{f_c} = a_0 + a_1\dfrac{\sigma_m}{f_c} + a_2\left(\dfrac{\sigma_m}{f_c}\right)^2$  <br> $\theta = 60° \dfrac{\tau_{mt}}{f_c} = b_0 + b_1\dfrac{\sigma_m}{f_c} + b_2\left(\dfrac{\sigma_m}{f_c}\right)^2$ | $\tau_{0t} = \dfrac{a_0}{\sqrt{0.6}} + \dfrac{a_1}{\sqrt{0.6}}\sigma_0 + \dfrac{a_2}{\sqrt{0.6}}v_0^2$,  <br> $c_{0c} = \dfrac{b_0}{\sqrt{0.6}} + \dfrac{b_1}{\sqrt{0.6}}\sigma_0 + \dfrac{b_2}{\sqrt{0.6}}\sigma_0^2$ |
| Wittam-Warnke | 3 | $\dfrac{\tau_m}{f_c} = r(0)\left(1 - \dfrac{1}{\rho}\dfrac{\sigma_m}{f_c}\right)$ | $\tau_0 = \dfrac{r(\theta)}{\sqrt{0.6}} - \dfrac{r(\theta)}{\sqrt{0.6}}e\sigma_0, F = 0$ |
| Kotsovos | 5 | $\theta = 0° \dfrac{\tau_{oc1,t}}{f_c} = a\left(c - \dfrac{\sigma_{oct}}{f_c}\right)^b$  <br> $\theta = 60° \dfrac{\tau_{oc1,t}}{f_c} = d\left(c - \dfrac{\sigma_{oct}}{f_c}\right)^e$ | $G = a, H = b, \phi = c - \dfrac{\sigma_{oct}}{f_c}$,  <br> $G = d, H = e$ |
| 过-王 | 5 | $\tau_0 = a\left(\dfrac{b - \sigma_0}{c - \sigma_0}\right)^d$ | $G = a, H = d, \phi = \dfrac{b - \sigma_0}{c - \sigma_0}$ |

（2）强化法则

混凝土塑性增量理论认为，在初始屈服面与破坏面之间存在一系列的后继屈服面或加载面。强化性准则描述后继屈服面或加载面随塑性应变发展的变化情况。一般认为：对于没有反向加载的加载过程，后继屈服面从闭合形状的初始屈服面开始，随荷载增长而逐渐增大，最后达到破坏面。后继屈服面可以表示为：

$$f(\sigma_{ij}, k_1, k_2, \cdots, k_N) = 0 \tag{1-88}$$

式中：$k_1$、$k_2$、$\cdots$、$k_N$——强化参数，是塑性应变发展历史的函数，常取 $N = 1 \sim 3$。

通常采用单轴应力-应变硬化关系来校准多轴塑性硬化准则。为此，引入等效应力和等效塑性应变的概念。等效应力 $\sigma_e$ 反映加载面的大小，即硬化程度。在单轴应力状态下，$\sigma_e$ 等于

41

单轴应力。等效塑性应变 $\varepsilon_p$ 反映屈服面的大小,在单轴应力状态下,等于单轴塑性应变。

根据塑性功原理

$$dw_p = \sigma_e d\varepsilon_p \tag{1-89}$$

在多轴状态下,应有:

$$dw_p = \sigma_{ij} d\varepsilon_{ij}^p \tag{1-90}$$

假定在单轴状态下塑性功增量与多轴状态下塑性功增量相等,则有:

$$d\varepsilon_p = \frac{1}{\sigma_e}\sigma_{ij} d\varepsilon_{ij}^p \tag{1-91}$$

塑性硬化参数 $k$ 可定义为:

$$k = \frac{d\sigma_e}{d\varepsilon_p} \tag{1-92}$$

(3)流动法则与加卸载准则

在塑性变形过程中,各方向的塑性变形与应力状态密切相关。流动法则规定了塑性应变增量中各分量的比例。流动法则分为正交流动法则(相关流动法则)和非正交流动法则(非相关流动法则)。正交流动法则认为塑性应变增量与屈服函数关于应力的导数成正比,即:

$$d\varepsilon_{ij}^p = d\lambda \frac{\partial f}{\partial \sigma_{ij}} \tag{1-93}$$

式中:$\varepsilon_{ij}^p$——塑性应变;

$d\lambda$——标量比例因子;

$f$——屈服函数。

非正交流动法则认为塑性应变增量与塑性势函数关于应力的导数成正比,即:

$$d\varepsilon_{ij}^p = d\lambda \frac{\partial g}{\partial \sigma_{ij}} \tag{1-94}$$

式中:$g$——塑性势函数。

由于塑性势函数较难定义或通过试验方式给出,通常取正交流动法则作为混凝土弹塑性分析的流动准则。

而对于复杂加载情况,要求对屈服面的加载和卸载做出判断。

如图 1-47 所示,在加载过程中,若 $f(\sigma_{ij}) < 0$,则材料处于弹性阶段。而在 $f(\sigma_{ij}) = 0$ 时,分别有:$\frac{\partial f}{\partial \sigma_{ij}} d\sigma_{ij} > 0, d\varepsilon_{ij}^p \neq 0$ 时为加载;$\frac{\partial f}{\partial \sigma_{ij}} d\sigma_{ij} > 0, d\varepsilon_{ij}^p = 0$ 时为中性变载;$\frac{\partial f}{\partial \sigma_{ij}} d\sigma_{ij} < 0, d\varepsilon_{ij}^p = 0$ 时为卸载。

将屈服条件、强化准则与流动法则结合起来,即可获得应力-应变增量关系。将应变增量分解为弹性应变增量 $d\varepsilon_{ij}^e$ 和塑性应变增量 $d\varepsilon_{ij}^p$ 之和:

$$d\varepsilon_{ij} = d\varepsilon_{ij}^e + d\varepsilon_{ij}^p \tag{1-95}$$

根据广义虎克定律,有:

$$d\sigma_{ij} = C_{ijkl}(d\varepsilon_{kl} - d\varepsilon_{ij}^p) \tag{1-96}$$

式中:$C_{ijkl}$——弹性刚度张量。

对于一般情况,加载函数可以写成:

$$f(\sigma_{ij}, \varepsilon_{ij}^p, k) = 0 \tag{1-97}$$

在塑性变形阶段,设应力点 $\sigma_{ij}$ 在增量荷载增加之前已经处于屈服面 $f_0$ 上,则在施加荷载

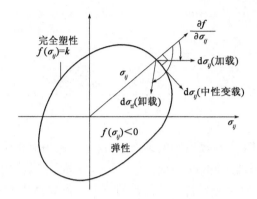

图 1-47 Drucker 空间屈服面及加载、中性变载、卸载示意

增量之后,应力点一定落在后继的加载面 $f_1$ 上,这一条件称为塑性流动一致性条件。由于荷载增量很小,可以把 $f_1$ 写成在 $f_0$ 邻近的泰勒展开式,略去高阶项之后,得:

$$f_1 = f_0 + \frac{\partial f}{\partial \sigma_{ij}}\mathrm{d}\sigma_{ij} + \frac{\partial f}{\partial \varepsilon_{ij}^{\mathrm{p}}}\mathrm{d}\varepsilon_{ij}^{\mathrm{p}} + \frac{\partial f}{\partial k}\mathrm{d}k \tag{1-98}$$

由于

$$f_0(\sigma_{ij}, \varepsilon_{ij}^{\mathrm{p}}, k) = 0$$

$$f_1(\sigma_{ij}, \varepsilon_{ij}^{\mathrm{p}} + \mathrm{d}\varepsilon_{ij}^{\mathrm{p}}, k + \mathrm{d}k) = 0$$

故式(1-98)转化为:

$$\frac{\partial f}{\partial \sigma_{ij}}\mathrm{d}\sigma_{ij} + \frac{\partial f}{\partial \varepsilon_{ij}^{\mathrm{p}}}\mathrm{d}\varepsilon_{ij}^{\mathrm{p}} + \frac{\partial f}{\partial k}\mathrm{d}k = 0 \tag{1-99}$$

式(1-99)为一致性条件的数学表达式。将式(1-96)、式(1-93)代入式(1-99),注意 $k$ 为 $\varepsilon_{ij}^{\mathrm{p}}$ 的函数,可以得到:

$$\frac{\partial f}{\partial \sigma_{ij}}C_{ij\mathrm{kl}}\left(\mathrm{d}\varepsilon_{\mathrm{kl}} - \mathrm{d}\lambda\,\frac{\partial f}{\partial \sigma_{\mathrm{kl}}}\right) + \frac{\partial f}{\partial \varepsilon_{ij}^{\mathrm{p}}}\mathrm{d}\lambda\,\frac{\partial f}{\partial \sigma_{ij}} + \frac{\partial f}{\partial k}\frac{\partial k}{\partial \varepsilon_{ij}^{\mathrm{p}}}\mathrm{d}\lambda\,\frac{\partial f}{\partial \sigma_{ij}} = 0$$

由上式解出 $\mathrm{d}\lambda$ :

$$\mathrm{d}\lambda = \frac{\dfrac{\partial f}{\partial \sigma_{ij}}C_{ij\mathrm{kl}}\mathrm{d}\varepsilon_{\mathrm{kl}}}{-\dfrac{\partial f}{\partial \varepsilon_{ij}^{\mathrm{p}}}\dfrac{\partial f}{\partial \sigma_{ij}} - \dfrac{\partial f}{\partial k}\dfrac{\partial k}{\partial \varepsilon_{ij}^{\mathrm{p}}}\dfrac{\partial f}{\partial \sigma_{ij}} + \dfrac{\partial f}{\partial \sigma_{\mathrm{mn}}}C_{\mathrm{mnpq}}\dfrac{\partial f}{\partial \sigma_{\mathrm{pq}}}} \tag{1-100}$$

令

$$h = -\frac{\partial f}{\partial \varepsilon_{ij}^{\mathrm{p}}}\frac{\partial f}{\partial \sigma_{ij}} - \frac{\partial f}{\partial k}\frac{\partial k}{\partial \varepsilon_{ij}^{\mathrm{p}}}\frac{\partial f}{\partial \sigma_{ij}} \tag{1-101}$$

并将式(1-100)代入式(1-93),可得:

$$\mathrm{d}\varepsilon_{ij}^{\mathrm{p}} = \frac{\dfrac{\partial f}{\partial \sigma_{\mathrm{rs}}}C_{ij\mathrm{kl}}\mathrm{d}\varepsilon_{\mathrm{kl}}}{h + \dfrac{\partial f}{\partial \sigma_{\mathrm{mn}}}C_{\mathrm{mnpq}}\dfrac{\partial f}{\partial \sigma_{\mathrm{pq}}}}\frac{\partial f}{\partial \sigma_{ij}} \tag{1-102}$$

将式(1-102)代入式(1-96)得:

$$\mathrm{d}\sigma_{ij} = (C_{ijkl} - D_{ijkl})\mathrm{d}\varepsilon_{kl} \tag{1-103}$$

其中：

$$D_{ijkl} = \frac{C_{ijtu}\dfrac{\partial f}{\partial \sigma_{rs}} \cdot \dfrac{\partial f}{\partial \sigma_{tu}}C_{rskl}}{h + \dfrac{\partial f}{\partial \sigma_{mn}}C_{mnpq}\dfrac{\partial f}{\partial \sigma_{pq}}} \tag{1-104}$$

为塑性刚度张量。在引用正交流动法则的条件下，这一张量为对称张量。

将增量应力-应变关系与加卸载准则结合起来，即可得到弹塑性增量本构模型。

经典塑性理论起源于对金属材料本构关系的研究。需要指出的是，由于是在基于狄拉克公设的应力空间中处理问题，这类模型仅能考虑应力强化段的分析。对于应力软化段的分析，要求在基于狄拉克公设的应变空间中进行，这将带来新的问题。将经典塑性理论移植于混凝土材料，可以部分地描述混凝土非线性变形过程中的界面滑移与流动，但并不适于描述微裂缝开展等混凝土变形的主要特征。因此，经典塑性理论很难全面正确地反映混凝土本构关系。在实际应用中，用经典塑性理论很难描述混凝土非线性行为中特有的强度软化、刚度退化等重要特征。因此，以损伤力学为基础的混凝土本构理论得到了越来越多的关注与研究。

4）损伤力学模型

在细观结构水平上，材料的缺陷（如微裂缝、微空隙）被称为"损伤"。在外力作用下，材料内部缺陷的扩展称为损伤演化。对混凝土材料而言，其应力-应变关系的非线性在很大程度上可以归因于初始损伤和损伤演化。

图1-48描述了典型的材料性质。其中，图1-48a）表示弹塑性材料的典型特性。即在卸载时，存在不可恢复的应变（或称塑性应变），但卸载-再加载总是沿着与应力-应变曲线初始切线相平行的直线进行。换句话说，卸载-再加载的刚度没有随塑性变形而变化，材料的非线性归因于塑性应变的存在。经典塑性理论描述的即为这类材料的特性。图1-48b）描述了弹性损伤的典型特性。即在卸载时，材料完全回到无应力和无应变状态，没有塑性变形的产生。但卸载-再加载的斜率随应变的增加而减小。材料的非线性因材料内部损伤而引起，表现为卸载-加载刚度的退化。而混凝土材料的变形性质，事实上是图1-48a）、b）两种机制的结合，既有刚度退化，又有塑性变形的存在［图1-48c）］。表现在细观物理机制上，则是既存在微裂缝、微缺陷的扩展，又存在骨料与水泥石、水泥石内部裂缝处的界面滑移与流动。事实上，这一特征在重复加载试验中表现得相当明显。因此，正确的混凝土受力本构关系应反映弹性损伤和塑性变形两种机制[1-56]。

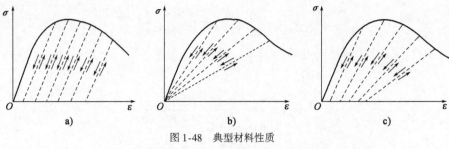

图1-48　典型材料性质

a）弹塑性材料；b）弹性损伤；c）混凝土材料

在损伤力学中,有效应力概念是最为基本的概念之一。这一概念可以简单地解释为未受损材料部分的应力(图 1-49)。在未受损伤部分,广义虎克定律依然成立,即:

$$\bar{\boldsymbol{\sigma}} = \boldsymbol{C}_0 : \boldsymbol{\varepsilon}^e \tag{1-105}$$

式中:$\bar{\boldsymbol{\sigma}}$——有效应力张量;

$\quad$ $\boldsymbol{C}_0$——材料初始(即无损伤时)弹性刚度张量;

$\quad$ $\boldsymbol{\varepsilon}^e$——弹性应变张量;

$\quad$ :——表示张量积。

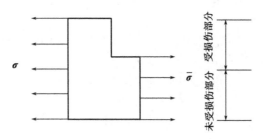

图 1-49 有效应力概念

当考虑塑性变形时,引入式(1-95),有:

$$\bar{\boldsymbol{\sigma}} = \boldsymbol{C}_0 : (\boldsymbol{\varepsilon} - \boldsymbol{\varepsilon}^p) \tag{1-106}$$

式中:$\boldsymbol{\varepsilon}^p$——塑性应变张量。

无损线弹性材料在外力作用下所储存的内能(一般称为 Helmholtz 自由能)可以表示为:

$$\psi_0^e(\boldsymbol{\varepsilon}^e) = \frac{1}{2}\bar{\boldsymbol{\sigma}} : \boldsymbol{\varepsilon}^e \tag{1-107}$$

采用应力张量的特征向量分解方法,可以将有效应力张量分解为正张量($\boldsymbol{\sigma}^+$)和负张量($\boldsymbol{\sigma}^-$)。

$$\boldsymbol{\sigma}^+ = \boldsymbol{P}^+ : \bar{\boldsymbol{\sigma}} \tag{1-108}$$

$$\boldsymbol{\sigma}^- = \boldsymbol{P}^- : \bar{\boldsymbol{\sigma}} \tag{1-109}$$

式中:$\boldsymbol{P}^+$、$\boldsymbol{P}^-$——有效应力张量 $\boldsymbol{\sigma}$ 投影到 $\boldsymbol{\sigma}^+$、$\boldsymbol{\sigma}^-$ 的投影张量。

将上述公式代入式(1-107),有:

$$\psi_0^e(\boldsymbol{\varepsilon}^e) = \frac{1}{2}\bar{\boldsymbol{\sigma}}^+ : \boldsymbol{\varepsilon}^e + \frac{1}{2}\bar{\boldsymbol{\sigma}}^- : \boldsymbol{\varepsilon}^e = \psi_0^{e+}(\boldsymbol{\varepsilon}^e) + \psi_0^{e-}(\boldsymbol{\varepsilon}^e) \tag{1-110}$$

材料的损伤演化实际上是一种不可逆的能量耗散过程,这种耗散过程将导致材料耗能能力的下降。若假定损伤后材料的弹性 Helmholtz 自由能与损伤前的自由能成线性比例关系,且这一线性因子用损伤变量 $d$ 的一个简单函数表示,则有:

$$\psi^{e+}(\boldsymbol{\varepsilon}^e, d^+) = (1 - d^+)\psi_0^{e+}(\boldsymbol{\varepsilon}^e) \tag{1-111}$$

$$\psi^{e-}(\boldsymbol{\varepsilon}^e, d^-) = (1 - d^-)\psi_0^{e-}(\boldsymbol{\varepsilon}^e) \tag{1-112}$$

式中:$d^+$——受拉损伤变量;

$\quad$ $d^-$——受剪损伤变量。

显然,当 $d^+$ 和 $d^- = 0$ 时,材料处于无损伤状态,且 $d$ 的最大值均为 1。

结合式(1-108)、式(1-109)与式(1-111)、式(1-112),可给出受损材料的弹性 Helmholtz 自由能:

$$\psi^e(\varepsilon^e, d^+, d^-) = \frac{1}{2}(1 - d^+)\boldsymbol{\sigma}^+ : \varepsilon^e + \frac{1}{2}(1 - d^-)\boldsymbol{\sigma}^- : \varepsilon^e \qquad (1-113)$$

另一方面,考虑塑性变形与损伤的耦合效应,可以类似给出混凝土材料的塑性 Helmholtz 自由能:

$$\psi^p(\varepsilon^p, d^+, d^-) = (1 - d^-)\psi_0^p(\varepsilon^p) = (1 - d^-)\int_0^{\varepsilon^e} \overline{\boldsymbol{\sigma}} : \mathrm{d}\varepsilon^p \qquad (1-114)$$

式中:$\psi_0^p$——材料的初始塑性自由能。

考虑到混凝土在拉应力作用下发生的塑性变形很小,式(1-114)中已略去了受拉塑性变形能。

结合式(1-111)~式(1-114),混凝土材料的总的弹塑性 Helmholtz 自由能为:

$$\psi(\varepsilon^e, \varepsilon^p, d^+, d^-) = \psi^e(\varepsilon^e, d^+, d^-) + \psi^p(\varepsilon^p, d^-) \qquad (1-115)$$

表述热力学第二定律的 Clausies-Duhiam 不等式(最简形式)为:

$$\boldsymbol{\sigma} : \dot{\varepsilon} - \dot{\psi} \geqslant 0 \qquad (1-116)$$

将式(1-115)关于时间微分并代入式(1-116),有:

$$\left(\boldsymbol{\sigma} - \frac{\partial \psi^e}{\partial \varepsilon^e}\right) : \dot{\boldsymbol{\varepsilon}}^e + \left(-\frac{\partial \psi}{\partial d^+}\right)\dot{d}^+ + \left(-\frac{\partial \psi}{\partial d^+}\right)\dot{d}^- + \left(\boldsymbol{\sigma} : \dot{\boldsymbol{\varepsilon}}^p - \frac{\partial \dot{\psi}}{\partial \varepsilon^p}\dot{\varepsilon}^p\right) \geqslant 0 \qquad (1-117)$$

为使不等式对所有 $\varepsilon^e$ 值都满足,需要

$$\boldsymbol{\sigma} - \frac{\partial \psi^e}{\partial \varepsilon^e} = 0$$

或

$$\boldsymbol{\sigma} = \frac{\partial \psi^e(\varepsilon^e, d^+, d^-)}{\partial \varepsilon^e}$$

由此,给出如下应力-应变关系:

$$\boldsymbol{\sigma} = (1 - d^+)\overline{\boldsymbol{\sigma}}^+ + (1 - d^-)\overline{\boldsymbol{\sigma}}^- = (\boldsymbol{I} - \boldsymbol{D}) : C_0 : (\boldsymbol{\varepsilon} - \boldsymbol{\varepsilon}^p) \qquad (1-118)$$

其中:

$$\boldsymbol{D} = d^+ \boldsymbol{P}^+ + d^- \boldsymbol{P}^- \qquad (1-119)$$

式(1-118)即为弹塑性损伤本构关系。在这一关系中包含了两类内变量:损伤变量 $d^+$ 和塑性变形 $\varepsilon^p$,因此还需确定内变量的演化法则后才能构成完整的弹塑性损伤模型。

假定塑性变形发生在材料的无损伤部分(即有效面积部分),则可以在有效应力空间引用经典塑性力学理论,给出塑性应变的演化法则。对于混凝土材料,可选取 Drucker-Prager 类型的函数作为塑性势函数,即:

$$F^p = \sqrt{2J_2} + \alpha^p I_1 \qquad (1-120)$$

式中:$I_1$——应力张量 $\sigma$ 的第一不变量;

$J_2$——偏应力张量 $s$ 的第二不变量;

$\alpha^p$——反映混凝土剪胀效应的参数,可取 $0.2 \sim 0.3$。

根据塑性流动法则,可给出

$$\dot{\boldsymbol{\varepsilon}}^p = \dot{\lambda}^p \left(\frac{s}{\|s\|} + \alpha^p \boldsymbol{I}\right) \qquad (1-121)$$

式中:$\lambda^p$——塑性流动因子;

$s$——偏应力张量;

$\|s\|$ ——s 的模;

$\mathbf{I}$——单位矩阵。

为确定损伤变量演化法则,需首先确定损伤准则。根据式(1-117)可定义损伤能释放率:

$$Y^- = -\frac{\partial \psi}{\partial d^+} = -\frac{\partial \psi^+}{\partial d^+} = \psi_0^{e-}(\varepsilon^e) \tag{1-122}$$

$$Y^- = -\frac{\partial \psi}{\partial d^-} = -\frac{\partial \psi^-}{\partial d^-} = \psi_0^-(\varepsilon^e, \varepsilon^p) \tag{1-123}$$

由此,可给出混凝土损伤准则分别为:

$$Y_n^+ - r_n^+ \leqslant 0 \tag{1-124}$$

$$Y_n^- - r_n^- \leqslant 0 \tag{1-125}$$

式中:$r_n^\pm$——当前时刻 n 所对应的损伤阈值。

通过定义合适的损伤势函数 g,损伤变量的演化法则可以由类似于塑性力学的流动法则给出。

$$\dot{d}^+ = \dot{Y}^- \frac{\partial g}{\partial Y^+} = \dot{g}(Y_n^+) \tag{1-126}$$

$$\dot{d}^- = \dot{Y}^+ \frac{\partial g}{\partial Y^-} = \dot{g}(Y_n^-) \tag{1-127}$$

式中:·——关于时间求导。

对式(1-126)与式(1-127)两边关于时间积分,有:

$$d^+ = g(Y_n^+) \tag{1-128}$$

$$d^- = g(Y_n^-) \tag{1-129}$$

损伤势函数可以根据单轴受拉、压试验结果选取,也可以根据细观损伤力学分析给出。

运用上述弹塑性损伤本构关系,原则上只要给出混凝土单轴应力-应变曲线,便可通过数值进行计算,给出多轴应力条件下的混凝土本构关系。在确定性力学框架内,这类本构关系可以理想地反映混凝土材料特有的强度退化、刚度退化、拉压软化及双向受压时的强度增长等一系列复杂行为。并且,这类模型可以退化为非线性弹性本构模型和经典塑性力学模型[1-54]。图 1-50 示出了部分试验结果与理论预测结果的对比情况。

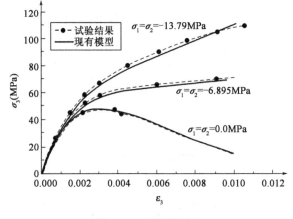

图 1-50 三维受压试验

### 1.2.3 随机本构模型——混凝土随机损伤本构关系

为了客观全面地反映混凝土材料的非线性行为,必须研究损伤的细观机理及其随机演化问题。事实上,对于细观层次损伤的概率性刻画,不仅可以解释损伤赖以产生和发展的物理机制,也可以给损伤变量的演化一个合理的解释。鉴于这一问题的复杂性,本节仅给出一些初步的研究结果[1-55]。

以混凝土单轴受拉为例,可以采用图1-51所示的串、并联模型,其中每一个微弹簧用于模拟混凝土细观受拉损伤单元。在外力作用下,这些细观单元因应力达到其极限强度而退出工作。与常用的确定性模型不同,这里取各弹簧的断裂应变(图1-52)为随机物理量。

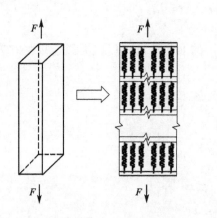

图1-51 受拉单元与串、并联模型    图1-52 微弹簧应力-应变关系

当外荷载增加时,弹簧的随机断裂形成损伤的随机发展过程。由于损伤,导致单轴受拉 $\sigma$-$\varepsilon$ 关系出现非线性特征。当微弹簧断裂造成的平均应力降低大于因外荷载增加导致的平均应力增长时,$\sigma$-$\varepsilon$ 关系出现软化段。这样,就解释了损伤导致非线性的细观本质,同时也给出了受拉损伤的随机演化过程。

根据上述模型,定义受拉损伤变量为:

$$d^- = \frac{A_w}{A} \tag{1-130}$$

式中:$A_w$——细观单元断裂而导致材料退出工作的面积;

$A$——受拉试件横截面面积。

任一拉应变状态,由于试件均匀受拉,均存在:

$$A_w(\varepsilon) = \sum_{i=1}^{Q} H(\varepsilon - \varepsilon_{mi}) A_i \tag{1-131}$$

式中:$A_i$——微弹簧的面积;

$Q$——微弹簧总数量;

$\varepsilon_{mi}$——微弹簧的极限破坏应变,为服从某一分布的随机变量;

$H(\cdot)$——Heaviside 函数;

$$H(x) = \begin{cases} 0 & (x \leqslant 0) \\ 1 & (x > 0) \end{cases} \tag{1-132}$$

将式(1-132)代入式(1-131),并考虑 $Q \to \infty$,有:

$$d^+(\varepsilon) = \int_0^1 H[\varepsilon - \Delta(y)]\,dy \qquad (1\text{-}133)$$

式中：$\Delta(y)$——一维随机场,反映微弹簧破坏应变沿 $y$ 方向的随机分布性质。

式(1-134)实际上给出了受拉损伤变量的演化法则。结合前述损伤力学模型,不难给出单轴受拉时的随机损伤本构关系：

$$\sigma = (1 - d^+)E\varepsilon \qquad (1\text{-}134)$$

按照概率论的运算法则,可以给出均值 $\sigma$-$\varepsilon$ 关系和在给定 $\varepsilon$ 条件下 $\sigma$ 的均方差表达式。

类似的思路也可用于单轴受压情形。图 1-53 给出了按随机损伤本构模型计算给出的若干实例,也给出了一些混凝土应力-应变全曲线的试验结果。显然,主要试验点落在应力均值加、减一倍均方差的范围之内。这正是随机损伤本构模型优势所在:不仅可以在均值意义上反映混凝土 $\sigma$-$\varepsilon$ 关系,也能在概率意义上预测其离散范围,从而更为全面地反映混凝土材料受力行为的非线性与随机性。

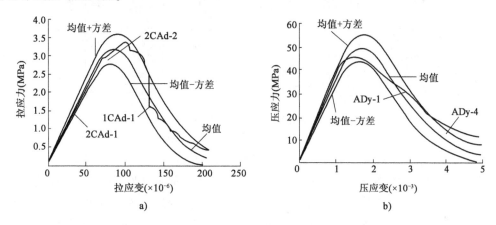

图 1-53 随机损伤本构模型与试验结果对比
a)单轴受拉；b)单轴受压

# 1.3 钢筋的力学性能

### 1.3.1 钢筋的基本性能

1)混凝土结构中的钢材

混凝土结构中的钢材主要用来承受拉力,弥补混凝土抗拉强度和延性的不足。大部分结构中常用细长的杆状钢筋,除此之外,还有直径更细、强度更高的钢丝。而有些结构也使用不同形状的型钢,以减小截面面积、减轻结构自重、增强承载力和刚度、方便构造、快捷施工。其他抗拉强度高的材料,也可在混凝土结构中取代钢筋。所以,广义的"钢筋混凝土"中的"筋"应该包括不同性质和多种形式的高抗拉材料。现今,实际工程中常用的"筋"有如下几类:

(1)钢筋(常用直径 6 ~ 40mm)

混凝土结构中最大量使用的是钢筋。结构用钢筋的主要化学成分是铁( >96% ),其他成分有碳、锰、硅、硫、磷等，一般称为低碳钢。为了提高钢材强度、改善其机械性能,可在冶炼过程中适当地增添其他金属材料,形成低合金钢,如锰硅、硅钛、锰硅钒等。

钢筋一般为圆形截面,也有椭圆形和类方圆形。其外表面可在热轧过程中处理成多种形状(图 1-54)。强度较低的钢筋,一般为简单的光圆形。其他强度较高的钢筋需轧制成不同的表面形状,如螺旋纹、人字纹、月牙纹、竹节形、扭转形等,统称为变形钢筋。其主要用于增强钢筋和混凝土的粘结,以充分发挥钢筋的强度、改善构件的受力性能。另外,不同的表面形状便于区分不同钢种和强度的钢筋。

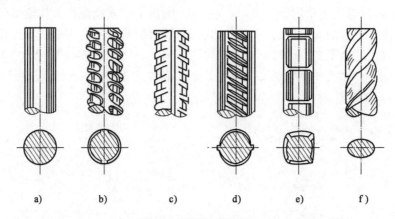

图 1-54　钢筋的表面形状

a)光圆;b)螺纹;c)人字纹;d)月牙纹;e)竹节形;f)扭转形

我国冶金企业生产的、用于混凝土结构的钢筋依其轧制工艺、表面形状和强度等级等加以分类。《混凝土结构设计规范》[1-1]建议采用的钢种有:热轧光圆钢筋 HPB235( $=f_{yk}$ ,即屈服强度的标准值,N/mm$^2$ ,下同);热轧带肋钢筋 HRB335、HRB400;余热处理钢筋 RRB400。规范推荐优先采用 HRB400 级(新 U 级)钢筋。这些钢筋的应力-应变曲线都有明显的屈服台阶,属"软钢"。各种钢筋的合金成分和化学元素含量、几何形状、力学性能指标和质量要求等,详见有关标准。

(2)高强钢丝(直径 4~9mm)

碳素钢丝经过冷拔和热处理后可得到很高的抗拉强度( >1000N/mm$^2$ ),但性质变脆,无明显屈服台阶,属"硬钢"。这类钢丝主要用于预应力混凝土结构,我国规范建议采用的钢种有光面的、螺旋肋的或刻痕的消除应力高强钢丝,3~7 股扭结成的钢绞线以及热处理钢筋( $\phi6 \sim \phi10$ )。而用直径更细( <1mm)、强度更高的钢丝做成的钢缆绳,因与混凝土的粘结问题而极少用于混凝土结构。

(3)型钢

热轧型钢如角钢、槽钢、工字钢和钢板、钢管等都可以应用于混凝土结构,形成组合的型钢-混凝土承载结构(图 1-55)。所用钢材一般为强度较低的软钢。其中型钢可单独使用,或拼(焊)接成复合截面,如在中小型桥梁中以型钢做肋与混凝土翼缘板组合。钢板可焊接成工形、方形或其他复杂形状截面,也可冷压(弯)成型。如将薄钢板冷压成型,作为楼板的底层,既可当作模板,又可受力。型钢-混凝土的构造方案可有许多变化,常用作高层建筑和高大厂房的柱子,也用于剪力墙。圆形或方形钢管内填混凝土形成钢管混凝土,具有很高的抗压强度和延性,常用作粗短的受压柱,如高层建筑的底层柱、地下铁道或车库柱等,甚至用作拱形桥梁的主体结构。

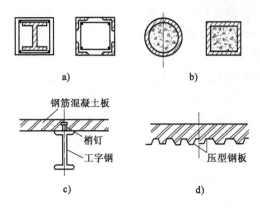

图 1-55　型钢混凝土组合截面

a)型钢-混凝土;b)钢管混凝土;c)组合桥梁;d)压型钢板

(4)钢丝网水泥

用细钢丝编织成的网片作为配筋,浇筑水泥砂浆后成为薄板状(图 1-56),由于钢丝直径细且双向密布,钢丝网水泥不易开裂。其可做成波形瓦,或直接在形状复杂的船体结构中使用。另外,钢丝网水泥做混凝土构件的外模板,可以省去模板和支架,提高构件使用阶段的抗裂性。

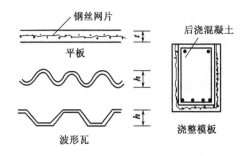

图 1-56　钢丝网水泥

(5)其他替代材料

从原理上讲,任何一种抗拉强度高的材料都可以替代钢筋用于混凝土结构,工程史上并不乏先例,例如铸铁和竹材(抗拉强度均超过 $100N/mm^2$)都曾用于实际工程。但因前者延性差,后者竹质易裂、易腐且弹性模量小,构件性能均不够理想。此外,有些纤维的弹性模量低(约为钢材的 1/4)也是一个缺点,比如用硬塑料做成网片,放入混凝土内作为构造配筋的。而近年来出现的多种人造新材料,例如玻璃纤维和碳素纤维等,抗拉强度极高,用树脂胶结成筋状或薄片后,抗拉强度仍可达钢材的 4～5 倍,且具有质轻、抗腐蚀等优点。但由于这类材料的价格昂贵,尚未广泛应用。

不同强度等级、截面形状、尺寸和构造措施的钢材以及各种替代材料,都可以构成相应的配筋混凝土结构,其受力性能也随之发生变化。本书将主要讨论配设一般圆形钢筋的普通(或称"狭义")钢筋混凝土构件和结构。其他各种配筋(或骨架)的混凝土结构可参照普通混凝土结构的一般受力性能和分析方法,根据配筋材料的本构关系和构造特点进行类似的分析,推断和估计其受力性能。当需要准确地掌握其性能时,仍需进行适量的结构或构件的荷载试验,量测应力和变形反应,观察试件的开裂和破坏过程,分析其受力机理和规律,建立相应的物理模型,确定计算方法并标定必要的参数值等。

2)钢筋的强度和变形

钢筋的强度和变形性能可用拉伸试验得到的应力-应变曲线说明,见1.3.2节。热轧钢筋和普通热轧低合金钢筋屈服后具有明显的屈服点和流幅,称为有屈服点钢筋(软钢)。冷加工钢筋和预应力钢筋等没有明显的屈服点和流幅,称为无屈服点钢筋(硬钢)。

软钢有明显的屈服台阶,经过很长的塑性变形后才达到其极限强度,此时结构的变形已远远超过允许值,故结构设计中只能取屈服强度(下屈服点的应力值)作为软钢的强度指标。对于硬钢,一般取应力-应变曲线上残余应变为某值的点(如我国和美国规范取0.2%,欧洲规范取0.1%)对应的应力为屈服应力,称为条件屈服强度。

钢筋试件拉断后的伸长变形与量测标距之比称为极限延伸率。最大应力下的伸长率称为总伸长率。总伸长率是目前国际上比较通用的延性表示方法。

3)冷加工强化性能

大量实践证明,对软钢进行各种冷加工,如冷拉、冷轧、冷扭、冷拔等工序使钢材产生很大塑性变形后,由于金属晶粒的畸变和位移增大了抗阻力,可提高钢材的屈服强度,但延伸率减小,这一现象称为冷作强化。

(1)冷拉和时效

冷拉是指钢筋在超过屈服点、进入强化段后进行卸载,使其产生残余变形(图1-57中的$oo'$),钢筋被拉长。再次加载时钢筋的应力-应变曲线如图1-57中虚线所示,屈服强度约等于卸载时原钢筋的应力值($K$点),或称冷拉控制应力。即冷拉提高了屈服强度,使得屈服台阶不明显,弹性模量值稍有下降,极限强度值与原钢筋差别不大,但极限延伸率下降。

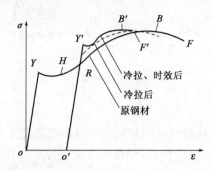

图1-57　钢筋冷拉和时效后的应力-应变关系

钢筋冷拉后的主要力学性能指标,如屈服强度$f_y$、极限强度$f_b$、极限延伸率$\delta_{10}$等,取决于原钢材的品种,以及冷拉时所达到的应力值和伸长率。表1-17列出一组不同钢材的实测数据,可作比较分析。钢筋冷拉一次,伸长率为3%~5%时,屈服强度可比原钢筋提高20%~35%,增幅相当可观。但需注意,冷拉并不会提高钢筋的抗压强度。

对钢筋实施冷拉时,一般应采用应力和伸长率的"双控"工艺,以保证钢筋的强度和结构的安全。事实上,在钢筋的加工制备工序中,盘条筋的机械调直过程也使钢筋产生不同程度的塑性变形,屈服强度也有一定提高。设计中需加利用时,可通过系统性试验研究加以确定,例如文献[1-56]。

钢筋冷拉、时效后的性能比较　　　　　　　　　表 1-17

| 钢材种类 | 冷 拉 参 数 | | $f_y$（N/mm²） | | | $f_b$（N/mm²） | | | $\delta_{10}$（%） | | |
|---|---|---|---|---|---|---|---|---|---|---|---|
| | 伸长率（%） | 应力（N/mm²） | 原材 | 冷拉后 | 冷拉时效 | 原材 | 冷拉后 | 冷拉时效 | 原材 | 冷拉后 | 冷拉时效 |
| A5 | 4.00 | 478 | — | 478 | 525 | — | — | 570 | — | 20.4 | 15.7 |
| 16Mn | 2.93 | 450 | 383 | 487 | 537 | 562 | 580 | 598 | 25.0 | 22.5 | 20.3 |
| 25MnSi | — | 520 | 445 | 528 | 611 | 670 | 670 | 693 | 23.0 | 20.0 | 18.7 |
| 40Si₂V | 1.71 | 750 | 705 | 758 | 853 | 930 | 936 | 942 | 15.3 | 13.4 | 13.0 |
| 45MnSiV | 1.60 | 750 | 595 | 750 | 850 | 910 | 930 | 968 | 13.5 | 12.0 | 11.0 |
| 45Si₂Ti | 2.30 | 750 | — | 750 | 844 | — | 957 | 956 | — | 11.7 | 12.8 |
| 44Mn₂Si | 3.00 | 780 | — | 780 | 835 | — | — | 905 | — | 13.1 | 11.5 |

　　冷拉后的钢筋没有明显的屈服台阶。将钢筋自然停放一段时间或人工加热后，再次拉伸的应力-应变曲线成图 1-56 中的 $o'RY'B'F'$。可见屈服台阶已经清楚再现，台阶比原钢筋的短，极限延伸率再次减少（表 1-17），但屈服强度再次提高，极限强度也有所增长。这一现象称为时效（强化）。时效作为钢筋冷拉的后继过程，是改善和提高钢材性能的重要一环。

　　不同品种的钢材对应的时效过程不同[1-57]。普通碳素钢（A3、A5）在自然条件下也能发生时效，一般需要 2～3 周，温度越高所需时间越短。人工加热可加速时效过程，例如 A5 钢冷拉后，在 100℃ 下只需 2h 即可完成时效过程。低合金钢（Ⅱ、Ⅲ、Ⅳ级）在自然条件下的时效过程极为缓慢，因此需要在很高的温度下进行，一般在 250℃ 下持续 0.5h。

　　（2）冷拔

　　冷拔是指将钢筋强力拉过内径小于原钢筋直径的硬质合金的拔丝模，使得钢筋在拉力和横向挤压力的共同作用下缩小直径（面积），增加长度，总体积略有损失。一般直径为 6mm 或 8mm 的盘条，每拔一次直径减小 0.5～2.0mm，经数次拉拔后成为直径 3～5mm 的钢丝，称作冷拔低碳钢丝。钢材在冷拔过程中产生强烈的塑性变形，金属晶粒的变形和位移很大，大大地提高了钢材的强度，相应地极限延伸率有较大下降，其应力-应变曲线（图 1-57）与硬钢相似。工程中采用冷拔钢丝可以提高钢材强度、节约用钢、降低造价。普通的构件加工厂和建筑工地都可进行冷拔加工。

　　冷拔钢丝的主要力学性能，如条件屈服强度 $f_{0.2}$、极限强度 $f_b$、极限延伸率 $\delta_5$（或 $\delta_{10}$）和弹性模量等主要取决于原钢材的品种和冷拔面积压缩率等。冷拔的次数对强度的影响并不显著。我国的试验结果[1-57]表明，冷拔低碳钢丝的极限强度可达原钢材的 1.6～2.0 倍，比例极限和条件屈服强度与极限强度之比分别为 $f_p/f_b = 0.71～0.84$、$f_{0.2}/f_b = 0.9～1.0$。直径为 3～5mm 的钢丝的极限延伸率为 $\delta_{10} = 2.5\%～5.0\%$，只及原钢材的 10%～15%，弹性模量稍有降低。

　　对冷拔低碳钢丝的应力-应变关系（图 1-58），文献[1-58]建议采用：

$$\left. \begin{aligned} 0 \leq \varepsilon_s \leq \varepsilon_p & \qquad \sigma_s = E_s \varepsilon_s \\ \varepsilon_s > \varepsilon_p & \qquad \sigma_s = 1.075 f_b - \frac{0.6}{\varepsilon_s} \end{aligned} \right\} \qquad (1\text{-}135)$$

其中,对应比例极限 $f_p$ 的应变 $\varepsilon_p = 2.5 \times 10^{-3}$。

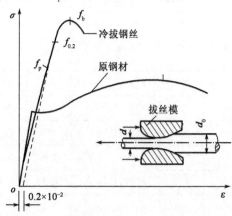

图 1-58    冷拔低碳钢丝的应力-应变曲线

4)徐变和松弛

徐变和松弛是平行的,二者为材料随时间变化的塑性变形性质的不同表现形式,在数值上可以互相换算。钢材的徐变是金属晶粒在高应力作用下随时间发生的塑性变形和滑移。在工程中,钢材的徐变使结构(如大跨度悬索结构)的变形增大。而应力松弛使得混凝土结构中的预应力筋产生预应力损失、降低结构抗裂性,在工程中更为常见。

试验证明,有明显屈服台阶的软钢在其弹性极限范围内长期受力或反复加卸载都不会发生徐变或松弛现象。但是,高强钢筋和冷加工钢筋等硬钢在应力水平较高时会发生塑性变形,这类钢材在非弹性变形范围内、在应力的长期作用下,即使在常温状态也将发生徐变或松弛。

钢材的松弛试验一般使用很长的试件(数米至数十米)水平放置,一端固定在台座上,另一端在施加拉力后固定住,保持试件的长度不变。为了保证试验的准确性,一般在温湿度变化较小的地下室进行试验。试验开始时,试件的控制应力为 $\sigma_0$,以后试件的应力随时间而减小,量测得应力松弛值 $|\Delta\sigma_r|$。一般取应力持续 1000h 的松弛值 $(\Delta\sigma_r/\sigma_0)$ 作为标准。图 1-59 是 4 种钢筋(丝)的应力松弛试验结果。

从钢材的松弛试验结果[1-59]可以分析各种影响因素的作用。

(1)钢材的品种

软钢在弹性范围内没有应力松弛($\Delta\sigma_r = 0$),其他钢种的应力松弛值列于表 1-18,松弛值由小至大为:冷拉钢筋、冷拔低碳钢丝、高强碳素钢丝和钢绞线。

**不同钢种的应力松弛($\Delta\sigma_r$)值比较**                                     表 1-18

| 钢材品种 | 冷拉 II ~ IV 级钢 | 冷拔低碳钢丝 | 高强碳素钢丝 | | 钢绞线 |
|---|---|---|---|---|---|
| 控制应力 $\sigma_0$ | $(0.85 \sim 0.95)f_y$ | $0.7f_b$ | $0.7f_b$ | $0.8f_b$ | $(0.65 \sim 0.70)f_b$ |
| $\Delta\sigma_r/\sigma_0(\%)$ | $3.4 \sim 4.5$ | 5.46 | 7.85 | 7.95 | $6 \sim 7$ * |

注:应力持续时间为 1000h,* 者为 336h。

(2)应力持续时间

钢筋的松弛随应力持续时间单调增长,且在应力持续早期出现较多(1d 内可达 50%),后期渐趋收敛。各研究人员给出的应力松弛增长规律相一致,见表 1-19。

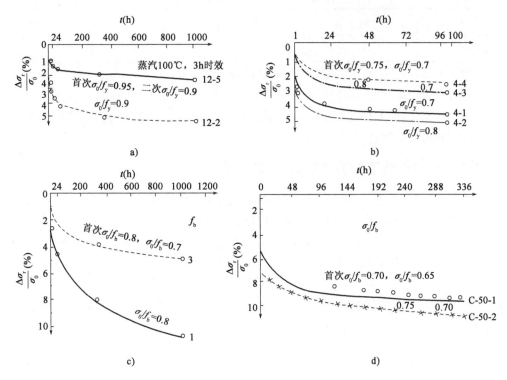

图 1-59 不同钢种的应力松弛曲线[1-59]

a)冷拉钢筋;b)冷拔低碳钢丝;c)高强碳素钢丝;d)钢绞线

**钢材松弛随应力持续时间的增长**　　　　　　　　表 1-19

| 应力持续时间 | h | 1 | 20 | 100 | 500 | 1000 | 3000 | 10000 | 100000 |
|---|---|---|---|---|---|---|---|---|---|
| | d | | | | | 41.7 | 125 | 417 | 4167 |
| 相对值 | Guyon | 0.29 | | 0.71 | | 1 | | 1.25 | 1.36 |
| | CEB-FIP MC90 | 0.25 | 0.55 | 0.70 | 0.90 | 1 | | | |
| | 上海铁道学院 | 0.22 | | | | 1 | 1.14 | | |
| | 铁道科学院 | 0.24 | 0.48 | 0.61 | 0.90 | 1 | | | |

（3）应力水平

钢筋的松弛值随应力水平（$\sigma_0/f_y$ 或 $\sigma_0/f_b$）的提高呈非线性增长，表 1-20 给出了高强碳素钢丝的一组试验数据，与文献[1-10]中计算公式的变化规律一致。

**高强碳素钢丝松弛随应力水平的变化**　　　　　　　　表 1-20

| $\sigma_0/f_b$ | <0.5 | 0.5 | 0.6 | 0.7 | 0.8 |
|---|---|---|---|---|---|
| $\Delta\sigma_r/\sigma_0$ | 0 | 1 | 3.38 | 5.60 | 8.50 |

注：以 $\sigma_0/f_b = 0.5$ 的试件的应力松弛（1000h）为1。

（4）温度

钢筋的应力松弛随温度的升高而加速增长（表 1-21），应予充分重视。

高强碳素钢丝松弛随温度的变化 表 1-21

| 温度(℃) | 20 | 40 | 60 | 100 |
|---|---|---|---|---|
| $\Delta\sigma_r/\sigma_0$ | 1 | ≈ 2.0 | ≈ 3.2 | ≈ 7.0 |

注:应力水平 $\sigma_0/f_b = 0.75$,应力持续时间1000h,试验温度20℃时的松弛为1。

为了减小钢材的应力松弛,以提高结构的抗裂性和刚度,在工程中的主要措施是采用特制的低松弛($\Delta\sigma_r/\sigma_0 < 4\%$)预应力钢材(丝),或是在施工中进行超张拉,此外,进行二次张拉也有一定效果(参见图1-59)。

### 1.3.2 单调荷载下钢筋的应力-应变关系

钢筋的应力-应变关系,一般用表面不经切削加工的原钢筋试件进行拉伸试验加以测定。根据应力-应变曲线上有无明显的屈服台阶,将钢材分成软钢和硬钢。

一般认为,钢筋的受压应力-应变曲线与受拉曲线相同,至少在屈服前和屈服台阶处相同。故钢材的抗压(屈服)强度和弹性模量都取受拉试验的测得值。

(1)软钢

软钢的典型拉伸曲线如图1-60所示。曲线上的特征点反映了钢材受力破坏过程的各种物理现象。

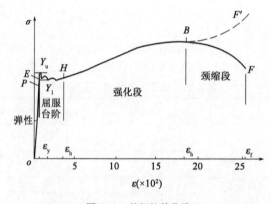

图 1-60 软钢拉伸曲线

钢筋开始受力后,应力与应变成比例增长,至比例极限($P$点)为止。之后,应变比应力增长稍快,应力-应变曲线微曲。在弹性极限($E$点)前,试件卸载后,仍可沿加载线返回原点,无残余变形。$PE$段为非线性弹性变形区,此段的应力增量很小。

超过弹性极限($E$点)后应变增长加快,曲线斜率稍减。到达上屈服点$Y_u$后,应力迅速跌落,出现一个小尖峰;继续增大应变,应力经过下屈服点$Y_1$后有少量回升。此后,曲线进入屈服段,应力虽有上下波动,但渐趋稳定,形成明显的平台。上屈服点$Y_u$在一定范围内变动,与试件的形状和加载速度有关,下屈服点则相对稳定。

钢筋在屈服段经历了较大的塑性变形后,进入强化段($H$点后),应力再次稳步增大,直至极限强度点$B$。此后,应变继续增大,而拉力明显减小,试件的一处截面逐渐减小,出现颈缩现象。最终,试件在颈缩段的中间拉断($F$点)。颈缩段应力-应变曲线($BF$)下降是按钢筋原截面面积计算的结果。若以颈缩段的最小截面面积计算,则得持续上升段$BF'$。极限延伸率($\delta_5$ 或 $\delta_{10}$)为拉断后试件的伸长变形与量测标距(取直径的5倍或10倍)之比。

为工程应用简便,可将软钢的拉伸曲线简化成4段:弹性段、屈服段、强化段和颈缩段。比例极限($P$点)、弹性极限($E$点)和上、下屈服点($Y_u$、$Y_1$)合并为一个屈服点$Y$,一般取为数值偏低且较稳定的下屈服点,相应的应力值称屈服强度$f_y$。在屈服点之前为线弹性段$oY$,之后为屈服台阶($YH$,$f_y$ = 常数)。

软钢的主要力学性能指标有屈服强度$f_y$、极限强度$f_b$、(初始)弹性模量$E_0$和极限延伸率$\delta_5$或$\delta_{10}$等。不同强度等级和合金含量钢材的指标值不等。我国规定的各个等级钢材的合格指标见表1-22,典型的拉伸曲线如图1-61所示。

钢材主要性能指标 表1-22

| 钢 材 品 种 | | 直径 $d$(mm) | $f_y$(N/mm²) | $f_b$(N/mm²) | $E_s$(N/mm²) | $\delta_5$(%) |
|---|---|---|---|---|---|---|
| 热轧钢筋 | HPB235(Q235) | 8~20 | 235 | 370 | $2.1 \times 10^5$ | 25 |
| | HRB335(25MnSi) | 6~50 | 335 | 490 | $2.0 \times 10^5$ | 16 |
| | HRB400(20MnSiV,20MnSiNb,20MnTi) | 6~50 | 400 | 570 | $2.0 \times 10^5$ | 14 |
| | RRB400(K20MnSi) | 8~40 | 400 | 600 | $2.0 \times 10^5$ | 14 |
| 热处理钢筋 | (40Si₂Mn,48Si,2Mn,45Si₂Cr) | 6~10 | (1250) | 1470 | $2.0 \times 10^5$ | 6 |
| 消除应力钢丝 | 光面,螺旋肋 | 4~9 | (1340~1500) | 1570~1770 | $2.05 \times 10^5$ | 4 |
| | 刻痕 | 5~7 | (1340) | 1570 | $2.05 \times 10^5$ | 4 |
| 钢绞线 | 3股,7股 | 8.6~15.2 | (1720~1580) | 1720~1860 | $1.95 \times 10^5$ | 3.5 |

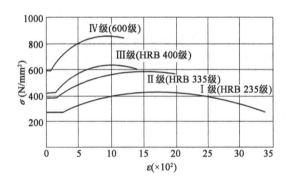

图1-61 Ⅰ~Ⅳ级钢筋的拉伸曲线

对比各强度等级钢筋的性能指标可知:①强度等级越高,钢材的塑性变形越小(即屈服台阶短小),极限延伸率降低;②极限强度和屈服强度的关系(或称强屈比)为:

$$f_b/f \approx 1.5 \quad \text{或} \quad f_y \approx 0.67 f_b \tag{1-136}$$

钢筋应力-应变关系的计算模型(图1-62)可根据不同要求选用。其中,理想弹塑性模型最为简单,一般结构破坏时钢筋的应变(≤1%)尚未进入强化段,此模型适用。弹性强化模型为二折线,将屈服后的应力-应变关系简化为很平缓的斜直线,可取$E_s' = 0.01$,其优点是应力和应变关系的唯一性。三折线或曲线的弹-塑性强化模型较为复杂些,但可较准确地描述钢筋的大变形性能。

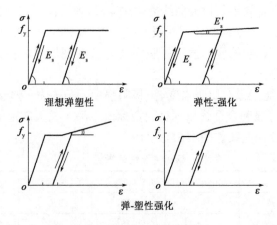

图 1-62 钢筋的本构模型

（2）硬钢

高强度的碳素钢丝、钢绞线和热处理钢筋等硬钢的典型拉伸曲线如图 1-63 所示。试件开始受力后，应力与应变按比例增长，其比例（弹性）极限约为 $\sigma_e = 0.75 f_b$。此后，试件的应变逐渐加快发展，曲线的斜率渐减。当曲线成水平时到达极限强度 $f_b$。随后曲线稍有下降，试件出现少量颈缩后立即被拉断。极限延伸率较小，为 $5\% \sim 7\%$。

这类拉伸曲线上没有明显的屈服台阶。结构设计时，需对这类钢材定义一个名义屈服强度作为设计值。我国和其他许多国家一样，将对应于残余应变为 $0.2 \times 10^{-2}$ 时的应力 $f_{0.2}$ 作为名义屈服点 $Y$，根据试验结果，得：

$$f_{0.2} = (0.8 \sim 0.9) f_b \tag{1-137}$$

我国规范[1-1]中取为 $f_{0.2} = 0.85 f_b$。其他力学性能指标见表 1-22。

硬钢的应力-应变关系一般采用 Ramberg-Osgood 模型（图 1-64）。已知弹性极限 $(\sigma_e, \varepsilon_e)$ 和一个参考点 $P(\sigma_p, \varepsilon_p = \sigma_s/E_s + e_p)$，则对应于任一应力 $\sigma$ 的应变为：

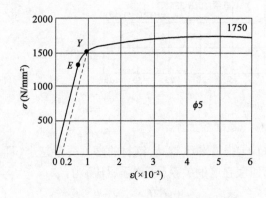

图 1-63 高强碳素钢丝的拉伸曲线[1-62]

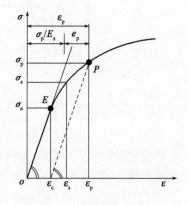

图 1-64 硬钢本构模型

$$\left. \begin{array}{l} 0 \leqslant \sigma_s \leqslant \sigma_e \qquad \varepsilon_s = \dfrac{\sigma_s}{E_s} \\[3mm] \sigma_s \geqslant \sigma_e \qquad \varepsilon_s = \dfrac{\sigma_s}{E_s} + e_p \left( \dfrac{\sigma_s - \sigma_e}{\sigma_p - \sigma_e} \right)^n \end{array} \right\} \tag{1-138}$$

式中,参数 $n = 7 \sim 30$,取决于钢材的种类。

根据我国的试验结果,建议的计算式为:

$$\varepsilon_s = \frac{\sigma_s}{E_s} + 0.002 \left(\frac{\sigma_s}{f_{0.2}}\right)^{13.5} \tag{1-139}$$

### 1.3.3 反复荷载下钢筋的应力-应变关系

混凝土结构在承受重复荷载(单向加、卸载,如桥上车辆)或反复荷载(正、反向交替加、卸载,如地震)作用时,结构中的钢筋也相应地产生应力的多次加卸过程。用单根钢筋试件在试验机上进行加、卸载试验,即可得到反复荷载下的应力-应变全过程曲线,可据此建立计算模型。

钢筋在拉力重复加卸作用下的应力-应变曲线如图 1-65 所示。可以看出,在钢筋的屈服点 $Y$ 以前进行加、卸载,应力-应变曲线沿原直线($oY$)运动,完全卸载后无残余应变。

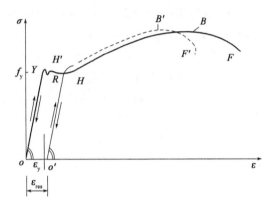

图 1-65 重复加卸载的钢筋应力-应变曲线

钢筋进入屈服段($\varepsilon > \varepsilon_y$)后,卸载过程为直线 $Ro'$,平行于初始加载线 $oY$,完全卸载后($\sigma = 0$)有残余应变 $\varepsilon_{res}$。残余应变值随卸载时的应变 $\varepsilon_r$ 增大。再加载时,应变增量与应力成比例增加,顺原直线 $o'R$ 上升。达到原卸载起点 $R$ 后,形成 $RH'B'F'$ 曲线。与原拉伸曲线($YRHBF$)相比,$RH'$ 段的应力有所提高,但明显的屈服台阶消失了。最大应力($B'$)与原极限应力($B$)值相近,但相应的应变 $\varepsilon_b$ 和极限延伸率 $\delta_5$ 都减小了。

钢材进入塑性变形阶段后,在拉、压应力反复加卸作用且应力(变)逐次增加的试验情况下,得到的应力-应变曲线如图 1-66 所示。

将同方向(拉或压)加载的应力-应变曲线中,超过前一次加载最大应力的区段(图中实粗线)平移相连后得到的曲线称骨架线,在受拉($oT_1T_2''T_3''$)和受压方向各有一条。经过对比后发现,首次加载方向(图 1-66 的受拉)的骨架线与钢材一次拉伸曲线(图 1-60)一致。而反向加载(受压)的骨架线在第一次反向加载($o_1C_1$)时有明显差别(屈服点降低,且无明显屈服台阶),后续的应力-应变曲线仍基本相符。

钢材一次受力(拉或压)屈服后,反向加载(压或拉)时的弹性极限显著降低,且首次加载达到的应变值越大,反向弹性极限降低越多,这种现象称为包兴格(Bauschinger)效应[1-60]。其主要是因为金属中的晶格方向不同,受力后各晶格的变形状况和程序有差别,进入屈服段后差别更大。卸载后部分晶粒存在残余应力和应变,使得反向加载时在较小的应力下就发生塑性变形。

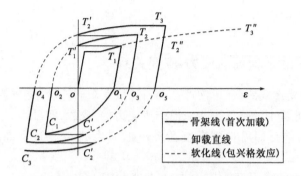

图 1-66　拉压反复加载的钢筋应力-应变曲线

在建立反复加载下钢材应力-应变曲线的计算模型时,将卸载应力-应变曲线近似为直线,且与初始加载应力-应变直线平行,即具有相同的弹性模量。至于加载曲线,除了首次加载以外,其他加载的应力-应变关系都因包兴格效应而成为曲线,称为软化段。因此,拉压反复荷载下的钢材应力-应变关系可分为骨架线、卸载线和加载曲线。其中骨架线可采用一次加载的应力-应变全曲线,卸载线是斜率为 $E$ 的直线,加载和软化段曲线需另给定。

1)加藤模型

对软化段曲线 $oA$ 取原点为加载或反向加载起点($\sigma = 0$)的局部坐标 $\sigma\text{-}\varepsilon$[图 1-67a)],$A$ 点的坐标为上一次同向加载的最大应力 $\sigma_s$ 和应变增量 $\varepsilon_s$,割线模量为 $E_B = \sigma_s / \varepsilon_s$,初始模量为 $E$。若命

$$\left. \begin{array}{l} y = \sigma / \sigma_s \\ x = \varepsilon / \varepsilon_s \end{array} \right\}$$

则软化段试验曲线[图 1-67b)]设为:

$$y = \frac{ax}{x + a - 1} \tag{1-140}$$

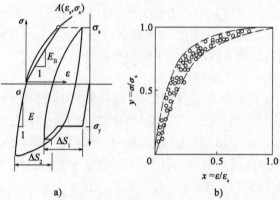

图 1-67　加藤软化段模型

a)$\sigma\text{-}\varepsilon$ 曲线;b)曲线形状

对式(1-140)求导且令 $x = 0$,即为曲线 $oA$ 的初始斜率与割线斜率之比,故有:

$$\left.\frac{\mathrm{d}y}{\mathrm{d}x}\right|_{x=0} = \frac{a}{a-1} = \frac{E}{E_{\mathrm{B}}}$$

$$a = \frac{E}{E - E_{\mathrm{B}}} \tag{1-141}$$

曲线 $oA$ 的割线模量随试件前次加载所达到塑性应变值的增大而逐渐减小,亦称刚度退化。根据试验数据给出的割线模量经验值为:

$$E_{\mathrm{B}} = -\frac{E}{6}\lg(10\varepsilon_{\mathrm{res}}) \tag{1-142}$$

式中:$\varepsilon_{\mathrm{res}}$——反向加载的累计骨架应变[图 1-67a)],计算公式为:

$$\varepsilon_{\mathrm{res}} = \sum_i \Delta S_i \tag{1-143}$$

2)Kent-Park 模型[1-61]

采用 Ramberg-Osgood 本构模型的一般式:

$$\frac{\varepsilon}{\varepsilon_{\mathrm{ch}}} = \frac{\sigma}{\sigma_{\mathrm{ch}}} + \left(\frac{\sigma}{\sigma_{\mathrm{ch}}}\right)^r \tag{1-144}$$

应力-应变曲线的形状取决于 $r$ 的赋值(图 1-68):当 $r=1$ 时,为反映弹性材料的直线;当 $r=\infty$ 时,为理想弹塑性材料的二折线;当 $1<r<\infty$ 时,为逐渐过渡的曲线。这一组曲线的几何特点是:①都通过 $\sigma/\sigma_{\mathrm{ch}}=1$, $\varepsilon/\varepsilon_{\mathrm{ch}}=2$ 的点;② $r=1$ 时直线的斜率为 $\frac{\mathrm{d}y}{\mathrm{d}x}=0.5$,其余情况下 $(r\neq1)$,曲线的初始斜率都为 $\frac{\mathrm{d}y}{\mathrm{d}x}=1$。

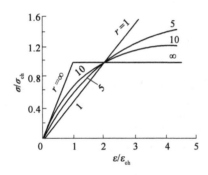

图 1-68  Kent-Park 软化段模型[1-61]

将式(1-144)稍做变换,得:

$$\varepsilon = \frac{\sigma}{E}\left[1 + \left(\frac{\sigma}{\sigma_{\mathrm{ch}}}\right)^{r-1}\right] \tag{1-145}$$

式中:$E$——钢材的(初始)弹性模量,$E = \sigma_{\mathrm{ch}}/\varepsilon_{\mathrm{ch}}$;

$\sigma_{\mathrm{ch}}$——特征应力值,取决于此前应力循环产生的塑性应变($\varepsilon_{\mathrm{ip}}$),当 $\varepsilon_{\mathrm{ip}}=(4\sim22)\times10^{-3}$ 时,经验计算式见式(1-146)。

$$\sigma_{\mathrm{ch}} = f_{\mathrm{y}}\left[\frac{0.744}{\ln(1+1000\varepsilon_{ip})} - \frac{0.071}{1-e^{1000\varepsilon_{ip}}} + 0.241\right] \tag{1-146}$$

式中,$r$ 取决于反复加卸载次数 $n$ 的取值,如下:

$$n \text{ 为奇数} \qquad r = \frac{4.49}{\ln(1+n)} - \frac{6.03}{e^n - 1} + 0.297 \quad\left.\right\}$$

$$n \text{ 为偶数} \qquad r = \frac{2.20}{\ln(1+n)} - \frac{0.469}{e^n - 1} + 0.304 \quad\left.\right\}$$

$$(1\text{-}147)$$

**本章参考文献**

[1-1] 中华人民共和国国家标准.混凝土结构设计规范(2015 年版):GB 50010—2010[S].北京:中国建筑工业出版社,2010.

[1-2] SLATE F O,et al. Volume changes on setting and curing of cement paste and concrete from zero to seven days[J]. ACI,1967(1).

[1-3] 中华人民共和国国家标准.普通混凝土力学性能试验方法标准:GB/T 50081—2002[S].北京:中国建筑工业出版社,2003.

[1-4] 王传志,滕智明.钢筋混凝土结构理论[M].北京:中国建筑工业出版社,1985.

[1-5] 混凝土基本力学性能研究组.混凝土的几个基本力学指标[M]//国家建委建筑科学研究院.钢筋混凝土结构研究报告选集.北京:中国建筑工业出版社,1977:21-36.

[1-6] 林大炎,王传志.矩形箍筋约束的混凝土应力-应变全曲线研究[M]//清华大学抗震抗爆工程研究室.科学研究报告集(第三集):钢筋混凝土结构的抗震性能.北京:清华大学出版社,1981:19-37.

[1-7] 过镇海.混凝土的强度和变形(试验基础和本构关系)[M].北京:清华大学出版社,1997.

[1-8] WHITNEY C S. Discussion on VP Jensen's paper[J]. ACI,1943(11).

[1-9] 滕智明.钢筋混凝土基本构件[M].2 版.北京:清华大学出版社,1987.

[1-10] Comite Euro-International du Beton. Bulletin D'information No. 213/214 CEB-FIP Model Code 1990,Concrete structures[S]. Lausanne,1993.

[1-11] 张琦,过镇海.混凝土抗剪强度和剪切变形的研究[J].建筑结构学报,1992(5):17-24.

[1-12] MATTOCK H. Shear transfer in reinforced concrete[J]. ACI,1969(2):52.

[1-13] Bresler B, Pister K S. Strength of Concrete under Combined Stresses [P]. ACI, Sept 1958:321-346.

[1-14] MEYERS B L,THOMAS E W. Elasticity,shrinkage,creep,and thermal movement of concrete[M]//Kong F K,et al. Handbook of Structural Concrete. London:Pitman,1983:11. 1-11. 33.

[1-15] NEVILLE A M,DILGER W H,BROOKS J J. Creep of plain and structural concrete[M]. London and New York:Construction Press,1983.

[1-16] 惠荣炎,黄国兴,易冰岩.混凝土的徐变[M].北京:中国铁道出版社,1988.

[1-17] 中华人民共和国行业标准.水工混凝土结构设计规范:SL 191—2008[S].北京:中国水利出版社,2008.

[1-18] HUGHES B P,CHAPMAN G P. The complete stress-strain curve for concrete in direct tension[J]. RILEM Bulletin(Paris),1966(30):95-97.

[1-19] EVANS R H,MARATHE M S. Microcracking and stress-strain curves for concrete in tension[J]. Materials and Structures,Research and Testing,1968,1(1):61-64.

[1-20] PETERSSON P E. Crack growth and development of fracture zone in plain concrete and similar materials[D]. Sweden:Lund Institute of Technology,1981.

[1-21] GOPALARATNAM V S,SHAH S P. Softening response of plain concrete in direct tension[J]. ACI,1985,82(3):310-323.

[1-22] 过镇海,张秀琴.混凝土受拉应力-变形全曲线的试验研究[J].建筑结构学报,1988(4):45-53.

[1-23] 沈聚敏,王传志,江见鲸.钢筋混凝土有限元与板壳极限分析[M].北京:清华大学出版社,1993.

[1-24] 过镇海.钢筋混凝土原理[M].北京:清华大学出版社,1999.

[1-25] Comite Euro-International du Beton. Bulletin D'information No. 156,Concrete under multiaxial states of stress constitutive equations for practical design[R]. Paris,1983.

[1-26] 过镇海.混凝土的强度和变形(试验基础和本构关系)[M].北京:清华大学出版社,1997.

[1-27] SARGIN M. Stress-strain relationships for concrete and the analysis of structural concrete sections[M]. Waterloo:University of Waterloo,1971.

[1-28] HOGNESTAD E. Concrete stress distribution in ultimate strength design[J]. ACI,1955(1):455-479.

[1-29] 过镇海,张秀琴,等.混凝土应力-应变全曲线的试验研究[J].建筑结构学报,1988(4):45-53.

[1-30] 林大炎,王传志.矩形箍筋约束的混凝土应力-应变全曲线研究[M]//清华大学抗震抗爆工程研究室.科学研究报告集(第三集):钢筋混凝土结构的抗震性能.北京:清华大学出版社,1981:19-37.

[1-31] 过镇海,张秀琴.反复荷载下混凝土的应力-应变全曲线的试验研究[M]//清华大学抗震抗爆工程研究室.科学研究报告集(第三集):钢筋混凝土结构的抗震性能.北京:清华大学出版社,1981:38-53.

[1-32] PARK R,PAULAY T. Reinforced concrete structures[M]. New York:John Wiley & Sons,1975.

[1-33] KUPFER H,GERSTLE K H. Behavior of concrete under biaxial stresses[J]. ASCE,1973,99(EM4).

[1-34] ROMSTAD K M,TAYLOR M A,HERRMANN L R. Numerical biaxial characterization for concrete[J]. ASCE,1974,100(EM5):935-948.

[1-35] PALANISWAMY R,SHAH S P. Fracture and stress-strain relationship of concrete under triaxial compression[J]. ASCE,1974,100(ST5):901-915.

[1-36] CEDOLIN L,CRUTZEN YRJ,DEI POLI S. Triaxial stress-strain relationship for concrete[J]. ASCE,1977,103(EM3):423-439.

［1-37］ OTTOSEN N S. Constitutive model for short-time loading of concrete［J］. ASCE,1979,105 (EMI):127-141.

［1-38］ LIU T C Y,NILSON A H,SLATE F O. Biaxial stress-strain relations for concrete［J］. ASCE,1972,98(ST5):1025-1034.

［1-39］ TASUJI M E,NILSON A H,SLATE F O. Biaxial stress-strain relationships for concrete［J］. Magazine of Concrete Research,1979,31(109):217-224.

［1-40］ DARWIN D,PECKNOLD D A. Nonlinear biaxial stress-strain law for concrete［J］. ASCE, 1977,103(EM2):229-241.

［1-41］ ELWI A A,MURRAY D W. A 3D hypoelastic concrete constitutive relationship［J］. ASCE, 1979,105(EM4):623-641.

［1-42］ KOTSOVOS M D, NEWMAN J B. Generalized stress-strain relations for concrete［J］. ASCE,1978,104(EM4):845-855.

［1-43］ KOTSOVOS M D. A mathematical model of the deformational behavior of concrete under generalised stress based on fundamental materials properties［J］. Materials and Structures, 1980,13(76):289-298.

［1-44］ GERSTLE K H. Simple formulation of biaxial concrete behavior［J］. ACI,1981,78(1):62-68.

［1-45］ GERSTLE K H. Simple formulation of triaxial concrete behavior［J］. ACI,1981,78(5): 382-387.

［1-46］ STANKOWSKI T,GERSTLE K H. Simple formulation of concrete behavior under multiaxial load［J］. ACI,1985,82(2):213-221.

［1-47］ 徐焱,过镇海.三轴拉压应力状态下混凝土的强度及变形［J］.结构工程学报(专刊), 1991,2(3-4):401-406.

［1-48］ 过镇海,郭玉涛,徐焱,等.混凝土非线弹性正交异性本构模型［J］.清华大学学报, 1997,37(6):78-81.

［1-49］ 李伟政.二轴拉压应力全组合下混凝土的强度及变形试验研究[D].北京:清华大学,1989.

［1-50］ 徐焱.混凝土三轴拉压强度与变形的试验研究[D].北京:清华大学,1991.

［1-51］ 郭玉涛.二轴应力下高强混凝土强度和变形的试验研究[D].北京:清华大学,1995.

［1-52］ 叶献国.三轴受压混凝土的强度和变形试验研究[D].北京:清华大学,1988.

［1-53］ 王敬忠.三轴拉压强度试验和混凝土破坏准则的研究[D].北京:清华大学,1989.

［1-54］ 过镇海.混凝土的多轴强度介绍［J］.建筑结构学报,1994,15(6):72-75.

［1-55］ 李杰.混凝土随即损伤力学的初步研究［J］.上海:同济大学学报,2001,29(10): 1135-1141.

［1-56］ 中华人民共和国行业标准.蒸压加气混凝土应用技术规程:JGJ/T 17—2008［S］.北京: 中国建筑工业出版社,2008.

［1-57］ 钢筋调查研究组.冷拉钢筋和冷拔低碳钢丝的几个问题[M]//国家建委建筑科学研究院.钢筋混凝土结构研究报告选集.北京:中国建筑工业出版社,1977:37-54.

［1-58］ 成文山.配置无明显屈服点钢筋的混凝土受弯构件截面弯矩及曲率分析［J］.土木工

程学报,1982,15(4):1-10.

［1-59］ 建筑科学研究院建筑结构研究所.常温下钢筋松弛性能的试验研究［M］//国家建委建筑科学研究院.钢筋混凝土结构研究报告选集.北京:中国建筑工业出版社,1977:55-65.

［1-60］ SINGH A,GERSTLE K H,TULIN L G. The behavior of reinforcing steel under reversed loading［J］. Journal of ASTM,Materials Research & Standards,1965,5(1).

［1-61］ PARK R,PAULAY T. Reinforced concrete structures［M］. New York:John Wiley & Son Inc,1975.

# 第 2 章

# 钢筋与混凝土粘结

## 2.1 粘结力的作用和组成

### 2.1.1 作用和分类

钢筋混凝土结构能正常发挥功能作用的必要条件是钢筋和混凝土二者之间有可靠的粘结和锚固。若一根混凝土梁的纵筋沿其长度与混凝土既无粘结,端部亦未设置锚具[图2-1a)],则此混凝土梁在较小荷载作用下将会发生脆性折断,钢筋并不受力,与素混凝土梁无异。若混凝土梁内钢筋与混凝土无粘结,但在端部设置机械式锚具,则此混凝土梁在荷载作用下钢筋应力沿全长相等,承载力有较大提高,但其受力宛如二铰拱[图2-1b)],不是"梁"的应力状态。只有当钢筋沿全长(包括端部)与混凝土可靠地粘结,在荷载作用下此混凝土梁的钢筋应力随截面弯矩而变化[图2-1c)],才符合"梁"的基本受力特点。

分析混凝土梁内钢筋的平衡条件,任何一段钢筋两端的应力差,都由其表面的纵向剪应力平衡[图2-1d)]。此剪应力即为周围混凝土所提供的粘结应力:

$$\tau = \frac{A_s}{\pi d}\frac{\mathrm{d}\sigma_s}{\mathrm{d}x} = \frac{d}{4}\frac{\mathrm{d}\sigma_s}{\mathrm{d}x} \tag{2-1}$$

式中:$d$、$A_s$——钢筋的直径和截面面积。

钢筋对周围混凝土的纵向剪应力(即反向粘结应力),必与相应混凝土段上的纵向应力平衡。

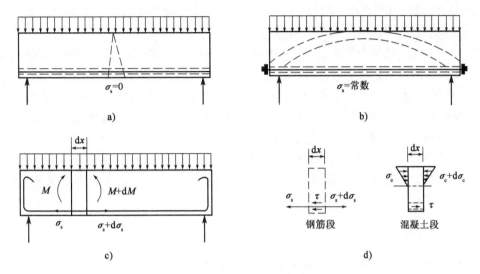

图2-1 钢筋的粘结与锚固状态

a)无粘结,无锚具;b)无粘结,端部设锚具;c)沿全长和端部粘结可靠;d)平衡条件

根据混凝土构件中钢筋受力状态的不同,粘结应力状态可分为以下两类问题[2-1~2-3]。

1)钢筋端部的锚固粘结

如简支梁支座处的钢筋端部,梁跨间的主筋搭接或切断、悬臂梁和梁柱节点受拉主筋的外伸段等[图2-2a)]。这些情况下,钢筋的端头应力为零,在经过不长的粘结距离(称锚固长度)后,钢筋应力应能达到其设计强度。故钢筋的应力差大、粘结应力高,且分布变化大。如果钢筋因粘结锚固能力不足而发生滑动,不仅其强度不能充分利用,而且将导致构件的开裂和承载力下降,甚至提前失效。这称为粘结破坏,属严重的脆性破坏。

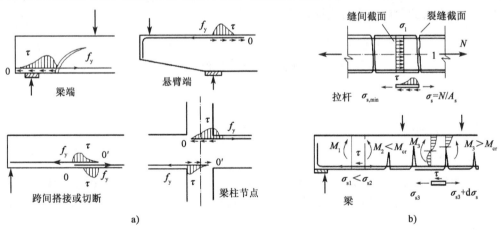

图2-2 两类粘结应力状态

a)筋端部锚固粘结;b)缝间粘结

2)裂缝间粘结

受拉构件或梁受拉区的混凝土开裂后,裂缝截面上混凝土退出工作,使钢筋拉应力增大,

但裂缝间截面上混凝土仍承受一定的拉力,钢筋的应力偏小。钢筋应力沿纵向发生变化,其表面必有相应的粘结应力分布[图 2-2b)]。这种情况下,虽然裂缝段钢筋应力差小,但平均应力(变)值高。粘结应力的存在,使混凝土内钢筋的平均应变或总变形小于钢筋单独受力时的相应变形,有利于减小裂缝宽度和增大构件的刚度,称为受拉刚化效应。

所以,当混凝土构件因为内力变化、混凝土开裂或构造需要等引起钢筋应力沿长度变化时,必须由周围混凝土提供必要的粘结应力。否则($\tau = 0$),钢筋和混凝土将发生相对滑移,构件或节点出现裂缝和变形,改变内力(应力)分布,甚至提前发生破坏。此外,钢筋和混凝土的粘结状况在重复和反复荷载作用下逐渐退化,对结构的疲劳和抗震性能的影响明显。因而,钢筋和混凝土的粘结问题在工程中受到重视。

另一方面,钢筋和混凝土的粘结作用是个局部应力状态,应力和应变分布复杂,又有混凝土的局部裂缝和二者的相对滑移,构件的平截面假定不再适合,而且影响因素众多,这些都成为研究工作中的难点。

### 2.1.2 组成

钢筋和混凝土之间的粘结力,通常认为由三部分组成:

(1)混凝土中的水泥凝胶体在钢筋表面产生的化学粘着力或吸附力,其强度大小($\tau_粘$)取决于水泥的性质和钢筋表面的粗糙程度。当钢筋受力后有较大变形、发生局部滑移后,粘着力便会丧失。

(2)周围混凝土对钢筋的摩阻力,在混凝土粘着力破坏后其发挥作用。它取决于混凝土发生收缩或者荷载和反力等对钢筋的径向压应力,以及二者间的摩擦系数等。

(3)钢筋表面粗糙不平,或变形钢筋凸肋和混凝土之间的机械咬合力作用,即混凝土对钢筋表面斜向压力的纵向分布力,其极限值受混凝土的抗剪强度控制。

实际上,粘结力的三部分构成都与钢筋表面的粗糙度和锈蚀程度密切相关[2-4]。在试验中很难单独量测或严格区分,并且在钢筋的不同受力阶段,随着钢筋滑移的发展、荷载(应力)的加卸等作用,各部分粘结力也会随之变化。

## 2.2 试验方法和粘结机理

### 2.2.1 试验方法

1)拉拔试验

拉拔试验的试件一般为棱柱体,钢筋埋设在其中心,水平方向浇筑混凝土。试验加载时,试件的一端支撑在带孔的垫板上,试验机夹持外露钢筋端施加拉力(图 2-3),直至钢筋被拔出或者屈服。

上述试件的加载端混凝土受到局部挤压,与结构中钢筋端部附近的应力状态差别较大。为此,后来修正为试件加载端的局部钢筋与周围混凝土脱空的试件。但是,对螺纹钢筋采用这种试验方法时,试件常因纵向劈裂而破坏。在试件内设置螺旋箍筋,才可能得到变形钢筋被拔出的试验结果。至今各国对这类试验的标准试件的规定,如试件横向尺寸($a/d$)或保护层厚度($c/d$)、钢筋的埋入和粘结长度($l/d$)、配箍筋与否等尚不统一。

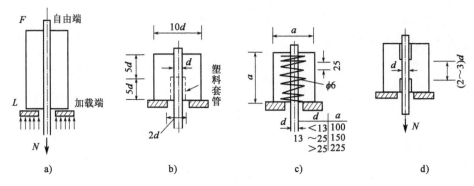

图2-3 粘结试验的拉拔试件(尺寸单位:mm)
a)早期;b)RELEM-FIP-CEB;c)CP110(英);d)短锚试件

粘结试验技术发展至今,按试件的类型不同可以将拉拔试验进一步分为以下两类。

(1)中心拉拔试验

根据试验中有效粘结区长度的不同,拔出试验可分为短锚试件和普通拉拔试件,拔出试件的构造图如图2-3b)所示。为了使量测的平均粘结应力及滑移具有局部对应关系,理论上粘结长度应尽可能地短,使得粘结应力$\tau$及滑移$s$沿埋长接近均匀分布,方可近似代表局部$\tau$-$s$关系。但埋长不可能非常短,通常为2~3倍钢筋直径。为消除加载端部的局部挤压效应,试验加载端的局部钢筋应与混凝土试件脱空。中心拉拔试验主要用来模拟钢筋混凝土梁柱节点或梁端纵筋的受力状态。

(2)两端对拉试验

两端对拉试验一般用来模拟梁跨中的钢筋和混凝土的粘结机理或轴心受拉构件中的钢筋与混凝土界面的受力以及裂缝开展的规律。图2-4为同济大学进行的一组高性能混凝土与变形钢筋的两端对拉粘结性能试验。

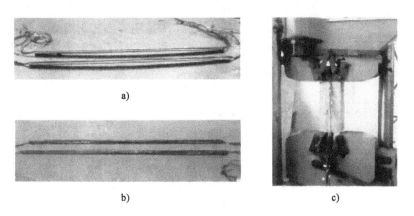

图2-4 两端对拉粘结性能试验
a)钢筋铣槽贴应变片;b)钢筋合龙;c)试验加载

为了得到沿钢筋长度方向每一点的应变随拉力的变化情况,并使所测数据值误差尽可能地小,可采用将钢筋剖开、铣槽粘贴应变片的方式。在已知钢筋两点间的距离和两点的应变情况下,可以计算出两点范围内的钢筋与混凝土的平均粘结应力和粘结强度。事实上,取两端对

拉试件的微段进行分析,根据钢筋微段隔离体受力平衡条件,可得:

$$A_s \frac{\mathrm{d}\sigma_s}{\mathrm{d}x} = \tau \Sigma_0 \tag{2-2}$$

假设钢筋处于弹性受力阶段:

$$\mathrm{d}\sigma_s = E_s \mathrm{d}\varepsilon_s \tag{2-3}$$

将式(2-3)代入式(2-2),经过简化为:

$$\tau = \frac{E_s A_s \mathrm{d}\varepsilon}{\pi d \mathrm{d}x} = \frac{E_s d \mathrm{d}\varepsilon}{4\mathrm{d}x} \tag{2-4}$$

式中:$E_s$——钢筋弹性模量;

$\mathrm{d}\varepsilon$——应变差值;

$d$——钢筋直径;

$\mathrm{d}x$——两应变片间的距离;

$A_s$——钢筋截面面积。

2)梁式试验

为了更好地模拟钢筋在梁端的粘结锚固状况,可采用梁式试件。梁式试件(图2-5)分两半制作,钢筋在加载端和支座端各有一段无粘结区,中间的粘结长度为$10d$($d$为钢筋直径)。梁跨中拉区为试验钢筋,压区用铰相连,力臂明确,以便根据试验荷载准确地计算钢筋拉力。梁式粘结试件还有多种[2-1,2-6],各自采用不同构造和试件尺寸。

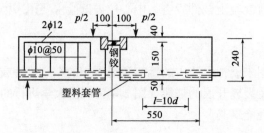

图2-5　粘结试验的梁式试件[2-5](尺寸单位:mm)

这两类试件的对比试验结果表明[2-7],材料和粘结长度相同的试件,拉拔试验比梁式试验测得的平均粘结强度高,其比值为$1.1 \sim 1.6$。除了二者的钢筋周围混凝土应力状态的差别之外,后者的混凝土保护层厚度($c/d$)显著小于前者是其主要原因。

无论是哪类钢筋拔出试验,试验过程中都量测钢筋拉力$N$和其极限值$N_u$,以及钢筋加载端和自由端与混凝土的相对滑移[图2-6a)]。钢筋与混凝土之间的平均粘结应力$\bar{\tau}$和极限粘结强度$\tau_u$为:

$$\bar{\tau} = \frac{N}{\pi d l}, \quad \tau_u = \frac{N_u}{\pi d l} \tag{2-5}$$

式中:$d$、$l$——钢筋直径和粘结长度。

为了量测粘结应力沿钢筋埋长的分布,又不破坏其表面粘结状态,必须在钢筋内部设置电阻应变片[2-3,2-8][图2-6b)]。钢筋经机床加工成两半、内部铣出一浅槽,上贴电阻片,连接线从钢筋一端引出。槽内作防水处理后,两半钢筋合龙,并在贴片区外点焊成一整体,然后浇筑拔出试件的混凝土。试验后按相邻电测点的钢筋应力差值计算相应的粘结应力,并得粘结应力的分布。有些试验还在钢筋拔出过程中研究混凝土内部裂缝的发展[2-9,2-10],在试件中预留的孔道内压注了红墨水,混凝土开裂后红墨水渗入缝隙,卸载后剖开试件可清楚地观察到裂缝的数量和形状。

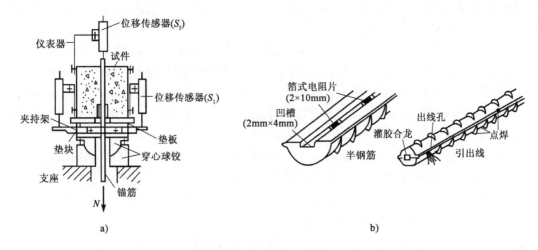

图 2-6　粘结试验的装置和量测[2-3]

a)试验量测装置;b)钢筋内部粘贴电阻片

光圆钢筋和变形钢筋与混凝土的极限粘结强度相差悬殊,且粘结机理、钢筋滑移和试件破坏形态也多有不同,分述如下。

## 2.2.2　粘结机理

1)光圆钢筋

在光圆钢筋的拔出试验中,量测到的拉力 $N$ 或者平均粘结应力 $\tau$ 与钢筋两端的滑移 $S_1$ 和 $S_f$ 曲线如图 2-7a) 所示,钢筋应力 $\sigma_s$ 沿其埋长的分布和据以计算的粘结应力 $\tau$ 分布,以及钢筋滑移的分布等随荷载(拉力)增长的变化如图 2-7b) 所示。

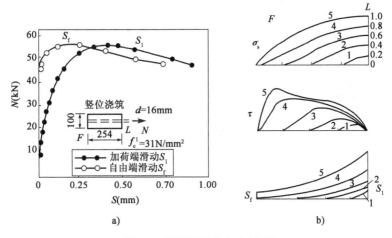

图 2-7　光圆钢筋的拔出试验结果

a)$\tau$-$S$ 曲线;b)应力和滑移的分布

当试件开始受力后,加载端($L$)的粘着力很快被破坏,即可测得加载端钢筋和混凝土的相对滑移($S_1$),此时钢筋只有靠近加载端的一部分受力($\sigma_\sigma > 0$),粘结应力分布也限于这一区段,从粘结应力$\tau$的峰点至加载端之间的钢筋段都发生相对滑移,其余部分仍无滑移的粘结区,随着荷载增大,钢筋受力段逐渐加长,粘结应力$\tau$分布的峰点向自由端($F$)漂移,滑移段随之扩大,加载端的滑移加快发展。

当荷载增大,达到$\overline{\tau}/\tau_u = 0.4 \sim 0.6$后,钢筋的受力段和滑移段继续扩展,加载端的滑移明显成曲线增长,但自由端仍无滑移,不仅粘结应力分布区段延伸,峰点加快向自由端漂移,其形状也由峰点右偏曲线转为左偏曲线。当$\overline{\tau}/\tau_u \approx 0.8$时,钢筋自由端开始滑移,加载端的滑移发展更迅速,此时滑移段已遍及钢筋全埋长,粘结应力的峰点靠近自由端。加载端附近的粘结破坏严重,粘结应力已很小,钢筋的应力接近均匀。

当自由端的滑移为$S_f = 0.1 \sim 0.2 \text{mm}$时,试件荷载达到最大值$N_u$,即可得到钢筋的极限粘结强度$\tau_u$。此后,钢筋的滑移($S_1$和$S_f$)急速增大,拉拔力由钢筋表面的摩阻力和残存的咬合力承担,周围混凝土受碾磨而破碎,阻抗力减小,形成$\overline{\tau}$-$S$曲线的下降段。最终,钢筋从混凝土中被徐徐拔出,表面带有少量磨碎的混凝土粉渣。

上述钢筋拔出过程是指埋入长度较短的试件。如果钢筋的埋入长度大,当施加的拉力使钢筋的加载端发生屈服($N_u = A_s f_y$),而钢筋不被拔出来时,所需的最小埋长称为锚固长度$l_a$[2-11]。这是保证钢筋充分发挥强度所必需的,根据平衡条件($\frac{1}{4}\pi d^2 f_y = \pi d l_a \tau_u$)建立的计算式为:

$$l_a = \frac{f_y}{4\tau_u}d \tag{2-6}$$

式中:$\tau_u$——钢筋的(平均)极限粘结强度。

2) 变形钢筋

变形钢筋拔出试验中测量的粘结应力-滑移典型曲线如图2-8a)所示,钢筋应力、粘结应力和滑移沿钢筋埋长的分布随荷载的变化过程如图2-8b)所示,试件内部裂缝的发展过程示意图如图2-9所示[2-12~2-16,2-3]。

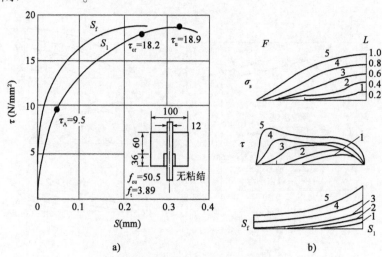

图2-8 变形钢筋的拔出试验结果(尺寸单位:mm)

a)$\tau$-$S$曲线[2-1];b)应力和滑移分布

变形钢筋和光圆钢筋的主要区别是钢筋表面具有不同形状的横肋或斜肋。变形钢筋受拉时,肋的凸缘挤压混凝土[图2-9a)],大大提高了机械咬合力,改变了粘结受力机理,有利于钢筋在混凝土中的粘结锚固性能。

一个不配横向筋的拔出试件,钢筋受力后由于加载端局部应力集中造成混凝土的粘着力破坏,发生滑移。当荷载增大到 $\bar{\tau}/\tau_u \approx 0.3$ 时,钢筋自由端的粘着力也被破坏,开始出现滑移,加载端的滑移快速增长。与光圆钢筋相比,变形钢筋自由端滑移时的应力值接近,但 $\bar{\tau}/\tau_u$ 值大大减小,钢筋的受力段和滑移段的长度也较早地遍及钢筋全长。

当平均粘结应力达 $\bar{\tau}/\tau_u = 0.4 \sim 0.5$ 时,即 $\tau$-$S$ 曲线上的 $A$ 点,钢筋靠近加载端横肋的背面发生粘结力破坏,出现拉脱裂缝①[图2-9a)]。随即,此裂缝向后(拉力的反方向)延伸,形成表面纵向滑移裂缝②。荷载稍有增大,肋顶混凝土受钢筋肋部的挤压,使裂缝①向前延伸,并转为斜裂缝③,试件内部形成一个环绕钢筋周界的圆锥形裂缝面。随着荷载继续增加,钢筋肋部的裂缝①、②、③不断加宽,并且从加载端往自由端依次在各肋部发生,滑移发展加快,$\tau$-$S$ 曲线斜率渐减。与光圆钢筋相比,变形钢筋的应力沿埋长的变化曲率较小,故粘结应力分布比较均匀。

这些裂缝形成后,试件的拉力主要依靠钢筋表面的摩阻力和肋部的挤压力传递。肋前压应力的增大,使混凝土局部挤压,形成肋前破碎区④。钢筋肋部对周围混凝土的挤压力,其横(径)向分力在混凝土中产生环向拉应力[图2-9b)]。当此拉应力超过混凝土极限强度时,试件内形成径向-纵向裂缝⑤。这种裂缝由钢筋表面沿径向试件表面发展,同时由加载端往自由端延伸。当荷载接近极限值($\tau_{cr}/\tau_u \approx 0.9$)时,加载端附近的裂缝发展至试件表面,肉眼可见。此后,裂缝沿纵向往自由端延伸,并发出劈裂声响,钢筋的滑移急剧增长,荷载增加不多即达峰点(极限粘结强度 $\tau_u$),很快转入下降段,不久试件被劈裂成2块或3块[图2-9c)]。混凝土劈裂面上留有钢筋的肋印,而钢筋的表面在肋前区附着混凝土的破碎粉末。

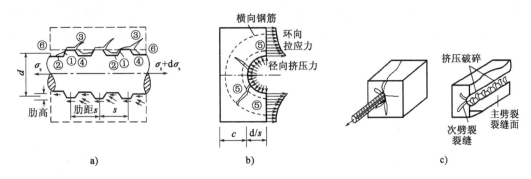

图2-9 变形钢筋的粘结破坏和内部裂缝发展过程[2-3]
a)纵向;b)横向;c)破坏形态

试件配设了横向螺旋筋或者钢筋的保护层厚度 $c/d > 5$ 时,粘结应力-滑移曲线如图2-10所示。当荷载较小($\bar{\tau} \leqslant \tau_A$)时,横向筋的作用很小,$\tau$-$S$ 曲线与前述试件无区别。在试件混凝土内出现裂缝($\bar{\tau} > \tau_A$)后,横向筋约束了裂缝的开展,提高了抗阻力,$\tau$-$S$ 曲线斜率稍高。当荷载接近极限值时,钢筋肋对周围混凝土挤压力的径向分力也将产生径向-纵向裂缝⑤,但开裂时的应力和相应的滑移量都有较大提高。

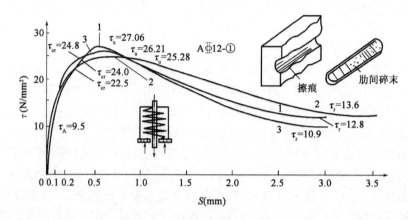

图 2-10 配设横向箍筋的试件 $\tau$-$S$ 曲线[2-1]

径向-纵向裂缝⑤出现后,横向筋的应力剧增,限制此裂缝的扩展,试件不会被劈开,抗拔力可继续增大。钢筋滑移量大幅增加,使肋前的混凝土破碎区不断扩大且沿钢筋埋长的各肋前区依次破碎和扩展,肋前挤压力的减小形成了 $\tau$-$S$ 曲线的下降段。最终,钢筋横肋间的混凝土咬合齿被剪断,钢筋连带肋间充满着的混凝土碎末一起缓缓地被拔出。此时,沿钢筋肋外表面的圆柱面上有摩擦力,试件仍保有一定残余抗拔力($\tau_r/\tau_u \approx 0.3$)。这类试件的极限粘结强度可达 $0.4f_{cu}$,远大于光圆钢筋的相应值。

在钢筋拔出试验的粘结应力-滑移($\tau$-$S$)全曲线上确定 4 个特征点,即内裂($\tau_A,S_A$)、劈裂($\tau_{cr},S_{cr}$)、极限($\tau_u,S_u$)和残余($\tau_r,S_r$)点,并以此划分受力阶段和建立 $\tau$-$S$ 本构模型。

文献[2-27]对光圆钢筋与混凝土界面的粘结性能进行了系统试验研究,基于试验结果给出了带肋变形钢筋的粘结强度组成,如图 2-11a)所示。结合光圆钢筋的试验数据,图 2-11a)中粘着力占粘结强度的 2%~5%。与带肋变形钢筋不同,光圆钢筋的粘结强度由粘着力和摩擦力构成,其粘结强度主要取决于摩擦力。根据试验结果,建议光圆钢筋粘结强度组成如图 2-11b)所示。结合试验数据,光圆铝合金的粘结强度仅由粘着力提供,大小为 0.21~0.56MPa,约为光圆钢筋粘结强度的 1/10,其粘结强度组成如图 2-11c)所示。

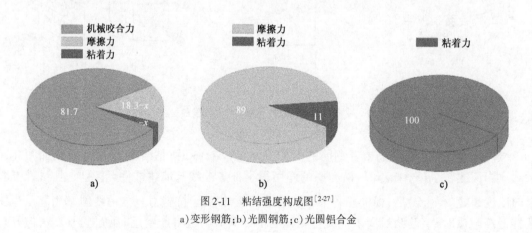

图 2-11 粘结强度构成图[2-27]

a)变形钢筋;b)光圆钢筋;c)光圆铝合金

# 2.3 影 响 因 素

钢筋和混凝土的粘结性能及其各项特征,受到许多因素的影响而变化。

## 2.3.1 混凝土强度

当提高混凝土强度时,混凝土和钢筋的化学粘着力 $\tau_{粘}$ 与机械咬合力随之增加,但对摩阻抗滑力的影响不大[2-27]。同时,混凝土抗拉(裂)强度的增大,延迟了拔出试件的内裂和劈裂应力,提高了极限粘结强度和粘结刚度(图2-12)。

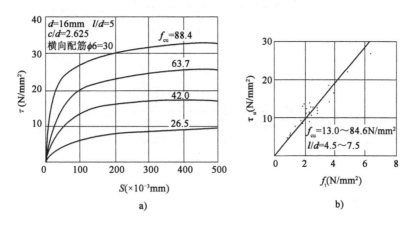

图 2-12 混凝土强度对粘结性能的影响[2-1]

a)$\tau$-$S$ 曲线;b)$\tau_u$-$f_t$

试验结果表明,钢筋的粘结强度与混凝土抗拉强度成正比。其他的粘结应力特征值($\tau_A$、$\tau_{cr}$、$\tau_r$)也与混凝土的抗拉强度成正比(图2-13)。

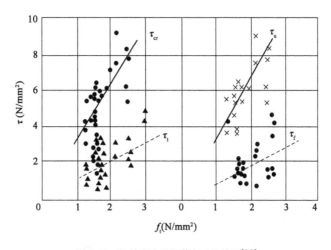

图 2-13 粘结应力特征值与 $f_t$ 的关系[2-3]

### 2.3.2 保护层厚度

钢筋的混凝土保护层厚度 $c$ 指钢筋外皮至构件表面的最小距离。增大保护层厚度,加强了外围混凝土的抗劈裂能力,显然能提高试件的劈裂应力($\tau_{cr}$)和极限粘结强度($\tau_u$)。但是,当混凝土保护层厚度 $c>(5\sim6)d$ 后,试件不再发生劈裂破坏,而钢筋沿横肋外围切断混凝土而拔出,故粘结强度 $\tau_u$ 不再增大。

构件截面上的钢筋多于1根时,钢筋的粘结破坏形态还与钢筋间的净距 $s$ 有关[2-17,2-18],可能是保护层劈裂(当 $s>2c$ 时),或者沿钢筋连线劈裂(当 $s<2c$ 时),如图2-14所示。

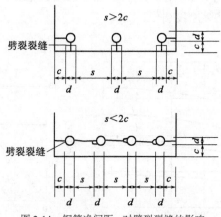

图2-14 钢筋净间距 $s$ 对劈裂裂缝的影响

### 2.3.3 钢筋埋长

试件中钢筋埋得越深,受力后粘结应力分布越不均匀,试件破坏时的平均粘结强度 $\tau_u$ 与实际最大粘结应力 $\tau_{max}$ 的比值越小,故试验粘结强度随埋长的增加而降低(图2-15)。当钢筋埋长 $l/d>5$ 时,平均粘结强度值的折减已不大。埋长大的试件,钢筋加载端达到屈服而不被拔出。故一般取钢筋埋长 $l/d=5$ 的试验结果作为粘结强度标准值。

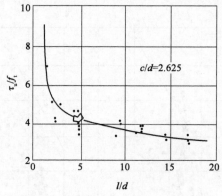

图2-15 钢筋埋长对粘结强度的影响[2-1]

### 2.3.4 钢筋的直径和外形

钢筋粘结面积与界面周界长度成正比,而拉力与截面面积成正比,周界与面积之比值反映了钢筋的相对粘结面积。直径越大的钢筋,相对粘结面积越小,不利于极限粘结强度。试验给出的结果是:直径 $d \leqslant 25$mm 的钢筋,粘结强度 $\tau_u$ 变化不大,直径 $d > 32$mm 的钢筋,粘结强度可能降低 13%;滑移特征值($S_{cr}$、$S_u$、$S_r$)随直径($d = 12 \sim 32$mm)而增大的趋势明显[2-3]。

变形钢筋表面上横肋的形状和尺寸多有不同(图 2-16)。我国常用的螺纹和月牙纹钢筋的粘结-滑移曲线对比如图 2-17 所示。从图中可见,月牙纹钢筋的极限粘结强度比螺纹钢筋低 10% ~ 15%,且较早发生滑移,滑移量也大;但下降段平缓,后期强度下降较慢,延性好些。原因是月牙纹钢筋的肋间混凝土齿较厚,抗剪性强。此外,月牙纹肋高沿圆周变化,径向挤压力不均匀,粘结破坏时的劈裂缝有明显的方向性(即顺纵肋的连线)。

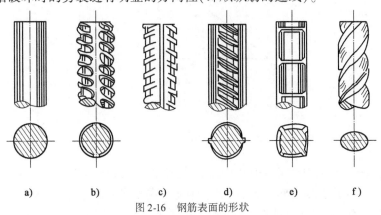

图 2-16　钢筋表面的形状

a)光圆;b)螺纹;c)人字纹;d)月牙纹;e)竹节形;f)扭转形

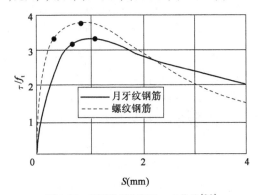

图 2-17　不同肋形钢筋的 $\tau$-$S$ 曲线[2-3]

至于肋的外形几何参数,如肋高、肋宽、肋距、肋斜角等都对混凝土咬合力有一定影响。试验表明[2-19],肋的外形变化对钢筋极限粘结强度的影响并不大,对滑移值影响稍大。

### 2.3.5　横向箍筋

拔出试件内配设横向箍筋,能延迟和约束径向-纵向劈裂裂缝的开展,阻止劈裂破坏,提高极限粘结强度[2-20]和增大滑移特征值($S_{cr}$、$S_u$),而且 $\tau$-$S$ 下降段平缓,粘结延性好。

横向箍筋的数量以劈裂面上的箍筋面积率表示:

$$\rho_{sv} = \frac{A_{sv}}{c \cdot s_{sv}} = \frac{\pi}{4c} \frac{d_{sv}^2}{s_{sv}} \qquad (2-7)$$

式中: $c$——保护层厚度;

$d_{sv}$、$s_{sv}$——箍筋的直径和间距。

图 2-18 给出了试件从劈裂应力至极限粘结强度的应力增量($\tau_u$-$\tau_{cr}$)随横向配箍筋率$\rho_{sv}$的线性增长关系。

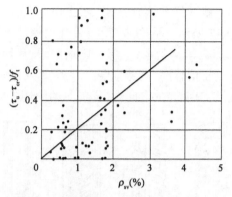

图 2-18　横向箍筋对粘结强度的影响[2-3]

### 2.3.6　横向压应力

结构构件中的钢筋锚固端常承受横向压力作用,例如支座处的反力、梁柱节点处的柱轴压力等。横向压应力作用在钢筋锚固段,增大了钢筋与混凝界面的摩擦力,有利于粘结锚固。有横向压应力作用的钢筋粘结-滑移曲线如图 2-19 所示。从图中可见,粘结强度和相应的滑移量都随压应力有较大程度的提高。但是,也有试验证明[2-1],当横向压应力过大(如大于$0.5f_c$)时,将提前产生沿压应力作用平面方向的劈裂裂缝,反而降低粘结强度。

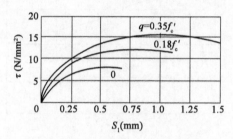

图 2-19　横向压应力对$\tau$-$S$曲线的影响[2-21]

### 2.3.7　其他因素

凡是对混凝土的质量和强度有影响的各种因素,例如混凝土制作过程中的坍落度、浇捣质量、养护条件、各种扰动等,又如钢筋在构件中的方向是垂直(如梁)或平行(如柱)于混凝土的浇筑方向、钢筋在截面的顶部或底部、钢筋离构件表面的距离等,都对钢筋和混凝土的粘结性能产生一定的影响。

需要指出的是,前述的钢筋与混凝土的粘结性能分析都是基于钢筋受拉拔出试验结果,受压钢筋粘结锚固性能一般比受拉钢筋有利,需要进行压推试验加以研究。钢筋受压后横向膨胀,被周围混凝土约束,提高了摩阻抗滑力,粘结强度偏高。故我国设计规范[2-11]建议,受压钢筋所需的锚固长度最低可取为受拉钢筋相应长度的70%。

另一方面,如果钢筋除了承受拉力外,还有横向力的作用时,可以将钢筋从混凝土中撕脱,大大降低钢筋的粘结锚固强度,甚至造成构件的提前破坏;还有,在荷载多次重复加载卸载或者反复加载作用下,钢筋的粘结强度和 $\tau$-$S$ 曲线都将发生退化现象。

# 2.4 粘结应力-滑移本构模型

## 2.4.1 特征值的计算

1)劈裂应力

变形钢筋受拉在构件内形成径向-纵向劈裂裂缝后,易使钢筋锈蚀并损害结构的耐久性,是临界粘结状态的重要标志。现有两种途径确定拉拔钢筋的劈裂应力值。一种途径是利用半理论半经验的方法,将钢筋周围的混凝土简化成为一厚壁管,根据钢筋横肋对混凝土的挤压力,按弹性或塑性理论进行推导,建立近似计算式。另一种途径则是直接统计试验数据,用回归分析求得经验计算式。

最简单的理论方法是假设混凝土保护层劈裂时,劈裂面上拉应力均匀分布,并达到其抗拉强度 $f_t$ 值。若取横肋挤压力与钢筋轴线的夹角为 $\theta = 45°$[图 2-20a)],可得:

$$\tau_{cr} \approx p_r = \frac{2c}{d}f_t \tag{2-8}$$

式中的计算结果通常明显高出试验值。

对此计算图形和应力分布加以修正[图 2-20b)、c)],可推导出相应的计算式:

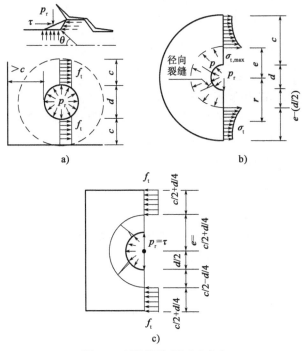

图 2-20 试件劈裂时的应力状态
a) $\theta = 45°$ ;b) 文献[2-16];c) 文献[2-1]

文献[2-16]

$$\frac{\tau_{cr}}{f_t} = 0.3 + 0.6\frac{c}{d} \tag{2-9a}$$

文献[2-1]

$$\frac{\tau_{cr}}{f_t} = 0.5 + \frac{c}{d} \tag{2-9b}$$

根据试验数据的回归分析,文献[2-3]提出的计算式为:

$$\frac{\tau_{cr}}{f_t} = 1.6 + 0.7\frac{c}{d} \tag{2-9c}$$

2)极限粘结强度

钢筋与混凝土的平均极限粘结强度,一般用试验数据回归分析式。各种计算式中考虑的主要因素有所不同,例如:

由文献[2-1]

$$\left.\begin{array}{l} \dfrac{c}{d} \leqslant 2.5 \qquad \dfrac{\tau_u}{f_t} = \left(1.325 + 1.6\dfrac{d}{l}\right)\dfrac{c}{d} \\[3mm] 2.5 < \dfrac{c}{d} < 5 \qquad \dfrac{\tau_u}{f_t} = \left(5.5\dfrac{c}{d} - 9.76\right)\left(\dfrac{d}{l} - 0.4\right) + 1.965\dfrac{c}{d} \end{array}\right\} \tag{2-10a}$$

由文献[2-2]

$$\frac{\tau_u}{f_t} = 1.6 + 0.7\frac{c}{d} + 20\rho_{sv} \tag{2-10b}$$

式中$\rho_{sv}$见式(2-7)。这些公式适用于埋长较小($l/d = 2 \sim 20$)的钢筋。

埋长较大的钢筋,以及在计算钢筋的锚固(或搭接)长度$l_a$[式(2-6)]时应采用其他计算式。文献[2-22]建议的公式适用于$l/d \leqslant 80$的情况:

$$\tau_u = \left(1 + 2.51\frac{c}{d} + 41.6\frac{d}{l} + \frac{A_{sv}f_y}{4.33d_{sv}s_{sv}}\right)\sqrt{f_c} \tag{2-11}$$

式中$A_{sv}$、$d_{sv}$和$s_{sv}$的意义同式(2-7)。

其余的粘结特征值,包括初裂应力$\tau_A$、残余应力$\tau_r$,以及各滑移值($S_A$、$S_{cr}$、$S_u$、$S_r$),各研究者根据各自的试验结果给出大同小异的数据或计算式。其中文献[2-3]的建议值为:$\tau_A \approx \tau_r = \phi_t$和$S_A = 0.0008d$、$S_{cr} = 0.024d$、$S_u = 0.0368d$、$S_r = 0.054d$等。

### 2.4.2 粘结-滑移本构关系

1)分段折线(曲线)模型

将粘结-滑移曲线简化为多段式折(曲)线,已有多种建议的模型,如3段式、4段式、5段式、6段式等(图2-21)。在确定了若干粘结应力和滑移的特征值后,以折线或简单曲线相连即构成完整的$\tau$-$S$本构模型,详见各文献。模式规范CEB-FIP MC90[2-26]建议的4段式模型如图2-22所示,参数值见表2-1。

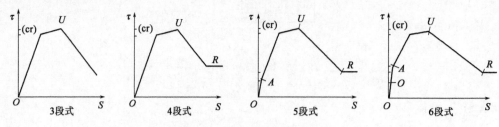

图2-21 多段式折线 $\tau$-$S$ 模型

τ-S 曲线的特征值[2-26]　　　　　　　　　　　　表 2-1

| 约束状况 破坏形态 | 粘结状态 | 粘 结 应 力 | | 滑移（mm） | | |
|---|---|---|---|---|---|---|
| | | $\tau_u$ | $\tau_r/\tau_u$ | $S_1$ | $S_2$ | $S_3$ |
| 无约束劈裂破坏 | 良好 | $2\sqrt{f_c}$ | 0.15 | 0.60 | 0.60 | 1.0 |
| | 一般 | $\sqrt{f_c}$ | | | | 2.5 |
| 有约束钢筋拔出 | 良好 | $2.5\sqrt{f_c}$ | 0.40 | 1.0 | 3.0 | 钢筋横肋净间距 |
| | 一般 | $1.25\sqrt{f_c}$ | | | | |

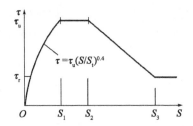

图 2-22　模式规范 CEB-FIP MC90 的 τ-S 模型

2）连续曲线模型

用连续的曲线方程建立粘结-滑移模型，可以得到连续变化的、确定的切线或割线粘结刚度值，在有限元分析中应用比较方便。这类模型也有多种。例如

$$\left.\begin{aligned} \tau &= a_1 S - a_2 S^2 + a_3 S^3 \\ \tau &= (a_1 S - a_2 S^2 + a_3 S^3 - a_4 S^4)\ \sqrt{f_c} \end{aligned}\right\} \tag{2-12}$$

以及

$$\left.\begin{aligned} \tau &= (a_1 S - a_2 S^2 + a_3 S^3 - a_4 S^4) \sqrt{\frac{c}{d}} f_t F(x) \\ F(x) &= \sqrt{4\ \frac{x}{l}\left(1 - \frac{x}{l}\right)} \end{aligned}\right\} \tag{2-13}$$

称为位置函数，反映在钢筋的不同埋入（锚固）深度（$x=0$ 为加载端，$x=l$ 为自由端）处 τ-S 关系的变化。其他文献（如文献[2-23]～[2-25]和[2-3]）中也给出了不同形式的位置函数式。

# 2.5　反复荷载下的粘结-滑移性能

## 2.5.1　重复荷载下的粘结

已有研究表明，低周重复荷载下几次加载循环就可以引起粘结性能的显著退化，且粘结退化主要由第一个循环产生。这是因为在较高的粘结应力水平下混凝土的开裂、挤压变形在第一个循环中开展较充分，在随后的加载循环中因粘结应力的降低而发展缓慢。粘结退化的速度及程度与粘结应力水平密切相关。进一步的研究认为加载应力水平是影响低周重复荷载下钢筋与混凝土粘结退化的主要因素，而劈裂与否是退化是否发展的临界标志。

在高周重复荷载下，粘结退化的一个显著的现象是滑移的不断增长，由粘结疲劳产生的过

大滑移通常是粘结破坏的前导,粘结疲劳强度与混凝土抗压疲劳强度相当。因此,粘结疲劳实际上由混凝土材料本身的轻度疲劳引起。粘结的退化速度亦与粘结应力水平密切相关。

Muhlenbruch 曾进行了达数百万次重复荷载的粘结疲劳试验[2-28],经重复荷载后的静载$\tau$-$S$ 曲线与未经重复荷载的$\tau$-$S$ 曲线形态及拐点位置相似,但在给定位移量下的粘结应力明显降低,粘结强度的降低程度与最大应力$\tau_{max}$、循环特征$\rho = \tau_{min}/\tau_{max}$、循环次数$n$ 以及钢筋的类型等因素有关,具体可见图 2-23。

Balazs G L 采用柱体加载拔出试验进一步研究了粘结疲劳,发现应力水平不变时,滑移随着循环次数的增加而增长,但与其并不存在线性关系,滑移增长率有一个增大、稳定、发散的过程(图 2-24)。累积滑移是否超过$S(\tau_u)$是滑移增长率是否由稳定转变为发散的一个转折点,因此将累积滑移是否达到$S(\tau_u)$作为判断试件是否达到粘结疲劳的准则。

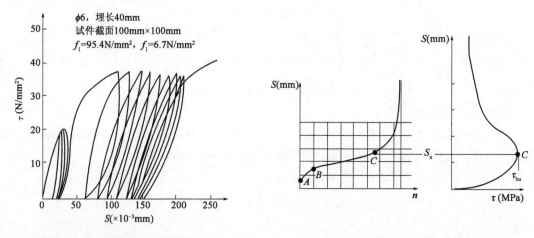

图 2-23　重复荷载作用下的 $\tau$-$S$ 关系　　　　　图 2-24　Balazs(1991)的 $S$-$n$ 曲线

## 2.5.2　反复荷载下的粘结

钢筋和混凝土在反复荷载作用下的粘结性能与静载作用下的情况有很大不同。钢筋在拉、压反复作用下,表面横肋往复滑移,轮番挤压两侧的混凝土,造成肋前破损区的积累和斜裂缝的开展,损伤区由加载端(或构件的裂缝截面)向内部延伸(图 2-25),内部出现交叉斜裂缝。沿钢筋表面的粘结应力分布也在正、反向摩擦的交替和破损积累过程中发生相应的变化,使钢筋与混凝土的粘结性能在荷载反复作用下显著退化。

反复荷载作用下,当控制位移水平较小时,首次正向加载的最大粘结应力不会超过劈裂粘结强度,在循环加载过程中试件表面始终不会产生劈裂裂缝。反之,当控制位移水平较大时,在第一循环的前半个循环中试件表面就会产生劈裂裂缝,但随着循环次数的增多,劈裂裂缝几乎不会再发展。

图 2-26 是反复加载下典型的 $\tau$-$S$ 滞回曲线。可以看出,等幅位移加载下,首次正向加载上升段的曲线与单调加载一样,加载至控制位移水平时卸载,因钢筋的弹性回缩,滑移部分恢复,但由于钢筋与混凝土间存在摩擦力,故恢复量不大。反向加载时,首先要克服摩阻力作用,然后存在一粘结应力停滞阶段,其粘结应力基本不变,滑移迅速增长,形成了 $\tau$-$S$ 滞回曲线的水平段,当滑移接近零时,肋与肋前混凝土重新接触,粘结应力上升,此时上升段的形状与前半个加载循环相似;但若正向加载时的最大粘结应力超过了劈裂粘结强度,反向加载时上升段的

粘结刚度以及到达控制位移水平处的峰值粘结强度显著退化。反向卸载时,滑移不能完全恢复。再次正向加载,仍要克服摩阻力作用,此时由于反向加载使肋的一侧产生间隙,故摩阻力被克服后,滑移有一迅速发展阶段,此时粘结刚度很小,粘结应力基本不变,滑移剧增,构成了$\tau$-$S$滞回曲线上的水平段,此即滞回环的"捏拢"现象。当肋与肋前混凝土重新接触后,粘结应力上升。再次加载至正向控制滑移时,由于反复加载使钢筋与混凝土界面颗粒磨细,咬合齿破碎,峰值粘结强度显著退化。如此进行反复加载,直至峰值粘结强度退化到一稳定值,按控制位移水平由小到大,粘结退化稳定时的循环次数介于 15 ~ 500 次之间。

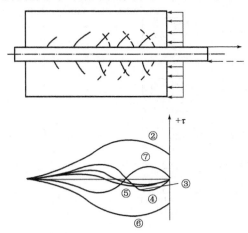

图 2-25  反复荷载下内部裂缝开展及粘结力分布

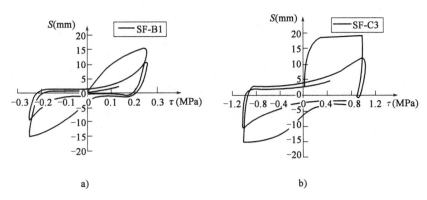

图 2-26  反复加载加钢纤维试件的 $\tau$-$S$ 滞回曲线(等幅位移控制)

a)试件表面未产生劈裂裂缝;b)试件表面已产生劈裂裂缝

$\tau$-$S$ 滞回曲线第一个循环的正反向上升段曲线的形状呈外凸形,从第二个循环开始正反向上升段曲线的形状由外凸形转变为内凹形,开始反映出滑移型的滞回特性;其一,在滑移绝对值递减的 1/4 循环中,粘结刚度趋近于零(软化);其二,在滑移绝对值递增的 1/4 循环中,粘结刚度急剧增大(强化)。

图 2-27 为等幅反复加载下在前 10 个循环内各类试件的峰值粘结强度与初始峰值粘结强度的比值和循环次数 $N$ 的关系图。由图可知:粘结退化主要由前几个循环特别是第一个循环产生,以后随着循环次数的增加,反复加、卸载时粘结性能继续退化,但粘结退化的速度明显减小。控制位移水平的大小影响着粘结退化的速度和粘结退化稳定时的退化程度。

上述试验结果表明在反复荷载下,粘结性能的退化主要体现在上升段峰值粘结强度退化和水平段摩阻力退化两个方面。由于影响因素繁杂,至今没有一个公认的反复荷载作用下的粘结本构关系模式。

1979年,Tassions基于试验结果的拟合,给出了如图2-28所示的计算模型。这一模型,对单调受拉和受压情况采用相同的局部 $\tau$-$S$ 关系曲线。曲线上的 $\tau_A$、$\tau_B$、$\tau_u$ 分别对应于钢筋外围混凝土的不同损伤程度,其中 $\tau_A$ 为产生斜裂缝时的粘结应力,$\tau_B$ 为出现纵向劈裂裂缝时的粘结应力,$\tau_u$ 为混凝土齿产生压裂缝时的粘结应力。该模型没有考虑 $\tau$-$S$ 滞回曲线外包线的退化,并且取反向加载的粘结抗力为正向的2/3,这与实际并不相符。

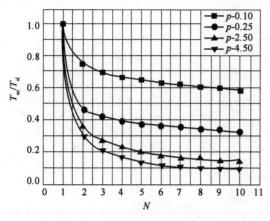

图2-27  粘结退化比与 $N$ 的关系图                图2-28  Tassios(1979)的 $\tau$-$S$ 计算模型

1983年,Eligehausen在进行反复荷载下变形钢筋的粘结试验研究中发现,当控制滑移所对应的粘结应力不超过极限粘结应力的70% ~ 80%时,由第一个循环引起的粘结退化不显著,反复加载10次后,超过控制滑移的 $\tau$-$S$ 曲线与单调荷载的基本一致。反之,由第一个循环引起的粘结退化显著,反复加载10次后,超过控制滑移的 $\tau$-$S$ 曲线比单调荷载的显著退化。第一个循环中的摩阻力取决于控制滑移 $S_{max}$ 的大小,并随着循环次数的增加而逐渐减小,根据这一背景,Eligehausen提出了如图2-29所示的 $\tau$-$S$ 计算模型。这一模型,仍然是对单调受拉和受压情况下采用相同的局部 $\tau$-$S$ 关系。

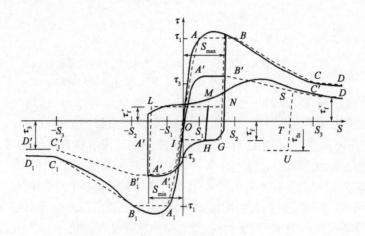

图2-29  Eligehausen 等(1983)的 $\tau$-$S$ 计算模型

## 本章参考文献

[2-1] 王传志,滕智明.钢筋混凝土结构理论[M].北京:中国建筑工业出版社,1985.

[2-2] Ferguson M. Bond stress—the state of the art[J]. Journal Proceeding, 1966, 63 (11): 1161-1190.

[2-3] 徐有邻.变形钢筋-混凝土粘结锚固性能的试验研究[D].北京:清华大学,1990.

[2-4] KEMP E L, BRENZY F S, UNTERSPAN J A. Effect of rust and scale on the bond characteristics of deformed reinforcing bars[J]. ACI, 1968, 65(9).

[2-5] RILEM-FIP-CEB. Tentative recommendation—bond test for reinforcing steel[J]. Materials and Structures, 1963(32).

[2-6] ACI Committee 408. A guide of the determination of bond strength in beam speciments[J]. Journal Proceeding, 1964, 61(2): 129-136.

[2-7] SORETZ S. A comparison of beam tests and pull out tests[J]. Materials and Structures, 1972 (28).

[2-8] MAINS R M. Measurement of the distribution of tensile and bond stresses along reinforcing bars[J]. ACI, 1951(11).

[2-9] BROMS B B. Technique for investigation of internal cracks in reinforced concrete members [J]. ACI, 1965, 62(1): 35-44.

[2-10] GOTO Y. Cracks formed in concrete around deformed tension bars[J]. ACI, 1971, 68(4): 244-251.

[2-11] 中华人民共和国国家标准.混凝土结构设计规范(2015年版):GB 50010—2010[S].北京:中国建筑工业出版社,2010.

[2-12] Rehm G. Uber die Grundlagen des Verbundes Zwischen Stahl und Beton[R]. Berlin: Deutscher Ausschuss fur Stahlbeton, Heft, 1961.

[2-13] LUTZ L A. GERGEL Y P. Mechanics of bond and slip of deformed bars in concrete[J]. ACI, 1976, 64(11): 711-721.

[2-14] LUTZ L A. Analysis of stresses in concrete near a reinforcing bar due to bond and transverse cracking[J]. ACI, 1970, 67(10): 778-787.

[2-15] MIRZA S M, HONDE J. Study of bond stress-slip relationship in reinforced concrete[J]. ACI, 1979, 76(1): 19-46.

[2-16] TEPFERS R. Cracking of concrete cover along anchored deformed reinforcing bars[J]. Magazine of Concrete Research, 1979(3): 3-12.

[2-17] LOSBERG A, OLSSEN P A. Bond failure ofdeformed reinforcing bars based on the longitudinal splitting effect of the bars[J]. ACI, 1979, 76(1): 5-18.

[2-18] KEMP E L, WILHELM W J. Investigation of the parameters influencing bond cracking[J]. ACI, 1979, 76(1): 47-72.

[2-19] SORETZ S, HOLZENBEIN H. Influence of rib Dimensions of reinforcing bars on bond and bondability[J]. ACI, 1979, 76(1): 111-125.

[2-20] ROBINSON T R. Influence of transverse reinforcement on shear and bond strength[J]. ACI, 1965, 62(3): 343-362.

［2-21］ UNTRAUER R E，HENRY R L. Influence of normal pressure on bond strength［J］. ACI，1965，62（5）：577-586.

［2-22］ ORANGUN C O，JIRSA J O，BREEN J E. A reevaluation of test data on development length and splices［J］. ACI，1977，74（3）.

［2-23］ HAWKINS N M，LIU I J，JEANG F L. Local bond strength of concrete for cyclic reversed loadings［C］//Proceedings of the Internation Conference on Bond in Concrete，London：Applied Science Publishes，1982：151-161.

［2-24］ TASSIOS T P. Properties of bond between concrete and steel under load cycles idealizing seismic actions［R］. Switzerland：Comité Euro-International du Béton（CEB），1979.

［2-25］ NILSON A H. Internal measurement of bond-slip［J］. ACI，1972，69（7）：439-441.

［2-26］ The European Standard. CEB-FIB MC 1990 Model code for Concrete structures［S］. Lusanne：Fédération International du Béton，2010.

［2-27］ Xing Guohua，Zhou Cheng，Wu Tao，Liu Boquan. Experimental study on bond behavior between plain reinforcing bars and concrete［J］. Advances in Materials Science and Engineering，2015，DOI：10. 1155/2015/604280.

［2-28］ 江见鲸，李杰，金伟良. 高等混凝土结构理论［M］. 北京：中国建筑工业出版社，2007.

# 第 3 章

# 混凝土损伤与断裂

混凝土具有抗压强度高、耐久性好、能够与钢筋共同工作等优点,在土建工程中得到了广泛应用。但是,由于混凝土是一种由砂浆、骨料和过渡区构成的三相复合材料,在初始阶段便有随机分布的微裂缝和微孔洞,在荷载及环境作用下混凝土破坏具有典型的非线性特征。图 3-1 为混凝土在轴心受压时的本构关系[3-1]。从图中可以归纳认为混凝土呈现两方面的性能:①在低应力下产生随机分布的微裂缝;②当应力水平达到某一特定值时,微裂缝开始局部化(应变集中),并贯通形成宏裂缝,宏裂缝逐步扩展直到应力到达临界阶段。宏裂缝的稳定扩展将导致混凝土软化效应产生。通常意义上,应变集中之前的阶段可用损伤力学分析,应变集中之后的阶段则用断裂力学阐述。

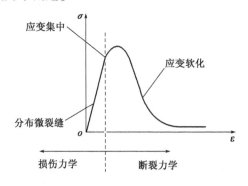

图 3-1　轴向受压时混凝土的本构关系

# 3.1　混凝土损伤力学

研究和实践表明,传统混凝土强度理论如 Mohr-Coulomb 理论、剪应变能理论、极限拉应变理论及 Griffith 强度理论等,在一定程度上已难以胜任现代结构混凝土的发展[3-2],将新理论应用于混凝土的破坏分析研究势在必行。

自 1961 年 Kaplan[3-3]首次将断裂力学概念应用于混凝土材料中后,研究者在这一领域开展了大量工作,取得了丰硕研究成果。但研究同时也表明,断裂力学难以分析混凝土出现宏观裂纹之前的性态,也不能考虑尺寸效应及骨料性质等[3-4, 3-5]因素对混凝土力学性能的影响,在试验室条件下难以得到代表混凝土断裂判据的力学指标——断裂韧度的稳定值等问题。究其原因在于,混凝土材料内部的组构呈很强的无序性,导致其损伤和破坏的行为呈强烈的统计涨落,不考虑无序性效应的断裂力学难以反映损伤和破坏过程中的一些重要特征[3-6]。

作为断裂力学的必要发展和重要补充,损伤力学是近年迅速发展起来的一门新学科[3-7]。1958 年,Kachanov[3-8]首次提出用连续度的概念来描述材料的逐渐衰变,使得材料中复杂、离散的衰变过程可以用一个连续变量来描述。其后,Robotnov[3-9]于 1969 年引入了损伤因子概念,但作为一个理论体系,损伤力学是从 20 世纪 70 年代才开始建立并得到逐步发展的Leckie、Hult、Lemaitre、Krajcinovic 和 Sidoroff 等学者[3-10, 3-11]的研究工作如提出有效应力、损伤面、应变等效、能量等效等概念为损伤理论的形成和发展作出了突出贡献。

## 3.1.1　基本概念

在荷载和环境的作用下,由于细观结构层次的微缺陷发展引起的材料或结构的劣化过程,称为损伤[3-12]。损伤力学是研究材料损伤的物理过程及其对材料行为影响的一门固体力学分支学科。根据特征尺度和研究方法,损伤理论[3-13]分为微观、细观和宏观损伤理论。其中,微观、细观损伤理论的研究虽已取得一定进展,但要实际应用尚存在相当难度,仍需进一步研究。

宏观损伤理论(又称连续损伤力学或唯象损伤力学)假定材料均质、裂缝均布、损伤非局部,基于连续介质力学和不可逆热力学,在本构模型中引入损伤变量表征微观缺陷对材料宏观力学性质的影响,构造带有损伤变量的本构模型和损伤演化方程来较真实地描述受损材料的宏观力学行为,通过试验拟合有关材料参数。与传统破坏理论只注重由变形至破坏的起点-终点式的研究截然不同,宏观损伤理论着重考察损伤对材料宏观力学性质的影响和材料及结构损伤演化的过程和规律。

为了进一步说明损伤力学的基本概念,首先考虑施加单轴荷载的情况[3-1],如图 3-2 所示。将材料理想化为一束平行于荷载的纤维[图 3-2a)]。开始施加荷载时,所有纤维弹性伸长,应力由所有纤维的总截面 $A$ 承担[图 3-2b)],随着应变的增加,纤维开始断裂[图 3-2c)]。假设每根纤维是完全脆性的,即当达到其临界应变时,纤维应变减小到 0。但是,由于每根纤维的临界应变不同,有效面积 $\bar{A}$(即未断裂纤维仍能承担应力的面积)逐渐由 $A$ 减小至 0。此处,平均应力 $\sigma$ 为初始截面上的单元面积力,有效应力 $\bar{\sigma}$ 为有效截面上的单元面积力。平均应力符合微观层次上的柯西平衡方程,而有效应力则是作用在材料微观结构上的"真实"应力。

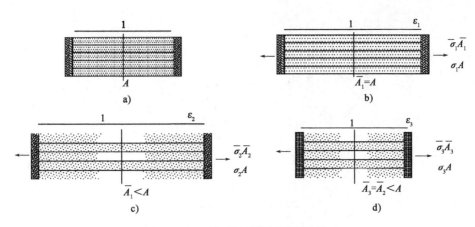

图 3-2 基于平行弹性纤维的单轴损伤模型

由 $\sigma A = \bar{\sigma}\bar{A}$ 可得：

$$\sigma = \frac{\bar{A}}{A}\bar{\sigma} \tag{3-1}$$

其中，有效面积与总面积之比 $\beta$ 是描述材料整体性能的参数。在损伤力学中，通常习惯性地采用如下损伤参数：

$$D = 1 - \beta = 1 - \frac{\bar{A}}{A} = \frac{A - \bar{A}}{A} = \frac{A_d}{A} \tag{3-2}$$

式中，$A_d = A - \bar{A}$ 为损伤面积。对于完好材料，$\bar{A} = A$，即 $D = 0$。由于微观损伤的发育和累积，损伤指数逐步增大，材料性能后期损伤可达到极值 $D = 1$，对应于有效面积减小至 0 的完全损伤状态。严格来讲，材料开始总是存在着一些缺陷，但是假定这些缺陷已包括在材料的初始性能中，故可认为初始损伤为 0。

在早期的研究模型中，假设每根纤维达到断裂应变时仍是线弹性变化，则有效应力 $\bar{\sigma}$ 符合虎克定律：

$$\bar{\sigma} = E\varepsilon \tag{3-3}$$

联立式(3-1)~式(3-3)可得如下本构关系：

$$\sigma = (1 - D)E\varepsilon \tag{3-4}$$

材料破坏演变可用依赖于应变的损伤参数来描述，即：

$$D = g(\varepsilon) \tag{3-5}$$

式中，函数 $g$ 可直接根据材料单轴应力-应变曲线得到。

图 3-3a)描述了材料有效应力、损伤参数和平均应力的演变过程。材料在达到峰值应力时仍保持弹性变化，这只适用于应变 $\varepsilon$ 单调递增的情况。当材料首先拉伸达到应变 $\varepsilon_2$ 时，产生损伤 $D_2 = g(\varepsilon_2)$，然后应变开始减小，破坏面积保持不变，材料的反应类似于弹性模量为 $E_2 = (1 - D_2)$ 的弹性材料。也就是说，在无荷载和有部分荷载时，必须依据先前达到的最大应变得到式(3-4)中的损伤参数，而不是当前应变 $\varepsilon$。为了分析方便，引入变量 $\kappa$ 来描述在给定时刻 $t$ 时材料前期达到的最大应变，令

$$\kappa(t) = \max_{\tau \leqslant t} \varepsilon(\tau) \tag{3-6}$$

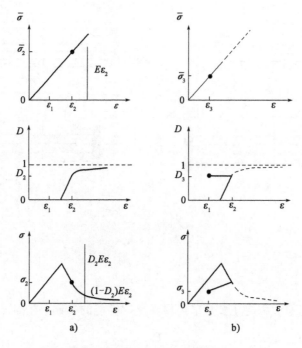

图3-3　不同加载下有效应力、损伤参数和名义应力的演变

a)单调加载;b)非单调加载

式中,$t$ 不一定是实际时间,可为施加荷载过程中任意单调递增的参数。损伤演变公式(3-5)可用式(3-7)替代。

$$D = g(\kappa) \tag{3-7}$$

式(3-7)不仅适用于单调加载过程,也适用于无荷载和卸载的情况。

非单调试验中的有效应力、损伤参数和平均应力的变化如图 3-3b)所示。在应力全部撤除后,由于未破坏的纤维是弹性的,应变返回至 0,即这种损伤模型没有考虑永久变形。但材料的状态已不同于其原始状态,因为损伤参数不为 0,当再次施加拉荷载时,材料的刚度和强度比其初始值小。

### 3.1.2　损伤弹性理论

损伤弹性理论的经典应力-应变关系为:

$$\sigma_{ij} = (1 - D)C_{ijkl}\,\varepsilon_{kl} \tag{3-8}$$

式中:　　　　$D$——损伤参数;

$\sigma_{ij}(i,j=1,2,3)$——柯西应力分量;

$\varepsilon_{kl}(k,l=1,2,3)$——线应变,可表示为式(3-9)。

$$\varepsilon_{kl} = \frac{1}{2}\left(\frac{\partial u_k}{\partial x_l} + \frac{\partial u_l}{\partial x_k}\right) \tag{3-9}$$

式中:$u_k$——关于笛卡儿坐标 $\boldsymbol{x} = [x_1, x_2, x_3]^\mathrm{T}$ 的位移分量。

假定基本结构是无应力的($u_k = 0$),弹性常数 $C_{ijkl}$ 由式(3-10)确定:

$$C_{ijkl} = \lambda\delta_{ij}\delta_{kl} + \mu(\delta_{ik}\delta_{jl} + \delta_{il}\delta_{jk}) \qquad (3\text{-}10)$$

式中:$\delta$——克罗内克符号;

$\lambda$、$\mu$——拉梅(Lame's)常数,$\lambda$ 和 $\mu$ 可用弹性模量 $E$ 和泊松比 $v$ 表示为:

$$\lambda = \frac{E\nu}{(1+\nu)(1-2\nu)}, \quad \mu = \frac{E}{2(1+\nu)} \qquad (3\text{-}11)$$

基于式(3-8)可认为损伤变量是刚度折减系数。随着损伤的增加,有效刚度模量 $(1-D)C_{ijkl}$ 减小,$D=1$ 时为 0。当刚度为 0 时,不能再传递应力($\sigma_{ij}=0$)。

将式(3-8)和式(3-9)代入标准平衡方程 $\frac{\partial\sigma_{ij}}{\partial x_i}=0$,根据弹性张量的对称性,可得出以下二阶偏微分方程:

$$(1-D)C_{ijkl}\frac{\partial^2 u_k}{\partial x_i\partial x_l} - \frac{\partial D}{\partial x_i}C_{ijkl}\frac{\partial u_k}{\partial x_l} = 0 \qquad (3\text{-}12)$$

对于给定的损伤域 $D(x)<1$,位移分量 $u_k$ 可由该微分方程和对应的运动方程及边界条件确定。对于 $D\equiv1$ 的裂缝,微分方程的这些条件消失,微分方程退化,边值问题变成病态的。所以,在数值计算中,这种情况须通过将平衡问题限制为子域 $\widetilde{\Omega} = \Omega_0 \cup \Omega_d$(其中 $D<1$)和在裂缝与残余材料之间的边界上应用自然边界条件 $n_i\sigma_{ij}=0$ 来避免(图3-4)。

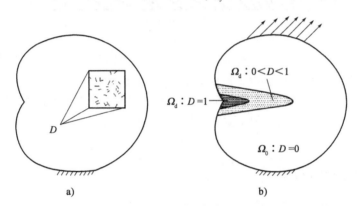

图 3-4 连续体重的损伤描述
a)损伤变量;b)损伤分布

应力-应变关系式(3-8)描述了损伤变量对应力的影响,通过平衡方程描述了对变形场的影响。同时,在应力和应变的影响下损伤变量可能增大,这取决于下面用应变表示的损伤加载函数:

$$f(\widetilde{\varepsilon},\kappa) = \widetilde{\varepsilon} - \kappa \qquad (3\text{-}13)$$

式中:$\widetilde{\varepsilon}$——应变率的正等效量;

$\kappa$——临界变量。

$f=0$ 定义了应变空间中的加载面(应力空间的弹塑性屈服面)。加载面的形状和大小分别由等效应变 $\widetilde{\varepsilon}$ 定义和临界变量 $\kappa$ 确定。对于在加载面内($f<0$)的应变状态,损伤变量不增大而且材料性能是塑性的。只有当等效应变达到临界值 $\kappa$ 即 $f\geqslant0$ 时,损伤变量才会增加。

当满足了适当的条件,损伤的增长由演化规律控制,一般形式为:

$$\dot{D} = g(D,\widetilde{\varepsilon})\dot{\widetilde{\varepsilon}} \qquad (3\text{-}14)$$

为避免应变率的影响,损伤增长速率与等效应变率是线性关系。

### 3.1.3 弹塑性损伤

Karsan 等[3-14]完成了混凝土在反复加载时的大量试验研究,典型试件的试验结果如图 3-5 所示。从图中可以看出:反复加载时,混凝土应力-应变关系存在明显的刚度退化,当应力卸载后仍存在一部分不可恢复的变形,而且此残余变形会逐步增加。由于应力为 0 时有相当大的残余变形,不能用标准弹性损伤模型分析,这种损伤称为弹塑性损伤或准脆性损伤。

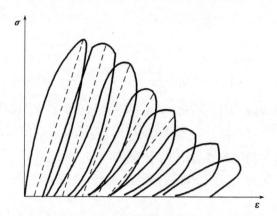

图 3-5　混凝土反复加载时的应力-应变关系

准脆性损伤是指不出现大的塑性流动的损伤过程,但相对于形成裂缝面需要更多的能量,破坏不是由一个起控制作用的裂缝扩展引起的,而是多条裂缝集结的结果,即一定体积内微缺陷增长和集结的过程,比最终宏观裂缝所占的比例大得多。试验中可以观察到随变形增大抗力不断减小,而不是像完全脆性破坏那样突然丧失强度。混凝土及纤维混凝土是典型的准脆性破坏材料。

### 3.1.4 静力损伤模型

应用损伤力学分析问题可分为 3 个步骤:①认清缺陷(如微裂缝)如何影响材料的宏观性能,定义合适的损伤变量以描述这种缺陷;②建立损伤变量演化法则,反映应力和应变的发展如何引起新的材料损伤;③对已建立的损伤本构模型和力学基本方程进行求解,预测混凝土结构宏观缺陷(如裂缝)的产生和发展直至结构失效的过程。

众所周知,材料的变形引起损伤发展,损伤演化导致断裂,而材料的变形性能又与损伤演化相互耦合。对于混凝土材料,建立一个能适应各种加载条件和充分考虑各种内、外部作用的完善损伤本构模型是极具挑战的。因此,研究者在进行一定假设和近似的同时,遵循了单轴应力损伤→多轴应力损伤、静力损伤→动力损伤、弹性损伤→弹塑性损伤、各向同性损伤→各向异性损伤的研究思路,通过理论和试验相结合的方法,逐步使理论与实际相符合。下面介绍一些代表性的混凝土静力损伤模型。

1)Loland 损伤模型

由混凝土单轴拉伸试验可以看出,在应力达到 $f_t$ 以前,其应力-应变曲线已有一些非线性特征,表明在这一阶段损伤已经发展。在应力达到峰值后,应力-应变曲线出现下降段,表明由于裂缝发展而使损伤快速增长。

Loland 把损伤分为两个阶段。在第一阶段($0 \leqslant \varepsilon \leqslant \varepsilon_f$)，有效应力直线增加

$$\widetilde{\sigma} = \frac{E\varepsilon}{1 - D_0} \tag{3-15}$$

利用实测 $\sigma$-$\varepsilon$ 关系及 $\widetilde{\sigma}$-$\varepsilon$ 关系和 $\sigma = (1 - D)\widetilde{\sigma}$，可拟合出损伤变化的过程：

$$D = D_0 + C_1\varepsilon^{\beta} \tag{3-16}$$

在第二阶段($\varepsilon_f \leqslant \varepsilon \leqslant \varepsilon_u$)，有效应力保持常量

$$\widetilde{\sigma} = \frac{E\varepsilon_f}{1 - D_0} \tag{3-17}$$

损伤方程为：

$$D = D_f + C_2(\varepsilon - \varepsilon_f) \tag{3-18}$$

式中：$D_0$——初始损伤值；

$D_f$——对应于应变 $\varepsilon = \varepsilon_f$ 时的损伤值；

$C_1$、$C_2$、$\beta$——待定常数。

由 $\sigma$-$\varepsilon$ 曲线可知，各特征点应满足的条件为：

$$\left.\begin{array}{ll} \varepsilon = \varepsilon_f, & \sigma = f_t \\ \varepsilon = \varepsilon_f, & \dfrac{d\sigma}{d\varepsilon} = 0 \\ \varepsilon = \varepsilon_u, & D = 1 \end{array}\right\} \tag{3-19}$$

$$\left.\begin{array}{l} \beta = \dfrac{f_t}{E\varepsilon_f - f_t} \\ C_1 = \dfrac{1 - D_0}{1 + \beta}\varepsilon_f \\ C_2 = \dfrac{1 - D_f}{\varepsilon_u - \varepsilon_f} \end{array}\right\} \tag{3-20}$$

按此模型，有效应力 $\widetilde{\sigma}$、损伤 $D$、名义应力 $\sigma$ 和应变的关系如图 3-6 所示。由图可知，这一模型已将 $\sigma$-$\varepsilon$ 曲线的下降段简化为直线。

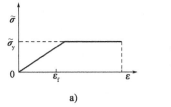 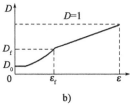 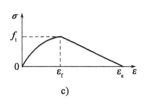

图 3-6　Loland 损伤模型

该模型为单轴拉伸模型，其优点在于模型简单，且在达到峰值应力前与试验结果大致相符。但由于假设峰值应力后的有效应力为常数，导致该段应力-应变为线性关系，显然是一种近似描述。

2）Mazars 损伤模型

Mazars 损伤模型将拉伸和压缩分别考虑。

（1）单轴拉伸

Mazars 将应力达到峰值作为分界点，在峰值之前，认为 $\sigma\text{-}\varepsilon$ 曲线为线性关系，即无初始损伤（或初始损伤不扩展）；应力达到峰值后，应力-应变关系按如下关系下降：

$$\sigma = E_0 \left\{ \varepsilon_f(1 - A_T) + \frac{A_T \varepsilon}{\exp[B_T(\varepsilon - \varepsilon_f)]} \right\} \tag{3-21}$$

式中：$A_T$、$B_T$——材料常数，由试验确定。

上升段为：

$$\sigma = E_0 \varepsilon \tag{3-22}$$

由式（3-22）可得损伤方程为：

$$\left. \begin{array}{ll} D_T = 0 & \varepsilon \leqslant \varepsilon_f \\ D_T = 1 - \dfrac{\varepsilon_f(1 - A_T)}{\varepsilon} - \dfrac{A_T}{\exp[B_T(\varepsilon - \varepsilon_f)]} & \varepsilon > \varepsilon_f \end{array} \right\} \tag{3-23}$$

对于一般混凝土材料，$0.7 \leqslant A_T \leqslant 1$，$10^4 \leqslant B_T \leqslant 10^5$，$0.5 \times 10^{-4} \leqslant \varepsilon_f \leqslant 1.5 \times 10^{-4}$。图 3-7 表示了 Mazars 损伤模型 $\tilde{\delta}\text{-}\varepsilon$、$\sigma\text{-}\varepsilon$、$D\text{-}\varepsilon$ 的相互关系。

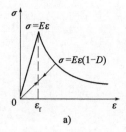 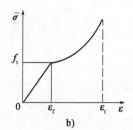 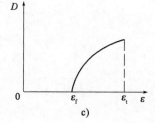

图 3-7　Mazars 损伤模型

（2）单轴压缩

单轴压缩的主应变为：

$$\{\varepsilon\} = [\varepsilon_1 \ -\nu\varepsilon_1 \ -\nu\varepsilon_1]^T, \quad \varepsilon_1 < 0 \tag{3-24}$$

取等效应变为：

$$\varepsilon^* = \sqrt{\varepsilon_1^2 + \varepsilon_2^2 + \varepsilon_3^2} = -\sqrt{2}\nu\varepsilon_1 \tag{3-25}$$

设开始有损伤的应变为 $\varepsilon_f(\varepsilon_f > 0)$，则当应力达到损伤阈值时，存在如下关系：

$$\varepsilon^* = \varepsilon_f \quad \text{或} \quad \varepsilon_1 = \frac{-\varepsilon_f}{\nu\sqrt{2}} \tag{3-26}$$

令应力-应变关系为：

$$\sigma_1 = E_0 \varepsilon_1 \tag{3-27}$$

当 $-\varepsilon_1 \leqslant \dfrac{\varepsilon_f}{\nu\sqrt{2}}$ 时

$$\sigma_1 = E_0 \left\{ \frac{\varepsilon_{\mathrm{f}}(1 - A_{\mathrm{C}})}{-\nu\sqrt{2}} - \frac{A_{\mathrm{C}}\varepsilon_1}{\exp[B_{\mathrm{T}}(-\nu\varepsilon_1 - \varepsilon_{\mathrm{f}})]} \right\} \tag{3-28}$$

于是,单轴受压时材料的损伤方程为:

$$D_{\mathrm{C}} = 1 - \frac{\varepsilon_{\mathrm{f}}(1 - A_{\mathrm{C}})}{\varepsilon^*} - \frac{A_{\mathrm{C}}}{\exp[B_{\mathrm{C}}(\varepsilon^* - \varepsilon_{\mathrm{f}})]} \tag{3-29}$$

式中:$A_{\mathrm{C}}$、$B_{\mathrm{C}}$——材料常数,由试验确定,取值范围一般为 $1 < A_{\mathrm{C}} < 1.5$,$10^3 < B_{\mathrm{C}} < 2 \times 10^3$。

该模型对于单轴拉压的情况与试验结果吻合较好,但在多轴应力情况下误差较大。

3)双直线模型

为了简化计算,把应力-应变曲线的上升段和下降段均简化为直线,如图3-8所示。

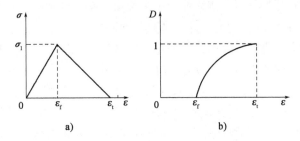

图 3-8　双直线模型

对于曲线上升段,$\sigma = E\varepsilon$,$D = 0$;对于曲线下降段,有

$$\sigma = \sigma_{\mathrm{f}} - \sigma_{\mathrm{f}} \frac{\varepsilon - \varepsilon_{\mathrm{f}}}{\varepsilon_{\mathrm{u}} - \varepsilon_{\mathrm{f}}} = \sigma_{\mathrm{f}} \frac{\varepsilon_{\mathrm{u}} - \varepsilon}{\varepsilon_{\mathrm{u}} - \varepsilon_{\mathrm{f}}} = \frac{\varepsilon_{\mathrm{u}} - \varepsilon}{\varepsilon_{\mathrm{u}} - \varepsilon_{\mathrm{f}}} E_0 \varepsilon_{\mathrm{f}} \tag{3-30}$$

从损伤角度分析,则有

$$\sigma = (1 - D)E_0\varepsilon_{\mathrm{f}} = \frac{\varepsilon_{\mathrm{u}} - \varepsilon}{\varepsilon_{\mathrm{u}} - \varepsilon_{\mathrm{f}}} E_0 \varepsilon_{\mathrm{f}} \tag{3-31}$$

对全过程 $\sigma$-$\varepsilon$ 曲线,可得损伤方程为:

$$\left. \begin{array}{ll} D = 0 & 0 \leqslant \varepsilon \leqslant \varepsilon_{\mathrm{f}} \\ D = \dfrac{\varepsilon - \varepsilon_{\mathrm{f}}}{\varepsilon_{\mathrm{u}} - \varepsilon_{\mathrm{f}}} \dfrac{\varepsilon_{\mathrm{u}}}{\varepsilon} = \dfrac{\varepsilon_{\mathrm{u}}}{\varepsilon_{\mathrm{u}} - \varepsilon_{\mathrm{f}}} \left( 1 - \dfrac{\varepsilon_{\mathrm{f}}}{\varepsilon} \right) & \varepsilon_{\mathrm{f}} \leqslant \varepsilon \leqslant \varepsilon_{\mathrm{u}} \end{array} \right\} \tag{3-32}$$

4)Sidoroff 损伤模型

Sidoroff 能量等价原理指出:如果用有效应力张量代替柯西应力张量,受损材料的弹性余能与无损材料的弹性余能在形式上相同。基于此能量等价原理,可以得到损伤量与弹性变形耦合的各向异性脆弹性损伤方程:

$$\varepsilon = \frac{1 + \gamma}{E} \sigma (1 - D)^{-2} - \frac{\gamma}{E} (1 - D)^{-1} \mathrm{tr}[\sigma(1 - D)^{-1}] \tag{3-33}$$

该模型使用了损伤面的概念,认为损伤是在损伤阈值面 $p(Y) = 0$ 上发生的,$Y$ 为损伤能量释放率。

$$Y = \frac{1 + \gamma}{E} \sigma^2 (1 - D)^{-3} - \frac{\gamma}{E} (1 - D)^{-2} \mathrm{tr}[\sigma(1 - D)^{-1}] \tag{3-34}$$

对于混凝土单轴拉伸情况,达到峰值应力前其损伤 $D = 0$,$\varepsilon_0 = \sqrt{Y_0/E}$,其中 $Y_0$ 为材料常数，可取弹性应变极值 $\varepsilon_0$ 对应的 $Y_0$，再设 $D_2 = D_3 = 0$，可得损伤本构方程：

$$\sigma = E(1-D)^2; \quad D = 1 - (\varepsilon_0/\varepsilon)^2, \quad \varepsilon > \varepsilon_0 \tag{3-35}$$

该模型虽有其可信的理论基础，但应力峰值前的零损伤假设与实际情况不符。由于该模型中损伤阈值在 $Y$ 空间是常量，故又称为理想损伤模型，类似于理想塑性的概念。

其他混凝土各向异性损伤模型还包括 Krajcinovic[3-15] 在准静态加载、小变形和等温条件下从 Helmholtz 自由能出发导出的损伤演变方程，认为随着损伤的发展，混凝土的塑性变形往往很小，故将其视为理想脆性材料，并假设损伤演变的速度方向垂直于损伤面；以及高路彬等[3-16]基于 Gibbs 自由能等价原理导出的各向异性损伤模型，余天庆等[3-12]提出的正交各向异性损伤模型等。

研究表明，混凝土在受到外界作用之前由于内部微缺陷导致的初始损伤是各向同性的。而且，从宏观平均的角度看，混凝土的力学性质也是各向同性的。但是，随着受到环境和外载的作用，变形的累积和局部应力集中引起损伤的演化，这种损伤是各向异性的，损伤主方向与应力主方向相同，第一主损伤方向即为第一主应力方向。并且，损伤导致了材料的各向异性。已有的各向同性损伤模型在复杂应力情况下均存在较大误差，也在一定程度上说明了问题。因此，应该把发展既具有较强的预测能力，并且又适于应用的各向异性模型作为重点研究方向之一。从目前看，基于能量分析建立的模型具有较大的潜力，但距离真正解决问题还有一定差距。

### 3.1.5 动态损伤研究

相对于静力破坏，现代混凝土结构的动态破坏问题显得更加突出，混凝土的动态损伤主要可以分为两类：一类是结构承受周期性的重复荷载作用，如地震荷载、风荷载、波浪荷载和车辆荷载等，这一类损伤通常归为结构的疲劳损伤，研究重点主要是循环荷载作用下损伤的累积问题，也是目前混凝土结构损伤研究的一个热点。第二类是结构在承受加载速率较大的荷载（如冲击荷载作用等）时的动力损伤研究，研究重点是在一次加载下材料的损伤演化问题。本节所提动态主要指第二种。但是由于疲劳损伤中很多荷载在一次循环内也具有加载速率大的特点，因此，这两类动力损伤问题并非完全独立。

研究表明[3-17~3-19]，混凝土在加载速率增大时，其物理、力学性质将发生变化。当应变速率超过 $1/s$ 量级时，混凝土就表现出与静力情况下显著不同的力学性质，如加载速率增大时，混凝土应力-应变曲线的线性程度提高，弹性模量也会增大等。在典型情况下，当应变速率增大 6 个量级时，混凝土抗压强度提高大约 1 倍。这些表明，混凝土在动力作用下损伤与变形的耦合是不可忽略的，即必须考虑损伤对应力应变场的影响。而在静力情况下，往往采用全解耦或半解耦的方法加以简化。因此，在动力荷载作用下混凝土的损伤本构方程将远较静力下的损伤模型复杂。例如，如果选择弹性模量作为反映在动力荷载下材料的劣化指标，静力损伤模型得出的结果将与实际违背。

相对于疲劳累积损伤理论的研究，第二类动力损伤的研究开展得较少，原因在于考虑动力效应后的损伤模型要复杂得多，同时，该类动力问题的损伤试验难度也较大。目前，无论是理论模型还是试验研究的报道在国内外都不多见。其中，Sauris 建立了能够反映应变率效应的损伤力学模型[3-20]；Bui[3-21] 建立了动态损伤断裂模型；Brooks 等[3-22]利用"高应力体积"概念，通过拟合动力参数得到的动力损伤本构方程；李庆斌等[3-23,3-24]基于双剪强度理论，利用混凝土在快速变形和标准静速条件下应力-应变曲线类似的特点和已有的静力损伤模型，进行一定假设,推导出单轴和复杂应力下动力损伤本构方程。目前混凝土动力损伤的研究基本上仍处于起步阶段。

### 3.1.6 徐变损伤研究

混凝土徐变研究[3-25~3-27]一直是力学和材料学研究的重点之一。从细观角度看,徐变是混凝土在持续荷载作用下,材料中微裂缝的数量和长度的增加、扩展,从而导致材料劣化的过程,而这正是损伤力学研究的对象。因此,损伤理论是研究混凝土徐变的一种强有力工具。

简便起见,假设混凝土是均质、弹性和各向同性的,而徐变损伤也是各向同性的,则损伤变量为一标量。根据 Lemaitre 应变等效假设[3-28]和线性徐变理论的叠加原理[3-29],可以得到压应力下的弹性徐变耦合损伤模型为[3-30]:

$$\varepsilon(t) = \frac{\sigma(t)}{E(t)[1 - D(t)]} - \int_{\tau_1} \frac{\partial}{\partial_t} \left[ \frac{1}{E(\tau)} + c(t,\tau) \right] \frac{\sigma(\tau)}{1 - D(\tau)} d\tau \qquad (3\text{-}36)$$

式中:$c(t,\tau)$——龄期 $t$ 下的徐变度。

通常,徐变损伤由两部分构成,即对应于界面裂缝的损伤 $D_B$ 和对应于砂浆裂缝的损伤 $D_M$,假设 $D_B$ 与 $D_M$ 互不耦合,此时总损伤方程为:

$$\left. \begin{array}{l} D(\sigma,t) = D(\sigma,0) + D_\sigma(\sigma,t) \\ D_{cr}(\sigma,t) = D_B(\sigma,t) + D_M(\sigma,t) \end{array} \right\} \qquad (3\text{-}37)$$

式中:$D(\sigma,0)$——瞬时损伤。

根据持续应力与长期强度的关系确定 $D_B$ 与 $D_M$ 后,由式(3-36)式和(3-37)就可计算混凝土的长期徐变。

从徐变的加载特性看,它与一次加载的静力损伤和在动力荷载下的损伤均不同,即使在恒定应力下,徐变损伤依然是增加的。因此,徐变可以看作是随时间而缓慢变化的函数。当用损伤来研究徐变时,损伤也是时间的函数,而这一时间可以是结构的整个服役期,例如混凝土大坝结构在服役期内始终要承受水荷载的作用。尽管整体结构一般不会由于徐变而导致破坏,但徐变对结构和材料的削弱却是需要考虑的,再加上混凝土长期强度增长的耦合问题,搞清楚混凝土的徐变损伤规律,对于建立合理的管养理论和研究结构在服役期的时变可靠度变化将是很有帮助的。

# 3.2 疲劳累积损伤

累积损伤模型是正确描述结构或构件在循环荷载作用下疲劳累积发展过程,进行结构抗疲劳设计的基础。当前,对材料累积损伤模型的研究主要围绕两种方法进行:一种是通过疲劳试验的方法,根据疲劳试验的数据对 *S-N* 曲线拟合得到的带有经验性质的累积损伤模型。另一种是基于连续介质损伤力学理论建立损伤模型的方法。下面就列举说明一些具有代表性的模型。

### 3.2.1 线性累积损伤理论

Palmgren-Miner 准则是 Palmgren 在 1924 年首先提出的,Miner[3-31]于 1945 年在研究铝合金的疲劳累积损伤中再次独立提出并将其公式化,故也经常简称为 Miner 准则。该准则假设,

损伤的累积与应力循环的次数成线性关系,且当损伤累积达到 1 时,材料发生疲劳破坏。表示为:

$$D = \sum \Delta D_i = \sum \frac{n_i}{N_i} = 1 \tag{3-38}$$

式中:$\Delta D_i$——应力幅值为 $S_i$ 的第 $i$ 级等幅循环应力下的损伤指标;

$\quad\quad n_i$——该级应力水平对应的循环次数;

$\quad\quad N_i$——$S_i$ 下的疲劳寿命。

Miner 准则的表达式实际上隐含了以下假设,即:①在给定应力水平下,每一次循环耗散的能量是相等的;②累积损伤与以前的荷载历程无关;③加载顺序不影响材料的疲劳寿命。从这些假设可以看出,Miner 理论显著简化了疲劳累积损伤的机理。材料在荷载作用下的累积损伤是一个不可逆的劣化过程,大量研究表明,$D$ 与加载顺序、材料性质和荷载水平等因素的变化密切相关。如试验研究表明许多材料,在高-低加载顺序下 $D > 1$,而在低-高加载顺序下 $D < 1$。同时,式(3-38)所表述的能量耗散是一个抽象的概念,与损伤无直接联系,因此,确切地说,它应该是线性累积循环周比准则。

尽管 Miner 准则缺乏严谨的理论基础,但研究表明[3-32],在一定力学条件下,其线性累积循环周比关系在均值或中值意义上还是成立的,加上形式简单,便于使用,仍是工程中应用最为广泛的累积损伤准则。

鉴于 Miner 准则存在上述不足,许多学者[3-33, 3-34]对它进行了修正。此外,Manson 认为,将疲劳损伤发展过程中的裂纹形成和裂纹扩展两个显著不同的阶段用同一个线性累积损伤规律来描述,不考虑加载顺序对两阶段损伤发展的影响是造成理论计算与试验结果差距的主要原因。因此,假设线性累积损伤对疲劳全过程不适用,但对不同阶段,线性累积损伤还是分别成立的,基于此观点,建立了 Manson 双线性疲劳累积损伤理论[3-35],但该理论由于难以确定两阶段的分界点,不便于直接应用于工程实际。

### 3.2.2 非线性累积损伤理论

大量试验表明[3-36, 3-37],混凝土疲劳累积损伤规律呈现出非线性损伤的特点。目前的非线性累积损伤模型大多是从金属材料中的模型借鉴而来,其中具有代表性的有 Marco-Starkey 损伤模型[3-38],该模型认为损伤随循环周比按幂函数关系变化:

$$D = \left(\frac{n_i}{N_i}\right)^{x_i}, \quad x_i > 1 \tag{3-39}$$

式中:$x_i$——与应力水平和加载顺序有关的常数。

很难定义 $x_i$,其求解至今尚未解决,因而式(3-39)只能作定性研究。

Henry[3-39]基于疲劳损伤对材料 S-N 曲线的影响,提出一种疲劳累积损伤模型,该模型认为:经过一定循环次数后,受损材料的 S-N 曲线方程与无损材料的 S-N 曲线方程具有相同的形式,只是曲线方程中的常数发生了变化。该模型假设等幅 S-N 曲线形式为 $N(S - E) = k$,则等幅剩余 S-N 曲线为 $(N - n)(S - E') = k'$,由此可推出疲劳损伤为:

$$D = \frac{E - E'}{E} = \frac{n/N}{1 + [E(1 - n/N)]/(S - E)} \tag{3-40}$$

式中确定 $E$、$E'$ 的试验量很大。

其他非线性模型还有 Corten-Dolan[3-40]、Subramanyan[3-41]、Leve[3-42] 及 Gatts[3-43] 等学者建立的疲劳累积损伤模型,总体而言,建议的各种损伤模型均具有形式复杂、参数确定困难等特点。

### 3.2.3 基于宏观参量的累积损伤模型

除了直接用循环周比关系或循环寿命比来建立累积损伤法则的方法外,许多学者基于损伤等效原理及材料劣化是单调不可逆过程等假设,通过建立等幅及变幅疲劳损伤过程中宏观力学参量的劣化模型对剩余疲劳寿命或强度进行了估计。

用弹性模量[3-44]、剩余强度和变形来描述材料的累积损伤都是可行的。但鉴于混凝土疲劳试验结果的离散性过大,目前常用疲劳变形发展规律[3-45, 3-46]来确定疲劳失效准则,并对疲劳寿命进行估计。

### 3.2.4 基于连续介质损伤力学的疲劳累积损伤理论

应用连续介质损伤力学建立起来的疲劳累积损伤模型,是在较为严谨的不可逆热力学和连续介质力学的理论框架之下建立起来的。这类模型具有明确的数理概念,突破了根据试验结果建立经验公式的传统方法,具有广阔的研究前景。Chaboche[3-47] 累积损伤理论就是其中一例。该理论假设疲劳损伤与材料内部微塑性区的应变有关,在每个循环中,损伤增量为:

$$\frac{\delta D}{\delta N} = \left[ 1 - (1 - D)^{1+\beta} \right]^{\alpha} \frac{\Delta \sigma}{M(1 - D)} \beta \tag{3-41}$$

式中: $\alpha$、$\beta$、$M$——与温度有关的材料常数,其中 $\alpha = \alpha(\Delta \sigma)$, $\sigma = M(\sigma_m)$, $\Delta \sigma$ 为应力变程, $\sigma_m$ 为平均应力。

由式(3-41)可得:

$$D = 1 - \left[ 1 - \left(\frac{N}{N_F}\right)^{\frac{1}{1-\alpha}} \right]^{\frac{1}{1+\beta}} \tag{3-42}$$

式中: $N_F$——疲劳破坏时的循环次数,可按式(3-43)计算。

$$N_F = N_F(\Delta \sigma \sigma_m) = (1 - \alpha)^{-1} (1 - \beta)^{-1} \left(\frac{\Delta \sigma}{M}\right)^{-\beta} \tag{3-43}$$

该模型与疲劳破坏机理相吻合,但对于预测复杂荷载作用下的剩余寿命和剩余强度计算,过于复杂,工程应用不便。基于连续介质损伤力学的疲劳累积损伤模型还有 Lemaitre 建立的分别对应低周和高周疲劳情况的模型[3-48]等。

### 3.2.5 高低周疲劳破坏

根据结构所受荷载类型的不同,荷载分为高周低幅和低周高幅。相应地,当材料或结构在疲劳失效前应力循环次数达到 $N = 10^4 \sim 10^7$ 时,称为高周疲劳,如桥梁、海上平台和大多数金属结构及构件的疲劳均属于这一模式,该模式的应力-应变基本上在弹性范围内;当应力循环

次数 $N < 10^4$ 时,称为低周疲劳,典型例子是结构承受地震荷载的作用,在反复承受应力水平较高的荷载作用下,应力-应变进入了塑性范围,累积损伤是由于累积塑性应变引起的。

前面所述的疲劳累积损伤模型,除了基于连续介质损伤力学的疲劳累积损伤模型是根据明确的物理力学概念建立的,在模型中可以对高、低周疲劳有明确的描述以外,其他模型,特别是以累积循环周比关系建立的模型,并没有明确指出适于何种情况。人们利用这些模型,结合不同寿命区的 S-N 曲线方程,根据高、低周疲劳损伤的力学特点又进行了具有针对性的研究。根据等幅疲劳试验,适应于高周疲劳的经典疲劳模型如 Basquin 方程:

$$NS^m = C \tag{3-44}$$

式中:$S$——应力幅值;

$m$、$C$——由试验确定的常数。

若与线性累积损伤法则结合,可对疲劳寿命进行估计。

Manson 和 Coffin 分别独立提出考虑低周疲劳的通用模型:

$$\frac{\Delta \varepsilon}{2} = \frac{s_f}{E} (2N)^b + \varepsilon_f (2N)^c \tag{3-45}$$

式中:$s_f$、$\varepsilon_f$——疲劳强度系数,在简化计算中可取静力拉伸断裂时的应力和应变;

$b$、$c$——疲劳强度指数和疲劳延性指数,由试验确定。

对于低周疲劳,特别是地震情况下的累积损伤模型,主要是从变形和耗散能两个角度考虑的。

1)变形累积损伤模型[3-49]

该模型用变形累积来描述损伤模型,表示为:

$$D = \left( \frac{\Delta_c - \Delta_0}{\Delta_u - \Delta_0} \right)^m \tag{3-46}$$

式中:$\Delta_c$——计算值,$\Delta_c > 0$ 是损伤起始值,即累积变形 $\Delta > \Delta_0$ 时,损伤开始发生;

$\Delta_u$——允许极限变形;

$m$——试验参数。

在低周疲劳荷载作用下,结构一般都进入弹塑性状态,其反应历程都不是整循环的。因此,用半循环数来计算累积损伤比用整循环更合理。基于少数次大幅值循环比多数次小幅值循环造成更大损伤这一事实的考虑,Krawinkler[3-50]等提出按式(3-47)计算累积参数:

$$\Delta_c = A \sum \delta_i^b \tag{3-47}$$

式中:$\delta_i$——第 $i$ 个半循环的 $\Delta$ 值;

$A$、$b$——低周疲劳试验参数,$b > 1$ 可反映大幅值循环比小幅值循环造成更大损伤的事实。

2)Park-Ang 模型[3-51]

考虑到混凝土试验中滞回耗能也是造成损伤的一个重要因素,Park 和 Ang 提出了目前被广泛使用的、同时考虑变形和能量的双参数累积损伤模型:

$$D = \frac{X_m}{X_p} + \frac{\beta}{Q_y X_u} \int_0 \mathrm{d}E \tag{3-48}$$

式中: $X_m$——结构最大反应位移;

$X_u$——一次加载下的极限位移;

$Q_y$——屈服强度;

$\int_0 dE$——累积塑性耗能;

$\beta$——一个非负常数。

从混凝土结构在地震作用下破坏的力学分析可知,同时考虑变形和能量耗散的模型将比仅只考虑变形或能量的模型更合理,适应性更强。

### 3.2.6 概率疲劳累积损伤理论

从历史上看,材料或结构的疲劳及累积损伤研究主要是在两个层次进行的:①用确定性的方法进行研究是以往研究的主要部分;②随着可靠度理论在土木工程领域的广泛应用,用概率方法进行研究正越来越受到重视。

过去的研究主要是集中于在常幅或变幅加载下混凝土的 $S\text{-}N$ 曲线及构件弯曲破坏特性等的研究,但众所周知,由于混凝土材料细观层次上的多相性和不均匀性造成的固有的离散性等原因,使得混凝土的疲劳试验结果离散性很大,在低寿命区各试件间寿命偏差可达几倍或十多倍,到了高寿命区甚至可达成百上千倍,而且这些试验是在试验室中较理想条件下进行的,实际工程中由于施工等原因造成的离散性会更大。因此,若不用概率方法对混凝土的疲劳累积损伤进行描述,无法真正从宏观角度阐述混凝土的破坏机理和固有的离散性,进而也将难以建立起切实有助于工程设计使用的有效方法。

进行混凝土疲劳概率累积损伤研究应特别注意与金属材料研究的区别。对于金属材料,用于疲劳试验的试件多数是实际结构中的部件,而混凝土是离散性很大的非均质材料,若再考虑构件的尺寸因素,通常与实际工程中的混凝土有差异。因此,重点应该放在对混凝土宏观性质的劣化机理和规律的研究上,如通过试验和工程实测相结合,确定混凝土材料的宏观力学参数的概率模型(如剩余强度退化的概率概型等)。值得注意的是,混凝土结构的破坏是一个长期的损伤累积过程,不仅要视损伤累积为时间的函数,同时损伤累积分布也是时间的函数。因此,合理地运用概率方法研究混凝土累积损伤需要对各种对象加以明确。

另一方面,混凝土结构在服役过程中承受的外界的荷载作用通常都是随机变量或者是随机过程。因此,研究混凝土结构的疲劳累积损伤要考虑两方面的随机性:材料固有的随机性与荷载的随机性。对于荷载作为随机过程处理,随着电液伺服系统的逐步成熟及数据采集和处理的自动化,已可以通过产生随机数的方法加以模拟,也可以直接输入实测随机荷载来研究混凝土的疲劳性能。由于混凝土疲劳损伤过程和内部缺陷的发展是密切相关的。因此,要注意混凝土在随机荷载和在常幅或等幅荷载作用下的疲劳性能的差异。显然,要建立一个完全符合实际情况的疲劳累积损伤模型是比较困难的,特别对于一些自然界的作用(如地震等),每一个(种)随机过程都有所不同,而且如常幅疲劳试验那样进行大量的随机疲劳试验显然也是不现实的。因此,需要合理地把复杂荷载作用下的效应转换为等效的常荷载作用下的效应,从而可以充分利用已有的大量常幅疲劳试验数据建立起混凝土在随机荷载作用下的损伤演变方程。

# 3.3 混凝土断裂力学

## 3.3.1 线弹性断裂力学

1）概述

在建筑结构的设计与施工中，必须保证结构或构件有足够的安全性。在传统的设计理论中，通常采用应力控制或构件界面的某种荷载效应控制。例如

$$\sigma \leqslant [\sigma]$$

或

$$M \leqslant M_u / k$$

或

$$S \leqslant R$$

式中：$\sigma$——构件中的应力；

$[\sigma]$——允许应力，允许应力是通过材料试验测定再考虑一定的安全系数后确定的；

$M$——构件截面的弯矩；

$M_u$——极限弯矩；

$k$——安全系数；

$S$——构件截面的某种荷载效应；

$R$——相应的抗力。

上述关系式尽管其计算理论与表达方式存在差异，但均假定材料是连续均匀的，并且没有原始损伤或缺陷。第三个关系式虽然以概率论为基础，但其基本思想仍然是在一定保证率的水平上限制作用效应不得超过某一限值。

但是单独由强度条件控制面设计出来的构件，在某种条件下仍然不足以保证其安全性。在 20 世纪 50 年代，许多结构常在应力不超过屈服极限的情况下发生断裂，工程界开始重视这类问题，并对此进行了深入的研究。研究结果发现，这些断裂事故都与结构材料中存在有原始微裂缝或其他微小的缺陷有关。在一定条件下，这些裂缝急剧扩展，从而导致构件的断裂。而这种裂缝扩展引起的断裂破坏，在传统的强度设计中是没有考虑的。在实际工程的材料制作、构件加工过程中不可避免地会产生一些微小的裂纹。这些微小裂纹在许多情况下并不发展为断裂，但在某种条件下又会突然发生裂缝失稳发展而导致断裂。断裂力学就是在这种工程背景下发展起来的。

断裂力学是研究含裂缝构件在各种环境条件下（包括荷载作用、腐蚀性介质作用、温度变化等）裂缝的平衡、扩展和失稳的规律，并确定其判别标准的一门科学。显然，断裂力学一方面要研究裂缝尖端处的应力状态、应变状态和位移状态，另一方面要研究材料本身抵抗裂缝扩展的能力，还要研究测定这种能力的方法和标准。应说明一点，断裂力学的引入并不能代替传统的强度理论和设计方法，传统的强度准则仍然是工程结构设计的重要依据，但是对于含有裂缝的构件，还需进行断裂力学的计算，这两者并不矛盾，都是确保安全所必需的。

断裂力学的最初思想是由 Griffith 在研究玻璃、陶瓷等脆性材料的强度时提出来的。Griffith 认为裂缝扩展时，为了形成新的裂缝表面，必定消耗一定的能量，该能量由弹性应变能释放提供，此时裂缝扩展临界状态的应力为：

$$\sigma_c = \sqrt{\frac{2E\varGamma_S}{\pi a}} \tag{3-49}$$

式中：$E$——弹性模量；

$\varGamma_S$——单位自由表面的表面能；

$a$——半裂缝的长度。

裂缝扩展的条件为：

$$G = 2\varGamma_S \quad \text{或} \quad \sigma = \sigma_c$$

式中：$G$——能量释放率或能量扩展力，是裂缝扩展单位面积时体系所释放的能量。

Griffith 理论当时并未引起广泛注意。直到第二次世界大战后，由于断裂事故不断发生，并且由于高强度材料的应用，断裂时应力与材料极限强度的比值愈趋低下，这才促使人们重新认识，并加以深入研究。1960 年 Irwin 提出了尖端应力状态的表达式和应力强度因子的概念，使断裂力学便于应用。此后，断裂力学在金属结构中得到广泛应用，同时非线性断裂力学也得到了长足发展。

卡普朗(Kaplan)于 1960 年首次将断裂力学用于混凝土材料的研究，并开始用三点弯曲梁测定混凝土的断裂韧度 $K_{\mathrm{Ic}}$。20 世纪 80 年代，美国混凝土协会组成了 ACI446 委员会(断裂力学)，集中了一批专家对混凝土断裂力学进行全面研究，并于 1989 年 10 月召开了第一届岩石、混凝土断裂力学会议。到目前为止，混凝土断裂力学已经得到较广泛的应用。但由于混凝土材料的复杂性，并且在混凝土中往往配置钢筋，断裂力学在混凝土中的应用仍有许多课题需要进一步研究。

2）裂缝扩展的 3 种基本形式

构件或试样中的裂缝，按照它们在荷载作用下扩展形式的不同，可分为以下 3 种基本类型：

(1)张开型裂缝(Ⅰ型)。正应力 $\sigma$ 与裂缝面垂直，在正应力作用下裂缝尖端处上下两个平面张开而扩展，且扩展方向与 $\sigma$ 作用方向垂直。这种裂缝称为张开型裂缝，也称为Ⅰ型裂缝[图 3-9a)]。

(2)滑开型裂缝(Ⅱ型)。在构件或试样受剪切的情况下，若剪应力 $\tau$ 与裂缝表面平行且其作用方向与裂缝方向相垂直，使裂缝的上下两个面上下滑移而扩展，如图 3-9b)所示。这种裂缝称为滑开型或(Ⅱ型)裂缝。

(3)撕开型裂缝(Ⅲ型)。剪应力和裂缝表面平行，且剪应力作用方向与裂缝方向相平行，在剪应力作用下裂缝上下两个平面撕裂而扩展。这种裂缝称为撕开型或(Ⅲ型)裂缝[图 3-9c)]。

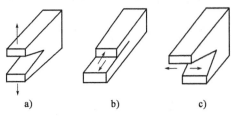

a)　　　　　　　b)　　　　　　　c)

图 3-9　裂缝的三种基本类型

如果构件或材料内部的裂缝同时受正应力和剪应力的作用，则可能同时存在Ⅰ型和Ⅱ型或Ⅰ型和Ⅲ型裂缝，这种裂缝称为复合型裂缝。在工程结构或材料中以Ⅰ型裂缝最常见，也是最危险的,因而本节将重点讨论 I 型裂缝。

3) 裂缝尖端的应力和位移

首先,以 I 型裂缝为例,分析裂缝尖端处的应力场。为简化起见,通常取一段在长度和宽度方向均为无限大的平板,在板中间有一条长度为 $2a$ 的裂缝,如图 3-10 所示。设平板在 $x$ 方向和 $y$ 方向均有应力 $\sigma$ 作用。为研究裂缝尖端附近的应力和位移状态,将坐标原点置于裂缝尖端处,$r$、$q$ 为极坐标。

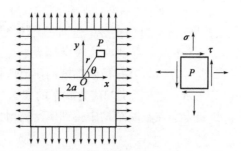

图 3-10　裂缝尖端应力

运用弹性理论,可以求出裂缝尖端处附近任一点 $P(r,\theta)$ 的应力和位移。公式的推导过程从略,这里仅列出最后的计算公式:

$$
\left.
\begin{aligned}
\sigma_x &= \frac{K_1}{\sqrt{2\pi r}}\cos\frac{\theta}{2}\left(1 - \sin\frac{\theta}{2}\sin\frac{3}{2}\theta\right) \\
\sigma_y &= \frac{K_1}{\sqrt{2\pi r}}\cos\frac{\theta}{2}\left(1 + \sin\frac{\theta}{2}\sin\frac{3}{2}\theta\right) \\
\tau_{xy} &= \frac{K_1}{\sqrt{2\pi r}}\cos\frac{\theta}{2}\left(\sin\frac{\theta}{2}\cos\frac{3}{2}\theta\right)
\end{aligned}
\right\}
\tag{3-50}
$$

式中:$K_1$——常数。

对于 $z$ 方向的应力,分两种情况:

$$
\sigma =
\begin{cases}
0 & （平面应力状态）\\
\nu(\sigma_x + \sigma_y) & （平面应变状态）
\end{cases}
$$

式中:$\nu$——泊松比。

位移的计算公式为:

$$
\left.
\begin{aligned}
u &= \frac{K_1}{8G}\sqrt{\frac{2r}{\pi}}\left[(2k-1)\cos\frac{\theta}{2} - \cos\frac{3}{2}\theta\right] \\
v &= \frac{K_1}{8G}\sqrt{\frac{2r}{\pi}}\left[(2k-1)\sin\frac{\theta}{2} - \sin\frac{3}{2}\theta\right]
\end{aligned}
\right\}
\tag{3-51}
$$

其中:

$$
k =
\begin{cases}
\dfrac{3-\nu}{1+\nu} & （平面应力状态）\\
3 - 4\nu & （平面应变状态）
\end{cases}
$$

式中:$\nu$——泊松比;

$G$——剪切弹性模量。

从以上公式可以看出,随着 $r$ 的减小(即越接近裂缝尖端),所有应力分量都增大,且当 $r$ 趋向于零时,这些应力分量均趋于无限大,即裂缝尖端处的应力场具有奇异性。

4)应力强度因子

由以上应力公式可以看出,只要有微裂缝存在,并且外加荷载不为零,则裂缝尖端处应力会趋向无限大。按照传统的强度理论,这必将导致构件的破坏,而且无论外界荷载是多么微小。这等于说,带裂缝材料的强度极小。但实际情况并非如此,许多带裂缝材料在一定应力状态下是稳定的。在这种情况下,单纯使用应力大小来判断其强度的方法不再适用,必须寻找新的参数来判断构件破坏与否。由式(3-50)知,裂缝尖端的应力 $\sigma_x$、$\sigma_y$、$\tau_{xy}$ 均与 $K_1$ 成正比。当 $r \to 0$ 时,$K_1$ 越大,应力趋向无穷大的趋势也越快。此外,对同一裂缝形态、在同一应力状态下都具有相同的 $K_1$ 值。所以,$K_1$ 可以反映出裂缝尖端附近的应力场强度,称为应力强度因子。对于 I 型裂缝有

$$K_{\mathrm{I}} = \lim_{r \to 0}\left[\sqrt{2\pi r}\ (\sigma_y)_{\theta=0°}\right]$$

经极限运算可得:

$$K_{\mathrm{I}} = \sigma\sqrt{\pi a} \tag{3-52}$$

式中:$\sigma$——平均拉应力;

$a$——裂缝长度的 1/2。

应力强度因子与应力集中系数是完全不同的参数。应力集中系数是应力集中处最大应力与名义应力之比,反映了应力集中的程度,是一个无量纲参数。而应力强度因子从总体上反映了裂缝尖端附近应力场奇异性的强弱,是有量纲的参数,其量纲为[力×长度$^{3/2}$]。

对于带裂缝的无限大平板,受剪应力作用时,II 型、III 型裂缝应力强度因子分别为:

$$K_{\mathrm{II}} = \tau\sqrt{\pi a} \tag{3-53}$$

$$K_{\mathrm{III}} = \tau_1\sqrt{\pi a} \tag{3-54}$$

一般情况下,应力强度因子的大小与荷载性质、裂缝几何形态等因素有关,只有在几种简单的情况下可以推导出应力强度因子的解析表达式。当荷载情况复杂,构件尺寸不规则时,很难由解析法来确定强度因子,这时可用试验的方法或数值计算方法来确定。

同一类型的裂缝在不同荷载作用下,应力强度因子不同,但与荷载呈线性关系。因而当一个带裂缝的构件同时受几个荷载作用时,其裂缝尖端处的应力场强度因子 $K$ 可根据叠加原理求得,即先分别求各荷载单独作用时的 $K$ 值,然后将它们相加就得到了这些荷载同时作用时的应力强度因子值。

5)裂缝韧度与断裂准则

通过上面的分析可以看出,应力强度因子反映了裂缝尖端附近应力场的强弱。由式(3-52)可知,随着外加应力的增大,应力强度因子也将增大。而由试验发现,当应力场的强度增加到某一值时,即使外加应力不再增加,裂缝也会迅速扩展而导致构件断裂或结构发生脆性破坏,把这个极限 $K$ 称为材料的断裂韧度,用 $K_{\mathrm{Ic}}$ 来表示。不同的材料有不同的 $K_{\mathrm{Ic}}$ 值,对于 II 型、III 型断裂,也有相应的断裂韧度。$K_{\mathrm{IIc}}$、$K_{\mathrm{IIIc}}$、$K_{\mathrm{Ic}}$ 值表示了工程材料本身所固有的抵抗裂缝扩展的能力,与材料的其他力学指标(如抗压强度、屈服极限等)一样需要通过试验来确定。通过试验已经发现,断裂韧度与试件的厚度、加荷速度、环境条件等因素有关。对此,各国都制定了标准试验方法,以求所测指标的统一。

求出了带裂缝构件的应力强度因子 $K_I$，测定了材料的断裂韧度 $K_{Ic}$，便可以建立结构或构件不发生断裂的条件：

$$K_I \leqslant K_{Ic} \tag{3-55}$$

对于带裂缝的无限大平板，应力强度因子可表示为：

$$K_I = \sigma \sqrt{\pi a}$$

对于带裂缝的一般平板，应力强度因子可表示为：

$$K_I = \alpha \sigma \sqrt{\pi a} \tag{3-56}$$

于是断裂判断可表示为：

$$\alpha \sigma \sqrt{\pi a} \leqslant K_{Ic} \tag{3-57}$$

式中：$a$——形态系数，与裂缝大小、位置有关。

式(3-57)可用于强度校核。当裂缝尺寸已知时，可求出带裂缝构件的临界断裂应力 $\sigma_c$；当已知工作应力 $\sigma$ 时，可确定带裂缝构件中最大的容许裂缝长度 $a_c$；当已知工作应力和裂缝尺寸时，可据此选择所需材料的 $K_{Ic}$ 值。

6）能量释放率及其判据

除了应力强度因子外，还有能量判据。在断裂力学发展过程中，首先提出的是能量判据。设有一条裂缝，其裂缝面积为 $A$，若裂缝扩展面积为 $\delta A$，这时外力所做的功为 $\delta W$，体系弹性变形能变化了 $\delta U$，塑性变形能（或塑性功）变化了 $\delta U_p$，其表面能变化为 $\delta \Gamma$。假定这一过程是绝热的，根据能量守恒和转换定律，体系内能的变化应等于外力对体系所做的功，即：

$$\delta W = \delta U + \delta U_p + \delta \Gamma$$

或

$$\delta W - \delta U = \delta U_p + \delta \Gamma$$

总势能的变化 $\delta \pi$ 等于外力势能变化 $-\delta W$ 和弹性应变能变化 $\delta U$ 之和，于是有

$$\delta \pi = - \delta W + \delta U = - (\delta U_p + \delta \Gamma)$$

因此，能量的耗散为：

$$- \delta \pi = \delta W - \delta U = \delta U_p + \delta \Gamma$$

此式表明，裂缝扩展时，外力功除了转化为弹性变形能之外，还有一部分转化为塑性变形能和表面能。裂缝扩展单位面积所耗散的能量称为能量释放率，一般用 $G$ 表示，即：

$$G = - \frac{\mathrm{d}\pi}{\mathrm{d}A} = \frac{\mathrm{d}W}{\mathrm{d}A} - \frac{\mathrm{d}U}{\mathrm{d}A} = \frac{\mathrm{d}U_p}{\mathrm{d}A} + \frac{\mathrm{d}\Gamma}{\mathrm{d}A} \tag{3-58}$$

式中，$G$ 的单位为 $MN \cdot m/m^2$ 或 $MN/m$。因而，$G$ 又称为裂缝扩展力，相当于使裂缝扩展一个单位长度时所需要的力。

从裂缝尖端附近的应力场分析，得出应力强度因子的判据 $K_I \leqslant K_{Ic}$ 等，从能量角度出发，得出能量判据 $G \leqslant G_{Ic}$ 等。同一个问题，有两个判据，它们之间必然存在着某种关系。以 I 型裂缝为例来推导这两者之间的关系。

图 3-11 表示 I 型裂缝，裂缝尺寸由 $a$ 增加到 $a + \mathrm{d}a$。在裂缝延长线上（$\theta = 0°$，$r = x$）其应力和位移可按式(3-50)和式(3-51)计算。为避免与能量符号 $G$ 相混淆，这里用 $\mu$ 表示剪切弹性模量，于是计算式可以表示为：

$$\sigma_y \big|_{\theta=0°} = \frac{K_I}{\sqrt{2\pi x}} \tag{3-59}$$

$$v \big|_{\theta=\pm\pi} = \frac{2K_I}{\mu(1+\nu)} \sqrt{\frac{da-x}{2\pi}} \tag{3-60}$$

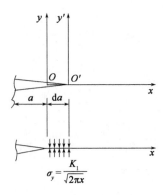

图 3-11 裂缝扩展 da 时的能量

若带裂缝的平板厚为 $B$,设想把应力 $\sigma_y$ 反向加到裂缝表面,使扩展的裂缝完全闭合,然后让应力逐渐释放为零,这时裂缝逐渐扩展,释放能量数值上应等于应力 $\sigma_y$ 在裂缝尖端位移闭合过程中所做的功:

$$\frac{1}{2}\sigma_y \cdot B \cdot dx \cdot 2v(x) = \sigma_y \cdot v(x) \cdot Bdx$$

在裂缝长度 da 上的应变能变化为:

$$\Delta E = \int_0^{da} \sigma_y \cdot v(x) \cdot Bdx$$

单位面积上的能量释放率应为:

$$G_I = \lim_{dA\to 0} \frac{1}{dA} \int_0^{da} \sigma_y \cdot v(x) \cdot Bdx$$

将式(3-59)和式(3-60)代入此式,可得:

$$G_I = \lim_{dA\to 0} \frac{B}{dA} \int_0^{da} \frac{K_I^2}{\mu(1+\nu')\pi} \sqrt{\frac{da-x}{x}}dx \tag{3-61}$$

取 $x = da\cos^2 t$ 作积分变量变换,则:

$$dx = -2da\cos t \cdot \sin t \cdot dt$$

当 $x=0$ 时,$t = \dfrac{\pi}{2}$;当 $x=da$ 时,$t=0$。于是

$$G_I = \lim_{dA\to 0} \frac{B}{dA} \cdot \frac{K_I^2}{\mu(1+\nu')\pi} \int_{\frac{\pi}{2}}^{0} \sqrt{\frac{\sin^2 t}{\cos^2 t}}dx$$

$$(-2da)\cos t \cdot \sin t dt = \lim_{dA\to 0} \frac{Bda}{dA} \cdot \frac{K_I^2}{\mu(1+\nu)\pi}$$

注意到 $Bda = dA$,所以有

$$G_I = \frac{K_I^2}{2\mu(1+\nu')} \tag{3-62}$$

对平面应力状态 $\nu' = \nu$, 有

$$2\mu(1 + \nu') = \frac{2E}{2(1 + \nu)}(1 + \nu) = E$$

对平面应变状态 $\nu' = \dfrac{\nu}{(1 + \nu^2)}$, 有

$$2\mu(1 + \nu') = \frac{E}{1 - \nu'}$$

所以对 I 型裂缝, 有

$$G_{I} = \begin{cases} \dfrac{K_{I}^2}{E} & \text{(平面应变状态)} \\[3mm] \dfrac{(1 - \nu^2)K_{I}^2}{E} & \text{(平面应力状态)} \end{cases} \tag{3-63}$$

同样, 可得 II 型裂缝 $G_{II}$ 与 $K_{II}$ 的关系:

$$G_{II} = \begin{cases} \dfrac{K_{II}^2}{E} & \text{(平面应变状态)} \\[3mm] \dfrac{(1 - \nu^2)K_{II}^2}{E} & \text{(平面应力状态)} \end{cases} \tag{3-64}$$

对 III 型裂缝, 有

$$G_{III} = \frac{1 + \nu}{E}K_{III}^2 \tag{3-65}$$

可见, 裂缝扩展能量释放率与强度因子的平方成比例关系, 它随着荷载的增大而增长, 当达到临界值 $G_c$ 时, 裂缝便会失稳扩展, 导致构件的脆性断裂。能量释放率的临界值是从能量转化的观点说明材料抵抗裂缝扩展的能力, 它表示裂缝扩展一单位面积时所吸收的能量, 这一临界值也可作为一种断裂韧性指标, 用 $G_c$ 表示。若 I 型裂缝的裂缝抵抗力或临界裂缝扩展力为 $G_{Ic}$, 则裂缝稳定的判据可表示为:

$$G_{I} \leqslant G_{Ic} \tag{3-66}$$

对于 II 型、III 型裂缝, 可写出类似的判据

$$\left. \begin{array}{l} G_{II} \leqslant G_{Ic} \\ G_{III} \leqslant G_{IIIc} \end{array} \right\} \tag{3-67}$$

在线弹性断裂力学中, 不论用应力强度因子作判据还是用能量释放率作判据, 其结果是一样的。应力场强度因子 $K$ 的计算比较方便, 所以在实际工程计算中应用较广。但在非线性断裂力学的研究和应用中, 能量判据的应用比较广泛。

### 3.3.2 非线性断裂力学

1) 概述

根据线弹性理论, 在上一节中已经给出在裂缝尖端附近的应力表达式, 根据这些表达式可知, 裂缝尖端处的应力将随 $r$ 的缩小而迅速增大。但在实际工程材料中, 这样理想化的情况不会出现。这是因为, 对金属材料, 在裂缝尖端前沿, 当应力达到屈服极限时会发生塑性变形, 从

而形成一个塑性区。在塑性区内,应力达到某一极限后便不再增长或只有较小的增长;对于混凝土材料,在裂缝尖端的前沿处存在着一个微裂区,其应力不仅不会无限增大,并且会有所下降。无论是塑性区还是微裂区,当裂缝增长时都要消耗更多的外功,因而线弹性断裂力学就不再适用。对此,许多学者发展了非线性断裂力学。非线性断裂力学有许多分支,这里对一些主要的概念和方法作一简单介绍。

2) 小范围塑性对应力强度因子的修正

在平面问题中,若已求得一点的应力 $\sigma_x$、$\sigma_y$、$\tau_{xy}$,则可求得其主应力:

$$\left.\begin{aligned} \sigma_1 \\ \sigma_2 \end{aligned}\right\} = \frac{1}{2}(\sigma_x + \sigma_y) \pm \sqrt{(\sigma_x - \sigma_y)^2 + 4\tau_{xy}^2} \\ \sigma_3 = \begin{cases} 0 & (平面应力) \\ \nu(\sigma_1 + \sigma_2) & (平面应变) \end{cases} \tag{3-68}$$

由弹塑性力学可知,当应力达到某一数值时,材料就会屈服,形成塑性区。要确定塑性区的形状和大小,可采用 VonMises 屈服准则。VonMises 屈服准则可表达为:

$$(\sigma_1 - \sigma_2)^2 + (\sigma_2 - \sigma_3)^2 + (\sigma_3 - \sigma_1)^2 = 2\sigma_s^2 \tag{3-69}$$

式中:$\sigma_s$——材料在单向拉伸时的屈服极限。

对于 I 型裂缝,其裂缝尖端的应力为:

$$\begin{cases} \sigma_x = \dfrac{K_I}{\sqrt{2\pi r}}\cos\dfrac{\theta}{2}\left(1 - \sin\dfrac{\theta}{2}\sin\dfrac{3}{2}\theta\right) \\[3mm] \sigma_y = \dfrac{K_I}{\sqrt{2\pi r}}\cos\dfrac{\theta}{2}\left(1 + \sin\dfrac{\theta}{2}\sin\dfrac{3}{2}\theta\right) \\[3mm] \tau_{xy} = \dfrac{K_I}{\sqrt{2\pi r}}\cos\dfrac{\theta}{2}\cos\dfrac{3}{2}\theta \end{cases} \tag{3-70}$$

代入主应力公式,可得:

$$\begin{cases} \sigma_1 = \dfrac{K_I}{\sqrt{2\pi r}}\cos\dfrac{\theta}{2}\left(1 + \sin\dfrac{\theta}{2}\right) \\[3mm] \sigma_2 = \dfrac{K_I}{\sqrt{2\pi r}}\cos\dfrac{\theta}{2}\left(1 - \sin\dfrac{\theta}{2}\right) \end{cases} \tag{3-71}$$

将主应力带入 VonMises 屈服准则(取平面应力状态 $\sigma_3 = 0$),可得:

$$\frac{K_I}{\sqrt{2\pi r}}\sqrt{\cos^2\frac{\theta}{2}\left(1 + 3\sin^2\frac{\theta}{2}\right)} = \sigma_s \tag{3-72}$$

$$r = \frac{1}{2\pi}\left(\frac{K_I}{\sigma_s}\right)^2\left[\cos^2\frac{\theta}{2}\left(1 + 3\sin^2\frac{\theta}{2}\right)\right] \tag{3-73}$$

此式表示在平面应力状态下,裂缝尖端处塑性区的边界曲线方程。

在 $x$ 轴,

$$\left.\begin{aligned} \theta = 0° &\qquad r_0 = \dfrac{1}{2\pi}\left(\dfrac{K_I}{\sigma_s}\right)^2 \\ \theta = \pi &\qquad r_0 = 0 \end{aligned}\right\} \tag{3-74}$$

对于平面应变状态,取 $\sigma_3 = \nu(\sigma_1 + \sigma_2)$,代入屈服准则,可得:

$$\frac{1}{2\pi}\left(\frac{K_I}{\sigma_s}\right)^2\left[\frac{3}{4}\sin^2\theta + (1-2\nu)^2\cos^2\frac{\theta}{2}\right]^{\frac{1}{2}} = \sigma_s$$

即：

$$
\begin{aligned}
r &= \frac{1}{2\pi}\left(\frac{K_I}{\sigma_s}\right)^2\left[\frac{3}{4}\sin^2\theta + (1-2\nu)^2\cos^2\frac{\theta}{2}\right] \\
&= \frac{1}{2\pi}\left(\frac{K_I}{\sigma_s}\right)^2\cos^2\frac{\theta}{2}\left[(1-2\nu)^2 + 3\sin^2\frac{\theta}{2}\right]
\end{aligned}
\tag{3-75}
$$

在平面应力状态下，在 $x$ 轴（$\theta = 0°$）上有

$$r_0 = r_{\theta=0°} = (1-2\nu)^2\frac{1}{2\pi}\left(\frac{K_I}{\sigma_s}\right)^2 \tag{3-76}$$

若取 $\nu = 0.2$，则可得：

$$r_0 = 0.36\frac{1}{2\pi}\left(\frac{K_I}{\sigma_s}\right)^2 \tag{3-77}$$

可见，在平面应变状态下的塑性区尺寸（在 $\theta = 0°$ 的延长线上）仅为平面应力状态下的 36%。平面应变状态下的塑性区要比平面应力状态下小得多，这也可以理解为在平面应变状态下，裂缝尖端处材料有一定的塑性约束。

上述讨论是基于线弹性分析的应力场。实际上当应力达到屈服后将发生塑性变形，从而引起应力松弛，使塑性区进一步扩大。不考虑塑性变形时，裂缝尖端区在 $x$ 轴上的应力为：

$$\sigma_y\big|_{\theta=0°} = \frac{K_I}{\sqrt{2\pi r}} \tag{3-78}$$

由于应力不可能超过屈服极限，在理想塑性条件下，其实际应力分布将如图 3-12 中的 $CDEF$ 所示。由于 $ADB$ 以下的面积与 $CDEF$ 以下的面积都表示净截面上应力的总和，它们将与同一外力平衡。所以，假定这两条曲线下的面积相等，以此条件来粗略估算塑性区的尺寸。基于面积相等条件，有

$$R\sigma_s = \int_0^{r_0}\sigma_y\mathrm{d}r = \int_0^{r_0}\frac{K_I}{\sqrt{2\pi r}}\mathrm{d}r = K_0\sqrt{\frac{2r_0}{\pi}} \tag{3-79}$$

式中：$R$——考虑应力松弛后的塑性区尺寸；

$r_0$——基于线弹性理论的塑性区尺寸；

$\sigma_s$——材料屈服应力。

由式（3-79）可得：

$$R = \frac{1}{\pi}\left(\frac{K_I}{\sigma_s}\right)^2 = 2r_0 \tag{3-80}$$

由式（3-80）可知，考虑了应力松弛以后，塑性区的尺寸在裂缝尖端方向扩大了一倍。这一公式与金属材料的试验相吻合。

在平面应变状态下，考虑了塑性变形引起的应力松弛后，塑性区尺寸为：

$$R = \frac{(1-2\nu)^2}{2\pi}\left(\frac{K_I}{\sigma_s}\right)^2 = 2r_0 \tag{3-81}$$

由比较可知，在平面应变状态下，塑性区尺寸是平面应力状态下的 $(1-2\nu)^2$ 倍。这表明在平面应变状态下，材料的屈服区要小一些。这也说明在同样的应力水平下，平面应变状态的

裂缝要比平面应力状态下的裂缝容易扩展,也就是说,脆性要大一些。

根据以上分析,还可对应力强度因子进行修正,使之作为小范围内塑性变形条件下的断裂判据。设裂缝长度由 $a$ 向前加长一段 $r_0 = R/2$,修正后的裂缝长度 $a_{ef}$ 称为有效裂缝长度。在裂缝长度为 $a + R/2$ 的条件下,可以运用线弹性理论分析裂缝尖端处的应力场,这一应力场将和实际应力场相接近,如图3-13所示。假定裂缝长度为 $a_{ef}$ 的情况下,运用应力强度因子判据,则修正后的应力强度因子为 $\overline{K}_I = \sigma\sqrt{\pi a_{ef}}$,有效裂缝长度为:

$$a_{ef} = a + \frac{R}{2} = a + \frac{1}{2\pi}\left(\frac{K_I}{\sigma_s}\right)^2 \qquad （平面应力状态） \tag{3-82}$$

或

$$a'_{ef} = a + \frac{R'}{2} = a + \frac{1 - 2\nu}{2\pi}\left(\frac{K_I}{\sigma_s}\right)^2 \qquad （平面应变状态） \tag{3-83}$$

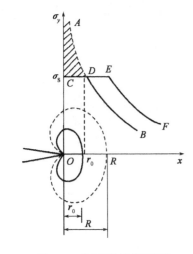

图3-12 应力松弛后的屈服区

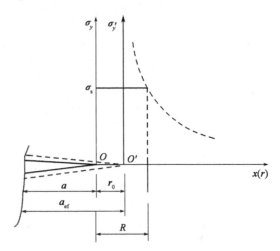

图3-13 有效裂缝长度

代入修正后的强度因子表达式为:

$$\left.\begin{array}{ll}
\overline{K}_I = \sigma\sqrt{\pi a_{ef}} = \sqrt{\pi a}\sqrt{1 + \frac{1}{2}\left(\frac{\sigma}{\sigma_s}\right)^2} & （平面应力状态） \\[3mm]
\overline{K}'_I = \sigma\sqrt{\pi a'_{ef}} = \sqrt{\pi a}\sqrt{1 + \frac{1 - 2\nu}{2}\left(\frac{\sigma}{\sigma_s}\right)^2} & （平面应变状态）
\end{array}\right\} \tag{3-84}$$

式(3-84)可统一写成:

$$\overline{K}_I = \alpha\sigma\sqrt{\pi a} \tag{3-85}$$

式中:$\alpha$——考虑应力松弛后的修正系数。

引入修正系数后,强度因子的判据就可在小范围塑性区的条件下应用了。各种强度因子的系数,甚至包括考虑塑性变形后的修正系数可在有关手册中查到。

3)裂缝张开位移

裂缝张开位移(crack opening displacement,COD)是指裂缝尖端表面的张开位移值。从断裂的能量判据观点来看,当应力应变的综合量达到了某一临界值后裂缝就扩展。在线弹性理论中,应力与应变成线性关系,因而用应力强度因子作判据与用能量作判据是等效的。但是,若在裂缝尖端有塑性区(如对金属材料)或微裂区(如对混凝土材料),则用应力强度因子作判据就不适用了。这时用变形的观点去研究裂缝扩展的评判标准更合适,其中 COD 可作为综合反映裂缝尖端非线性变形的一种指标,用它作为裂缝是否扩展的判据是很适宜的。用 COD 作判据认为裂缝张开位移 $\delta$ 达到材料所容许的某一临界值 $\delta_c$ 时,裂缝就扩展。裂缝稳定而不失稳扩展的条件可写为 $\delta \leqslant \delta_c$。

应用 COD 作判据,有两方面的问题要研究:①$\delta$ 的数值表达式,即裂缝尖端张开位移与结构外加荷载、几何形状的关系;②测定材料的 $\delta_c$ 值。

(1)小范围屈服条件下的裂缝张开位移(Wells 公式)

Wells 于 1963 年提出,按图 3-13 在 Ⅰ 型裂缝尖端区形成塑性区以后,用等效裂缝长度代替实际裂缝长度,这样便可用线弹性断裂力学来求裂缝尖端处垂直裂缝方向的位移和塑性区中点距离 $r_y$。

对平面应变状态,根据线弹性断裂力学,裂缝尖端处 $y$ 方向的位移为:

$$\nu = \frac{2(1+\nu)}{E}\sqrt{\frac{r}{2\pi}}\sin\theta\Big[2(1-2\nu)-\cos^2\frac{\theta}{2}\Big] \tag{3-86}$$

塑性区中点距离为:

$$r_y = \frac{R}{2} = \frac{1}{4\sqrt{2\pi}}\Big(\frac{K_{\mathrm{I}}}{\sigma_{\mathrm{s}}}\Big)^2 \tag{3-87}$$

当裂缝尖端向前移动 $r_y$ 以后,式(3-86)中的坐标 $r$、$\theta$ 应按坐标系 $x'O'y'$ 计算,于是原裂缝尖端处在 $y$ 方向向下的位移为:

$$\nu(r_y,\pi) = \frac{2(1+\nu)}{E}\sqrt{\frac{r_y}{2\pi}}K_{\mathrm{I}}\sin\frac{\pi}{2}\Big[2(1-\nu)-\cos^2\frac{\pi}{2}\Big]$$

$$= \frac{2}{\pi}\frac{1}{\sqrt{2\sqrt{2}\sigma_{\mathrm{s}}}}\frac{1-\nu^2}{E}K_{\mathrm{I}}^2 \tag{3-88}$$

$$\approx \frac{1.2}{\pi}\cdot\frac{1}{\sigma_{\mathrm{s}}}\cdot\frac{1-\nu^2}{E}K_{\mathrm{I}}^2$$

同理,可得该点在 $y$ 方向向下的位移:

$$\nu(r_y,-\pi) \approx -\frac{1.2}{\pi}\cdot\frac{1}{\sigma_{\mathrm{s}}}\cdot\frac{1-\nu^2}{E}K_{\mathrm{I}}^2 \tag{3-89}$$

于是,原来裂缝尖端处的裂缝张开位移 $\delta$(即 COD)为:

$$\delta = 2\nu(r_y,\pi) = \frac{2.4(1-\nu^2)K_{\mathrm{I}}^2}{\pi\sigma_{\mathrm{s}}E} = \frac{2.4}{\pi}\cdot\frac{G_{\mathrm{I}}}{\sigma_{\mathrm{s}}} \tag{3-90}$$

对于平面应力状态,只需将式(3-90)中的 $\nu$、$E$ 用 $\nu/(1+\nu)$ 和 $(1+2\nu)E/(1+\nu^2)$ 代替,并取 $r_y = \frac{1}{2\pi}\Big(\frac{K_{\mathrm{I}}}{\sigma_{\mathrm{s}}}\Big)^2$ 即可。经具体计算可得:

$$\delta = \frac{4K_{\mathrm{I}}^2}{\pi\sigma_{\mathrm{s}}E} = \frac{4G_{\mathrm{I}}}{\pi\sigma_{\mathrm{s}}} \tag{3-91}$$

Wells 经过试验对比，认为在平面应力状态下上述结果偏大，建议取

$$\delta = \frac{K_{\mathrm{I}}^2}{\sigma_{\mathrm{s}}E} = \frac{G_{\mathrm{I}}}{\sigma_{\mathrm{s}}} \qquad (3-92)$$

所以 Wells 公式是建立在试验基础上的一个半经验公式。从能量角度看，不论塑性区范围的大小，均可取

$$G_{\mathrm{I}} = \sigma_{\mathrm{s}}\delta \qquad (3-93)$$

（2）用带状模型（D-B 模型）求裂缝张开位移

对带裂缝体进行弹塑性分析是极为复杂的，于是有些学者通过试验建立适当的物理模型，然后通过比较简单的数学分析求得弹塑性应力状态的近似解。其中 Dugdale 和 Barenblait 分别提出了带状塑性区模型，又称为 D-B 模型。Dugdale 提出的模型认为，在带状塑性区内材料是理想弹塑性的，在真实裂缝的外侧延长了一段长度，其上作用着应力，其大小等于材料屈服应力 $\sigma_{\mathrm{s}}$，如图 3-14a）所示。在窄带屈服区以外的区域都是弹性区。带状区延长一段距离后的长度为 $c$，如图 3-14b）所示。

延长后的长度 $c$ 可以用 $x = c$ 处的应力不再存在奇异性的条件来确定。现假定两种情况：一种为无限大平板有 $2a$ 长的裂缝，受均匀应力 $\sigma$；另一种为无限大平板有 $2a$ 长的裂缝，在 $x = \pm b$ 处有两对 $P$ 的作用，如图 3-14c）所示。由弹性理论可求得这两种情况下的应力强度因子计算式，也可从一般的断裂力学手册中查得。对于第一种情况，应力强度因子为：

$$K_{\mathrm{I}} = \sigma\sqrt{\pi a} \qquad (3-94)$$

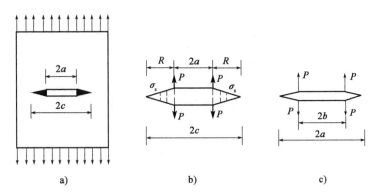

图 3-14　D-B 带状屈服模型

对于第二种情况，应力强度因子为：

$$K_{\mathrm{I}} = \frac{2P\sqrt{a}}{\sqrt{\pi(a^2 - b^2)}} \qquad (3-95)$$

现再考虑一种情况，即在裂缝长度为 $2a$ 的无限大平板中，在 $x = \pm a$ 到 $x = \pm c$ 之间的一段内作用分布力 $q$。这种情况下的强度因子可视作每一微段 $\mathrm{d}x$ 中作用一对集中力 $q\mathrm{d}x$，并按上述第二种情况的计算公式由积分求得，即：

$$K_{\mathrm{I}} = \int_a^c \frac{2(q\mathrm{d}x)\sqrt{c}}{\sqrt{\pi(c^2 - x^2)}}\mathrm{d}x \qquad (3-96)$$

令 $x = c\sin\theta$，则 $\sqrt{c^2 - x^2} = c\cos\theta$，$\mathrm{d}x = c\cos\theta\mathrm{d}\theta$，式（3-96）积分化为：

$$K_I = 2q \sqrt{\frac{c}{\pi}} \int_{\arcsin(\frac{a}{c})}^{\arcsin(\frac{c}{c})} \frac{a\cos\theta \mathrm{d}\theta}{a\cos\theta}$$

$$= 2q \sqrt{\frac{c}{\pi}} \left[ \frac{\pi}{2} - \arcsin\left(\frac{a}{c}\right) \right]$$

$$= 2q \sqrt{\frac{c}{\pi}} \arccos\left(\frac{a}{c}\right) \tag{3-97}$$

对 D-B 模型,其应力强度因子由两部分组成:第一部分为由均匀应力 $\sigma$ 产生的 $K_I^{(1)}$,第二部分为由 $x = \pm a$ 到 $x = \pm c$ 段内作用均匀应力 $-\sigma_s$ 时产生的 $K_I^{(2)}$。于是 D-B 模型的应力强度因子为:

$$K_I = K_I^{(1)} + K_I^{(2)}$$

$$= \sigma \sqrt{\pi a} - \frac{2\sigma_s}{\pi} \sqrt{\pi c} \arccos\left(\frac{a}{c}\right) \tag{3-98}$$

由于在裂缝端点 $c$ 处是塑性区的端点,应力已无奇异性,因而 $K_I = 0$,由此可得:

$$\sigma \sqrt{\pi c} = \frac{2\sigma_s}{\pi} \sqrt{\pi c} \arccos\left(\frac{a}{c}\right) \tag{3-99}$$

或

$$a = c\cos\left(\frac{\pi\sigma}{2\sigma_s}\right) \tag{3-100}$$

由于塑性区尺寸 $R = c - a$,代入可得:

$$R = a\left[ \sec\left(\frac{\pi\sigma}{2\sigma_s}\right) - 1 \right] \tag{3-101}$$

当 $\sigma/\sigma_s$ 较小时,将 sec 函数按级数展开,得:

$$\sec x = 1 + \frac{x^2}{2} + \frac{5}{24}x^4 + \frac{61}{720}x^6 + \cdots + \quad |x| \leqslant \frac{\pi}{2} \tag{3-102}$$

舍去 $x^4$ 以后各项,可得:

$$R = \frac{a}{2} \left(\frac{\pi\sigma}{2\sigma_s}\right)^2 \tag{3-103}$$

注意到 $K_I = \sigma \sqrt{\pi a}$,故有

$$R = \frac{\pi}{8} \left(\frac{K_I}{\sigma_s}\right)^2 \approx 0.39 \left(\frac{K_I}{\sigma_s}\right)^2 \tag{3-104}$$

与小范围屈服条件下求得的塑性区尺寸

$$R = \frac{1}{\pi} \left(\frac{K_I}{\sigma_s}\right)^2 \approx 0.318 \left(\frac{K_I}{\sigma_s}\right)^2 \tag{3-105}$$

相比可知,D-B 模型的塑性区尺寸稍大。

下面推导 D-B 模型的裂缝张开位移。根据材料力学中的卡氏(Castigliano)定理,外力作用点沿作用力方向的位移等于应变能对外力的偏导数,即:

$$\delta = \frac{\partial u}{\partial p} \tag{3-106}$$

若要求某两点的相对位移,则可在这两点加上大小相等、方向相反的一对力 $F$,求出系统的应变能 $U$,然后按式(3-107)即可求出其相对位移:

$$\delta = \lim_{F \to 0} \frac{\partial U}{\partial F} \tag{3-107}$$

即求出包括力 $F$ 在内的应变能,再求应变能(它和 $F$ 有关)对 $F$ 的偏导数,然后令 $F$ 趋于零,这样就求出了原来两点间的相对位移。

设系统的应变能用 $U$ 表示,当裂缝扩展时,扩展 $\Delta A$ 面积所消耗的能量为 $\Delta A \cdot G_{\mathrm{I}}$,此时系统应变能下降 $-\Delta U$,应与裂缝扩展所需的能量相等,即:

$$\Delta A \cdot G_{\mathrm{I}} = -\Delta U \tag{3-108}$$

在极限情况下,有

$$G_{\mathrm{I}} = \frac{\partial U}{\partial A} \tag{3-109}$$

若取单位厚度平板,即 $B = 1$,$\mathrm{d}A = B\mathrm{d}a$,则:

$$G_{\mathrm{I}} = -\frac{\partial U}{\partial a} \tag{3-110}$$

为了推导裂缝张开位移的表达式,在 D-B 模型的真实裂缝两端加一对虚力 $P$,如图 3-14b)所示,则张开位移为:

$$\delta = \lim_{P \to 0} \frac{\partial U}{\partial P}$$

$$= \lim_{P \to 0} \frac{\partial}{\partial P} \int_0^c G_{\mathrm{I}} \mathrm{d}x = \lim_{P \to 0} \int_0^c \frac{\partial G_{\mathrm{I}}}{\partial P} \mathrm{d}x \tag{3-111}$$

由于积分表达式表示的是裂缝从原点扩展到某裂缝长的过程,取 $2\xi$ 为裂缝增长过程中的瞬时长度。长度为 $2\xi$ 的裂缝尖端的强度因子可按三部分合成计算:

$$K_{\mathrm{I}} = \sigma\sqrt{\pi\xi} - 2\sigma\sqrt{\frac{\xi}{\pi}}\arccos\left(\frac{a}{\xi}\right) + 2P\sqrt{\frac{\xi}{\pi(\xi - a)(\xi + a)}} \tag{3-112}$$

而 $G_{\mathrm{I}} = \dfrac{K_{\mathrm{I}}^2}{E}$,于是

$$\lim_{P \to 0} \frac{\partial G_{\mathrm{I}}}{\partial P} = \lim_{P \to 0} \frac{2K_{\mathrm{I}}}{E} \cdot \frac{\partial K_{\mathrm{I}}}{\partial P}$$

$$= \frac{4}{E}\left[\sigma\sqrt{\pi\xi} - 2\sigma\sqrt{\frac{\xi}{\pi}}\arccos\left(\frac{a}{\xi}\right)\right]\sqrt{\frac{\xi}{\pi(\xi^2 - a^2)}} \tag{3-113}$$

$\xi < a$ 时,因力 $P$ 作用于韧带上的同一点且方向相反,因而互相抵消,故积分限只需取 $a$ 到 $c$,所以有

$$\sigma = \frac{4}{E}\int_0^c \left[\sigma\sqrt{\pi\xi} - 2\sigma\sqrt{\frac{\xi}{\pi}}\arccos\left(\frac{a}{\xi}\right)\right]\sqrt{\frac{\xi}{\pi(\xi^2 - a^2)}} \cdot \mathrm{d}\xi$$

$$= \frac{4\sigma}{E}\sqrt{c^2 - a^2} - \frac{8\sigma_{\mathrm{s}}}{\pi E}\sqrt{c^2 - a^2}\arccos\left(\frac{a}{c}\right) + \frac{8\sigma_{\mathrm{s}}a}{\pi E}\ln\frac{a}{c} \tag{3-114}$$

对 D-B 模型,前面已推得:

$$\arccos\left(\frac{a}{c}\right) = \frac{\pi\sigma}{2\sigma_{\mathrm{s}}} \tag{3-115}$$

注意到

$$\arcsin\left(\frac{a}{c}\right) + \arccos\left(\frac{a}{c}\right) = \frac{\pi}{2} \tag{3-116}$$

则:

$$\arcsin\left(\frac{a}{c}\right) = \frac{\pi}{2} - \arccos\left(\frac{a}{c}\right) = \frac{\pi}{2} - \frac{\pi}{2}\cdot\frac{\sigma}{\sigma_{\mathrm{s}}} = \frac{\pi}{2}\left(1 - \frac{\sigma}{\sigma_{\mathrm{s}}}\right) \tag{3-117}$$

代入式(3-111)可得:

$$\delta = \frac{4\sigma}{E}\sqrt{c^2 - a^2} - \frac{4\sigma}{E}\sqrt{c^2 - a^2} + \frac{8\sigma_{\mathrm{s}}a}{\pi E}\ln\frac{1}{\dfrac{a}{c}}$$

$$= \frac{8\sigma_{\mathrm{s}}a}{\pi E}\ln\frac{1}{\cos\left(\dfrac{\pi\sigma}{2\sigma_{\mathrm{s}}}\right)} = \frac{8\sigma_{\mathrm{s}}a}{\pi E}\ln\left[\sec\left(\frac{\pi\sigma}{2\sigma_{\mathrm{s}}}\right)\right] \tag{3-118}$$

在小范围屈服条件下,将 ln sec 函数展成幂级数,并略去高阶项,便可得平面应力状态下裂缝张开位移的近似表达式:

$$\delta = \frac{K_{\mathrm{I}}^2}{E\sigma_{\mathrm{s}}} \tag{3-119}$$

这一结果与 Wells 的半经验公式是一致的。

Barenblatt 提出的带状裂缝模型也与 Dugdale 模型相似,但 Barenblatt 认为在裂缝有效长度 $R$ 上作用着原子内聚力。尽管这二者有些不同,但不少文献仍把这种模型也称为 D-B 模型。

4)$J$ 积分

1968 年 Rice 提出了一个能量积分,称为 $J$ 积分。它是弹塑性断裂力学中的一个重要参量,既可用于线弹性体,也可用于非线性弹性体。这一参量与线性断裂力学中的强度因子一样,能描述裂缝尖端区域的应力-应变场的强度。同时它和变形功率有密切关系,这使得 $J$ 积分容易通过试验由外加荷载的变形功来测定。现已证明,在线弹性断裂力学中,$J$ 积分和裂缝扩展能量释放率 $G$ 是等效的;在大范围屈服问题中,$J$ 积分和裂缝尖端张开位移存在着一定关系。$J$ 积分的计算与积分路径无关,可以避免裂缝尖端处的应力状态的复杂性,因而得到了广泛的应用。

(1)$J$ 积分的定义及其物理意义

对于二维问题,Rice 给出了 $J$ 积分的定义(图 3-15):

$$J = \int_{\Gamma}\left[W\mathrm{d}y - \left(T_x\frac{\partial U_x}{\partial x} + T_y\frac{\partial U_y}{\partial y}\right)\right]\mathrm{d}S \tag{3-120}$$

式中,$\Gamma$ 为围绕裂缝尖端的任一条逆时针积分回路,起端始于裂缝的下表面,末端终于裂缝的上表面,如图 3-15 所示;$W$ 为带裂缝体在积分路径上任一点处单元体内所积蓄的应变能(称为应变能密度),可按式(3-121)计算:

$$W = \int_0^{\varepsilon_{mn}}\sigma_{ij}\mathrm{d}\varepsilon_{ij} \tag{3-121}$$

为了说明 $J$ 积分的物理意义,取坐标系随着裂缝尖端的扩展向前移动 $\mathrm{d}a$ 距离,则积分路径上各点发生位移增量 $\mathrm{d}a$,如图 3-16 所示,则积分路径 $\Gamma$ 上外加应力矢量所做的功为:

$$W = B \int_{\Gamma} (T_x \mathrm{d}U_x + T_y \mathrm{d}U_y) \mathrm{d}S \tag{3-122}$$

式中: $B$——裂缝体的厚度;

$T_x$、$T_y$——外加应力矢量在 $x$、$y$ 坐标方向的分量;

$\mathrm{d}U_x$、$\mathrm{d}U_y$——位移增量在 $x$、$y$ 方向的分量。

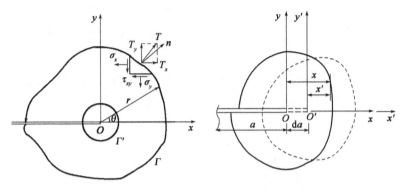

图 3-15 $J$ 积分回路　　　　　图 3-16 $J$ 积分的物理意义

由于坐标系随着裂缝尖端平移了 $\mathrm{d}a$,因而裂缝体上各点的坐标变化为 $\mathrm{d}x = -\mathrm{d}a$,$\mathrm{d}y = 0$,故有

$$\begin{cases} \mathrm{d}U_x = \dfrac{\partial U_x}{\partial x}\mathrm{d}x + \dfrac{\partial U_x}{\partial y}\mathrm{d}y = -\dfrac{\partial U_x}{\partial x}\mathrm{d}a \\[3mm] \mathrm{d}U_y = \dfrac{\partial U_y}{\partial x}\mathrm{d}x + \dfrac{\partial U_y}{\partial y}\mathrm{d}y = -\dfrac{\partial U_y}{\partial x}\mathrm{d}a \end{cases} \tag{3-123}$$

则应力矢量所做的功可表达为:

$$W = -B\mathrm{d}a \int_{\Gamma} \left( T_x \frac{\partial U_x}{\partial x} + T_y \frac{\partial U_y}{\partial y} \right)\mathrm{d}S \tag{3-124}$$

因为积分路径 $\Gamma$ 也随着坐标系向右移动了 $\mathrm{d}a$,右侧进入积分路径的体积将增加应变能的积蓄,反之,左侧退出积分路径的体积将减少应变能的积蓄,因而积分路径平移时,其所围的域内应变能的变化为:

$$-B \int_{\Gamma} W\mathrm{d}x\mathrm{d}y = +B \int_{\Gamma} W\mathrm{d}a\mathrm{d}y$$

于是,当裂缝扩展 $\mathrm{d}a$ 时,汇入积分路径内总的能量为:

$$B\mathrm{d}a \int_{\Gamma} \left[ W\mathrm{d}y - \left( T_x \frac{\partial U_x}{\partial x} + T_y \frac{\partial U_y}{\partial y} \right)\mathrm{d}S \right]$$

于是,当裂缝扩展单位长度时,单位厚度的裂缝体汇入积分路径 $\Gamma$ 内的能量为:

$$J = \int_{\Gamma} \left[ W\mathrm{d}y - \left( T_x \frac{\partial U_x}{\partial x} + T_y \frac{\partial U_y}{\partial y} \right)\mathrm{d}S \right] \tag{3-125}$$

这就说明了 $J$ 积分的物理意义。

$J$ 积分可以作为裂缝是否稳定的判据。按 $J$ 积分的理论,当带裂缝体的 $J$ 积分达到材料的临界值 $J_c$ 时,裂缝就失稳扩展而导致断裂。因此可以把临界积分值 $J_c$ 作为材料的断裂韧度指标。于是,$J$ 积分的判据可表达为:

$$J \leqslant J_c \tag{3-126}$$

满足这一条件时,裂缝将是稳定的。

(2)$J$ 积分与积分路径无关的性质

Rice 建议的 $J$ 积分与积分路径无关,这一性质反映了它是表示裂缝尖端处应力应变场的一个综合参量。由于这一性质,可以任选一条便于计算的积分路径,避开裂缝尖端区域内应力-应变场的复杂分析。

首先取一闭合积分回路 $C$,其中不包含裂缝,其所围面积为 $A$,如图 3-17a)所示。求积分

$$\oint \left[ W \mathrm{d}y - \left( T_x \frac{\partial U_x}{\partial x} + T_y \frac{\partial U_y}{\partial y} \right) \mathrm{d}S \right] \tag{3-127}$$

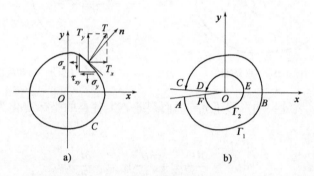

图 3-17 $J$ 积分闭合积分回路 $C$

由图 3-17a),根据积分微弧段 $\mathrm{d}S$ 处小三角形的平衡条件,有

$$\left.\begin{aligned} T_x &= \sigma_x n_x + \tau_{xy} n_y \\ T_y &= \sigma_y n_y + \tau_{xy} n_x \end{aligned}\right\} \tag{3-128}$$

并且

$$n_y \mathrm{d}S = -\mathrm{d}x, \quad n_x \mathrm{d}S = +\mathrm{d}y$$

于是上述闭合线路积分的第二部分可化为:

$$\oint \left( T_x \frac{\partial U_x}{\partial x} + T_y \frac{\partial U_y}{\partial y} \right) \mathrm{d}S$$

$$= \oint \left[ \left( \sigma_x \frac{\partial U_x}{\partial x} + \tau_{xy} \frac{\partial U_y}{\partial y} \right) n_x + \left( \tau_{xy} \frac{\partial U_x}{\partial x} + \sigma_y \frac{\partial U_y}{\partial y} \right) n_y \right] \mathrm{d}S$$

$$= \oint \left[ \left( \sigma_x \frac{\partial U_x}{\partial x} + \tau_{xy} \frac{\partial U_y}{\partial y} \right) \mathrm{d}y - \left( \tau_{xy} \frac{\partial U_x}{\partial x} + \sigma_y \frac{\partial U_y}{\partial y} \right) \mathrm{d}x \right] \tag{3-129}$$

格林(Green)定理指出,函数 $P(x,y)$ 和 $Q(x,y)$ 的闭合路线积分与面积分有如下关系:

$$\oint (P\mathrm{d}x + Q\mathrm{d}y) = \iint_A \left( \frac{\partial Q}{\partial x} - \frac{\partial P}{\partial y} \right) \mathrm{d}x\mathrm{d}y \tag{3-130}$$

利用格林定理,可将上面的闭路线积分化为面积分,即:

$$\oint \left( T_x \frac{\partial U_x}{\partial x} + T_y \frac{\partial U_y}{\partial y} \right) \mathrm{d}S$$

$$= \iint_A \left[ \frac{\partial}{\partial x} \left( \sigma_x \frac{\partial U_x}{\partial x} + \tau_{xy} \frac{\partial U_y}{\partial y} \right) + \frac{\partial}{\partial y} \left( \tau_{xy} \frac{\partial U_x}{\partial x} + \sigma_y \frac{\partial U_y}{\partial y} \right) \right] \mathrm{d}x\mathrm{d}y \tag{3-131}$$

再看式(3-127)积分的第一项,并利用格林定理得:

$$\oint W \mathrm{d}y = \iint_A \frac{\partial W}{\partial x} \mathrm{d}x\mathrm{d}y \tag{3-132}$$

根据卡氏(Castigliano)定理,

$$\sigma_{ij} = \frac{\partial W}{\partial \varepsilon_{ij}} \tag{3-133}$$

并对能量密度进行微分,得:

$$\frac{\partial W}{\partial x} = \frac{\partial W}{\partial \varepsilon_x} \frac{\partial \varepsilon_x}{\partial x} + \frac{\partial W}{\partial \varepsilon_y} \frac{\partial \varepsilon_y}{\partial x} + \frac{\partial W}{\partial r_{xy}} \frac{\partial r_{xy}}{\partial x}$$

$$= \sigma_x \frac{\partial \varepsilon_x}{\partial x} + \sigma_y \frac{\partial \varepsilon_y}{\partial x} + \tau_{xy} \frac{\partial r_{xy}}{\partial x}$$

$$= \sigma_x \frac{\partial}{\partial x}\left( \frac{\partial U_x}{\partial x} \right) + \sigma_y \frac{\partial}{\partial x}\left( \frac{\partial U_y}{\partial y} \right) + \tau_{xy} \frac{\partial}{\partial x}\left( \frac{\partial U_y}{\partial x} + \frac{\partial U_x}{\partial y} \right)$$

$$= \frac{\partial}{\partial x}\left( \sigma_x \frac{\partial U_x}{\partial x} + \tau_{xy} \frac{\partial U_y}{\partial x} \right) + \frac{\partial}{\partial y}\left( \sigma_y \frac{\partial v_y}{\partial x} + \tau_{xy} \frac{\partial v_x}{\partial x} \right) \tag{3-134}$$

将式(3-134)代入式(3-132),并与式(3-121)一起代回式(3-127),可知:

$$\oint \left[ W \mathrm{d}y - \left( T_x \frac{\partial U_x}{\partial x} + T_y \frac{\partial U_y}{\partial y} \right)\mathrm{d}S \right] = 0 \tag{3-135}$$

现在考虑带裂缝体。如图 3-17b)所示,任选两条不同的积分路线 $\Gamma_1$ 和 $\Gamma_2$,这两条积分路线均从裂缝下边缘逆时针转到裂缝的上边缘。为了利用式(3-135),作一闭合积分路线 ABC-DEFA。这一积分回路有 4 个积分段:ABC 段即为 $\Gamma_1$;CD 段为裂缝上自由表面;DEF 段即为积分线 $\Gamma_2$,但注意方向相反(顺时针);FA 段为裂缝的下自由表面。于是有

$$\oint \left[ W \mathrm{d}y - \left( T_x \frac{\partial U_x}{\partial x} + T_y \frac{\partial U_y}{\partial y} \right)\mathrm{d}S \right]$$

$$= \int_{\Gamma_1} \left[ W \mathrm{d}y - \left( T_x \frac{\partial U_x}{\partial x} + T_y \frac{\partial U_y}{\partial y} \right)\mathrm{d}S \right] + \int_{CD} \left[ W \mathrm{d}y - \left( T_x \frac{\partial U_x}{\partial x} + T_y \frac{\partial U_y}{\partial y} \right)\mathrm{d}S \right] +$$

$$\int_{\Gamma_2} \left[ W \mathrm{d}y - \left( T_x \frac{\partial U_x}{\partial x} + T_y \frac{\partial U_y}{\partial y} \right)\mathrm{d}S \right] + \int_{FA} \left[ W \mathrm{d}y - \left( T_x \frac{\partial U_x}{\partial x} + T_y \frac{\partial U_y}{\partial y} \right)\mathrm{d}S \right] = 0 \tag{3-136}$$

在自由表面上 $T_x = T_y = 0$，且 $dy = 0$，所以在式（3-136）中的中间两项，即 $CD$ 段与 $FA$ 段上的积分为 $0$。这样就有

$$\int_{\Gamma_1}\left[Wdy-\left(T_x\frac{\partial U_x}{\partial x}+T_y\frac{\partial U_y}{\partial y}\right)dS\right]=\int_{\Gamma_2}\left[Wdy-\left(T_x\frac{\partial U_x}{\partial x}+T_y\frac{\partial U_y}{\partial y}\right)dS\right] \tag{3-137}$$

由于 $\Gamma_1$ 和 $\Gamma_2$ 是围绕裂缝端的两条任意积分路线，这就证明了 $J$ 积分具有与积分路径无关的性质。

### 3.3.3　断裂力学应用于混凝土结构

1）概述

将断裂力学应用于混凝土结构时，有两方面工作要做：一方面是要根据支承条件、荷载作用、裂缝状态等具体情况求得裂缝尖端处的应力强度因子 $K_{\mathrm{I}}$、$K_{\mathrm{II}}$、$K_{\mathrm{III}}$ 等，确定应力强度因子的方法有有限元法、边界配置法、边界元法及试验方法等。另一方面是测定混凝土断裂韧度 $K_{\mathrm{Ic}}$、$K_{\mathrm{IIc}}$、$K_{\mathrm{IIIc}}$ 以及 $G_{\mathrm{c}}$ 等，这些均为描述混凝土力学性能的新指标，反映了混凝土材料抵抗裂缝扩展的能力。由于 I 型裂缝出现频率较高，危险性也最大，因此，将以 I 型裂缝为例说明 $K_{\mathrm{Ic}}$ 的测定方法和断裂力学在处理混凝土裂缝中的应用。

此外，针对混凝土裂缝与金属裂缝的差异，在混凝土断裂分析中有些学者提出了虚拟裂缝和纯化裂缝模型，在本章也做简要介绍。

2）混凝土断裂韧度的测定

（1）$K_{\mathrm{Ic}}$ 的测定

测定混凝土断裂韧度 $K_{\mathrm{Ic}}$ 的试件式样很多，主要有以下几种。

①弯曲梁试件。

弯曲梁试件又分为三点弯曲梁试件和四点弯曲梁试件，如图 3-18a）和图 3-18b）所示。三点弯曲梁试件在梁跨中人为预置一裂缝，并在跨中施加一集中荷载。四点弯曲梁的预制裂缝也在跨中，但在跨中 $L/3$ 处加两个集中荷载，在裂缝所在处造成一个纯弯区。

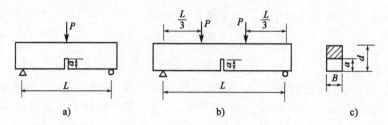

图 3-18　弯曲梁试件

由于 $K_{\mathrm{Ic}}$ 值与试件尺寸大小有关，各国对试件的尺寸要求均有标准。国际材料与结构研究实验联合会（RILEM）试验标准中关于三点弯曲梁的尺寸取决于混凝土中骨料最大粒径 $D_{\max}$，见表 3-1。

在我国，三点弯曲梁试件用得较多，常用试件的尺寸为 $100\mathrm{mm}\times100\mathrm{mm}\times500\mathrm{mm}$，实际构件长可取 $515\mathrm{mm}$，这与我国混凝土试验规程规定的标准抗折试件的尺寸相同，裂缝深度可取 $40\mathrm{mm}$（$a/d=0.4$），骨料最大粒径 $D_{\max}$ 约为 $20\mathrm{mm}$。

**三点弯曲梁试件尺寸建议(单位:mm)**　　　　表 3-1

| $D_{max}$ | 梁 高 $d$ | 梁 宽 $B$ | 梁 跨 $L$ | 梁 长 $L$ | 切口深 $a$ |
|---|---|---|---|---|---|
| $1 \sim 16$ | $100 \pm 5$ | $100 \pm 5$ | $800 \pm 5$ | $840 \pm 10$ | |
| $16.1 \sim 32$ | $200 \pm 5$ | $100 \pm 5$ | $1130 \pm 5$ | $1190 \pm 10$ | |
| $32.1 \sim 48$ | $300 \pm 5$ | $150 \pm 5$ | $1385 \pm 5$ | $1450 \pm 10$ | $d/2 \pm 5$ |
| $48.1 \sim 64$ | $400 \pm 5$ | $200 \pm 5$ | $1600 \pm 5$ | $1640 \pm 10$ | |

设测得裂缝失稳时的荷载为 $P$,则可按式(3-138)计算断裂韧度:

$$K_{Ic} = \frac{P}{B\sqrt{d}}\left[2.9\left(\frac{a}{d}\right)^{1/2} - 4.6\left(\frac{a}{d}\right)^{3/2} + 21.8\left(\frac{a}{d}\right)^{5/2} - 37.6\left(\frac{a}{d}\right)^{7/2} + 38.7\left(\frac{a}{d}\right)^{9/2}\right]$$

$$(3-138)$$

②紧凑拉伸试件。

紧凑拉伸试件如图 3-19 所示,它是直接在裂缝根部施加一对拉力,其优点是,在大尺寸试件中,自重对 $K_{Ic}$ 测量结果的影响比三点弯曲梁试件要小。

若裂缝失稳扩展时的荷载为 $P$,则断裂韧度可按式(3-139)计算:

$$K_{Ic} = \frac{P}{B\sqrt{d}}\left[29.6\left(\frac{a}{d}\right)^{1/2} - 185.5\left(\frac{a}{d}\right)^{3/2} + 655.7\left(\frac{a}{d}\right)^{5/2} - 1017.0\left(\frac{a}{d}\right)^{7/2} + 638.9\left(\frac{a}{d}\right)^{9/2}\right]$$

$$(3-139)$$

常用紧凑拉伸试件的尺寸为 $400mm \times 400mm$,最大尺寸为 $3m \times 3m \times 0.2m$。混凝土断裂韧度 $K_{Ic}$ 的数值在 $0.3 \sim 1.0MN/m^{3/2}$ 之间。

(2)断裂能 $G_f$ 的测定方法

混凝土的断裂能也可通过试验确定。国际材料和实验室联合会(RILEM)和混凝土断裂力学委员会(TC-50FMC)建议采用三点弯曲梁试件测定混凝土的断裂能。混凝土的断裂能定义为裂缝扩展单位面积所需的能量。试验机应有足够的刚度并具有闭路伺服控制装置,以保证荷载-挠度曲线有稳定的下降段,从而可以正确地求得荷载所做的功。

试验所得三点弯曲梁的荷载-位移曲线如图 3-20 所示。外力功由三部分组成:

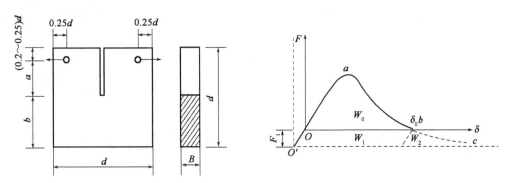

图 3-19　紧凑拉伸试件　　　　　　图 3-20　三点弯曲梁的荷载-位移曲线

①施加于梁上的外荷载所做的功 $W_0$,这可以由荷载挠度曲线下的面积确定;

②支座间梁自重 $m_1g$ 所做的功;

③加荷附件 $m_2g$ 所做的功。

后两部分荷载不与试验机加载头连在一起,而是一直加在梁上直到梁断裂。在测量记录到的位移 $\delta$ 中不包括后两部分的贡献。为了考虑这两部分的做功,首先按断面处弯矩相等的原则将 $m_1g$ 与 $m_2g$ 化为等效的跨中集中力 $F_1$,显然有

$$F_1 = \frac{1}{2}m_1g + m_2g \tag{3-140}$$

梁的实测挠度曲线如图 3-20 所示,为 $Oab$ 段,$a$ 为曲线峰值处,$b$ 为梁断裂时的最大挠度值。若考虑了 $F_1$,则荷载-挠度曲线应为 $O'Oabc$。由图可知,梁的断裂面所吸收的总能量为:

$$W = W_0 + W_1 + W_2 \tag{3-141}$$

其中:

$$W_0 = \int_0^{p_0} P\mathrm{d}\delta \qquad (即曲线 Oab 下的面积)$$

$$W_1 = F_1\delta_0 = \left(\frac{1}{2}m_1g + m_2g\right)\delta_0$$

研究表明,可近似取

$$W_2 \approx W_1 = \left(\frac{1}{2}m_1g + m_2g\right)\delta_0 \tag{3-142}$$

由此可以推出计算 $G_f$ 的公式为:

$$G_f = \frac{W_0 + mg\delta_0}{A} \tag{3-143}$$

式中: $W_0$——外荷载所做的功,可由试验测得的 $P$-$\delta$ 曲线下的面积计算求得;
$m = m_1g + 2m_2g$——梁和附件的自重;
$A$——韧带断面面积;
$\delta_0$——梁断裂时测得的最大挠度值。

国内外进行了大量混凝土断裂能的测定工作。由实测结果可知,在大多数情况下,普通混凝土的断裂能在 $70 \sim 200\mathrm{N/m}$ 之间,但也有高达 $300\mathrm{N/m}$ 左右的。

(3)混凝土试件的尺寸效应

大量试验证明,混凝土试件的尺寸大小对测得的混凝土断裂韧度 $K_{Ic}$ 的值有较大影响。试件尺寸越大,$K_{Ic}$ 值就越大,这种现象称为尺寸效应。表 3-2 为田明伦、黄松梅等所做试验的结果,试件尺寸不同,但保持 $a/d = 0.5$ 不变。

**不同尺寸紧凑拉伸试件测得的 $K_{Ic}$** 表 3-2

| $d$(mm) | $a$(mm) | $K_{Ic}$(MN/m$^{3/2}$) | 相对比值 |
| --- | --- | --- | --- |
| 200 | 100 | 0.79 | 1.00 |
| 400 | 20 | 0.85 | 1.08 |
| 800 | 400 | 0.94 | 1.19 |
| 1200 | 600 | 1.19 | 1.51 |
| 1600 | 800 | 1.27 | 1.61 |
| 2000 | 1000 | 1.26 | 1.59 |

从表中可以看出,$K_{Ic}$ 值随着试件尺寸的增大而增大,当试件尺寸达 $2000\mathrm{mm} \times 2000\mathrm{mm} \times 200\mathrm{mm}$ 时,$a/d = 0.5$,$K_{Ic}$ 值趋于稳定。许多试验表明,试件厚度对 $K_{Ic}$ 值的影响不大。

为什么试件尺寸对 $K_{Ic}$ 值有影响，部分学者从能量变化的观点作出了合理解释。前面已说明 $K_I$ 与断裂能 $G_f$ 有对应关系。在测定 $K_{Ic}$ 时，除裂缝扩展要吸收能量外，构件内部的界面微裂缝、内部缺陷也会吸收部分能量。当然，当构件尺寸增大时，内部缺陷也越多，因而耗能也增加，这些均使 $G_f$ 增大，也使测得的 $K_{Ic}$ 增大。但尺寸增加到一定程度时，$K_{Ic}$ 趋于稳定，同时 $G_f$ 的测量技术有待改进，这些问题还有待于进一步研究。

(4) 混凝土断裂韧度的经验公式

从上几节有关 $K_{Ic}$ 测定的介绍可以看到，测定 $K_{Ic}$ 值是相当复杂的，在一般工程现场还很难做到留出用于测定 $K_{Ic}$ 的试件。而目前可以普遍做到的是留出立方体抗压强度试件，测定抗压强度 $f_{cu}$ 和劈裂强度 $f_t$。因而能否由 $f_t$（或 $f_{cu}$、$f_c$）来推求 $K_{Ic}$ 的问题。许多学者做了这方面的研究，例如水利水电科学院于骁中等进行了 $K_b$ 和 $f_t$ 的对比试验，测 $K_b$ 的试件为 100mm × 100mm × 500mm 的三点弯曲梁，测 $f_t$ 的是 100mm × 100mm × 100mm 立方体劈裂抗拉试件。经过统计分析，建议可按式(3-144)估算混凝土的断裂韧度 $K_{Ic}$：

$$K_{Ic} = 2.86kf_t \tag{3-144}$$

式中：$f_t$——混凝土劈裂抗拉强度，适用于强度等级为 C10 ~ C36 的混凝土；

  $k$——考虑尺寸效应的系数，对于小试件可取 1.2 ~ 1.5，对于大体积混凝土可取 1.9。

BaZant 等建议混凝土的断裂能为：

$$G_f = (2.72 + 0.0214f_t)f_t^2 \frac{D_{max}}{E_c} \tag{3-145}$$

式中：$f_t$——混凝土抗拉强度；

  $D_{max}$——最大骨料粒径；

  $E_c$——混凝土杨氏模量。

欧洲混凝土模式规范 CEB-FIP MC90 建议

$$G_f = \alpha \left(\frac{f_c}{10}\right)^{0.7} \tag{3-146}$$

式中，$f_c$ 的单位是 MPa；$G_f$ 的单位是 N/mm；$\alpha$ 为系数，与最大骨料粒径有关，欧洲混凝土模式规范建议 $D_{max} = 8$mm 时，$\alpha = 0.03$；$D_{max} = 16$mm 时，$\alpha = 0.03$；$D_{max} = 32$mm 时，$\alpha = 0.058$。

3) 裂缝处强度因子的计算

在断裂力学计算中，其失效准则为：

$$\left.\begin{array}{l} K_I \leqslant K_{Ic} \\ K_{II} \leqslant K_{IIc} \\ K_{III} \leqslant K_{IIIc} \end{array}\right\} \tag{3-147}$$

其中，混凝土的断裂韧度 $K_{Ic}$、$K_{IIc}$、$K_{IIIc}$ 由试验测定，应力强度因子由带裂缝构件的应力分析求得，它与裂缝形态、尺寸、受力状态、边界条件等因素有关。对于简单的受力情况，可以用弹性力学的方法求得。对于复杂的受力情况，常借助于数值方法，如有限元法和边界元法等。下面介绍几种常用方法求应力强度因子的基本思路。

（1）有限元法求 $K_{\mathrm{I}}$

由 I 型裂缝的位移公式

$$u = \frac{K_{\mathrm{I}}}{8G}\sqrt{\frac{2r}{\pi}}\Big[(2k-1)\cos\frac{\theta}{2} - \cos\frac{3}{2}\theta\Big]$$

$$\nu = \frac{K_{\mathrm{I}}}{8G}\sqrt{\frac{2r}{\pi}}\Big[(2k-1)\sin\frac{\theta}{2} - \sin\frac{3}{2}\theta\Big]$$

$$G = E/2(1+\nu) \qquad (E \text{ 为弹性模量})$$

$$k = \begin{cases} \dfrac{3-\nu}{1+\nu} & （平面应力状态） \\[2mm] 3-4\nu & （平面应变状态） \end{cases}$$

式中：$G$——剪切弹性模量；

$\nu$——泊松比。

在裂缝尖端处建立坐标系，令 $\theta = \pi$，则有

$$\nu = \frac{4(1-\nu^2)}{\sqrt{2\pi}E}K_{\mathrm{I}}\sqrt{r}$$

即

$$K_{\mathrm{I}} = \frac{\sqrt{2\pi}E}{4(1-\nu^2)\sqrt{r}}\nu \tag{3-148}$$

首先在离裂缝端处不远的 $r^*$ 处求得位移 $\nu^*$，由 $\nu^*$ 即可求得应力强度因子 $K_{\mathrm{I}}^*$ 的值。显然，应力强度因子只有在 $r \to 0$ 时才是精确的，$K_{\mathrm{I}}^*$ 只是其近似解。在采用有限元法时，在裂缝尖端处应采用精细网格，但总达不到 $r=0$。为了改进精度，可取 $r_1^*$、$r_2^*$ 等若干点求出 $K_{\mathrm{I}1}^*$、$K_{\mathrm{I}2}^*$ 等，由 $K_{\mathrm{I}}$-$r$ 坐标上进行外推，可采用最小二乘法求出 $K_{\mathrm{I}}$-$r$ 的直线表达式，此直线与 $K_{\mathrm{I}}$ 坐标轴的交点即为较精确的 $K_{\mathrm{I}}$ 值，如图 3-21 所示。

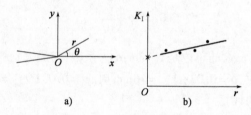

图 3-21　外推法求 $K_{\mathrm{I}}$

（2）有限元法求 $K_{\mathrm{I}}$、$K_{\mathrm{II}}$

在平面问题中，很少遇到单纯的 I 型或 II 型裂缝，一般情况是 $K_{\mathrm{I}}$、$K_{\mathrm{II}}$ 同时存在，形成复合型断裂。由 $K_{\mathrm{I}}$、$K_{\mathrm{II}}$ 与位移的关系，可以写出

$$\left.\begin{aligned} u &= \frac{1}{4G}\sqrt{\frac{r}{2\pi}}\big[K_{\mathrm{I}}f_1(\theta) + K_{\mathrm{II}}g_1(\theta)\big] \\[2mm] \nu &= \frac{1}{4G}\sqrt{\frac{r}{2\pi}}\big[K_{\mathrm{I}}f_2(\theta) + K_{\mathrm{II}}g_2(\theta)\big] \end{aligned}\right\} \tag{3-149}$$

其中：

$$\begin{cases} f_1(\theta) = (2k-1)\cos\dfrac{\theta}{2} - \cos\dfrac{3}{2}\theta \\[2mm] f_2(\theta) = (2k+1)\sin\dfrac{\theta}{2} - \sin\dfrac{3}{2}\theta \\[2mm] g_1(\theta) = (2k+3)\sin\dfrac{\theta}{2} + \sin\dfrac{3}{2}\theta \\[2mm] g_2(\theta) = -(2k-3)\cos\dfrac{\theta}{2} - \cos\dfrac{3}{2}\theta \end{cases} \tag{3-150}$$

式中符号意义同前。

首先在裂缝尖端附近 $r^*$ 处，求出其位移值 $u^*$、$v^*$，代入上述方程，可得关于 $K_{\text{I}}$、$K_{\text{II}}$ 的联立方程，进而求出 $K_{\text{I}}^*$、$K_{\text{II}}^*$ 值。当然，这是近似值，因 $r \neq 0$，可以选择若干 $r^*$ 值，求得相应的 $K_{\text{I}}^*$、$K_{\text{II}}^*$ 值，然后采用直线外推法，求得较好的 $K_{\text{I}}^*$、$K_{\text{II}}^*$ 值。在具体选择计算点时，可取 $\theta = \pm\pi$ 或 $\theta = 0$ 处，这样在 $u$ 的表达式中不包含 $K_{\text{II}}$ 项，在 $v$ 的表达式中不包含 $K_{\text{I}}$ 项，可以避免 $K_{\text{I}}$、$K_{\text{II}}$ 误差的相互影响，计算方便。

(3) 由 $J$ 积分求 $K_{\text{I}}$

前面已经介绍过，$J$ 积分的定义为：

$$J = \int_{\Gamma} W \mathrm{d}y - \left( T_x \frac{\partial U_x}{\partial x} + T_y \frac{\partial U_y}{\partial y} \right) \mathrm{d}s = J_w - J_{\Gamma} \tag{3-151}$$

其中，$W = \int_0^{\varepsilon_{ij}} \sigma_{kl} \mathrm{d}\varepsilon_{kl}$，为应变能密度，$T_x$、$T_y$ 为积分路线 $\Gamma$ 上的应力分量；$u$、$v$ 为积分路线 $\Gamma$ 上相应的位移分量；$\Gamma$ 为积分路线，可从裂缝自由表面上任一点开始，逆时针绕过裂缝尖端，而终止于另一自由表面。

$J$ 积分与积分路径无关，可以选择易于计算的路径，例如矩形。首先按有限元法求出应力 $\sigma_x$、$\sigma_y$、$\tau_{xy}$，位移 $u$、$v$。

应变能 $\qquad W = \dfrac{1}{2}\{\sigma\}^{\mathrm{T}}\{\varepsilon\} = \dfrac{1}{2}(\sigma_x\varepsilon_x + \sigma_y\varepsilon_y + \tau_{xy}\gamma_{xy})$

以图 3-22 为例，取积分域为矩形，分为六段：

$$J_w = \int_0^{-c} W_1 \mathrm{d}y + \int_{-c}^{-c} W_2 \mathrm{d}y + \int_{-c}^0 W_3 \mathrm{d}y + \int_0^c W_4 \mathrm{d}y + \int_c^c W_5 \mathrm{d}y + \int_c^0 W_6 \mathrm{d}y \tag{3-152}$$

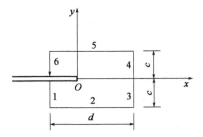

图 3-22　$J$ 积分计算回路

由对称关系 $W_1 = W_6$，$W_3 = W_4$，且有

$$\int_{-c}^{c} W_2 \mathrm{d}y = 0, \qquad \int_{c}^{c} W_5 \mathrm{d}y = 0 \qquad (\text{因 } \mathrm{d}y = 0) \tag{3-153}$$

故有

$$\left.\begin{aligned}
J_w &= 2\left(\int_0^c W_4 \mathrm{d}y + \int_c^0 W_6 \mathrm{d}y\right) \\
J_\Gamma &= 2(J_{J_{\Gamma 4}} + J_{J_{\Gamma 5}} + J_{J_{\Gamma 6}}) \\
J_{J_{\Gamma 4}} &= \sigma_x \frac{\partial u}{\partial x} + \tau_{xy} \frac{\partial \nu}{\partial x} = \sigma_x \varepsilon_x + \tau_{xy} \frac{\partial \nu}{\partial x} \\
J_{J_{\Gamma 5}} &= \sigma_y \frac{\partial \nu}{\partial x} + \tau_{xy} \frac{\partial u}{\partial x} = \sigma_y \frac{\partial \nu}{\partial x} + \tau_{xy} \varepsilon_x \\
J_{J_{\Gamma 6}} &= -\sigma_x \frac{\partial u}{\partial x} - \tau_{xy} \frac{\partial \nu}{\partial x} = -\sigma_x \varepsilon_x - \tau_{xy} \frac{\partial \nu}{\partial x}
\end{aligned}\right\} \tag{3-154}$$

故

$$J_\Gamma = 2\left[\int_0^c \left(\sigma_x \varepsilon_x + \tau_{xy} \frac{\partial \nu}{\partial x}\right)\mathrm{d}x + \int_0^d \left(\sigma_y \frac{\partial \nu}{\partial x} + \tau_{xy} \varepsilon_x\right)\mathrm{d}S + \int_0^d \left(-\sigma_x \varepsilon_x - \tau_{xy} \frac{\partial \nu}{\partial x}\right)\mathrm{d}S\right]$$

$$\tag{3-155}$$

可得

$$J = J_w - J_\Gamma \tag{3-156}$$

由 $J$ 积分与 $K_{\mathrm{I}}$ 关系式

$$\left.\begin{aligned}
K_{\mathrm{I}} &= \sqrt{\frac{JE}{1 - \nu^2}} \qquad (\text{平面应变}) \\
K_{\mathrm{I}} &= \sqrt{JE} \qquad (\text{平面应力})
\end{aligned}\right\} \tag{3-157}$$

即可求得 $K_{\mathrm{I}}$ 值。

因 $J$ 积分与积分路径无关,故选择积分路径时,可避开裂缝尖端一段距离,尖端 $K$ 网格可不必过于细分,因而计算方便,精度又较好。此外,对于尖端附近有小范围屈服的,选择积分路线时可以绕过这一塑性区,从而求得较好的结果。由于 $J$ 积分有这些优点,因而得到了广泛应用。

4)混凝土裂面受剪性能

前面介绍的都是混凝土中 I 型裂缝断裂力学指标。同样,在混凝土中,也应该存在 II 型和 III 型断裂力学指标。但是,由于混凝土 II 型和 III 型断裂试验非常困难,很难测得相应的断裂韧度。同时,由于混凝土的裂缝表面往往是粗糙的,存在骨料咬合作用,在剪力作用下发生滑移时产生摩擦和相互咬合的挤压力。当裂缝穿过钢筋时,还有钢筋的销栓作用,在裂缝滑动时钢筋受剪、受拉,给裂面提供了附加压力,显著增加了开裂面的摩擦阻力,如图 3-23 所示。这都使得混凝土的剪切断裂很难用经典的断裂力学指标加以描述。目前大多通过定义混凝土的裂面受剪力学性能来近似考虑 II 型或 III 型断裂问题。

根据是否有垂直于裂面的约束作用,裂面受剪试验可以分为 3 种类型:直接剪切试验、外部约束试验和内部约束试验。

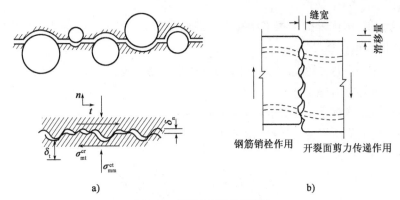

图 3-23 混凝土裂面受剪性能

a)无钢筋穿过的开裂面骨料咬合作用;b)有钢筋穿过的开裂面骨料咬合作用

直接剪切试验如图 3-24 所示,不考虑垂直于裂面的约束作用力,仅对试件施加一对剪切作用力 $P$ 来研究裂面的摩擦力。利用直接剪切试验可以研究初始裂缝宽度、混凝土强度、骨料尺寸和形状、周期加载等对骨料咬合作用的影响。

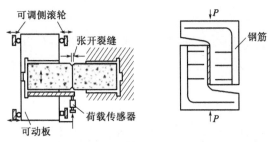

图 3-24 直接剪切试验

外部约束试验是考虑同时存在剪力和垂直裂面压力的情况下研究裂面抗剪能力的试验方法,如图 3-25 所示,垂直方向试件形状和加载方式同图 3-24,通过外部约束钢筋给混凝土施加水平压力,研究裂面压力对抗剪能力的影响。

内部约束试验是考虑有跨裂缝钢筋约束的情况下骨料咬合的试验方法,如图 3-26 所示。与直剪试验不同的是在试件内埋有垂直于开裂面的约束钢筋。通过量测钢筋的应变,就可以得到垂直裂面压力的大小,进而可以研究裂面压力对抗剪能力的影响。

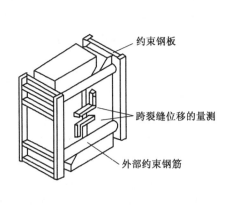

图 3-25 外部约束试验

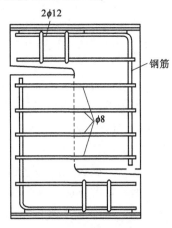

图 3-26 内部约束试验

根据试验结果,国内外提出很多混凝土裂缝面受剪力学模型,主要包含如下几个。

Fenwick 和 Pauley 公式

$$\tau_a = (3.218/\omega - 2.281)(0.271\sqrt{f_c} - 0.409)(\Delta - 0.0436\omega) \tag{3-158}$$

式中:$\tau_a$——裂面剪应力(MPa);

  $\omega$——初始裂缝宽度,$0.06mm \leqslant \omega \leqslant 0.38mm$;

  $f_c$——混凝土抗压强度(MPa),$18.6MPa \leqslant f_c \leqslant 55.94MPa$。

Houde 和 Mirza 公式

$$\tau_a = 1.98\left(\frac{1}{\omega}\right)^{1.5}\sqrt{\frac{f_c}{34.5}}\Delta \tag{3-159}$$

式中符号意义同前,$0.05mm \leqslant \omega \leqslant 0.50mm$,$16.5MPa \leqslant f_c \leqslant 50.5MPa$。

大连理工大学公式

$$\tau_a = (0.543\omega^{-0.585} + 0.199)\sqrt{f_c}\Delta^{0.72} \tag{3-160}$$

以上试验是基于直剪试验,基于约束试验考虑裂面正应力影响的模型有如下几个。

Walraven 和 Reinhardt 公式

$$\left.\begin{array}{l} \tau_a = -f_c/30 + [1.8\omega^{-0.80} + (0.234\omega^{-0.707} - 0.20f_c)]\Delta \\ \sigma_a = -f_c/20 + [1.35\omega^{-0.63} + (0.191\omega^{-0.552} - 0.15f_c)]\Delta \end{array}\right\} \tag{3-161}$$

东南大学公式

$$\left.\begin{array}{l} \tau_a = (0.392\omega^{-1.282} + 0.329\sigma_0 - 0.394)\sqrt{f_c}\Delta^{1.256} \\ \sigma_a = (0.098\omega^{-0.700} + 0.096\sigma_0 - 0.028)\sqrt{f_c}\Delta^{1.060} \end{array}\right\} \tag{3-162}$$

式中:$\sigma_a$——初始约束应力。

$\tau_a$对$\Delta$求偏导,即可以得到界面的剪切刚度:

$$K_a = \frac{\partial \tau_a}{\partial \Delta} \tag{3-163}$$

5)混凝土裂缝模型

大量试验证明,混凝土受拉达到强度极限后,如是应变控制加载则不会立即破坏,而是有一段距离随应变增大而应力下降的曲线,直到达到极限拉伸应变后,材料才破坏。基于这一试验以及其他混凝土断裂现象的试验和观察,人们发现混凝土的断裂与金属的断裂有以下几个方面不同:

①单轴拉伸试验中得到$\sigma$-$\varepsilon$曲线形状不同。对于金属而言,应力达到屈服后有一屈服平台或略有上升(称为强化);而对混凝土来讲,在应力达到抗拉强度后,可以有随应力减小而应变增大的软化阶段,如图3-27a)所示。

②在裂缝尖端区的位移场不同。对金属来讲,裂缝尖端前沿有一个塑性区,而在混凝土裂缝扩展前缘则出现一个微裂缝区,此微裂缝区由很多微细裂缝组成,如图3-27b)所示。这些微细裂缝仍能传递一定的拉应力,微裂缝的发展直接影响混凝土断裂性能。

③在裂缝尖端前沿的应力场不同。对金属来讲,裂缝尖端处的应力达到屈服强度,有一应力平台;而对混凝土裂缝而言,尖端处应力为零,且应力随离尖端距离增大而上升,如

同 3-27c)所示。

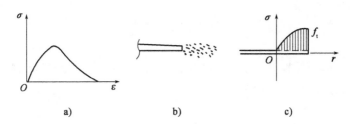

图 3-27 混凝土的断裂特性

由于有以上几点区别,不仅线弹性断裂力学不能适应混凝土断裂分析的需要,而且针对金属材料提出的非线性断裂力学也不完全适用于混凝土。针对混凝土材料的特点,各国学者提出了不少针对混凝土非线性断裂分析的方法,下面将介绍两种有代表性且应用广泛的方法。

(1)虚拟裂缝模型

虚拟裂缝模型是由瑞典学者 Hillerborg 首先提出的。实质上这是对于离散裂缝模型的一种改进,在改进中引入了混凝土断裂力学的性能。Hillerborg 对混凝土裂缝尖端的微裂缝区进行分析后认为,混凝土材料断裂具有如下几个特点:

① 由于混凝土开裂后,混凝土的应变在裂缝区和裂缝区外有本质的不同。如图 3-28 所示,有一等截面受拉杆,在两端由位移控制缓慢加载,直到杆件断裂为止。在杆件 $B$ 段和 $C$ 段安装标距为 $l$ 的相同的引伸仪,测量构件在加载过程中的变形。随着荷载增加,变形将不断增长,当应力小于混凝土抗拉强度 $f_t$,$B$、$C$ 两段的变形相等,待荷载达到某一值,使截面应力达到 $f_t$ 时,杆件 $B$ 段出现微裂缝,这时 $B$ 段应变继续迅速增大,$C$ 段变形则反而变小(回缩),这是由于变形集中到了微裂缝区。由于断裂区内裂缝的发展,有效承载力下降,为保持构件应变继续增长,拉力 $P$ 必须不断下降。这样,拉力 $P$ 的降低导致截面应力减小,也意味着在断裂区以外的构件变形按卸载路线回缩。这也说明了在均匀拉伸构件中,一旦某一截面出现裂缝,其他截面就不会再出现新的裂缝。这样,$B$ 段应变随着应力的降低而不断增大,$C$ 段应变则按卸载路线变小。

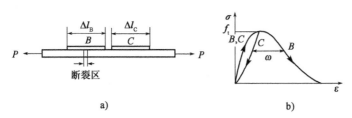

图 3-28 混凝土拉伸曲线特征

为了简化计算,将加载段($\sigma$-$\varepsilon$ 曲线上升段)近似取为直线,卸载也取直线,则 $C$ 段的变形为:

$$\Delta l_C = \varepsilon l \tag{3-164}$$

$B$ 段的变形为:

$$\Delta l_B = \varepsilon l + \omega \tag{3-165}$$

式中:$\omega$——断裂区内的附加断裂变形。

当构件断裂后,外力 $P$ 在 $B$ 段断裂区所消耗的功为:

$$W = P\Delta l_B = Al\int \sigma \mathrm{d}\varepsilon + A\int \sigma \mathrm{d}\omega \qquad (3\text{-}166)$$

式中:$A$——截面面积。

式(3-166)中的第一项为整个 $B$ 段体积内所消耗的功,由于加载、卸载曲线不同,其不可恢复变形将消耗部分外力功,其值为:

$$W_1 = Al\int_0^{f_t}(\varepsilon_{卸} - \varepsilon_{加})\mathrm{d}\sigma \qquad (3\text{-}167)$$

在图 3-28 上可表示为加、卸载滞回曲线所包围的面积。若加载、卸载均为直线,则 $W_1 = 0$。

式(3-166)中第二项为整个断裂区所做的功,用 $W_2$ 表示,其值为:

$$W_2 = Al\int_0^{\omega_0}\sigma \mathrm{d}\omega \qquad (3\text{-}168)$$

其中,$\omega_0$ 为附加变形最大值。用 $G_f$ 表示断裂区单位面积所吸收的能量,则有:

$$G_f = \frac{W_2}{A} = \int_0^{\omega_0}\sigma \mathrm{d}\omega \qquad (3\text{-}169)$$

式中:$G_f$——混凝土断裂能,在几何上可以用 $\sigma\text{-}\omega$ 曲线下的面积表示。

②对金属材料来讲,裂缝的扩展在平面应力和平面应变条件下有很大不同。但对混凝土材料来讲,这两种应力状态区别不大,因此可使计算简化。

③由于混凝土裂缝的微裂缝区尺寸比金属塑性区的尺寸要大了几个数量级,而且 $\sigma\text{-}\omega$ 曲线在应力峰值后有一下降段。因此,$J$ 积分理论、COD 理论不适用于混凝土材料。

针对上述特点,为了分析裂缝尖端前沿的应力状态,研究混凝土材料中裂缝的发展过程,Hillerborg 提出了虚拟裂缝模型(friction crack model,FCM)。现将这一模型的基本概念和应用情况介绍如下:

混凝土 Ⅰ 型裂缝在失稳扩展前,其裂缝前沿形成一个微裂缝区,如图 3-29a)所示。现用一条虚拟裂缝来模拟此微裂缝区,如图 3-29b)所示。该模型包含如下假定:

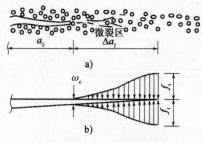

图 3-29 虚拟裂缝模型

①当裂缝区内混凝土应力较低时,微裂缝稳定不扩展,即虚拟裂缝不向前延伸;而当其应力达到某一临界值(混凝土抗拉强度值)时,虚拟裂缝向前扩展。

②混凝土达到抗拉强度后形成的虚拟裂缝并不像真的裂缝那样完全脱开,而是相互之间仍有应力作用,这种相互间有应力作用的裂缝代替了微裂缝区材料间仍保留的相互作用,这也是称为虚拟裂缝模型的缘由。虚拟裂缝模型间传递应力的大小随虚拟裂缝的张开宽度面减小,应力减小到零的点即为宏观裂缝的端点。

③虚拟裂缝间传递应力的规律用 $\sigma\text{-}\omega$（裂缝宽度）来表示，这一规律是由混凝土单轴拉伸实验来确定，典型曲线如图 3-30 所示。为了简化计算，可把曲线下降段简化为一直线或双折线。单直线下降段为 Hillerborg 所采用，双折线下降段为 Peterson 所建议。其他曲线种类，如指数下降式、多折线下降式等均可采用。但无论采用何种曲线形式，均应保持抗拉强度与断裂能相同，即：

$$G_{\mathrm{f}} = \int_0^{\omega_0} \sigma \mathrm{d}\omega \tag{3-170}$$

如 $\sigma\text{-}\omega$ 下降段为直线，则 $\omega_0 = 2\dfrac{G_{\mathrm{f}}}{f_{\mathrm{t}}}$。

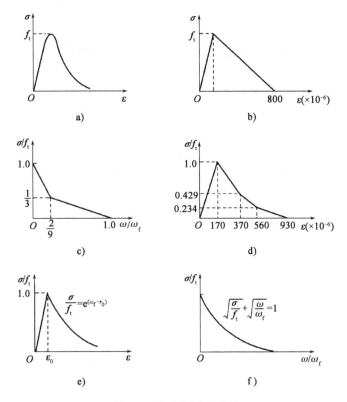

图 3-30　典型单轴拉伸曲线

④裂缝区外的混凝土抗拉时按弹性材料处理。

虚拟裂缝模型可在有限元分析方法中应用，现以三点弯曲梁的断裂分析为例说明这一模型的应用。图 3-31 所示为三点弯曲的断裂试件，跨中已经预制一条裂缝。在用有限元分析时，网格划分和支撑处理均与一般有限元方法相同。其关键的不同点是在裂缝尖端前沿插入了一个虚拟裂缝，虚拟裂缝两边实行双节点编号，每一对编号在加载开始时占有同一位置，当节点处的拉力达到抗拉强度 $f_{\mathrm{t}}$ 时，裂缝可沿单元边界的虚拟裂缝发展，如图 3-31 所示。

具体判断过程为：

①当双节点编号处应力 $\sigma \leqslant f_{\mathrm{t}}$ 时，双节点间的距离（虚拟裂缝宽度）为零，即 $\omega = 0$，双节点仍占据同一位置。

②当双节点的应力 $\sigma \geqslant f_{\mathrm{t}}$ 时，双节点开始分离，即虚拟裂缝有了张开的宽度；但双节点间仍

有一定应力作用(类似有一弹簧将节点联系着),其作用力大小与裂缝宽度的关系按所取的$\sigma\text{-}\omega$曲线确定。

③当虚拟裂缝宽度(双节点分开的距离)达到$\omega_0$时,两节点完全脱离(相当于两点间联系的弹簧完全断开)而形成真正的裂缝。对于$\omega_0$的值,可由$\sigma\text{-}\omega$曲线的中点确定,例如,对单直线下降,$\omega_0 = 2\dfrac{G_f}{f_t}$;对双直线下降,$\omega_0 = 3.6\dfrac{G_f}{f_t}$。

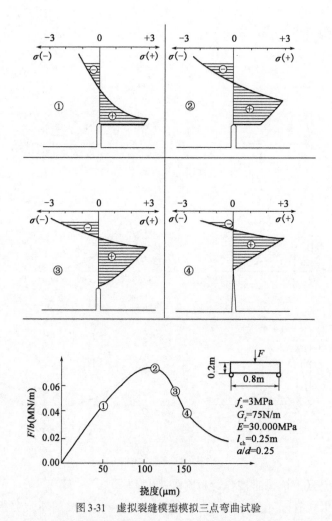

图 3-31　虚拟裂缝模型模拟三点弯曲试验

用这一方法分析得到的裂缝尖端前沿应力分布,裂缝扩展即$P\text{-}\delta$曲线也示于图3-31中。

对于三点弯曲梁,可以在裂缝尖端处布置虚拟裂缝。但对于一般构件,预先很难确定裂缝发展的方向,采用这一虚拟裂缝模型时,则要根据计算结果逐步调整单元网格,使虚拟裂缝处于单元边界间。显然这是一件相当烦琐的工作。

(2)钝带裂缝模型

美国学者 Bazant 提出了钝带裂缝模型(blunt crack band model)。按这种模型,用一组密集的、平行的裂缝带模拟实际裂缝和断裂区,由于裂缝带有一定的宽度,不是尖的,而是钝的,故称为钝带裂缝,如图3-32所示。钝带裂缝实质上也是一种在局部区域内的弥散裂缝,但它和一般弥散裂缝不同,在模型中引入了混凝土断裂力学关于应力应变关系和断裂扩展准则的研究成果,可以有效减小弥散裂缝模型对于单元网格的依赖性。

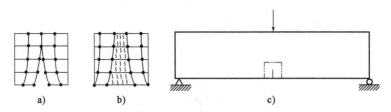

图 3-32　钝带裂缝模型

a)分离裂缝模型;b)弥散裂缝模型;c)裂缝带

# 3.4　重复荷载下混凝土损伤分析

## 3.4.1　重复荷载下混凝土的损伤本构模型

混凝土结构损伤分析强烈依靠混凝土损伤模型,建立在材料层面上的混凝土损伤模型可以真实反映实际结构或构件的损伤程度,将损伤变量耦合到混凝土材料本构模型中,用含损伤的本构模型代替不含损伤的本构模型,不仅可以动态追踪由于混凝土的损伤造成的强度劣化,还可以量化混凝土结构的损伤程度,对分析混凝土结构的累积损伤将具有积极的意义。

1)混凝土损伤本构模型

根据热力学原理和等应变假设得到的混凝土损伤本构关系为:

$$\sigma_c = (1 - D)E_0\varepsilon \tag{3-171}$$

式中:$D$——混凝土损伤变量。

式(3-171)中的关键问题在于如何确定损伤变量 $D$,因为该值的大小将直接反映能否客观评价混凝土损伤裂化程度。由于混凝土材料力学性能的特殊性决定了其受压、受拉损伤程度的差异性,为此,有必要分别建立混凝土受压和受拉损伤变量模型,用 $D_c$ 表示受压损伤变量,$D_t$ 表示受拉损伤变量以示区别。

图 3-33 所示为混凝土受力状态分析。在应变增加至 $\varepsilon$ 的过程中,外力功可以转化为弹性应变能、塑性耗散和损伤扩展三部分。假设混凝土处于无损的理想状态下,其应力-应变关系为直线 $OA$,则混凝土无损伤状态下所做的功为:

$$W_{perf} = \frac{1}{2}E_0\varepsilon^2 \tag{3-172}$$

式中:$E_0$——混凝土初始弹性模量;

　　　$\varepsilon$——混凝土压应变。

根据 Najar 损伤理论[3-52],定义损伤变量 $D_c$ 为:

$$D_c = \frac{W_{perf} - W_{PE}}{W_{perf}} = \frac{\frac{1}{2}E_0\varepsilon^2 - \frac{1}{2}\sigma\varepsilon}{\frac{1}{2}E_0\varepsilon^2} \tag{3-173}$$

式中:$W_{PE} = \delta\varepsilon/2$。

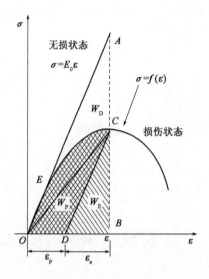

图 3-33　混凝土受力状态

由图 3-33 可知，$S = \triangle OCB$，式（3-173）实际上反映了损伤混凝土材料的应力跌落现象。从能量耗散不可逆的基本思想建立的损伤变量很好地反映了混凝土结构的微观裂缝发展和宏观力学性能的劣化过程，避开对混凝土结构的细观裂纹的研究，有助于对混凝土结构的损伤分析。

从式（3-173）可以看出，对于理想无损状态下的混凝土 $W_{perf} = W_{PE}$，损伤值 $D_c = 0$；而对于有损伤混凝土，则 $0 \leqslant W_{PE} \leqslant W_{perf}$；当结构处于损伤的极限状态时，$W_{perf} \geqslant W_{PE}$，相应的 $D_c = 1$，通常 $D_c$ 介于 0 和 1 之间。

Najar 损伤理论是从宏观能量耗能角度反映混凝土材料的损伤状态，但实际上直接用该方法量化混凝土的损伤程度难度较大。因此，可通过新建分段曲线损伤变量方程来描述单轴受压混凝土全过程损伤状态。损伤变量 $D_c$ 是一个在区间 $[0,1]$ 上的单调有界函数，所以，在外荷载作用下，在混凝土的变形值逐步增大的过程中，损伤变量函数 $D_c$ 应具有收敛性。

设多项式：

$$f(x) = a_0 x^n + a_1 x^{n-1} + \cdots + a_n x^0 \tag{3-174}$$

且 $\lim\limits_{x \to x_0} f(x) = f(x_0)$，又设有理分式函数为：

$$F(x) = \frac{P(x)}{Q(x)} \tag{3-175}$$

式中，$P(x)$ 和 $Q(x)$ 均为多项式，$\lim\limits_{x \to x_0} P(x) = P(x_0)$，$\lim\limits_{x \to x_0} Q(x) = Q(x_0) \neq 0$，则 $\lim\limits_{x \to x_0} F(x) = \lim\limits_{x \to x_0} \dfrac{P(x)}{Q(x)} = F(x_0)$。

综上所述，建立的分段曲线损伤变量 $D_c$ 与应变之间的函数关系式为：

（1）当 $0 \leqslant \varepsilon \leqslant \varepsilon_c$ 时，为二次多项式，即 $D_c(\varepsilon) = a_0 \varepsilon + b_0 \varepsilon^2$；

（2）当 $\varepsilon_c < \varepsilon < \varepsilon_{cu}$ 时，为分子与分母均为多项式的有理分式形式，即：

$$D_c(\varepsilon) = \frac{P(\varepsilon)}{Q(\varepsilon)} = \frac{a_0 \varepsilon^n + a_1 \varepsilon^{n-1} + \cdots + a_n}{b_0 \varepsilon^n + b_1 \varepsilon^{n-1} + \cdots + b_n} \tag{3-176}$$

式中,$a_0$、$a_1$、$a_n$ 及 $b_0$、$b_1$、$b_n$ 等为与材料有关的参数,它们仅与材料本身的性质有关,而与加载工况无关。由于混凝土材料的离散性,针对不同强度混凝土,其系数差异较大。为此,根据已有单轴受压混凝土应力-应变全曲线来反演计算描述混凝土的损伤变量 $D_c$ 方程,同时推导出不同强度混凝土的损伤变量方程及其演化方程。

混凝土受压含损伤变量的本构关系由式(3-171)变为:

$$\sigma = (1 - D_c)E_0\varepsilon \tag{3-177}$$

选取典型的混凝土应力-应变全曲线[3-53],得到混凝土分段受压损伤变量方程。

上升段为:

$$D_c = A\varepsilon + B\varepsilon^2, \quad 0 \leqslant \varepsilon \leqslant \varepsilon_c \tag{3-178}$$

其中:

$$A = \frac{f_{ck}}{E_0\varepsilon_c^2}(2\alpha_a - 3), \quad B = \frac{f_{ck}}{E_0\varepsilon_c^2}(2 - \alpha_a)$$

下降段为:

$$D_c = \frac{A_1\varepsilon^2 + B_1\varepsilon + C_1}{A_2\varepsilon^2 + B_2\varepsilon + C_2}, \quad \varepsilon_0 \leqslant \varepsilon \leqslant \varepsilon_{cu} \tag{3-179}$$

其中:

$$A_1 = E_0\alpha_d, \quad B_1 = (1 - 2\alpha_d)E_0\varepsilon_0, \quad C_1 = E_0\alpha_d\varepsilon_c^2 - f_{ck}\varepsilon_0,$$
$$A_2 = E_0\alpha_d, \quad B_2 = (1 - 2\alpha_d)E_0\varepsilon_0, \quad C_2 = \alpha_d\varepsilon_c^2 E_0$$

式中:$E_0$、$\varepsilon_c$、$f_{ck}$——初始弹性模量、峰值应变及其相应的抗压强度标准值;

$\alpha_a$、$\alpha_d$——材料参数[3-53]。

表3-3 为根据式(3-178)和式(3-179)计算得到的不同强度混凝土损伤变量方程。

**不同强度混凝土损伤变量方程**  表3-3

| 强度等级 | 混凝土损伤变量方程 | 适用范围 |
|---|---|---|
| C20 | $D_c = 411.3273\varepsilon - 32286.288\varepsilon^2$ | $0 \leqslant \varepsilon \leqslant \varepsilon_0$ |
| | $D_c = \dfrac{14502.9936\varepsilon^2 - 13.829\varepsilon + 0.0116}{14502.9936\varepsilon^2 - 13.829\varepsilon + 0.0313}$ | $\varepsilon_0 < \varepsilon \leqslant \varepsilon_{cu}$ |
| C25 | $D_c = 361.9187\varepsilon - 17694.854\varepsilon^2$ | $0 \leqslant \varepsilon \leqslant \varepsilon_0$ |
| | $D_c = \dfrac{23716.143\varepsilon^2 - 39.091\varepsilon + 0.0317}{23716.143\varepsilon^2 - 39.091\varepsilon + 0.0577}$ | $\varepsilon_0 < \varepsilon \leqslant \varepsilon_{cu}$ |
| C30 | $D_c = 318.3948\varepsilon - 5494.618\varepsilon^2$ | $0 \leqslant \varepsilon \leqslant \varepsilon_0$ |
| | $D_c = \dfrac{33836.634\varepsilon^2 - 70.181\varepsilon + 0.0580}{33836.634\varepsilon^2 - 70.181\varepsilon + 0.0910}$ | $\varepsilon_0 < \varepsilon \leqslant \varepsilon_{cu}$ |
| C35 | $D_c = 274.066\varepsilon - 6927.859\varepsilon^2$ | $0 \leqslant \varepsilon \leqslant \varepsilon_0$ |
| | $D_c = \dfrac{43997.441\varepsilon^2 - 105.487\varepsilon + 0.0897}{43997.441\varepsilon^2 - 105.487\varepsilon + 0.1302}$ | $\varepsilon_0 < \varepsilon \leqslant \varepsilon_{cu}$ |

根据损伤变量方程可以直接推算混凝土损伤演化方程,根据式(3-178)和式(3-179)损伤变量方程可以直接推算混凝土损伤演化方程:

$$\dot{D}_c = (A + 2B\varepsilon) \times \dot{\varepsilon}, \quad 0 \leqslant \varepsilon \leqslant \varepsilon_c \tag{3-180}$$

$$\dot{D}_{\mathrm{c}} = \frac{(A_1B_2 + A_2B_1)\varepsilon^2 + (A_1C_2 + A_2C_1)\varepsilon + (B_1C_2 + B_2C_1)}{(A_2\varepsilon^2 + B_2\varepsilon + C_2)^2} \times \dot{\varepsilon}, \quad \varepsilon_{\mathrm{c}} \leqslant \varepsilon \leqslant \varepsilon_{\mathrm{cu}}$$

(3-181)

由式(3-178)~式(3-181)给出的损伤变量方程以及损伤演化方程,能够很好地描述单轴受压混凝土全过程损伤状况。

2)反复荷载下的混凝土损伤本构关系

分析研究表明反复荷载下的截面工作不同于重复荷载,重新受压且已开裂的截面与新承受的未开裂截面具有不同的工作性质,特别是在钢筋屈服以后的大变形阶段更为明显。因为当裂面重新受压时,存在骨料咬合的裂面效应。在裂缝闭合过程中,即使没有闭合,也由于骨料咬合而开始传递部分压应力,如图3-34所示。

根据已有试验及研究成果[3-54],可给出简化修正后的反复荷载作用下混凝土含损伤变量 $D$ 的应力-应变曲线模型,该模型假定:①反复荷载下的混凝土应力-应变曲线的包络线与单调加载的应力-应变全曲线重合;②卸载和再加载曲线与此之前的加载史无关;③考虑混凝土的裂面效应。图3-35所示为反复荷载作用下的混凝土的滞回规则。

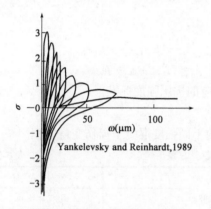

图3-34 反复荷载下混凝土裂面效应

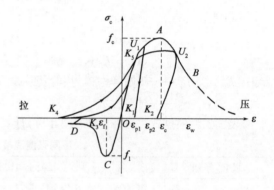

图3-35 反复荷载下混凝土的应力-应变关系

反复荷载下各阶段的本构方程如下。

(1)骨架曲线受压 $OA$ 段和 $AB$ 段按建议的含损伤的本构关系公式(3-177)计算。受拉骨架曲线 $OC$ 段和 $CD$ 段按受拉损伤模型计算。

(2)卸载曲线:

当 $0 < \varepsilon \leqslant \varepsilon_0$ 时,按直线卸载,即混凝土的弹性模量按初始 $E_0$ 卸载,图3-35上 $U_1K_1$ 直线段:

$$\sigma = [1 - D_{\mathrm{c}}(\varepsilon_1)]\varepsilon_1 E_{\mathrm{c}} \times \frac{\varepsilon - \varepsilon_{\mathrm{p}}}{\varepsilon_1 - \varepsilon_{\mathrm{p}}}$$

(3-182)

式中: $D_{\mathrm{c}}(\varepsilon_1)$、$\varepsilon_1$——对应于卸载点的损伤值、压应变;

$\varepsilon_{\mathrm{p}} = D_{\mathrm{c}}(\varepsilon_1)\varepsilon_1$。

当 $\varepsilon_{\mathrm{c}} \leqslant \varepsilon \leqslant \varepsilon_{\mathrm{cu}}$ 时,

$$\sigma_{\mathrm{c}} = [1 - D_{\mathrm{c}}(\varepsilon_1)](2\varepsilon - \varepsilon_1)E_{\mathrm{c}}$$

(3-183)

(3)再加载方程:

①当混凝土未开裂加载时,即 $0 \leqslant \varepsilon \leqslant \varepsilon_{\mathrm{c}}$:

$$\sigma_c = \left[1 - D_c(\varepsilon_1)\right]E_c\varepsilon \tag{3-184}$$

②当 $\varepsilon_w \leqslant \varepsilon \leqslant \varepsilon_1$ 时,即为图 3-35 上 $K_4K_5$ 曲线段:

$$\sigma_c = \frac{(\varepsilon - \varepsilon_B)\left[1 - D_c(\varepsilon_1)\right]}{\varepsilon_1 - \varepsilon_B}E_c\varepsilon_1 \tag{3-185}$$

式中: $\varepsilon_B$ ——再加载时产生裂缝效应的拉应变, $\varepsilon_B = \varepsilon_{max}\left[0.1 + 0.9 \times |\varepsilon_0|/(\varepsilon_{max} + |\varepsilon_0|)\right]$ ,其中 $\varepsilon_{max}$ 为最大裂缝宽度应变。

3)反复荷载下损伤模型的应用

根据建议的混凝土受压损伤本构模型,采用高斯积分法、弧长跟踪技术,编制相应的程序,进行反复荷载下的截面损伤分析。图 3-36 所示为计算模型,同文献[3-55]中的钢筋混凝土矩形截面试验梁,施加反复荷载。图 3-37 所示为计算结果。可以看出,分析结果与试验结果[3-55]吻合较好。在反复荷载作用下,无论是卸载区还是再加载区,截面都呈损伤状态,由于钢筋混凝土结构的损伤不可逆,导致图 3-37 所示滞回曲线不闭合。

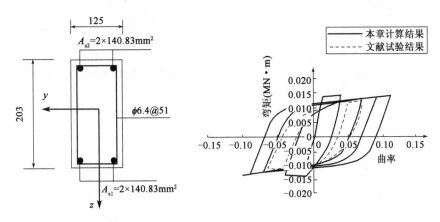

图 3-36  计算模型几何尺寸及配筋          图 3-37  计算结果与试验结果的对比

图 3-38 给出了初始几个循环下的 $M$-$D_c$ 损伤演化曲线(注:图中仅给出了受压损伤对截面抗弯能力的影响,不考虑受拉影响,但是考虑了裂面效应)。从图中可以看出,当加载到某一荷载下卸载为零时,由于反复荷载作用致使截面裂缝闭合,造成截面累积损伤,上一个循环的累积损伤将累积到下一循环当中。因此,反复荷载作用将进一步加重截面的损伤进程。

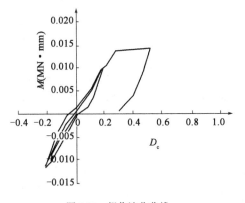

图 3-38  损伤演化曲线

### 3.4.2　重复荷载作用下裂缝发展及其对承载力的影响

所有的结构工程,在使用期间都承受各种荷载随机地或有规律地多次重复加卸作用,结构中混凝土必有相应的应力重复作用。这种受力状态显然不同于前述的标准试件一次单调加载直至破坏的试验状况。为了研究混凝土在应力重复作用下的强度和变形性能,已经进行过多种形式的重复荷载试验[3-56~3-58]。虽然这些试验不可能模拟实际结构中混凝土的全部重复加卸过程,但是可以从典型试验的结果中得到其一般性的规律和重要的结论。

文献[3-56]介绍了6种压应力重复加卸载试验,测得的混凝土受压应力-应变全曲线如图3-39所示。根据试验过程中观察的现象和对实验结果的分析,得到了混凝土在重复加卸载下的一些重要现象和一般性规律。

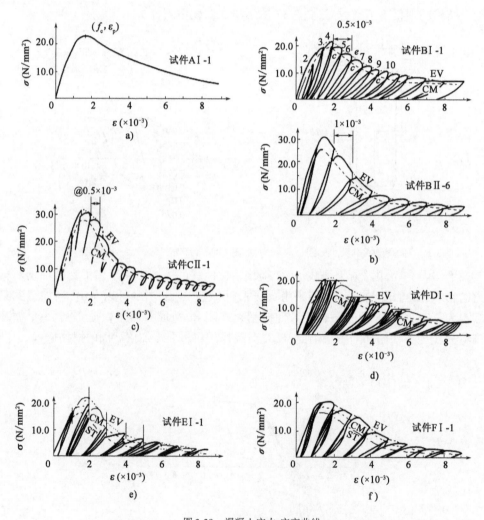

图 3-39　混凝土应力-应变曲线

a) 单调加载;b) 等应变增量重复完全加卸载;c) 等应变增量重复加卸载;
d) 等应力循环加卸载;e) 等应变循环加卸载;f) 沿首次卸载曲线的循环加卸载

（1）包络线

沿着重复荷载下混凝土应力-应变曲线的外轮廓描绘所得的光滑曲线称为包络线（图中以$EV$表示）。各种重复荷载下的包络线都与单调加载的全曲线十分接近。包络线上的峰点给出的棱柱体抗压强度和峰值应变也与单调加载相应值（$f_c$，$\varepsilon_p$）无明显差别。

（2）裂缝和破坏过程

所有试件都是在超过峰值应力后、总应变达$(1.5 \sim 3.0) \times 10^{-3}$时出现第一条可见裂缝，裂缝细而短，平行于压应力方向。继续加卸载，相继出现多条纵向短裂缝。若荷载重复加卸多次，则总应变值并不增大，裂缝无明显发展。当试件总应变达$(3 \sim 5) \times 10^{-3}$时，相邻裂缝延伸并连接，形成贯通斜裂缝。应变再增大，斜裂缝的破坏带逐渐加宽，仍保有少量残余应力。这一过程也与试件一次单调加载的现象相同。

（3）卸载曲线

从混凝土的受压应力-应变全曲线或包络线上的任一点（$\varepsilon_u$，$\sigma_u$）（图3-40）卸载至应力为零，得完全卸载曲线。每次卸载刚开始时，试件应力下降很快，而应力恢复很少。随着应力值的减小，变形的恢复才逐渐加快。当应力降至卸载时应力$\sigma_u$的20%～30%以下时，变形恢复最快。这是恢复变形滞后现象，主要原因是试件中存在的纵向裂缝在高压应力下不可能恢复。故卸载时应变$\varepsilon_u$越大，裂缝开展越充分，恢复变形滞后现象越严重。

每次卸载至零后，混凝土有残余应变$\varepsilon_{res}$。它随卸载应变（$\varepsilon_u$）而增大，多次重复加卸载，残余应变又有所加大。

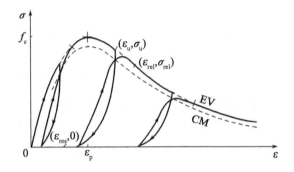

图3-40 卸载和再加载曲线的一般形状

（4）再加载曲线

从应力为零的任一应变值（$\varepsilon_{res}$，0）开始再加载，直至与包络线相切、重合（$\varepsilon_{rel}$，$\sigma_{rel}$），为再加载曲线（图3-40）。再加载曲线有两种不同的形状：当再加载起点的应变很小（$\varepsilon_{res}/\varepsilon_p < 0.2$）时，其上端应变$\varepsilon_{rel}/\varepsilon_p < 1.0$，即与包络线的上升段相切，曲线上无拐点，斜率单调减小，至切点处斜率仍大于零，再加载曲线的上升段在应力较低处有一拐点，后又出现一个极大值（峰点）和一小节下降段。而且，起点应变$\varepsilon_{res}$越大，曲线的变化幅度越大。

（5）横向应变（$\varepsilon'$）

在重复荷载作用下[图3-41a)]，试件横向应变$\varepsilon'$的变化如图3-41b)所示。开始加载阶段，试件的横向应变很小。当应力接近混凝土的棱柱体强度时，横向应变才明显加快增长。卸载时，纵向应变能恢复一部分，而横向应变几乎没有恢复，保持常值；再加载时，纵向应变即时增大，而横向应变仍保持常值。只有当曲线超过共同点（CM，共同点轨迹线）后，纵向应变加速增长时,横向应变才开始增大。这些现象显然也是纵向裂缝发展和滞后恢复所致。

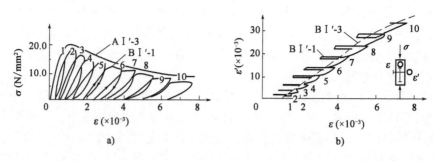

图 3-41　横向应变

当试件应力($\varepsilon > 4 \times 10^{-3}$)很大后,卸载时横向应变才有少许恢复。一次加卸载循环在 $\varepsilon'$-$\varepsilon$ 曲线上形成一个很扁的菱形封闭环。重复荷载和单调荷载试验对比,试件在相同纵向应变时对应的横向应变 $\varepsilon'$ 值很近,且总体变化规律一致。

(6)共同点轨迹线

在重复荷载试验中,从包络线上任一点卸载后再加载,其交点称共同点。将多次加卸载所得的共同点,用光滑曲线依次相连,即为共同点轨迹线,图 3-39 中用 CM 表示。观察各试验曲线可发现,再加载曲线过了共同点以后斜率显著减小,即试件的纵向应变超过原卸载应变而迅速增长,横向应变也突然增大。这表明已有横向裂缝的扩张,或产生新的裂缝,损伤积累加大。

分析各种重复荷载下的共同点轨迹线,显然与响应的包络线或单调加载全曲线的形状相似,经计算对比[3-46]给出前者与后者的相似比:

$$K_{\mathrm{C}} = 0.86 \sim 0.93 \qquad (平均为 0.89) \tag{3-186}$$

其中重复荷载 C 的相似比值偏大,约为 0.91。

(7)稳定点轨迹线

重复荷载试验中,在预定应变下经过多次加卸载,混凝土的应力(承载力)不再下降,残余应变不再加大,卸载-再加载曲线成为一稳定的闭合环,环的上端称为稳定点。将各次循环所得的稳定点连以光滑曲线,即为稳定点轨迹线,图 3-39 中以 ST 表示。这也就是混凝土低周疲劳的极限包线。

达到稳定点所需的荷载循环次数,取决于卸载时的应变。经统计,在应力-应变曲线上升段以内,一般需 3~4 次;在下降段内,则需 6~9 次,才达到稳定点。

经观察和对比,稳定点轨迹线的形状也与相应的包络线或单调加载全曲线相似。它们之间的相似比值为:[3-56]

$$K_{\mathrm{s}} = 0.70 \sim 0.80 \qquad (平均为 0.75) \tag{3-187}$$

在进行钢筋混凝土结构的抗震或其他受力状态下的非线性分析时,需要应用混凝土在荷载加卸和重复作用下的应力-应变关系,包括包络线、卸载和再加载曲线等的方程,可再用文献[3-56]或文献[3-58]建议的计算式,前者给出的结果与试验结果符合较好。在我国的设计规范[3-59]中,则将卸载和再加载曲线简化为重合的斜向直线,其斜率随卸载应变值而变化。

但是必须说明,上述都是混凝土试件在短时间(数小时)内进行加卸载试验的结果,其数据和规律对于长期加、卸荷载的情况,当然会有所变化。

**本章参考文献**

［3-1］ 贡金鑫,魏巍巍,赵尚传.现代混凝土结构基本理论及应用［M］.北京:中国建筑工业出版社,2009.

［3-2］ 郭少华.混凝土破坏理论研究进展［J］.力学进展,1993,23(4):520-529.

［3-3］ Kaplan M F. Crack propagation and the fracture of concrete［J］. Journal Proceedings, 58 (11):591-610.

［3-4］ Fanella D, Krajcinovic D. Size effect in concrete［J］J. Eng. Mech. ,ASCE,1988,114(4).

［3-5］ Glucklich J. Fracture of plain concrete［J］. Journal of the Engineering Mechanics Division, 1963,89(6):127-138.

［3-6］ 夏蒙棼,韩闻生,柯孚久,等.统计细观损伤力学和损伤演化诱致突变(Ⅰ)［J］.力学进展,1995,25(1):1-40.

［3-7］ 封伯昊,张立翔,李桂青.混凝土损伤研究综述［J］.昆明理工大学学报,2001,26(3):21-30.

［3-8］ Kachanov L M. Time of the rupture process under creep conditions［M］. ［S. l. ］: lsv. Akad. Nauk SSR,1958:26-31.

［3-9］ Rabotnov Y N. Creep rupture ［C］. Proc. XII Internat. Cong. Appl. Mech. Stanford, Springer,1969.

［3-10］ Lemait re J. Application of damage concepts to predict creep-fatigue failures［C］∥ASME Journal of Engineering Materials and Technology,1979,101(1):202-209.

［3-11］ Kajcinovic D. Continuum damage theory of brittle materials［J］. J. Appl. Mech. ,1981(48): 809-824.

［3-12］ 余天庆,钱济成.损伤理论及其应用［M］.北京:国防工业出版社,1993.

［3-13］ 冯西桥,余寿文.准脆性材料细观损伤力学［M］.北京:高等教育出版社,2002.

［3-14］ Karsan I K, Jirsa J O. Behaviour of concrete under compressive loadings［J］. Journal of the Structural Division,1969,95(12):2543-2563.

［3-15］ Kajcinovic D. Constitutive equation for damaging platerials［J］. J. Appl. Mech. ,1983(50): 355-360.

［3-16］ Gao Lubin, Chen Qingguo. An anisotropic damage constitutive model for concrete and its applications［M］. Beijing:Applied Mechanics,International Academic Publisher,1988.

［3-17］ 清华大学抗震抗爆工程研究室.钢筋混凝土结构构件在冲击荷载下的性能［M］∥科学研究报告集第四集.北京:清华大学出版社,1986.

［3-18］ Rüsch H. Researches towards a general flexural theory for structural concrete ［J］. ACI J. , 1960(57),1:1-28.

［3-19］ Mindess S, Nadeau J S. Effect of Loading Rate on the Flexural Strength of Cement and Mortar ［J］. Bulletin of the American Ceramic Society,1977(56),44:429-430.

［3-20］ Suaris W, Shah S P. Rate-sensitive damage theory for brittle solids ［J］. J. Engng. Mech. ASCE,1984,110(6):985-997.

［3-21］ Bui H D, Ehrlacher A. Propagation of damage in elastic and plastic solids ［J］. Advances in fracture research,1982:533-551.

［3-22］ Brooks J J, Samaraie N H. Fracture of Concrete and Rock［M］. Elsevier Applied Science, 1989:397-408.

［3-23］ 李庆斌,张楚汉,等. 单压状态下混凝土的动力损伤本构模型［J］. 水利学报,1994(3): 85-89.

［3-24］ 李庆斌. 混凝土静、动力双剪损伤本构模型［J］. 水利学报,1995(2):27-34.

［3-25］ 阿鲁久涅扬 H X. 蠕变理论中的若干问题［M］. 北京:科学出版社,1961.

［3-26］ 林南熏. 混凝土非线性徐变理论问题［J］. 土木工程学报,1983,16(1):14.

［3-27］ Bazant Z P, Asghari A A. Constitutive law for nonlinear creep of concrete［J］. J. Eng. Mech. Divi,1977(2):113-124.

［3-28］ Lemaitre J. How to use damage mechanics［J］. Nuclear Eng. & Design,1984(80):233-245.

［3-29］ Piechnik S, Pachla H. The continuous field of damage and its influence on the creep process in concrete under tensile loading［R］. IUTAM,3rd Synrp. on Creep in Sirttctures,1980: 202-219.

［3-30］ 李兆霞,钱济成. 混凝土徐变损伤演变方程及其在非线性徐变理论中的应用［J］. 河海大学学报,1989,17(2):26-34.

［3-31］ Miner M A. Cumulative damage in fatigue［J］. J. Appl. Mech. ,1945,12(3):A159-A164.

［3-32］ 倪侃. 随机疲劳累积损伤理论研究进展［J］. 力学进展,1999,29(1):43-65.

［3-33］ Hilsdorf, et al. Fatigue of concrete under varying flexural stresses［J］. ACI J. ,1966,63 (10):1059-1075.

［3-34］ 周志祥,钟明全. 钢管混凝土拱式人行立交桥方案［C］// 中国土木工程学会全国青年科技工作者城市建设与发展研讨会,1992.

［3-35］ Manson S S, et al. Re-examination of cumulative analysis—An engineering prospective［J］. Engng. Frac. Mech. ,1986(25/26).

［3-36］ Jan Ove Holmen. Fatigue of concrete by constant and variable amplitude loading［J］. Fatigue Strength of Concrete Structures,SP-75 ACI,1982:71-110.

［3-37］ Byung Hwan Oh. Cumulative damage theory of concrete under variable amplitude fatigue loading［J］. ACI M. J. ,88(1),1991:41-48.

［3-38］ Marco S M, Starkey W L. A concept of fatigue damage［J］. Transactions of the ASME. , 1954,76:627-632.

［3-39］ Henry D L. A theory of fatigue damage accumulation in steel［J］. Transactions of the ASME.

［3-40］ Corten H T, Dolan T J. Cumulative fatigue damage［C］// Proceedings of the international conference on fatigue of metals,Institution of Mechanical Engineering and American Society of Mechanical Engineers,1956,1:235-242.

［3-41］ Subramanyan S. A cumulative damage rule based on the knee point of the S-N curve［J］. J. of Eng. Mats. and Mech. ,1976.

［3-42］ Leve H L. Cumulative damage theories［M］. New York:Theory and Design,ed. A. F. Madayag,Wiley,1969.

［3-43］ Gat ts R R. Application of a cumulative damage concept to fatigue［J］. ASME,83,Series

D. ,1964(4).

[3-44] 张滨生,朱照宏.水泥混凝土路面的疲劳损伤分析[J].土木工程学报,1986,19(4).

[3-45] 王瑞敏,赵国藩,宋玉普.混凝土的受压疲劳性能研究[J].土木工程学报,1991(4):
38-47.

[3-46] 姚明初.混凝土在等幅和变幅重复应力下疲劳性能的研究[R].铁道部科学研究院研究报告,1990.

[3-47] Lemaitre J,Chaboche J L. A nonlinear model of creep fatigue cumulation and interaction [C]. New York:In:Hult,J. (Ed. ),Proc. IUTAM,Symposium on Mechanics of Viscoelastic Media and Bodies,Springer-verlag,1975:291-301.

[3-48] J 勒迈特.损伤力学教程[M].倪金刚,陶春虎,译.北京:科学出版社,1996.

[3-49] Powell G H,Allahabadi R. Seismic damage prediction by deterministic methods :concepts and procedures [J]. Earthquake Eng. Structure. Dyn. ,1988(16):719-734.

[3-50] Kraw inkler H, Zohrei M. Cumulative damage in steel structure subjected to earthquake ground motions [J]. Computer and Structures,1983,16(1-4):531-541.

[3-51] Park Y J, A. H-S. Ang. Mechanistic seismic damage model for reinforced concrete[J]. J. Struct. Eng. ,ASCE,1985,111 (4) :740-757.

[3-52] Krajcinovic D,Lemaitre J. Continuum damage mechanics the ory and applications [M]. New York:Springer-Verilag,1987.

[3-53] 中华人民共和国国家标准.混凝土结构设计规范:GB 50010—2002[S].北京:中国建筑工业出版社,2004.

[3-54] Yankelevsky O Z,Reihardt H W. Uniaxial behavior of concrete in cyclic tension [J]. Journal of Structural Engineering,ASCE,1989,115(1):166-182.

[3-55] Park R,et al. Reinforced concrete member with cyclic loading[J]. ASCE,1972:1341-1361.

[3-56] 过镇海,张秀琴.反复荷载下混凝土的应力-应变全曲线的试验研究[M]//清华大学抗震抗爆工作研究室.科学研究报告集(第三集):钢筋混凝土结构的抗震性能.北京:清华大学出版社,1981:38-53.

[3-57] SINHA B P,GERSTLE K H,TULIN L G. Stress-strain relations for concrete under cyclic loading[J]. CI,1964,1(2):195-211.

[3-58] KARSAN I D,JIRSA J O. Behavior of Concrete under Compressive Loading [J]. ASCE, 1969,45 (ST12).

[3-59] 中华人民共和国国家标准.混凝土设计规范(2015 年版):GB 50010—2010[S].北京:中国建筑工业出版社,2010.

# 第 4 章

# 钢筋混凝土构件的正截面承载力

## 4.1 概　　述

钢筋混凝土结构中,梁、板、柱等构件在外力作用下会发生一种破坏面与构件轴线呈垂直分布的破坏现象,即正截面破坏。为防止构件发生这种破坏,需进行构件的正截面承载力计算。

本章介绍了正截面承载力计算的基本假定与一般方法,然后结合国内外规范介绍了受弯构件和受压构件正截面承载力的计算方法。需要说明的是,本章讨论的梁、板、柱构件是指几何尺寸符合规定比例的构件。欧洲规范(EN 1992-1-1:2004)中有如下定义:梁为跨长不小于3倍截面高度的构件,板为短边尺寸不小于5倍截面高度的构件,柱为截面高度不超过4倍截面高度且高度大于3倍截面宽度的构件。不符合规定尺寸的特殊构件,如深梁、厚板等,不在本章讨论范围之内。

## 4.2 正截面承载力计算的基本假定与一般方法

### 4.2.1 基本假定

在结构分析和计算时,通常需要根据力的平衡条件、变形协调条件和材料本构关系建立计

算方程。为了降低计算方程的复杂性,增大计算方法的适用性,针对构件正截面承载力的计算提出了以下几点基本假定:

(1)平截面假定。

认为构件的横截面在荷载作用前后直至破坏,始终保持平面,且始终与纵向轴线垂直。其可等效为在变形过程中横截面上的正应变呈线性分布,如图4-1所示。采用这一假定后,只需截面任意两点的应变就可确定截面上所有点的应变。此假定对于钢筋混凝土构件的适用性需通过试验证实。大量试验表明:当钢筋和混凝土粘结良好,应变的测量标距大于裂缝间距时,实测应变(实际为测量标距内的平均应变)基本符合平截面假定。即平截面假定对于钢筋混凝土构件只适用于一定区段内,对于某一特定截面,如裂缝截面,是不适用的。另外,试验结果表明,在合理选择参数后,采用平截面假定计算获得的正截面承载力与试验值的误差不超过10%。

(2)忽略混凝土的抗拉强度。

混凝土的抗拉强度是抗压强度的十分之一甚至更小。对于受弯或偏压构件来说,受拉区混凝土的拉应力很小,其对破坏弯矩的影响很小。且有分析表明,混凝土抗拉强度对截面承载力的影响一般不超过1.5%。因此,在计算中忽略混凝土抗拉强度是可以的。

(3)钢筋的应力-应变关系已知。

一般情况下,具有明显屈服极限的软钢(如热轧钢筋)的应力-应变曲线可以简化为图4-2所示的理想弹塑性曲线。当钢筋硬化引起的强度增长对构件性能产生不利影响时(如使构件发生脆性破坏等),应考虑实际的应力-应变曲线(图4-3)。对于没有明显屈服极限的硬钢(如预应力高强度钢丝和钢绞线等),取其名义屈服极限($\sigma_{0.2}$)作为设计强度指标,并假定在此之前的应力-应变曲线为斜直线,如图4-4所示。

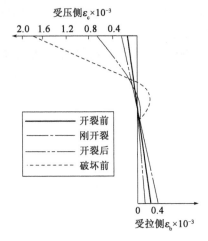

图4-1 截面实测应变      图4-2 钢筋的理想弹塑性应力-应变曲线图

(4)混凝土的受压应力-应变关系已知。

事实上,想要准确确定钢筋混凝土构件中受压区混凝土的应力-应变关系是很困难的,这是因为在实际使用中构件可能处于多种不同的受力状态下,且构件内纵向钢筋的配置和横向钢筋的侧向约束会对其产生影响。而在承载力计算中,只需确定混凝土压应力的合力大小及合力点位置,即可满足计算的准确度需求。为简化计算,目前在很多规范中仍以素混凝土的轴压应力-应变曲线来确定受压区混凝土的应力分布图形,且常采用较为简单的数学表达式来描述其应力分布情况。

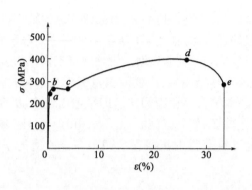

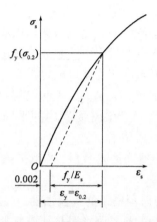

图 4-3　有明显屈服极限钢筋的应力-应变曲线　　图 4-4　无明显屈服点钢筋的应力-应变曲线

混凝土的极限压应变 $\varepsilon_{cu}$ 是受压混凝土的应力-应变关系一个重要参数。$\varepsilon_{cu}$ 值的波动范围较大,与很多因素有关:①在进行承载力计算时 $\varepsilon_{cu}$ 应取混凝土受压极限应变值还是取截面达到极限承载力时的受压边缘的混凝土应变值,目前尚无明确结论,但是从承载力的概念上考虑,$\varepsilon_{cu}$ 值应取荷载达到最大值时混凝土的最大压应变;② $\varepsilon_{cu}$ 与构件受力状态有关,有关试验表明,轴压时 $\varepsilon_{cu}$ 约为 0.002,受弯或偏压时 $\varepsilon_{cu}$ 大致为 0.003 ~ 0.004;③ $\varepsilon_{cu}$ 与构件的配筋情况有关,箍筋的侧向约束可大幅度改善构件的延性,增加 $\varepsilon_{cu}$,试验表明,箍筋很密的情况下,轴压时的 $\varepsilon_{cu}$ 可达 0.1;④ $\varepsilon_{cu}$ 与荷载作用时间有关,作用时间越长,$\varepsilon_{cu}$ 越大。为简化起见,一般规范都将 $\varepsilon_{cu}$ 取为定值:轴心受压时,取 $\varepsilon_{cu} = 0.002$;受弯及偏压时,取 $\varepsilon_{cu} = 0.003 \sim 0.0035$,美国规范取 $\varepsilon_{cu} = 0.003$,欧洲和英国规范取 $\varepsilon_{cu} = 0.0035$,我国规范取 $\varepsilon_{cu} = 0.0033$。$\varepsilon_{cu}$ 值的大小对承载力计算影响很小,但对构件的极限变形影响较大。

我国《混凝土结构设计规范(2015 年版)》(GB 50010—2010)在进行正截面承载力计算时采用的混凝土应力应变曲线如下(图 4-5):

$$\sigma_c = f_c \left[ 1 - \left( 1 - \frac{\varepsilon_c}{\varepsilon_0} \right)^n \right] \qquad (\varepsilon_c \leqslant \varepsilon_0) \qquad (4\text{-}1)$$

$$\sigma_c = f_c \qquad (\varepsilon_0 < \varepsilon_c \leqslant \varepsilon_{cu}) \qquad (4\text{-}2)$$

其中:

$$n = 2 - \frac{1}{60}(f_{cu,k} - 50) \qquad (4\text{-}3)$$

$$\varepsilon_0 = 0.002 + 0.5(f_{cu,k} - 50) \times 10^{-5} \qquad (4\text{-}4)$$

$$\varepsilon_{cu} = 0.0033 - (f_{cu,k} - 50) \times 10^{-5} \qquad (4\text{-}5)$$

式中:$n$——计算系数,当计算的 $n$ 大于 2.0 时,$n$ 取 2.0;

　　$f_c$——混凝土轴心抗压强度;

　　$f_{cu,k}$——混凝土强度等级,$N/mm^2$;

　　$\varepsilon_0$——混凝土应力达到 $f_c$ 时对应的应变,当计算的 $\varepsilon_0$ 小于 0.002 时,$\varepsilon_0$ 取 0.002。

英国规范(BS 8110)采用的混凝土受压应力-应变曲线如下(图 4-6):

$$\sigma_c = f_c \left[ 1 - \left( 1 - \frac{\varepsilon_c}{\varepsilon_0} \right)^2 \right] \qquad (\varepsilon_c \leqslant \varepsilon_0) \tag{4-6}$$

$$\sigma_c = f_c \qquad (\varepsilon_0 < \varepsilon_c \leqslant \varepsilon_{cu}) \tag{4-7}$$

其中:

$$\varepsilon_0 = 2.4 \times 10^{-4} \sqrt{\frac{f_{cu}}{\gamma_c}} \tag{4-8}$$

$$f_c = \frac{0.67 f_{cu}}{\gamma_c} \tag{4-9}$$

式中: $\gamma_c$ ——混凝土强度分项系数,取 1.5;

$f_{cu}$ ——混凝土强度等级。

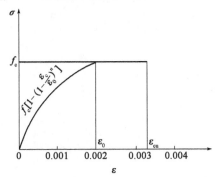

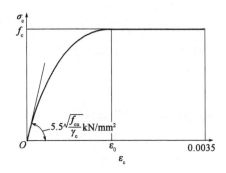

图 4-5　中国规范采用的混凝土应力-应变曲线　　图 4-6　英国规范采用的混凝土受压应力-应变曲线

欧洲规范(CEB-FIP CODE)采用的混凝土受压应力-应变曲线如下(图 4-7):

$$\sigma_c = f_c \left[ 1 - \left( 1 - \frac{\varepsilon_c}{\varepsilon_0^2} \right)^2 \right] \qquad (\varepsilon_c \leqslant \varepsilon_0) \tag{4-10}$$

$$\sigma_c = f_c \qquad (\varepsilon_0 < \varepsilon_c \leqslant \varepsilon_{cu}) \tag{4-11}$$

其中:

$$f_c = 0.85 f_{cd} = 0.85 \frac{f_{ck}}{\gamma_c} \tag{4-12}$$

式中: $f_{ck}$ ——由圆柱体抗压强度标准值确定的混凝土强度等级。

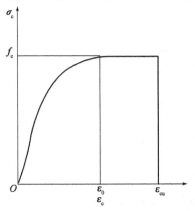

图 4-7　欧洲规范采用的混凝土受压应力-应变曲线

（5）忽略钢筋与混凝土之间的粘结滑移效应。

（6）构件截面上的轴力恒定。

### 4.2.2　正截面承载力计算的一般方法

本节将介绍任意截面在不同受力状态下的钢筋混凝土构件正截面承载力计算的一般方法，即基于4.2.1节提出的基本假定，根据静力平衡条件与变形协调条件建立平衡方程求解。此方法可基于截面和构件进行全过程分析，从而得到正截面承载力及截面或构件受力的全过程。基本理论公式如下：

如图4-8所示，已知轴力与弯矩共同作用下的钢筋混凝土构件任意截面的应力与应变分布，由平截面假定可以得到截面曲率：

$$\phi = \frac{\varepsilon_c}{x_0} = \frac{\varepsilon_c + \varepsilon_s}{h_0} \tag{4-13}$$

则截面上任意一纤维 $i$ 处的应变可以表示为：

$$\varepsilon_{ci} = \phi y_i = \frac{\varepsilon_c y_i}{x_0} \tag{4-14}$$

混凝土及钢筋的应力可由已知的应力-应变曲线得到。

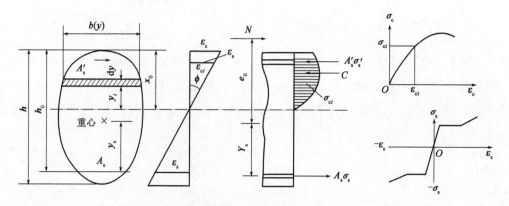

图4-8　正截面应力-应变分布

根据截面的静力平衡条件，可得如下基本方程：

$$\sum N = 0, \quad N = \int_0^{x_0} b(y)\,\sigma_c(\varepsilon_{ci})\,\mathrm{d}y + A_s'\sigma_s' - A_s\sigma_s \tag{4-15}$$

$$\sum M = 0, \quad M = Ne_0 = \int_0^{x_0} b(y)\sigma_c(\varepsilon_{ci})\,y_i\mathrm{d}y + A_s'\sigma_s'(x_0 - a') + A_s\sigma_s(h_0 - x_0) \tag{4-16}$$

1）基于截面的正截面承载力计算及受力全过程

对于已知截面尺寸及配筋的截面，可对上述平衡方程进行数值迭代，得到截面受力的全过程分析。具体的迭代步骤为：

（1）假设外轴力 $N$ 已知；

（2）令受压混凝土应变 $\varepsilon_c$ 从零开始依次取值；

（3）给定一受压区高度 $x_0$ 值，由式（4-14）求出截面内的混凝土应变分布 $\varepsilon_{ci}(x_0)$，则混凝土和钢筋的应力分布 $\sigma_c(\varepsilon_{ci})$ 及 $\sigma_s(\varepsilon_{si})$ 可由已知的应力-应变关系求出。

（4）将步骤（3）的计算结果代入式（4-15）中验算其是否满足平衡条件。如果式（4-15）右侧的截面设计轴力大于外轴力 $N$，则减小 $x_0$，反之，增大 $x_0$，然后重复步骤(3)、(4)，直到满足平衡条件或公式两侧差值小于允许误差。

(5)根据式(4-16)和式(4-13)求出弯矩 $M$ 以及截面曲率 $\phi$。

(6)按一定增量增大混凝土应变 $\varepsilon_c$，重复步骤(3)~(5)，直到满足条件 $\varepsilon_c = \varepsilon_{cu}$。

由此可得到构件截面的整个受力过程，即 $\varepsilon_c$ 取不同值时的 $N\text{-}M$ 关系曲线，如图 4-9 所示。当满足 $\varepsilon_c = \varepsilon_{cu}$ 时，$N\text{-}M$ 曲线即为该截面极限承载力的 $N_u\text{-}M_u$ 曲线。另外，从上述过程中还可得到 $N\text{-}M\text{-}\phi$ 的关系曲线，如图 4-10 所示。

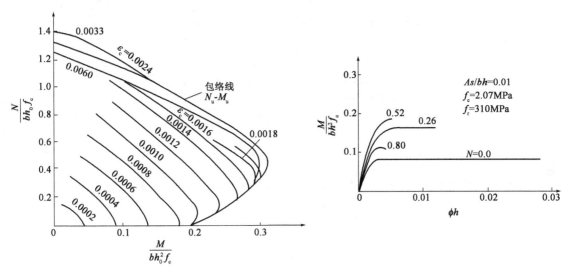

图 4-9  $N\text{-}M$ 关系曲线　　　　　　　　　　图 4-10  $N\text{-}M\text{-}\phi$ 的关系曲线

2)基于构件的正截面承载力计算及受力全过程

对于无轴力作用的受弯构件，可先通过力学方法获得各截面的弯矩，然后根据由上述方法求得的 $M\text{-}\phi$ 关系确定出各截面的曲率，再根据式(4-17)给出的构件挠度、曲率与截面转角关系，结合边界条件进行积分，即可获得沿构件轴线分布的各截面变形(挠度、曲率与转角)，进而得到受弯构件的受力全过程。

构件挠度、曲率与转角之间的关系为：

$$\phi = \frac{\mathrm{d}\theta}{\mathrm{d}x}, \quad \theta = \frac{\mathrm{d}y}{\mathrm{d}x} \tag{4-17}$$

式中：$\theta$——构件的截面转角；

　　　$y$——构件的挠度；

　　　$x$——构件的轴线长度。

然而，对于图 4-11 所示的偏压构件，计算时情况较为复杂。这是因为构件除初始弯矩外，还要承受二次弯矩(由偏心压力产生的侧向挠度引起的附加弯矩)。如图 4-11b)中直线 1 所示，对于长细比较小的短柱，二次弯矩的影响可以忽略不计，可按上述受弯构件的分析方法计算。但对于长细比较大的长柱，如图 4-11b)中曲线 2 所示，附加挠度将使偏心距随荷载的增加而增大，二次弯矩的影响不能忽略。当长细比增大到一定值时，构件在材料达到极限强度之前会发生失稳破坏，如图 4-11b)中曲线 3 所示。

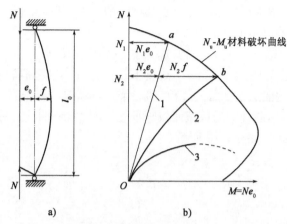

图 4-11 不同长细比柱从加载到破坏的 $N\text{-}M$ 关系曲线

a)偏心受压柱示意图;b)偏心受压柱的 $N\text{-}M$ 关系曲线

长柱的全过程分析需考虑二次弯矩的影响,静力平衡方程为:

$$\sum N = 0, \quad N = \int_0^{x_0} b(y)\, \sigma_c(\varepsilon_{ci})\, \mathrm{d}y + A_s'\sigma_s' - A_s\sigma_s \tag{4-18}$$

$$\sum M = 0, \quad M = N(e_0 + f) = \int_0^{x_0} b(y)\sigma_c(\varepsilon_{ci})y_i\, \mathrm{d}y + A_s'\sigma_s'(x_0 - a') + A_s\sigma_s(h_0 - x_0) \tag{4-19}$$

式中:$f$——侧向挠度,此时的偏心距为 $e_0 + f$。

式(4-19)中的 $M$ 包括二次弯矩。

上述方程的求解通常采用 Cranston 方法。此方法需要先进行柱端支承条件的模式化,如图 4-12 所示。将实际的偏心受压长柱简化为标准柱(两端铰支的柱),两端各有一刚性端结节,中间部分划分为若干区段的直杆。此方法的基本假定有:①平截面假定;②小变形假定;③材料的应力-应变关系已知;④材料应力下降时按线性卸载;⑤曲率在各杆段间按线性变化。

全过程分析步骤为:

(1)对截面进行受力全过程分析,获得截面的 $N\text{-}M\text{-}\phi$ 关系曲线。

(2)假定柱各节点挠度,对柱分级施加荷载,直至破坏。

(3)计算各节点处的轴力和弯矩。

(4)由求得的轴力和弯矩以及截面的 $N\text{-}M\text{-}\phi$ 关系确定各节点处的曲率。

(5)由式(4-17)求出各节点的转角与挠度。

(6)比较计算获得的挠度与假定挠度之间的误差是否在允许范围内,若是,则这一级荷载下的计算完成,否则,将计算挠度作为新的假定值,重复步骤(3)~(5)。

(7)重复步骤(2)~(6),直至构件发生破坏。由此完成长柱的全过程分析。

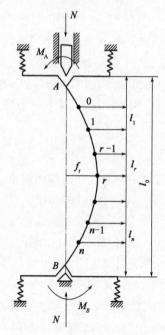

图 4-12 偏心受压长柱分析图

此处需要说明,在进行截面和构件的全过程分析时,前述 4.2.1 节中提到的我国规范建议采用的混凝土受压应力-应变关系已不再适用,因为其与实际混凝土的受压应力-应变关系相差较大。这里建议采用我国规范附录 C 中提供的混凝土受压应力-应变关系。

以上介绍了关于正截面承载力计算的一般方法,这种方法虽然不受截面类型和荷载形式的限制,计算结果的准确度较高,但其计算过程复杂,不适合应用于工程设计。另外,在实际工程设计中一般只关心截面的极限承载力,对受力全过程基本不予考虑。因此,对上述一般方法可以进行适当简化,以满足设计使用要求。

# 4.3 受弯构件正截面承载力

## 4.3.1 等效矩形应力图法

采用一般方法计算正截面承载力时,受压区混凝土的应力分布为曲线,计算较为复杂。为简化计算,考虑将受压区混凝土的曲线应力分布等效为矩形,即等效矩形应力图法。如图 4-13 所示,以应力合力大小及合力作用点不变作为等效条件,将应力的曲线分布[图 4-13c)]等效成宽度为 $\alpha_1 f_c$、高度为 $x = \beta_1 c$ 的矩形[图 4-13d)]。

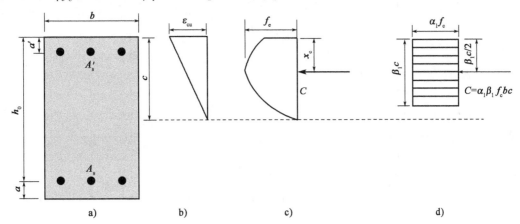

图 4-13 曲线应力图等效为矩形应力图

a) 截面;b) 应变分布;c) 应力分布;d) 等效矩形应力

混凝土的受压应力-应变关系采用式 (4-1),则普通受压混凝土(强度等级低于 C50)的曲线应力图的合力可以表示为:

$$C = \int_0^c \sigma_c b \mathrm{d}x = \int_0^{x_0} f_c \left[ 1 - \left( 1 - \frac{\varepsilon_c}{\varepsilon_0} \right)^2 \right] b \mathrm{d}x + \int_{x_0}^c f_c b \mathrm{d}x \tag{4-20}$$

其中,$x_0$ 为应变达到 $\varepsilon_0$ 时对应的截面受压区高度。由平截面假定,有

$$x = x_0 \frac{\varepsilon_c}{\varepsilon_0}, \quad x_0 = c \frac{\varepsilon_0}{\varepsilon_{cu}} \tag{4-21}$$

代入式(4-20),有

$$C = f_c cb \left( 1 - \frac{1}{3} \frac{\varepsilon_0}{\varepsilon_{cu}} \right) \tag{4-22}$$

受压混凝土合力作用点到受压区边缘的距离 $x_c$ 为：

$$x_c = c - \frac{1}{C}\int_0^c \sigma_c bc \, \mathrm{d}x = c\left[1 - \frac{\frac{1}{2} - \frac{1}{12}\left(\frac{\varepsilon_0}{\varepsilon_{cu}}\right)^2}{1 - \frac{1}{3}\frac{\varepsilon_0}{\varepsilon_{cu}}}\right]$$
(4-23)

由图 4-13d) 可知，受压混凝土的合力 $C = \alpha_1 \beta f_c bc$，合力点到受压边缘的距离 $x_c = 0.5\beta_1 c$，则 $\beta_1$ 和 $\alpha_1$ 可以表示为：

$$\beta_1 = \frac{1 - \frac{2}{3}\frac{\varepsilon_0}{\varepsilon_{cu}} + \frac{1}{6}\left(\frac{\varepsilon_0}{\varepsilon_{cu}}\right)^2}{1 - \frac{1}{3}\frac{\varepsilon_0}{\varepsilon_{cu}}}, \quad \alpha_1 = \frac{1}{\beta}\left(1 - \frac{1}{3}\frac{\varepsilon_0}{\varepsilon_{cu}}\right)$$
(4-24)

我国规范取 $\varepsilon_0 = 0.002$，$\varepsilon_{cu} = 0.0033$，代入式(4-24)得 $\alpha_1 = 0.969$，$\beta_1 = 0.824$。我国规范近似取 $\alpha_1 = 1.0$，$\beta_1 = 0.8$。

式(4-24)确定的等效矩形应力图参数 $\alpha_1$ 与 $\beta_1$ 仅限于普通强度混凝土(C50 以下)使用。考虑到高强混凝土在工程中的使用越来越广泛，许多学者对此进行了大量的研究，表 4-1 列出了部分研究者对 $\alpha_1$ 与 $\beta_1$ 的建议取值。

**不同研究者建议使用的等效矩形应力图参数**　　　　表 4-1

| 研 究 者 | $\alpha_1$ | $\beta_1$ | $\varepsilon_{cu}$ |
|---|---|---|---|
| Azizinamini 等[4-12] | 当 $f_c' \leqslant 69\text{MPa}$ 时，取 0.85；<br>当 $f_c' > 69\text{MPa}$ 时，取 $0.85 - 0.05(f_c' - 10) \geqslant 0.6$ | 当 $f_c' \leqslant 30\text{MPa}$ 时，取 0.85；<br>当 $f_c' > 30\text{MPa}$ 时，取 $0.85 - 0.05516(f_c' - 4.35) \geqslant 0.65$ | 0.003 |
| Ibrahim 和 MacGregor[4-13] | $0.85 - \frac{f_c'}{116} \geqslant 0.725$ | $0.95 - \frac{f_c'}{58} \geqslant 0.7$ | 0.003 |
| Attard 和 Stewart[4-14] | 八字块试验，取 $1.2932\left(\frac{f_c'}{0.145}\right)^{-0.0998} \geqslant 0.71$；<br>进行持续荷载试验，取 $0.647\left(\frac{f_c'}{0.145}\right)^{-0.0324} \geqslant 0.58$ | $1.0948\left(\frac{f_c'}{0.145}\right)^{-0.091} \geqslant 0.67$ | 0.003 |
| Bae 和 Bayrak[4-15] | 当 $f_c' \leqslant 70\text{MPa}$ 时，取 0.85；<br>当 $f_c' > 70\text{MPa}$ 时，取 $0.85 - 0.02758(f_c' - 10.2) \geqslant 0.67$ | 当 $f_c' \leqslant 30\text{MPa}$ 时，取 0.85；<br>当 $f_c' > 30\text{MPa}$ 时，取 $0.85 - 0.02758(f_c' - 4.35) \geqslant 0.67$ | 0.003 |
| Ozbakkaloglu 和 Saatcioglu[4-16] | 当 $f_c' \leqslant 27.6\text{MPa}$ 时，取 0.85；<br>当 $f_c' > 27.6\text{MPa}$ 时，取 $0.85 - 0.01(f_c' - 4) \geqslant 0.72$ | 当 $f_c' \leqslant 27.6\text{MPa}$ 时，取 0.85；<br>当 $f_c' > 27.6\text{MPa}$ 时，取 $0.85 - 0.014(f_c' - 4) \geqslant 0.67$ | 0.003 |

不同国家规范中 $\alpha_1$ 与 $\beta_1$ 的取值不尽相同，见表 4-2。图 4-14 给出了一些国家规范中和 $\alpha_1$ 与 $\beta_1$ 取值与试验结果的比较。

不同规范规定的等效矩形应力参数　　　　　　　表 4-2

| 规　范 | $\alpha_1$ | $\beta_1$ | $\varepsilon_{cu}$ |
|---|---|---|---|
| 中国规范 GB 50010—2010[4-7] | $1.0 - 0.002(f_{cu,k} - 50) \leq 1.0$ | $0.8 - 0.002(f_{cu,k} - 50) \leq 0.8$ | 0.0033 |
| 中国水工规范 SL/T 191—1996[4-8] | 1.0 | 0.8 | 0.0033 |
| 美国规范 ACI 318—11[4-17] | 0.85 | $0.85 - \dfrac{0.05}{7}(f'_c - 30)$, $0.65 \leq \beta_1 \leq 0.85$ | 0.003 |
| 欧洲规范 CEB-FIP CODE[4-18] | $1.0 - f_{ck}/250$ | 0.8 | 0.0035 |
| 英国规范 BS 8110—1997[4-10] | 1.0 | 0.9 | 0.0035 |
| 欧洲规范 EUROCODE 2[4-19] | 1.0 | 0.8 | 0.0035 |

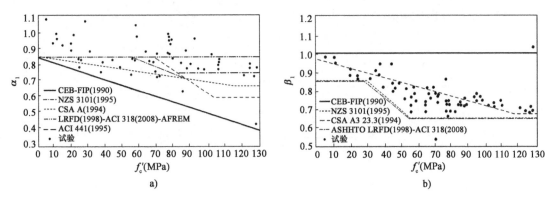

图 4-14　各国设计规范中等效矩形参数与试验结果的比较

a)$\alpha_1$与试验结果的比较;b)$\beta_1$与试验结果的比较

这里需要注意,我国规范中的混凝土轴心抗压强度 $f_c$(棱柱体抗压强度)考虑了试验强度到实际强度的转化,即试验测得的抗压强度乘以系数 0.88 得到实际构件的抗压强度。所以,对于普通混凝土,$\alpha_1$ 在我国规范中的取值为 1.0。而国外的混凝土规范中采用的圆柱体抗压强度 $f'_c$ 并未考虑这一转换,所以对于普通混凝土,$\alpha_1$ 的取值为 0.85 或从 0.85 降低的系数。

### 4.3.2　受弯构件正截面承载力实用计算方法

钢筋混凝土受弯构件的正截面破坏形式有 3 种。

(1)受拉破坏

纵向受拉钢筋首先达到屈服,随后钢筋应变持续增大,受拉混凝土裂缝迅速扩展,受压区高度减小,最终受压区边缘混凝土达到极限压应变,混凝土被压碎,构件宣告破坏。这一破坏过程表现出一定的延性破坏特征。如果纵向受拉钢筋配置过少,受拉区混凝土开裂后,受拉钢筋将迅速屈服,甚至被拉断,试件发生脆性破坏,在工程设计中,应该避免此类破坏。

(2)受压破坏

在纵向受拉钢筋屈服之前,受压区边缘混凝土已经达到极限压应变,混凝土被压碎。这一破坏表现为脆性破坏,在工程设计中也应避免。

(3)界限破坏(平衡破坏)

在纵向受拉钢筋达到屈服极限的同时,受压区边缘混凝土达到极限压应变而被压碎。此时的截面受压区高度和相对受压区高度为 $x_{0b}$ 和 $\xi_{0b}$，等效矩形应力图高度和相对高度为 $x_b$ 和 $\xi_b$，根据平截面假定(图 4-15)可以确定：

$$\xi_{0b} = \frac{x_{0b}}{h_0} = \frac{\varepsilon_{cu}}{\varepsilon_{cu} + f_y/E_s} \tag{4-25}$$

$$\xi_b = \frac{x_b}{h_0} = \frac{\beta_1 x_{0b}}{h_0} = \frac{\beta_1 \varepsilon_{cu}}{\varepsilon_{cu} + f_y/E_s} \tag{4-26}$$

当 $\xi < \xi_b$ 时，发生受拉破坏，$\sigma_s = f_y$；当 $\xi > \xi_b$ 时，发生受压破坏，$\sigma_s < f_y$；当 $\xi = \xi_b$ 时，发生界限破坏，$\sigma_s = f_y$。

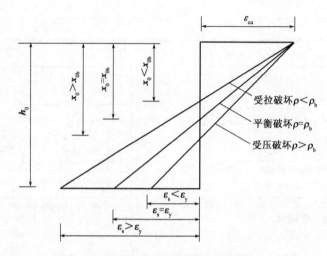

图 4-15　受弯构件正截面应变分布图

如前述假定，钢筋与混凝土之间粘结性能良好，钢筋的应力 $\sigma_s$ 可以表示为：

$$\varepsilon_s = \varepsilon_{cu}\left(\frac{h_0 - x_0}{x_0}\right) \tag{4-27}$$

$$\sigma_s = \varepsilon_s E_s = \varepsilon_{cu} E_s \left(\frac{h_0 - x_0}{x_0}\right) = \varepsilon_{cu} E_s \left(\frac{\beta_1 h_0 - x}{x}\right) \tag{4-28}$$

式中，$\sigma_s$ 满足 $-f_y \leqslant \sigma_s \leqslant f_y$。

下面以仅受弯矩作用的双筋矩形截面受拉破坏为例，分别介绍各国规范中关于受弯构件正截面承载力的实用计算方法。

(1)中国规范(GB 50010—2010)

受弯构件正截面承载力计算简图如图 4-16 所示。计算公式为：

$$0 = \alpha_1 bx f_c + A'_s f'_y - A_s \sigma_s \tag{4-29}$$

$$M \leqslant M_u = \alpha_1 f_c bx \left(h_0 - \frac{x}{2}\right) + A'_s f'_y (h_0 - \alpha'_s) \tag{4-30}$$

式中：$f_c$——混凝土轴心抗压强度；

$f'_y$——纵向受压钢筋屈服强度；

$\sigma_s$——纵向受拉钢筋应力，屈服时取 $f_y$；

$b$——构件截面宽度；

$x$——受压区高度；

$a'_s$ ——纵向受压钢筋的合力点到截面受压区边缘的距离；

$h_0$ ——截面有效高度。

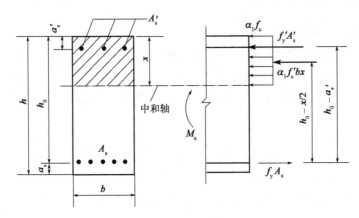

图 4-16 双筋矩形截面承载力计算简图

其中，给出了 $\sigma_s$ 的简易计算公式：

$$\sigma_s = f_y \frac{\xi - \beta_1}{\xi_b - \beta_1} \tag{4-31}$$

受压钢筋应力假定为钢筋的设计抗压强度，当 $f_y \leqslant 400\mathrm{MPa}$ 时，由平截面假定推出需满足的条件为 $x \geqslant 2a'_s$。

（2）美国规范（ACI 318-11）

美国规范给出的双筋矩形截面承载力计算简图如图 4-17 所示，计算公式为：

$$0 = 0.85 f'_c bx + A'_s f'_y - A_s f_y \tag{4-32}$$

$$M \leqslant M_u = \phi M_n = \phi \left[ 0.85 f'_c bx \left( h_0 - \frac{x}{2} \right) + A'_s f'_y (h_0 - a'_s) \right] \tag{4-33}$$

式中：$f'_c$ ——混凝土强度等级，由圆柱体抗压强度标准值测定；

$M_n$ ——构件名义承载力，使用材料强度标准值计算；

$\phi$ ——承载力折减系数，考虑了材料强度的离散型和结构的重要性等级，具体取值见表4-3。

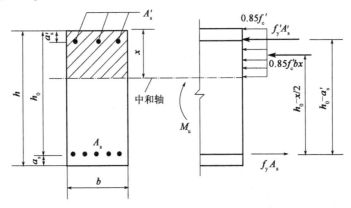

图 4-17 美国规范双筋矩形截面承载力计算简图

承载力折减系数 φ 的取值 表 4-3

| 构件种类 | 受拉和受弯构件 | 受压构件(配普通箍筋) | 受剪和受扭构件 |
|---|---|---|---|
| φ 值 | 0.9 | 0.65 | 0.75 |

相比于中国规范,美国规范给出的正截面承载力实用计算方法存在以下不同。

①美国规范中采用的实用设计表达式为:$M \leq M_u = \phi M_u(f_y, f_c', a)$,其中 $M$ 为荷载效应设计值。荷载基本组合效应 $M = 1.2D + 1.6L$,其中 $D$ 和 $L$ 分别为永久荷载和可变荷载的荷载效应。

②为了保证构件具有一定的延性,美国规范作了下列规定:对于受弯构件单筋矩形截面,要求截面配筋率 $\rho \leq 0.75\rho_b$,其中 $\rho_b$ 为构件正截面发生界限破坏时的配筋率;对于双筋矩形截面,要求截面配筋率满足 $\rho - \rho' \leq 0.75\rho_b$。

③为了避免构件出现脆性破坏,要求梁构件的纵向受拉钢筋的配筋率 $\rho$ 不低于最小配筋率 $\rho_{min}$,即 $\rho \geq \rho_{min} = \sqrt{f_c'}/4f_y$。

(3)英国规范(BS 8110—1997)

英国规范给出的双筋矩形截面承载力计算简图如图 4-18 所示,计算公式为:

$$0 = 0.45f_{cu}bx + 0.95A_s'f_y' - 0.95A_sf_y \tag{4-34}$$

$$M \leq M_u = 0.45f_{cu}bx\left(h_0 - \frac{x}{2}\right) + 0.95A_s'f_y'(h_0 - a_s') \tag{4-35}$$

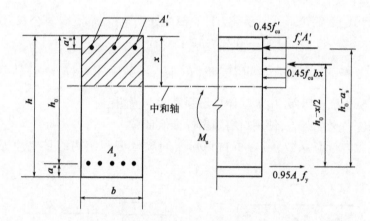

图 4-18　英国规范双筋矩形截面承载力计算简图

需注意:

①英国规范给出的式(4-34)和式(4-35)中均采用的是材料强度等级值,已经考虑了荷载分项系数与材料分项系数。其永久荷载和可变荷载分项系数分别为 1.4 和 1.6,钢筋和混凝土的材料分项系数分别为 1.05 和 1.5。

②为了保证构件延性,英国规范要求截面受压区高度满足 $x_0 \leq 0.5h_0$。

③为了避免构件出现脆性破坏,英国规范对于纵向受拉钢筋最小配筋率作出规定,标准屈服强度为 250MPa 和 460MPa 的钢筋最小配筋率分别为 0.24% 和 0.13%,后者小于中国规范中相应的最小配筋率(0.2% 和 $0.45f_t/f_y$ 中的较大值)。

# 4.4 受压构件正截面承载力计算

受压构件按轴向力作用位置与构件截面形心轴之间的相对位置关系,可以分为轴心受压构件与偏心受压构件。在实际工程中,因混凝土材料本身的非均质性、纵向钢筋的非对称布置、荷载作用位置的不准确性以及尺寸偏差等,理想的轴心受压构件基本不存在。但在桁架的受压腹杆和主要承受恒荷载作用的多层房屋的内柱等构件中,偏心作用产生的弯矩很小,可以忽略不计。

## 4.4.1 轴心受压构件正截面承载力计算

轴心受压构件按长细比可以分为短柱和长柱。在进行正截面承载力计算时,与短柱不同的是长柱需注意二阶效应的考虑。因此,下面分别介绍短柱和长柱的承载力计算方法。

1)轴心受压短柱的正截面承载力计算

(1)中国规范(GB 50010—2010)

我国《混凝土结构设计规范(2015年版)》(GB 50010—2010)考虑了不同箍筋形式对钢筋混凝土受压构件的影响,如图4-19所示。在轴心受压构件中,纵筋的作用为提高柱的受压承载力和延性性能,减小截面尺寸,防止因偶然的偏心荷载产生脆性破坏等。普通箍筋与纵向钢筋组成钢筋骨架,防止纵向钢筋受压后外凸。而螺旋箍筋与普通钢筋不同,其犹如一套筒将核心区混凝土包裹,对混凝土的侧向变形提供约束,使得核心区混凝土处于三向受压状态,从而提高了混凝土的抗压强度和延性。图4-20给出了不同配箍形式轴心受压构件的荷载-应变曲线。

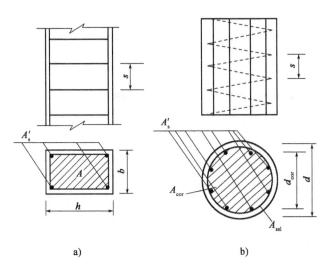

a)                                    b)

图4-19 钢筋混凝土轴心受压构件

a)普通箍筋柱;b)螺旋箍筋柱

配置普通箍筋的轴心受压柱的正截面承载力实用计算公式如下:

$$N_{u} = 0.9\varphi(f_{c}A + f'_{y}A'_{s}) \tag{4-36}$$

$$\varphi = \left[ 1 + 0.002 \left( \frac{l_0}{b} \right)^2 \right]^{-1} \tag{4-37}$$

式中：$\varphi$ —— 构件的稳定系数；

$l_0$ —— 构件的有效长度；

$b$ —— 构件截面的短边尺寸；

$f_c$ —— 混凝土轴心抗压强度；

$A$ —— 构件截面面积，当纵筋配筋率大于 3% 时，取 $A - A'_s$；

$f'_y$ —— 纵向钢筋的受压屈服强度；

$A'_s$ —— 纵向钢筋面积。

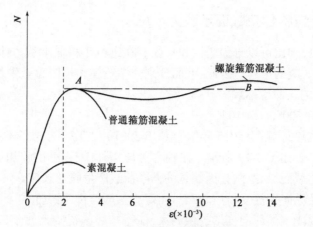

图 4-20 轴心受压构件荷载-应变曲线

配置螺旋箍筋时，正截面承载力按下列公式进行计算：

$$N_u = 0.9(f_c A_{cor} + f'_y A'_s + 2\alpha f_{yv} A_{ss0}) \tag{4-38}$$

$$A_{ss0} = \frac{\pi d_{cor} A_{ss1}}{s} \tag{4-39}$$

式中：$f_{yv}$ —— 箍筋抗拉强度设计值；

$A_{cor}$ —— 箍筋内表面范围内的核心区混凝土截面面积；

$A_{ss0}$ —— 螺旋箍筋的换算截面面积；

$d_{cor}$ —— 构件的核心区截面直径；

$A_{ss1}$ —— 单肢箍筋的截面面积；

$s$ —— 箍筋沿构件轴线方向的间距；

$\alpha$ —— 箍筋对混凝土约束的折减系数，当混凝土强度等级低于 C50 时，取 1.0；当混凝土强度等级为 C80 时，取 0.85，其间按线性内插确定。

（2）美国规范（ACI 318-11）

美国《建筑规范对结构混凝土的要求》（ACI 318-11）分别给出了预应力轴心受压构件和非预应力轴心受压构件的正截面承载力计算公式。

非预应力轴心受压构件：

$$\phi P_n \leqslant \phi P_{n,\max} = 0.8\phi \left[ 0.85 f'_c (A_g - A_{st}) + f_y A_{st} \right] \tag{4-40}$$

预应力轴心受压构件：

$$\phi P_n \leqslant 0.8 \phi P_0 \qquad (4\text{-}41)$$

式中：$P_n$——名义轴向荷载；

$\quad A_g$——构件毛截面面积；

$\quad A_{st}$——纵向钢筋总面积；

$\quad \phi$——强度折减系数，取 0.65；

$\quad P_0$——偏心距为 0 时的名义轴向荷载。

（3）加拿大规范（CSA A23.3—04）

加拿大《混凝土结构设计》（CSA A23.3—04）规定，对于钢筋混凝土轴心受压柱，应满足轴向极限荷载不超过 $P_{max}$。

$$P_{max} = 0.8 \big[ \alpha_1 \phi_c f'_c (A_g - A_{st} - A_t - A_p) + \phi_s f_y A_{st} + \phi_a F_y A_t - f_{pr} A_p \big] \qquad (4\text{-}42)$$

$$\alpha_1 = 0.85 - 0.0015 f'_c \geqslant 0.67 \qquad (4\text{-}43)$$

式中：$\alpha_1$——等效矩形应力图系数；

$\quad A_g$——构件毛截面面积；

$\quad A_p$——预应力筋截面面积；

$\quad A_{st}$——纵向钢筋总截面面积；

$\quad A_t$——组合截面中结构型钢、钢管的面积；

$\quad f'_c$——混凝土圆柱体抗压强度；

$\quad f_{pr}$——混凝土达到极限压应变时预应力筋的应力；

$\quad f_y$——钢筋屈服强度；

$\quad F_y$——结构钢屈服强度；

$\quad \phi_a$——结构钢抗力系数，取 0.9；

$\quad \phi_c$——混凝土抗力系数，取 0.6；

$\quad \phi_s$——钢筋抗力系数，取 0.85。

（4）新西兰规范（NZS 3101—1995）

新西兰《混凝土结构设计》（NZS 3101—1995）规定，在轴心受压构件的承载力达到极限状态时，截面设计轴力 $N^*$ 应满足 $N^* \leqslant 0.85 \phi N_0$。其中，$N_0$ 为名义受压承载力，按式（4-44）计算。

$$N_0 = \alpha_1 \phi_c f'_c (A_g - A_{st}) = \phi_s f_y A_{st} \qquad (4\text{-}44)$$

其中：

$$\alpha_1 = \begin{cases} 0.85 & (f'_c \leqslant 55\text{MPa}) \\ 0.85 - 0.04(f'_c - 55) \geqslant 0.75 & (f'_c > 55\text{MPa}) \end{cases} \qquad (4\text{-}45)$$

式中：$A_g$——构件毛截面面积；

$\quad A_{st}$——纵向钢筋总截面面积；

$\quad f'_c$——混凝土圆柱体抗压强度；

$\quad f_y$——非预应力筋屈服强度；

$\quad \alpha_1$——系数；

$\phi_s$、$\phi_c$——混凝土和钢筋强度降低系数。

2）轴心受压长柱的正截面承载力计算

由于混凝土材料本身具有不均匀性，构件在实际制作过程中可能存在初弯曲、在使用加载阶段可能存在初偏心等问题，构件在外轴力作用下除了发生轴向压缩变形以外，还可能发生较大的弯曲变形使构件发生失稳破坏。

（1）欧拉公式

图 4-21 为轴心受压构件的荷载-侧移曲线，受压构件的平衡位置会随着荷载的逐渐增加出现变化。在达到临界状态之前，构件保持初始平衡位置，而在到达临界状态时，构件从初始平衡位置过渡到新的平衡位置，此后随荷载的增加变形进一步增大。

用于计算轴心受压构件稳定荷载的欧拉公式为：

$$N_{cr} = \frac{\pi^2 EI}{l^2} \tag{4-46}$$

式中：$N_{cr}$——构件的稳定荷载，亦称欧拉临界荷载；

$\quad EI$——构件的刚度；

$\quad l$——构件的计算长度，根据不同的边界条件取用不同的值。

稳定荷载对应的构件截面应力为：

$$\sigma_{cr} = \frac{N_{cr}}{A} \tag{4-47}$$

式中：$A$——构件截面面积。

需要注意，欧拉公式是假定构件为弹性材料提出的，当构件的计算长度趋近于 0 时，求得的承载力趋于无穷。考虑到实际的材料强度是有限的，因此通常取欧拉临界力与按材料强度计算的正截面承载力二者中的较小值作为构件的实际承载力，如图 4-22 所示。

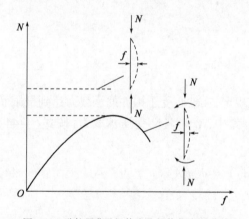

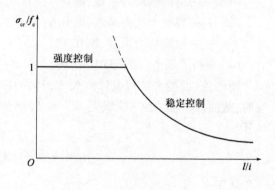

图 4-21　欧拉屈曲及极值失稳的荷载-侧移曲线

图 4-22　轴心受压构件的承载力

（2）静力平衡法

考虑到混凝土材料的应变软化特性可能使受压长柱的临界截面在破坏之前就已经达到了极限承载力。因此，提出了基于最大荷载条件确定承载力的计算方法——静力平衡法。

对于素混凝土矩形截面柱，已知截面的应力和应变分布，如图 4-23 所示，则截面承受的力和弯矩可以表示为：

$$N = b \int_{y_0 - h}^{y_0} \varepsilon_c f_c \frac{y}{y_0 \varepsilon_0} \left( 2 - \varepsilon_c \frac{y}{y_0 \varepsilon_0} \right) dy$$

$$= b \left\{ f_c \frac{\varepsilon_c}{y_0 \varepsilon_0} [y_0^2 - (y_0 - h)^2] - \frac{1}{3} f_c \frac{\varepsilon_c^2}{y_0^2 \varepsilon_0^2} [y_0^3 - (y_0 - h)^3] \right\} \tag{4-48}$$

$$M = b \int_{y_0-h}^{y_0} \varepsilon_c f_c \frac{y}{y_0 \varepsilon_0} \left( 2 - \varepsilon_c \frac{y}{y_0 \varepsilon_0} \right) y \mathrm{d}y$$

$$= b \left\{ \frac{2}{3} f_c \frac{\varepsilon_c}{y_0 \varepsilon_0} [y_0^3 - (y_0 - h)^3] - \frac{1}{4} f_c \frac{\varepsilon_c^2}{y_0^2 \varepsilon_0^2} [y_0^4 - (y_0 - h)^4] \right\} \tag{4-49}$$

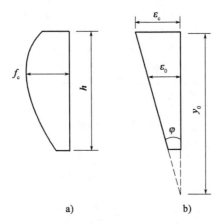

图 4-23　截面应力和应变分布

a)应力;b)应变

两端简支柱中点处的弯矩 $M$ 可以表示为:

$$M = N f_{max} = N \frac{1}{\alpha} \varphi l^2 \tag{4-50}$$

式中: $f_{max}$ ——柱中点的最大水平位移;

　　　$\varphi$ ——构件中高截面的曲率;

　　　$\alpha$ ——形状参数,与沿柱轴线方向的曲率函数有关。

联立式(4-48)~式(4-50),令

$$k = \frac{\alpha}{\varepsilon_0 \left( \dfrac{l}{h} \right)^2} \tag{4-51}$$

可以得到:

$$\frac{\varepsilon_c}{\varepsilon_0} = \frac{\dfrac{y_0}{h} \left[ 2 \dfrac{y_0}{h} (12 + k) - 12 - k - \sqrt{(144 + k^2) \left( 2 \dfrac{y_0}{h} - 1 \right)^2 - 8k} \right]}{8 \left[ 3 \left( \dfrac{y_0}{h} \right)^2 - 3 \dfrac{y_0}{h} + 1 \right]} \tag{4-52}$$

将式 (4-52) 代入式 (4-48),即求得轴力 $N$。只需令 $y_0 \to \infty$,即可得到未发生挠曲变形的轴心受压柱的最大轴力,而这一荷载也是柱即将发生挠曲的临界荷载,由式(4-53)计算:

$$\frac{N_{cr}}{bhf_c} = \frac{k}{6} \left[ \sqrt{1 + \left( \frac{k}{12} \right)^2} - \frac{k}{12} \right] \tag{4-53}$$

相应的临界应力为:

$$\frac{\sigma_{cr}}{f_c} = \frac{k}{6} \left[ \sqrt{1 + \left( \frac{k}{12} \right)^2} - \frac{k}{12} \right] \tag{4-54}$$

图 4-24 所示的配有钢筋的轴心受压柱,其平衡条件取决于钢筋屈服情况。计算方法与上述素混凝土柱的基本相同。图 4-25 列出了钢筋屈服与否的 3 种情况,分别计算如下。

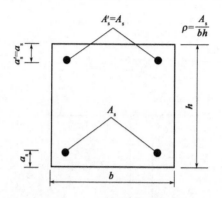

图 4-24　轴心受压柱的截面图

①纵向钢筋未屈服时[图 4-25a)]。

$$\frac{\varepsilon_{c1}}{\varepsilon_0} = \frac{1}{12}k + \Phi_{\varepsilon_0} + 1 - \sqrt{(\Phi_{\varepsilon_0} + 1)^2 - \Phi_{\varepsilon_0}k\left[2\left(\frac{a_s}{h}\right)^2 - 2\frac{a_s}{h} + \frac{1}{3}\right] + \frac{1}{12^2}k^2} \quad (4\text{-}55)$$

$$\frac{N_1}{bhf_c} = -\left(\frac{\varepsilon_{c1}}{\varepsilon_0}\right)^2 + 2\frac{\varepsilon_{c1}}{\varepsilon_0}(1 + \Phi_{\varepsilon_0}) \quad (4\text{-}56)$$

其中:

$$\Phi_{\varepsilon_0} = \frac{A_s E_s \varepsilon_0}{bhf_c}, \quad k = \frac{\alpha}{\varepsilon_0 \left(\frac{1}{h}\right)^2} \quad (4\text{-}57)$$

②截面上部钢筋屈服而下部钢筋未屈服时[图 4-25b)]。

$$\frac{\varepsilon_{c3}}{\varepsilon_0} = \frac{f_y}{\varepsilon_0 E_s} \quad (4\text{-}58)$$

$$\frac{N_2}{bhf_c} = -\left(\frac{\varepsilon_{c2}}{\varepsilon_0}\right)^2 + 2\left(\frac{\varepsilon_{c2}}{\varepsilon_0} + 2\Phi_{\varepsilon_0}\right) \quad (4\text{-}59)$$

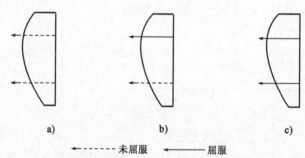

- - - - - - 未屈服　←───── 屈服

图 4-25　截面钢筋屈服与否的 3 种情况
a)钢筋未屈服;b)上部钢筋屈服而下部钢筋未屈服;c)全部钢筋屈服

③全部纵向钢筋屈服时[图 4-25c)]。

$$\frac{\varepsilon_{c3}}{\varepsilon_0} = \frac{1}{12}k + 1 - \sqrt{\frac{1}{12^2}k^2 + 2\Phi_{\varepsilon_0} + 1} \quad (4\text{-}60)$$

$$\frac{N_3}{bhf_c} = -\left(\frac{\varepsilon_{c3}}{\varepsilon_0}\right)^2 + 2\left(\frac{\varepsilon_{c3}}{\varepsilon_0}\right) + 2\Phi_{\varepsilon_0} \tag{4-61}$$

### 4.4.2 偏心受压构件正截面承载力计算

1) 偏心受压短柱的正截面承载力计算

与受弯构件类似,偏心受压构件常见的正截面破坏形式如下:

①受拉破坏($\xi < \xi_b$ 时)——破坏时,纵向受拉钢筋首先屈服,然后受压区混凝土达到极限压应变被压坏。因此时偏心距较大,此种破坏亦称为大偏压破坏。

②受压破坏($\xi > \xi_b$ 时)——由混凝土的突然压坏而引起,离轴向力较远一侧的纵筋可能受拉但未屈服,也可能受压。破坏通常发生在离轴向力较近一侧,特殊情况下也可能发生在离轴向力较远一侧。因此时偏心距较小,此种破坏亦称为小偏压破坏。

③界限破坏($\xi = \xi_b$ 时)——纵向受拉钢筋的屈服与受压区混凝土的压碎几乎同时发生,作为大小偏压破坏的界线。

下面以我国规范为例介绍偏心受压短柱正截面承载力的实用计算方法。

(1)大偏心受压短柱

大偏心受压短柱的正截面承载力计算简图如图 4-26 所示。计算公式为:

$$N_u = \alpha_1 f_c bx + f'_y A'_s - f_y A_s \tag{4-62}$$

$$N_u e = \alpha_1 f_c bx \left(h_0 - \frac{x}{2}\right) + f'_y A'_s (h_0 - a'_s) \tag{4-63}$$

式中:$e$——偏心距,$e = e_i + 0.5h - a_s$,其中初始偏心距 $e_i = e_0 + e_a$,其中 $e_a$ 为附加偏心距,计算偏心距 $e_0 = M/N$。

适用条件为 $\xi \leqslant \xi_b$,$x \geqslant 2a'_s$。

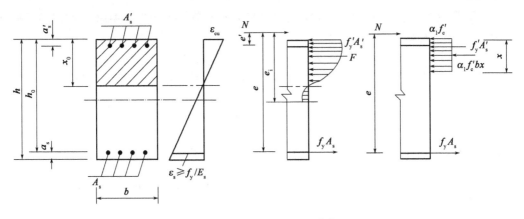

图 4-26  大偏心受压构件的计算简图

(2)小偏心受压短柱

小偏心受压短柱的正截面承载力计算简图如图 4-27 所示。计算公式为:

$$N_u = \alpha_1 f_c bx + f'_y A'_s - \sigma_s A_s \tag{4-64}$$

$$N_u e = \alpha_1 f_c bx \left(h_0 - \frac{x}{2}\right) + f'_y A'_s (h_0 - a'_s) \tag{4-65}$$

式中:$\sigma_s$——受拉钢筋的应力,按式(4-31)计算。

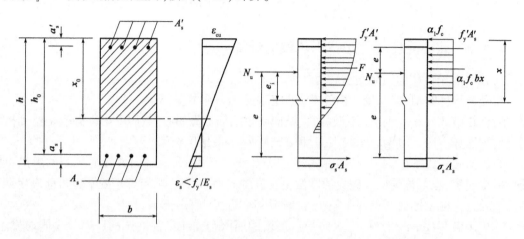

图 4-27   小偏心受压构件的计算简图

2)偏心受压长柱的正截面承载力计算

(1)二次弯矩的计算

各国规范大多采取计算长度 $l_0$ 和偏心距增大系数 $\eta$ 的方法(简称 $l_0$-$\eta$ 法)来确定二次弯矩。此方法使用简便,且在大多数情况下具有足够的精度。下面以中国规范和美国规范为例介绍 $l_0$-$\eta$ 法在实用计算中的实现。

①中国规范(GB 50010—2010)。

我国规范基于弹性分析和工程经验,将不同情况下的具体柱化为两端铰支的无侧移的标准柱,然后考虑柱端约束和侧移的影响,通过偏心距增大系数 $\eta$ 的引入来考虑二次弯矩的作用,具体过程如下。

a. 确定计算长度 $l_0$——根据柱的实际情况按规范所给表格取值。

b. 确定弯矩增大系数 $\eta$——以控制截面的曲率为主要参数。如图 4-28 所示,初始偏心距为 $e_i$,附加挠度为 $f$,则总偏心距为:

$$\eta e_i = e_i + f = \left(1 + \frac{f}{e_i}\right)e_i \tag{4-66}$$

$$\eta = 1 + \frac{f}{e_i} \tag{4-67}$$

假定挠度曲线为正弦曲线,则有:

$$y = f\sin\left(\frac{\pi x}{l_0}\right), \quad y' = f\frac{\pi}{l_0}\cos\left(\frac{\pi x}{l_0}\right), \quad y'' = -f\left(\frac{\pi}{l_0}\right)^2\sin\left(\frac{\pi x}{l_0}\right) = \phi \tag{4-68}$$

附加挠度 $f$ 可以表示为:

$$f = \phi_u \frac{l_0^2}{\pi^2} \tag{4-69}$$

假定控制截面发生临界破坏,基于平截面假定,截面曲率为:

$$\phi_u = \frac{\varepsilon_{cu} + \varepsilon_y}{h_0} \tag{4-70}$$

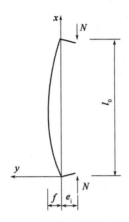

图 4-28　标准柱的挠度曲线

考虑混凝土徐变影响,取混凝土极限压应变 $\varepsilon_{cu} = 1.25 \times 0.0033$,钢筋按工程中常用的 HRB335 级钢筋为准,则钢筋屈服应变 $\varepsilon_y = 0.0017$。通过引入修正系数 $\zeta_1$ 和 $\zeta_2$ 来考虑偏心率 $e_0/h_0$ 和长细比 $l_0/h$ 对截面曲率的影响。将式(4-69)和式(4-70)代入式(4-67)得:

$$\eta = 1 + \frac{1}{1400 e_i/h_0}\left(\frac{l_0}{h}\right)^2 \zeta_1 \zeta_2 \tag{4-71}$$

其中:

$$\zeta_1 = \frac{0.5 f_c A}{N}, \quad \zeta_2 = 1.15 - 0.01 \frac{l_0}{h} \tag{4-72}$$

该方法经试验验证,是符合试验结果的。但仍存在以下问题:

a. 构件计算长度 $l_0$ 的确定方法对一般多层结构的常用截面尺寸的柱是适用的,但当梁柱线刚度比过大或过小时,规范中计算长度的确定方法会使其偏离实际。

b. 确定偏心距增大系数 $\eta$ 时分别按柱截面进行计算确定,未能考虑与有侧移柱同层的各柱侧移相等的基本条件。

②美国规范(ACI 318-11)。

与我国规范不同,美国规范对于无侧移柱和有侧移柱的二阶效应(二次弯矩)分别进行考虑。对于无侧移柱(图 4-29),由于柱端无侧移,故二阶效应只考虑侧向挠度的影响,此时对应的柱端附加弯矩为零。计算过程如下:

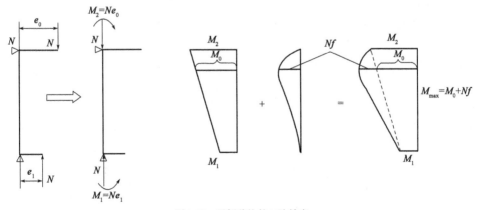

图 4-29　无侧移柱的二阶效应

a. 计算长度 $l_0$ 的确定。

计算长度按式(4-73)取。

$$l_0 = kl_u \tag{4-73}$$

式中：$l_u$——柱端侧向支撑间的净距；

$k$——柱的计算长度与实际长度的比值，取式(4-74)和式(4-75)的较小值。

$$k = 0.7 + 0.05(\psi_A + \psi_B) \tag{4-74}$$

$$k = 0.85 + 0.05\psi_{min} \tag{4-75}$$

式中：$\psi_A$、$\psi_B$——柱端的柱梁线刚度比，计算公式见式(4-76)。

$$\psi = \Sigma\left(\frac{EI}{l}\right)_c \Big/ \Sigma\left(\frac{EI}{l}\right)_b \tag{4-76}$$

式中：$\Sigma\left(\frac{EI}{l}\right)_b$——与柱端相交的所有梁的线刚度和；

$\Sigma\left(\frac{EI}{l}\right)_c$——与柱端相交的所有柱的线刚度和。

b. 弯矩增大系数 $\eta$ 的确定。

采用轴力 $N_u$ 和增大后的弯矩 $M_u$ 进行设计，即：

$$M_u = \eta M_2 \tag{4-77}$$

式中：$M_2$——柱端弯矩的较大值，计算时取正值；

$\eta$——弯矩增大系数，按式(4-78)计算。

$$\eta = \frac{c_m}{1 - \dfrac{N}{0.75N_{cr}}} \tag{4-78}$$

式中：$N$——轴力；

$N_{cr}$——临界轴力，计算公式见式(4-79)。

$$N_{cr} = \frac{\pi^2 EI}{(kl)^2} \tag{4-79}$$

构件截面折算刚度 $EI$ 的计算公式见式(4-79)。

$$EI = \frac{0.2E_c I_g + E_s I_s}{1 + \beta_d} \tag{4-80}$$

式中：$I_g$——混凝土毛截面惯性矩；

$I_s$——钢筋相对于截面形心的惯性矩；

$\beta_d$——混凝土影响系数，取长期荷载与总荷载的比值。

式(4-78)中的 $c_m$ 为等效弯矩修正系数，按式(4-81)计算。

$$c_m = 0.6 + 0.4\frac{M_1}{M_2} \geqslant 0.4 \tag{4-81}$$

式中：$M_1$——柱端弯矩的较小值，当柱的挠度曲线为单曲率时，取正值，如图4-30a)所示；双曲率时取负值，如图4-30b)所示；若柱间作用有横向荷载时，$c_m$ 取1.0。

而有侧移柱(图4-31)的二阶效应必须考虑柱端侧移和侧向挠度的影响。柱端的附加弯矩较大，且考虑二阶效应后的最大弯矩仍出现在柱端。计算过程如下：

a. 计算长度 $l_0$ 的确定。

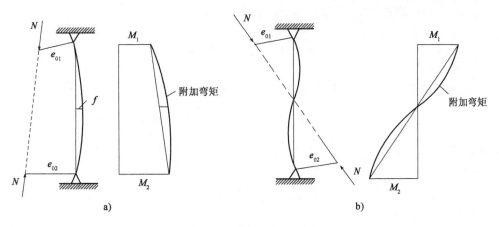

图 4-30 柱端弯矩对 $\eta$ 的影响

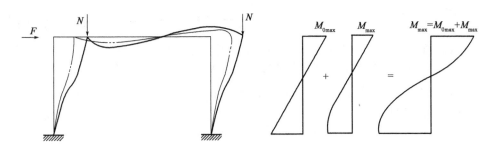

图 4-31 有侧移柱的二阶效应

有侧移柱计算长度 $l_0$ 的计算方法与无侧移柱相同,二者的区别仅在于系数 $k$ 的取值:

当柱两端都受约束时

$$k = \frac{20 - \psi_m}{\psi_m}\sqrt{1 + \psi_m} \qquad (\psi_m < 2) \tag{4-82}$$

$$k = 0.9\sqrt{1 + \psi_m} \qquad (\psi_m \geqslant 2) \tag{4-83}$$

当柱仅一端受约束时

$$k = 2 + 0.3\psi \tag{4-84}$$

式中:$\psi_m$——柱两端的柱梁平均线刚度比;

$\psi$——有约束端的柱梁线刚度比。

b. 设计弯矩 $M_u$ 的确定。

a)当 $kl_u/r < 22$ 时,不考虑二次弯矩的影响,按短柱设计。

b)当 $22 \leqslant kl_u/r$ 且 $\dfrac{l_u}{r} \leqslant \dfrac{35}{\sqrt{N_u/f'_c A_g}}$ 时,

$$M_1 = M_{1ns} + \delta_s M_{1s}, \quad M_2 = M_{2ns} + \delta_s M_{2s} \tag{4-85}$$

式中:$M_1$、$M_2$——柱端 1 和柱端 2 处增大后的弯矩;

$M_{1ns}$、$M_{1s}$——竖向荷载和横向荷载在柱端 1 处产生的一阶弯矩;

$M_{2ns}$、$M_{2s}$——竖向荷载和横向荷载在柱端 2 处产生的一阶弯矩;

$\delta_s$——有侧移柱的弯矩增大系数,按式(4-86)确定。

$$\delta_s = \frac{1}{1 - \dfrac{\sum N_u}{0.75 \sum N_{cr}}} \geqslant 1.0 \tag{4-86}$$

式(4-85)中的轴力 $N_u$ 和 $N_{cr}$ 都是对整个楼层柱求和,因为同一楼层柱的侧移相等。

c)当 $\dfrac{l_u}{r} > \dfrac{35}{\sqrt{N_u / f_c' A_g}}$ 时,需考虑纵向弯曲的影响,最大弯矩可能出现在柱间。此时,在完成 b)中的计算后还需以无侧移柱的计算方法计算 $M_u$。然后用 $N_u$ 和 $M_u$ 进行设计。

(2)偏心受压长柱的正截面承载力计算

我国规范给出的偏心受压长柱的承载力计算公式如下。

①大偏心受压长柱。

$$N_u = \alpha_1 f_c bx + f_y' A_s' - f_y A_s \tag{4-87}$$

$$N_u e = \alpha_1 f_c bx \left(h_0 - \frac{x}{2}\right) + f_y' A_s' (h_0 - a_s') \tag{4-88}$$

式中:$e$——偏心距,$e = \eta e_i + 0.5h - a_s$,其中 $\eta$ 为偏心距增大系数,初始偏心距 $e_i = e_0 + e_a$,其中 $e_a$ 为附加偏心距,计算偏心距 $e_0 = M/N$。

适用条件为 $\xi \leqslant \xi_b, x \geqslant 2a_s'$。

②小偏心受压长柱。

$$N_u = \alpha_1 f_c bx + f_y' A_s' - \sigma_s A_s \tag{4-89}$$

$$N_u e = \alpha_1 f_c bx \left(h_0 - \frac{x}{2}\right) + f_y' A_s' (h_0 - a_s') \tag{4-90}$$

式中:$\sigma_s$——受拉钢筋的应力,按式(4-31)计算。

## 本章参考文献

[4-1] 王传智,滕智明. 钢筋混凝土结构理论[M]. 北京:上海交通大学出版社,1985.

[4-2] 周氐,康清梁,童保全. 现代钢筋混凝土基本理论[M]. 上海:上海交通大学出版社,1989.

[4-3] 赵国藩. 高等钢筋混凝土结构学[M]. 北京:中国电力出版社,1999.

[4-4] 贡金鑫,魏巍巍,赵尚传. 现代混凝土结构基本理论及应用[M]. 北京:中国建筑工业出版社,2009.

[4-5] Park R, Paulay T. Reinforced Concrete Structures[M]. 1st ed. New York:John Wiley & Sons,1975.

[4-6] Nilson A H, Winter G. Design of Concrete Structures[M]. 11th ed. New York:McGraw-Hill, Inc. ,1991.

[4-7] 中华人民共和国国家标准. 混凝土结构设计规范(2015 年版):GB 50010—2010[S]. 北京:中国建筑工业出版社,2010.

[4-8] 中华人民共和国行业标准. 水工混凝土结构设计规范:SL/T 191—1996[S]. 北京:中国

水利水电出版社,1996.

［4-9］ ACI 318- 02. Building Code Requirements for Structural Concrete （318M- 02 ) and Commentary (318RM-02)［S］. 2002.

［4-10］ British Standard Structural Use of Concrete ( BS 8110). Parti. Code of Practice for Design and Construction［S］. 1997.

［4-11］ Whitney C S. Plastic Theory of Reinforced Concrete Design［J］. ASCE,1942,107 (2):251-326.

［4-12］ Azizinamini A,Kuska S S B,Brungardt P,et al. Seismic behavior of square high-strength concrete columns［J］. ACI Structural Journal,1994,91(3):336-345.

［4-13］ Ibrahim H H H, MacGregor G. Modification of the ACI rectangular stress block for high-strength concrete［J］. ACI Structural Journal,1997,94(1):40-48.

［4-14］ Attard M M,Stewart M G. A two parameter stress block for high strength concrete［J］. ACI Structural Journal,1998,95(3):305-317.

［4-15］ Bae S,Bayrak O. Stress block parameters for high-strength concrete members［J］. ACI Structural Journal,2003,100(5):626-636.

［4-16］ Ozbakkaloglu T,Saatcioglu M. Rectangular stress block for high-strength concrete［J］,ACI Structural Journal,2004,101(4):475-483.

［4-17］ ACI Committee 318. Building Code Requirement for Structural Concrete ( ACI 318—11 ) and Commentary ( ACI 318—11)［S］. ACI,2011.

［4-18］ CEB-FIP CODE. Model code for concrete structures［S］. Bulletin D'Information,1990.

［4-19］ Moseley W H,Hulse R,Bungey J H. Reinforced concrete design to Eurocode 2. Macmillan International Higher Education,2012.

［4-20］ EN 1992-1-1:2004. Design of concrete structures—Part 1:General rules and rules for buildings［S］. CEN,2004.

［4-21］ CSA A23.3—04. Design of concrete structures［S］. Canadian Standards Association,2004.

［4-22］ NZS 3101—1995. Design of Concrete Structures［S］. Wellington,New Zealand,1995.

［4-23］ MacGregor J G. Design of Slender Concrete Columns-Revisited［J］. ACI Structural Journal, 1993,90(3,5,6):302-309.

［4-24］ Mirza S A,Lee P M,Morgan D L. ACI Stability Resistance Factor for RC Columns［J］. ASCE Structural Engineering,1987,113(9):1963-1976.

［4-25］ Mirza S A. Flexural Stiffness of Rectangular Reinforced Concrete Columns ［J］. ACI Structural Journal,1990,87(4,7,8):425-435.

［4-26］ MacGregor J G,Hage S E. Stability Analysis and Design Concrete［J］. ASCE,1977,103 (ST10,10).

［4-27］ MacGregor J G,Breen J E,Pfrang E O. Design of Slender Concrete Columns［J］. ACI Journal,1970,67(1,1):6-28.

# 第5章

# 钢筋混凝土构件的受剪承载力

钢筋混凝土构件的承载力计算,对正截面抗弯强度分析,由于只考虑沿构件轴线方向的正应力,采用平截面假定,基于力的平衡原理易建立力学分析模型,各国规范给出的混凝土构件受弯承载力计算公式通常与试验值吻合较好,差异较小。然而,对斜截面抗剪强度分析,由于截面同时承受正应力和剪应力作用,属于复合受力状态,特别是混凝土开裂后,截面上应力发生重分布,使得问题进一步复杂。钢筋混凝土构件合理、精确的抗剪分析一直是困扰各国学者的一大难题,有关的理论和试验研究一直是一个不断深化的课题[5-1,5-2]。

## 5.1 抗 剪 机 理

各种抗剪理论最初均是伴随着钢筋混凝土梁剪切破坏问题的逐步解决而不断发展的。1856 年俄罗斯铁路工程师 Jourawski 建议,钢筋混凝土梁腹中的最大剪应力可用经典弹性理论计算。19 世纪受这一理论影响,人们错误地认为混凝土梁的剪切破坏类似于钢结构中的纯剪现象。对于钢筋混凝土构件腹板中的横向钢筋,也只是认为类似于钢梁腹板中的铆钉,起抵抗水平剪力的作用。

1899 年 Ritter 用 45°桁架模型分析了钢筋混凝土梁受剪性能,并首次明确提出混凝土对角主拉应力是引起剪切破坏的主要原因[5-3],这一论点于 1902 年由德国学者 Mörsch 通过试验研究进一步证实,这一思想现已被广泛认同。在这之后的一百年间,各国学者尝试从 45°桁架模型中混凝土斜压杆的倾角或者其他方面来修正这一模型,其中代表性抗剪理论有压力场理论[5-4,5-5]、改进斜压场理论[5-6]、转角软化桁架模型[5-7~5-10]、固角软化桁架模型[5-11,5-12]及扰动应力场理论[5-13]等。

通过近一个世纪的研究,在1973年ACI-ASCE 426[5-14]委员会的报告中,明确了混凝土结构中存在以下4种剪应力传递机理:未开裂混凝土的剪应力传递、界面剪力传递(通常称为"骨料咬合"或"裂缝摩擦")、纵向钢筋的销栓作用和拱作用。1998年ACI-ASCE 445[5-15]委员会的报告提出一种新的机理,即直接通过裂缝传递的残余拉应力。无腹筋梁中斜裂缝上的力如图5-1所示,有腹筋梁的力如图5-2所示。

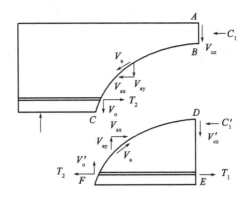

图 5-1　无腹筋梁中斜截面上的力

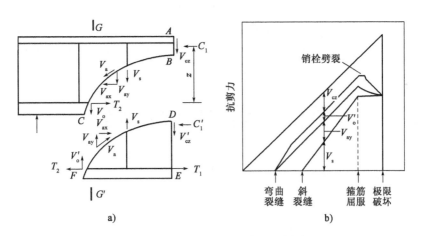

a)

b)

图 5-2　有腹筋梁斜截面上的力和相对大小
a)斜裂缝上的力;b)不同阶段各力的大小

对于无轴向压力的细长构件,由于受压区的高度较小,受压区混凝土对抗剪强度的贡献不大。相反,对于剪跨比较小的梁,大部分剪力由受压区混凝土承担,尤其是纵向钢筋屈服之后。

裂缝表面的剪应力主要通过骨料咬合传递,骨料咬合是由裂缝表面凸出的骨料产生的。描述骨料咬合的基本参数为裂缝界面剪应力、正应力、裂缝宽度和裂缝滑动。Walraven在1981年做了大量试验,并提出了将骨料颗粒理想化为球体时与裂缝界面相交的概率模型(图5-3)。当产生滑移时,混凝土基体发生塑性变形,与凸出的骨料接触。接触区的应力包括正应力$\sigma_p$和剪应力$\mu\sigma_p$。裂缝表面的几何形状统计上用混凝土的骨料含量及骨料颗粒不同凸出程度的概率描述。

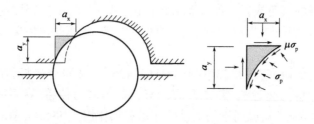

图 5-3　Walraven 裂缝摩擦模型

无腹筋钢筋混凝土构件的销栓作用并不明显,因为销栓作用中的最大剪应力受产生销栓作用的混凝土保护层抗拉强度限制。但是,在纵向钢筋配筋率较大的构件中,尤其是当纵向钢筋分布不只一层时,销栓作用不可忽视。

拱作用与剪跨比 $a/d$ 有直接关系。对 $a/d$ 小于 2.5、出现斜裂缝且内力重分布后的无箍筋梁,能够通过拱作用承受附加荷载。根据 Kani 于 1979 年完成的试验,梁 $a/d$ 等于 7 时的极限抗剪强度为 $a/d$ 等于 1 时的 1/6。

当混凝土产生第一条裂缝时,只要裂缝宽度不超过 0.05～0.15mm,跨越裂缝的混凝土就能继续传递拉应力。断裂力学方法对混凝土构件抗剪机理的解释是抗剪强度是由残余拉应力产生的。

有箍筋钢筋混凝土构件的抗剪机制与无箍筋构件的有很大不同。图 5-2a)示意给出了斜裂缝形成后有箍筋梁中的应力。如图 5-2 所示,箍筋承担的剪力为 $V_s$。由于斜裂缝张开时 $V_s$ 不像混凝土那样承受的剪力减小或消失,为保证平衡,必然产生压力 $C_1'$ 和作用于梁裂缝下面的剪力 $V_{cz}'$。因此,$T_2$ 小于 $T_1$,且两者之差取决于箍筋的数量,但 $T_2$ 大于根据截面 $G$-$G'$ 计算的拉力 $T = \dfrac{M}{Z}$。图 5-2b)给出了混凝土梁中各种力随所施加剪力的变化情况。

# 5.2　无腹筋梁的抗剪性能

## 5.2.1　斜裂缝的形成

受弯构件截面上除弯矩 $M$ 作用外,通常还有剪力 $V$ 的作用。在正截面配置足够钢筋可以防止发生受弯破坏的前提下,截面还可能在 $M$、$V$ 的共同作用下,发生斜截面破坏,所以必须对斜截面抗剪承载力进行研究。

图 5-4 所示为一简支梁受均布荷载。当荷载较小时,裂缝尚未出现,可以将钢筋混凝土梁看作均质弹性体进行分析,但须把钢筋按重心相合、面积扩大 $E_S/E_C$ 倍换算为等效混凝土面积。由材料力学可知,任一截面的正应力 $\sigma$ 和剪应力 $\tau$ 可按下列公式计算:

$$\left. \begin{array}{l} \sigma = \dfrac{My}{I_0} \\[2mm] \tau = \dfrac{VS_0}{I_0 b} \end{array} \right\} \tag{5-1}$$

式中:$I_0$——换算截面的惯性矩;

$y$——所求应力点到中和轴的距离；

$S_0$——所求应力点的一侧对换算截面形心轴的面积矩；

$b$——梁截面宽度。

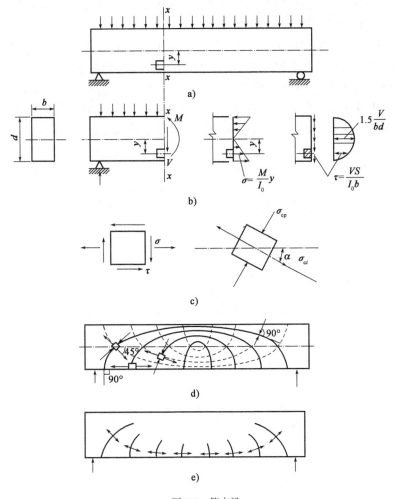

图5-4 简支梁

a)简支梁受均布荷载；b)弯曲正应力和剪应力；c)主应力；d)主应力迹线；e)裂缝

主应力可由正应力 $\sigma$、剪应力 $\tau$ 求得：

主拉应力

$$\left.\begin{array}{l} \sigma_{\mathrm{ct}} = \dfrac{\sigma}{2} + \dfrac{1}{2}\sqrt{\sigma^2 + 4\tau^2} \\[3mm] \sigma_{\mathrm{cp}} = \dfrac{\sigma}{2} - \dfrac{1}{2}\sqrt{\sigma^2 + 4\tau^2} \end{array}\right\} \tag{5-2}$$

主压应力

主应力与梁纵轴的夹角为 $\alpha$，则：

$$\alpha = \frac{1}{2}\arctan\left(-\frac{2\tau}{\sigma}\right) \tag{5-3}$$

求出每一点的主应力方向后，可以画出主应力迹线，如图5-4d)所示。

由于混凝土抗拉强度低，当主拉应力超过混凝土的抗拉强度时，就会出现与主拉应力迹线大致垂直的裂缝。除纯弯区的裂缝与梁纵轴垂直以外，主应力迹线与梁纵轴有一倾角，故 $M$、

$V$共同作用下的裂缝与梁的纵轴是倾斜的,故称为斜裂缝。斜裂缝按其出现的位置不同,可分为弯剪斜裂缝与腹剪斜裂缝,如图5-5所示。

(1)弯剪裂缝。在弯矩与剪力的共同作用下,首先形成弯曲裂缝,当纵筋配置足够时,裂缝不会太宽。当裂缝向上发展时,因主拉应力开裂而向倾斜方向发展,这种裂缝称为弯剪裂缝,是最常见的,如图5-5b)所示。

(2)腹剪裂缝。当剪力作用较大,或梁腹较薄(如I形、T形梁)时,在梁腹中部首先开裂,并向上、下倾斜延伸,裂缝中间较宽,两端变尖,称为腹剪裂缝,如图5-5a)所示。

除了上述两种主要裂缝外,还有两种次生裂缝。一种是在近支座处,在纵筋与斜裂缝相交处因纵筋与混凝土发生粘结破坏而出现粘结开裂裂缝。另一种是在剪跨比较大(相应的$M/V$较大)的梁中,临近破坏时,沿纵筋位置出现水平的撕裂裂缝,如图5-5c)所示。

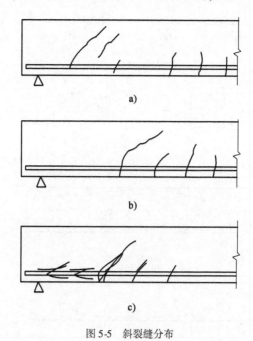

图5-5　斜裂缝分布

## 5.2.2　破坏形态

无腹筋梁斜截面破坏形态与截面正应力$\sigma$和剪应力$\tau$的比值$\sigma/\tau$有很大关系。$\sigma/\tau$的比值可用一个无量纲参数——剪跨比来反映,因截面正应力与弯矩$M$成正比,截面剪应力与剪力成正比,为了无量纲化,定义剪跨比为:

$$\lambda = \frac{M}{Vh_0} \tag{5-4}$$

式中:$h_0$——梁截面有效高度。

对于集中荷载作用下的梁,距支座距离为$a$处施加一集中荷载,在集中荷载作用处(左侧):

$$\lambda = \frac{M}{Vh_0} = \frac{Va}{Vh_0} = \frac{a}{h_0} \tag{5-5}$$

因$a$称为"剪跨",故$\lambda$称为"剪跨比"。实质上它反映了截面的$\sigma/\tau$关系。

斜裂缝出现后混凝土梁将发生破坏时,3种破坏形态分别为:

（1）斜拉破坏。这往往发生在 $l>3$ 的情况。主要斜裂缝一旦出现，就很快向上伸展到梁顶面，同时向下伸展，形成贯通截面的裂缝，将梁劈裂为两部分而破坏。也可能在斜裂缝与受拉纵筋相交后沿纵筋形成撕裂裂缝而导致梁的破坏。这种破坏的特点是整个破坏过程发展急速而突然，破坏荷载与开裂荷载相差极小，如图5-6c）所示。

（2）剪压破坏。一般在 $1<\lambda<3$ 时发生。这种破坏是由一条弯剪裂缝随荷载增大而发展为主要斜裂缝，斜裂缝虽向上发展，仍留有一定的受压区高度。当荷载继续增大直至受压区混凝土在正应力和剪应力共同作用下，混凝土压溃而破坏。破坏荷载明显高于开裂荷载。这是斜截面破坏最典型的一种，如图5-6b）所示。

（3）斜压破坏。当集中荷载距支座较近时，由于受支座反力引起的压应力影响，斜裂缝沿支座及集中荷载作用处发展，裂缝密集且近似平行。破坏类似于受压短柱，主要是由于混凝土压应力超过了其抗压强度而引起的，如图5-6a）所示。

3种破坏形态示于图5-6中。与正截面适筋梁破坏相比，剪切破坏时梁变形均不大，属于脆性破坏，尤其以斜拉破坏脆性更突出。

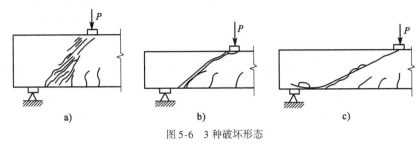

图5-6 3种破坏形态

### 5.2.3 影响无腹筋梁抗剪强度的因素

1）剪跨比

在构件的任一截面上，弯曲裂缝的高度随弯矩的增大而增大。因此，初裂抗剪强度 $V_{cr}$ 随弯矩的增大而减小。研究表明，对于一定范围的混凝土强度和配筋率，抗剪强度近似与 $\left(\dfrac{M_u}{V_{cr}d}\right)^{-0.13}$ 成正比。通常，构件剪跨比越小，破坏时的平均剪应力越大。这是因为构件越高，剪力就越容易通过压杆直接传递到支座。支撑条件在很大程度上直接影响压杆的形成。图5-7给出了按我国试验资料得到的抗剪强度与剪跨比的关系。

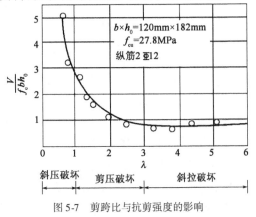

图5-7 剪跨比与抗剪强度的影响

2）构件高度

在无腹筋钢筋混凝土梁的试验中，一般用 $v = V/bd$ 描述梁的抗剪强度，其中 $V$ 为梁剪切破坏时的荷载，$b$ 和 $d$ 分别为梁的宽度和有效高度。试验表明，对于不同尺寸的梁，试验得到的 $v$ 是不同的（排除了随机性的影响），这说明抗剪强度不是一个简单的材料参数，与构件的尺寸有关，称为抗剪强度的尺寸效应。

早在 1967 年，Kani[5-16] 就指出了无腹筋构件的尺寸对其抗剪强度的重要影响。Shioya 等[5-17] 的研究重新肯定了这一事实，并将这一结论扩展到截面高度为 3000mm 的梁。如图 5-8 所示，较大截面钢筋混凝土梁平均抗剪强度约为较小截面梁的 1/3。尽管在钢筋混凝土构件抗剪性能方面开展了大量的研究，但关于尺寸效应的研究不多。1997 年文献 [5-18] 收集了 470 个筋混凝土构件抗剪的试验文献，其中只有 10 个文献考虑了构件尺寸的影响。

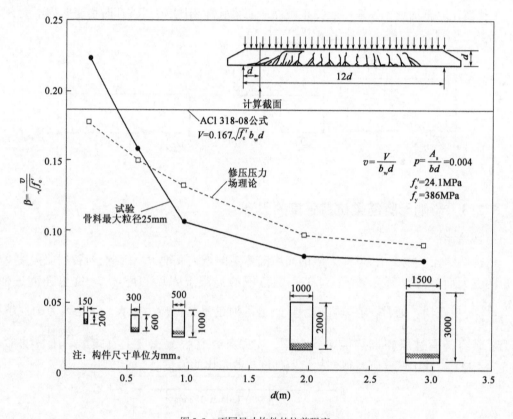

图 5-8　不同尺寸构件的抗剪强度

1995 年 Walraven 和 Lehwalter 采用 3 组钢筋混凝土梁进行了剪切试验研究。第一组梁尺寸相同，所采用混凝土骨料的最大粒径不同；第二组梁的混凝土拌和料相同、尺寸不同（分别为 $200 \times 680$、$400 \times 1030$、$600 \times 1380$、$850 \times 1780$、$1000 \times 2250$，单位 mm）；第三组梁为配置箍筋的短梁，又分为两小组，第一小组梁高度不同（$160 \sim 760$mm），$A_{sw}/ba = 0.15\%$，其中 $A_{sw}$ 为箍筋面积，$b$ 为梁宽，$a$ 为剪跨，第二小组梁高度与第一小组相同，但 $A_{sw}/ba = 0.30\%$。3 组梁的试验结果如图 5-9 ~ 图 5-11 所示。由图可以看出，混凝土骨料的最大粒径对梁抗剪强度影响不大（图 5-9）；对于未配置箍筋的梁，初裂抗剪强度和极限抗剪强度都随梁高度的增大而降低，但初裂抗剪强度降低的幅度小(图5-10);对于配置箍筋的梁,极限抗剪强度也随梁高度的增大而降低(图5-11);梁抗剪的尺寸效应系数符合式(5-6)。文献[5-19]的试验也证实钢筋混凝土梁初裂抗剪强度随高度降低的幅度小。

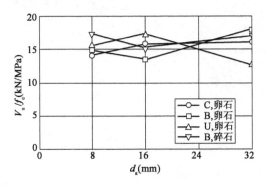

图5-9 骨料最大粒径对梁抗剪强度的影响

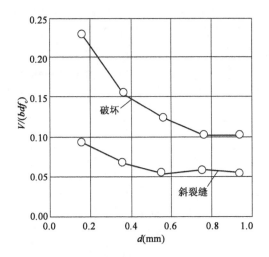

图5-10 无腹筋梁的初裂和极限抗剪强度

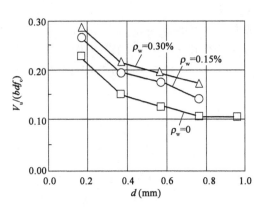

图5-11 有腹筋梁的抗剪强度

研究者普遍认为产生尺寸效应的主要原因是混凝土梁的斜裂缝宽度较大,但对于如何精确描述这种现象却存在着分歧。Bazant 和 Kim 认为,较宽的裂缝减小了混凝土的残余拉应力,并提出了下面的尺寸效应系数:

$$\lambda = \frac{1}{\sqrt{1 + d/d_0}} \qquad (5-6)$$

式中:$d$——构件截面有效高度;

　　$d_0$——经验参数。

3)纵向配筋率

为保持轴向平衡,纵向钢筋配筋率越大,钢筋拉力越大,混凝土的有效受剪高度越高,从而提高了构件的抗剪强度。另外,纵向钢筋配筋率较大时,裂缝宽度小,骨料机械咬合作用提高,同时销栓作用增强,抗剪强度提高。研究表明,抗剪强度随配筋率 $\rho$ 呈非线性增大。根据对不同混凝土强度和临界剪跨比的研究,发现抗剪强度与 $\rho^{0.37}$ 成正比。图5-12 给出了纵筋配筋率

$\rho$ 对抗剪强度的影响。

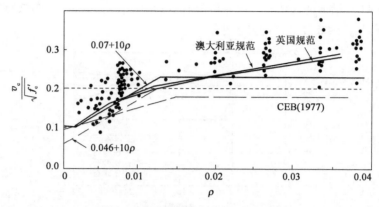

图 5-12　纵向钢筋配筋率对抗剪强度的影响

4）轴力

试验表明,轴向拉力降低了构件的抗剪强度,而轴向压力(施加的荷载或预应力)提高了抗剪强度。图 5-13 为一组承受剪力和拉力共同作用的无腹筋梁的试验结果,图中 $d_v$ 表示有效受剪高度,$b_v$ 为腹板宽度,$\rho_x$ 和 $\rho_z$ 为两个正交方向的配筋率。关于轴向压力对构件抗剪性能及对构件延性影响的程度,目前还没有深入的研究。承受较大轴向压力和剪力的无腹筋构件,出现初始裂缝后立即发生脆性破坏,因此应采用保守的设计方法。

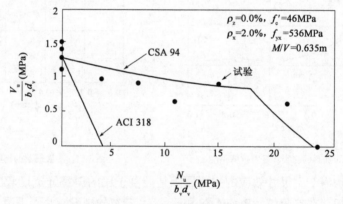

图 5-13　轴向拉力对构件抗剪强度的影响

对于承受很大轴向拉力和剪力的构件,初始裂缝很陡(接近于 90°),并延伸到构件的全截面高度。因此构件上部与下部一样需要配置纵向钢筋,以控制与纵筋垂直的初始裂缝。随着荷载的增加,构件不断产生新的倾角较小的斜裂缝。当斜裂缝的倾角小到纵向钢筋无法约束时,构件发生破坏。因此,相对而言,承受拉力和剪力的构件具有一定的延性。

5）混凝土强度

梁的斜截面破坏是由于混凝土达到相应受力状态下的极限状态而发生的。因此,混凝土强度对梁的抗剪强度影响很大。图 5-14 所示为截面尺寸和纵向钢筋配筋率相同的 5 组试验梁的试验结果。由图 5-14 可见,梁的抗剪能力随混凝土强度的提高而提高。但是,由于在不同剪跨比 $l$ 下梁的破坏形态不同,所以,这种影响的程度亦不相同。当剪跨比为 1 时为斜压破坏,梁的抗剪能力取决于混凝土的抗压强度,故直线斜率较大;当剪跨比为 3 时接近斜拉破坏,梁的抗剪能力取决于混凝土的抗拉强度,混凝土的抗拉强度并不随混凝土强度的提高而成比例增长,故近似取为线性关系时,其直线斜率较小;当剪跨比在 1 与 3 之间时,发生剪压破坏,其直线斜率介于二者之间。

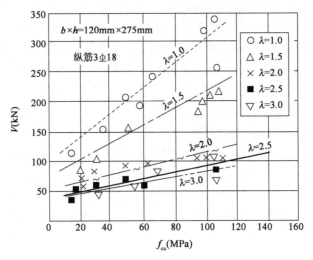

图 5-14 混凝土抗压强度对构件抗剪强度的影响

自 20 世纪 50 年代以来,美国 ACI 318 规范一直采用 $\sqrt{f_c'}$ 反映混凝土强度对构件抗剪强度的影响,同时 ACI 318 规范认为混凝土的抗拉强度与 $\sqrt{f_c'}$ 成正比。因此,认为混凝土构件的抗剪强度与混凝土的抗拉强度成正比。我国 2002 年以前的混凝土设计规范采用与混凝土抗压强度成正比的关系计算受剪承载力,2002 年以后的规范则采用了与混凝土抗拉强度成正比的关系,主要是考虑随混凝土强度的提高,抗剪强度与抗压强度的线性关系不再明显,而与抗拉强度呈线性关系。

# 5.3 有腹筋梁的抗剪性能

由于无腹筋梁的抗剪强度较低,且脆性很大,所以一般在梁中均配有腹筋,即使按计算不需配筋时也需按构造要求配筋。配筋对斜裂缝的出现,几乎没有什么影响。因为斜裂缝出现前,腹筋应力很小,因而对阻止裂缝出现作用很小。但一旦出现了斜裂缝,腹筋可大大增加斜截面的抗剪强度:首先,腹筋本身可直接承担剪力;其次,腹筋虽不能阻止裂缝出现,但可限制裂缝开展,裂缝在长度方向的减小可增大斜裂缝前端残余混凝土截面,从而提高混凝土的抗剪能力;裂缝开展宽度减小可增大裂缝面间的咬合力,这也间接地提高了截面的抗剪能力。

## 5.3.1 腹筋的作用

无腹筋梁的弯剪承载力有限,当不足以抗御荷载产生的剪力时,设置横向箍筋是有效措施。同时,箍筋在制作构件时为固定纵筋位置所必需,在长期使用期间又有承受温度应力、减小裂缝宽度等效用。一举数得,使箍筋成为梁、柱等构件中的必备部分,用钢量可占构件总用钢量的 15% ~ 25%。

配置箍筋的钢筋混凝土梁,当荷载 $P$ 或剪力 $V$ 很小且混凝土未开裂之时,箍筋的应力很低,对于提高梁的开裂荷载无显著作用。增加梁上荷载,在较大弯矩区出现竖直方向的受拉裂缝。这种裂缝与箍筋平行,对箍筋应力的影响不大。继续增大荷载,受拉裂缝向上延伸,斜角减小,形成弯剪裂缝;靠近支座处则出现倾斜腹剪裂缝,并往上、下两边延伸。当这些裂缝和箍筋相交后,箍筋应力突然增大。随着斜裂缝的加宽和延伸,箍筋的应力继续增大,伴随着箍筋应力突增,致使各箍筋的应力值和分布各不相同,即使同一箍筋的应力沿长度(截面高度)方向的分布也不均匀,完全取决于斜裂缝的位置和开展程度。在支座范围内及其附近的箍筋,受到支座反力的作用,还可能承受压应力。

构件临近破坏前,靠近腹剪裂缝最宽处的箍筋首先屈服,虽仍维持屈服应力但已不能限制斜裂缝的开展。随之,相邻箍筋相继屈服,斜裂缝宽度全长增大,骨料咬合作用减弱。最终,斜裂缝上端的混凝土在正应力和剪应力的共同作用下破坏,形成剪压破坏形态。在破坏试件的斜裂缝最宽处,可以看到箍筋被拉断,断口有脖缩现象。

有些截面较大的梁,跨中弯矩所需的纵筋数量多,除了一部分钢筋必须伸进支座加以妥善锚固为外,其余钢筋可以根据弯矩(包络)图的形状,在不再需要处予以切断,或者弯起。弯起钢筋进入截面上部,并穿过支座,可作为连续梁抗负弯矩主筋。弯起部分设在梁内的适当位置,斜裂缝与之相交后受到钢筋的约束,裂缝的发展被减缓,增大了构件的弯剪承载力。

弯起钢筋的抗剪作用与箍筋的相似:对斜裂缝出现的影响很小;斜裂缝延伸并穿越弯起钢筋时,应力突增;沿弯起筋的长度方向,应力随裂缝的位置而变化;构件被破坏时,与斜裂缝相交的弯起筋可能达到屈服,取决于裂缝的位置和宽度。

箍筋和纵筋的弯起部分统称为梁的腹筋,箍筋一般垂直于构件轴线和纵筋放置,以便施工,但也可以斜向设置,与构件轴线成一定的夹角,更接近主拉应力方向,有效地限制斜裂缝开展。无论何种箍筋,都必须保证可靠的锚固,才能充分发挥承载作用。

腹筋对于构件的抗剪作用有两方面:箍筋和弯起筋除了直接承受部分剪力外,其间接作用是限制了斜裂缝的开展宽度,增强了腹部混凝土的骨料咬合力;它还约束了纵筋撕脱混凝土保护层的作用,增大了纵筋的销栓力;腹筋和纵筋构成的骨架使内部的混凝土受到约束,有利于抗剪。这些都有助于提高构件弯剪承载力。

但是,在估计腹筋的抗剪作用时必须清楚,并不是梁端剪跨段内所有的箍筋和弯筋都能达到其屈服强度并得到充分的利用。它们在构件极限状态时的应力值,在很大程度上取决于斜裂缝的位置、开展宽度以及和钢筋的相交夹角。此外,还与构件的弯剪破坏形态有关,例如,发生小剪跨的斜压破坏时箍筋的作用极小,一般不予考虑。

### 5.3.2　弯剪承载力的组成

有腹筋梁弯剪承载力的构成(图 5-15)主要为:斜裂缝上端、靠梁顶部未开裂混凝土的抗剪力 $V_c$,沿斜裂缝的混凝土骨料咬合作用 $V_i$,纵筋的横向(销栓)力 $V_d$,以及箍筋和弯起筋的抗剪力 $V_s$ 和 $V_b$ 等。这些抗剪成分的作用和相对比例,在构件的不同受力阶段随裂缝的形成和发展而不断地变化(图 5-16)。构件极限状态的弯剪承载力是这五部分的总和:

$$V_u = V_c + V_i + V_d + V_s + V_b \tag{5-7}$$

构件开裂之前(图 5-16 中的 $OA$ 段)几乎全部剪力由混凝土承担,纵筋和腹筋的应力都很低。首先出现弯曲裂缝($V \geqslant V_A$),并形成弯剪裂缝($AB$ 段)后,沿斜裂缝的骨料咬合作用和纵筋的销栓力参与抗剪。腹剪裂缝的出现和发展,相继穿越箍筋($\geqslant V_B$)和弯起筋($\geqslant V_C$),二者相应地发挥作用,承担的剪力逐渐增大,并有效地约束斜裂缝的开展。

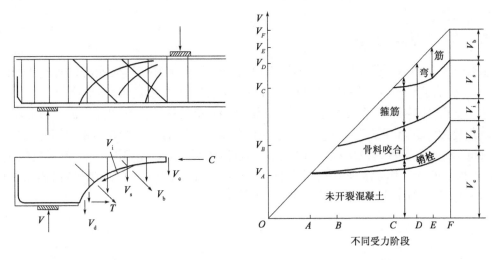

图 5-15 有腹筋梁的抗剪作用 　　　　　　　图 5-16 弯剪承载力的组成

再增大荷载,斜裂缝继续发展,个别箍筋首先屈服($\geqslant V_D$),邻近箍筋也相继屈服。屈服箍筋的承剪力不再增长。当弯起筋屈服($\geqslant V_E$)后,其承剪力也保持常值。此时,斜裂缝开展较宽,骨料咬合力减小,而纵筋的销栓力和顶部未开裂混凝土承担的剪力稍有增加。最终,斜裂缝上端的未开裂混凝土达到其强度而破坏($V_U$),纵筋的销栓力往下撕脱梁端的混凝土保护层。

有腹筋混凝土梁的这 5 种主要抗剪成分所承担的剪力比例,取决于混凝土强度,腹筋和纵筋、弯起筋的数量和布置等因素,在各受力阶段不断地发生变化。而且,荷载的位置(剪跨比)或梁的破坏形态也有很大影响。例如大剪跨梁的斜裂缝长度大,穿越的箍筋数量多,箍筋承担了大部分剪力。

### 5.3.3　有腹筋梁的破坏形态

有腹筋梁与无腹筋梁相似,也有 3 种破坏形态:

(1)剪压破坏。若腹筋配置适当,在斜裂缝出现后,由于腹筋的存在,限制了斜裂缝的开展,使荷载仍能有较大的增长,直到腹筋屈服,裂缝迅速展开与发展,使残余混凝土截面发生剪压破坏。

(2)斜拉破坏。若腹筋配置数量很少,当斜裂缝出现后,腹筋很快就达到屈服,所以不能起到限制裂缝的作用,这时若剪跨比较大,则会发生斜拉破坏。当然剪跨比不大时可能发生剪压破坏。

(3)斜压破坏。若腹筋配置过多,腹筋应力达到屈服前,斜裂缝间的混凝土因主压应力过大而破坏。斜压破坏时,腹筋不能充分发挥作用。

在进行斜截面抗剪设计时,配筋过少和过多的情况均应予以避免。

## 5.4 有腹筋构件的抗剪强度计算模型

### 5.4.1 塑性理论模型

混凝土是典型的准脆性材料,而塑性理论适用于具有良好变形性能的材料建造的结构。因此,对于具有脆性特性的混凝土材料,应用塑性理论时,需要做适当处理和修正。

Nielsen[5-20] 1984 年用塑性理论分析了钢筋混凝土梁的抗剪强度和板的抗冲切强度,将混凝土理想化为"屈服台阶"为 $f_c = v f'_c$ 的刚塑性材料,其中 $v$ 为小于 1 的折减系数,其值取决于混凝土强度、极限压应变 $\varepsilon_{cu}$ 及所应用的条件,$f'_c$ 为混凝土圆柱体抗压强度。$v$ 的值可按混凝土应力-应变曲线下的面积与弹-塑性材料应力-应变曲线下的面积相等的原则确定,如图 5-17 所示。对于配置箍筋的钢筋混凝土梁,$v$ 的平均值为:

$$v = 0.8 - \frac{f'_c}{200} \tag{5-8a}$$

为保证较高的安全性,分析中可保守取为:

$$v = 0.7 - \frac{f'_c}{200} \tag{5-8b}$$

对于钢筋混凝土板的抗冲切,$v$ 取为:

$$v = \frac{3.2}{\sqrt{f'_c}} \tag{5-8c}$$

由式(5-8a)~式(5-8c)可以看出,强度折减系数 $v$ 反映了混凝土脆性的影响,强度越高,脆性越大,强度降低得越多。

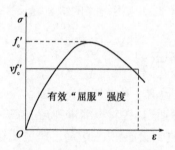

图 5-17　混凝土的刚-塑性理想化

1)下限解

图 5-18 为在距支座 $a$ 处施加两个集中荷载 $P$ 后的钢筋混凝土梁。当出现下面情况之一时,梁达到破坏状态:

(1)纵向钢筋屈服;

(2)横向钢筋屈服;

(3)混凝土"屈服"。

按照塑性理论,下限解应满足平衡条件和屈服条件。

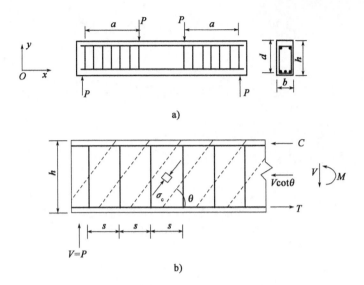

图 5-18 剪力作用下钢筋混凝土梁的下限解
a) 钢筋混凝土梁; b) 受剪区段

2) 平衡条件

考虑图 5-18 所示的钢筋混凝土矩形梁, 假定在荷载 $P$ 作用下混凝土截面形成一个与 $x$ 轴成 $\theta$ 角的斜压剪切带。箍筋和下翼缘受拉, 上翼缘受压。

如果箍筋以 $s$ 的间距密集配置, 箍筋应力 $\sigma_s$ 可用分布于混凝土整个面积上的等效箍筋应力 $\sigma_{ys}$ 代替:

$$\sigma_{ys} = \frac{A_v \sigma_s}{bs} = \rho \sigma_s \tag{5-9}$$

式中: $A_v$ ——与混凝土面积 $b \times s$ 相交的箍筋面积;

$\rho$ ——配箍率。

假定混凝土的斜压应力为 $\sigma_c$, 则在 $x$ 和 $y$ 方向, 由混凝土和箍筋承担的总应力为:

$$\sigma_x = -\sigma_c \cos^2\theta, \quad \sigma_y = -\sigma_c \sin^2\theta + \rho\sigma_s, \quad \nu = \sigma_c \cos\theta\sin\theta \tag{5-10}$$

式(5-10)中的 $\sigma_c$ 和 $\sigma_x$ 可另写为:

$$\sigma_c = \frac{v}{\sin\theta\cos\theta} = v(\tan\theta + \cot\theta), \quad \sigma_x = -v\cot\theta \tag{5-11}$$

竖向平衡条件要求 $\sigma_y = 0$, 所以由式(5-10)得:

$$\rho\sigma_s = \sigma_c \sin^2\theta = v\tan\theta \tag{5-12}$$

3) 屈服条件

如果混凝土不被压碎, 纵向钢筋不屈服, 下限解必须满足下列条件:

$$\sigma_c = \nu(\tan\theta + \cot\theta) \leqslant f_c \tag{5-13}$$

$$\sigma_s \leqslant f_{vy} \tag{5-14}$$

式中: $f_c$ ——混凝土的"屈服"强度;

$f_{vy}$ ——箍筋屈服强度。

根据式(5-12)和式(5-13), 最优的下限解为满足下列条件的最大荷载:

$$\tan\theta = \frac{\rho\sigma_s}{v} = \xi\frac{\sigma_c}{v} = \xi(\tan\theta + \cot\theta) \tag{5-15}$$

从而

$$\tan\theta_1 = \sqrt{\frac{\xi}{1-\xi}} \tag{5-16}$$

式中：$\xi$——箍筋对混凝土梁抗剪增强的程度，$\xi = \dfrac{\rho\sigma_s}{\sigma_c}$；

$\theta_1$——梁下限解对应的斜压杆与 $x$ 轴的夹角。

由式(5-13)和式(5-16)得：

$$\frac{v}{\sigma_c} = \frac{1}{\tan\theta + \cot\theta} = \sqrt{\xi(1-\xi)} \tag{5-17}$$

或

$$\left(\frac{v}{\sigma_c}\right)^2 + \left(\xi - \frac{1}{2}\right)^2 = \frac{1}{4} \tag{5-18}$$

式(5-18)表示以 $\left(0, \dfrac{1}{2}\right)$ 为坐标原点、$\dfrac{1}{2}$ 为半径的圆。在 $0 \leqslant \xi \leqslant 0.5$ 的范围内，式(5-17) 为正且为 $\xi$ 的单调增函数。所以当

$$(\sigma_c)_{\max} = f_c, \quad \xi_{\max} = \frac{\rho(\sigma_s)_{\max}}{f_c} = \frac{\rho f_{vy}}{f_c} = \psi \tag{5-19}$$

时，$v$ 最大，即箍筋屈服腹板混凝土压碎，如图 5-19 的曲线部分，而纵向钢筋保持弹性状态。对于 $\xi \geqslant 0.5$，式(5-17)或式(5-18)给出的最优下限解为 $V_{\max} = 0.5f_c$，即图 5-19 中的直线，由式(5-14)得出 $\sigma_s = \dfrac{f_c}{2\rho} \leqslant f_{vy}$。式(5-16)和式(5-17)表明，当 $0 \leqslant \psi \leqslant 0.5$ 时，压应力的方向 $0 \leqslant \theta \leqslant 45°$。对于 $\psi > 0.5$，$V_{\max} = 0.5f_c$ 且 $\theta = 45°$［由式(5-17)得出］。由此可见，下限解给出的斜压杆角度依配箍率而变且与纵轴的角度不超过 $45°$。需要说明的是，下限解不需满足位移协调条件。

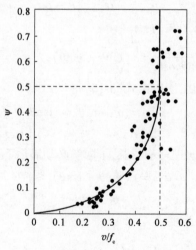

图 5-19  试验和理论抗剪强度与配筋率的关系

4）上限解

图 5-20 给出了受两个集中荷载 $P$ 作用的梁的破坏机构,梁中间部分以 $u$ 的竖向位移沿与水平线成 $\theta$ 角的直屈服线滑移,与屈服线相交的箍筋数目为 $\dfrac{h\cot\theta}{s}$,箍筋截面面积为 $A_v$,屈服时的伸长为 $u_0$,如图 5-21 所示,箍筋消耗的内功为:

$$W_s = \frac{h\cot\theta}{s}A_v f_{vy} u = \rho f_{vy} b h u \cot\theta \tag{5-20}$$

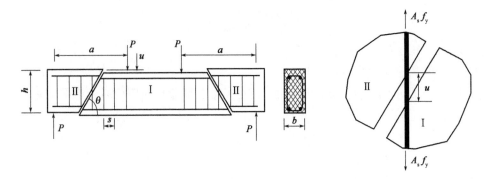

图 5-20 受集中荷载作用梁的破坏机构

图 5-21 箍筋的应变能

假定混凝土是抗拉强度为 0 的修正的摩尔-库仑材料,破坏包络线如图 5-22b）所示,则单位体积混凝土消耗的内功为:

$$W = \sigma_1\varepsilon_1 + \sigma_2\varepsilon_2 + \sigma_3\varepsilon_3 \tag{5-21}$$

式中,下标对应于 3 个主应力方向。对于刚塑性摩尔-库仑材料,破坏准则为:

$$f = k\sigma_3 - \sigma_1 - f_c = 0, \quad |\sigma_3| \geqslant |\sigma_2| \geqslant |\sigma_1| \tag{5-22}$$

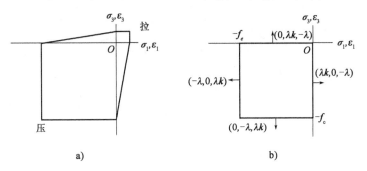

a)

b)

图 5-22 材料强度的摩尔-库仑准则

a）考虑抗拉强度；b）忽略抗拉强度

按照塑性理论的正交条件,屈服线上混凝土的应变为:

$$\varepsilon_i = \lambda \frac{\partial f}{\partial \sigma_i} \tag{5-23}$$

式中：$\lambda$ ——任意常数。

具体到式（5-22）表示的混凝土破坏准则,混凝土的应变为:

$$\varepsilon_1 = -\lambda, \quad \varepsilon_2 = 0, \quad \varepsilon_3 = \lambda k \tag{5-24}$$

式（5-24）对应于图 5-22b）所示的情况,表示为主应变和的形式有:

$$\varepsilon_1 + \varepsilon_2 + \varepsilon_3 = \lambda(k - 1) \tag{5-25}$$

根据式(5-21)、式(5-22)、式(5-24)和式(5-25),混凝土消耗的能量为:

$$W = \lambda(-\sigma_1 + k\sigma_3) = \lambda f_c = \frac{f_c}{k-1}(\varepsilon_1 + \varepsilon_2 + \varepsilon_3) \tag{5-26}$$

考虑图5-22b),功的和为:

$$W = \frac{f_c}{k}\sum\varepsilon^+ = f_c\sum|\varepsilon^-| \tag{5-27}$$

所以

$$k = \frac{\sum\varepsilon^+}{\sum|\varepsilon^-|} \tag{5-28}$$

式中:$\sum\varepsilon^+$——正主应变的和;

$\sum|\varepsilon^-|$——负主应变绝对值的和。

考虑图5-23所示的宽度为$\delta$的屈服面,相对于第Ⅱ部分与屈服面垂直和平行的混凝土材料的应变为:

$$\varepsilon_n = \frac{u\sin\alpha}{\delta}, \quad \varepsilon_t = 0, \quad \gamma_{nt} = \frac{u\cos\alpha}{\delta} \tag{5-29}$$

主应变为:

$$\begin{Bmatrix}\varepsilon_1\\\varepsilon_3\end{Bmatrix} = \frac{u\sin\alpha}{2\delta} \pm \frac{1}{2}\sqrt{\frac{u^2\sin^2\alpha}{\delta^2} + \frac{u^2\cos^2\alpha}{\delta^2}} = \frac{u}{2\delta}(\sin\alpha \pm 1) \tag{5-30}$$

由式(5-28)得:

$$k = \frac{\varepsilon_1}{\varepsilon_3} = \frac{1+\sin\alpha}{1-\sin\alpha} \tag{5-31}$$

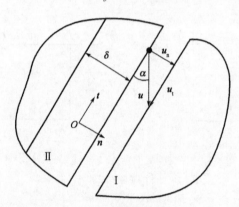

图5-23　梁截面的屈服面

对于平面应变状态,由式(5-26)、式(5-30)和式(5-31)得:

$$W = f_c\frac{u}{2\delta}(1-\sin\alpha) \tag{5-32}$$

$t$方向单位长度消耗的能量为:

$$W_t = Wb\delta = \frac{1}{2}f_cub(1-\sin\alpha) \tag{5-33}$$

对于平面应力状态,式(5-32)也是正确的。由图5-20,屈服线的长度为$h/\sin\theta$,混凝土消

耗的能量为:

$$W_c = \frac{1}{2}f_c b(1 - \cos\theta)\frac{h}{\sin\theta}u \tag{5-34}$$

根据能量守恒原理,结合式(5-20)和式(5-34),荷载 $P$ 所做的功与消耗的能量相等,得:

$$Pu = \rho f_{vy}bhu\cot\theta + \frac{1}{2}f_c b(1 - \cos\theta)u\frac{h}{\sin\theta} \tag{5-35}$$

由此得到:

$$\frac{v}{f_c} = \frac{P}{bhf_c} = \psi\cot\theta + \frac{1 - \cos\theta}{2\sin\theta} \tag{5-36}$$

其中:

$$\psi = \frac{\rho f_{vy}}{f_c}$$

对于式(5-36),由 $\frac{\partial v}{\partial \theta} = 0$ 得:

$$\tan\theta_u = \frac{2\sqrt{\psi(1 - \psi)}}{1 - 2\psi} \tag{5-37}$$

进而得到下面形式的上限解:

$$\frac{v}{f_c} = \sqrt{\psi(1 - \psi)} \tag{5-38}$$

式(5-38)表示的上限解与式(5-17)表示的下限解相同( $\sigma_c = f_c$、 $\sigma_s = f_{vy}$ 时, $\xi = \psi$ ),这意味着在所做的假定下(混凝土抗拉强度为 0 的修正摩尔-库仑材料,纵向钢筋不做功),得到的是"精确解"。

另外,将式(5-37)表示的上限解的滑移面角度 $\theta_u$ 与式(5-16)表示的下限解的裂缝角度 $\theta_l$ 进行比较,有 $\theta_u = 2\theta_l$,Braestrup[5-21] 解释了这一结果的物理含义。对于倾角 $\theta_l$,施加的剪力等于长度 $h\cot\theta_l$ 上箍筋的力。一旦箍筋屈服,增加的荷载只能通过增大 $\cot\theta_l$ 来承担,即倾角变小。为平衡箍筋应力,这引起混凝土的应力增大,直到混凝土受压破坏。其竖向分量保持不变,沿倾角为 $\theta_u$ 的屈服线滑动破坏,所以 $\theta_u$ 为 $\theta_l$ 的 2 倍。

### 5.4.2 桁架模型

1)45°桁架模型

Ritter、Mörsch 等[5-22,5-23] 先后提出了钢筋混凝土构件抗剪的桁架模型,忽略了开裂混凝土的拉应力,假定混凝土开裂后斜压应力保持45°。假定腹板剪应力均匀分布,斜压力场中的竖向应力分量必须与施加的剪力平衡,可得:

$$f_2 = \frac{2V}{b_w d_v} \tag{5-39}$$

斜压力的水平力分量与钢筋的拉力平衡:

$$N_v = V \tag{5-40}$$

斜压力的分量还必须与箍筋拉力平衡,则有:

$$\frac{A_v f_v}{s} = \frac{V}{d_v} \tag{5-41}$$

如果箍筋屈服，即 $f_v = f_{vy}$，则有：

$$A_v f_{vy} = \frac{V_s}{d_v}$$

(5-42)

2) 变角桁架模型

变角桁架模型是 45° 桁架模型的细化，并考虑 $\theta$ 通常小于 45°，平衡方程与压力场理论相同，忽略应变协调和混凝土拉应力。如果混凝土或钢筋达到其"屈服"强度，变角桁架模型与前面塑性理论的下限解相同。

3) 改进的桁架模型

Ramirez 和 Breen[5-24] 1991 年提出一个考虑混凝土贡献的变角桁架模型：

$$v_{MTM} = v_s + v_c$$

(5-43)

式中：$v_{MTM}$——改进桁架模型的抗剪强度；

$v_s$——从变角桁架模型得出的钢筋对抗剪的贡献，按式(5-44)计算。

$$v_s = \frac{A_v}{b_w s} f_{vy} \cot\theta = \rho f_{vy} \cot\theta$$

(5-44)

式中：$\theta$——破坏时桁架模型斜压杆的倾角；

$A_v$——箍筋面积；

$b_w$——腹板宽度；

$f_{vy}$——箍筋屈服强度；

$\rho$——箍筋配筋率；

$s$——箍筋间距。

$v_c$ 为混凝土对抗剪的贡献，随所施加的剪力而变，但与 $\theta$ 无关，按下列公式计算：

未开裂状态

$$v_c = 0.17\sqrt{f_c'} \qquad (v \leqslant 0.17\sqrt{f_c'})$$

(5-45a)

过渡状态

$$v_c = \frac{1}{2}\left(\frac{\sqrt{f_c'}}{2} - v\right) \qquad (0.17\sqrt{f_c'} \leqslant v \leqslant 0.5\sqrt{f_c'})$$

(5-45b)

全桁架状态

$$v_c = 0 \qquad \left(v > \frac{1}{2}\sqrt{f_c'}\right)$$

(5-45c)

压杆的角度必须限制在 30° $\leqslant \theta \leqslant$ 65° 的范围内。

为避免混凝土压碎，限制压应力为：

$$f_d = \frac{v}{\sin\theta\cos\theta} \leqslant 2.5\sqrt{f_c'}$$

(5-46)

斜向压力的水平分量 $H_u$ 由配置的纵向钢筋承担，得到：

$$H_u = V_u \cot\theta$$

(5-47)

式中：$V_u$——乘以荷载系数后截面的剪力。

由上下弦杆的水平力相等，得到所需的拉杆力为：

$$\phi_v A_s f_y \geqslant \frac{M_{umax}}{z} \geqslant \frac{M_u}{z} + \frac{H_u}{2}$$

(5-48)

式中：$\phi_v$ ——剪力折减系数；

$A_s$ ——纵向钢筋面积；

$z$ ——曲力臂；

$M_u$ ——构件设计荷载产生的弯矩；

$M_{umax}$ ——构件设计荷载产生的最大弯矩。

### 5.4.3 桁架-拱模型

随着研究工作的逐步深入和细化，一些学者在综合桁架与拱两种模型的受力特点后，提出了桁架-拱模型[5-25]并建议了相应的计算公式。试验研究表明，梁在受剪过程中同时存在"桁架"作用和"拱"作用，其受力模型可以比拟为图 5-24 所示的桁架拱。图 5-24 中，曲线形的压杆既起桁架上弦压杆的作用又起拱腹的作用，既可与梁底受拉钢筋一起平衡荷载产生的弯矩又可将斜向压力直接传递到支座；垂直腹筋可视为竖向受拉腹杆；腹筋间的混凝土可视为斜腹杆；梁底的纵筋则可视为受拉下弦杆。

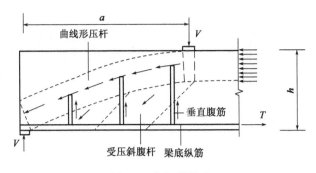

图 5-24 桁架-拱模型

分析图 5-25a)所示承受剪力的梁段，根据桁架拱的受力特点可将该梁段混凝土分为 5 类区域：Ⅰ区应力很小，可假定为零应力区；Ⅱ区为垂直腹筋和腹筋间混凝土共同作用的区域，垂直腹筋承受拉应力，混凝土承受斜向压应力 $\sigma_c$，$\sigma_c$ 与梁底面的夹角为 $\alpha$；Ⅲ区为混凝土单向受压的曲线形区域；Ⅳ区为混凝土水平方向单向受压的区域；Ⅴ区为支座与加载处混凝土周边受压的区域。采用图 5-25 中所示的坐标系并将垂直腹筋达到屈服时的拉力均匀分布在 $b \times s$ 的区域内，$b$ 为梁界面宽度，$s$ 为箍筋间距。由梁微段底部的边界条件可得到垂直腹筋屈服时在梁内产生的竖向拉应力 $\sigma_{sy}$ 和混凝土斜向应力 $\sigma_c$ 的关系：

$$\sigma_{sy} = \frac{A_{sv} f_{yv}}{bs} = \sigma_c \sin^2\alpha \tag{5-49}$$

即混凝土斜向压应力 $\sigma_c$ 的垂直分量 $\sigma_{cy}$ 与 $\sigma_{sy}$ 的大小相等、方向相反，处于拉压平衡状态。梁微段两边边界上混凝土的水平压应力 $\sigma_{cx}$ 和剪应力 $\tau_c$ 分别为[图 5-25b)]：

$$\sigma_{cx} = \sigma_c \cos^2\alpha = \frac{A_{sv} f_{yv}}{bs} = \cot^2\alpha \tag{5-50}$$

$$\tau_c = \sigma_c \sin\alpha\cos\alpha = \frac{A_{sv} f_{yv}}{bs} = \cot\alpha \tag{5-51}$$

由Ⅱ区和Ⅲ区界面处微单元体的平衡，可求得界面处的正应力 $\sigma_\theta$ 和剪应力 $\tau_\theta$ 分别为：

$$\sigma_\theta = \frac{A_{sv} f_{yv}}{bs}\cot\alpha(2\sin^2\theta\cos\theta - \sin^2\theta\cot\alpha) \tag{5-52}$$

$$\tau_\theta = \frac{A_{sv}f_{yv}}{bs}\cot\alpha(\sin\theta\cos\theta\cot\alpha + \sin^2\theta - \cos^2\theta) \tag{5-53}$$

上述式中：$A_{sv}$——同一竖向截面垂直腹筋的截面面积；

$f_{sv}$——腹筋屈服强度。

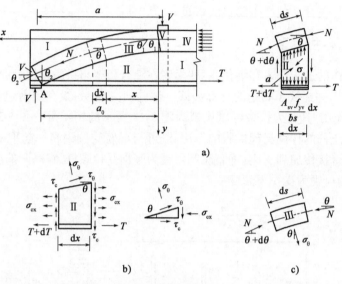

图 5-25   配筋混凝土梁

由于Ⅲ区为单向受压区，Ⅱ、Ⅲ区界面处的剪应力 $\tau_\theta$ 应为零，因而有：

$$\cot\alpha = \frac{\cos^2\theta - \sin^2\theta}{\sin\theta\cos\theta} \tag{5-54}$$

将式(5-54)代入式(5-52)，简化后得：

$$\sigma_\theta = \frac{A_{sv}f_{yv}}{bs}(1 - \tan^2\theta) \tag{5-55}$$

即当满足式(5-54)时Ⅱ区和Ⅲ区界面处仅存在正应力 $\sigma_\theta$，该正应力只使Ⅲ区的总压力 $N$ 改变方向、不改变大小，即 $N$ 的大小为一常数。由图5-25c)可知，Ⅲ区的微段平衡条件有：

$$N\sin(\theta + d\theta) = N\sin\theta + \sigma_\theta bds\cos\theta \tag{5-56a}$$

$$N\cos(\theta + d\theta) = N\cos\theta + \sigma_\theta bds\cos\theta \tag{5-56b}$$

展开以上两式并取 $\cos d\theta \approx 1$，$\sin d\theta \approx d\theta$，有：

$$Nd\theta = \sigma_\theta bds \tag{5-57}$$

注意到 $\dfrac{d\theta}{ds} = y''/(1 + y'^2)^{\frac{3}{2}}$，$y' = \tan\theta$，由式(5-55)和式(5-57)可得到混凝土单向受压的曲线形区域Ⅲ区轴线的微分方程：

$$y'' = \frac{A_{sv}f_{yv}}{bs}(1 + y'^2)^{\frac{3}{2}}(1 - y'^2) \tag{5-58}$$

此式为二阶非线性微分方程，直接求解比较困难。考虑到从浅梁到深梁的变化范围内，剪跨比 $\lambda$ 从4变化到0.5，$y'$ 的值从0.15变化到0.67，相应的 $(1 + y'^2)^{\frac{3}{2}}(1 - y'^2)$ 从1.01变化到0.96，其中最大值为1.05($\lambda = 1$)，平均值为1.018，为简单化计算可近似取 $(1 + y'^2)^{\frac{3}{2}}(1 - y'^2) \approx 1$，则式(5-58)可简化为：

$$y'' = \frac{A_{sv} f_{yv}}{sN} \tag{5-59}$$

该式的解为：

$$y = \frac{A_{sv} f_{yv}}{2sN} x^2 + c_1 x + c_2 \tag{5-60}$$

由图 5-25a) 可知, 当 $x = 0$ 时, $y = 0$, $y' = \tan\theta_1 x$, 因此所求曲线方程为:

$$y = \frac{A_{sv} f_{yv}}{2sN} x^2 + \tan\theta_1 x \tag{5-61}$$

当梁支座处的 $A$ 端 $x = a_n$, 则有:

$$y_A = \frac{A_{sv} f_{yv}}{2sN} a_n^2 + \tan\theta_1 a_n \tag{5-62}$$

$$y_A' = \tan\theta_2 = \frac{A_{sv} f_{yv}}{sN} a_n + \tan\theta_1 \tag{5-63}$$

当Ⅲ区的混凝土的压应力达到其抗压强度 $f_c$ 时, 梁达到其受剪承载力的极限状态, 在 $A$ 端则有:

$$\begin{aligned} V &= f_c b(h - y_A) \sin\theta_2 \cos\theta_2 \\ &= f_c bh \left(1 - \frac{A_{sv} f_{yv}}{2sNh} a_n^2 - \tan\theta_1 \frac{a_n}{h}\right) \sin\theta_2 \cos\theta_2 \end{aligned} \tag{5-64}$$

令 $\lambda_n = a_n/h$, 称净剪跨比, 并注意式 (5-63), 则式 (5-64) 可变为:

$$V = f_c bh \left(1 + \frac{A_{sv} f_{yv} a_n}{2sN} \lambda_n - \tan\theta_2 \lambda_n\right) \sin\theta_2 \cos\theta_2 \tag{5-65}$$

式中: $N$——Ⅲ区总压力, 既斜向传递剪力又与梁底纵筋一起平衡外荷载产生的弯矩。

为使梁的受剪承载力能充分发挥, 应使受压区混凝土的总压力 $N = \xi_b f_{cm} bh_0$。对常用Ⅱ级钢筋 $\xi_b = 0.544$, 近似取 $h_0 = 0.9h$, 并注意到当 $\xi = \xi_b$ 时, 折算的混凝土弯曲抗压强度 $f_{cm}$ 应略小于 $1.1f_c$, 代入后可得 $N \approx 0.5f_c bh$, 将 $0.5f_c bh$ 代替式 (5-65) 中的 $N$, 并令

$$m = 1 + \frac{A_{sv} f_{yv} a_n}{f_c bhs} \lambda_n = 1 + \frac{\rho_{sv} f_{yv}}{f_c} \lambda_n^2 \tag{5-66}$$

则有:

$$V = f_c bh (m - \tan\theta_2 \lambda_n) \sin\theta_2 \cos\theta_2 \tag{5-67}$$

式中: $\rho_{sv}$——垂直腹筋的配筋率, $\rho_{sv} = A_{sv}/bs$。

为求出 $V$ 的最大值, 令 $dV/d\theta_2 = 0$, 从而有:

$$m\cos2\theta_2 - \lambda_n \sin2\theta_2 = 0 \tag{5-68}$$

即 $\tan2\theta_2 = m/\lambda_n$。

将式 (5-68) 代入式 (5-67) 后, 化简可得到配有垂直腹筋梁的受剪承载力公式:

$$V = 0.5 \left(\sqrt{\lambda_n^2 + m^2} - \lambda_n\right) f_c bh \tag{5-69}$$

对于水平腹筋的作用主要约束图 5-25 中Ⅲ区的混凝土, 间接提高其抗压强度, 采用图 5-26a) 所示的混凝土双向受压破坏条件, 并取压应力为正, 则有:

$AB$ 段:

$$\sigma_2 = f_c + \frac{\sigma_1}{1.2} \qquad (0 \leqslant \sigma_1 \leqslant 0.24f_c) \tag{5-70}$$

$BC$ 段:

$$\sigma_2 = 1.2f_c \qquad (0.24 \leqslant \sigma_1 \leqslant 1.2f_c) \tag{5-71}$$

式中：$\sigma_1$——混凝土双向受压时的侧向约束应力；

$\quad\quad\sigma_2$——混凝土双向受压时的破坏强度。

当水平腹筋的拉应力达其屈服强度 $f_{yh}$ 时，水平腹筋的侧向约束应力达到最高值。由图 5-26b) 可知在图 5-25a) 中梁的 $A$ 端，水平腹筋应力在 $\sigma_1$、$\sigma_2$ 方向的投影为：

$$\sigma_{s1} = -\rho_{sh} f_{yh} \sin^2\theta_2 \tag{5-72}$$

$$\sigma_{s2} = -\rho_{sh} f_{yh} \cos^2\theta_2 \tag{5-73}$$

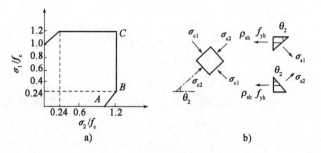

图 5-26　混凝土的双向受压

混凝土所受水平腹筋的约束应力 $\sigma_{c1}$、$\sigma_{c2}$ 和 $\sigma_{s1}$、$\sigma_{s2}$ 的大小相等、方向相反，即：

$$\sigma_{c1} = \rho_{sh} f_{yh} \sin^2\theta_2 \tag{5-74}$$

$$\sigma_{c2} = \rho_{sh} f_{yh} \sin^2\theta_2 \tag{5-75}$$

以上各式中 $\rho_{sh}$ 为水平腹筋的配筋率，并取压应力为正、拉应力为负。由于Ⅲ区内水平腹筋和混凝土处于拉压平衡状态，沿 $\sigma_1$ 方向的总应力为：

$$\sigma_{c1} + \sigma_{s1} = 0 \tag{5-76}$$

沿 $\sigma_2$ 方向混凝土的破坏强度为：

$$\sigma_2 + \sigma_{c2} + \sigma_{s2} = \sigma_2 = f_c + \frac{\sigma_{c1}}{1.2} = f_c + \frac{1}{1.2}\rho_{sh} f_{yh} \sin^2\theta_2 \leqslant 1.2f_c \tag{5-77}$$

因此，当考虑水平腹筋的作用时可将式(5-69)中的 $f_c$ 用式(5-77)中的 $\sigma_2$ 代换，并注意到式(5-68)的 $\tan 2\theta_2 = m/\lambda_n$，化简后即可得到考虑垂直腹筋和水平腹筋共同作用的钢筋混凝土受剪承载力计算公式：

$$V = 0.5\left(\sqrt{\lambda_n^2 + m^2} - \lambda_n\right)\left(1 + \frac{\sqrt{\lambda_n^2 + m^2} - \lambda_n}{2.4\sqrt{\lambda_n^2 + m^2}} \cdot \frac{\rho_{sh} f_{yh}}{f_c}\right) f_c bh \tag{5-78}$$

由于水平腹筋提供的约束力一般较小，式(5-67)右边的约束条件通常可不考虑。为计算方便，偏安全以计算剪跨比 $l = a/h_0$ 代替净剪跨比 $l_n$ 并取 $h = 1.1h_0$，则式(5-78)可改写为：

$$V = 0.55\left(\sqrt{\lambda_n^2 + m^2} - \lambda\right)\left(1 + \frac{\sqrt{\lambda^2 + m^2} - \lambda}{2.4\sqrt{\lambda^2 + m^2}} \cdot \frac{\rho_{sh} f_{yh}}{f_c}\right) f_c bh_0 \tag{5-79}$$

相应的 $m$ 改写为：

$$m = 1 + \frac{\rho_{sv} f_{yv}}{f_c}\lambda^2 \tag{5-80}$$

当不配置垂直腹筋和水平腹筋时，$\rho_{sv} = \rho_{sh} = 0$，即可得到无腹梁的受剪承载公式：

$$V = 0.55\left(\sqrt{\lambda^2 + 1} - \lambda\right) f_c bh_0 \tag{5-81}$$

图 5-27 是式(5-81)与国内 102 根无腹筋深梁、短梁和浅梁试验结果的比较,可见该式能较好地反映无腹筋梁受剪承载力随剪跨比变化的规律。

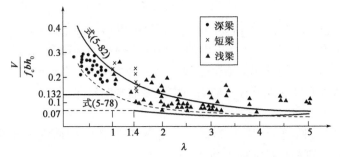

图 5-27　集中荷载作用下无腹筋混凝土梁的桁架-拱模型计算结果

用类似的方法,可以推导出均布荷载作用下有腹筋梁的受剪承载力公式:

$$V = 0.5 \left[ \sqrt{\left(\frac{l_n}{4h}\right)^2 + k^2} - \left(\frac{l_n}{4h}\right) \right] f_c bh \tag{5-82}$$

考虑水平腹筋的影响后并以 $l/h$ 代替 $l_n/h$,取 $h = 1.1h_0$,则受剪承载力计算公式为:

$$V = 0.55 \left[ \sqrt{\left(\frac{l}{4h}\right)^2 + k^2} - \left(\frac{l}{4h}\right) \right] \left[ 1 + \frac{\sqrt{\left(\frac{l}{4h}\right)^2 + k^2} - \frac{l}{4h}}{2.4\sqrt{\left(\frac{l}{4h}\right)^2 + k^2}} \cdot \frac{\rho_{sh} f_{yh}}{f_c} \right] f_c bh_0 \tag{5-83}$$

相应的 $k$ 为:

$$k = 1 + \frac{1}{24} \cdot \frac{\rho_{sv} f_{yv}}{f_c} \left(\frac{l}{h}\right)^2 \tag{5-84}$$

当梁不配置腹筋即 $\rho_{sv} = \rho_{sh} = 0$ 时,即得到均布荷载作用下无腹筋梁的受剪承载力计算公式:

$$V = 0.55 \left[ \sqrt{\left(\frac{l}{4h}\right)^2 + 1} - \left(\frac{l}{4h}\right) \right] f_c bh_0 \tag{5-85}$$

将式(5-85)与集中荷载作用下无腹筋梁受剪承载力公式(5-81)进行比较可以看出,均布荷载下无腹筋梁受剪承载力公式相当于式(5-81)中取当量剪跨比 $\bar{\lambda} = l/4h$ 的结果。图 5-28a)为式(5-85)与国内 60 根均布荷载作用下跨高比 $l/h = 1 \sim 14$ 的无腹筋梁试验结果的比较。从图中可见,式(5-85)能较好地反映均布荷载下无腹梁受剪承载力随跨高比增大而降低的规律。

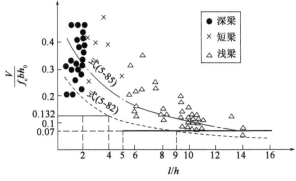

图 5-28　均布荷载下无腹筋混凝土梁的桁架-拱模型计算结果

### 5.4.4 压力场理论

1)基本公式

在压力场理论(CFT)中,构件需要满足平衡条件、变形协调条件和应力-应变关系,这一理论是 Mitchell 和 Collins[5-4]于 1974 年提出的。与塑性理论的极限分析相比,压力场理论描述了混凝土结构从开裂到剪切破坏的整个过程。故一般情况下,混凝土和钢筋均不处于极限状态。压力场理论认为开裂后混凝土主应力与主应变的方向相同。

(1)平衡条件

平衡条件与塑性理论的下限解类似。考虑弯矩为 0 的钢筋混凝土梁截面的平衡,如图 5-29 所示,混凝土、箍筋和纵筋的平衡如下。

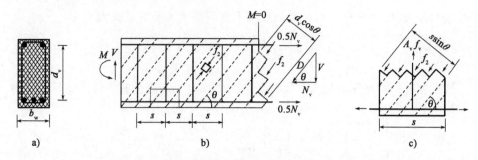

图 5-29  用于压力场理论的变角桁架模型
a)梁截面;b)斜向压应力和纵向平衡;c)箍筋的力

与构件纵轴成 $\theta$ 角的混凝土斜压杆的竖向分力须等于施加的剪力[图 5-29a)],即:

$$V = D\sin\theta = (f_2 b_w d_v \cos\theta)\sin\theta \tag{5-86}$$

从而有:

$$f_2 = \frac{V}{b_w d_v}(\tan\theta + \cot\theta) \tag{5-87}$$

式中:$b_w$——梁截面宽度;

$d_v$——内力臂。

混凝土中的斜压杆向箍筋传递的竖向力为[图 5-29b)]:

$$A_v f_v = (f_2 b_w s\sin\theta)\sin\theta \tag{5-88}$$

即:

$$\frac{A_v f_v}{s} = \frac{V}{d_v}\tan\theta \tag{5-89}$$

式中:$A_v$——箍筋截面面积;

$f_v$——箍筋应力;

$s$——箍筋间距。

混凝土斜压杆的水平分力与纵向钢筋的拉力平衡,即:

$$N_v = A_s f_x = V\cot\theta \tag{5-90}$$

式中:$A_s$——纵向钢筋面积;

$f_x$——纵向钢筋应力。

压力场理论忽略了混凝土开裂后的抗拉强度,主压应力与主压应变的倾角一致。

（2）应变协调

如图5-30b)所示,可采用应变摩尔圆表示的几何变换建立开裂截面的应变协调关系。

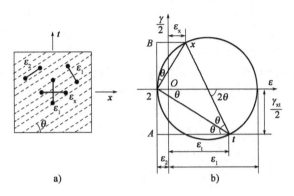

图5-30　开裂截面的应变协调

a)单元平均应变;b)应变摩尔圆

由图5-30b)中的三角形2$Bx$得:

$$\gamma_{xt} = 2(\varepsilon_x - \varepsilon_2)\cot\theta \qquad (5\text{-}91a)$$

而由三角形2$At$得:

$$\gamma_{xt} = 2(\varepsilon_t - \varepsilon_2)\tan\theta \qquad (5\text{-}91b)$$

式中:$\varepsilon_x$——截面纵向应变(拉为正);

$\quad\varepsilon_t$——横向应变;

$\quad\gamma_{xt}$——剪应变;

$\quad\varepsilon_2$——主压应变(负)。

根据上面两个公式,得斜压杆的倾角为:

$$\tan^2\theta = \frac{\varepsilon_x - \varepsilon_2}{\varepsilon_t - \varepsilon_2} \qquad (5\text{-}92)$$

因为上述应变协调条件是从摩尔圆导出的,有时也将压力场模型称为摩尔协调桁架模型。材料的第一应变不变量可给出下面的关系:

$$\varepsilon_1 + \varepsilon_2 = \varepsilon_x + \varepsilon_t \qquad (5\text{-}93)$$

需要说明的是,当混凝土开裂后,这些协调关系是用"平均"应变表示的,即应变是在包含几条裂缝的长度上测量的。

（3）开裂混凝土及钢筋的本构关系

混凝土腹板不只是在方向2受压,也在方向1受拉(图5-30),因此承受较大拉应变的开裂混凝土抗压强度会降低。裂缝间混凝土的性能,可采用下面的应力-应变关系描述:

$$f_2 = f_{2\max}\left[\frac{2\varepsilon_2}{\varepsilon_0} - \left(\frac{\varepsilon_2}{\varepsilon_0}\right)^2\right] \qquad (5\text{-}94)$$

其中:

$$f_{2\max} = \frac{f_c'}{0.8 + 170\varepsilon_1} \leqslant f_c' \qquad (5\text{-}95)$$

式中:$\varepsilon_0$——混凝土峰值应力对应的应变,$\varepsilon_0 = -0.002$;

$\varepsilon_1$——主拉应变。

此外,钢筋处于弹性状态,满足下面的关系:

$$f_v = E_s \varepsilon_t, \quad f_x = E_s \varepsilon_x \tag{5-96}$$

(4)计算步骤

上面是压力场理论的计算公式,有 3 个平衡方程[式(5-87)、式(5-88)、式(5-90)]、2 个应变协调方程[式(5-92)和式(5-93)]和 3 个应力-应变关系[式(5-94)~式(5-96)]来解 3 个未知应力 $f_2$、$f_v$ 和 $f_x$,4 个未知应变 $2\varepsilon_x$、$\varepsilon_t$、$\varepsilon_1$ 和 $\varepsilon_2$,以及斜压倾角 $\theta$,共 8 个方程和 8 个未知数。解这些公式构成的方程组,可以计算构件的荷载-变形关系,箍筋屈服时,可得到构件的受剪承载力。

下面是按压力场理论进行钢筋混凝土构件受剪分析的步骤:

(1)假定 $\theta$ 的范围,给定箍筋应力 $f_v(0 \sim f_{vy})$;

(2)对于给定的 $\theta$ 和 $f_v$,由式(5-88)计算 $f_2$;

(3)由式(5-87)计算 $V$;

(4)由式(5-90)计算 $f_x$;

(5)由式(5-96)计算 $\varepsilon_x$ 和 $\varepsilon_t$;

(6)由式(5-92)计算 $\varepsilon_2$;

(7)由式(5-93)计算 $\varepsilon_1$;

(8)采用式(5-94)计算开裂混凝土应力;

(9)计算 $\Delta f_2 = |f_2' - f_2|$;

(10)当 $\Delta f_2 = 0$ 时,其对应的 $\theta$ 即为剪力 $V$ 时的 $\theta$ 角,代入式(5-91a)计算剪应变 $\gamma_{xt}$,从而得到剪力-剪应变曲线。如果直接取 $f_v = f_{vy}$ 进行计算,则可得到构件的受剪承载力。

2)压力场理论与塑性理论的关系

为与塑性理论解保持一致,假定纵向钢筋处于弹性状态,即 $f_x = E_s \varepsilon_x < f_y$,但箍筋和混凝土达到了其弹性极限,即 $f_v = f_{vy}$,$\varepsilon_t = \varepsilon_y = $ 屈服应变;$f_2 = f_c$,$\varepsilon_2 = -\varepsilon_c$($\varepsilon_2$ 为负值)。

剪应力是未知的。由式(5-17)得:

$$\frac{v}{f_c} = \frac{\tan\theta}{\tan^2\theta + 1} \tag{5-97}$$

由式(5-89)得(箍筋屈服 $f_v = f_{vy}$):

$$\tan\theta = \frac{A_v}{bs} \times \frac{f_{vy}}{v} = \frac{A_v}{bs} \times \frac{f_{vy}}{f_c} \times \frac{f_c}{v} = \psi \frac{f_c}{v} \tag{5-98}$$

其中:

$$\psi = \frac{A_v}{bs} \times \frac{f_{vy}}{f_c} = \rho_v \frac{f_{vy}}{f_c}$$

将式(5-98)代入式(5-97)得到:

$$\left(\frac{v}{f_c}\right)\left(\psi^2 \frac{f_c^2}{v^2} + 1\right) = \psi \frac{f_c}{v} \tag{5-99a}$$

$$\psi^2 + \left(\frac{v}{f_c}\right)^2 = \psi \tag{5-99b}$$

$$\frac{v}{f_c} = \sqrt{\psi(1 - \psi)} \tag{5-99c}$$

$$\tan\theta = \sqrt{\frac{\psi}{1-\psi}} \tag{5-99d}$$

将上述公式与塑性理论的计算公式进行对比可以看出,如果把混凝土和箍筋视为理想的弹塑性材料,压力场理论的解与塑性理论的解是一致的。所以,从某种意义上讲,塑性理论的解是压力场理论解的一种特殊情况。

### 5.4.5 修正压力场理论

压力场理论认为开裂后的钢筋混凝土按连续介质材料进行分析,开裂混凝土的平均应变满足莫尔圆原理,采用应变协调、应力平衡、钢筋混凝土平均应力与平均应变的本构关系对构件的抗剪性能进行计算分析。压力场理论忽略开裂后混凝土的拉应力,而试验结果表明,由于钢筋及粗骨料的存在,开裂后的混凝土在裂缝间仍存在拉应力,所以 Vecchio 和 Collins 对 CFT 理论进行了改进,考虑了开裂后混凝土拉应力的影响[5-6],提出改进斜压场理论(Modified Compression Field Theory, MCFT)。

改进斜压场理论认为钢筋弥散分布在混凝土里,把钢筋混凝土看作一种有自身特性的材料,充分考虑开裂后混凝土中的平均拉应力对承载力的贡献,采用平均应力满足平衡条件、平均应变满足变形协调条件以及材料的本构关系,分析在剪应力和正应力作用下钢筋混凝土单元的响应。改进斜压场理论采用双向受力时钢筋混凝土平面板试验得到的钢筋混凝土平均应力应变关系。由于钢筋混凝土的平均主拉应力受钢筋屈服条件的限制,该理论根据裂缝处局部应力平衡条件得到钢筋混凝土平均主拉应力的限制条件。利用改进斜压场理论能够准确预测钢筋混凝土构件在剪应力和正应力复合作用下的响应。

1)基本假定

(1)应变与应力状态一一对应,与加载历史无关;

(2)在包含若干裂缝在内的一定长度范围内,以平均应力和平均应变来表征单元体的受力行为;

(3)钢筋与混凝土粘结良好,没有相对滑移发生;

(4)单元体内的受力钢筋均匀分布;

(5)进行抗剪分析时规定拉为正、压为负。

2)MCFT 理论简述

(1)平衡条件和相容条件

作用于钢筋混凝土薄膜单元的外力由混凝土和钢筋共同承担,由图 5-31 可得如下关系:

$$f_x = f_{cx} + \rho_{sx}f_{sx} \tag{5-100}$$

$$f_y = f_{cy} + \rho_{sy}f_{sy} \tag{5-101}$$

$$\nu_{xy} = \nu_{cx} + \rho_{sx}\nu_{sx} \tag{5-102}$$

$$\nu_{xy} = \nu_{cy} + \rho_{sy}\nu_{sy} \tag{5-103}$$

假定钢筋只能承担拉力和压力,忽略其自身的抗剪能力,即 $\nu_{sx} = \nu_{sy} = 0$,因此可得:

$$\nu_{cx} = \nu_{cy} = \nu_{cxy} \tag{5-104}$$

假定钢筋与混凝土二者粘结良好,因此有:

$$\varepsilon_{sx} = \varepsilon_{cx} = \varepsilon_x \tag{5-105}$$

$$\varepsilon_{sy} = \varepsilon_{cy} = \varepsilon_y \tag{5-106}$$

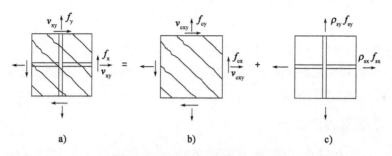

图5-31 平面应力下钢筋混凝土薄膜单元

a)钢筋混凝土;b)混凝土;c)钢筋

若 $\varepsilon_x$、$\varepsilon_y$ 和 $\gamma_{xy}$ 已知,则其他方向变形可以根据图5-32所示莫尔圆中的几何关系得到:

$$\gamma_{xy} = \frac{2(\varepsilon_x - \varepsilon_2)}{\tan\theta} \tag{5-107}$$

$$\varepsilon_1 + \varepsilon_2 = \varepsilon_x + \varepsilon_y \tag{5-108}$$

$$\tan^2\theta = \frac{\varepsilon_x - \varepsilon_2}{\varepsilon_y - \varepsilon_2} = \frac{\varepsilon_1 - \varepsilon_y}{\varepsilon_1 - \varepsilon_x} \tag{5-109}$$

式中:$\varepsilon_1$——受拉主应变;

$\varepsilon_2$——受压主应变。

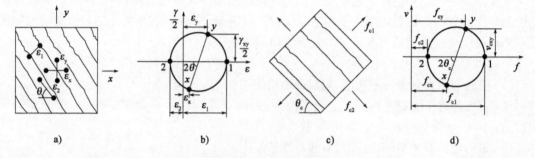

图5-32 开裂后钢筋混凝土薄膜单元的应变和应力

a)开裂单元的平均应变;b)平均应变莫尔圆;c)裂后混凝土的主应力;d)混凝土平均应力莫尔圆

图5-32c)和d)分别给出了开裂后钢筋混凝土薄膜单元的平均主应力及其莫尔圆。假定主应力与应变方向一致,即 $\theta_c = \theta$,从图5-32d)中即可得到:

$$f_{cx} = f_{c1} - \frac{\nu_{cxy}}{\tan\theta_c} \tag{5-110}$$

$$f_{cy} = f_{c1} - \nu_{cxy}\tan\theta_c \tag{5-111}$$

$$f_{c2} = f_{c1} - \nu_{cxy}\left(\tan\theta_c + \frac{1}{\tan\theta_c}\right) \tag{5-112}$$

(2)本构关系

钢筋本构关系采用理想弹塑性模型,即:

$$f_{sx} = E_s\varepsilon_x \leqslant f_{yx} \tag{5-113}$$

$$f_{sy} = E_s\varepsilon_y \leqslant f_{yy} \tag{5-114}$$

开裂混凝土平均主压应力 $f_{c2}$ 可按式(5-115)计算:

$$f_{c2} = f_{c2max}\left[2\left(\frac{\varepsilon_2}{\varepsilon'_c}\right)-\left(\frac{\varepsilon_2}{\varepsilon'_c}\right)^2\right] \tag{5-115a}$$

$$\frac{f_{c2max}}{f'_c} = \frac{1}{0.8-0.34\varepsilon_1/\varepsilon'_c} \leqslant 1.0 \tag{5-115b}$$

式中：$f'_c$——混凝土圆柱体抗压强度；

$\varepsilon'_c$——混凝土单轴受压的峰值应变，一般可取 0.002。

开裂混凝土平均主拉应力 $f_{c1}$ 可按式(5-116)计算：

$$f_{c1} = E_c\varepsilon_1 \qquad (\varepsilon_1 \leqslant \varepsilon_{cr}) \tag{5-116a}$$

$$f_{c1} = \frac{f_{cr}}{1+\sqrt{200\varepsilon_1}} \qquad (\varepsilon_1 > \varepsilon_{cr}) \tag{5-116b}$$

式中：$f_{cr}$——混凝土抗拉强度；

$\varepsilon_1$——混凝土平均主拉应变；

$\varepsilon_{cr}$——混凝土开裂应变，一般可取 $f_{cr}/E_c$；

$E_c$——混凝土弹性模量，$E_c = 2f'_c/\varepsilon'_c$。

（3）裂缝间力的平衡

图5-33为混凝土板裂缝处局部应力和计算平均应力对比的示意图，假定主裂缝方向与混凝土主拉应变方向相互垂直。当施加外力 $f_x$、$f_y$ 和 $\nu_{xy}$ 后，根据 $x$ 向力的平衡可得：

$$\rho_{sx}f_{sx}\sin\theta + f_{c1}\sin\theta = \rho_{sx}f_{sxcr}\sin\theta - f_{ci}\sin\theta - \nu_{ci}\cos\theta \tag{5-117}$$

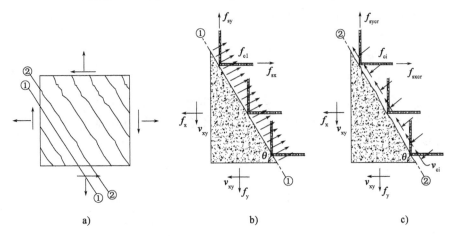

图5-33　裂缝处局部应力和计算应力对比图

a）开裂单元的应力；b）计算应力；c）开裂面的局部应力

同理，对于截面1根据 $y$ 向力的平衡可得：

$$\rho_{sy}f_{sy}\cos\theta + f_{c1}\cos\theta = \rho_{sy}f_{sycr}\cos\theta - f_{ci}\cos\theta + \nu_{ci}\sin\theta \tag{5-118}$$

可将式(5-117)和式(5-118)分别变换为：

$$\rho_{sx}(f_{sxcr} - f_{sx}) = f_{c1} + f_{ci} + \frac{\nu_{ci}}{\tan\theta} \tag{5-119}$$

$$\rho_{sy}(f_{sycr} - f_{sy}) = f_{c1} + f_{ci} - \nu_{ci}\tan\theta \tag{5-120}$$

若式(5-119)和式(5-120)在既无剪应力又无压应力的裂缝截面处成立，则须满足：

$$\rho_{sy}(f_{sycr} - f_{sy}) = \rho_{sx}(f_{sxcr} - f_{sx}) = f_{c1} \tag{5-121}$$

式中,裂缝间钢筋应力小于其屈服强度,即$f_{sxcr} \leqslant f_{yx}$、$f_{sycr} \leqslant f_{yy}$;$v_{ci}$为开裂混凝土的局部压应力,其大小为:

$$v_{ci} = 0.18v_{cimax} + 1.64f_{ci} - 0.82\frac{f_{ci}^2}{v_{cimax}} \tag{5-122a}$$

$$v_{cimax} = \frac{\sqrt{-f'_c}}{0.31 + 24w/(a+16)} \tag{5-122b}$$

式中:$a$——骨料最大粒径,mm;

$w$——裂缝宽度,其大小可通过式(5-123)计算。

$$w = \varepsilon_1 s_\theta \tag{5-123a}$$

$$s_\theta = \frac{1}{\dfrac{\sin\theta}{s_{mx}} + \dfrac{\cos\theta}{s_{my}}} \tag{5-123b}$$

式中:$s_\theta$——混凝土薄膜单元裂缝平均间距;

其他符号含义见文献[5-6]。

3)抗剪分析过程

(1)确定裂缝间距$s_{mx}$、$s_{my}$。

(2)给定核心区$x$向正应力$f_{x0}$。

(3)假定混凝土的主拉应变$\varepsilon_1$。

(4)假定斜压倾角$\theta$。

(5)通过式(5-123)计算裂缝宽度$w$。

(6)假定$y$向钢筋应力$f_{sy0}$。

(7)计算混凝土平均受拉应力$f_{c1}$。

利用式(5-116)计算$f_{c1}$,同时$f_{c1}$满足以下控制条件:

$$f_{c1} \leqslant v_{cimax}(0.18 + 0.3k^2)\tan\theta + \rho_{sy}(f_{yy} - f_{sy}) \tag{5-124}$$

式中,系数$k = 1.64 - 1/\tan\theta$且$k > 0$;$v_{cimax}$可通过式(5-122b)计算。

(8)计算$f_{cy}$、$v_{cxy}$和$f_{c2}$。

通过式(5-101)计算$f_{cy}$,按式(5-111)计算$v_{cxy}$,按式(5-112)计算$f_{c2}$。

(9)验算$f_{c2}$。

将第8步计算得到的$f_{c2}$与按式(5-115b)计算的$f_{c2max}$进行比较,如果$f_{c2} \leqslant f_{c2max}$,继续进行下一步计算;如果$f_{c2} > f_{c2max}$,终止计算,返回第(3)步,选择更小的$\varepsilon_1$。

(10)计算$\varepsilon_2$和$\varepsilon_y$。

由式(5-115a)可得:

$$\varepsilon_2 = \varepsilon'_c(1 - \sqrt{1 - f_{c2}/f_{c2max}}) \tag{5-125}$$

由式(5-108)和式(5-109)可得:

$$\varepsilon_y = \frac{\varepsilon_1 + \varepsilon_2\tan^2\theta}{1 + \tan^2\theta} \tag{5-126}$$

根据式(5-106)可知钢筋应变$\varepsilon_{sy} = \varepsilon_y$,由式(5-114)可计算出钢筋应力$f_{sy}$。将$f_{sy}$与第6步假定的$f_{sy0}$相比较,如果二者相等,继续计算;否则返回第(6)步,调整$f_{sy0}$,直到$f_{sy} = f_{sy0}$。

（11）计算 $f_{sx}$。

先利用式（5-108）计算 $\varepsilon_x$，然后按式（5-113）计算 $f_{sx}$。

（12）计算 $f_x$。

先利用式（5-110）计算 $f_{cx}$，然后按式（5-100）计算 $f_x$。将 $f_x$ 与第（2）步假定的 $f_{x0}$ 相比较，如果二者相等，继续计算；否则返回第（2）步，增大 $\theta$，直到 $f_x = f_{x0}$。

（13）计算 $v_{ci}$ 和 $f_{ci}$。

令混凝土主拉应力变化量 $\Delta f_{c1}$ 为：

$$\Delta f_{c1} = f_{c1} - \rho_{sy}(f_{yy} - f_{sy}) \tag{5-127}$$

若 $\Delta f_{c1} \leqslant 0$，则裂缝面剪应力 $v_{ci}$ 和压应力 $f_{ci}$ 均为 0，进行下一步计算；否则令 $C = \Delta f_{c1}/\tan\theta - 0.18v_{cimax}$。如果 $C \leqslant 0$，则 $f_{ci} = 0$，$v_{ci} = f_{c1}/\tan\theta$；否则令 $A = 0.82/v_{cimax}$，$B = 1/\tan\theta - 1.64$，此时：

$$f_{ci} = \frac{-b - \sqrt{B^2 - 4AC}}{2A} \tag{5-128}$$

$$v_{ci} = \frac{f_{c1} + \Delta f_{c1}}{\tan\theta} \tag{5-129}$$

（14）计算钢筋应力 $f_{sycr}$ 和 $f_{sxcr}$。

$$f_{sxcr} = f_{sx} + \frac{f_{c1} + f_{ci} + \dfrac{v_{ci}}{\tan\theta}}{\rho_{sx}} \tag{5-130}$$

$$f_{sycr} = f_{sy} + \frac{f_{c1} + f_{ci} - v_{ci}\tan\theta}{\rho_{sy}} \tag{5-131}$$

检查裂缝面处钢筋应力，若其值小于屈服强度，进行下一步计算；若其值大于屈服强度，返回第（3）步，减小 $\varepsilon_1$ 后返回到第（8）步，重新计算 $v_{cxy}$。

（15）按式（5-107）计算剪切变形 $\gamma_{xy}$。

在整个计算过程中，若发生以下情况，则认为混凝土破坏失效，终止计算：

（1）若 $f_{c1}$ 不满足第（7）步的控制条件，则认为混凝土发生滑移破坏；

（2）若 $f_{c2}$ 不满足第（9）步的控制条件，则认为混凝土被压溃，发生剪切破坏；

（3）若 $f_{c1}$ 在第（14）步不满足控制条件 $f_{sxcr} < f_{yx}$，则认为纵筋屈服发生破坏。

4）改进斜压场理论与压力场理论的比较

修正压力场理论考虑了混凝土开裂后的强度，而压力场理论未考虑。为比较两种理论计算的构件受剪承载力的差别，图 5-34 对两种方法的计算结果进行了比较。与试验结果相比可以看出，修正压力场理论较压力场理论的计算精度有显著改善。图 5-35 给出了混凝土开裂后的拉应力，对两组钢筋混凝土板构件抗剪能力的影响。按照压力场理论忽略混凝土开裂后的拉应力，计算得到的无箍筋构件抗剪强度为 0，而按修正压力场理论，考虑混凝土开裂后的拉应力，即使构件不配置箍筋，开裂后的抗剪强度不为 0。

图 5-35 还表明，计算的抗剪强度不仅与配箍率有关，还与纵筋配筋率关，增大纵筋配筋率提高了抗剪强度。随纵筋配筋率的增大，按压力场理论计算的抗剪强度与按修正压力场理论计算的抗剪强度的差别也增大。对于纵筋配筋率为 2%、$\rho_v f_{yy}/f_c'$ 大于 0.10 的构件，最大抗剪

能力由裂缝处纵筋的屈服控制。在这种情况下,混凝土开裂后的拉应力对计算的抗剪强度影响很小。另一方面,当纵筋总面积达到腹板面积的10%时,纵筋应力低于屈服强度,当配箍率进一步增大时,构件的破坏将由混凝土压碎控制。混凝土开裂后的拉应力提高了构件的刚度,减小了混凝土应变,使构件破坏前能够抵抗很大的剪力。

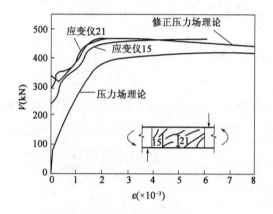

图 5-34　试验和计算的荷载-应变关系

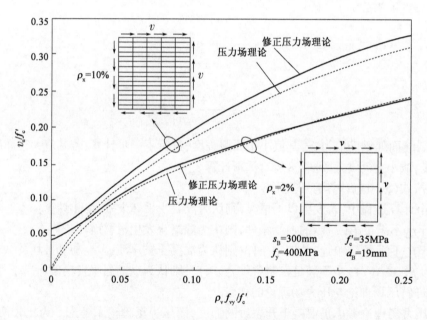

图 5-35　压力场理论与修正压力场理论计算的抗剪强度比较

　　斜裂缝间距 $s$ 对低配箍率构件的计算抗剪强度有显著影响。如果斜裂缝间距增大,与 $\varepsilon_1$ 有关的裂缝宽度 $w$ 也增大,则混凝土开裂后裂缝间传递的拉应力减小。图 5-36 给出了用修正压力场理论计算的两个混凝土构件的抗剪性能,图中一个构件的裂缝间距为 300mm,另一个构件的裂缝间距为 2000mm。配置的纵筋和施加的轴向荷载使纵向应变 $\varepsilon_x$ 保持为 $0.5 \times 10^{-3}$。由图 5-36 可看出,配箍率 $\rho_v$ 越小,计算的抗剪强度对裂缝间距就越敏感。当 $\rho_v$ 等于 0 时,裂缝间距为 2000mm 构件的抗剪强度仅为裂缝间距为 300mm 构件抗剪强度的一半。

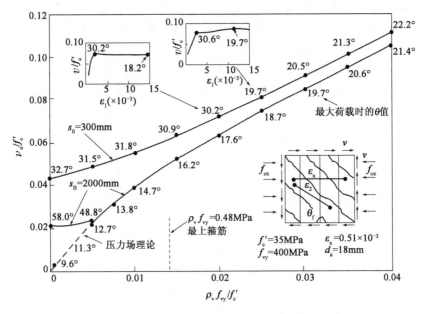

图 5-36  斜裂缝间距对低配筋率构件抗剪强度的影响

目前,修正压力场理论已用于膜、梁、平面框架、板和壳及三维实体结构的分析。即使是用于非常复杂的结构,计算结果与实测结果也比较符合。已经表明,该理论能够精确地模拟裂缝形式、变形、钢筋应力、极限强度和破坏模式。这需要采用简单的便于使用的公式来描述结构混凝土的本构特性。总的来讲,修正压力场理论是一种适合各种形式结构混凝土应用的统一、合理的分析方法。

# 5.5  拉-压杆模型

## 5.5.1  基本概念

拉压-杆模型是在经典桁架模型基础上发展起来的一种模型,除了可分析梁的抗剪强度外,还可以分析其他应力场较复杂的问题,如牛腿、节点、桩帽等的承载力计算。严格来讲,拉-压杆模型是一种基于塑性下限理论的平衡模型,设计结果是不唯一的。设计者必须选择一个合理的荷载传递路径,保证结构任何一部分的应力不超过其强度。如果设计者能够确定满足平衡条件的荷载分布,则构件的实际强度至少等于计算得到的强度。同时还应保证选用的材料和细部构造是合适的,以避免构件破坏之前发生过度变形、脆性断裂和钢筋锚固破坏。

在拉-压杆模型方法中,将混凝土结构分为两类:一类是符合平截面假定的 B 区(Beam 或 Bernoulli,即梁或伯努利);另一类则是应力紊乱区或不连续区,称为 D 区(Disruption 或 Discontinue,干扰或不连续),这类区域在几何形状上有突变,或是在集中荷载作用处或支座反力处,其应变分布是非线性的,这时弯曲理论不再适用。根据圣维南原理,集中荷载或几何突变造成的局部效应仅存在于距集中荷载作用点或几何突变处约一个构件单位的高度范围内。

因此,一般假定 D 区范围为距荷载作用点或突变区近似一个构件的单位高度。

就抗剪而言,理论上讲,拉-压杆模型既可用于深梁,也可用于细长梁,但深梁与细长梁的工作特点是不同的,图 5-37 给出了随剪跨比增大时拉-压杆模型的演变。当剪跨比较大时,剪切破坏由混凝土的抗拉强度和骨料咬合作用控制,而拉-压杆模型只考虑混凝土受压。所以,将拉-压杆模型用于深梁的抗剪分析更为恰当。图 5-38 给出了根据截面模型和拉-压杆模型计算的不同剪跨比梁的受剪承载力。

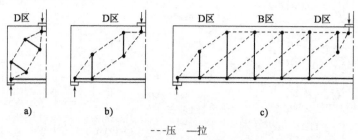

图 5-37 随剪跨比增大拉-压杆模型的演变

用拉-压杆模型进行构件承载力计算,除需建立合理的模型外,还要满足节点、压杆和拉杆的强度要求。

1) 节点

节点是拉-压杆模型中压杆、拉杆与集中力轴线的交点。从平衡考虑,拉-压杆模型的一个节点至少应作用有 3 个力,如图 5-39 所示。在拉压杆通过节点传力的条件下,节点周围的混凝土体积所占的区域称为节点区。拉-压杆模型分析时通常采用扩展节点区(阴影部分)。扩展节点区即为由有效宽度为 $w_s$ 的压杆与有效宽度为 $w_1$ 的拉杆所围的构件的一部分(图 5-40)。D 区的最大跨高比可近似取为 2。因此,D 区中压杆与拉杆间的最小夹角为 26.5°。

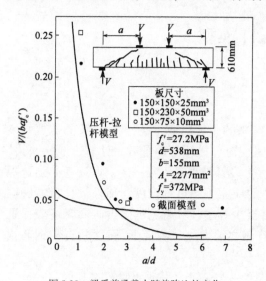

图 5-38 梁受剪承载力随剪跨比的变化

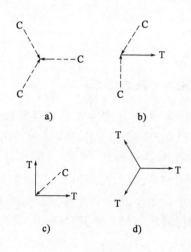

图 5-39 节点分类
a) C-C-C 节点;b) C-C-T 节点;
c) C-T-T 节点;d) T-T-T 节点

由于节点区处于复杂的应力状态,其强度与单轴受力时混凝土的强度不同。表 5-1 列出了 Schlaich 等(1987)、MacGregor(1988)和 Bergmeister 等[5-26]建议的节点区混凝土有效强度。

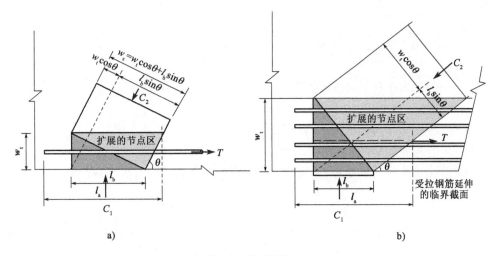

图5-40 扩展节点区

a)单层钢筋;b)多层钢筋

**节点区混凝土的有效强度**                                                    表5-1

| 研 究 者 | 节 点 | 有效强度(MPa) |
|---|---|---|
| Schlaich 等(1987) | C-C-C 节点 | $0.85f'_c$ |
| | 锚固或穿过钢筋的节点 | $0.68f_c'$ |
| MacGregor(1988) | 压杆和支座包围的节点 | $0.85f'_c$ |
| | 锚固一个拉杆的节点 | $0.65f'_c$ |
| | 在多于一个方向锚固拉杆的节点 | $0.50f'_c$ |
| Bergmeister 等 | 无承压板的无约束节点 | $\begin{cases} 0.8f'_c & (f'_c \leqslant 27.6) \\ \left(0.9 - \dfrac{0.25f'_c}{69}\right) f'_c & (27.6 \leqslant f'_c \leqslant 69) \\ 0.65f'_c & (f'_c > 69) \end{cases}$ |
| | 有约束的节点 | $\nu f'_c \sqrt{\dfrac{A}{A_b}} + \alpha \dfrac{A_{corc}}{A_b} f_{lat} \left(1 - \dfrac{s}{d}\right)^2$ |
| | 双向约束的节点 | $\nu f'_c \sqrt{\dfrac{A}{A_b}}$ |
| | 三向约束的节点 | $2.5f'_c$ |

注:$A$、$A_b$、$A_{corc}$一般分别为约束混凝土、承压板和约束压杆的面积;$f_{lat}$为横向压力,$f'_c \leqslant 48.3$MPa 时为 $2f_yA_s/(ds)$,$f'_c >$
48.3MPa 时为 $2f_sA_s/(ds)$,其中 $f_s$ 为钢筋应力,$s$ 为约束钢筋的间距,$d$ 为约束核心区的直径;$\nu = 0.5 + 1.25/\sqrt{f'_c}$;$\alpha$
为系数,螺旋钢筋取 4.0,锚固于纵向钢筋的封闭方箍筋取 2.0,未锚固于纵向钢筋的封闭方箍筋取 1.0。

Jirsa 等[5-27]根据 10 个独立 C-C-T 节点和 9 个 C-T-T 节点的试验得出结论,如果压杆有效
应力限制为 $0.8f'_c$,所有节点区达到破坏的计算结果是保守的。Adebar 和 Zhou 将未配置足够
钢筋的深受弯构件可承受的最大应力限定为:

$$f_c \leqslant 0.6f'_c(1 + 2\alpha\beta) \leqslant 1.8f'_c \tag{5-132}$$

其中:

$$\alpha = 0.33\left(\sqrt{\frac{A_2}{A_1}} - 1\right) \leqslant 1.0, \quad \beta = 0.33\left(\frac{h}{b} - 1\right) \leqslant 1.0, \quad \frac{h}{b} > 1.0$$

式中:$h$、$b$——分别为压杆的高度和宽度;

$\alpha$——考虑约束程度的系数;

$\beta$——考虑压力场几何形状的系数;

$A_1$、$A_2$——分别为加载面积和承压面积。

如果混凝土抗压强度远超过 34.5MPa,则节点区可承受的应力限定为:

$$f_c \leqslant 0.6f'_c + 6\sqrt{f'_c}\,\alpha\beta \tag{5-133}$$

表 5-2 给出了美国建筑规范 ACI 318-08、美国桥梁规范 AASHTO LRFD-2007、加拿大规范 CSA A23.3-04 和欧洲规范 EN 1992-1-1:2004 中关于节点区强度的规定。

各规范对节点混凝土强度的规定 表 5-2

| 规 范 | 混凝土有效强度 |
|---|---|
| 美国建筑规范 ACI 318-08 | $f_{ce} = 0.85\beta_n f'_c$<br>(1)节点被压杆或承载区约束:$\beta_n = 1.00$<br>(2)节点仅锚固一个拉杆:$\beta_n = 0.80$<br>(3)节点不止锚固一个拉杆:$\beta_n = 0.60$ |
| 美国桥梁规范 AASHTO LRFD-2007 | $f_{cu} = vf'_c$<br>(1)节点被压杆或承载区约束:$v = 0.85$<br>(2)节点仅锚固一个拉杆:$v = 0.75$<br>(3)节点不止锚固一个拉杆:$v = 0.65$ |
| 加拿大规范 CSA A23.3-04 | (1)压-压节点(压杆相交):$f_c = 0.85\phi f'_c$<br>(2)压-拉节点(压杆与拉杆相交):$f_c = 0.75\phi f'_c$<br>(3)拉-拉节点(拉杆相交):$f_c = 0.65\phi f'_c$ |
| 欧洲规范 EN 1992-1-1:2004 | (1)节点处没有锚固拉杆的受压节点:$\sigma_{Rd,max} = k_1 v'f_{cd}$($k_1$ 可取 1.0)<br>(2)一个方向锚固有拉杆的压-拉节点:$\sigma_{Rd,max} = k_2 v'f_{cd}$($k_2$ 可取 1.0)<br>(3)多于一个方向锚固有拉杆的压-拉节点:$\sigma_{Rd,max} = k_3 v'f_{cd}$($k_3$ 可取 0.75)<br>(4)当至少满足下列条件中的一个时,上面 3 种情况的抗压强度设计值可增加 10%:<br>①承受三向压力;<br>②压杆和拉杆间的所有夹角≥55°;<br>③施加于支座和集中荷载处的应力是均匀的,且节点受箍筋约束;<br>④布置多层钢筋;<br>⑤节点可靠地受支撑或摩擦约束<br>(5)当节点所有 3 个方向压杆的荷载分布已知时,三向受压节点可按公式 $\sigma_{Rd,max} \leqslant k_4 v'f_{cd}$ 验算($k_4$ 可取 3.0)<br>其中,$v' = 0.60(1 - f_{ck}/250)$,其中 $f_{ck}$ 为混凝土抗压强度特征值 |

2) 压杆

压杆是拉压杆模型中理想化的受压构件,代表平行面区或扇形受压区的合力。在设计中,常将压杆理想化为棱柱形受压构件,如图 5-41 所示。若两端节点区强度不同,或承压长度不同,可将压杆理想化为截面均匀变化的锥形受压构件。

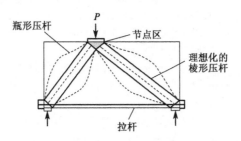

图 5-41　深梁拉压杆模型

由于压杆受到与其轴线垂直方向拉应变或应力的作用,其抗压强度降低。表 5-3 为不同研究者提出的混凝土有效强度公式。对于所有类型的压杆和节点,Marti[5-28] 有效应力的平均值取为 $0.6f'_\mathrm{c}$(MPa)。Bergmeiscer 等[5-27] 提出用式(5-134)计算混凝土的有效应力:

$$f_\mathrm{c} = \left(0.5 + \frac{1.25}{\sqrt{f'_\mathrm{c}}}\right)f'_\mathrm{c} \qquad (20\mathrm{MPa} \leqslant f'_\mathrm{c} \leqslant 80\mathrm{MPa}) \tag{5-134}$$

**压杆的混凝土有效强度**　　　　表 5-3

| 研　究　者 | 压杆受力状态 | 有效强度(MPa) |
| --- | --- | --- |
| Schlaich 等(1987) | 棱柱压杆中可能存在无扰动和单轴压应力状态 | $0.85f'_\mathrm{c}$ |
| | 拉应变或垂直于压杆轴线的钢筋会引起平行于压杆的裂缝(裂缝在允许范围内) | $0.68f'_\mathrm{c}$ |
| | 拉应变引起斜裂缝或钢筋与压杆轴线成斜角 | $0.51f'_\mathrm{c}$ |
| | 斜裂缝很宽(这种情况出现于模型较大程度偏离,按弹性理论计算的内力流时) | $0.34f'_\mathrm{c}$ |
| MacGregor(1988) | 深梁中单独的压杆或 D 区 | $0.50f'_\mathrm{c}$ |
| | 开裂严重的细长梁,压杆角度为 30° | $0.25f'_\mathrm{c}$ |
| | 开裂严重的细长梁,压杆角度为 45° | $0.45f'_\mathrm{c}$ |
| Alshegeir | 剪跨比小于 2.0、由加载点到支座的中等约束斜压杆 | $0.85f'_\mathrm{c}$ |
| | 形成拱作用的压杆 | $0.75f'_\mathrm{c}$ |
| | 预应力混凝土梁的拱结构和扇形压杆 | $0.50f'_\mathrm{c}$ |
| | 非扰乱但有较高压应力的压杆 | $0.95f'_\mathrm{c}$ |

表 5-4 给出了美国建筑规范 ACI 318-08、美国桥梁规范 AASHTO LRFD-2007、加拿大规范 CSA 和欧洲规范 EN 1992-1-1:2004 中关于压杆强度的规定。

规范中对压杆强度的规定

表 5-4

| 规　范 | 混凝土有效强度 |
|---|---|
| 美国建筑规范 ACI 318-08 | $$f_{ce} = 0.85\beta_s f'_c$$ (1)截面不变化的棱柱压杆：$\beta_s = 1.00$<br>(2)受拉构件或受拉翼缘中的压杆：$\beta_s = 0.40$<br>(3)有控制裂缝钢筋的瓶形压杆：$\beta_s = 0.75$<br>(4)无控制裂缝钢筋的瓶形压杆：$\beta_s = 0.60\lambda$<br>(5)所有其他情况：$\beta_s = 0.60\lambda$<br>其中，$\lambda$ 为与混凝土品种有关的系数，普通混凝土取 1.0，轻砂混凝土取 0.85，轻骨料混凝土取 0.75 |
| 美国桥梁规范<br>AASHTO LRFD-2007 | $$f_{cu} = \frac{f'_c}{0.8 + 170\varepsilon_1} \leqslant 0.85f'_c,\ \varepsilon_1 = \varepsilon_s + (\varepsilon_s + 0.002)\cot^2\theta_s$$ 其中，$\theta_s$ 为所考虑压杆与相邻拉杆间的最小夹角；$\varepsilon_1$ 为拉伸方向的平均拉应变；$f'_c$ 为规定的混凝土抗压强度 |
| 加拿大规范 CSA A23.3-94 | 同 AASHTO LRFD-2007 |
| 欧洲规范 EN 1992-1-1：2004 | (1)有横向压应力和无横向压应力的压杆：$\sigma_{Rd,max} = f_{cd}$<br>(2)如果混凝土压杆受压开裂：$\sigma_{Rd,max} = v'f_{cd}$，其中 $v'$ 同表 4-8 |

3)拉杆

拉杆是拉-压杆模型中的受拉杆件。拉杆包括钢筋或预应力筋及与拉杆轴向同心的周围混凝土。周围混凝土定义了锚固压杆与拉杆的区域。虽然设计中不考虑混凝土承担的拉力，但周围混凝土缩短了拉杆的伸长，这对限制变形是有利的。

4)裂缝控制

拉-压杆模型所分析的是构件极限状态时的承载力，为控制使用过程中构件出现的裂缝，需要配置钢筋。美国规范 ACI 318 规定，对于混凝土强度小于 41.1MPa 的情况，与压杆轴相交的钢筋需满足式(5-135)的要求(图 5-42)：

$$\sum \frac{A_{si}}{bs_i}\sin\alpha_i \geqslant 0.003 \tag{5-135}$$

式中：$A_{si}$——与压杆方向成 $\alpha_i$ 角的钢筋层中，间距为 $s_i$ 钢筋的总面积；

$\alpha_i$——压杆轴线与钢筋的夹角。

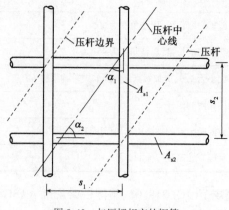

图 5-42　与压杆相交的钢筋

### 5.5.2 深梁的抗剪强度

深梁是指跨高比较小的梁,具体界限各国规范的规定不同。我国规范将 $l_0/h \leqslant 2$ 的简支单跨梁和 $l_0/h \leqslant 2.5$ 的简支多跨连续梁称为深梁,美国规范 ACI 318 将跨高比小于或等于 4 或从支撑面到构件高度的 2 倍范围内承受集中荷载的区域定义为深梁,欧洲规范 EN 1992-1-1:2004将深梁定义为跨度小于 3 倍截面全高度的构件。

深梁与细长梁的主要区别是深梁截面变形不再符合平截面假定,计算难以确定变形协调条件。所以,早期计算承载力时主要采用根据试验确定的经验公式,近年国外规范已用拉-压杆模型将其取代。图 5-43 给出了单个集中荷载作用下深梁的内力流和简化的拉-压杆模型。

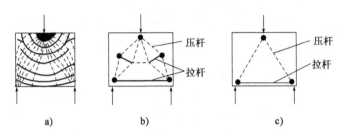

图 5-43 集中荷载作用下深梁的内力流和拉-压杆模型

a)主应力迹线;b)桁架模型;c)简化桁架模型

下面以美国规范 ACI 318 中拉压杆模型的规定为基础,讨论移动荷载下钢筋混凝土深梁的承载力计算[5-29]。

图 5-44 中所示为一简支深梁,长为 $l$,宽为 $b$,高为 $h$,有效跨度为 $l_0 = l - 2l'$。承压板尺寸为 $l_0 \times b$,梁上施加一个移动荷载 $P$,$P$ 可从一端支座移动至另一支座处。深梁模型化的压杆和拉杆从图 5-44中可见,实线表示拉杆,虚线表示压杆。假设 $P$ 到左支座的距离为 $x$,则 $l' < x < l - l'$。随着 $x$ 的变化,压杆的位置和形状也发生变化。所以,需要考察压杆、拉杆和支座内力的变化,按最不利情况进行设计。

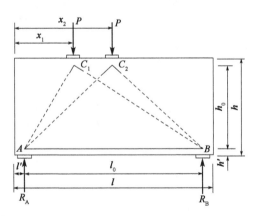

图 5-44 移动荷载下深梁的拉-压杆模型

1)压杆及拉杆的轴力

假设拉杆 $AB$ 中心线到深梁下表面的距离及节点 $C$ 到深梁上表面的距离均为 $h'$,则节点 $C$ 与拉杆的距离 $h_0 = h - 2h'$。如图 5-45 所示,考虑支座 $A$ 和支座 $B$ 水平及竖向力的平衡,得到压杆和拉杆的轴力为：

$$F_{AC} = \frac{R_A}{\sin\theta_A} = \frac{(l - x - l')\sqrt{(x - l')^2 + h_0^2}}{l_0 h_0}P \qquad (5\text{-}136)$$

$$F_{BC} = \frac{R_{AB}}{\sin\theta_B} = \frac{(x - l')\sqrt{h_0^2 + (l - x - l')^2}}{l_0 h_0}P \qquad (5\text{-}137)$$

$$F_{AB} = \frac{R_A}{\tan\theta_A} = \frac{(l - x - l')(x - l')}{l_0 h_0}P \qquad (5\text{-}138)$$

2）拉杆（钢筋）的面积

使用屈服强度为 $f_y$ 的钢筋，则拉杆 $AB$ 所需钢筋面积为：

$$A_{st} = \frac{F_{AB}}{\phi f_y} = \frac{(l - x - l')(x - l')}{l_0 h_0 \phi f_y}P \qquad (5\text{-}139)$$

式中：$\phi$——强度折减系数，通常取 0.75。

由式（5-139）可以看出，拉杆面积 $A_{st}$ 为荷载位置 $x$ 的函数，使钢筋面积 $A_{st}$ 最大的位置 $x$ 应满足 $dA_{st}/dx = 0$，由此解得 $x = l/2$。即荷载移动到深梁跨中时，$AB$ 杆的拉力最大，需要的钢筋面积最大。因此，$x = l/2$ 时为拉杆钢筋面积的控制情况。将 $x = l/2$ 代入式（5-139）得：

$$A_{st} = \frac{Pl_0}{4\phi h_0 f_y} \qquad (5\text{-}140)$$

3）压杆承载力

根据拉-压杆模型节点的几何构造（图 5-46），压杆 $AC$ 在节点 $A$ 处和 $C$ 处的有效宽度为：

$$d_{AC} = w_t\cos\theta_A + l_b\sin\theta_A = \frac{w_t(x - l') + l_b h_0}{\sqrt{(x - l')^2 + h_0^2}} \qquad (5\text{-}141a)$$

$$d_{CA} = l_b\sin\theta_A = \frac{l_b h_0}{\sqrt{(x - l')^2 + h_0^2}} \qquad (5\text{-}141b)$$

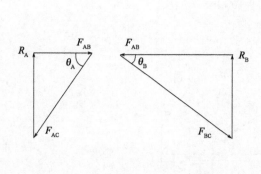

图 5-45 压杆和拉杆的内力平衡

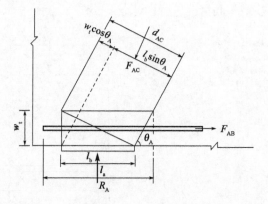

图 5-46 节点 $A$ 示意图

容易看出 $d_{AC} \geqslant d_{CA}$，所以验算压杆 $AC$ 的承载力时，有效宽度按式（5-141b）取值。压杆 $AC$ 的设计承载力应满足式（5-142）：

$$\phi F_{ns} = \phi 0.85\beta_s f_c' A_{cs} = \phi 0.85\beta_s f_c' d_{CA} b = \frac{\phi 0.85\beta_s f_c' b l_b h_0}{\sqrt{(x - l')^2 + h_0^2}} \geqslant F_{AC} \qquad (5\text{-}142)$$

式中：$\beta_s$——考虑开裂和约束混凝土钢筋对压杆有效抗压强度的影响系数；

$A_{cs}$——压杆一端的截面面积。

压杆 $AC$ 的设计压应力为：

$$\sigma_{CA} = \frac{F_{AC}}{d_{CA}b} = \frac{P(l - l' - x)\left[(x - l')^2 + h_0^2\right]}{bl_0 h_0^2 l_b} \tag{5-143}$$

根据式(5-142)，当 $l' < x < l - l'$ 时，应满足 $\sigma_{CA} \leqslant \phi 0.85\beta_s f'_c$。因此，$\sigma_{CA}$ 最大时的情况为压杆 $AC$ 承载力起控制的情况。同理，可验算压杆 $BC$ 的承载力。

4）节点区承载力

节点区的承载力为：

$$\phi F_{nn} = \phi 0.85\beta_n f'_c A_{nz} \tag{5-144}$$

式中：$A_{nz}$——节点区面积。

如图 5-46 所示，压杆 $AC$ 有效宽度按式(5-141a)计算，拉杆 $AB$ 的有效宽度为 $w_t = 2h'$，支座反力 $R_A$ 的有效宽度为 $l_b$。节点 $A$ 的承载力应满足：

$$\phi 0.85\beta_n f'_c d_{AC}b \geqslant F_{AC}, \quad \phi 0.85\beta_n f'_c w_t b \geqslant F_{AB}, \quad \phi 0.85\beta_n f'_c l_b b \geqslant R_A \tag{5-145}$$

压杆 $AC$ 的设计压应力为：

$$\sigma_{AC} = \frac{F_{AC}}{d_{AC}b} = \frac{P(l - l' - x)\left[(x - l')^2 + h_0^2\right]}{bl_0 h_0 \left[w_t(x - l') + l_b h_0\right]} \tag{5-146}$$

拉杆 $AB$ 的设计拉应力为：

$$\sigma_{AB} = \frac{F_{AB}}{w_t b} = \frac{p(l - l' - x)(x - l')}{2bl_0 h_0 h'} \tag{5-147}$$

支座 $A$ 处的应力为：

$$\sigma_{RA} = \frac{R_A}{l_b b} = \frac{(l - x - l')P}{l_0 l_b b} \tag{5-148}$$

这样式(5-145)可表示为：

$$\sigma_{AC} \leqslant \phi 0.85\beta_n f'_c, \quad \sigma_{AB} \leqslant \phi 0.85\beta_n f'_c, \quad \sigma_{RA} \leqslant \phi 0.85\beta_n f'_c$$

同样，可验算节点 $B$ 的承载力。节点 $C$ 的承载力应满足：

$$\left.\begin{array}{l} \phi 0.85\beta_n f'_c d_{CA}b \geqslant F_{AC} \\[2mm] \phi 0.85\beta_n f'_c d_{CB}b \geqslant F_{BC} \\[2mm] \phi 0.85\beta_n f'_c l_b b \geqslant P \end{array}\right\} \tag{5-149}$$

如图 5-47 所示，荷载 $P$ 作用的有效宽度为 $l_b$，压杆 $AC$ 的有效宽度按式(5-141b)计算，压杆 $BC$ 的有效宽度为：

$$d_{CB} = l_b \sin\theta_B = \frac{l_b h_0}{\sqrt{(l - x - l')^2 + h_0^2}} \tag{5-150}$$

压杆 $BC$ 的设计压应力为：

$$\sigma_{BC} = \frac{F_{BC}}{d_{CB}b} = \frac{P(x - l')\left[(l - x - l')^2 + h_0^2\right]}{bl_0 h_0^2 l_b} \tag{5-151}$$

裂缝控制荷载 $P$ 处的压应力为：

$$\sigma_p = \frac{P}{bl_b} \tag{5-152}$$

这样式(5-149)可表示为:

$$\sigma_{AC} \leqslant \phi 0.85 \beta_n f'_c, \quad \sigma_{BC} \leqslant \phi 0.85 \beta_n f'_c, \quad \sigma_P \leqslant \phi 0.85 \beta_n f'_c \tag{5-153}$$

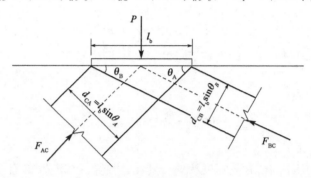

图 5-47 节点 C 示意图

**【例 5-1】** 对于图 5-44 所示的简支深梁,假定梁长 $l = 6000\text{mm}$,宽 $b = 450\text{mm}$,高 $h = 3000\text{mm}$。采用圆柱体抗压强度 $f'_c = 27.6\text{MPa}$ 的混凝土,钢筋屈服强度 $f_y = 420\text{MPa}$。承压板尺寸 $l_b \times b = 400\text{mm} \times 450\text{mm}$。梁上的移动荷载 $P = 1500\text{kN}$。用拉压杆模型对深梁进行设计。

**解:** 有效跨度为 $l_0 = l - 2l' = 6000 - 2 \times 300 = 5400(\text{mm})$。如图 5-44 所示,假设荷载到左端支座的距离为 $x$;$h' = 200\text{mm}$,则 $h_0 = h - 2h' = 2600\text{mm}$。

(1)内力计算

压杆和拉杆轴力为:

$$F_{AC} = \frac{(l - x - l')\sqrt{(x - l')^2 + h_0^2}}{l_0 h_0} P = 0.107(5700 - x)\sqrt{(x - 300)^2 + 2600^2}(\text{N})$$

$$F_{BC} = \frac{(x - l')\sqrt{h_0^2 + (l - x - l')^2}}{l_0 h_0} P = 0.107(x - 300)\sqrt{(5700 - x)^2 + 2600^2}(\text{N})$$

$$F_{AB} = \frac{(l - x - l')(x - l')}{l_0 h_0} P = 0.107(5700 - x)(x - 300)(\text{N})$$

(2)加载和支座处承载力验算

由于加载点下面的节点区受到压杆和承载板的限制,$\beta_n$ 取 1.0。加载点的承载力为:$\phi F_{un} = \phi 0.85 f'_c \beta_n l_b = 0.75 \times 0.85 \times 27.6 \times 1.0 \times 400 \times 450 = 3167(\text{kN}) > P$,加载处的承载力满足要求。

当移动荷载从深梁左侧移动至跨中时,$A$ 支座的反力大于 $B$ 支座,这里只需验证 $A$ 支座的承载力。由于支座 $A$ 锚固一个拉杆,$\beta_n$ 取 0.8。支座 $A$ 处的承载力为:$\phi F_{un} = \phi 0.85 f'_c \beta_n l_b = 0.75 \times 0.85 \times 27.6 \times 0.8 \times 400 \times 450 = 2534(\text{kN}) > R_A$,支座处的承载力满足要求。

(3)拉杆(钢筋)面积的确定

$x = l/2 = 3000\text{mm}$ 时为拉杆钢筋面积的控制情况。拉杆 $AB$ 所需钢筋面积为:

$$A_{st} = \frac{Pl_0}{4\phi h_0 f_y} = \frac{1500 \times 10^3 \times 5400}{4 \times 0.75 \times 2600 \times 420} = 2473(\text{mm}^2)$$

选用 6 根 8 号钢筋,直径 $d = 25.4\text{mm}$,面积 $A_{st} = 3060\text{mm}^2$,分两层布置。

（4）压杆承载力验算

压杆 $AC$ 的设计压应力为：

$$\sigma_{CA} = \frac{P(l - l' - x)\left[(x - l')^2 + h_0^2\right]}{b l_0 h_0^2 l_b} = \frac{(5700 - x)\left[(x - 300)^2 + 2600^2\right]}{4.38 \times 10^9}\,(\text{MPa})$$

由于 $\sigma_{CA}$ 是 $x$ 的函数,则使 $\sigma_{CA}$ 最大的 $x$ 应满足 $\dfrac{\mathrm{d}\sigma_{AC}}{\mathrm{d}x} = 0$ ,即：

$$2(5700 - x)(x - 300) - (x - 300)^2 = 2600^2$$

解得 $x_1 = 1107\text{mm}, x_2 = 3093\text{mm}$。

图 5-48 给出了 $\sigma_{CA}$ 与 $x$ 的关系曲线,由图可以看出, $x_1 = 1107\text{mm}$ 为 $\sigma_{CA}$ 的一个局部极小值, $x_2 = 3093\text{mm}$ 为 $\sigma_{CA}$ 的一个局部极大值,靠近支座时, $\sigma_{CA}$ 的值又增大,所以除验算荷载在 $x_2 = 3093\text{mm}$ 处 $AC$ 杆的承载力外,还需验算左端支座处 $AC$ 杆的承载力。

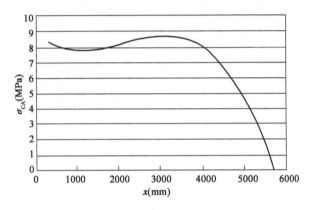

图 5-48 压杆 $AC$ 的应力图

当 $x_2 = 3093\text{mm}$ 时,求得 $F_{AC} = 1064\text{kN}$, $d_{CA} = 565\text{mm}$。取 $d_{CA} = 560\text{mm}$ 的本例配置控制裂缝的钢筋网, $\beta_s$ 取 $0.75$。

压杆 $AC$ 的设计承载力为：

$$\phi F_{ns} = \phi 0.85 \beta_s f'_c d_{CA} b = 0.75 \times 0.85 \times 0.75 \times 27.6 \times 560 \times 450$$

$$= 3325\,(\text{kN}) > F_{AC} = 1064\text{kN}$$

同样,荷载在梁左端时, $\phi F_{ns} = \phi 0.85 \beta_s f'_c d_{CA} b > F_{AC}$。压杆 $AC$ 的承载力满足要求。同样,压杆 $BC$ 的承载力也满足要求。

（5）节点区承载力验算

节点 $A$ 锚固一根拉杆, $\beta_n$ 取 $0.8$。支座处的有效宽度 $l_b = 400\text{mm}$,如图 5-46 所示,压杆 $AC$ 及拉杆 $AB$ 的有效宽度分别为：

$$w_t = 2h' = 400\text{mm}, \quad d_{AC} = \frac{w_t(x - l') + l_b h_0}{\sqrt{(x - l')^2 + h_0^2}} = \frac{400(x + 2300)}{\sqrt{(x - 300)^2 + 2600^2}}$$

压杆 $AC$ 及拉杆 $AB$ 中的应力分别为：

$$\sigma_{AC} = \frac{P(l - l' - x)\left[(x - l')^2 + h_0^2\right]}{bl_0 h_0\left[w_t(x - l') + l_b h_0\right]} = \frac{(5700 - x)\left[(x - 300)^2 + 2600^2\right]}{1.68 \times 10^6 (x + 2300)}$$

$$\sigma_{AB} = \frac{P(l - l' - x)(x - l')}{2bl_0 h_0 h'} = \frac{(5700 - x)(x - 300)}{1.68 \times 10^6}$$

支座处的应力为：

$$\sigma_{R_A} = \frac{P(l - l' - x)}{l_0 l_b b} = \frac{5700 - x}{648}$$

节点 $A$ 处各杆件及支座的应力如图 5-49 所示。从图中可以看出，在 $A$ 节点，荷载位于梁左端时，压杆 $AC$ 和承压板的压应力最大；荷载位于跨中时，拉杆 $AB$ 的拉应力最大。对支座 $A$，当 $x = l' = 300\text{mm}$ 时，$R_A = 1500\text{kN}$。

$$\phi 0.85\beta_n f_c' l_b b = 0.75 \times 0.85 \times 0.8 \times 27.6 \times 450 \times 400$$

$$= 2534(\text{kN}) > R_A = 1500\text{kN}$$

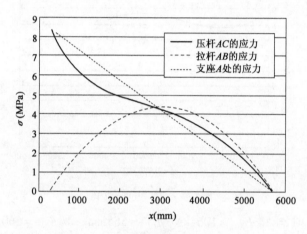

图 5-49　节点 $A$ 处各杆件及支座的应力图

对拉杆 $AB$，当 $x = l/2 = 3000\text{mm}$ 时，$F_{AB} = 780\text{kN}$。

$\phi 0.85\beta_n f_c' w_t b = 0.75 \times 0.85 \times 0.8 \times 27.6 \times 400 \times 450 = 2534(\text{kN}) > F_{AB}$，对压杆 $AC$，当 $x = l' = 300\text{mm}$ 时，$F_{AC} = 1502\text{kN}$，$d_{AC} = 400\text{kN}$。

$\phi 0.85\beta_n f_c' d_{AC} b = 0.75 \times 0.85 \times 0.8 \times 27.6 \times 400 \times 450 = 2534(\text{kN}) > F_{AC}$，节点区 $A$ 的承载力满足要求。其余节点区的强度验算见表 5-5。

节点区强度验算　　　　　　　　　　　　　　　　表 5-5

| 节点 | $\beta_n$ | 力 | 有效宽度(mm) | $F_u(\text{kN})$ | $\phi F_{nn}(\text{kN})$ | $F_u \leqslant \phi F_{nn}$ |
|------|-----------|----|--------------|------------------|--------------------------|------------------------------|
| | | $R_A$ | 400 | 1500 | 2534 | 满足 |
| $A$ | 0.8 | $F_{AB}$ | 400 | 780 | 2534 | 满足 |
| | | $F_{AC}$ | 400 | 1502 | 2534 | 满足 |
| | | $R_B$ | 400 | 1500 | 2534 | 满足 |
| $B$ | 0.8 | $F_{AB}$ | 400 | 780 | 2534 | 满足 |
| | | $F_{BC}$ | 400 | 1502 | 2534 | 满足 |

| 节点 | $\beta_n$ | 力 | 有效宽度(mm) | $F_u$(kN) | $\phi F_{nn}$(kN) | $F_u \leqslant \phi F_{nn}$ |
|---|---|---|---|---|---|---|
| | | $P$ | 400 | 1500 | 3167 | 满足 |
| $C$ | 1.0 | $F_{AC}$ | 560 | 1064 | 3325 | 满足 |
| | | $F_{BC}$ | 560 | 1064 | 3325 | 满足 |

(6)裂缝控制最小钢筋量的确定

在深梁中沿整个高度布置水平钢筋,沿整个长度布置竖向钢筋,均采用 5 号钢筋,直径 $d = 16\text{mm}$,截面面积 $A_{sv} = 194\text{mm}^2$,间距 150mm。根据式(5-135),与压杆 $AC$ 轴线相交的钢筋网的总配筋率为:

$$
\begin{aligned}
\sum \frac{A_{si}}{bs_i}\sin\alpha_i &= \frac{A_{sh}}{bs_h}\sin\alpha_h + \frac{A_{sv}}{bs_v}\sin\alpha_v \\
&= \frac{194 \times 2}{450 \times 150} \times \frac{2600}{\sqrt{(x-300)^2 + 2600^2}} + \frac{194 \times 2}{450 \times 150} \times \frac{x-300}{\sqrt{(x-300)^2 + 2600^2}} \\
&= \frac{x + 2300}{174\sqrt{(x-300)^2 + 2600^2}}
\end{aligned}
$$

图 5-50 给出了 $\sum \frac{A_{si}}{bs_h}\sin\alpha_i$ 随 $x$ 的变化曲线。从图中可以看出,当荷载移动到深梁左端时, $\sum \frac{A_{si}}{bs_h}\sin\alpha_i$ 值最小。因此,取 $x = l' = 300\text{mm}$ 控制总配筋量的值,此时 $\sum \frac{A_{si}}{bs_h}\sin\alpha_i = 0.0056 > 0.003$。

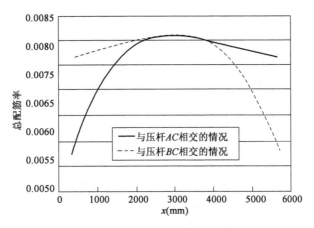

图 5-50  总配筋率随 $x$ 的变化

(7)钢筋的锚固及布置

对 8 号钢筋,锚固长度为:

$$
l_{dh} = \frac{0.02\beta\lambda f_y}{\sqrt{f'_c}} = \frac{0.02 \times 1 \times 1 \times 60000}{\sqrt{4000}} \times 1 = 19\text{in}(483\text{mm})
$$

$l_{dh}$ 还需要进行修正:在弯钩平面的垂直方向上,混凝土保护层厚度 70mm > 64mm(2.5in),在钢筋延伸方向,混凝土保护层厚度 60mm ≥ 51mm (2in),修正系数取 0.7。则修正后的锚固长

度为 $l_{dh} = 0.7 \times 483 = 338(mm)$。

有效锚固长度 $l_{dh}$ = 扩大节点区长度 – 保护层厚度 – 水平抗剪钢筋直径 = 500 – 50 – 16 = 434(mm)。由于 $l_d > l_{dh}$，因此纵向钢筋的锚固长度满足要求。图 5-51 示出了钢筋的分布情况。

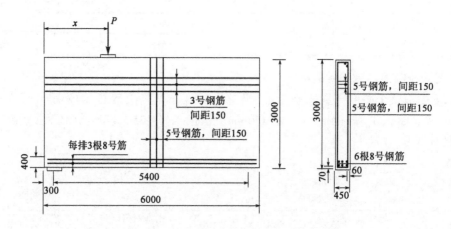

图 5-51　移动荷载下深梁配筋(尺寸单位:mm)

## 5.6　混凝土柱受剪承载力

在地震作用下,为避免钢筋混凝土结构发生脆性破坏,降低结构的地震反应,在设计中通过使一些结构构件产生塑性铰并保持较大的转动能力来减小地震对结构的强度要求。具体来讲,通过控制结构的破坏形式或使一部分次要构件破坏来确保整体结构的安全,这就是所谓的能力设计原理。

对于钢筋混凝土框架结构,设计中要求塑性铰出现于梁中,但形成塑性机构时基础上部的柱端会出现塑性铰。对于桥梁结构,由于其上部结构承载力大,不能出现塑性铰,塑性铰一般出现在柱中,成为耗能构件。

地震作用下钢筋混凝土柱与钢筋混凝土梁的抗剪有所不同,一方面是柱要承担很大的轴力,另一方面是剪力最大的位置往往也是出现塑性铰的位置。所以,柱塑性铰区的抗剪成为一个重要的问题。随着塑性铰转角增大,弯曲-剪切裂缝宽度的增大会减小骨料咬合力,进而降低塑性铰区的抗剪强度。图 5-52 给出了柱塑性铰区水平承载力随位移延性系数的变化,即当构件水平变形达到一定值时,柱的剪切强度随位移延性系数的增大而减小。如果与抗弯强度对应的剪力小于残余抗剪强度,则可保证柱呈现延性弯曲反应。如果剪力大于初始抗剪强度,则会发生脆性剪切破坏。如果剪力处于初始抗剪强度和残余抗剪强度之间,则在强度与力-位移曲线交点对应的延性系数下发生剪切破坏。

图 5-53 给出了柱或桩的抗剪机理。对于柱或桩受剪承载力的计算,一般采用下面的表达式:

$$V_n = V_c + V_s + V_p \tag{5-154a}$$

或

$$V_n = V_c + V_s \tag{5-154b}$$

式中：$V_c$——混凝土提供的受剪承载力[式(5-154a)]或有轴力时混凝土提供的受剪承载力[式(5-154b)]；

$\quad\quad V_s$——横向箍筋提供的受剪承载力；

$\quad\quad V_p$——轴力对抗剪强度的贡献。

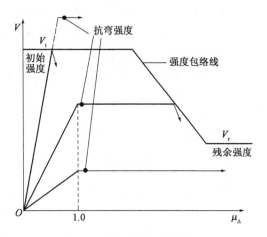

图 5-52 抗剪强度与延性的关系

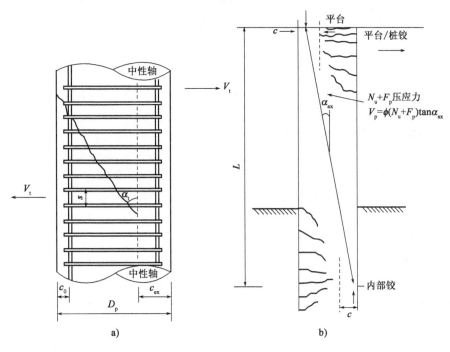

图 5-53 柱或桩的抗剪机制

a) 箍筋对混凝土的约束；b) 斜压杆的水平分量

下面介绍不同研究者和规范中采用的受剪承载力计算方法。

1) 我国《混凝土结构设计规范(2015 年版)》(GB 50010—2010)的方法

对于建筑结构中考虑地震作用组合的框架柱，我国《混凝土结构设计规范(2015 年版)》(GB 50010—2010)[5-30]按式(5-155)计算斜截面受剪承载力：

$$V_c \leqslant \frac{1}{\gamma_{RE}} \left( \frac{1.05}{\lambda + 1} f_t b h_0 + f_{yv} \frac{A_{sv}}{s} h_0 + 0.056N \right) \tag{5-155}$$

式中，$\lambda$ 指框架柱和框支柱的计算剪跨比，取 $\lambda = M/(Vh_0)$。此处，$M$ 宜取柱上、下端考虑地震作用组合的弯矩设计值的较大值，$V$ 取与 $M$ 对应的剪力设计值，$h_0$ 为柱截面有效高度。当框架结构中的框架柱的反弯点在柱层高范围内时，可取 $\lambda = H_n/(2h_0)$，此处，$H_n$ 为柱净高；当 $\lambda < 1.0$ 时，取 $\lambda = 1.0$；当 $\lambda > 3.0$ 时，取 3.0。$N$ 指考虑地震作用组合的框架柱和框支柱轴向压力设计值，当 $N \geqslant 0.3f_c A$ 时，取 $N = 0.3f_c A$。

当考虑地震作用组合的框架柱和框支柱出现拉力时，其斜截面抗震受剪承载力应符合下列规定：

$$V_c \leqslant \frac{1}{\gamma_{RE}} \left( \frac{1.05}{\lambda + 1} f_t b h_0 + f_{yv} \frac{A_{sv}}{s} h_0 - 0.2N \right) \tag{5-156}$$

式中：$N$——考虑地震作用组合的框架柱轴向拉力设计值。

当式(5-156)右边括号内的计算值小于 $f_{yv} \frac{A_{sv}}{s} h_0$ 时，取等于 $f_{yv} \frac{A_{sv}}{s} h_0$，且 $f_{yv} \frac{A_{sv}}{s} h_0$ 值不小于 $0.36f_t b h_0$。

2）Kowalski 等的公式

Kowalski 等[5-31]（1998）根据大量的试验数据，提出了下面不同抗剪分量的公式。按式(5-154a)计算，需要采用 0.85 的受剪承载力折减系数。

（1）混凝土强度

混凝土受剪承载力包括剪压传递效应、集料咬合力以及销栓作用，可按式(5-157)计算：

$$V_c = k_c \sqrt{f'_c} A_e \tag{5-157}$$

式中：$k_c$——与塑性铰区曲率延性系数有关的系数，按图 5-54 确定；

$f'_c$——混凝土圆柱体抗压强度，MPa；

$A_e$——有效剪切面积，$A_e = 0.8A_{gross}$；

$A_{gross}$——构件截面毛面积。

由于塑性铰区出现较宽的裂缝及由此引起的集料咬合力降低，如图 5-54 所示，$k_c$ 随曲率延性系数 $\mu_\varphi = \varphi/\varphi_y$ 的增加而减小。对于塑性铰 $2D_P$[$D_P$ 为桩的直径或总截面高度（有螺旋约束的矩形桩）]之外的区域，由于弯曲裂缝较小，可按 $\mu_\varphi = 1.0$ 计算。

图 5-54 分别给出了用于新结构设计和已有结构评估的 $k_c$ 值。新结构设计时的取值较为保守，因为经济上这对新结构的设计影响不大，但经济上对评估已有结构影响较大。图 5-54 分别给出了桩在两正交方向（双向延性）或单方向（单向延性）发生非弹性反应时的不同取值。

（2）横向钢筋

当桩受剪开裂后，横向螺旋箍筋或焊接箍筋与裂缝间的混凝土形成一个空间桁架，其承载力按式(5-158)计算。

圆形螺旋箍筋或焊接箍筋：

$$V_s = \frac{\pi}{2} A_{sp} f_{yh} \frac{D_P - c_{ex} - c_0}{s} \cot\alpha_t \tag{5-158}$$

式中：$A_{sp}$——螺旋箍筋或焊接箍筋的总截面面积；

$f_{yh}$——横向螺旋箍筋或焊接箍筋的屈服强度；

$c_{ex}$——达到受弯承载力时最外层受压纤维到中性轴的高度[图 5-53a)]；

$c_0$——混凝土保护层厚度,算至焊接箍筋或螺旋箍筋中心[图 5-53a)]；

$\alpha_t$——危险裂缝与桩轴线的夹角[图 5-53a)],评估已有结构时取 $30^0$,设计新结构时取 $35^0$；

$s$——焊接箍筋或螺旋箍筋沿桩轴线的间距。

方形螺旋箍筋或焊接箍筋：

$$V_s = A_h f_{yh} \frac{D_p - c_{ex} - c_0}{s} \cot\alpha_t \tag{5-159}$$

式中：$A_h$——平行于引起剪切裂缝实际剪切方向横向钢筋的总面积。

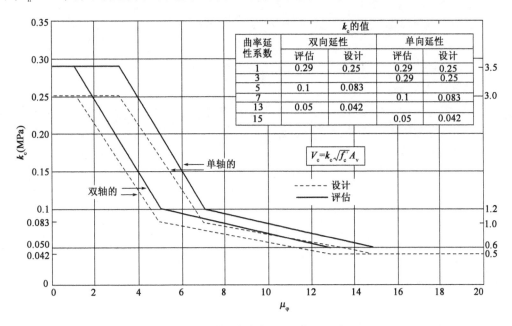

图 5-54 系数 $k_c$ 与曲率延性系数 $\mu_\varphi$ 的关系

（3）轴向荷载

由于轴向压力的存在,柱中塑性铰受压区形成了压杆,其水平分量 $V_p$ 可抵抗部分剪力,提高了受剪承载力。轴向预应力以同样的形式提高了受剪承载力。因此,参考图 5-53b),由轴向压力提供的受剪承载力为：

$$V_p = \phi_p(N_u + F_p)\tan\alpha_{ax} \tag{5-160}$$

式中：$N_u$——作用在柱上的外部轴向压力,包括地震作用引起的荷载；

$F_p$——柱中预压应力；

$\alpha_{ax}$——连接板或桩的弯压中心和土内塑性铰的连线与桩轴线间的夹角[图 5-53b)]；

$\phi_p$——强度折减系数,取 0.85。

3）Aschheim 和 Moehle 的方法

Aschheim 和 Moehle[5-32]（1992）采用式（5-154b）计算钢筋混凝土柱的受剪承载力。对于塑性铰区,考虑位移延性和压力的影响,$V_c$ 按式（5-161）计算,$V_s$ 根据 $30°$ 的桁架模型按式（5-162）计算。

$$V_c = 0.3\left(k + \frac{N}{14A_g}\right)\sqrt{f'_c}A_e \tag{5-161}$$

$$V_s = \frac{\pi}{2}\frac{A_{sp}f_{yh}d}{s}\cot30° \tag{5-162}$$

其中：

$$k = \frac{4 - \mu_\Delta}{3} \quad (0 \leqslant k \leqslant 1) \tag{5-163}$$

式中：$k$——与位移延性系数有关的系数；

$\mu_\Delta$——构件位移延性系数；

$A_e$——有效剪切面积，对于圆柱，取 $0.8A_g$；

$A_{sp}$——横向钢筋截面面积；

$f_{yh}$——横向钢筋屈服强度；

$s$——横向钢筋的间距；

$d$——截面有效高度，对于圆柱，取 $0.8D$（$D$ 为圆柱直径）。

4）Priestley 等的方法

Priestley 等[5-33]（1996）提出用式(5-154a)计算钢筋混凝土柱的受剪承载力。对于塑性铰区，考虑位移延性和压力的影响，$V_c$ 按式(5-164)计算，$V_s$ 根据 35°的桁架模型按式(5-165)计算，$V_p$ 按式(5-166)计算。

$$V_c = k\sqrt{f'_c}A_e \tag{5-164}$$

$$V_s = \frac{\pi}{2}\frac{A_{sp}f_{yh}D_{sp}}{s}\cot35° \tag{5-165}$$

$$V_p = 0.85N\tan\alpha = 0.85N\frac{D_c}{2L} \tag{5-166}$$

其中：

$$k = \begin{cases} 0.25 & (\mu_\Delta \leqslant 2) \\ 0.25 - 0.0835(\mu_\Delta - 2) & (2 < \mu_\Delta < 4) \\ 0.083 & (\mu_\Delta = 4) \\ 0.083 - 0.0125(\mu_\Delta - 4) & (4 < \mu_\Delta \leqslant 8) \\ 0.042 & (\mu_\Delta > 8) \end{cases} \tag{5-167}$$

式中：$\mu_\Delta$——构件位移延性系数；

$A_e$——有效剪切面积，对于圆柱，取 $0.8A_g$，其中 $A_g$ 指构件毛截面面积；

$f_{yh}$——横向钢筋屈服强度；

$A_{sp}$——横向钢筋截面面积；

$D_{sp}$——构件核心约束区直径；

$D_c$——构件直径；

$N$——轴力；

$L$——上塑性铰与下塑性铰间的距离[图 5-53b)]。

5）加利福尼亚《抗震设计准则》

基于 45°的桁架模型，加利福尼亚《抗震设计准则》（1999）采用式(5-154b)计算柱的名义受剪承载力。对于塑性铰区和其他区域，$V_c$ 的计算采用了不同的公式。计算塑性铰区的 $V_c$ 时，考虑了位移延性系数的影响（图 5-55）。对于圆形柱，用式（5-169）计算横向钢筋提供的承载力。

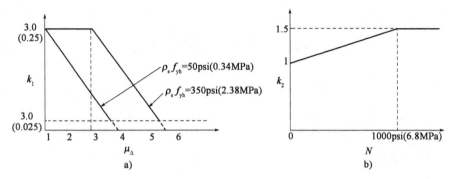

图 5-55　系数 $k_1$ 和 $k_2$ 的值

a）$k_1$ 与 $\mu_\Delta$ 的关系；b）$k_2$ 与 $N$ 的关系

剪切破坏面在塑性铰区内时：

$$V_c = k_1 k_2 A_e \sqrt{f'_c} \leqslant 0.33 A_e \sqrt{f'_c} \tag{5-168a}$$

剪切破坏面在塑性铰区外时：

$$V_c = 0.25 k_2 A_e \sqrt{f'_c} \leqslant 0.33 A_e \sqrt{f'_c} \tag{5-168b}$$

$$V_s = \frac{\pi}{2} \frac{A_{sp} f_{yh} D_{sp}}{s} \tag{5-169}$$

其中：

$$0.025 \leqslant k_1 = \frac{\rho_s f_{yh}}{12.5} + 0.305 - 0.083 \mu_\Delta < 0.25 \tag{5-170a}$$

$$k_2 = 1 + \frac{N}{13.8 A_g} \leqslant 1.5 \tag{5-170b}$$

式中：$\mu_\Delta$——构件位移延性系数；

$A_{sp}$——螺旋筋截面面积；

$f_{yh}$——螺旋筋屈服强度；

$D_{sp}$——圆柱核心区直径；

$A_g$——构件毛截面面积；

$N$——轴向压力；

$A_e$——有效剪切面积；

$\rho_s$——配箍率；

$s$——箍筋间距。

6）ATC/MCEER 的方法

ATC 和 MCEER（地震工程研究多学科中心）根据 NCHRP12-49 的研究成果[5-34]，为 AASHTO-LRFD 抗震设计指南建议的钢筋混凝土柱受剪承载力公式如下：

$$V_c = 0.05 \sqrt{f'_c} b_w d \tag{5-171}$$

$$V_s = \frac{\pi}{2} \frac{A_{sp} f_{yh} D_{sp}}{s} \cot\theta（圆形） \tag{5-172a}$$

$$V_s = \frac{A_{sh} f_{yh} D_{sp}}{s} \cot\theta \, (\text{矩形}) \qquad (5\text{-}172b)$$

$$V_p = \frac{\Lambda}{2} N \tan\theta \qquad (5\text{-}173)$$

其中：

$$\tan\alpha = \frac{D'}{L}, \quad \tan\theta = \left(\frac{1.6\rho_v A_v}{\Lambda \rho_t A_g}\right) \geqslant \tan\alpha \qquad (5\text{-}174a)$$

$$\rho_v = \frac{\rho_s}{2} = \frac{2A_{sp}}{sD_{sp}}(\text{圆形}), \quad \rho_v = \frac{A_{sh}}{sb_w}(\text{矩形}) \qquad (5\text{-}174b)$$

式中：$\Lambda$——边界条件系数，两端固支时取 2.0，一端固支一端自由时取 1.0；

$\quad D'$——柱中核心区直径；

$\quad b_w$——柱截面宽度；

$\quad d$——柱截面有效高度；

$\quad A_{sp}$——螺旋箍筋面积；

$\quad A_{sh}$——剪力方向一层横向钢筋的总面积；

$\quad A_g$——柱毛截面面积；

$\quad A_v$——混凝土受剪面积，圆形截面取 $0.8A_g$，矩形截面取 $b_w d$；

$\quad D_{sp}$——圆形截面核心区直径（矩形截面环箍周边宽度）；

$\quad f_{yh}$——横向钢筋屈服强度；

$\quad \rho_t$——纵向钢筋配筋率；

$\quad \rho_v$——横向钢筋配筋率；

$\quad \theta$——裂缝倾角。

7）新西兰桥梁标准（1995）

基于 45° 的桁架模型，新西兰标准[5-35]（1995）采用式（5-154b）计算柱的受剪承载力。确定塑性铰区的 $V_c$ 时，考虑了纵向钢筋配筋量和轴向荷载的影响。不过，轴向荷载的影响只用于轴压比大于 0.1 的情况。所以，当轴压比小于或等于 0.1 时，忽略了混凝土的贡献。$V_s$ 根据式（5-176）计算。

$$V_c = \left[4(0.07 + 10p_w)\sqrt{f_c'} \sqrt{\frac{N}{f_c' A_g} - 0.1}\right] b_w d \qquad (5\text{-}175)$$

$$V_s = \frac{A_{sh} f_{yh} D_{sp}}{s}(\text{矩形柱}), \quad V_s = \frac{\pi}{2}\frac{A_{sp} f_{yh} D_{sp}}{s}(\text{圆柱}) \qquad (5\text{-}176)$$

其中：

$$p_w = \frac{A_{s,tens}}{b_w d}(\text{矩形柱}), \quad p_w = \frac{0.5A_{st}}{A_c}(\text{圆柱})$$

式中：$f_{yh}$——横向钢筋屈服强度；

$\quad b_w$——柱截面宽度；

$\quad d$——柱截面有效高度；

$\quad D_{sp}$——圆柱核心区直径（矩形柱环箍周边宽度）；

$\quad A_{sp}$——箍筋截面面积；

$\quad A_c$——柱截面混凝土的面积；

$A_g$——柱毛截面面积；

$A_{st}$——圆柱纵向受拉钢筋面积；

$A_{s,tens}$——矩形柱纵向受拉钢筋面积。

8）日本《公路桥梁设计规范》（1996）

日本《公路桥梁设计规范》（1996）[5-36]按式（5-154b）计算桥墩受剪承载力，其中

$$V_c = k_c k_e k_{pt} \nu_c b h \tag{5-177}$$

$$V_s = \frac{A_w f_{sy} d (\sin\theta + \cos\theta)}{a \gamma_b} \tag{5-178}$$

式中：$\nu_c$——混凝土抗剪强度；

$k_c$——循环荷载效应系数，表示循环荷载下抗剪强度的退化，静荷载、Ⅰ型地面运动和Ⅱ型地面运动时分别为1.0、0.6和0.8；

$k_e$——有效高度系数；

$k_{pt}$——与受拉钢筋配筋率$p_t$有关的修正系数；

$b$、$h$——分别指有效宽度和高度；

$d$——压应力合力到受拉钢筋重心的距离；

$A_w$——间距为$a$、角度为$\theta$钢筋的面积；

$f_{sy}$——箍筋屈服强度；

$\gamma_b$——构件系数，取1.15。

9）Sezen 方法

Sezen[5-37]提出的计算柱受剪承载力的公式为：

$$V_n = V_s + V_c = k \frac{A_v f_{yv} d}{s} + k \left( \frac{0.5\sqrt{f_c'}}{a/d} \sqrt{1 + \frac{P}{0.5\sqrt{f_c'} A_g}} \right) 0.8 A_g \tag{5-179}$$

式中：$A_v$——与施加的剪力方向平行的横向钢筋的截面面积；

$s$——横向钢筋间距；

$k$——系数，位移延性小于2时取1.0，位移延性大于6时取0.7，位移延性在2~6之间时，按线性插值确定；

$P$——轴压力。

从上述公式可以看出，计算受压构件的抗剪强度时，不同研究者提出的或规范采用的公式对箍筋的抗剪作用基本是类似的，但在考虑混凝土和轴力的影响方面差别很大。

## 5.7 基于概率统计方法的深受弯构件受剪分析

### 5.7.1 深受弯构件受剪试验数据库

深受弯构件是指跨高比小于5的受弯构件，多出现在框架-剪力墙、剪力墙结构中的连梁、框支梁等构件中。深受弯构件在承受重型荷载的现代混凝土结构中得到越来越广泛的应用。因跨高比较小，深受弯构件截面设计与普通受弯构件差异显著。圣维南原理和弹性理论表明[5-38,5-39]，该类构件斜截面应力分布呈非线性，开裂面存在剪切变形及塑性内力重分布，内部

应力状态复杂,属典型的 D 区受力,基于平截面假定和桁架模型的传统截面设计方法已不再适用。因此,国内外学者针对破坏机理、承载能力、受剪模型进行了大量的试验研究与理论分析,表5-6 给出了研究概况,并整理形成受剪试验数据库。

深受弯构件试验数据库                                    表 5-6

| 文　献 | 数　量 | 混凝土强度 $f'_c$ (MPa) | 剪跨比 $a/h_0$ | 抗剪承载力 $V_{test}$ (kN) |
|---|---|---|---|---|
| Quintero[5-39] | 12 | 22.0 ~ 50.3 | 0.81 ~ 1.57 | 196.0 ~ 484.0 |
| Tan[5-40] | 18 | 86.3 ~ 56.2 | 0.85 ~ 1.69 | 185.0 ~ 775.0 |
| Tan 和 Teng[5-41] | 15 | 72.1 ~ 64.6 | 0.28 ~ 1.28 | 150.0 ~ 925.0 |
| Tan 和 Lu[5-42] | 12 | 30.8 ~ 49.1 | 0.56 ~ 1.13 | 435.0 ~ 1636 |
| Kani[5-43] | 5 | 26.7 ~ 31.4 | 1.00 ~ 1.03 | 155.2 ~ 585.4 |
| Manuel 和 Slight[5-44] | 12 | 30.1 ~ 44.8 | 0.30 ~ 1.00 | 226.9 ~ 258.0 |
| Rogowsky[5-45] | 13 | 26.1 ~ 43.2 | 1.02 ~ 2.08 | 185.0 ~ 875.0 |
| Foster[5-46] | 5 | 120 ~ 89.0 | 0.87 ~ 0.88 | 950.0 ~ 2000 |
| Lu W Y[5-47] | 13 | 34.6 ~ 67.8 | 0.61 ~ 0.83 | 1156.0 ~ 2018 |
| Tan K H[5-48] | 4 | 32.7 ~ 37.6 | 0.42 ~ 0.84 | 331.5 ~ 1305 |
| Mphonde[5-49] | 10 | 20.6 ~ 83.8 | 1.50 ~ 2.94 | 87.7 ~ 558.1 |
| Teng S[5-50] | 6 | 34.0 ~ 41.0 | 1.71 | 225.0 ~ 450.0 |
| Shin S W[5-51] | 13 | 52.0 ~ 73.0 | 1.50 ~ 2.00 | 90.0 ~ 287.1 |
| Moody K G[5-52] | 14 | 17.2 ~ 25.4 | 1.52 | 267.6 ~ 507.1 |
| Clark A P[5-53] | 9 | 23.5 ~ 26.2 | 1.17 ~ 0.56 | 94.2 ~ 260.0 |
| Morrow[5-54] | 21 | 11.3 ~ 46.8 | 0.95 ~ 1.00 | 129.0 ~ 900.7 |
| Ramakrishna[5-55] | 20 | 10.8 ~ 28.4 | 0.30 ~ 1.00 | 40.0 ~ 193.0 |
| Lee[5-56] | 3 | 28.0 ~ 33.5 | 1.56 ~ 1.70 | 840.0 ~ 967.5 |
| Mathey R G[5-57] | 16 | 21.9 ~ 27.0 | 1.51 | 179.5 ~ 312.9 |
| Rogowsky[5-58] | 3 | 26.1 ~ 42.0 | 1.05 ~ 1.87 | 303.0 ~ 750.0 |
| Leonhardt[5-59] | 3 | 32.4 | 1.00 ~ 2.00 | 80.2 ~ 120.3 |
| Subedi[5-60] | 5 | 29.6 ~ 41.6 | 0.31 ~ 1.53 | 175.0 ~ 797.5 |
| 方江武[5-61] | 5 | 33.7 ~ 37.0 | 0.75 ~ 0.84 | 434.0 ~ 472.0 |
| Walraven J[5-62] | 25 | 13.9 ~ 26.4 | 0.97 ~ 1.01 | 109.0 ~ 669.1 |
| Adebar[5-63] | 6 | 19.5 ~ 21.0 | 1.43 ~ 2.20 | 330.0 ~ 771.0 |
| Yang K H[5-64] | 19 | 31.4 ~ 78.5 | 0.36 ~ 1.41 | 192.1 ~ 1029 |
| Tanimura Y[5-65] | 41 | 22.5 ~ 97.5 | 0.50 ~ 1.5 | 184.2 ~ 739.7 |
| Salamy[5-66] | 12 | 29.2 ~ 37.8 | 0.50 ~ 1.50 | 308.0 ~ 980.0 |
| 林辉[5-67] | 10 | 28.6 ~ 30.9 | 1.50 | 185.0 ~ 520.0 |
| Tan K H[5-68] | 12 | 24.8 ~ 32.4 | 1.10 | 85.0 ~ 775.0 |
| Garay J D[5-69] | 2 | 43.0 ~ 44.0 | 1.19 ~ 1.78 | 1027 ~ 1373.5 |
| Brena S F[5-70] | 7 | 27.0 ~ 34.1 | 1.00 ~ 1.50 | 211.0 ~ 371.0 |

续上表

| 文　献 | 数　量 | 混凝土强度 $f'_c$ (MPa) | 剪跨比 $a/h_0$ | 抗剪承载力 $V_{test}$ (kN) |
|---|---|---|---|---|
| 幸左贤二[5-71] | 18 | 23.0～42.3 | 1.00 | 195.0～419.8 |
| Zhang N[5-72] | 11 | 38.3～41.2 | 0.57～1.42 | 240.1～665.4 |
| Sagaseta J[5-73] | 6 | 68.4～80.2 | 1.51 | 326.0～602.0 |
| Sahoo[5-74] | 11 | 36.3～45.2 | 0.50 | 303.2～371.2 |
| Senturk[5-75] | 2 | 24.4～26.2 | 1.37 | 1307～1809 |
| Mihaylov[5-76] | 6 | 29.1～37.8 | 1.55～2.29 | 416.0～1162.0 |
| 林云[5-77] | 4 | 25.8～30.1 | 0.86～1.02 | 260.0～460.0 |
| Gedik[5-78] | 8 | 22.1～35.7 | 0.50～2.00 | 65.0～329.0 |
| Smith K N[5-79] | 52 | 20.4～28.7 | 0.77～2.01 | 73.4～178.5 |
| Kong F[5-80] | 35 | 18.6～26.8 | 0.35～0.18 | 78.0～308.0 |
| Clark A P[5-81] | 37 | 13.8～47.6 | 1.17～2.34 | 188.1～434.6 |
| Oh J K[5-82] | 53 | 23.7～73.6 | 0.50～2.00 | 112.5～745.6 |
| Aguilar G[5-83] | 4 | 28.0～32.0 | 1.14～1.27 | 1134～1357 |
| Tan K H[5-84] | 19 | 41.1～58.8 | 0.27～2.70 | 105.0～675.0 |
| Subedi[5-85] | 12 | 22.4～29.2 | 0.43～1.56 | 78.0～485.0 |
| 刘立新[5-86] | 5 | 19.6～26.1 | 0.5～2.50 | 64.7～180.2 |
| 龚绍熙[5-87] | 39 | 18.3～30.1 | 0.36～1.94 | 67.6～411.6 |
| 合计 | 691 | | | |

## 5.7.2　概率模型简介

在现代国际统计学界中,统计学主要被分为两个学派:经典频率统计学派和贝叶斯统计学派。相对于经典统计学派,贝叶斯统计方法的起步较晚,源于18世纪英国牧师托马斯·贝叶斯(Tomas Bayes,1702—1761)生前所写的《论有关机遇问题的求解》的文章[5-88],文中提及了贝叶斯公式及一种归纳推理的方法。

与频率方法比较,贝叶斯方法具有如下几个方面的优点:①贝叶斯方法充分利用了样本信息和参数的先验信息,在进行参数估计时,通常贝叶斯估计量具有更小的方差或平方误差,能得到更精确的预测结果;②贝叶斯置信区间比不考虑参数先验信息的频率置信区间短;③能对假设检验或估计问题所做出的判断结果进行量化评价,而不是频率统计理论中如接受、拒绝一般的简单判断。

在已知样本信息和参数的先验分布的基础上,贝叶斯理论可对参数进行后验推断,步骤如下:

(1)将未知参数看成随机变量(或随机向量)记它为 $\theta$,于是当 $\theta$ 已知时,样本 $x_1,x_2,\cdots,x_n$ 的联合分布密度 $p(x_1,x_2,\cdots,x_n;\theta)$ 就看成是 $x_1,x_2,\cdots,x_n$ 对 $\theta$ 的条件密度,记为 $p(x_1,x_2,\cdots,x_n\mid\theta)$,或简写为 $p(x\mid\theta)$。

(2)设法确定先验分布 $\pi(\theta)$。这是根据以往对参数 $\theta$ 的知识来确定的,是贝叶斯方法中容易引起争议的一步。

(3)利用条件分布密度 $p(x_1, x_2, \cdots, x_n \mid \theta)$ 和先验分布 $\pi(\theta)$，可以求出 $x_1, x_2, \cdots, x_n$ 与 $\theta$ 的联合分布和样本 $x_1, x_2, \cdots, x_n$ 的分布，于是就可用它们求出 $\theta$ 对 $x_1, x_2, \cdots, x_n$ 的条件分布密度，也就是利用贝叶斯公式求得后验分布密度 $h(\theta \mid x_1, x_2, \cdots, x_n)$。

(4)利用后验分布密度 $h(\theta \mid x_1, x_2, \cdots, x_n)$ 做出 $\theta$ 的推断。

1)贝叶斯定理及推断模式

贝叶斯假设:参数在它变化的范围内服从均匀分布[5-89,5-90]。在此基础上,贝叶斯定理为:

$$h(\theta \mid x) = \frac{\pi(\theta) f(x \mid \theta)}{\int \pi(\theta) f(x \mid \theta) \, \mathrm{d}x} \tag{5-180}$$

式中:$\pi(\theta)$——参数的先验分布;

$f(x \mid \theta)$——参数的后验分布。

贝叶斯推断的一般模式为:先验信息⊕样本信息⇒后验信息,即:$\pi(\theta) \oplus p(x \mid \theta) \Rightarrow \pi(\theta \mid x)$,此处"⊕"表示贝叶斯定理的作用。

先验分布表示已有研究对总体参数的认识。采用贝叶斯理论,对获得的样本信息进行分析,继而改变原有的参数先验认识,得到新的参数后验分析,即后验分布综合了参数的先验分布和已有样本信息。与传统统计方法相比,贝叶斯理论分析方法是一个"从有到有"的过程,而频率学对参数的先验分析假设未知。同时,基于贝叶斯理论得到的参数后验推断不会受到参数先验分布和样本信息的影响。且若先验信息很少或没有先验信息,贝叶斯推断方法与频率方法所得到的结论基本相同。

2)贝叶斯概率模型

通过对经验模型进行修正来建立钢筋混凝土深受弯构件受剪承载力贝叶斯概率模型。采用式(5-181)进行剪力计算[5-91]:

$$V(X, \Theta) = V_d(X) + \gamma(X, \theta) + \sigma\varepsilon \tag{5-181}$$

式中:　$X$——影响钢筋混凝土深受弯构件抗剪因素的向量形式;

$\Theta$——未知的模型参数,通过贝叶斯方法和试验数据对其进行估计,$\Theta = (\theta, \sigma)$;

$V_d$——假设或已存在的钢筋混凝土深受弯构件剪力计算模型,即先验模型;

$\gamma(X, \theta)$——所选取先验模型的修正项,用参数 $X$ 和未知模型参数 $\theta = [\theta_1, \theta_2, \cdots, \theta_p]^\mathrm{T}$ 的函数来表示;

$\varepsilon$——正态随机变量,且 $\varepsilon \sim N(0, 1)$;

$\sigma$——模型进行修正后仍存在的误差。

以上模型基于以下两个假设:①模型方差 $\sigma^2$ 独立于影响因素 $X$,即对于给定的 $X$、$\theta$ 和 $\sigma$,模型 $V(X, \Theta)$ 的方差是 $\sigma^2$,而不是 $X$ 的函数;②$\varepsilon$ 服从标准正态分布。

因修正项函数 $\gamma(X, \Theta)$ 形式未知,可采用 $p$ 个合适的函数 $h_i(x)$ 将其表示为:

$$\gamma(X, \theta) = \sum_{i=1}^{p} \theta_i h_i(x) \tag{5-182}$$

式中:$h_i(x)$——根据力学理论或已有研究结果选择的函数,是对影响参数的评估。

为了满足假设①对式(5-181)进行对数运算,形式为:

$$\ln[V(\boldsymbol{X},\boldsymbol{\Theta})] = \ln[V_d(\boldsymbol{X})] + \sum_{i=1}^{p}\theta_i h_i(x) + \sigma\varepsilon \tag{5-183}$$

以试验数据为基础,采用贝叶斯参数估计方法对式(5-183)中的未知参数进行估计。假设 $p(\boldsymbol{\Theta})$ 为未知参数 $\boldsymbol{\Theta}$ 先验分布的联合概率密度函数,根据贝叶斯定理将其更新为后验分布 $f(\boldsymbol{\Theta})$ ,即:

$$f(\boldsymbol{\Theta}) = \kappa L(\boldsymbol{\Theta})p(\boldsymbol{\Theta}) \tag{5-184}$$

式中:$L(\boldsymbol{\Theta})$——试验数据的似然函数;

$\kappa$——常数因子,且

$$\kappa = \left[\int L(\boldsymbol{\Theta})p(\boldsymbol{\Theta})\mathrm{d}\boldsymbol{\Theta}\right]^{-1} \tag{5-185}$$

对于给定的参数 $\boldsymbol{X}$ ,似然函数 $L(\boldsymbol{\Theta})$ 与试验值的条件概率成正比。对于第 $i$ 次试验,试验值为下面3种情况之一:①目标剪力值在试件破坏时得到,即 $V_i = v_d(x_i) + \gamma(x_i,\theta) + \sigma\varepsilon$ ;②目标剪力值在试件破坏之前得到,即 $V_i < v_d(x_i) + \gamma(x_i,\theta) + \sigma\varepsilon$ ;③在到达目标剪力值之前试件已破坏,即 $V_i > v_d(x_i) + \gamma(x_i,\theta) + \sigma\varepsilon$ 。则受剪承载力似然函数:

$$L(\boldsymbol{\Theta}) = \prod_{\text{破坏}}\left\{\frac{1}{\sigma}\varphi\left[\frac{V_i - V_d(x_i) - \gamma(x_i,\theta)}{\sigma}\right]\right\} \times \prod_{\text{下界}}\varPhi\left[-\frac{V_i - V_d(x_i) - \gamma(x_i,\theta)}{\sigma}\right] \times$$
$$\prod_{\text{上界}}\varPhi\left[\frac{V_i - V_d(x_i) - \gamma(x_i,\theta)}{\sigma}\right] \tag{5-186}$$

式中:$\varphi(\cdot)$、$\varPhi(\cdot)$——标准正态分布的概率密度函数和累积分布函数。

其中情况②、③中的数据也可用于似然函数的建立,但本节模型推导过程中采用情况①中的数据建立似然函数,即考虑深受弯构件正常破坏的情况。本次研究只包含破坏试验数据。最终根据需要确定概率模型形式为:

$$\ln[V(\boldsymbol{X},\boldsymbol{\Theta})] = \sum_{i=1}^{p}\theta_i h_i(x) + \sigma\varepsilon \tag{5-187}$$

3)参数剔除

通过贝叶斯方法建立概率模型,利用其特有的参数剔除方法对概率模型进行简化[5-92]。根据参数 $\boldsymbol{\theta} = [\theta_1,\theta_2,\cdots,\theta_p]^{\mathrm{T}}$ 的后验分布可计算每一个分量 $\theta_i$ 的变异系数(Coefficient of Variation),即:

$$\mathrm{COV}(\theta_i) = \frac{\sigma_i}{\mu_i} \tag{5-188}$$

式中:$\sigma_i$、$\mu_i$——$\theta_i$后验分布的标准差值和期望值。

若某个 $\theta_i$ 的后验变异系数最大,则认为与之对应的修正项 $h_i(x)$ 对抗剪强度的影响最小,将其剔除,由剩余的 $h_i(x)$ 组成 $\gamma(x,\theta)$ 继续进行修正,对剩余的模型参数($\boldsymbol{\theta},\sigma$)再次用贝叶斯方法进行估计。重复上述步骤,直至模型参数 $\sigma$ 的后验期望值显著增大则停止剔除。贝叶斯参数剔除法,允许研究者尝试将任何参数作为修正项,且并不需要大量的回归分析就能系统地确定其对深受弯构件受剪承载力的影响是否显著。

4)修正项选取

采用影响深受弯构件受剪承载力参数的函数作为修正项来建立概率模型[5-92]。根据理论和经验确定 $h_i(x)$ ,选取 $h_1(x) = \ln2$ ,用以修正常数项 $h_2(x) = \ln(f_{cu}/f_y)$ 、$h_3(x) = \ln(a/d)$ 、$h_4(x) = \ln(l_0/h)$ 、$h_5(x) = \ln(b/h)$ ,由于所收集数据中部分试件未配置竖向腹筋或水平腹筋,为考虑腹筋影响及满足对数函数定义，取 $h_6(x) = \ln e^{\rho_v}$ 及 $h_7(x) = \ln e^{\rho_h}$、$h_8(x) = \ln\rho$。

### 5.7.3 基于无先验模型的贝叶斯概率模型

1）模型计算

在没有先验模型和先验信息的情况下，可采用贝叶斯假设作为先验信息，先验模型假设为"1"进行贝叶斯后验参数估计，进而通过参数剔除法对模型进行简化，得到最终的简化概率模型。在不明确参数先验信息的情况下，假设：

$$p(\theta) \propto 1 \tag{5-189}$$

$$p(\Theta) \cong p(\sigma) \tag{5-190}$$

由式(5-189)和式(5-190)可得：

$$p(\sigma) \propto \frac{1}{\sigma} \tag{5-191}$$

以文献[5-93]附录 A 中试验数据为基础，选用贝叶斯假设作为先验分布信息，根据式(5-187)对未知参数进行贝叶斯后验估计，最终计算所得概率模型见式(5-192)。

$$V_B = 0.029 \cdot f_t^{0.826} \cdot b^{1.082} \cdot h^{0.454} \cdot \left(\frac{a}{h_0}\right)^{-0.702} \cdot \left(\frac{l_0}{h}\right)^{0.059} \cdot (e^{\rho_v})^{0.077} \cdot (e^{\rho_h})^{0.081} \cdot \rho^{0.186}$$

$$\tag{5-192}$$

采用第 5.7.2 节中的参数剔除方法用以简化式(5-192)，剔除参数过程见表 5-7。最终简化贝叶斯概率模型见式(5-193)。为与规范及试验结果进行对比，采用简化公式对试验数据进行计算，见文献[5-93]附录 C。

参 数 剔 除 过 程

表 5-7

| $\sigma^2$ | $\theta_1$ | $\theta_2$ | $\theta_3$ | $\theta_4$ | $\theta_5$ | $\theta_6$ | $\theta_7$ | $\theta_8$ | $\theta_9$ |
|---|---|---|---|---|---|---|---|---|---|
| 0.173 | -5.112 | 0.826 | 1.082 | 0.454 | -0.702 | 0.059 | 0.077 | 0.081 | 0.186 |
| 0.173 | -5.071 | 0.872 | 1.112 | 0.429 | -0.682 | | 0.074 | 0.079 | 0.189 |
| 0.176 | -4.723 | 0.855 | 1.110 | 0.399 | -0.687 | | | 0.071 | 0.188 |
| 0.176 | -4.342 | 0.855 | 1.079 | 0.384 | -0.687 | | | | 0.187 |
| 0.195 | -4.033 | 0.873 | 1.203 | 0.263 | -0.637 | | | | |

$$V_B = 0.049 \cdot f_t^{0.855} \cdot b^{1.079} \cdot h^{0.384} \cdot \left(\frac{a}{h_0}\right)^{-0.687} \cdot \rho^{0.187} \tag{5-193}$$

2）试验验证

将计算结果与试验值和各国规范计算值进行对比，统计结果见表 5-8，图 5-56 为简化概率模型计算结果与各个规范计算结果的对比。分析表明：①各国规范建议方法所得计算结果整体均值相近，与试验吻合良好，对于小剪跨比构件计算较为安全；②简化概率模型合理考虑了各个影响因素，试验值与计算结果比值的均值为 1.018，标准差为 0.176，较各国规范更接近于试验值，且随机性小，证明了该模型的合理性和准确性。

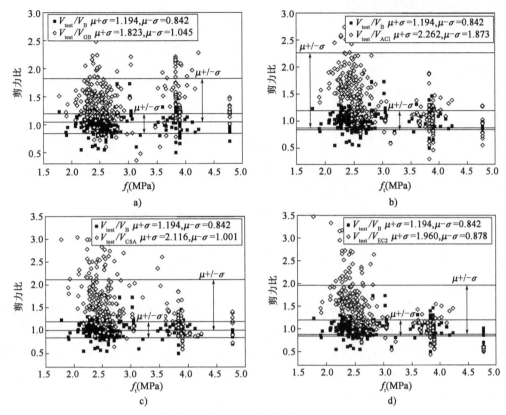

图 5-56 各国规范与简化模型计算值对比分析

a)我国混凝土结构设计规范;b)美国规范;c)加拿大规范;d)欧洲规范

**各模型与试验值比值统计结果**　　　　　　　　　　　　　　　　表 5-8

| 计 算 模 型 | 均值($\mu$) | 标准差($\sigma$) |
|---|---|---|
| GB 50010—2010[5-94] | 1.434 | 0.389 |
| ACI 318-11[5-95] | 1.568 | 0.695 |
| CSA A23.3-04[5-96] | 1.559 | 0.558 |
| EC2[5-97] | 1.419 | 0.541 |
| 贝叶斯概率模型 | 1.018 | 0.176 |

## 5.7.4　基于各国规范的贝叶斯概率模型

将中国、美国、加拿大、欧洲 4 国规范计算公式作为先验模型,应用贝叶斯假设作为先验分布,采用贝叶斯概率统计方法综合两类先验信息进行推断,最终建立基于各国规范的钢筋混凝土深受弯构件受剪承载力概率模型。

1)先验信息

采用各国规范计算深受弯构件受剪承载力模型作为先验模型,在其基础上应用贝叶斯方法进行参数估计,建立新的模型。图 5-57 为各国规范计算值的分布图。由图可见,各国规范计算值较为安全,分布较为离散,但试验值与规范计算值发展趋势基本相同,且试验值基本全部分布于各国规范计算值上方。

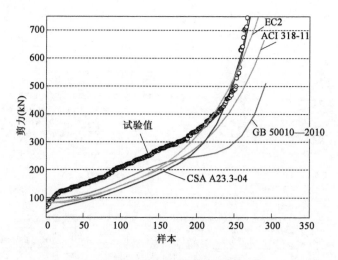

图 5-57　各国规范计算值和试验值对比

2）模型计算

以 4 国规范计算模型为先验模型，根据前文所述，选取合适的 $h_i(x)$，取 $h_1(x) = \ln 2$，用以修正常数项 $h_2(x) = \ln(f_{cu}/f_y)$、$h_3(x) = \ln(a/d)$、$h_4(x) = \ln(l_0/h)$、$h_5(x) = \ln(b/h)$，取 $h_6(x) = \ln e^{\rho_v}$ 及 $h_7(x) = \ln e^{\rho_h}$、$h_8(x) = \ln \rho$。以贝叶斯假设为先验信息，在试验数据的基础上进行参数估计，从而得到基于不同先验模型的贝叶斯概率后验模型，进而通过参数剔除法对模型进行简化，参数剔除过程见表 5-9～表 5-12，最终得简化模型见式（5-194）～式（5-197）。

基于 GB 50010—2010[5-94] 的概率模型参数剔除过程 　　　　　　　　　表 5-9

| $\sigma^2$ | $\theta_1$ | $\theta_2$ | $\theta_3$ | $\theta_4$ | $\theta_5$ | $\theta_6$ | $\theta_7$ | $\theta_8$ |
|---|---|---|---|---|---|---|---|---|
| 0.044 | −0.084 | −0.166 | −0.381 | 0.103 | 0.102 | −0.055 | −0.171 | 0.259 |
| 0.044 | | −0.156 | −0.378 | 0.091 | 0.116 | −0.055 | −0.171 | 0.256 |
| 0.045 | | −0.142 | −0.375 | 0.096 | 0.111 | | −0.167 | 0.254 |
| 0.046 | | −0.165 | −0.331 | | 0.088 | | −0.178 | 0.286 |
| 0.047 | | −0.111 | −0.286 | | | | −0.184 | 0.298 |
| 0.053 | | −0.086 | −0.274 | | | | | 0.309 |

基于 ACI 318-11[5-95] 的概率模型参数剔除过程 　　　　　　　　　表 5-10

| $\sigma^2$ | $\theta_1$ | $\theta_2$ | $\theta_3$ | $\theta_4$ | $\theta_5$ | $\theta_6$ | $\theta_7$ | $\theta_8$ |
|---|---|---|---|---|---|---|---|---|
| 0.071 | −1.418 | −0.452 | −0.221 | −0.264 | −0.269 | 0.080 | −0.008 | 0.091 |
| 0.071 | −1.412 | −0.450 | −0.221 | −0.264 | −0.268 | 0.080 | | 0.091 |
| 0.072 | −1.371 | −0.464 | −0.223 | −0.277 | −0.252 | | | 0.093 |
| 0.073 | −1.120 | −0.445 | −0.199 | −0.274 | −0.187 | | | |
| 0.075 | −0.305 | −0.376 | −0.211 | −0.392 | | | | |
| 0.075 | | −0.315 | −0.169 | −0.446 | | | | |

我国规范 GB 50010—2010[5-94]：

$$V_{\mathrm{GB,B}} = V_{\mathrm{GB}} \cdot \left(\frac{f_{\mathrm{cu}}}{f_{\mathrm{y}}}\right)^{-0.111} \cdot \left(\frac{a}{d}\right)^{-0.286} \cdot (e^{\rho_{\mathrm{h}}})^{-0.184} \cdot \rho^{0.298} \qquad (5\text{-}194)$$

美国规范 ACI 318-11[5-95]：

$$V_{\mathrm{ACI,B}} = V_{\mathrm{ACI}} \cdot \left(\frac{f'_{\mathrm{c}}}{f_{\mathrm{y}}}\right)^{-0.315} \cdot \left(\frac{a}{d}\right)^{-0.169} \cdot \left(\frac{l_0}{h}\right)^{-0.446} \cdot \rho^{0.141} \qquad (5\text{-}195)$$

加拿大规范 CSA A23.3-04[5-96]：

$$V_{\mathrm{CSA,B}} = V_{\mathrm{CSA}} \cdot \left(\frac{f'_{\mathrm{c}}}{f_{\mathrm{y}}}\right)^{-0.299} \cdot \left(\frac{a}{d}\right)^{0.437} \cdot \left(\frac{l_0}{h}\right)^{-0.285} \cdot \rho^{-0.157} \qquad (5\text{-}196)$$

欧洲规范 EC2[5-97]：

$$V_{\mathrm{EC2,B}} = 0.341 \cdot V_{\mathrm{EC}} \cdot \left(\frac{f'_{\mathrm{c}}}{f_{\mathrm{y}}}\right)^{-0.538} \cdot \left(\frac{b}{h}\right)^{-0.240} \cdot \left(\frac{l_0}{h}\right)^{-0.413} \cdot \rho^{0.141} \qquad (5\text{-}197)$$

基于 CSA A23.3-04[5-96] 的概率模型参数剔除过程　　　　　　　表 5-11

| $\sigma^2$ | $\theta_1$ | $\theta_2$ | $\theta_3$ | $\theta_4$ | $\theta_5$ | $\theta_6$ | $\theta_7$ | $\theta_8$ |
|---|---|---|---|---|---|---|---|---|
| 0.055 | −0.183 | −0.248 | 0.463 | −0.245 | −0.092 | 0.157 | 0.079 | −0.145 |
| 0.055 | | −0.277 | 0.471 | −0.271 | −0.063 | 0.056 | 0.080 | −0.150 |
| 0.055 | | −0.258 | 0.434 | −0.257 | | 0.149 | 0.085 | −0.164 |
| 0.056 | | −0.274 | 0.433 | −0.268 | | 0.141 | | −0.166 |
| 0.059 | | −0.299 | 0.437 | −0.285 | | | | −0.157 |
| 0.064 | | −0.300 | 0.383 | −0.351 | | | | |

基于 EC2[5-97] 的概率模型参数剔除过程　　　　　　　表 5-12

| $\sigma^2$ | $\theta_1$ | $\theta_2$ | $\theta_3$ | $\theta_4$ | $\theta_5$ | $\theta_6$ | $\theta_7$ | $\theta_8$ |
|---|---|---|---|---|---|---|---|---|
| 0.054 | −1.854 | −0.550 | −0.087 | −0.323 | −0.266 | 0.133 | −0.004 | 0.153 |
| 0.054 | −1.852 | −0.549 | −0.087 | −0.323 | −0.265 | 0.133 | | 0.153 |
| 0.054 | −1.627 | −0.516 | | −0.389 | −0.267 | 0.134 | | 0.138 |
| 0.057 | −1.551 | −0.538 | | −0.413 | −0.240 | | | 0.141 |
| 0.060 | −0.518 | −0.452 | | −0.544 | | | | 0.095 |

表中 $\sigma^2$ 的后验期望值表示经验模型经过修正后计算结果的离散程度，可通过 $\sigma^2$ 值的降低程度来判断所选修正项对概率模型的影响效应。表 5-13 中给出了经参数剔除后，简化概率模型中 $\theta_i$ 的后验期望值。修正项 $\ln 2$、$\ln(b/h)$ 和 $\ln e^{\rho_v}$ 在 4 个概率模型建立过程中均被剔除，可知 4 个先验模型已充分考虑截面尺寸和竖向腹筋配筋率的作用；相反，修正项 $\ln(f_{\mathrm{cu}}/f_{\mathrm{y}})$ 和 $\ln(a/d)$ 均保留，说明混凝土抗压强度和剪跨比在已有深受弯构件抗剪承载力计算模型中尚未完全考虑。

概率模型的均值和标准差

表 5-13

| 先 验 模 型 | $V(X)/V_{\rm d}(X)$ | COV |
|---|---|---|
| GB 50010—2010[5-94] | $\left(\dfrac{f_{\rm cu}}{f_{\rm y}}\right)^{-0.111} \cdot \left(\dfrac{a}{d}\right)^{-0.286} \cdot (e^{\rho_{\rm h}})^{-0.184} \cdot \rho^{0.298}$ | 0.217 |
| ACI 318-11[5-95] | $\left(\dfrac{f_{\rm c}'}{f_{\rm y}}\right)^{-0.315} \cdot \left(\dfrac{a}{d}\right)^{-0.169} \cdot \left(\dfrac{l_0}{h}\right)^{-0.446}$ | 0.274 |
| CSA A23.3-04[5-96] | $\left(\dfrac{f_{\rm c}'}{f_{\rm y}}\right)^{-0.299} \cdot \left(\dfrac{a}{d}\right)^{0.437} \cdot \left(\dfrac{l_0}{h}\right)^{-0.285} \cdot \rho^{-0.157}$ | 0.243 |
| EC2[5-97] | $0.341 \cdot \left(\dfrac{f_{\rm c}'}{f_{\rm y}}\right)^{-0.538} \cdot \left(\dfrac{b}{h}\right)^{-0.240} \cdot \left(\dfrac{l_0}{h}\right)^{0.413} \cdot \rho^{-0.141}$ | 0.239 |

对式(5-183)进行指数运算,则概率剪切强度模型变为如下形式:

$$V(\boldsymbol{X}) = V_{\rm d}(\boldsymbol{X}) \cdot \exp\left[\sum_{i \in S}^{p} \mu_{\theta_i} h_i(x)\right] \cdot \exp(\mu_\sigma \varepsilon)$$

$$= \tilde{V}_{\rm d}(\boldsymbol{X}) \cdot \exp(\mu_\sigma \varepsilon) \tag{5-198}$$

式中:$S$——经过参数剔除之后的剩余修正项。

若忽略模型参数 $\varepsilon$ 的不确定性,则 $\mu_\sigma$ 是模型中唯一的随机变量。此时剪切强度服从指数正态分布,均值和变异系数分别为 $V_{\rm d}(\boldsymbol{X}) \cdot \exp(\mu_\sigma^2/2)$ 和 $[\exp(\mu_\sigma^2) - 1]^{0.5}$。当 $\mu_\sigma \ll 1$ 时,均值和变异系数可近似为 $V_{\rm d}(\boldsymbol{X})$ 和 $\mu_\sigma$。则概率模型 $V(\boldsymbol{X})$ 的变异系数及 $V(\boldsymbol{X})/V_{\rm d}(\boldsymbol{X})$ 之比分别为 $\sigma$ 的后验期望值和修正函数。最终计算结果见表 5-13。

3)试验验证

规范计算模型和贝叶斯概率简化模型统计对比结果见表 5-14。对 4 个后验模型来说,方差较先验模型显著减小,故经修正后因影响参数引起的误差显著降低。图 5-58 给出了基于 4 国规范抗剪模型所得概率模型剪力计算值 $V_{\rm GB,B}$、$V_{\rm ACI,B}$、$V_{\rm CSA,B}$、$V_{\rm EC2,B}$ 与 $V_{\rm test}$ 之间的偏差。由图可见,修正后的概率模型剪力计算值与规范计算结果分布相近,但概率模型计算值更接近试验值,且分布更集中,表明贝叶斯方法继承了历史先验模型的发展趋势,且很好地利用了试验数据,修正后所得概率模型的偏差和随机性均显著减小。

贝叶斯更新后 $\sigma$ 的后验期望值

表 5-14

| 先 验 模 型 | $\sigma^2$(先验模型) | $\sigma^2$(概率模型) |
|---|---|---|
| GB 50010—2010[5-94] | 0.151 | 0.047 |
| ACI 318-11[5-95] | 0.483 | 0.075 |
| CSA A23.3-04[5-96] | 0.311 | 0.071 |
| EC2[5-97] | 0.293 | 0.057 |

为了证明上文推导概率模型的优越性,图 5-59 给出了基于不同先验模型的概率模型剪力计算值曲线。由图可见,先验模型剪力计算值较多位于试验值下方,阴影部分覆盖了 80% 以上的试验值,并且每个概率模型剪力计算值曲线的走向都与试验值基本相同,即修正后的概率模型较先验模型更接近试验结果,可对深受弯构件的抗剪强度进行无偏估计。阴影部分越窄,说明随机性越小,尤以图 5-59a)表现明显,可见我国混凝土结构设计规范抗剪模型修正效果最为明显。综合表明,基于贝叶斯理论建立的钢筋混凝土深受弯构件概率简化模型计算值与试验结果吻合良好,最终模型很好地利用了已有试验数据,并继承了先验模型的发展趋势,证明了简化模型的合理性。

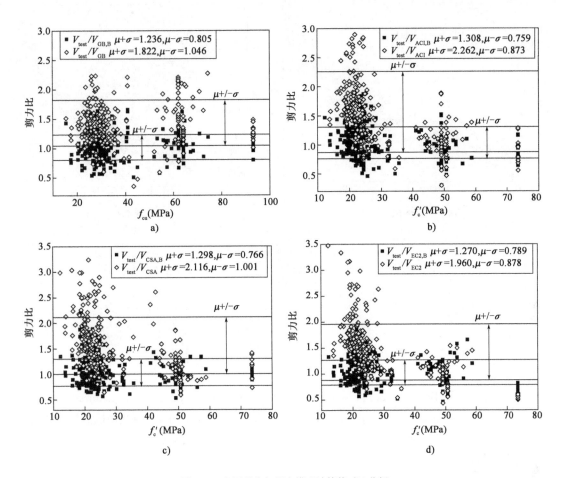

图 5-58 各国规范与概率模型计算值对比分析
a)我国混凝土结构设计规范;b)美国规范;c)加拿大规范;d)欧洲规范

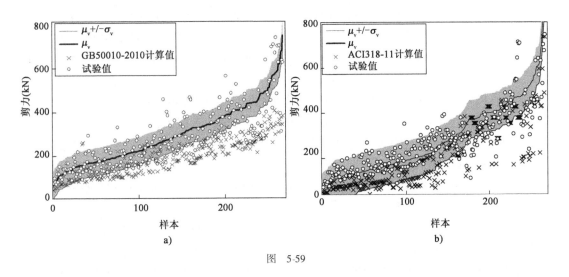

图 5-59

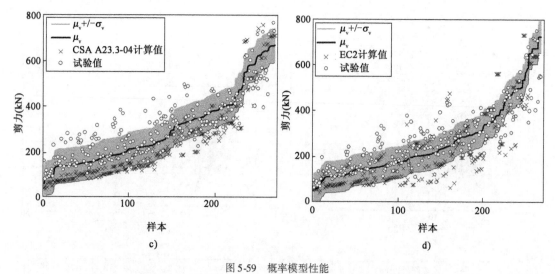

图 5-59  概率模型性能
a)我国混凝土结构设计规范；b)美国规范；c)加拿大规范；d)欧洲规范

## 本章参考文献

[5-1]  Collins M P, Bentz E C, Sherwood E G. Where is shear reinforcement required：review of research results and design procedures [J]. ACI Structural Journal,2008,105(5):590-600.

[5-2]  贡金鑫,魏巍巍,赵尚传.现代混凝土结构基本理论及应用[M].北京:中国建筑工业出版社,2009.

[5-3]  ACI-ASCE Committee 326. Shear and diagonal tension[J]. ACI Structural Journal,1962,59(1):1-32.

[5-4]  Mitchell D,Collins M P. Diagonal compression field theory—a rational model for structural concrete in pure shear torsion[J]. ACI Structural Journal,1974,71(8):396-408.

[5-5]  Collins M P. Towards a rational theory for RC members in shear[J]. Journal of Structural Engineering,ASCE,1978,104(4):649-666.

[5-6]  Vecchio F J, Collins M P. The modified compression field theory for reinforced concrete elements subjected to shear [J]. ACI Structural Journal,1986,83(2):219-231.

[5-7]  Hsu Thomas T C. Softened truss model theory for shear and torsion [J]. ACI Structural Journal,1988,85(6):624-635.

[5-8]  Hsu Thomas T C,Mau S T,Chen B. Theory on shear transfer strength of reinforced concrete [J]. ACI Structural Journal,1987,84(2):149-160.

[5-9]  Belarbi A, Hsu Thomas T C. Constitutive laws of softened concrete in biaxial tension compression [J]. ACI Structural Journal,1995,92(5):562-573.

[5-10]  Hsu Thomas T C. Unified Theory of Reinforced Concrete [M]. Bergamo:Studi e Ricerche, Italcementi S. p. A,1993.

［5-11］ Pang X B,Hsu Thomas T C. Fixed angle softened truss model for reinforced concrete ［J］. ACI Structural Journal,1996,93(2):197-207.

［5-12］ Hsu Thomas T C,Zhang L X. Nonlinear analysis of membrane elements by fixed-angle softened-truss model［J］. ACI Structural Journal,1997,94(5):483-492.

［5-13］ Vecchio F J. Disturbed stress field model for reinforced concrete:formulation［J］. Journal of Structural Engineering,ASCE,2000,126(8):1070-1077.

［5-14］ ACI-ASCE Committee 426. The shear strength of reinforced concrete members ［J］. ASCE Journal of Structural Engineering,1974,100(8):1543-1591.

［5-15］ ACI-ASCE Committee 445. Recent approaches to shear design of structural concrete ［J］. ASCE Journal of Structural Engineering,1998,124(12):1575-1417.

［5-16］ Kani G N J. How safe are our large reinforced concrete beams［J］. ACI journal,1967,64(3):128-141.

［5-17］ Shioya T,Iguro M,Nojiri Y,et al. Shear strength of large reinforced concrete beams,fracture mechanics:application to concrete［J］. ACI SP-118,American Concrete Institute,Detroit,1989:309.

［5-18］ Bazant Z P. Fracturing truss model:size effect in shear failure of reinforced concerte［J］. Journal of Engineering Mechanics,1997,123(12):1276-1288.

［5-19］ Bazant Z P,Kazemi M T. Size effect on diagonal shear failure of beams without stirrups［J］. ACI Structural Journal,1991,88(3):268-276.

［5-20］ Nielsen M P. Limit analysis and concrete plasticity［M］. N. J.:Prentice-Hall Inc.,Englewood Cliffs,1984.

［5-21］ Nielsen M P,Braestrup M W,Jensen B C,et al. Concrete plasticity［M］. Lingby,Denmark:Danish Society for Structural Science and Engineering,1978.

［5-22］ Ritter W. The hennebique design method ( Die bauweisehenebique ) ［M］. Schweiz,Bauzeitung(Zürich),1899.

［5-23］ Mörsch E. Concrete steel construction［M］. New York:McGraw-Hill,1909.

［5-24］ Ramirez J,Breen J. Evaluation of a modified truss model approach for beams in shear［J］. ACI Structural Journal,1991,88(5):562-571.

［5-25］ 陈萌. 钢筋混凝土梁承载力的衔接研究［D］. 郑州:郑州工业大学,1999.

［5-26］ Schlaich Yun Y M,Ramirez J. Strength of struts and nodes in strut-tie model［J］. Journal of Structural Engineering,1996,122(1):20-29.

［5-27］ Jirsa J O,Breen J E,Bergmeister K,et al. Experimental studies of nodes in strut-and-tie models［R］. Stuttgart,Germany:IABSE Coufoquium Struct. Concrete,1991,525-532.

［5-28］ Marti P. Truss models in detailing［J］. Concrete International,1985,7(12):66-73.

［5-29］ 林园,贡金鑫,李荣庆. 2 个移动荷载下深梁设计的压杆-拉杆模型［J］. 建筑科学与工程学报,2008,25(4):58-64.

［5-30］ 中华人民共和国国家标准. 混凝土结构设计规范:GB 50010—2002［S］. 北京:中国建筑工业出版社,2002.

［5-31］ Kowalsky M J,priestley M J N,Seible F. Shear and flexural behavior of lightweight concrete bridge columns in seismic regions[J]. ACI Structural Journal,1999,96(1):136-148.

[5-32] Ascheim M,Moehle J P. Shear strength and deformability of RC bridge columns subjected to inelastic cyclic displacements[R]. America:University of California at Berkeley,1992.

[5-33] Priestley M J N,Verma R,Xiao Y. Seismic shear strength of circular reinforced concrete bridge columns[J]. Journal of Structure Engineering,ASCE,1994,120(8):2310-2329.

[5-34] ATC,MCEER. Recommended LRFD guidelines for the seismic design of highway bridges Part I:specifications[S]. Buffalo NY:Multidisciplinary Center for Earthquake Engineering Research,2003.

[5-35] New Zealand Standard. Concrete Structures Standard [S]. Wellington:Standards New Zealand,2006.

[5-36] Japanese standards. Design specifications of highway bridge [S]. Tokyo:Japan Road Association,1996.

[5-37] Halil Sezen. Shear deformation model for reinforced concrete columns [J]. Structure Engineering and Mechanics,2008,28(1):39-52.

[5-38] Manuel R F,Slight B W,Suter G T. Deep beam behavior affected by length and shear span variations[J]. ACI Journal Proceedings,1971:954-958.

[5-39] Quintero-Febres C G,Parra-Montesinos G,Wight J K. Strength of struts in deep concrete members designed using strut-and-tie method [J]. ACI Structural Journal,2006,103(4):577-586.

[5-40] Tan K H,Kong F K,Teng S,et al. Effect of web reinforcement on high-strength concrete deep beams [J]. ACI Structural Journal,1997,94(5):572-582.

[5-41] Tan K H,Teng S,Kong F K,et al. Main tension steel in high strength concrete deep and short beams [J]. ACI Structural Journal,1997,94(6):752-768.

[5-42] Tan K H,Lu H Y. Shear behavior of large reinforced concrete deep beams and code comparisons [J]. ACI Structural Journal,1999,96(5):836-845.

[5-43] Kani G N J. How safe are our large reinforced concrete beams [J]. ACI Journal Proceedings,1967:128-141.

[5-44] Manuel R F,Slight B W,Suter G T. Deep beam behavior affected by length and shear span variations [J]. ACI Journal,1971,68(12):366-379.

[5-45] Rogowsky D M,MacGregor J G,Ong S Y. Tests of reinforced concrete deep beams [J]. ACI Journal Proceedings,1986:614-623.

[5-46] Foster S J,Gilbert R I. Experimental studies on high-strength concrete deep beams [J]. ACI Structural Journal,1998,95(4):382-390.

[5-47] Lu W Y,Lin I J,Hwang S J. Shear strength of reinforced concrete deep beams [J]. ACI Structural Journal,2013,110(4):671-680.

[5-48] Tan K H,Cheng G H,Zhang N. Experiment to mitigate size effect on deep beams [J]. Magazine of Concrete Research,2008,60(10):709-723.

[5-49] Mphonde A G,Frantz G C. Shear tests of high-and low-strength concrete beams without stirrups [J]. ACI Journal Proceedings,1984:350-357.

［5-50］ Teng S,Ma W,Wang F. Shear strength of concrete deep beams under fatigue loading ［J］. ACI Structural Journal,2000,97(4):572-580.

［5-51］ Shin S W,Lee K S,Moon J I,et al. Shear strength of reinforced high-strength concrete beams with shear span-to-depth ratios between 1.5 and 2.5 ［J］. ACI Structural Journal, 1999,96(4):549-556.

［5-52］ Moody K G,Viest I M,Elstner R C,et al. Shear strength of reinforced concrete beams Part 1-Tests of simple beams ［J］. ACI Journal Proceedings,1954:317-332.

［5-53］ Clark A P. Diagonal tension in reinforced concrete beams ［J］. ACI Journal Proceedings, 1951:145-156.

［5-54］ Morrow J D,Viest I M. Shear strength of reinforced concrete frame members without web reinforcement ［J］. ACI Journal Proceedings,1957:833-869.

［5-55］ Ramakrishnan V,Ananthanarayana Y. Ultimate strength of deep beams in shear ［J］. ACI Journal Proceedings,1968:87-98.

［5-56］ Lee D. An experimental investigation in the effects of detailing on the shear behavior of deep beams ［D］. Toronto:University of Toronto,1982.

［5-57］ Mathey R G,Watstein D. Shear strength of beams without web reinforcement containing deformed bars of different yield strengths［J］. ACI Journal Proceedings,1963:183-208.

［5-58］ Rogowsky D M,MacGregor J G,Ong S Y. Tests of reinforced concrete deep beams ［J］. ACI Journal Proceedings,1986:614-623.

［5-59］ Leonhardt F,Walther R. The Stuttgart shear tests ［J］. Cement and Concrete Association Library,1961(111):49-54.

［5-60］ Subedi N K. Reinforced concrete deep beams:A method of analysis ［J］. ICE Proceedings, 1988:1-30.

［5-61］ 方江武.钢筋混凝土深梁抗剪强度的试验研究［J］.石家庄铁道学院学报,1990,3(1): 15-24.

［5-62］ Walraven J,Lehwalter N. Size effects in short beams loaded in shear ［J］. ACI Structural Journal,1994,91(5):585-593.

［5-63］ Adebar P. One way shear strength of large footings ［J］. Canadian Journal of Civil Engineering,2000,27(3):553-562.

［5-64］ Yang K H,Chung H S,Lee E T,et al. Shear characteristics of high-strength concrete deep beams without shear reinforcements ［J］. Engineering Structures,2003,25(7):1343-1352.

［5-65］ Tanimura Y,Sato T. Evaluation of shear strength of deep beams with stirrups ［J］. Quarterly Report of RTRI,2005,46(1):53-58.

［5-66］ Salamy M R,Kobayashi H,Unjoh S. Experimental and analytical study on RC deep beams ［J］. Asian Journal of Civil Engineering,2005,104(2):409-422.

［5-67］ 林辉.纵筋布置形式对剪跨比为1.5的钢筋混凝土深受弯梁受剪性能的影响［D］.重庆:重庆大学,2006.

［5-68］ Zhang N,Tan K H. Size effect in RC deep beams:Experimental investigation and STM verification ［J］. Engineering Structures,2007,29(12):3241-3254.

［5-69］ Garay J D,Lu A S. Behavior of concrete deep beams with high strength reinforcement ［J］. Structures Congress,ASCE,2008:1-10.

［5-70］ Brena S F,Roy N C. Evaluation of load transfer and strut strength of deep beams with short longitudinal bar anchorages ［J］. ACI Structural Journal,2009,106(63):678-689.

［5-71］ 幸左贤二,小林宽,内田悟史,等. 关于钢筋混凝土深梁试验解析的探讨:土木学会论文集［C］. 2009:368-383.

［5-72］ Zhang N,Tan K H,Leong C L. Single-span deep beams subjected to unsymmetrical loads ［J］. Journal of Structural Engineering,ASCE,2009(135):239-252.

［5-73］ Sagaseta J,Vollum R L. Shear design of short-span beams ［J］. Magazine of Concrete Research,2010,62(4):267-282.

［5-74］ Sahoo D K,Sagi M S V,Singh B,et al. Effect of detailing of web reinforcement on the behavior of bottle-shaped struts ［J］. Journal of Advanced Concrete Technology,2010,8(3):303-314.

［5-75］ Senturk A E,Higgins C. Evaluation of reinforced concrete deck girder bridge bent caps with 1950s vintage details:Laboratory Tests ［J］. ACI Structural Journal,2010,107(5):534-543.

［5-76］ Mihaylov B I,Bentz E C,Collins M P. Behavior of large deep beam subjected to monotonic and reversed cyclic shear ［J］. ACI Structural Journal,2010,107(6):726-734.

［5-77］ 林云. 钢筋混凝土简支深梁的试验研究及有限元分析［D］. 长沙:湖南大学,2011.

［5-78］ Hanifi Gedik Y,Nakamura H,Yamamoto Y,et al. Effect of stirrups on the shear failure mechanism of deep beams ［J］. Journal of Advanced Concrete Technology,2012,10(1):14-30.

［5-79］ Smith K N,Vantsiotis A S. Shear strength of deep beams ［J］. ACI Journal Proceedings,1982:201-213.

［5-80］ Kong F K,Robins P J,Cole D F. Web reinforcement effects on deep beams ［J］. ACI Journal Proceedings,1970:1010-1018.

［5-81］ Clark A P. Diagonal tension in reinforced concrete beams ［J］. ACI journal proceedings,1951:145-156.

［5-82］ Oh J K,Shin S W. Shear strength of reinforced high-strength concrete deep beams ［J］. ACI Structural Journal,2001,98(2):164-173.

［5-83］ Aguilar G,Matamoros A B,Parra-Montesinos G J,et al. Experimental evaluation of design procedures for shear strength of deep reinforced concrete beams ［J］. ACI Structural Journal,2002,99(4):539-548.

［5-84］ Tan K H,Kong F K,Teng S,et al. High-strength concrete deep beams with effective span and shear span variations ［J］. ACI Structural Journal,1995,92(4):395-405.

［5-85］ Subedi N K,Vardy A E,Kubotat N. Reinforced concrete deep beams some test results ［J］. Magazine of Concrete Research,1986,38(137):206-219.

［5-86］ 刘立新,谢丽丽,陈萌. 钢筋混凝土深受弯构件受剪性能的研究［J］. 建筑结构,2000,30(10):19-22.

［5-87］ 龚绍熙. 钢筋混凝土深梁在对称集中荷载下抗剪强度的研究［J］. 郑州工学院学报，1982（1）：52-68.

［5-88］ 陈希孺. 数理统计中的两个学派——频率学派和 Bayes 学派［J］. 数理统计与应用概率，1990，5（4）：389-400.

［5-89］ 张尧庭，陈汉锋. 贝叶斯统计推断［M］. 北京：科学出版社，1991.

［5-90］ 朱慧明，韩玉启. 贝叶斯多元统计推断理论［M］. 北京：科学出版社，2006.

［5-91］ Gardoni P, Kiureghian A D, Mosalam K M. Probabilistic capacity models and fragility estimates for reinforced concrete columns based on experimental observations［J］. Journal of Engineering Mechanics, ASCE,2002,128（10）:1024-1038.

［5-92］ Junho S, Won H K. Probabilistic Shear strength models for reinforced concrete beams without shear reinforcement［J］. Journal of Engineering Mechanics, ASCE,2010,34（1）:15-38.

［5-93］ 刘喜. 高强轻骨料混凝土结构受剪性能分析及设计方法研究［D］. 西安：长安大学，2015.

［5-94］ 中华人民共和国国家标准. 混凝土结构设计规范（2015 年版）：GB 50010—2010［S］. 北京：中国建筑工业出版社，2010.

［5-95］ The American Standard. ACI 318-11 Building code requirements for structural concrete and commentary［S］. Farmington Hills, MI：American Concrete Institute,2011.

［5-96］ The Canadian Standard. CSA A23. 3- 04 Design of Concrete Structures［S］. To ronto：Canadian Standards Association,2004.

［5-97］ British Standard. EN 1992-1-1：2004 Design of concrete structures［S］. London：The European Standards Institution,2004.

［5-98］ Raiffa H, Schlaifer R. Applied statistical decision theory［D］. Boston：Harvard University,1961.

# 第6章

# 钢筋混凝土构件的受扭承载力

## 6.1 概　　述

扭转是平面外力作用下结构或结构构件的一种受力形式。当竖向荷载的作用偏离构件轴线时,构件将绕轴线进行转动,若转动受到约束,将在构件中产生相应的扭矩,这种构件称为受扭构件。构件受扭时的破坏特征与受弯和受剪时完全不同,裂缝绕构件轴线呈螺旋状分布。

在以前的工程设计中,相比于弯矩和剪力,扭矩被视为次要效应,常忽略其影响或者采用保守的计算和构造措施。随着高强材料的应用、设计计算方法的不断完善以及扭转效应显著的结构构件在结构中的应用,在设计中如何考虑扭矩作用效应以保证结构的安全并满足使用功能要求已成为工程界所密切关注的问题。在实际工程结构中,构件很少只受扭矩作用,往往还同时承受弯矩和剪力作用,属复合受扭情况,例如曲线形桥梁、吊车梁、框架边梁、筒壳边梁、托梁、支撑悬臂板或阳台的梁、螺旋楼梯、槽形墙板和电线杆等,都属于弯、剪、扭共同作用下的复合受扭构件。当构件同时承受弯矩、剪力和扭矩作用时,其破坏方式和承载力计算十分复杂,是近年来钢筋混凝土结构研究的一个重要方面。

本章主要介绍构件受扭承载力的相关理论及计算方法,包括纯扭构件与复合受扭构件。

# 6.2 纯扭构件的承载力

## 6.2.1 平衡扭转与协调扭转

钢筋混凝土构件受扭可以分为两大类,平衡扭转与协调扭转,如图 6-1 所示。若构件中的扭矩由荷载直接引起,其值可由平衡条件直接求出,此类扭转称为平衡扭转。一般支承悬臂板的梁承担平衡扭矩。若扭矩是因相邻构件的位移受到该构件的约束而引起的,其值需结合变形协调条件才能求得,这类扭转称为协调扭转,也称为附加扭转。例如框架中的边梁,受到次梁负弯矩的作用而引起的扭转。对于平衡扭转,构件必须提供足够的抗扭承载力,否则会因无法平衡作用力矩引起破坏。对于协调扭转,因在受力过程中,由于混凝土及钢筋的非线性性能,尤其是混凝土的开裂和钢筋的屈服,会引起内力重分布,协调扭矩的大小和构件刚度比有关,不是一个定值。目前规范建议的受扭构件承载力公式均是针对平衡扭转的情况,协调扭转按此近似计算。

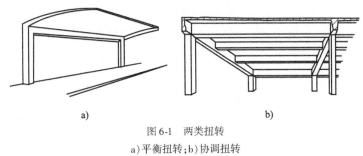

图 6-1  两类扭转
a)平衡扭转;b)协调扭转

## 6.2.2 开裂扭矩

在扭矩作用下,混凝土构件产生剪应力,如图 6-2a)所示,可通过材料力学方法表示为主拉应力和主压应力。如果扭矩很小,构件中的主拉应力较小,达不到混凝土的抗拉强度,构件就不会开裂。如果扭矩产生的最大主应力值达到混凝土抗拉强度,构件将开裂。由于混凝土的极限拉应变很小,开裂前钢筋的应力也很小,其对抵抗开裂的作用不大,因此在计算开裂扭矩时可忽略钢筋的影响。因混凝土构件在受扭开裂时便立即丧失承载力,所以也将混凝土构件的开裂扭矩视为素混凝土构件的极限扭矩。

若假定混凝土为弹性材料,按照材料力学理论可得到构件的开裂扭矩[图 6-2b)]:

$$T_{cr} = \beta f_t b h^2 \tag{6-1}$$

式中:$f_t$——混凝土抗拉强度设计值;

  $h$——构件截面的长边;

  $b$——构件截面的短边;

  $\beta$——与比值 $h/b$ 有关的系数,当 $h/b = 1 \sim 10$ 时,$\beta = 0.208 \sim 0.313$。

若应力值达到混凝土抗拉强度时,构件并未发生破坏,荷载还可继续增加,直到截面边缘的拉应变达到混凝土的极限拉应变值,截面上各点的应力全部达到混凝土抗拉强度后,截面开裂[图6-2c)]。根据塑性力学理论,可将截面上的切应力划分为4个部分,计算各部分扭剪应力的合力及相应组成的力偶,其总和为$T_{cr}$,即:

$$T_{cr} = f_t W_t \tag{6-2}$$

式中:$W_t$——构件扭转塑性抵抗矩,对矩形截面构件,按式(6-3)计算。

$$W_t = \frac{b^2}{6}(3h - b) \tag{6-3}$$

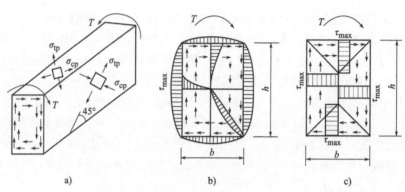

图6-2 纯扭构件在裂缝出现前的应力状态
a)受扭构件应力;b)剪应力分布;c)受扭塑性状态

实际上,混凝土既非完全弹性材料,又非理想的塑性材料,而是介于二者之间的弹塑性材料。低强度混凝土具有一定的塑性性质,对于高强度混凝土,其脆性显著增大。因此,按式(6-1)计算的开裂扭矩值低于试验值,而按式(6-2)计算的开裂扭矩值高于试验值。

为计算方便,开裂扭矩可近似采用理想塑性材料截面的应力分布计算模式,但混凝土抗拉强度要适当降低。试验表明,对低强度混凝土,降低系数约为0.8;对于高强度混凝土,降低系数约为0.7。我国《混凝土结构设计规范(2015年版)》(GB 50010—2010)[6-1]为统一开裂扭矩值的计算公式,并满足一定的可靠度要求,采用式(6-4)计算开裂扭矩:

$$T_{cr} = 0.7 f_t W_t \tag{6-4}$$

如式(6-4)所示,在我国的混凝土结构设计规范中,混凝土梁开裂扭矩是根据塑性理论建立的。国外则常采用斜弯理论和薄壁管理论。

1984年,Hsu提出用斜弯理论计算素混凝土梁的极限抗扭强度[6-2]。根据这一理论,扭矩可表示为:

$$T_{np} = \frac{x^2 y}{3}(0.85 f_r) \tag{6-5}$$

式中:$T_{np}$——素混凝土梁的受扭承载力;

　　　$x$——构件截面长边的边长;

　　　$y$——构件截面短边的边长;

　　　$f_r$——混凝土断裂模量(弯拉强度)。

对于实心截面的钢筋混凝土梁,开裂前,可认为扭矩完全由混凝土承担,故其开裂扭矩可用式(6-5)表示。另根据美国规范ACI 318-89[6-3],混凝土开裂时最大剪应力为$4\sqrt{f_c'}$,因此将式(6-5)中的$0.85 f_r$用$4\sqrt{f_c'}$代替,得开裂扭矩为:

$$(T_{cr})_{solid} = \frac{x^2 y}{3}(4\sqrt{f'_c}) \tag{6-6}$$

式中:$f'_c$——混凝土圆柱体抗压强度,psi。

1985 年,Hsu 和 Mo[6-4]根据其他学者所做的 108 根钢筋混凝土梁的扭转试验,发现部分梁因为钢筋不足,极限扭矩小于开裂扭矩,从而导致梁发生脆性破坏。因此,他们根据薄壁管理论提出计算开裂扭矩的公式,对于实心截面梁,管壁厚 $t$ 取为 $1.2A_{cp}/p_{cp}$,后来 Hsu 又做了修正,取 $t=A_{cp}/p_{cp}$,得出实心梁的开裂扭矩:

$$T_{cr} = 5\sqrt{f'_c}\left(\frac{A_{cp}^2}{p_{cp}}\right) \tag{6-7}$$

式中:$A_{cp}$——构件整个混凝土截面的面积,$in^2$;

$\quad p_{cp}$——构件截面的周长,in。

在 ACI 318-95[6-5]规范中,将实心截面梁受扭开裂后等效的管壁厚度 $t$ 取为 $0.75A_{cp}/p_{cp}$,管壁中心线包围的面积 $A_0$ 为周长 $p_{cp}$ 包围的面积。在扭矩作用下,假设当主拉应力达到 $4\sqrt{f'_c}$ 时混凝土发生开裂,得出的实心梁开裂扭矩为:

$$T_{cr} = 4\sqrt{f'_c}\left(\frac{A_{cp}^2}{p_{cp}}\right) \tag{6-8}$$

目前的 ACI 318-08[6-6]规范仍采用式(6-8)计算梁的开裂扭矩,但考虑了轻骨料混凝土强度修正系数 $\lambda$。

混凝土开裂前,欧洲规范 EN 1992-1-1:2004[6-7]的扭转计算是以闭合薄壁截面模型为基础的,闭合剪力流产生的扭矩与外扭矩平衡。对于实心截面,可等效为薄壁截面,如图 6-3 所示。

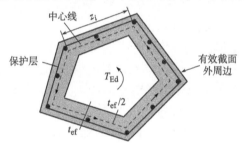

图 6-3 欧洲规范受扭计算模型

纯扭作用下截面壁内的剪应力按式(6-9)计算:

$$\tau_{t,i}t_{ef,i} = \frac{T_{Ed}}{2A_k} \tag{6-9}$$

扭转产生的第 $i$ 个壁的剪力按式(6-10)计算:

$$V_{Ed,i} = \tau_{t,i}t_{ef,i}z_i \tag{6-10}$$

式中:$T_{Ed}$——设计扭矩;

$\quad A_k$——壁中心连线包围的面积,包括内部空心区;

$\quad \tau_{t,i}$——第 $i$ 个壁的扭转剪应力;

$\quad t_{ef,i}$——有效壁厚,可取为 $A/u$,但以不得小于壁边缘与纵向钢筋中心距离的空心截面实际厚度为限值;

$\quad A$——外周边所包围截面的总面积,包含内部空心区的面积;

$u$——截面的外周长；

$z_i$——第 $i$ 个壁的边长,用相邻壁交点间的距离表示。

当 $\tau_{t,i} = f_{ctd}$ 时,构件即发生扭转开裂,开裂扭矩为:

$$T_{Rd,c} = 2A_k f_{ctd} t_{ef,i} \tag{6-11}$$

式中:$f_{ctd}$——混凝土抗拉强度设计值。

加拿大规范 CSA A23.3-04[6-8] 按式(6-12)计算预应力混凝土构件的开裂扭矩:

$$T_{cr} = 0.38\lambda\phi_c \sqrt{f'_c}\left(\frac{A_c^2}{p_c}\right)\sqrt{1 + \frac{\phi_p f_{cp}}{0.38\lambda\phi_c\sqrt{f'_c}}} \tag{6-12}$$

式中:$\lambda$——轻质混凝土系数;

$\phi_c$——混凝土抗力系数;

$A_c$——混凝土截面外周长包围的面积(包括孔洞),$mm^2$;

$p_c$——混凝土截面外周长,mm;

$\phi_p$——预应力筋抗力系数;

$f_{cp}$——抵抗施加的外荷载的截面重心的混凝土压应力(所有预应力损失后),当重心在混凝土翼缘内时为腹板与翼缘交界面的混凝土压应力,MPa。

对于有孔洞的构件,当壁厚小于 $0.75A_c/p_c$ 时,式(6-12)中的截面毛面积 $A_c$ 用 $1.5A_g$ 代替。

### 6.2.3　纯扭构件的破坏

在实际结构中,单纯受扭的构件很少,大多是受扭、受弯和受剪共同出现,甚至还会有轴力共同作用。但纯受扭构件的破坏及受力状态是分析复合受扭构件的基础,对于以受扭为主的构件,纯扭构件的破坏分析及承载力计算也是必要的。

扭矩作用下的钢筋混凝土构件,在螺旋形裂缝出现前,构件的受力性能大体符合圣维南弹性扭转理论。特别在扭矩较小时,构件的应力和变形与按弹性理论的计算值更为接近。当扭矩较大,接近初裂扭矩时,由于混凝土塑性变形的影响,与按弹性理论的计算结果相差较大。在裂缝出现后,构件的受力性能发生质的改变。试验表明,在裂缝出现后,部分混凝土退出工作,具有螺旋形裂缝的混凝土和钢筋共同组成新的受力体系(在新的受力体系中,混凝土受压,纵筋和箍筋均受拉)以抵抗外扭矩。

对于满足最小纵筋和箍筋用量要求的纯扭构件,在外扭矩作用下,根据配筋条件可分为适筋、部分超筋和超筋 3 类构件。

图 6-4 为不同配筋率的受扭构件的扭矩 $T$-扭转角 $\theta$ 曲线。构件箍筋配筋率($\rho_{sv}$)的变化范围为 $0.37\% \sim 1.74\%$,纵筋与箍筋的配筋强度比 $\zeta$ 均接近 1。从图 6-4 可以看出,在裂缝出现前,$T$-$\theta$ 曲线基本上为直线,它不因构件配筋率的不同而有所改变,且直线较陡,即有较大的扭转刚度。在裂缝出现后,由于钢筋应变突然增大,$T$-$\theta$ 曲线出现水平段,$\rho_{sv}$ 越小,钢筋应变增加值越大,水平段相对就越长。这就说明,由于裂缝的出现,破坏了材料的连续性,外扭矩从主要由混凝土承担转变为由纵筋、箍筋和混凝土组成的新受力体系共同承担。随后,构件的扭转角随着扭矩的增加近似呈线性增大,但直线的斜率比初裂前小得多,说明了构件的扭转刚度大大降低,且 $\rho_{sv}$ 越小,降低得就越多。试验表明,当配筋率很小时会出现扭矩增加很小(如试件 $B_1$)甚至不再增大,而扭转角不断增大导致破坏的现象。

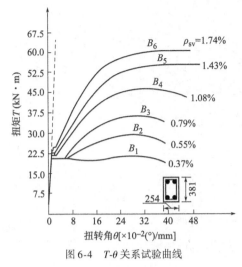

图 6-4 T-θ 关系试验曲线

构件的极限扭矩和裂缝出现后的扭转刚度,在很大程度上取决于受扭钢筋的用量。试验表明,配筋率较小的试件 $B_1 \sim B_3$,在到达极限扭矩前,纵筋和箍筋应力均已到达屈服强度,属适筋受扭构件。而配筋率较大的试件 $B_6$,则发生与受弯构件超筋梁类似的破坏现象,即纵筋和箍筋应力均未到达屈服强度而混凝土先行压坏,属超筋受扭构件。由于受扭钢筋由纵筋和箍筋两部分组成,纵筋的用量、强度和箍筋的用量、强度的比例,即构件的受扭纵筋与箍筋配筋强度比 $\zeta$,对极限扭矩值有一定的影响。当钢筋总用量适当,但箍筋或纵筋用量相对甚少时,发生箍筋或纵筋先行屈服,另一种钢筋不屈服而混凝土压坏导致的破坏,属部分超筋受扭构件。

### 6.2.4　纯扭构件承载力的计算

扭矩作用下的钢筋混凝土构件,其破坏面为一空间的扭曲面。构件的极限扭矩与许多因素有关,破坏机理甚为复杂,目前虽已进行了许多试验研究,但仍未得到令人信服的说明或解释。现有的纯扭承载力计算包括由简化模型和计算理论推导出的计算公式、通过试验总结回归的经验公式和半理论半经验公式等。

受扭计算理论或计算模型是在外力即扭矩作用下构件工作机理最本质的反映。它揭示了裂缝出现后具有螺旋形裂缝的混凝土和钢筋共同组成的新的受力体系抵抗外扭矩的作用机理。本节主要介绍变角度空间桁架模型、软化桁架理论和斜弯理论。

1) 变角度空间桁架模型

早在 1929 年 Rausch 等在试验的基础上,提出了 45°桁架模型,用以分析受扭构件。他们将配有纵筋和腹筋的受扭构件比拟为一个中空的管形构件,构件开裂后,管壁混凝土沿 45°裂缝倾角形成一个螺形构件,与纵筋、箍筋组成一个空间桁架抵抗外扭矩。1968 年 P. Lampert 等[6-9]发现当纵筋与箍筋比例不同时,混凝土斜杆倾角不一定是 45°,因此提出了变角度空间桁架模型。

试验研究和理论分析表明,在裂缝充分发展且钢筋应力接近屈服强度时,构件截面核心混凝土退出工作。因而可以将实心截面的钢筋混凝土受扭构件假想为一箱形截面构件,如图 6-5 所示。此时,具有螺旋形裂缝的混凝土外壳、纵筋和箍筋共同组成空间桁架,抵抗外扭矩作用。

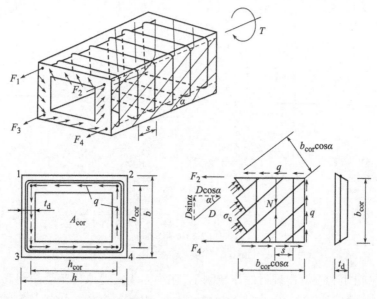

图 6-5  变角空间桁架模型

变角度空间桁架模型的基本假定为：

（1）混凝土只承受压力，具有螺旋形裂缝的混凝土外壳作为桁架的斜压杆，倾角为 $\alpha$；

（2）纵筋和箍筋只承受拉力，分别作为桁架的弦杆和腹杆；

（3）忽略核心混凝土的受扭作用和钢筋的销栓作用。

在上述假定中，忽略核心混凝土的受扭作用的假定更为重要。如此可将实心截面构件视为箱形截面构件或薄壁管构件，从而在受扭承载力计算中应用薄壁管理论。

按薄壁管理论，在扭矩 $T$ 作用下，沿箱形截面侧壁将产生大小相同的环向剪力流 $q$，且

$$q = \tau t_{\mathrm{d}} = \frac{T}{2A_{\mathrm{cor}}} \tag{6-13}$$

式中：$A_{\mathrm{cor}}$——剪力流路线所围成的面积，此处为位于截面角部纵筋中心连线所围成的面积，即

$$A_{\mathrm{cor}} = b_{\mathrm{cor}} \times h_{\mathrm{cor}};$$

$\tau$——扭剪应力；

$t_{\mathrm{d}}$——箱形截面侧壁厚度。

作用于侧壁 2-4 的剪力流 $q$ 所引起的桁架内力如图 6-5 所示。斜压杆倾角为 $\alpha$，其平均压应力为 $\sigma_{\mathrm{e}}$，斜压杆总压力为 $D$，箍筋拉力为 $N$，$F_2$ 和 $F_4$ 为纵筋拉力。

若为适筋受扭构件，且诸侧壁的箍筋单肢截面面积 $A_{\mathrm{stl}}$ 相同，则根据静力平衡条件可以推导得出：

全部纵筋拉力 $F$ 的合力

$$\sum F = q u_{\mathrm{cor}} \cot\alpha = \frac{T u_{\mathrm{cor}}}{2A_{\mathrm{cor}}} \cot\alpha \tag{6-14}$$

箍筋拉力

$$N = q s \tan\alpha = \frac{T}{2A_{\mathrm{cor}}} s \tan\alpha \tag{6-15}$$

混凝土平均压应力

$$\sigma_{c} = \frac{D}{t_d \cos\alpha} = \frac{q}{t_d \sin\alpha\cos\alpha} = \frac{T}{2A_{cor}t_d \sin\alpha\cos\alpha} \tag{6-16}$$

斜压杆倾角

$$\tan\alpha = \sqrt{\frac{f_{yv}A_{stl}u_{cor}}{f_y A_{st}s}} = \sqrt{\frac{1}{\zeta}} \tag{6-17}$$

极限扭矩

$$T_u = 2\sqrt{\zeta}\frac{f_{yv}A_{stl}A_{cor}}{s} \tag{6-18}$$

式中：$u_{cor}$——剪力流路线所围成的面积 $A_{cor}$ 的周长，即 $u_{cor} = 2(b_{cor} + h_{cor})$；

$\zeta$——受扭纵筋与箍筋的配筋强度比，且

$$\zeta = \frac{f_{yv}A_{st}s}{f_{yv}A_{stl}u_{cor}} \tag{6-19}$$

$s$——沿构件长度方向上箍筋的间距；

$A_{st}$——对称布置的全部受扭纵筋的截面面积；

$A_{stl}$——沿截面周边配置的箍筋单肢截面面积；

$f_y$、$f_{yv}$——分别为纵筋和箍筋的屈服强度。

由式(6-18)可以看出，构件的极限扭矩 $T_u$ 主要与钢筋骨架尺寸、箍筋用量及其屈服强度和表征纵筋与箍筋的相对用量的参数 $\zeta$ 有关。在变角度空间桁架模型中，影响构件极限扭矩 $T_u$ 的重要参数 $\zeta$ 和式(6-17)所示的表征斜压杆倾角 $\alpha$ 还具有一定的几何意义。

式(6-18)为适筋受扭构件极限扭矩的计算公式。为了保证在钢筋应力到达屈服强度前混凝土不被压坏，即避免出现超筋构件的脆性破坏，必须限制按式(6-4)计算的斜压杆平均压应力 $\sigma_c$。

2)软化桁架理论

如前所述，Räusch 早在 1929 年就利用空间桁架理论给出了计算钢筋混凝土构件受扭承载力的基本公式，但 Räusch 提出的公式偏于不安全，误差达 30%之多，这是因为未能准确估计剪力流中心线的位置，过高估计了力臂面积 $A_0$[图 6-6a)]。而准确确定剪力流中心线的位置，需要确定剪力流区的厚度 $t_d$[图 6-6a)]。

1973 年，Collins 推导出了确定混凝土斜压杆角度的协调方程；1972 年，Robinson 和 Demorieux 发现混凝土压杆具有软化现象；1981 年，Vecchio 和 Collins 利用软化系数将这种软化量化；1988 年，Hsu 根据平衡方程、协调方程和混凝土软化应力-应变关系，提出了软化桁架模型理论，可分析钢筋混凝土构件开裂后加载历程中的剪切和扭转性能。

下面介绍根据软化桁架模型，通过合理确定剪力流场的厚度 $t_d$ 计算钢筋混凝土构件抗扭强度的方法[6-10]。

(1)扭转和弯曲的相似性

图 6-6a)所示为受扭构件的截面，闭合剪应力流限于厚度为 $t_d$ 的周边环形区内。在这一厚度的闭合区内，剪力流 $q$ 沿中心线 $s$ 作用。为保证绕扭转中心的自平衡，外扭矩 $T$ 等于内力矩，即：

$$T = q\oint_L a\,ds \tag{6-20a}$$

式中：$a$——扭转中心 $O$ 到剪力流 $q$ 力臂的长度。

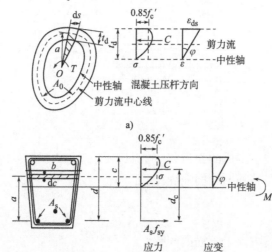

图 6-6　扭转和弯曲的比较
a) 扭转分析；b) 弯曲分析

乘积 $a\mathrm{d}s$ 为图示阴影面积的两倍。因此，$\oint_L a\mathrm{d}s$ 为剪力流中心线所围面积的两倍，表示为 $2A_0$，$A_0$ 称为力臂面积，与力臂长度的平方成正比。将 $2A_0$ 代入式(6-20a)，得：

$$T = q(2A_0) \tag{6-20b}$$

受扭开裂后的钢筋混凝土构件如图 6-7a) 所示，从厚度为 $t_d$ 的剪力流区定义的薄壁管中取出一个单元，如图 6-7c) 所示，单元上的应力可以用桁架模型描述，如图 6-7d) 所示。单元的竖向长度和水平长度均取为单位长度，斜裂缝倾角为 $\alpha$。假定钢筋屈服，根据水平面力的平衡，可得：

$$q = \frac{A_t f_{ty}}{s} \cot\alpha \tag{6-21}$$

将式(6-21)代入式(6-20b)，得：

$$T_n = (2A_0) \frac{A_t f_{ty}}{s} \cot\alpha \tag{6-22}$$

在图 6-7d) 中，桁架模型单元竖向面力平衡时，$q$ 与 $T_n$ 可以用纵筋表达，即：

$$q = \frac{A_1 f_{ty}}{p_0} \tan\alpha \tag{6-23}$$

$$T_n = (2A_0) \frac{A_1 f_{ty}}{p_0} \tan\alpha \tag{6-24}$$

式中：$p_0$——剪力流中心线的周长。

扭转分析与图 6-6b) 所示的梁的弯曲分析是相似的。在图 6-6b) 中，对受拉钢筋重心取矩，则有：

$$M_n = \int (\sigma_b) a\mathrm{d}c = Cd_v \tag{6-25}$$

式中：$C$——受压区应力 $\sigma$ 的合力；

$d_v$——合力力臂。

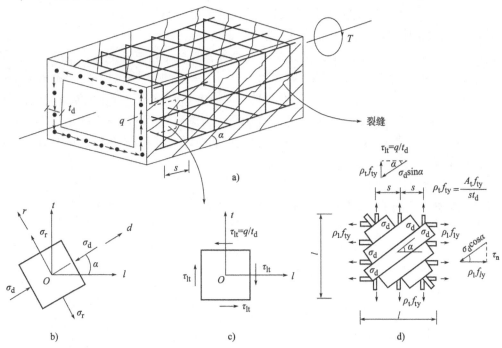

图 6-7 受扭开裂钢筋混凝土构件的应力分析

比较式(6-25)与式(6-20b),可以看出,式(6-20b)中的 $2A_0$ 等价于式(6-25)中的合力力臂 $d_v$,剪力流 $q$ 等价于受压应力的合力 $C$。假定钢筋屈服,得:

$$C = A_s f_{sy} \tag{6-26}$$

将式(6-26)代入式(6-25):

$$M_n = A_s f_{sy} d_v \tag{6-27}$$

式(6-27)表明,弯矩 $M_n$ 等于纵筋 $A_s f_{sy}$ 乘以合力力臂 $d_v$。同样,在式(6-24)中扭转强度 $T_n$ 等于单位长度上的箍筋 $(A_s f_{sy}/s)\cot\alpha$ 乘以 $2A_0$。

对于受弯构件,增加钢筋面积,会使名义抗弯强度 $M_n$ 增大,同时增加受压区高度 $c$,减小合力力臂 $d_v$。$M_n$、$c$ 与 $d_v$ 之间的关系可从混凝土的应力-应变关系得出。同样,对于受扭构件,增加钢筋面积,会使名义扭转强度 $T_n$ 增大,同时剪力流区厚度 $t_d$ 增加,力臂面积 $A_0$ 减小。$T_n$、$t_d$ 与 $A_0$ 之间的关系同样可从混凝土的应力-应变关系得出。在钢筋混凝土构件扭转分析中,关键问题是确定剪力流区的厚度 $t_d$,如同弯曲分析中确定受压区高度 $c$。

(2)力臂面积 $A_0$ 的不同定义

在 1928 年 Räusch 给出式(6-24)($\alpha = 45°$)前,将开裂后的钢筋混凝构件理想化为空间桁架,假定纵筋和箍筋受拉,混凝土斜向受压,将任一斜向混凝土压杆理想化为箍筋中心线内的直杆。所以,力臂面积 $A_0$ 定义为箍筋中心线内的面积,通常用 $A_1$ 表示,采用弯曲比拟的概念,这种定义等价于假定合力力臂 $d_v$ 为受压区箍筋中线与受压钢筋重心之间的距离。就抗扭强度而言,当钢筋总配筋率接近下限值 1% 时是可以接受的,但随着钢筋数量增加,结果变得不保守。当钢筋配筋率接近 2.5%~3% 的适筋配筋率(箍筋与纵筋都达到屈服)的上限值时,使用 $A_1$ 的 Räusch 公式过高估计了构件抗扭强度,如前所述,误差达 30%。造成这种较大误差的原因有两个方面:第一,由于混凝土的软化剪力流区厚度 $t_d$ 可能会太大(会达到截面尺寸的 1/4);第二,抗弯强度 $M_n$ 与合力力臂 $d_v$ 呈线性关系,但抗扭强度 $T_n$ 与抗弯强度 $M_n$ 不同,抗扭强度 $T_n$ 与力臂面积 $A_0$ 成正比,且与力臂 $a$ 的平方成正比[图 6-6a)]。

为了减小 Räusch 公式中使用 $A_1$ 带来的不安全性,Lampert 和 Thurlimann(1969)将 $A_0$ 定义为角部纵向钢筋中心连线包围的面积,通常用 $A_2$ 表示。根据弯曲比拟理论,这种定义等价于假定合力力臂 $d_v$ 为受拉纵向钢筋重心与纵向受压钢筋重心的距离。对高配筋率的情况,采用 $A_2$ 降低了 Räusch 公式的不安全性,但采用不变的合力力臂依然得不到合理的结果。

力臂面积 $A_1$、$A_2$ 或 $0.5\alpha_1 A_1$ 的定义都有一个共同的缺点,即剪力流区的厚度与施加扭矩无关。合理的方法是定义 $A_0$ 时确定剪力流区的厚度。

(3)剪力流区厚度 $t_d$ 的确定

确定 $t_d$ 需要 3 个公式,即需要协调条件、平衡条件和材料准则。公式推导如下。

①协调条件。

当空心的钢筋混凝土构件承受扭矩作用时,如图 6-7 所示,每一个截面都要转动,产生转角 $\theta$,在剪力流管中产生剪应变 $\gamma_{lt}$。根据 Bredt 的闭合扭转理论,$\theta$ 与 $\gamma_{lt}$ 的关系为:

$$\theta = \frac{p_0}{2A_0}\gamma_{lt} \tag{6-28}$$

式中:$p_0$——剪力流中心线的周长。

在斜裂缝和桁架作用形成后,剪力流管中的剪应变 $\gamma_{lt}$ 将使纵筋在 $l$-$t$ 方向产生拉应变 $\varepsilon_1$ 和箍筋产生拉应变 $\varepsilon_r$,在 $d$-$r$ 方向混凝土产生主压应变 $\varepsilon_d$ 和主拉应变 $\varepsilon_r$。$l$ 轴与 $d$ 轴的夹角为 $\alpha$,如图 6-7b)所示。剪应变 $\gamma_{lt}$ 可根据 $\varepsilon_d$、$\varepsilon_r$ 和 $\alpha$ 由式(6-29)确定:

$$\gamma_{lt} = 2(\varepsilon_d - \varepsilon_r)\sin\alpha\cos\alpha \tag{6-29}$$

混凝土斜压杆除 $d$ 轴方向的应变 $\varepsilon_d$ 外,还承受扭转角 $\theta$ 产生的弯曲作用(图 6-8)。图 6-8b)为隔离出的剪力流管上穿过剪力流中线的面 $OABC$。在发生扭曲后,该面变为双曲抛物面 $OADC$,描述倾角为 $\alpha$ 的混凝土斜压杆的斜线 $OB$,变为曲线 $OD$。双曲抛物面 $OADC$ 可表示为[6-10]:

$$\omega = \theta xy \tag{6-30}$$

式中:$\omega$——垂直于 $x$-$y$ 的位移。

假定由 $O$ 沿直线 $OB$ 的坐标轴为 $s$ 轴,则曲线 $OD$ 的斜率为 $\omega$ 对 $s$ 的一阶导数,即:

$$\frac{d\omega}{ds} = \frac{\partial\omega}{\partial x}\times\frac{dx}{ds} + \frac{\partial\omega}{\partial y}\times\frac{dy}{ds} = (\theta y)\cos\alpha + (\theta y)\sin\alpha \tag{6-31}$$

混凝土斜压杆的曲率 $\psi$ 为 $\omega$ 对 $s$ 的二阶导数,即:

$$\frac{d^2\omega}{d^2 s} = \frac{\partial\left(\frac{d\omega}{ds}\right)}{\partial x}\times\frac{dx}{ds} + \frac{\partial\left(\frac{d\omega}{ds}\right)}{\partial y}\times\frac{dy}{ds} = (\theta\sin\alpha)\cos\alpha + (\theta\cos\alpha)\sin\alpha \tag{6-32}$$

所以,混凝土斜压杆的曲率 $\psi$ 与扭转角 $\theta$ 的几何关系为:

$$\psi = \theta\sin 2\alpha \tag{6-33}$$

式(6-33)不仅适用于矩形截面,也适用于其他任意截面。在图 6-8 中,之所以用矩形截面表示由扭曲引起的混凝土斜压杆的弯曲,是因为施加的曲率在平面上表示比在曲面上更为直观。

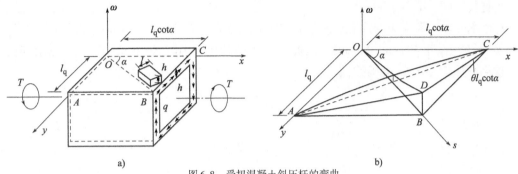

图6-8 受扭混凝土斜压杆的弯曲
a) 受扭的矩形截面;b) 上壁变形

由于混凝土斜压杆弯曲,可忽略截面内受拉部分的面积,如图6-8和图6-9所示。将受压部分的面积看作是有效面积,其厚度记为 $t_d$,即剪力流区的厚度。在厚度 $t_d$ 内,假定应变呈线性分布。所以,$t_d$ 与表面处的最大应变 $\varepsilon_{ds}$ 和曲率 $\psi$ 的关系为:

$$t_d = \frac{\varepsilon_{ds}}{\psi} \tag{6-34}$$

此外,由于应变呈线性分布,表面处的最大应变 $\varepsilon_{ds}$ 与平均应变 $\varepsilon_d$ 有如下关系:

$$\varepsilon_{ds} = 2\varepsilon_d \tag{6-35}$$

由式(6-28)~式(6-35)得:

$$t_d = \frac{A_0}{p_0 \sin^2\alpha \cos^2\alpha}\left(\frac{\varepsilon_d}{\varepsilon_d - \varepsilon_r}\right) \tag{6-36}$$

注意,式(6-36)中的 $A_0$ 和 $p_0$ 是 $t_d$ 的函数,即:

$$A_0 = A_c - \frac{t_d}{2} - p_0 + \xi_1 t_d^2 \tag{6-37}$$

$$p_0 = p_c - 4\xi_1 t_d \tag{6-38}$$

式中:$A_0$——混凝土截面外周长包围的面积;

$p_c$——混凝土截面外周长;

$\xi_1$——系数,对矩形截面,$\xi_1 = 1$;对圆形截面,$\xi_1 = \pi/4$。

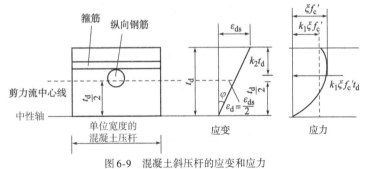

图6-9 混凝土斜压杆的应变和应力

假设剪力流中心线位于剪力流区厚度 $t_d$ 的中间位置,$A_0$ 和 $p_0$ 可分别用式(6-37)和式(6-38)描述。这种假设既可简化 $A_0$ 和 $p_0$ 的表达式,又可在一定程度上补偿使用式(6-24)中的 $\frac{A_t f_{ty}}{s}$ 项表达箍筋上的单位力时存在的不保守性。

②材料准则。

对于承受轴力和弯矩的混凝土斜压杆，图 6-9 表示出了厚度 $t_d$ 内压应力的分布。混凝土应力-应变关系采用 Vecchio 和 Collins(1981) 提出的软化应力-应变曲线[6-11]，如图 6-10 所示，其中软化系数 $\xi$ 为 $\varepsilon_r / \varepsilon_d$ 的函数，即：

$$\xi = \sqrt{\frac{\varepsilon_d}{\varepsilon_d - \varepsilon_r}} \tag{6-39}$$

需要注意的是，$\varepsilon_d$ 为负值，$\varepsilon_r = \varepsilon_1 + \varepsilon_t - \varepsilon_d$ 为正值。

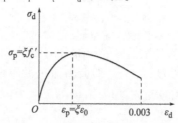

图 6-10　软化混凝土的应力-应变曲线

根据图 6-10 的软化混凝土应力-应变关系，峰值应力为 $\varepsilon f_c'$，平均压应力 $\sigma_d$ 定义为：

$$\sigma_d = k_1 \varepsilon f_c' \tag{6-40a}$$

式中，$k_1$ 为平均应力与峰值应力的比值，可通过对图 6-10 中的应力-应变曲线积分得到，为混凝土表面最大应变 $\varepsilon_{ds}$ 和软化系数 $\xi$ 的函数。对于适筋构件，当混凝土最大应变 $\varepsilon_{ds}$ 在 $0.0015 \sim 0.0030$ 范围内，软化系数 $\varepsilon_{ds}$ 在 $0.35 \sim 0.50$ 的范围内变化时，得到的扭矩最大。在这一范围内，$k_1$ 的范围为 $0.85 \sim 0.77$，取其平均值 0.8。设为 $f_c'$ 正值，由式(6-40a)得：

$$\sigma_d = -0.8 \varepsilon f_c' \tag{6-40b}$$

将式(6-39)代入式(6-36)，根据 $\xi$ 和 $\alpha$ 将 $t_d$ 表达为：

$$t_d = \frac{A_0 \xi^2}{p_0 \sin^2 \alpha \cos^2 \alpha} \tag{6-41}$$

从式(6-41)可以看出，$t_d$ 不再是应变 $\varepsilon_d$ 或 $\varepsilon_r$ 的函数。从物理角度讲，这意味着 $t_d$ 与加载过程无关。

需要说明的是，因为式(6-39)是从受纯剪的钢筋混凝土板试验得到的，公式中的 $\varepsilon_d$ 和 $\varepsilon_r$ 描述的是不承受弯矩作用的构件的平面内均匀应变。与此不同的是，式(6-36)是根据承受平面内应变和弯矩的混凝土斜压杆构件得到的。因此，$\varepsilon_d$ 和 $\varepsilon_r$ 描述的是厚度 $t_d$ 内中间高度处的平均应变。所以，式(6-41)暗含着受压和受弯混凝土斜压杆的软化与只受平均压应变的非受弯构件软化相同这样一个假定。这种假定尚未得到试验证实，但可近似使用。

③平衡方程。

根据图 6-7d)所示的钢筋混凝土构件的桁架模型，混凝土的应力满足摩尔应力圆。假定破坏时钢筋屈服(对适筋构件)，垂直于裂缝方向的混凝土不受拉，即 $\varepsilon_r = 0$，叠加混凝土应力和钢筋应力，得出下面 3 个平衡方程式：

$$\sigma_1 = \sigma_d \cos^2 \alpha + \rho_1 f_{1y} \tag{6-42a}$$

$$\sigma_{\mathrm{t}} = \sigma_{\mathrm{d}}\sin^2\alpha + \rho_{\mathrm{t}}f_{\mathrm{ty}} \tag{6-42b}$$

$$\tau_{\mathrm{lt}} = \sigma_{\mathrm{d}}\sin\alpha\cos\alpha \tag{6-42c}$$

其中:

$$\rho_1 = \frac{A_1}{p_0 t_{\mathrm{d}}}, \quad \rho_{\mathrm{t}} = \frac{A_{\mathrm{t}}}{s t_{\mathrm{d}}}$$

式中: $\sigma_1$、$\sigma_{\mathrm{t}}$——$l$ 方向和 $t$ 方向上的正应力(受拉为正);

$\quad\tau_{\mathrm{lt}}$——$l$-$t$ 坐标系中的剪应力;

$\quad\rho_1$、$\rho_{\mathrm{t}}$——$l$ 方向和 $t$ 方向上的配筋率;

$\quad A_1$——截面上纵筋的总面积;

$\quad A_{\mathrm{t}}$——单肢箍筋的面积;

$\quad s$——箍筋间距;

$f_{\mathrm{ly}}$、$f_{\mathrm{ty}}$——纵筋和箍筋的屈服强度。

对于纯扭的情况,$\sigma_1 = \sigma_{\mathrm{t}} = 0$,由式(6-42)和式(6-40b)可得:

$$\xi = \frac{\dfrac{A_1 f_{\mathrm{ly}}}{p_0} + \dfrac{A_{\mathrm{t}} f_{\mathrm{ty}}}{s}}{0.80 f'_{\mathrm{c}} t_{\mathrm{d}}} \tag{6-43}$$

将式(6-40b)代入式(6-42a),使用式(6-43)得:

$$\cos^2\alpha = \frac{\dfrac{A_1 f_{\mathrm{ly}}}{p_0}}{\dfrac{A_1 f_{\mathrm{ly}}}{p_0} + \dfrac{A_{\mathrm{t}} f_{\mathrm{ty}}}{s}} \tag{6-44}$$

④求解。

式(6-41)、式(6-43)和式(6-44)表示的 3 个方程包含 3 个未知数 $t_{\mathrm{d}}$、$\xi$ 和 $\alpha$,联立这 3 个方程可进行求解,具体步骤如下:

a. 假定 $t_{\mathrm{d}}$ 的初值,由式(6-37)和式(6-38)计算 $A_0$ 和 $p_0$。

b. 由式(6-43)和式(6-44)计算 $\xi$ 和 $\alpha$。

c. 将 $\xi$ 和 $\alpha$ 代入式(6-41)得出 $t_{\mathrm{d}}$。如果求得的 $t_{\mathrm{d}}$ 与 a 中的 $t_{\mathrm{d}}$ 足够接近,则 $t_{\mathrm{d}}$、$\xi$、$\alpha$ 即为所求;否则,重新假定 a 中的 $t_{\mathrm{d}}$,再进行计算。

d. 求得 $t_{\mathrm{d}}$、$\xi$ 和 $\alpha$ 后,由式(6-42)和式(6-40b)计算极限剪应力 $\tau_{\mathrm{lt}}$,由式(6-24)计算受扭承载力 $T_{\mathrm{n}}$。

(4)剪力流区厚度设计

式(6-41)给出的剪力流区厚度计算适合于钢筋混凝土构件的受扭承载力分析,但不便于设计。在设计中,剪力流区厚度 $t_{\mathrm{d}}$ 要根据受扭承载力 $T_{\mathrm{n}}$ 确定,为此提出了下面的方法。

混凝土斜压杆应力 $\sigma_{\mathrm{d}}$ 与薄壁厚度 $t_{\mathrm{d}}$ 及剪力流 $q$ 有关,由式(6-42c)得:

$$\sigma_{\mathrm{d}} = \frac{q}{t_{\mathrm{d}}\sin\alpha\cos\alpha} \tag{6-45}$$

构件破坏时,式(6-45)中的 $\sigma_{\mathrm{d}}$ 达到最大值 $\sigma_{\mathrm{d,max}}$,扭矩达到名义值 $T_{\mathrm{n}}$。将 $q = T_{\mathrm{n}}/2A_0$ 代入式(6-45),得:

$$t_{\mathrm{d}} = \frac{T_{\mathrm{n}}}{2A_0\sigma_{\mathrm{d,max}}\sin\alpha\cos\alpha} \tag{6-46}$$

假定薄壁的厚度很小,即 $t_d$ 很小,忽略式(6-37)的最后一项 $\xi t_d^2$,$A_0$ 近似表达为:

$$A_0 = A_c - \frac{t_d}{2}p_c \tag{6-47}$$

将式(6-47)代入式(6-46),整理得:

$$\left(\frac{p_c}{A_c}t_d\right)^2 - 2\left(\frac{p_c}{A_c}t_d\right) + \left(\frac{T_n p_c}{A_c^2}\right)\frac{1}{\sigma_{d,max}\sin\alpha\cos\alpha} = 0 \tag{6-48}$$

令 $t_{d0} = \dfrac{A_c}{p_c}$,$\tau_n = \dfrac{T_n p_c}{A_c^2}$,$\tau_{n,max} = \sigma_{d,max}\sin\alpha\cos\alpha$,式(6-48)变为:

$$\left(\frac{t_d}{t_{d0}}\right)^2 - 2\left(\frac{t_d}{t_{d0}}\right) + \frac{\tau_n}{\tau_{n,max}} = 0 \tag{6-49}$$

在图6-11表示的 $t_d$-$\tau_n$ 坐标系中,式(6-49)表示的是一条抛物曲线。由式(6-49)求 $t_d$,得:

$$t_d = t_{d0}\left(1 - \sqrt{1 - \frac{\tau_n}{\tau_{n,max}}}\right) \tag{6-50}$$

代入 $t_{d0}$、$\tau_n$ 和 $\tau_{n,max}$,得:

$$t_d = \frac{A_1}{p_1}\left[1 - \sqrt{1 - \frac{T_n p_n}{0.7\phi_c f_c' A_1^2}\left(\tan\alpha + \frac{1}{\tan\alpha}\right)}\right] \tag{6-51}$$

在式(6-51)中,$A_c$ 和 $p_c$ 分别用 $A_1$ 和 $P_1$ 代替,因为混凝土保护层不起抗扭作用。假定 $\sigma_{d,max}$ 为 $0.7\phi_c f_c'$,材料强度折减系数 $\phi_c$ 取为 0.6。

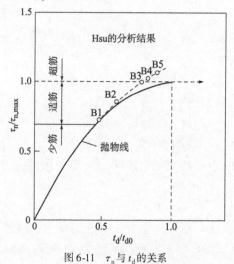

图6-11 $\tau_n$ 与 $t_d$ 的关系

式(6-51)和式(6-50)表明,厚度比 $t_d/t_{d0}$ 是剪应力比 $\tau_n/\tau_{n,max}$ 的函数,也是裂缝倾角 $\alpha$ 的函数,但 $\alpha$ 在 45° 附近变化时并不敏感。在式(6-50)中,$\tau_n < \tau_{n,max}$ 描述了适筋的情况,$\tau_n > \tau_{n,max}$ 描述了超筋的情况。超筋的情况不能用式(6-50)计算,因为根号内为负数。图6-11表明,当 $\tau_n < 0.9\tau_{n,max}$ 时,可以用式(6-50)进行计算。但当 $\tau_n > 0.9\tau_{n,max}$ 时,$t_d$ 增长过快,这反映了忽略 $\xi t_d^2$ 用 $A_0$ 近似计算 $t_d$ 出现的问题。对于厚管壁,当 $t_d > 0.7t_{d0}$ 时,式(6-37)中的 $\xi t_d^2$ 项不能再忽略。

为解决这一问题,Hsu 和 Mo(1985)采用了不同的方法,使用软化桁架模型,对 61 根符合前面 4 个条件的钢筋混凝土构件的抗扭性能进行了分析,试验梁剪力流区的厚度用计算机计算,通过线性回归分析得出下面的表达式:

$$t_d = \frac{A_c}{p_c}\left(0.082 + 3.405\frac{\tau_n}{f_c'}\right)\frac{1}{\sin 2\alpha} \tag{6-52}$$

尽管式(6-52)计算简便,精度也很高,但在一些情况下,不便用于实际设计,为此提出了 $t_d$ 的简化表达式。

由式(6-20b)可直接得到剪力流区厚度 $t_d$ 的简化表达式,注意 $q = \tau_{lt}t_d$ 和 $T = T_n$ ,得:

$$t_d = \frac{T_n}{2A_0\tau_{lt}} \tag{6-53}$$

假定 $A_0 = m_1A_c$ 和 $\tau_{lt} = m_2f_c'$ ,其中 $m_1$ 和 $m_2$ 为无量纲系数,代入式(6-53),得:

$$t_d = C\frac{T_n}{A_cf_c'} \tag{6-54}$$

式中,$C = 0.5/(m_1m_2)$ 。对适筋构件,$m_1$ 在 0.55 ~ 0.85 之间变化,$m_2$ 在 0.13 ~ 0.22 之间变化。$m_2$ 值较小是由混凝土软化引起的。当钢筋用量增加时,$m_2$ 随 $m_1$ 的减小而增加。因此,$m_1$ 和 $m_2$ 的乘积可近似看作是一个常数,等于 0.125,$C$ 取为常数 4,从而

$$t_d = \frac{4T_n}{A_cf_c'} \tag{6-55}$$

3)斜弯理论(扭曲破坏面极限平衡理论)

H. H. Jleccur 根据弯矩、剪力和扭矩共同作用下钢筋混凝土复合受扭构件试验研究,于 1959 年提出了受扭构件斜弯破坏计算模型。

根据按荷载控制加载方法(即逐级加载直至构件失去承载力)进行的纯扭构件试验可知,在扭矩的作用下,构件总是在已经形成螺旋形裂缝的某一最薄弱空间曲面发生破坏。破坏裂缝与构件纵轴成一定角度的受压区闭合,构成图 6-12 所示的空间扭曲破坏面。图中 $AB$、$BC$、$CD$ 为 3 段连续的斜拉破坏裂缝,其与构件纵轴线的倾角均为 $\alpha_{cr}$ 。与斜拉破坏裂缝相截交的纵筋和箍筋受拉,若钢筋配置得当,则构件破坏时两种钢筋的应力均能达到屈服强度。$DA$ 为受压边,受压区高度通常较小,若近似为纵筋保护层厚度的两倍,并设受压区的合力作用于受压区的形心,由对 $x$ 轴(该轴通过受压区形心)的内外扭矩静力平衡条件,得:

$$T_u = \frac{f_{yv}A_{stl}}{s}h_{cor}'\cot\alpha_{cr}b_{cor}' + \frac{f_{yv}A_{stl}}{s}b_{cor}'\cot\alpha_{cr}h_{cor}' = 2b_{cor}'h_{cor}'\frac{f_{yv}A_{stl}}{s}\cot\alpha_{cr} \tag{6-56}$$

又由对 $y$ 轴(该轴通过受压区形心且垂直于构件的底面)的内力矩为零的条件,有

$$\frac{f_{yv}A_{stl}}{s}b_{cor}'\cot\alpha_{cr}(h_{cor}'\cot\alpha_{cr} + b_{cor}'\cot\alpha_{cr}) = \frac{1}{2}f_{yv}A_{stl}b_{cor}' \tag{6-57}$$

由式(6-57)得:

$$\tan\alpha_{cr} = \sqrt{\frac{f_{yv}A_{stl}u_{cor}'}{f_{yv}A_{stl}s}} \tag{6-58}$$

将式(6-58)代入式(6-56),得出:

$$T_u = 2b_{cor}'h_{cor}'\frac{f_{yv}A_{stl}}{s}\sqrt{\frac{f_{yv}A_{stl}s}{f_{yv}A_{stl}u_{cor}'}} \tag{6-59}$$

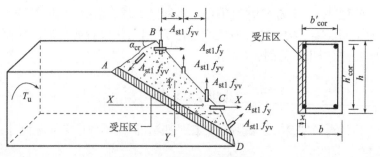

图 6-12 斜弯理论的计算图形

若将按箍筋内表面计算得到的核心部分的短边和长边尺寸 $b'_{cor}$、$h'_{cor}$ 近似取为 $b_{cor}$、$h_{cor}$，则极限扭矩计算式(6-59)可写作

$$T_u = 2\sqrt{\zeta}\frac{f_{yv}A_{stl}A_{cor}}{s} \tag{6-60}$$

由此可知，在上述近似假定的条件下，斜弯理论得出的极限扭矩计算式(6-59)与变角度空间桁架理论得出的极限扭矩计算式(6-18)相同。

4) 我国规范[6-1]所用的计算方法

虽然已有多种受扭计算模型与计算理论，但其只能定性地说明抗扭承载力的本质。我国《混凝土结构设计规范(2015 年版)》(GB 50010—2010)基于空间变角桁架模型的相关计算式，结合试验数据，取两项叠加的形式，提出了受扭承载力的半经验半理论公式：

$$T \le 0.35f_tw_t + 1.2\sqrt{\xi}f_{yv}\frac{A_{stl}A_{cor}}{s} \tag{6-61}$$

其中：

$$\xi = \frac{f_yA_{st}s}{f_{yv}A_{stl}u_{cor}}, \quad A_{cor} = b_{cor}h_{cor}, \quad u_{cor} = 2(b_{cor} + h_{cor})$$

式中：$\xi$——纵筋与箍筋强度比，对钢筋混凝土纯扭构件，其 $\xi$ 值应符合 $0.6 \le \xi \le 1.7$ 的要求，当 $\xi < 0.6$ 时，取 $\xi = 0.6$；当 $\xi > 1.7$ 时，取 $\xi = 1.7$；

$A_{stl}$——单肢箍筋面积；

$A_{st}$——纵向钢筋面积，按式(6-62)计算

$$A_{st} = \xi\frac{f_{yv}A_{stl}u_{cor}}{f_ys} \tag{6-62}$$

$A_{cor}$——箍筋包围区域的面积；

$h_{cor}$——构件长边箍筋长度；

$b_{cor}$——构件短边箍筋长度；

$u_{cor}$——截面核心部分的周长；

$s$——箍筋间距；

$f_y$——纵向钢筋屈服强度；

$f_{yv}$——箍筋屈服强度。

式(6-61)是试验结果的偏下限线，在设计中采用是偏安全的。式中第一项为混凝土对抗扭承载力的贡献，其值取开裂扭矩的一半。

# 6.3 复合受扭构件的承载力

## 6.3.1 复合受扭构件的破坏

复合受扭构件,即弯矩、剪力等和扭矩共同作用下的构件,其受力状态十分复杂。复合受扭构件的破坏与构件的受力特征和自身特性有关。构件的受力特征一般可由扭弯比 $\psi(\psi = T/M)$ 和扭剪比 $\chi (\chi = T/Vb)$ 表示。构件自身特性是指构件的材料特性、截面尺寸(高宽比)、配筋等。下面讨论几种复合受扭状态下的构件及其破坏。

1)弯矩与扭矩共同作用

受扭矩作用的构件,截面上的纵筋均受拉。而在弯矩作用下,截面分为拉区和压区,对应纵筋分别受拉、受压。在弯矩和扭矩的共同作用下,弯拉区钢筋($A_s$)均受拉,弯压区钢筋($A_s'$)扭矩下受拉,弯矩下受压。当扭弯比 $\psi$ 较小时,弯矩起主导作用,裂缝首先在弯拉区底面出现,然后发展到两个侧面。弯压区纵筋应力减小,弯拉区纵筋应力为弯矩和扭矩引起的应力之和,在配筋不是过分加强的条件下,弯拉区纵筋受力状态对构件承载力起控制作用。这类构件的破坏开始于弯拉区纵筋屈服,结束于弯压区边缘混凝土压碎,属弯型破坏。当扭弯比 $\psi$ 很大时,扭矩起主导作用,弯压区钢筋($A_s'$)在大扭矩下转为受拉,裂缝首先在弯压区顶面出现,然后发展到两个侧面,最后由于斜裂缝的发展和弯压区的钢筋屈服导致构件出现扭型破坏。

令弯压区和弯拉区钢筋承载力的比值为:

$$\gamma = \frac{A_s' f_y'}{A_s f_y} \tag{6-63}$$

不同截面配筋下的弯矩-扭矩破坏包络图可从试验中得出,如图6-13所示,其中对称配筋($\gamma = 1$)的包络线为左右对称的两段抛物线,回归式为:

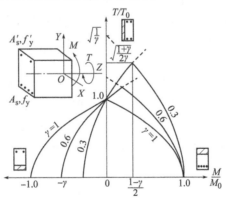

图6-13 弯矩和扭矩共同作用下不同截面配筋的包络图

$$M > 0, \left(\frac{T}{T_0}\right)^2 + \frac{M}{M_0} = 1 \tag{6-64}$$

式中:$T_0$——构件的纯扭极限承载力;

$M_0$——受拉钢筋($A_s$)控制的纯弯极限承载力。

非对称配筋($A_s' < A_s , \gamma < 1$)的构件正负向纯弯($T = 0$)极限承载力分别为$M_0$和$-\gamma M_0$,二者并不相等。在纯扭极限状态($T_0 , M = 0$)下,钢筋$A_s'$首先受拉屈服,钢筋$A_s$并未屈服。需施加部分弯矩使得钢筋$A_s$处于弯拉区,钢筋$A_s'$处于弯压区,调整两部分钢筋应力后才可使其同时受拉屈服,此时极限扭矩高于纯扭时的极限扭矩。增加弯矩到一定值后(弯矩很大时),将会使弯拉区钢筋$A_s$首先受拉屈服,而弯压区钢筋$A_s'$并未达到受拉屈服,甚至处于受压状态。所以非对称配筋构件的弯矩-扭矩包络曲线不对称,最大极限扭矩对应的峰点发生偏移,且偏移量随着配筋承载力比值$\gamma$的减小而增大。

包络线峰点两侧的抛物线分别由两侧钢筋($A_s'$和$A_s$)的受拉屈服所控制,试验研究结果[6-12]给出的计算式,即非对称配筋构件的弯矩-扭矩破坏包络线为:

顶部钢筋$A_s'$控制:

$$\left(\frac{T}{T_0}\right)^2 - \frac{1}{\gamma}\frac{M}{M_0} = 1 \qquad (扭型破坏)$$

底部钢筋$A_s$控制:

$$\gamma\left(\frac{T}{T_0}\right)^2 + \frac{M}{M_0} = 1 \qquad (弯型破坏)$$

$$(6-65)$$

由式(6-65)计算可得最大极限扭矩对应的峰点坐标:

$$\frac{M}{M_0} = \frac{1 - \gamma}{2}, \qquad \frac{T}{T_0} = \sqrt{\frac{1 + \gamma}{2\gamma}} \qquad (6-66)$$

当构件截面的高宽比很大,或侧边钢筋太少时,在弯矩和扭矩的共同作用下,截面长边中间的钢筋首先受拉屈服,并控制构件的破坏。构件的极限承载力主要取决于扭矩,弯矩对其影响不大。

2)剪力与扭矩共同作用

扭矩和剪力都在构件截面上产生剪应力,当二者共同作用时,剪应力的组合使得截面的应力分布更为复杂。随着扭矩和剪力的相对值——扭剪比$\chi = T/Vb$的变化,截面剪应力的组合方式发生变化,出现了几种不同的破坏形态(图6-14)。

(1)扭剪比$\chi$较大($T/Vb > 0.6$)时,因扭矩和剪力引起的剪应力叠加达到极限,构件在剪力和扭矩产生的剪应力方向相同的侧面首先出现斜裂缝,随后沿斜向向顶面和底面延伸扩展,形成螺旋形裂缝,最后在另一侧面(剪力和扭矩产生的剪应力方向相反)混凝土撕裂导致构件破坏。极限斜扭面的受压区形状由纯扭构件的矩形转为上宽下窄的梯形。

(2)扭剪比$\chi$较小($T/Vb < 0.3$)时,构件首先出现自下而上的弯剪裂缝,沿两个侧面斜上发展。构件破坏时呈现与弯矩和剪力共同作用下的剪压破坏形态相似的剪压型破坏。

(3)扭剪比$\chi$适中($T/Vb = 0.3 \sim 0.6$)时,构件的裂缝发展和破坏形态处于上述两种的过渡,一般在剪力和扭矩产生的剪应力方向相同的侧面首先出现斜裂缝,沿斜向延伸至顶面和底面以及另一侧面的下部。破坏时在截面侧边形成一个三角形的剪压区,属剪扭型破坏。

无腹筋梁在剪力和扭矩共同作用下的包络线接近圆曲线(图6-14),表达式为:

$$\left(\frac{T}{T_0}\right)^2 + \left(\frac{V}{V_0}\right)^2 = 1 \qquad (6-67)$$

式中:$V_0$——构件的弯剪极限承载力。

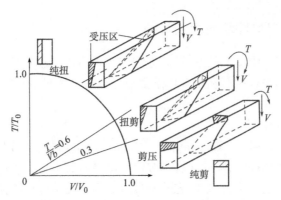

图 6-14　剪力和扭矩共同作用下无腹筋梁的包络图和破坏形态

3）弯矩、剪力与扭矩共同作用

对于弯剪扭共同作用的构件,若弯矩作用十分明显,即扭弯比 $\psi$ 较小时,发生与受弯破坏特征相近的弯型破坏[图 6-15a)];若扭矩作用十分明显,即扭弯比 $\psi$ 和扭剪比 $\chi$ 均较大,而构件顶部纵筋少于底部纵筋时,扭矩产生的拉应力可能抵消截面顶部由弯矩引起的压应力,并使顶部纵筋先屈服,最后迫使构件底部受压破坏,形成如图 6-15b)所示的扭型破坏;若弯矩和扭矩起控制作用,会发生如图 6-15c)所示、与纯扭破坏特征相似的剪扭型破坏。

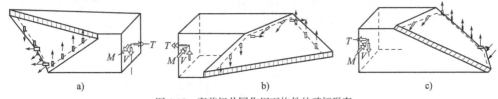

图 6-15　弯剪扭共同作用下构件的破坏形态
a)弯型破坏;b)扭型破坏;c)剪扭型破坏

构件在弯剪扭共同作用下的空间包络面如图 6-16a)所示,在 M-T 平面为分别由截面底部和顶部钢筋控制的两段抛物线,在 T-V 平面则为圆或椭圆曲线,简化表达式为:

$$\left(\frac{T}{T_0}\right)^2 + \left(\frac{V}{V_0}\right)^2 + \frac{M}{M_0} = 1 \tag{6-68}$$

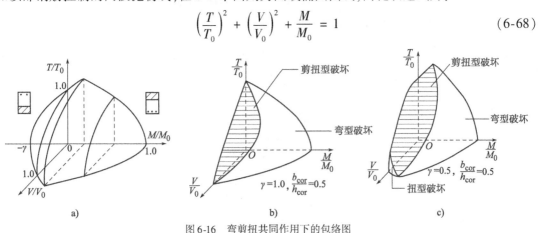

图 6-16　弯剪扭共同作用下的包络图
a)包络图;b)$\gamma = 1.0$ 的承载力相关曲面;c)$\gamma = 0.5$ 的承载力相关曲面

截面狭长或侧面(长边)配筋少的构件,应考虑极限承载力的降低,在包络图上切割去一部分,详见文献[6-13]。

### 6.3.2 复合受扭构件承载力的计算

复合受扭构件处于三维应力状态,平截面假定不再适用,很难进行准确的理论计算。现今工程上对于受扭构件的设计主要利用简化模型和计算理论推导的近似计算式,或者结合试验数据的半理论半经验公式。

1)变角度空间桁架模型

变角度空间桁架模型是 P. Lampert 等[6-9]在 1968 年提出的。1972 年 P. Lampert 等[6-12]又将其推广应用到弯剪扭构件中,随后又有许多专家学者对其进行了改进和补充[6-14~6-17]。

试验研究和理论分析表明,在裂缝充分发展且钢筋应力接近屈服强度时,构件截面核心混凝土对于极限扭矩的贡献近乎为 0,因此可以忽略核心混凝土,将实心截面的受扭构件假想为一箱形截面构件,如图 6-5 所示。此时,具有螺旋形裂缝的混凝土外壳、纵筋和箍筋组成空间桁架,其中纵筋为受拉弦杆,箍筋作为受拉腹杆,四周裂缝之间的混凝土作为受压腹杆,共同抵抗外扭矩作用。各类杆件的内力分别为 $P$、$Q$、$R$,3 个力相互平衡如图 6-17b)所示。

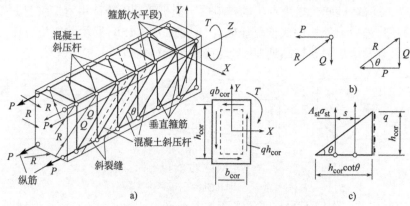

图 6-17　复合受扭构件的变角度空间桁架模型
a)桁架模型;b)平衡条件;c)隔离体

截面上形成的剪力流 $q$ 用以抵抗扭矩:

$$T = (qh_{cor}b_{cor} + qb_{cor}h_{cor}) = 2qA_{cor} \tag{6-69a}$$

取一斜裂缝范围为隔离体[图 6-17c)],可得:

$$Q = qh_{cor} = \frac{A_{st}\sigma_{st}h_{cor}\cot\theta}{s}$$

所以

$$q = \frac{A_{st}\sigma_{st}}{s}\cot\theta \tag{6-69b}$$

建立平衡条件:

$$P = Q\cot\theta$$

即:

$$A_s\sigma_s\frac{h_{cor}}{u_{cor}} = qh_{cor}\cot\theta \tag{6-69c}$$

将式(6-69b)、式(6-69c)带入式(6-69a),变换可得:

$$T = 2A_{cor}\sqrt{\frac{A_{st}\sigma_{st}}{s}\frac{A_s\sigma_s}{u_{cor}}}$$

或

$$T = 2\sqrt{\zeta}\sqrt{\frac{\sigma_{st}\sigma_s}{f_{yt}f_y}}\frac{A_{st}f_{yt}}{s}A_{cor} \tag{6-70}$$

式中:$\sigma_{st}$、$\sigma_s$——极限状态下箍筋和纵筋的应力,在极限状态时不一定达到屈服强度($\sigma_{st}$、$\sigma_s \leqslant f_{yt}$或$f_y$);

其余符号意义同前。

不同的变角度空间桁架模型有不同的假设条件和简化方式,计算时的形式多种多样,以上只是列出了其基本概念和基本计算推导的方法。

2)斜扭破坏面的极限平衡理论

1958 年,俄国学者 H. H. Jleccиг 在试验的基础上研究了钢筋混凝土受扭构件的破坏形态特点,建立了斜弯破坏面的极限平衡条件,推导了相应的计算式[6-17],随后又进行了相应的改进和补充[6-13,6-18]。

根据按荷载控制加载方法进行的纯扭构件试验可知,在扭矩的作用下,构件总是在已经形成螺旋形裂缝的某一最薄弱的空间曲面发生破坏,即斜扭破坏面。沿此斜扭面取出试件的隔离体[图 6-18a)],作用在此破坏面上的力有:纵筋和箍筋的拉力与横向销栓力、受压侧边上混凝土的正应力 $\sigma$ 和剪应力 $\tau$、裂缝面的混凝土骨料咬合力和核心未开裂部分的混凝土剪应力流等。

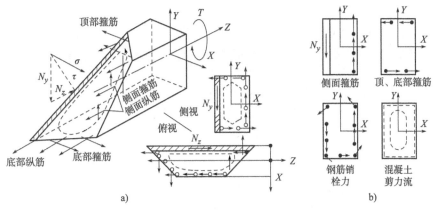

图 6-18 复合受扭构件的斜扭面极限平衡
a)隔离体;b)抗扭力偶的组成

斜扭面上的抗扭力偶包括:受压侧边上的应力的 $Y$ 轴分量与对侧边的箍筋拉力、顶部和底部箍筋的拉力、纵筋和箍筋的销栓力以及混凝土的剪应力流等[图 6-18b)]。对斜扭面的形状和纵筋、箍筋的应力作适当的简化假设后,建立隔离体平衡条件,即可得到构件抗扭承载力的基本计算公式,式中的参数由试验数据标定或验证。下面以弯扭构件为例加以说明。

弯矩和扭矩共同作用下的构件可能会出现不同的破坏形态,受压破坏面可能会落在截面的不同边上,须分别进行计算。建立基本公式时采用的假设和简化条件如下:

（1）构件除受压面以外的 3 个表面螺旋形斜裂缝与轴线的夹角都是 45°；

（2）穿越斜扭面的所有纵筋和箍筋的应力都达到屈服强度；

（3）受压区为平行于表面的狭长面积，其中心到对侧箍筋的距离为 $b_{cor}$ 或 $h_{cor}$；

（4）忽略纵筋、箍筋的销栓作用和混凝土的剪应力流等的抗扭作用。

设正弯矩和扭矩的共同作用在梁顶面形成受压破坏区，取隔离体和计算图形，如图 6-19a）所示，根据平衡条件，对通过斜扭面中心的两个轴取矩，分别建立：

$$\sum M_z = 0 \quad T = A_{st} f_{yt} \frac{h_{cor}}{s} b_{cor} + A_{st} f_{yt} \frac{b_{cor}}{s} h_{cor} = 2A_{st} f_{yt} \frac{b_{cor} h_{cor}}{s} \tag{6-71}$$

$$\sum M_x = 0 \quad M = A_s f_y h_{cor} - A_{st} f_{yt} \frac{h_{cor}}{s} (b_{cor} + h_{cor}) \tag{6-72}$$

将式（6-71）带入式（6-72），得：

$$M = A_s f_y h_{cor} - \frac{T}{2b_{cor}} (b_{cor} + h_{cor}) \tag{6-73a}$$

此式在弯矩-扭矩包络图上为一斜直线[图 6-19b)]，与两坐标轴的交点各为：

$$M_0 = A_s f_y h_{cor}, \quad T_0 = \frac{2A_s f_y b_{cor} h_{cor}}{b_{cor} + h_{cor}} \tag{6-73b}$$

同理，负弯矩和扭矩共同作用下，梁底面形成受压破坏区的相应计算式同式（6-71）和式（6-74）：

$$M = A_{st} f_{yt} \frac{h_{cor}}{s} (b_{cor} + h_{cor}) - A'_s f'_y h_{cor} \tag{6-74}$$

得到：

$$M = \frac{T}{2b_{cor}} (b_{cor} + h_{cor}) - A'_s f'_y h_{cor} \tag{6-75}$$

此式在弯矩-扭矩包络图上是另一条斜直线[图 6-19b)]。当受压破坏面在截面侧边时，极限扭矩与弯矩 $M$ 无关[式(6-71)]，在弯矩-扭矩包络图上是一条水平线。

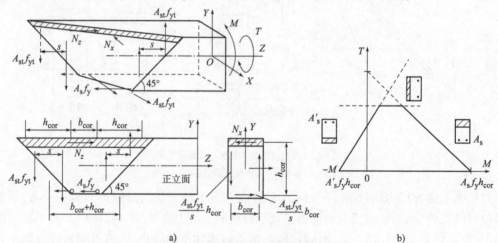

图 6-19　弯扭构件的斜扭面极限平衡分析

a)计算图形（顶部受压区）；b)$T$-$M$ 包络图

3）我国规范[6-1]所用的计算方法

实际工程中单独受扭的构件很少，大多数处于复合受扭状态。而复合受扭下各种荷载作用下的承载力显然是相互影响的,要采用统一的相关方程进行计算有一定的困难。为简化计算,我国设计规范[6-1]对于复合受扭构件采用部分相关法,规定由混凝土贡献的承载力考虑弯剪扭等力的相互影响,由钢筋贡献的承载力则采用叠加的办法。具体地说,受剪和受扭的承载力计算公式中均有一项反映混凝土提供的承载力,在剪力和弯矩共同作用下的构件如若不考虑其相互影响,将会重复计算混凝土提供的承载力,这是不安全的。

我国进行的钢筋混凝土构件纯扭试验,得到的极限扭矩 $T_u$(图 6-20)的经验回归式[6-19]为:

$$\frac{T_u}{W_{tp}f_t} = 0.43 + 1.002\sqrt{\zeta}\frac{A_{st1}f_{yt}A_{cor}}{W_{tp}f_t s} + 0.5\sqrt{\zeta}\frac{A_{st2}f_{yt}A_{cor}}{W_{tp}f_t s} \quad (6\text{-}76a)$$

或简化成二项式为:

$$\frac{T_u}{W_{tp}f_t} = 0.35 + 1.2\sqrt{\zeta}\frac{A_{st}f_{yt}A_{cor}}{W_{tp}f_t s} \quad (6\text{-}76b)$$

式中:$A_{st1}$——适筋范围的单只箍筋截面面积;

$A_{st2}$——超出适筋范围的相应箍筋面面积;

$A_{st1} + A_{st2} = A_{st}$;

$A_{cor} = b_{cor} \times h_{cor}$;

其他符号意义同前。

我国规范以此为基础,建立了受扭构件的承载力设计计算方法。

(1)弯扭构件的承载力计算

规范规定,在弯矩和扭矩共同作用下的构件,可以分别按照受弯和纯扭的承载力计算公式进行计算,钢筋的配置则考虑二者叠加。这样计算较为简便,且隐含地考虑了弯矩和扭矩的相关性。

(2)剪扭构件的承载力计算

剪力和扭矩共同作用下的构件,由于侧面的剪应力叠加,其受剪承载力和受扭承载力均小于二者单独作用下的构件承载力。理论分析及试验表明,无量纲剪-扭承载力的相关关系可取四分之一圆,如图 6-21 所示。由于四分之一圆弧的相关方程比较复杂,所以简化为图中的三折线 $AB$、$BC$ 和 $CD$。

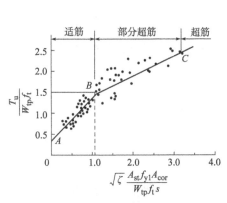

图 6-20 纯扭构件的极限扭矩[6-19]

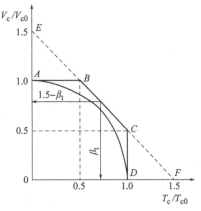

图 6-21 混凝土剪扭承载力的相关关系

剪力和扭矩共同作用下构件的承载力计算公式为：

$$V \leqslant (1.5 - \beta_t)(0.7f_t bh_0 + 0.05N_{p0}) + f_{yv}\frac{A_{sv}}{s}h_0 \tag{6-77a}$$

$$T \leqslant \beta_t\left(0.35f_t + 0.05\frac{N_{p0}}{A_0}\right) + 1.2\sqrt{\zeta}f_{yv}\frac{A_{st1}A_{cor}}{s} \tag{6-77b}$$

式中：$\beta_t$——剪扭构件混凝土受扭承载力降低系数，考虑了剪扭共同作用的影响：

$$\beta_t = \frac{1.5}{1 + 0.5\dfrac{VW_t}{Tbh_0}} \tag{6-78}$$

当 $\beta_t < 0.5$ 时，取 $\beta_t = 0.5$；当 $\beta_t > 1.0$ 时，取 $\beta_t = 1.0$。对于纯扭构件（$V = 0$），$\beta_t = 1.0$。式（6-77b）即为式（6-61）。

对于集中荷载作用下的独立剪扭构件：

$$V \leqslant (1.5 - \beta_t)\left(\frac{1.75}{\lambda + 1}f_t bh_0 + 0.05N_{p0}\right) + f_{yv}\frac{A_{sv}}{s}h_0 \tag{6-79}$$

其中：

$$\beta_t = \frac{1.5}{1 + 0.2(\lambda + 1)\dfrac{VW_t}{Tbh_0}} \tag{6-80}$$

式中：$\lambda$——计算截面的剪跨比，取为 $M/(Vh_0)$。

（3）弯剪扭构件的承载力计算

由前面的分析可知，要用统一的弯、剪、扭相关公式计算过于复杂，为简化计算采用部分相关法。对于抗剪和抗扭承载力利用折减系数 $\beta_t$（图 6-21）考虑其相关关系。钢筋的配置采用叠加法，纵向钢筋按正截面受弯和按抗扭构件计算所需钢筋面积的总和，箍筋按照剪扭构件的抗剪和抗扭［式（6-73）］计算所需箍筋面积的总和。

当弯、剪、扭共同作用下的构件满足：

$$\frac{V}{bh_0} + \frac{T}{W_t} \leqslant 0.7f_t + 0.07\frac{N}{bh_0} \tag{6-81}$$

时，可不进行构件抗剪扭承载力计算，只需进行抗弯计算，按要求配置最低数量的纵筋和箍筋即可。而当

$$\left.\begin{array}{ll} \dfrac{h_w}{b} \leqslant 4, & \dfrac{V}{bh_0} + \dfrac{T}{0.8W_t} \leqslant 0.25\beta_c f_c \\[3mm] \dfrac{h_w}{b} = 6, & \dfrac{V}{bh_0} + \dfrac{T}{0.8W_t} \leqslant 0.2\beta_c f_c \end{array}\right\} \tag{6-82}$$

时，虽可按计算大量配筋，但仍不能避免混凝土的主压应力破坏，应增大混凝土截面或提高混凝土强度。

T形和工字形等非矩形截面的受扭构件可将截面划分成若干矩形块的组合,按各部分塑性抵抗矩($W_{tp}$)占截面总塑性抵抗矩的比例分配扭矩,分别进行计算配筋。

**本章参考文献**

[6-1] 中华人民共和国国家标准.混凝土结构设计规范(2015年版):GB 50010—2010[S].北京:中国建筑工业出版社,2015.

[6-2] Hsu T T C. Torsion of reinforced concrete[M]. Van Nostrand Reinhold, Incorporation, New York,1984:544.

[6-3] ACI 318-89. Building Code Requirement for Structural Concrete (ACI 318-89) and Commentary (ACI 318-89),1989.

[6-4] Hsu T T C,Mo Y I. Softening of concrete in torsional members Theory and tests[J]. Journal of the American Concrete Institute. Proceedings,1985,82(3):290-303.

[6-5] ACI 318-95. Building Code Requirement for Structural Concrete and Commentary[S].1995.

[6-6] ACI 318-08. Building Code Requirement for Structural Concrete and Commentary[S].2008.

[6-7] EN 1992-1-1:2004. Design of concrete structures-Part 1:General rules and rules for buildings [S]. CEN,2004.

[6-8] CSA A23.3-04. Design of concrete structures[S]. Canadian Standards Association,2004.

[6-9] Lampert P,Thürlimann B. Torsionsversuche an Stahlbetonbalken[M]. Institut für Baustatik, ETH Zürich,Juni,1968.

[6-10] Hsu T T C. Unified theory of reinforced concrete. Boca Raton[M]. FL:CRC Press, Incorporation,1993.

[6-11] Vecchio F, Collins M P. Stress-stain characteristics of reinforced concrete in pure shear [R]. Reports of the Working Commissions (International Association for Bridge and Structural Engineering),1981,34:211-225.

[6-12] Lampert P,Collins M P. Torsion,Bending and Confusion—An Attempt to Establish the Facts [J]. ACI,1972,69(8):500-504.

[6-13] Elfren L,Karlsson I,Losberg A. Torsion-Bending Shear Interaction for Concrete Beams[J]. ASCE,1974,100(ST8):1657-1676.

[6-14] 康谷贻,王士琴.弯剪扭共同作用下钢筋混凝土构件的强度[J].天津大学学报,1986 (1).

[6-15] 殷芝霖,张誉,王振东.钢筋混凝土结构设计理论丛书·抗扭[M].北京:中国铁道出版社,1990.

[6-16] 王振东,施岚青,等.桁架理论在钢筋混凝土构件受弯剪扭复合作用分析中的应用[C]// 中国建筑科学研究院.混凝土结构研究报告选集(3).北京:中国建筑工业出版社,1994: 14-26.

［6-17］ Gvozdev A A, Lessig N N, Rulle L K. Research on Reinforced Concrete Beams under Combined Bending and Torsion in Soviet Union. ACI SP-18, Detroit, 1968 : 307-336.

［6-18］ McMullen A E, Warwaruk J. Concrete Beams in Bending, Torsion and Shear[J]. ASCE, 1970, 96(ST5) : 885-903.

［6-19］ 王振东,蒋季丰. 钢筋混凝土及预应力混凝土受扭构件的设计方法[J]. 建筑结构,1982 (3):3-27.

# 第 7 章

# 约束混凝土

## 7.1 概　　述

钢筋混凝土结构中有两种基本受力钢筋。一种是沿构件的轴力或主应力方向设置的钢筋,其受力方向与轴向一致,称为纵向配筋或直接配筋;另一种是沿轴压力或最大主压应力的垂直方向(横向)设置的钢筋,称为横向配筋或间接配筋。

横向配筋有多种构造形式,如箍筋、钢管、焊接网片等,它们约束内部混凝土的横向膨胀变形,使其处于三轴受压应力状态,从而提高混凝土的轴向抗压能力,改善受压构件或结构中受压部分的力学性能。箍筋根据构件截面形状设置,可以分为矩形箍筋和螺旋(圆形)箍筋等。工程中常用的构件为矩形截面和矩形组合截面(如 T 形、工字形等),因此矩形箍筋是使用最为普遍的横向配筋形式。而螺旋箍筋因其形状和复杂的加工成型工艺,使用范围受到限制。钢管混凝土可以看作是箍筋间距为 0 的螺旋箍筋与纵筋相连形成的一种特殊约束混凝土,因其优越的力学性能及施工快速、节点构造方便等工程优点,主要作为承受巨大轴压力的柱,广泛应用于高层建筑、工业厂房、地下工程和军用工事等结构中。

本章主要介绍了矩形箍筋、螺旋箍筋及钢管约束下混凝土构件的受力机理和极限承载力计算方法。此外,还介绍了典型的约束混凝土本构模型。

# 7.2 矩形箍筋柱

## 7.2.1 受力机理

1)矩形箍筋柱的受力机理

对于矩形箍筋约束混凝土受力性能的研究现已有许多[7-1~7-8]。矩形箍筋约束混凝土受压应力-应变全曲线受约束指标 $\lambda_t$ 的影响较大,如图 7-1 所示。随着 $\lambda_t$ 的增大,曲线逐渐平滑、由凹变凸,在极限强度附近出现变形平台。

约束指标(或称配箍特征值)$\lambda_t$ 为:

$$\lambda_t = \mu_t \frac{f_{yt}}{f_c} \tag{7-1}$$

式中: $\mu_t$ ——横向箍筋的体积配筋率,即箍筋包围的约束混凝土每单位体积中的箍筋体积;

$f_{yt}$ ——箍筋的抗拉屈服强度;

$f_c$ ——混凝土的单轴抗压强度。

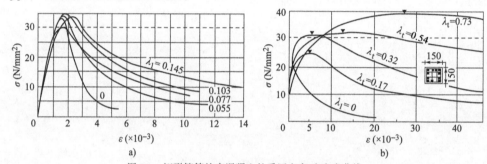

图 7-1 矩形箍筋约束混凝土的受压应力-应变全曲线

a)普通方形钢箍[7-6];b)复合箍筋[7-7]

(1)约束混凝土的配箍量不大($\lambda \leqslant 0.3$)时,应力-应变曲线有明显峰值,试件经历了不同的受力阶段,如图 7-2a)所示。

试件受力初期,应变与应力约为线性关系成比例增加。应力增加超过 $E$ 点($\geqslant 0.4f_{c,c}$)之后,开始出现塑性变形。当应力接近素混凝土的抗压强度 $f_c$ 时,箍筋的约束作用不大,约束混凝土和素混凝土的上升段曲线相近。随后增加少许应力,箍筋因混凝土外鼓产生的反作用力对核芯混凝土提供约束使其成为三向受压状态,即使承载力到达峰点 $P(f_{c,c} > f_c)$,此时箍筋应变 $\varepsilon_{st} = (0.9 \sim 1.2) \times 10^{-3}$。

曲线进入到下降段前后(即 $C$ 点),试件出现第一条可见裂缝,沿纵筋外缘竖向分布。随着原裂缝的扩展和新裂缝的出现,保护层混凝土的残余强度下降。同时,混凝土的横向应变($\varepsilon'$)和箍筋应变($\varepsilon_{st}$)加快增长,裂缝处的部分箍筋屈服($Y$ 点),未出现裂缝处的箍筋应力开始下降,箍筋对核芯混凝土的约束作用最强,约束混凝土与素混凝土的应力差值也达最大值 $[\Delta\sigma_{max}$,图 7-2a)],此时试件的纵向应变为 $\varepsilon = (3.0 \sim 4.5) \times 10^{-3}$。

当应变达 $\varepsilon = (4 \sim 6) \times 10^{-3}$(即 $T$ 点)时,纵向短裂缝贯通且形成临界斜裂缝。斜裂缝处的各箍筋依次屈服。核芯混凝土鼓胀挤压箍筋,使箍筋在水平方向弯曲外鼓,外围混凝土开始剥落,钢筋外露。试件纵向力 $\sigma$ 沿斜裂缝的滑动分力,由箍筋约束力的分力和裂缝面上残余的抗剪力抵抗[图 7-2d)]。

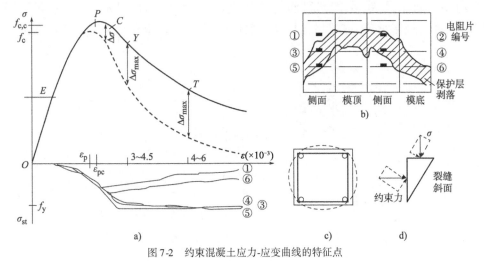

图 7-2 约束混凝土应力-应变曲线的特征点

a)试件应力和箍筋应力;b)表面展开图;c)箍筋外鼓;d)纵向力的平衡

试件发生破坏时,在核芯混凝土的挤压下箍筋已沿全长屈服,甚至被拉断;外围混凝土严重开裂且成片剥落,核芯混凝土内部密布纵向裂缝。

(2)配箍量大($\lambda_t = 0.36 \sim 0.85$)的约束混凝土应力-应变曲线则有所不同[图 7-1b)]。因密布箍筋影响了混凝土的浇捣质量,削弱了箍筋内外混凝土的结合,其上升段曲线的斜率(即弹性模量)反而小于低配箍柱($\lambda \leqslant 0.3$)的。另外,横向箍筋的增多加强了对核芯混凝土的约束作用,其三轴抗压强度可提高 1 倍,峰值应变可提高 10 倍以上,形成上升段平缓并出现峰值平台的应力-应变曲线。

试件上出现第一条可见裂缝($C$ 点)和箍筋屈服($Y$ 点)时的纵向应变值与前述试件($\lambda_t < 0.3$)的相近,但其均发生在曲线的上升段($\varepsilon < \varepsilon_{pc}$)。试件破坏前没有明显的贯通斜裂缝,纵向应变很大[$> (10 \sim 30) \times 10^{-3}$],箍筋外凸成近似圆形[图 7-2c)],外围混凝土(保护层)几乎全部剥落,纵筋压屈,箍筋外露且个别箍筋被拉断,核芯混凝土有很大的挤压流动和形变,出现局部鼓凸。

2)箍筋的受力机理

由矩形箍筋柱的受力机理分析可知,在轴压力的作用下,核芯混凝土发生横向膨胀变形[图 7-2c)],因箍筋的抗弯刚度极小,箍筋直线段产生水平弯曲对核芯混凝土的反作用力(即约束力)很小。而箍筋转角部的刚度大,两个垂直方向的拉力合成了对核芯混凝土对角线(45°)方向的强力约束。沿对角线的集中挤压力和沿箍筋分布的很小横向力提供给核芯混凝土约束力,如图 7-3a)所示。

可按照箍筋约束的程度将矩形箍筋柱的截面分为三部分[图 7-3c)]:①无约束区,为箍筋外围混凝土,即保护层;②强约束区,为截面中央部分和指向四角的延伸带,这部分混凝土处于三轴受压应力状态($\sigma_x \approx \sigma_y$),因此提高了约束混凝土的强度和变形性能;③弱约束区,处于以上两部分之间的、沿箍筋直线段内侧分布,这部分混凝土基本上处于二轴受压应力状态,强度虽比单轴抗压强度高,但提高的幅度有限。这三部分面积的划分,取决于配箍数量($\lambda_t$)和箍筋的构造,另外,还与构件的轴力和变形有关。

沿构件的纵向,箍筋一般按等间距($s$)设置。在箍筋所在截面处,其对混凝土的约束作用最强,强约束区面积最大;在相邻箍筋的中间截面处,约束作用最弱,强约束区面积最小[图7-3b)],作为极限承载力控制截面;其余截面的约束区面积和约束应力都处于此两截面之间。

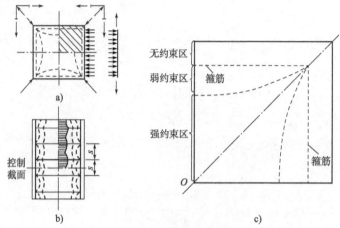

图7-3  矩形箍筋受力分析
a)横向;b)纵向;c)截面分区

箍筋对约束混凝土约束作用的主要影响因素如下:

(1)约束指标($\lambda_t$)

约束混凝土的抗压强度($f_{c,c}$)和峰值应变($\varepsilon_{pc}$)均随着约束指标$\lambda_t$的增加快速增长(图7-4)。前面已经介绍,配箍量较少($\lambda_t \leq 0.3$)的约束混凝土,箍筋在其到达极限强度$f_{c,c}$时尚未屈服($\varepsilon_{st} < \varepsilon_y$);而配箍量较大($\lambda_t \geq 0.36$)时,箍筋在其到达极限强度之前已经屈服,充分发挥了约束作用。使约束混凝土极限强度和箍筋屈服强度同时到达的界限约束指标约为:

$$\lambda_t = 0.32 \tag{7-2}$$

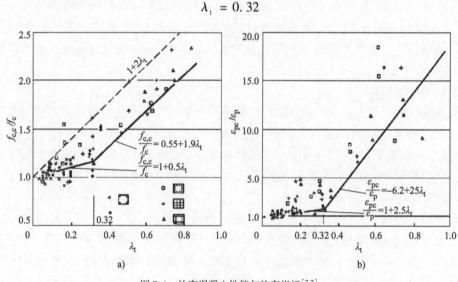

图7-4  约束混凝土性能与约束指标[7-7]
a)强度;b)峰值应变

从图 7-4 可看出,在此界限约束指标前后,约束混凝土的性能截然不同。

(2)箍筋间距($s$)

控制截面的约束面积和约束应力值受箍筋间距影响。有试验证明[7-1,7-6],当箍筋间距 $s > (1 \sim 1.5)b$($b$ 为试件截面宽度)时,约束作用并不明显。一般认为,$s < b$ 时箍筋才有明显的约束作用。试验[7-6]还表明,较小的箍筋间距有利于构件的延性。

(3)箍筋的构造形式

试验[7-6]表明:符合规定[7-9]构造的绑扎钢箍与焊接钢箍[图 7-5a)]的约束作用无明显差异。截面较大的柱因其纵向钢筋数量多,常需要设置多种复合箍筋[图 7-5b)]。复合箍筋在核芯混凝土的挤压下,水平弯曲变形的自由长度小于简单箍筋,增大了强约束区的面积,对混凝土的约束更为有利。当约束指标 $\lambda_t$ 相等时,复合箍筋约束混凝土的强度和峰值应变比简单箍筋情况的稍高,下降段较平缓,但二者总体差别不大[7-10,7-11]。

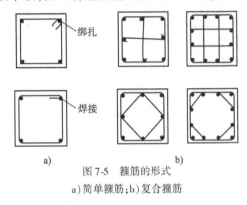

图 7-5 箍筋的形式
a)简单箍筋;b)复合箍筋

在柱等受压构件中,箍筋在不同阶段发挥了不同的作用:在构件制作阶段与纵向钢筋构成钢筋骨架(笼),在浇筑混凝土之前维持钢筋形状、固定纵筋位置;在使用阶段可承受因环境变化等导致混凝土收缩产生的横向应力,以防止或减小纵向裂缝;在承载力极限阶段减小纵筋压屈的自由长度,使其充分发挥抗压强度,并提高了抗剪承载力。且已有的试验研究和工程实践经验表明,适当增加配箍率或改变箍筋构造形式是改善结构抗震性能最简单、经济和有效的措施之一。

### 7.2.2 约束混凝土本构模型

现已有多种用不同方式建立的约束混凝土本构模型(即应力-应变全曲线方程),包括纯理论推导模型、数值计算模型、半理论半经验模型和纯经验模型等。下面介绍几种典型的约束混凝土本构模型。

1)Sargin 模型(图 7-6)

假设矩形箍筋对核芯混凝土的约束力 $f$ 沿箍筋内侧均匀分布,将混凝土柱看作半无限弹性体,箍筋约束力 $f$ 作为均布线荷载作用在混凝土柱上,混凝土内的应力分布按 Boussinesq 基本方程求解得到,其中核芯混凝土的横向约束应力为:

$$\sigma_{uu} = 2fu^3 / [\pi (z^2 + u^2)^2] \tag{7-3}$$

式中:$z$、$u$——纵、横坐标。

横向约束应力随纵、横坐标的变化而变化。

箍筋所在截面为混凝土约束面积最大的截面,而混凝土约束面积最小的截面在相邻箍筋的中间截面。混凝土最小约束面积称为临界核芯面积:

$$A_c = (b' - 2u_0)^2 \qquad (7\text{-}4)$$

式中,$u_0$值根据承载力的极值条件求解。

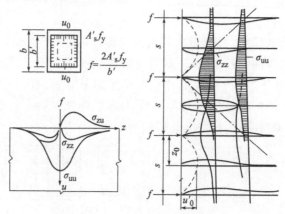

图 7-6  Sargin 约束混凝土本构模型[7-4]

根据临界核芯截面处的约束应力值,利用 Richart 公式计算混凝土的三轴抗压强度,即为约束混凝土抗压强度:

$$f_{c,c} = f_c + \frac{16.4}{\pi}\rho''f_y''\frac{\xi^3}{(1+\xi^2)^2} \qquad (7\text{-}5)$$

式中:$\rho''$——箍筋的体积配筋率;

$\qquad f_y''$——箍筋的屈服强度;

$\qquad \xi$——反映箍筋间距对约束混凝土抗压强度的影响,$\xi = u_0/z_0$。

2)Sheikh 模型

将截面划分为有效约束核芯区(面积为 $A_{eff}$)和非约束区,沿纵向,相邻箍筋中间截面上的有效约束核芯面积最小(面积为 $A_{ec}$),如图 7-7a)所示。有效约束核芯区混凝土的抗压强度取决于箍筋的体积配箍率 $\rho_s$ 和约束混凝土达峰值强度时的箍筋应力 $f_s'$。当构件采用正方形箍筋,且纵筋沿周边均匀布置时,核芯混凝土抗压强度的提高系数为:

$$\frac{f_{c,c}}{f_c} = k_s = 1 + \frac{B_s}{140P_{oc}}\left[\left(1-\frac{nc^2}{5.5B^2}\right)\left(1-\frac{s}{2B}\right)^2\right]\sqrt{\rho_s f_s'} \qquad (7\text{-}6)$$

式中:$B$——核芯面积边长;

$\qquad n$、$c$——纵筋的数量和间距;

$\qquad s$——箍筋间距;

$\qquad P_{oc}$——核芯区混凝土不受约束时的承载力。

可以得到约束混凝土应力-应变全曲线,如图 7-7b)所示。上升段($OA$)为二次抛物线,其余段 $AB$、$BCD$ 和 $DE$ 均为直线。$C$ 点的应力为 $0.85f_{c,c}$,残余强度为 $0.3f_{c,c}$,几个特征点的应变值 $\varepsilon_{s1}$、$\varepsilon_{s2}$ 和 $\varepsilon_{s85}$ 均与 $f_c$、$B$、$s$、$\rho_s$、$f_s'$等有关,计算式详见文献[7-12]。

上述两个约束混凝土本构模型均基于力学分析原理,考虑了箍筋约束作用的主要影响因素。但是,它们都不是全过程分析,基本假定和力学模型不尽合理,在使用上具有局限性。

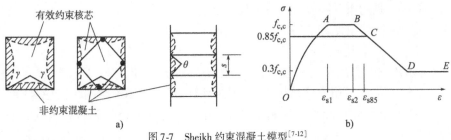

图7-7 Sheikh 约束混凝土模型[7-12]

a)截面划分;b)应力-应变全曲线

3)数值计算的全过程分析(图7-8)

根据对箍筋约束混凝土的非线性有限元分析得到的截面约束应力分布如图7-3c)所示,提出了截面横向应力计算的力学模型和不同约束区的划分方法[图7-8a)],并推导了箍筋应力和混凝土约束应力的平衡式及约束区面积的计算式。

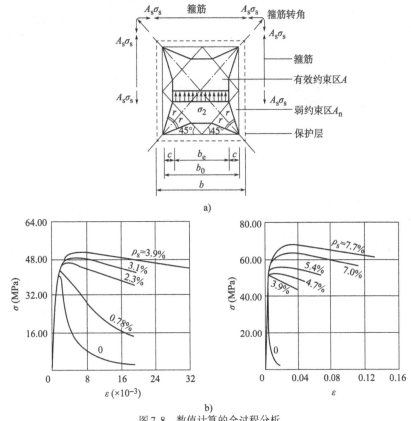

图7-8 数值计算的全过程分析

a)横向计算模型;b)计算实例($b_0/b = 0.8$)

分别确定强约束区混凝土的三轴受压应力-应变关系和非约束区(包括弱约束区和外围混凝土)的单轴受压应力-应变关系以及约束混凝土的横向和纵向应变的比值($\varepsilon_2/\varepsilon$)后,建立约束混凝土的基本方程:

应变

平均应力

$$\left. \begin{array}{l} \varepsilon = \varepsilon_e = \varepsilon_n \\ \sigma = \dfrac{\sigma_e A_e + \sigma_n A_n}{b^2} \end{array} \right\} \tag{7-7}$$

式中：$\varepsilon_e$、$\sigma_e$、$A_e$——强约束区混凝土的纵向应变、应力和面积；

$\quad\quad\varepsilon_n$、$\sigma_n$、$A_n$——非约束混凝土的纵向应变、应力和面积；

$\quad\quad\quad b$——柱子截面边长。

全过程分析建立的各计算式考虑了混凝土的非线性变形，但有些计算式间是耦合关系，难以直接获得显式解，因此采用数值计算方法，编制计算机程序，用给定的纵向应变（$\varepsilon$）值，按照预定框图[7-8]进行迭代运算，即可得到满足全部平衡方程、变形条件和材料本构关系的解，包括截面平均应力 $\sigma$、横向应变 $\varepsilon_2$、箍筋应力 $\sigma$、核芯混凝土约束应力 $\sigma_2$ 等信息。逐次地给定纵向应变值，即可得到约束混凝土的应力-应变全曲线和各物理量的曲线。图 7-8b）为一算例，从图中可以看出其与试验结果相符较好。

4）经验公式

经验公式是根据大量试验结果进行回归分析后建议使用的约束混凝土本构关系计算式，形式简单直观，在工程中使用方便。下面介绍两种常用的经验公式。

（1）Kent-Park 模型［图 7-9a）］——由上升段的曲线和下降段的二折线组成。其假设约束混凝土与素混凝土的上升段曲线相同，均为 Hognestad 二次式 $y = 2x - x^2$，抗压强度和峰值应变也都相等（$f_{c,c} = f'_c$，$\varepsilon_{pc} = \varepsilon_p$）。下降段由 $\sigma = 0.5f'_c$ 处的应变确定：

$$\varepsilon_{0.5} = \left( \frac{20.67 + 2f'_c}{f'_c - 6.89} + \frac{3}{4}\rho_s \sqrt{\frac{b''}{s}} \right) \times 10^{-3} \tag{7-8}$$

式中：$f'_c$——混凝土的圆柱体抗压强度；

$\quad\quad\rho_s$——横向箍筋对核芯混凝土（取箍筋外皮以内）的体积配筋率；

$\quad\quad b''$——从箍筋外皮量测的约束核芯宽度；

$\quad\quad s$——箍筋间距。

若取 $\rho_s = 0$，式（7-8）的右边只剩第一项，即为素混凝土下降段的相应应变。下降段的最后部分，取为残余强度 $0.2f'_c$ 的直线。

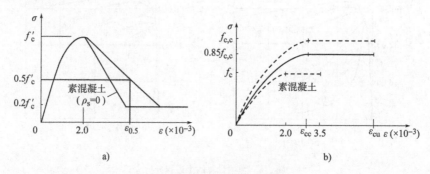

图 7-9　经验式约束混凝土本构模型

a）Kent-Park[7-13]；b）CKB FIP MC 90[7-14]

（2）CEB-FIP MC90 模型［图 7-9b）］包括二次抛物线上升段（Hognestad 二次式 $y = 2x - x^2$）和水平段。曲线上的特征点计算方法如下。

箍筋对核芯混凝土的约束应力：

$$\sigma_2 = \frac{1}{2}\alpha_n\alpha_s\lambda_t f_c \tag{7-9a}$$

式中：$\alpha_n$、$\alpha_s$——考虑箍筋的水平约束长度或箍筋围住的纵筋数量 $n$ 和箍筋间距 $s$ 的折减系数：

$$\alpha_n = 1 - \frac{8}{3n}, \quad \alpha_s = 1 - \frac{s}{2b_0} \tag{7-9b}$$

当 $\sigma_2 \leqslant 0.05f_c$ 时　　$f_{c,c} = (1 + 5\sigma_2)f_c$

当 $\sigma_2 > 0.05f_c$ 时　　$f_{c,c} = (1.125 + 2.5\sigma_2)f_c$

$$\left. \begin{array}{l} \varepsilon_{c,c} = (f_{c,c}/f_c)^2 \times 2 \times 10^{-3} \\[2mm] \varepsilon_{cu} = 0.2\dfrac{\sigma_2}{f_c} + 3.5 \times 10^{-3} \end{array} \right\} \tag{7-10}$$

图 7-9b)中 $f_{c,c}$ 的系数 0.85，考虑了长期荷载的不利影响。

文献[7-7]根据不同的约束指标 $\lambda_t$ 建议了两类曲线方程。曲线的上升段和下降段在峰点连续，方程中的参数值根据我国的试验数据(图 7-4)确定。计算式分列于表 7-1。

约束混凝土应力-应变全曲线方程[7-7]　　　　　　　　　　表 7-1

| 约束指标 | $\lambda_t \leqslant 0.32$ | $\lambda_t > 0.32$ |
|---|---|---|
| 抗压强度 | $f_{c,c} = (1 + 0.5\lambda_t)f_c$ | $f_{c,c} = (0.55 + 1.9\lambda_t)f_c$ |
| 峰值应变 | $\varepsilon_{pc} = (1 + 2.5\lambda_t)\varepsilon_p$ | $\varepsilon_{pc} = (-6.2 + 25\lambda_t)\varepsilon_p$ |
| 曲线方程 $\begin{array}{l} x = \varepsilon/\varepsilon_{pc} \\ y = \sigma/f_{c,c} \end{array}$ | $x \leqslant 1.0 \quad y = \alpha_{a,c}x + (3 - 2\alpha_{a,c})x^2 + (\alpha_{a,c} - 2)x^3$ <br> $x \geqslant 1 \quad y = \dfrac{x}{\alpha_{d,c}(x-1)^2 + x}$ | $y = \dfrac{x^{0.68} - 0.12x}{0.37 + 0.51x^{1.1}}$ |

注：混凝土为 C20~C30 时，$\alpha_{a,c} = (1 + 1.8\lambda_t)\alpha_0$，$\alpha_{d,c} = (1 - 1.75\lambda_t^{0.55})\alpha_d$，其中 $\alpha_a$ 和 $\alpha_d$ 为素混凝土的曲线参数。

上述本构模型中的大部分只给出箍筋包围的约束混凝土应力-应变关系。要得到截面混凝土的平均应力-应变关系，还需计入箍筋外围混凝土的作用，按式(7-7)进行换算。当截面较小，外围混凝土所占总面积的比例大，或者配箍较少，箍筋内外混凝土的性能差别小时，外围混凝土的影响均不容忽视。

箍筋约束混凝土在重复荷载作用下的性能试验表明，试件的变形增长、裂缝发展和破坏过程都与单调荷载下的性能一致，抗压强度($f_{c,c}$)和峰值应变($\varepsilon_{pc}$)随约束指标 $\lambda_t$ 的变化无明显差异。约束混凝土应力-应变曲线的包络线、共同点轨迹线和稳定点轨迹线等都与单调加载的应力-应变全曲线相似，相似比的平均值约为：

共同点轨迹线　　　　　　　　$\overline{K}_c = 0.893$

稳定点轨迹线　　　　　　　　$\overline{K}_t = 0.822$ $\tag{7-11}$

与素混凝土的相应值比较，共同点轨迹线相同，稳定点轨迹线略高。重复荷载作用下的箍筋约束混凝土应力-应变曲线方程详见文献[7-15]。

# 7.3　螺旋箍筋柱

## 7.3.1　受力机理

螺旋箍筋柱是在受压柱内配设箍筋间距较小($s < 80$mm 且 $s < d_{cor}/5$)的螺旋形箍筋或若干焊接圆形箍筋,能够有效约束核芯混凝土(面积为 $A_{cor}$,直径为 $d_{cor}$,图7-10),明显改善柱的受力性能。

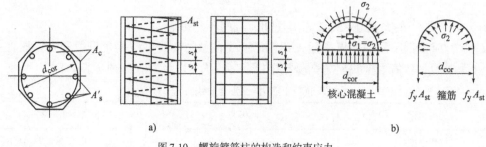

图7-10　螺旋箍筋柱的构造和约束应力
a)配筋构造;b)约束应力

螺旋箍筋柱的受压轴力-应变曲线如图7-11a)所示。在柱子应变低于素混凝土的峰值应变 $\varepsilon_p$ 时,混凝土的横向膨胀变形(或泊松比 $\nu$)很小,箍筋沿圆周的拉应力不大,对核芯混凝土的约束作用不明显,故轴力-应变曲线与普通箍筋柱的曲线较为接近。当 $\varepsilon = \varepsilon_p$ 时,螺旋箍筋柱的轴力($N_1$)仍与普通箍筋柱的极限轴力接近。

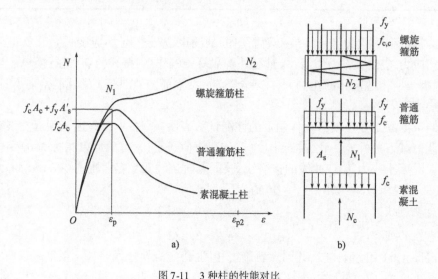

图7-11　3种柱的性能对比
a)$N$-$\varepsilon$ 曲线;b)应力状态

增大应变($\varepsilon > \varepsilon_p$),箍筋外围混凝土(面积为 $A_c - A_{cor}$)进入应力下降段,开始形成纵向裂缝并逐渐扩展,表层混凝土剥落,承载力降低。与此同时,核芯混凝土因泊松比增大而向外膨

胀,对箍筋施加径向压应力$[\sigma_2,$图7-10b$)]$。箍筋对核芯混凝土的反作用应力使其处于三轴受压应力状态$(\sigma_1 = \sigma_2)$,提高了纵向抗压强度$(|f_3| > f_c$,见第1章$)$。所以总承载力在柱子应变增大后仍能缓缓上升。

继续增大应变$\varepsilon$,核芯混凝土的横向膨胀和箍筋应力不断增大。箍筋对混凝土的约束应力在箍筋屈服(即箍筋应力达到其屈服强度$f_{yt}$)时达到最大值,但此时核芯混凝土的纵向应力尚未达到其三轴抗压强度$(\sigma_3 < |f_3|)$,柱的承载力还能增加。此后,再增大应变,箍筋应力$f_{yt}$保持不变,核芯混凝土在定值约束应力下继续横向膨胀,直至纵向应力达到混凝土的三轴抗压强度(或称约束混凝土抗压强度,$f_{c,c} = |f_3|$)时,达到极限承载力$N_2$。此时,柱的纵向应变可达$\varepsilon_{ep} = 10 \times 10^{-3}$,外围混凝土退出工作,几乎不承担压应力。

最后,核芯混凝土在三轴受压应力状态下发生挤压流动,纵向应变加大,柱子明显缩短,横向膨胀使柱子的局部成为鼓形外凸,箍筋外露并被拉断,在$N$-$\varepsilon$曲线上形成下降段。

螺旋箍筋可提高混凝土柱的承载力,且能很大程度上改善其变形性能,在工程上可以根据其受力特点充分利用。

### 7.3.2 极限承载力

从上述螺旋箍筋柱的受力过程($N$-$\varepsilon$曲线)中可以看出,其极限承载力有两个控制值。

(1)柱承载力$N_1$——纵筋受压屈服,全截面混凝土达棱柱体抗压强度$f_c$。此时混凝土的横向应变尚小,可忽略箍筋的约束作用:

$$N_1 = f_c A_c + f_y A_s \tag{7-12}$$

式中:$A_c$——柱的全截面面积。

(2)柱承载力$N_2$——箍筋屈服后,核芯混凝土达约束抗压强度$f_{c,c}$。此时柱的应变很大,外围混凝土已退出工作,纵向钢筋仍维持屈服强度不变[图7-11b)]:

$$N_2 = f_{c,c} A_{cor} + f_y A_s \tag{7-13}$$

式中:$f_{c,c}$——约束混凝土抗压强度,即核芯混凝土的三轴抗压强度$(|f_3|,\sigma_1 = \sigma_2)$;

$A_{cor}$——核芯混凝土的截面面积,取箍筋内皮直径$d_{cor}$计算。

如果横向箍筋的体积配箍率取

$$\mu_t = \frac{\pi d_{cor} A_{st}}{\frac{\pi}{4} s d_{cor}^2} = \frac{4 A_{st}}{s d_{cor}} \tag{7-14}$$

约束指标(配箍特征值)为:

$$\lambda_t = \mu_t \frac{f_{yt}}{f_c} = \frac{4 f_{yt} A_{st}}{f_c s d_{cor}} \tag{7-15}$$

式中:$A_{st}$、$f_{yt}$——箍筋的截面面积和屈服强度;

$d_{cor}$、$s$——螺旋箍筋的内皮直径和纵向间距。

根据图7-10b)的平衡条件,当箍筋屈服时,核芯混凝土的最大约束压应力为:

$$\sigma_1 = \sigma_2 = \frac{2 f_{yt} A_{st}}{s d_{cor}} = \frac{1}{2} \lambda_t f_c \tag{7-16}$$

若核芯混凝土的三轴抗压强度按Richart公式计算:

$$f_{c,c} \approx f_c + 4\sigma_2 = (1 + 2\lambda_t f_c) \tag{7-17}$$

式中,$\lambda_t$ 的系数为 2,而矩形箍筋的相应系数小于 2[图 7-4a)],说明螺旋(或圆形)箍筋的约束作用效率远高于矩形箍筋。将其带入式(7-13),变换后可得:

$$N_2 = (1 + 2\lambda_t)f_c A_{cor} + f_y A_s = f_c A_{cor} + 2f_{yt} \mu_t A_{cor} + f_y A_s \tag{7-18}$$

式中,$2f_{yt}\mu_t A_{cor}$ 是横向螺旋箍筋对柱子极限承载力的贡献,其中 $\mu_t A_{cor}$ 和 $A_s$ 分别表示箍筋的换算面积和纵筋截面面积;系数 2 表明,在同样的钢材体积(截面面积×$s$)和强度情况下,箍筋比纵筋的承载效率高出 1 倍。根据对试验结果的分析,此系数的实测值为 1.7 ~ 2.9[7-16],平均值约为 2.0。

需要注意的是,式(7-18)计算的螺旋箍筋柱极限承载力 $N_2$,只适用于轴心受压的短柱($H/d \leqslant 2$,$H$ 为柱高,$d$ 为柱外径)。长柱因压屈失稳而破坏,其极限承载力主要取决于柱的弹性模量或变形;偏心受压柱截面因压应力不均匀分布,可能由受拉区控制柱的破坏。在这些情况下,螺旋箍筋约束混凝土强度的提高没有太大效果,式(7-18)并不适用。

螺旋箍筋柱的这两个特征承载力差值($N_2 - N_1$)取决于约束指标 $\lambda_t$。由此可得出螺旋箍筋柱约束指标 $\lambda_t$ 的上下限值:

(1)若($N_2 - N_1$)差值过大,按 $N_2$ 设计的柱子在正常使用荷载作用下,外围混凝土已经接近或超过其应力峰值,可能出现纵向裂缝,甚至是混凝土剥落的情况,不符合使用要求。故在设计时一般限制 $N_2 \leqslant 1.5N_1$[7-10],以式(7-12)和式(7-18)代入后得:

$$\lambda_t \leqslant \frac{f_c(3A_c - 2A_{cor}) + f_{yt}A_s}{4f_c A_{cor}} \tag{7-19}$$

(2)若配箍量过少,将会出现 $N_2 < N_1$,说明箍筋约束作用对柱承载力的提高,不足以补偿保护层混凝土强度的损失。故在设计螺旋箍筋柱时,要求 $N_2 \geqslant N_1$,以式(7-12)和式(7-18)代入后得:

$$\lambda_t \geqslant \frac{A_c - A_{cor}}{2A_{cor}} \tag{7-20}$$

在各国的设计规范中,对此的具体规定又有所不同,如约束指标的下限

$$\left.\begin{array}{l} \text{中国}[7-9] \qquad\qquad \mu_t A_{cor} \geqslant 0.25 A_s \\[2mm] \text{美国}[7-17] \qquad\qquad \lambda_t \geqslant 0.45\left(\dfrac{A_c}{A_{cor}} - 1\right)\dfrac{f_c}{f_y} \end{array}\right\} \tag{7-21}$$

# 7.4 钢管混凝土

## 7.4.1 受力机理

在结构工程中使用钢管混凝土构件已有数十年历史,国内外对此进行了大量的试验和理论研究[7-18 ~ 7-26]。下面介绍了最具代表性的钢管混凝土短柱试件($L/D \leqslant 4$)。其余情况下的钢管混凝土力学性能和计算方法可见相关文献。

钢管混凝土的主要参数也是约束指标或称套箍指标[7-22],其物理意义与螺旋箍筋的约束指标[式(7-15)]相同,计算式稍有不同:

$$\lambda_t = \mu_t \frac{f_y}{f_c} = \frac{A_s f_y}{A_c f_c} = \frac{4t f_y}{d_c f_c}$$

式中：$A_s$——钢管的截面面积(管壁厚度为 $t$)；

$A_c$——核芯混凝土的截面面积($\pi d_c^2/4$)。

当 $d_c \gg t$ 时，近似取 $\mu_t = 4t/d_c$。在工程中实际使用的钢管体积配筋率一般为 $\mu_t = 0.04 \sim 0.20$，$\lambda_t = 0.2 \sim 4$。

钢管混凝土短柱轴心受压的平均应力-应变曲线如图 7-12 所示，其反映了不同阶段钢管混凝土短柱的受力特点[7-21,7-22]。

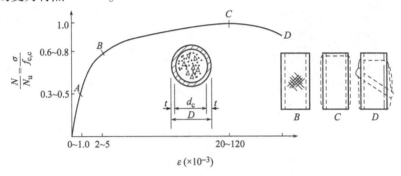

图 7-12  钢管混凝土的轴力-应变曲线[7-22]

试件在加载初期($\sigma/f_{c,c} \leq 0.3 \sim 0.5$)处于弹性阶段($OA$ 段)，钢管和混凝土的应力都较小。由于钢材的泊松比大于混凝土，钢管的横(径)向膨胀变形略大，若其与混凝土粘结良好，将对核芯混凝土施加径向拉力，但拉力值很小。此时，纵向轴压力由钢管和混凝土共同承受。

增大荷载，钢管混凝土的轴向应力继续增加，应变的发展稍快，曲线微凸。当混凝土的横向变形(或泊松比)超过钢管时，将对钢管施加径向挤压应力[$\sigma_r$，图 7-13a)]，使钢管在承受纵向压应力 $\sigma_z$ 的同时还承受均匀的切向拉应力 $\sigma_t$。径向压应力值很小($\sigma_r \ll \sigma_z \smallsetminus \sigma_t$)。

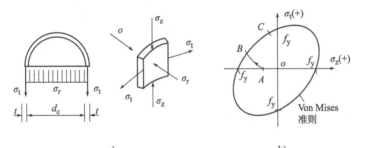

a)                                              b)

图 7-13  钢管的应力状态和应力途径[7-22]

a)应力状态；b)破坏包络图和应力途径

当钢管达到初始屈服时[图 7-13b)中的 $B$ 点，应力途径为 $AB$]，核芯混凝土处三轴受压状态($\sigma_r,\sigma_z,\sigma_t < |f_3|$)，尚有承载余量。此时，钢管表面出现屈服线(剪切滑移线，图 7-12)，但外形无明显变化。

此后，钢管进入塑性阶段($BC$ 段，$N/N_u \geq 0.6 \sim 0.8$)，试件的纵向应变增长很快，钢管的应力则沿着屈服包络线[一般取 Von Mises 准则，图 7-13b)]运动，即纵向压应力 $\sigma_z$ 减小，切向拉应力 $\sigma_t$ 增大。钢管本身的纵向承载力减小，但切向应力增大了其对核芯混凝土的约束应力

$(\sigma_r = 2t\sigma_t/d_c)$，提高了混凝土的三轴抗压强度，试件的总承载力仍能继续增加。

当钢管混凝土的总承载力达最大值时($C$点)，得到试件的极限轴力$N_u$。$C$点之后，混凝土的纵向应力逐渐减小，钢管的切向应力虽有少量增加，但纵向应力的减小使得总承载力逐渐降低，形成曲线的下降段。最终，试件周边出现很明显的鼓凸或皱曲($D$点)。

钢管混凝土的应力-应变曲线和峰值应变$\varepsilon_{pc}$随约束指标$\lambda_t$的变化如图7-14所示。可以看出，约束指标越大，钢管初始屈服后的塑性变形($BC$段)越大，曲线的斜率越缓，峰值应变几乎与软钢的拉伸变形属同一数量级，即钢管混凝土的(受压)延性很好。

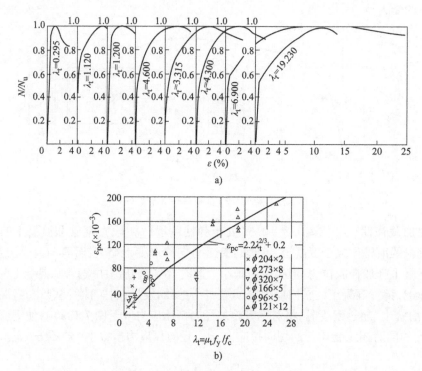

图7-14　约束指标对钢管混凝土性能的影响
a)$N/N_u$-$\varepsilon$曲线；b)峰值应变

## 7.4.2　极限强度

钢管混凝土的极限抗压强度即为平均约束混凝土强度$f_{c,c}$，其随约束指标$\lambda_t$的增加而提高，试验结果如图7-15所示，理论值计算式为：

$$f_{c,c} = \frac{N_u}{A_c} = \frac{1}{A_c}(\sigma_{cp}A_c + \sigma_{zp}A_s) \tag{7-22}$$

式中：$\sigma_{cp}$、$\sigma_{zp}$——极限轴力$N_u$作用下核芯混凝土和钢管的纵向压应力；

$A_c$、$A_s$——核芯混凝土和钢管的截面面积计算式为：

$$\left.\begin{array}{l} A_c = \dfrac{\pi}{4}d_c^2 \\[2mm] A_s = \dfrac{\pi}{4}(D^2 - d_c^2) \approx \pi d_c t = \mu_t A_c \end{array}\right\} \tag{7-23}$$

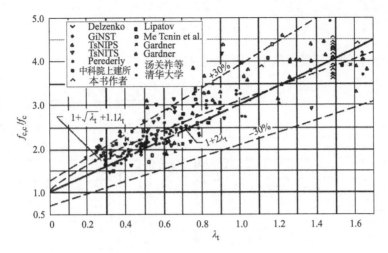

图 7-15　钢管混凝土的极限强度[7-22]

此时,核芯混凝土的侧向约束压应力为:

$$\sigma_r = \frac{2t\sigma_{tp}}{d_c} = \frac{\mu_t \sigma_{tp}}{2} \tag{7-24}$$

式中:$\sigma_{tp}$——$N_u$ 作用时钢管的切向拉应力,它与纵向压应力 $\sigma_{zp}$ 的关系符合二维的 Von Mises 准则[图 7-13b)]:

$$\sigma_{tp}^2 + \sigma_{zp}^2 + (\sigma_{tp} - \sigma_{zp})^2 = 2f_y^2 \tag{7-25}$$

相应的三轴抗压应力表达为:

$$\sigma_{cp} = f_c[1 + c(\sigma_r)] = f_c[1 + c'(\sigma_{tp})] \tag{7-26}$$

式中:$c$、$c'$——$\sigma_r$ 和 $\sigma_{tp}$ 的混凝土三轴抗压强度系数,文献[7-22]建议取为:

$$c(\sigma_r) = 1.5\sqrt{\sigma_r/f_c} + 2\sigma_r/f_c \tag{7-27}$$

将这些公式代入式(7-22)后简化成

$$\left.\begin{aligned} f_{c,c} &= f_c\Big[1 + c'(\sigma_{tp}) + \lambda_t \frac{\sigma_{zp}}{f_y}\Big] \\ \text{或} & \\ f_{c,c} &= f_c(1 + \alpha \cdot \lambda_t) \end{aligned}\right\} \tag{7-28}$$

在两种极端情况下,钢管混凝土的抗压强度如下。

(1)纵向受力,钢管和混凝土各自达到单轴抗压强度 $\sigma_{zp} = f_y$ 和 $\sigma_{cp} = f_c$,钢管切向拉应力 $\sigma_{tp} = 0$,混凝土侧向约束压应力 $\sigma_r = 0$,有

$$f_{c,c,1} = f_c(1 + \lambda_t) \tag{7-29a}$$

(2)钢管的切向达到屈服 $\sigma_{tp} = f_y$,但纵向压应力 $\sigma_{zp} = 0$,核芯混凝土的约束应力为最大 $\sigma_{r,\max} = \mu_t f_y/2$,有

$$f_{c,c,2} = f_c(1 + \alpha_{\max} \lambda_t) \tag{7-29b}$$

若式(7-26)中的 $c(\sigma_r)$ 按 Richart 公式取值,可得 $\alpha_{\max} = 2$。

约束指标($\lambda_t$)已知的钢管混凝土,达到极限轴力($N_u$)时的应力状态处于上述两极端情况之间。根据式(7-28)使 $\sigma_{zp}$ 或 $\sigma_{tp}$ 的一阶导数为零,可求得极限轴力时的钢管应力[$\sigma_{zp}$ 和 $\sigma_{tp}$,图 7-16a)],并得到式中的参数 $\alpha$[图 7-16b)]:

$$\alpha = 1.1 + \frac{1}{\sqrt{\lambda_t}} \tag{7-30a}$$

代入式(7-28),建立钢管混凝土极限强度的计算式:

$$f_{c,c} = f_c(1 + \sqrt{\lambda_t} + 1.1\lambda_t) \tag{7-30b}$$

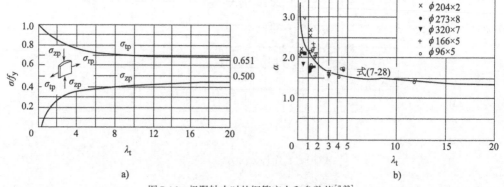

图 7-16　极限轴力时的钢管应力和参数值[7-22]

a)钢管应力 $\sigma_{zp}$ 和 $\sigma_{tp}$;b)$\alpha$ 值

对比理论值与试验结果[图 7-16b)和图 7-15]可知:在约束指标 $\lambda_t = 0.2 \sim 3.0$ 的范围内,计算值误差小于 $\pm 19\%$ 。

计算结果[图 7-16a)]表明,当钢管混凝土的约束指标很小($\lambda_t < 0.28$)时,试件达极限轴力时钢管切向应力达单轴抗拉强度 $f_y$,纵向应力 $\sigma_{zp} = 0$。随着约束指标 $\lambda_t$ 的增大,试件达极限轴力时的钢管切向应力 $\sigma_{tp}$ 减小,纵向应力 $\sigma_{zp}$ 增大。当 $\lambda_t$ 很大时,钢管应力的收敛值为 $\sigma_{tp} = 0.651f_y$,$\sigma_{zp} = 0.50f_y$。

### 本章参考文献

[7-1]　King J W H. Some investigation of the effect of core size and steel and concrete quality in short reinforced concrete columns[J]. Magazine of Concrete Research,1949(2).

[7-2]　Soliman M T M, Tu C W. The flexural stress-strain relationship of concrete confinedby rectangular transverse reinforcement[J]. Magazine of Concrete Research, 1967, 19 (61): 223-238.

[7-3]　Iyengar RKTS,Desayi P,Reddy K N. Stress-strain characteristics of concrete confined in steel binders[J]. Magazine of Concrete Research,1970,22(72): 173-184.

[7-4]　Sargin M. Stress-Strain Relationships for Concrete and the Analysis of Structural Concrete Sections[D]. Waterloo:University of Waterloo,1971.

[7-5]　SheikhS A,Uzumeri S M. Strength and Ductility of Tied Concrete Columns[J]. ASCE,1980, 106(ST5).

[7-6]　林大炎,王传志.矩形箍筋约束的混凝土应力-应变全曲线研究[M]//清华大学抗震抗爆工程研究室.科学研究报告集　第3集 钢筋混凝土结构的抗震性能.北京:清华大学

出版社,1981:19-37.

[7-7] 过镇海,张秀琴,翁义军.箍筋约束混凝土的强度和变形[C]∥城乡建设部抗震办公室, 等.唐山地震十周年中国抗震防灾论文集.北京,1986:143-150.

[7-8] 罗苓隆,过镇海.箍筋约束混凝土的受力机理及应力-应变全曲线的计算[M]∥清华大 学抗震抗爆工程研究室.科学研究报告集第6集混凝土力学性能的试验研究.北京:清 华大学出版社,1996:202-223.

[7-9] 中华人民共和国国家标准.混凝土结构设计规范(2015年版):GB 50010—2010.北京: 中国建筑工业出版社,2015.

[7-10] Mochle J P,Cavanagh T. Confinement Effectiveness of Cross Ties in Reinforced Concrete [J]. ASCE,1985,111(ST10).

[7-11] 马宝民.具有不同箍筋形式的钢筋混凝土柱抗震性能的试验研究[D].北京:清华大 学,1983.

[7-12] Sheikh S A,Uzumeri S M. Analytical Model for Concrete Confinement in Tied Columns[J]. ASCE,1982,108(ST12).

[7-13] Kent DC,Park R. Flexural Members with Confined Concrete[J]. ASCE,1971,97(ST7): 1969-1990.

[7-14] Comite Euro-International du Beton. Bulletin D′information No. 213/214 CEB-FIP Model Code 1990 (Concrete Structures)[S]. Lausanne,May 1993.

[7-15] 张秀琴,过镇海,王传志.反复荷载下箍筋约束混凝土的应力-应变全曲线方程[J].工 业建筑,1985(12): 16-20.

[7-16] 王传志,滕智明.钢筋混凝土结构理论[M].北京:中国建筑工业出版社,1985.

[7-17] 中国建筑科学研究院,译.美国钢筋混凝土房屋建筑规范(1992年公制修订版):ACI 318M-89[S].北京: 1993.

[7-18] Gardner N J,Jacobson E R. Structural Behavior of Concrete Filled Steel Tubes[J]. ACI, 1967,64(7): 402-412.

[7-19] Park K B. Axial Load Design for Concrete Filled Steel Tubes[J]. ASCE,1970,96(ST10).

[7-20] 钟善桐,王用纯.钢管混凝土轴心受压构件计算理论的研究[J].建筑结构学报,1980 (1): 61-71.

[7-21] 汤关祚,招炳泉,竺惠仙,等.钢管混凝土基本力学性能的研究[J].建筑结构学报,1982 (1): 13-31.

[7-22] 蔡绍怀,焦占栓.钢管混凝土短柱的基本性能和强度计算[J].建筑结构学报,1984 (6): 13-29.

[7-23] 蔡绍怀.钢管混凝土结构的计算和应用[M].北京:中国建筑工业出版社,1989.

[7-24] 钟善桐.钢管混凝土结构[M].哈尔滨:黑龙江科学技术出版社,1994.

[7-25] 韩林海,钟善桐.钢管混凝土力学[M].大连:大连理工大学出版社,1996.

[7-26] 钢管混凝土短柱作为防护结构构件的性能[R]∥抗爆结构研究报告 第一集 结构材料 的动力性能及其强度计算.1971:42-59.

# 第8章

# 正常使用状态的混凝土力学性能

## 8.1 概　述

混凝土结构和构件除应按照承载能力极限状态进行设计外,尚应进行正常使用极限状态的验算,以满足结构的正常使用功能和耐久性要求。对于一般常见的工程结构,正常使用极限状态验算主要包括裂缝控制验算和变形验算,以及保证结构耐久性的设计和构造措施等方面。

## 8.2　裂缝宽度验算

### 8.2.1　裂缝的成因及控制

混凝土的抗拉强度 $f_t$ 很低,引起很小的拉应变(约 $100 \times 10^{-6}$)就可能出现裂缝。混凝土结构在建造期间和使用期间,因为材料质量、施工工艺、环境条件和荷载作用等都可能使结构表面出现肉眼可见的裂缝。在设计普通混凝土结构(不施加预应力)时就预知,在正常条件下,结构将带裂缝工作,因此需要对混凝土的裂缝进行验算和控制。这是其他材料(如钢、木、甚至砖砌体等)结构所不遇的特殊问题。

大量工程实践中发现,钢筋混凝土结构的裂缝形态多样,发展程度有别,形成裂缝的主要原因可分作两类。

1)荷载作用

承受拉(轴)力、弯矩、剪力和扭矩的钢筋混凝土构件都可能出现垂直于主拉应力方向的裂缝[图8-1a)、b)][8-1];在轴压力或压应力作用下也可能产生裂缝[图8-1c)],发生受压裂缝时,混凝土的应变值一般都超过了单轴受压峰值应变 $\varepsilon_p$,临近破坏,使用阶段中应予避免。

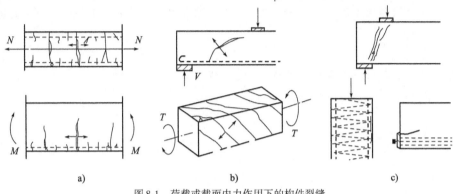

图8-1 荷载或截面内力作用下的构件裂缝

a)轴拉力和弯矩;b)剪力和扭矩;c)压力

2)施工、构造和环境条件等非荷载因素

混凝土在硬化过程中,由于干燥收缩会引起体积变化。一般来说,水灰比越大、水泥强度越高、骨料越少、环境温度越高、表面失水越大,则其收缩值越大,也越容易产生收缩裂缝[8-2]。当配制混凝土的水泥质量有问题(如安定性差),养护不足或者失水(干燥)过快时,有较大表面积的构件常出现比较普遍的、不规则的收缩裂缝;构件主筋和箍筋保护层过薄,可能形成沿钢筋轴线的裂缝(图8-2)。这类裂缝的宽度一般较小(0.05~0.1mm),且深度浅,只及截面的表层。

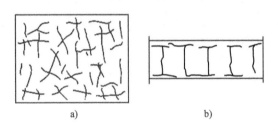

图8-2 收缩裂缝

a)板表面;b)梁箍筋外侧

当环境温湿度发生变化,混凝土体积的胀缩受到周围约束的限制时,在混凝土内产生温度应力。大体积的混凝土坝、闸墩、闸墙突然遇到短期内大幅度的降温,如寒潮的袭击,产生较大的内外温差,引起较大的温度应力,而使混凝土开裂。混凝土烟囱、核反应堆容器、海下石油储罐等承受高温的结构,也会产生温差引起的裂缝[8-1]。

结构的基础有不均匀沉降时,结构构件受到强迫变形,在结构内产生附加应力,或内力重分布,并形成裂缝;这种裂缝多出现在混凝土表面,沿主筋或箍筋通长方向分布[8-2]。

此外,混凝土碱-骨料反应、碳化收缩及钢筋锈蚀等化学反应都会引起混凝土结构产生裂缝[8-3]。

混凝土结构出现裂缝,空气中的二氧化碳、二氧化硫等有害气体、酸性媒介以及雨水、施工污水等杂质成分,都会沿着这些缝隙渗入混凝土内部,导致钢筋骨架的锈蚀,加快碳化速度,引起构件耐久性问题,缩短建筑物的使用寿命[8-4]。有些裂缝还会破坏结构的整体性,降低构件的刚度,影响结构的承载能力[8-5]。同时,裂缝的显现和发展还会使人们心理产生不安全感。

我国规范规定[8-6],在设计钢筋混凝土构件时,应根据其使用要求确定控制裂缝的 3 个等级[8-7]。

一级——严格要求不出现裂缝的构件,按荷载标准组合计算时,构件受拉边缘混凝土不应产生拉应力,即:

$$\sigma_{ck} - \sigma_{pc} \leq 0 \tag{8-1a}$$

二级——一般要求不出现裂缝的构件,按荷载标准组合计算时,构件受拉边缘混凝土拉应力不应大于混凝土抗拉强度的标准值,即:

$$\sigma_{ck} - \sigma_{pc} \leq f_{tk} \tag{8-1b}$$

式中:$\sigma_{ck}$、$\sigma_{pc}$——荷载标准组合下抗裂验算边缘的混凝土法向应力、扣除全部预应力损失后在抗裂验算边缘混凝土的预压应力;

$f_{tk}$——混凝土轴心抗拉强度标准值。

三级——允许出现裂缝的构件,计算的最大裂缝宽度 $\omega_{max}$ [式(8-1c)]不得超过允许值,即:

$$\omega_{max} \leq \omega_{lim} \tag{8-1c}$$

裂缝宽度的允许值 $\omega_{lim}$ 依据构件的工作环境类别、荷载性质(静力、振动)和所用钢筋的种类等确定,一般取 $0.2 \sim 0.4mm$,详见设计规范[8-6]。

当然,要求一级和二级控制裂缝的构件,采用普通钢筋混凝土很难满足,即使能做到,也极不经济。一般应采用预应力混凝土来满足,用式(8-1a)、式(8-1b)计算时,左边的混凝土应力值应该扣除有效的预压应力值。普通钢筋混凝土结构一般都属三级。

其他国家的设计规范中,对混凝土裂缝的控制与上述大同小异。例如模式规范 CEB-FIP MC90 将环境条件定为 5 个暴露等级,分别限制截面上不出现拉应力,或者计算最大裂缝宽度小于允许值 $\omega_{lim}$,一般为 $0.2 \sim 0.3mm$。ACI 规范[8-8]对计算最大裂缝宽度的限制为 $0.4mm$(室内构件)或 $0.33mm$(室外构件)。有些国家根据研究结果认为,混凝土裂缝宽度的限制值可放宽至 $0.4 \sim 0.5mm$[8-9]。

### 8.2.2　构件的开裂内力

已知构件的截面尺寸和材料,确定其开裂时的内力(轴力和弯矩),是验算构件是否出现裂缝并计算开裂构件的裂缝间距和宽度所必需的。

轴心受拉构件在工程中常见的例子有桁架的拉杆、圆形水池和水管的环向等。构件一般为对称配筋,混凝土开裂时的轴力为:

$$N_{cr} = f_t \left( A_c + \frac{n}{\lambda_t} A_s \right) = f_t A_0 \tag{8-2}$$

式中:$f_t$——混凝土的抗拉强度;

$A_0$——换算截面面积;

$A_c$——混凝土的截面面积;

$A_s$——钢筋面积；

$n$——钢筋弹性模量与混凝土受拉初始弹性模量之比；

$\lambda_t$——混凝土受拉变形塑性系数。

当按式(8-1)的要求限制混凝土出现裂缝时，在轴力 $N$ 作用下的混凝土拉应力(即式左项)取

$$\sigma_{sc},\sigma_{tc} = \frac{N}{A_0} \tag{8-3}$$

由于影响混凝土开裂的因素较多，混凝土抗拉强度的离散度较大，在工程应用中采用近似方法计算开裂弯矩已足够准确。

先讨论素混凝土梁的开裂弯矩(图8-3)。临近混凝土开裂前，梁的截面保持平截面变形。假设混凝土的最大拉应变达两倍轴心受拉峰值应变 $\varepsilon_{t,p}$ 时，即将开裂。此时拉区应力分布与轴心受拉应力-应变全曲线相似，压区混凝土应力很小，远低于其抗压强度，仍接近三角形分布。将截面应力图简化为拉区梯形、最大拉应力值为 $f_t$ 和压区三角形、最大压应力值为 $\frac{x}{h-x}2f_t$。建立水平力的平衡方程：

$$\frac{1}{2}bx \cdot \frac{x}{h-x}2f_t = \frac{3}{4}b(h-x)f_t \tag{8-4}$$

解得受压区高度 $x = 0.464h$，顶面最大压应力为 $1.731f_t$。由此即可计算截面开裂弯矩，得：

$$M_{cr} = 0.256f_t bh^2 \tag{8-5}$$

如果按弹性材料计算，即假设应力图为直线分布[图8-3e)]，素混凝土梁开裂(即断裂)时的名义弯曲抗拉强度 $f_{t,f}$(或称断裂模量)为：

$$f_{t,f} = \frac{M_{cr}}{bh^2/6} \approx 1.536f_t \tag{8-6}$$

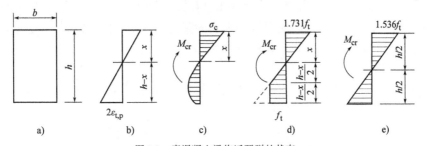

图8-3 素混凝土梁临近开裂的状态
a)截面；b)应变分布；c)应力分布；d)计算应力图；e)弹性应力图

它和混凝土轴心抗拉强度的比值称为截面抵抗矩塑性影响系数基本值，规范[8-6]中取整为：

$$\gamma_m = \frac{f_{t,f}}{f_t} = 1.55 \tag{8-7}$$

截面抵抗矩塑性影响系数基本值 $\gamma_m$ 的数值，不仅取决于非线性的应力图，还随截面应变梯度、截面形状、配筋率等因素而变化。

非矩形截面，如 T 形、工形、圆形和环形等，因中和轴位置和拉、压区面积的形状不同而有不等的 $\gamma_m$ 值，一般在 $1.25 \sim 2.0$ 之间[8-10]。

构件截面的高度 $h$ 增大,混凝土开裂时的应变梯度 $(3.73\varepsilon_{t,p}/h)$ 减小,塑性系数随之减小。反之,截面高度减小(如板),塑性系数有较大增长[8-11]。文献[8-12]和规范[8-6]建议对构件的截面抵抗矩塑性影响系数 $\gamma$ 按截面高度 $(h,mm)$ 加以修正:

$$\gamma = \left(0.7 + \frac{120}{h}\right)\gamma_m \tag{8-8}$$

式中,$h$ 的取值为 $400mm \leqslant h \leqslant 1600mm$。

钢筋混凝土梁,受拉区临开裂时的应变值很小,压区应力接近于三角形,拉区改用名义弯曲抗拉强度 $f_{t,f}$ 后,可以用换算截面法计算开裂弯矩。梁内的受拉和受压钢筋,按弹性模量比 $n = E_s/E_0$ 换算成等效面积 $nA_s$ 和 $nA_s'$ 后,看作均质弹性材料计算换算截面面积 $A_0$、中和轴位置或受压区高度 $x$,以及惯性矩 $I_0$ 和受拉边缘的截面抵抗矩 $W_0 = I_0/(h-x)$ 等。在截面内力[即弯矩 $M$ 和轴力 $N$(拉为正,压为负)]作用下,受拉边缘混凝土的应力为:

$$\sigma_c = \frac{M}{W_0} + \frac{N}{A_0} \tag{8-9a}$$

既可用于式(8-1a)、式(8-1b)验算裂缝的出现,也可使 $\sigma_c = f_{t,f} = \gamma_m f_t$(式 8-7)后,确定构件的开裂内力 $M_{cr}$ 和 $N_{cr}$。例如,受弯构件 $(N=0)$ 的开裂弯矩为:

$$M_{cr} = \gamma_m W_0 f_t \tag{8-9b}$$

试验结果表明,这样计算的误差不大。其他一些设计规范采用了同样的方法,限制混凝土的拉应力[8-13]或计算开裂内力。

### 8.2.3 裂缝机理分析

钢筋混凝土构件出现受拉裂缝 $(N_{cr} < N, M_{cr} < M)$ 后,裂缝的数量逐渐增多,间距减小,宽度加大。由于影响混凝土裂缝发展的因素众多,以及混凝土的非匀质性和材性的离散度较大,裂缝的开展和延伸有一定随机性,使得构件表面的裂缝状况变异性大,对其准确地认识和分析的难度也大,出现了多种不同的观点和相应的计算方法。

1)粘结-滑移法

最早从钢筋混凝土轴心受拉杆的试验研究中提出了粘结-滑移法[8-14],以后的研究[8-15~8-20]遵循其基本概念加以补充和修正。

拉杆受力后,临近开裂 $(N \to N_{cr})$ 前,混凝土和钢筋的应变值相等,应力分别为 $\sigma_c \approx f_t$ 和 $\sigma_s = nf_t/\lambda_t$。二者沿轴线均为常值,粘结应力 $\tau = 0$[图 8-4b)中的点划线 - ],无相对滑移。

当构件的最薄弱截面上出现首批裂缝[图 8-4a)中①]时,裂缝间距很大。裂缝截面混凝土退出工作 $(\sigma_c = 0)$,全部轴力由钢筋承担,应力突增至 $\sigma_s = N_{cr}/A_s$,裂缝两侧的局部发生相对滑移。此时,钢筋和混凝土的(截面平均)应力沿轴线发生变化。在二者的界面产生相应的粘结应力分布,如图 8-4b)中实线①所示。

离裂缝①的一段距离 $(l_{min})$ 之外,混凝土的应力仍维持 $\sigma_c = f_t$。相应地,钢筋应力和粘结应力也都和裂缝出现之前相同。这一段长度称为粘结长度或应力传递长度,可根据平衡条件[图 8-4b)]确定。若钢筋和混凝土间的平均粘结应力取为 $\tau_m$,则:

$$l_{min} = \frac{f_t A_c}{\tau_m \pi d} = \frac{d}{4\mu} \frac{f_t}{\tau_m} \tag{8-10}$$

式中：$\mu$——截面配筋率，$\mu = A_s / A_c$。

在裂缝①两侧各 $l_{min}$ 范围内，混凝土的应力 $\sigma_c < f_t$，一般不会再出现裂缝。而在此粘结长度范围之外的各截面都有可能出现第二批裂缝②，同样也发生在薄弱截面。裂缝②出现后，钢筋和混凝土的应力，以及粘结应力沿轴线的变化与裂缝①出现时相似，如图 8-4c) 中曲线②所示。如果相邻裂缝的间距 $< 2l_{min}$，其间混凝土的拉应力必为 $\sigma_c < f_t$，一般不再出现裂缝。可见，相邻裂缝间距离的最小值为 $l_{min}$，而最大值为 $2l_{min}$。试件的实际裂缝间距有较大离散性，平均间距为：

$$l_m \approx 1.5 l_{min} \tag{8-11}$$

根据上述分析，混凝土受拉裂缝的间距主要取决于混凝土的抗拉强度、钢筋的配筋率与直径，以及二者间的平均粘结应力等。试验中还发现，不同强度等级的混凝土，其中 $f_t / \tau_m$ 比值的变化幅度小，可近似取为一常数；当 $\mu$ 很大（即 $d/\mu$ 很小）时，裂缝间距趋于一常值；变形钢筋比光圆钢筋的粘结应力（强度）高，平均裂缝间距约小 30%。因此，受拉裂缝平均间距的计算式修正为：

$$l_m = \left( k_1 + k_2 \frac{d}{\mu} \right) \nu \tag{8-12}$$

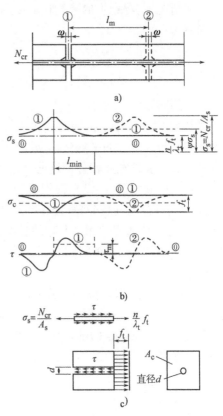

图 8-4 拉杆的开裂和应力分布
a) 裂缝；b) 平衡条件；c) 应力分布

式中：$k_1$、$k_2$——试验数据回归分析所得参数值，如文献 [8-20] 建议取 $k_1 = 70mm$，$k_2 = 1.6$；

$\nu$——对光圆钢筋取为 1.0，对变形钢筋取为 0.7。

受弯构件的受拉区混凝土裂缝，同样可用上述方法推导裂缝平均间距的计算式。它与式 (8-12) 形式相同，式中参数的回归值则有不同值，如文献 [8-19] 建议取 $k_1 = 60mm$，$k_2 = 0.6$，而文献 [8-16] 建议 $k_1 = 60mm$，$k_2 = 2f_t / \tau_m$ 等。

粘结-滑移法假设构件开裂后横贯截面的裂缝宽度相同，即在钢筋附近和构件表面的裂缝宽度相等 [图 8-4a)]。所以，裂缝宽度应该是裂缝间距范围内钢筋和混凝土的受拉伸长差。二者的应变（应力）沿轴线分布不均匀，若平均应变分别为 $\bar{\varepsilon}_s$ 和 $\bar{\varepsilon}_c$，则平均的裂缝宽度为：

$$\omega_m = (\bar{\varepsilon}_s - \bar{\varepsilon}_c) l_m \tag{8-13}$$

裂缝间钢筋的平均应变 $\bar{\varepsilon}_s$ 小于裂缝截面上的钢筋应变 $\varepsilon_s = \sigma_s / E_s$，其比值称为裂缝间受拉钢筋应变的不均匀系数：

$$\psi = \frac{\bar{\varepsilon}_s}{\varepsilon_s} = \frac{\bar{\varepsilon}_s E_s}{\sigma_s} \leqslant 1.0 \tag{8-14}$$

一般情况下,混凝土的平均拉应变远小于钢筋拉应变,可忽略不计。故裂缝平均宽度的计算式简化为:

$$\omega_{\mathrm{m}} = \psi \frac{\sigma_{\mathrm{s}}}{E_{\mathrm{s}}} l_{\mathrm{m}} \tag{8-15}$$

2)无滑移法

按粘结-滑移法概念推导的受拉裂缝间距和宽度,主要取决于 $d/\mu$ 比值和 $\tau_{\mathrm{m}}$。变形钢筋和光圆钢筋与混凝土的平均粘结强度相差约 4 倍,对裂缝应有巨大影响。又假设了钢筋附近和构件表面的裂缝宽度相等。这些结论和假设与下述一些试验结果有较大出入。

一组矩形截面梁,配设光圆钢筋和变形钢筋的各 3 根[图 8-5a)][8-21,8-22]。各梁的截面相同,配筋率($\mu$)接近,但钢筋直径相差悬殊(31.8mm/12.7mm = 2.5)。在相同弯矩作用下量测各梁钢筋重心位置的表面裂缝宽度相差很小:0.208mm/0.196mm = 1.061 和 0.191mm/0.178mm = 1.073;光圆钢筋和变形钢筋梁的裂缝宽度比仅为 1.09~1.17,都与粘结-滑移法的结论相差很大。

另一组试件,4 根受拉杆的截面面积和配筋($d/\mu$)完全相同,但截面形状和钢筋的保护层厚度不等[图 8-5b)][8-23~8-25]。在相同的轴拉力作用下量测到试件相应位置的表面裂缝宽度相差很大,如 0.239mm/0.094mm = 2.54。

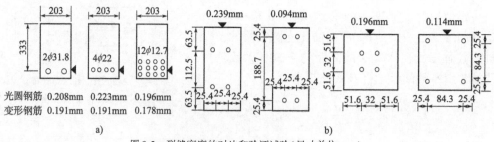

图 8-5　裂缝宽度的对比和验证试验(尺寸单位:mm)

a)梁试件[8-21];b)轴心受拉试件(4A12.7)[8-25]

此外,为了量测混凝土受拉裂缝的准确形状,研究人员设计了多种有效的试验方法,例如测定受拉试件的端面变形分布和相对位移[8-26],靠压力将树脂[8-27]注入裂缝。通过这些试验获得了混凝土受拉裂缝更详尽的信息(图 8-6),包括裂缝面的变形和裂缝宽度沿截面的变化、钢筋和混凝土相对滑移的分布、外表可见裂缝和内部裂缝及其纵向分布等。由此可引出裂缝形态的一些重要结论:

(1)裂缝表面是一个规则的曲面。裂缝宽度沿截面发生显著变化,在钢筋周界处的宽度最小,构件表面的裂缝宽度最大,二者相差 3~7 倍。注意:粘结-滑移法假设裂缝两侧为平行的平面[图 8-4a)]及裂缝沿截面等宽与此不符。

(2)钢筋周界处的裂缝宽度很小,表明钢筋和混凝土的相对滑移小。即使是光圆钢筋,相对滑移也很小。

(3)构件的受拉裂缝,除了表面上垂直于钢筋轴线的、间距和宽度都大的裂缝(或称主裂缝)外,还有自钢筋表面横肋处向外延伸的内部斜裂缝(或称次裂缝)。这些斜裂缝首先在张拉端或裂缝截面附近产生,随着钢筋应力的增大而逐渐沿轴线向内发展。裂缝的数量多,间距小,往外延伸,但未达构件表面。

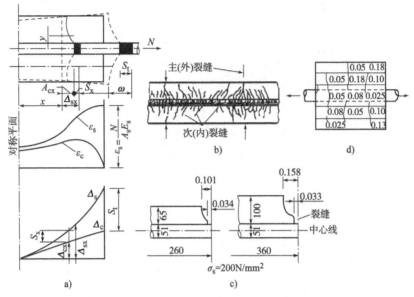

图8-6 受拉试件的变形和内外裂缝(尺寸单位:mm)

a)钢筋和混凝土的变形和相对滑移[8-9];b)内外裂缝分布[8-28];c)裂缝的宽度变化[8-28];d)内裂缝宽度[8-25]

(4)钢筋周围混凝土的变形状况复杂。靠近钢筋处的混凝土承受拉应力,如果不计内裂缝的局部影响,它沿纵向的分布与图8-4b)中的$\sigma_c$一致;靠近试件表面的混凝土在裂缝附近为压应力,沿纵向逐渐过渡,至相邻裂缝的中间截面为拉应力[图8-8d)]。混凝土沿截面内外的应变差是裂缝外宽内窄的根本原因。

上述试验以及其他更多的试验[8-9]都提出了对粘结-滑移法的质疑,并构成了无滑移法的基础。它认为截面配筋率$\mu$和钢筋直径对裂缝的间距和宽度影响很小;假设裂缝截面在钢筋和混凝土界面处的相对滑移很小,可予忽略,即此处裂缝宽度为零;构件表面裂缝的宽度随该点至钢筋的距离(或保护层厚度)成正比增大。

文献[8-24]分析了不同截面形状的轴心受拉杆和受弯梁的试验数据[图8-7a)],建议的计算式为:

平均裂缝间距 $\qquad l_m = 2t$

表面裂缝平均宽度 $\qquad \omega_m = l_m \bar{\varepsilon} = 2t\bar{\varepsilon}$ $\qquad\qquad\qquad$ (8-16)

裂缝最大宽度 $\qquad \omega_{max} = 2\omega_m = 4t\bar{\varepsilon}$

式中:$t$——构件表面上裂缝所在位置至最近的钢筋中心的距离;

$\bar{\varepsilon}$——平均应变。

文献[8-21]、[8-22]进行了大量的梁试验,量测到试件表面裂缝宽度的变化如图8-7b)所示,对平均的和最大的裂缝宽度提出了计算式:

变形钢筋 $\qquad \omega_m = 1.67c\bar{\varepsilon}, \quad \omega_{max} = 3.3c\bar{\varepsilon}$ $\qquad\qquad\qquad$ (8-17)

光圆钢筋 $\qquad \omega_m = 1.89c\bar{\varepsilon}, \quad \omega_{max} = 3.75c\bar{\varepsilon}$

式中:$c$——构件表面上裂缝所在位置至最近的钢筋表面的距离;

$\bar{\varepsilon}$——构件表面的计算平均应变;

$\omega_{max}$——离散的裂缝宽度中出现概率为1%的宽裂缝,约为平均宽度的2倍。

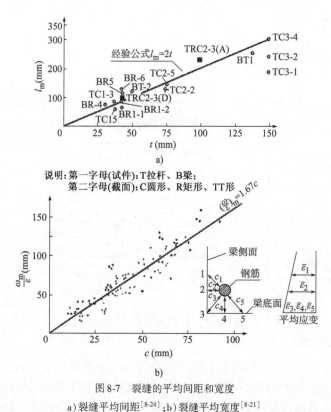

图 8-7　裂缝的平均间距和宽度

a) 裂缝平均间距[8-24]；b) 裂缝平均宽度[8-21]

这两组计算式(8-16)和式(8-17)的概念和结论相同,经验系数略有出入。

无滑移法把构件表面至钢筋的距离($t$ 或 $c$)作为影响裂缝间距和宽度的最主要因素,而唯一地引入计算式。更多的试验表明[8-9],这一结论对于 $c = 15 \sim 80\text{mm}$ 范围内的裂缝相符较好,也能解释拉杆和梁腹部离钢筋较远处的裂缝更宽的现象[图 8-1a)、图 8-9c)]。但是,试验中也发现,式(8-17)或式(8-18)对于 $c \leqslant 15\text{mm}$ 的情况,计算裂缝宽度偏小约 50%[8-29];而对 $c \geqslant 80\text{mm}$ 的情况,计算裂缝宽度普遍偏高,且 $c$ 值越大,偏高越多[8-30]。

3)综合分析

混凝土构件受拉裂缝的微观和细观现象都很复杂:裂缝区域的局部应力变化大;钢筋和混凝土间粘结应力分布和相对滑移的不确定性;影响裂缝的因素众多,且变化幅度大;裂缝的形成、开展和延伸受混凝土材料的非匀质控制,有一定随机性,等等,都使裂缝的间距和宽度有较大离散性。还由于试验量测的困难和数据的不完整,又加大了受拉裂缝理论分析的难度。

粘结-滑移法和无滑移法都对揭示混凝土受拉裂缝的规律作出了贡献。它们对于裂缝主要影响因素的分析和取舍各有侧重,都有一定试验结果支持。但它们计算式的形式和计算结果差别很大,又都不能完全地解释所有的试验现象和数据。进一步的研究将此两种方法合理地结合起来,既考虑构件表面至钢筋的距离($c$ 或 $t$)对裂缝宽度的重大作用,又修正钢筋界面上相对滑移和裂缝宽度为零的假设,计入粘结-滑移($d/\mu$)的影响[8-31],给出的裂缝平均间距的一般计算式为:

$$l_{\text{m}} = k_1 c + k_2 \frac{d}{\mu} \tag{8-18}$$

式中,参数 $k_1$ 和 $k_2$ 根据各自的试验数据确定[8-31,8-30,8-22];或者将裂缝宽度分解为 2 个[8-9]或

3 个[8-32]组成部分,分别求解后叠加。

综合已有研究成果,可对混凝土受拉裂缝的机理分析加以概括,先以轴心受拉构件为例说明(图 8-8)。

混凝土构件在轴心拉力( $N \geqslant N_{cr}$ )作用下产生裂缝。随着轴力的增大,裂缝数目增多,间距渐趋稳定,裂缝宽度则逐渐加宽。若裂缝平均间距为 $l_m = l_0(1 + \bar{\varepsilon}_s)$ ,略大于原长 $l_0$ 。裂缝面的变形、裂缝宽度沿截面高度( $h$ 或 $c$ )的变化,以及内部裂缝的形状和分布示意于图 8-8a)。

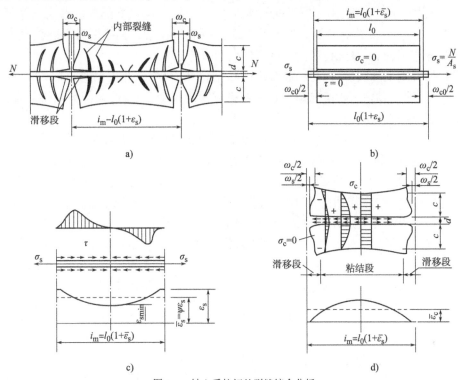

图 8-8 轴心受拉杆的裂缝综合分析

a)裂缝和变形示意;b)完全无粘结;c)钢筋的应力(变)分布;d)混凝土的应力(变)分析

此时,构件裂缝截面上混凝土应力 $\sigma_c = 0$ ,钢筋的应力和应变为 $\sigma_s = N/A_s$ 和 $\varepsilon_s = \sigma_s/E_s$ 。如果假设钢筋和混凝土之间完全无粘结( $\tau = 0$ ),二者可自由地相对滑移,钢筋的应力(变)沿纵向均匀分布,相邻裂缝间的总长度为 $l_0(1 + \varepsilon_s)$ ;周围混凝土开裂后自由收缩,应力均为零,长度仍为 $l_0$ [图 8-8b)]。所以裂缝面保持平直,裂缝宽度沿截面高度为一常值:

$$\omega_{c0} = \varepsilon_s l_m = \frac{N l_m}{A_s E_s} \tag{8-19}$$

称为无粘结裂缝宽度,也是裂缝宽度的上限。

试验证明,构件开裂后,只在裂缝截面附近的局部发生钢筋和周围混凝土的相对滑移,其余大部仍保持着良好的粘结。混凝土的粘结应力 $\tau$ 对钢筋的作用,使钢筋应力从裂缝截面处的最大值往内逐渐减小,至相邻裂缝的中间截面处达最小值[图 8-8c)]。钢筋的平均应力和应变为:

$$\bar{\sigma}_s = \psi \sigma_s , \quad \bar{\varepsilon}_s = \psi \varepsilon_s \tag{8-20}$$

式中: $\psi$ ——裂缝间受拉钢筋应变的不均匀系数( $\psi \leqslant 1$ )。

同理,钢筋对混凝土的粘结作用 $\tau$ 约束了相邻裂缝间混凝土的自由回缩,产生复杂的应力分布[图 8-8d)]。截面上混凝土的总拉力或平均拉应力在裂缝处为零,沿纵向往内逐渐增大,至相邻裂缝的中间截面达最大拉(应)力值。沿截面高度方向:在裂缝截面处混凝土应力全为零;在靠近裂缝截面上,钢筋周围附近为拉应力,往外逐渐减小,并过渡为压应力;离裂缝越远的截面上,钢筋周围的拉区逐渐扩大,压区减小,截面应力渐趋均匀;相邻裂缝的中间截面上,混凝土一般为全部受拉,且应力接近均匀。这一应力(变)状态,使得构件表面的混凝土纵向回缩变形大,裂缝($\omega_c$)较宽,钢筋周界处的混凝土回缩变形小,虽有局部滑移而裂缝很窄。裂缝宽度的差值($\omega_c - \omega_s$)有钢筋界面附近的内部斜裂缝相补偿。裂缝端面和裂缝宽度沿截面高度成曲线分布,表面混凝土在纵向也有弯曲变形。

如果构件混凝土开裂后,钢筋和混凝土的粘结仍然完好,无相对滑移($\omega_s = 0$),则裂缝宽度必为最小值,即下限。一般情况是钢筋在裂缝两侧处有少量滑移,大部分保持粘着,裂缝宽度必在上限和下限之间。

这说明,由于粘结力的存在和作用,钢筋约束了混凝土裂缝的开展。离钢筋越近,约束影响大,裂缝宽度越小;随着至钢筋距离($c$ 或 $t$)的增大,约束作用减弱,裂缝宽度增大(图 8-7);距离更远(如 $c > 80 \sim 100$mm)处,超出了钢筋的有效约束范围,裂缝宽度不再变化(当平均应变值相同时)。钢筋约束作用的大小取决于钢筋的直径和间距,以及和混凝土的粘结状况。这一机理分析可以解释上述许多现象[如图 8-1a)、图 8-5 等]。

梁的裂缝宽度可用同样的概念和方法加以分析(图 8-9)。梁在弯矩($M > M_{cr}$)作用下,截面压区高度为 $x$,拉区高度为 $(h - x)$,裂缝的平均间距为 $l_m$。先假设钢筋和混凝土之间完全无粘结($\tau = 0$),拉区的裂缝宽度必与该处至中和轴的距离 $y$(或平均应变 $\varepsilon_y$)成正比,即:

$$\omega_y = \varepsilon_y l_m = \frac{y}{x} \varepsilon_c l_m \tag{8-21a}$$

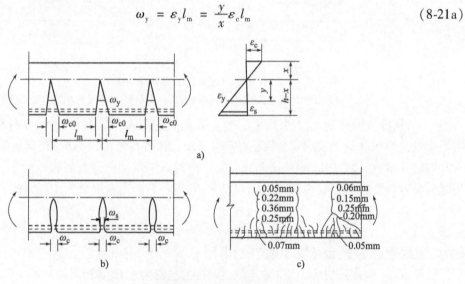

图 8-9  梁的裂缝分析(尺寸单位:mm)
a)完全无粘结($\tau = 0$);b)钢筋约束作用;c)T 形梁实测[8-9]

受拉边缘的最大裂缝宽度为:

$$\omega_{c0} = \frac{h - x}{x} \varepsilon_c l_m \tag{8-21b}$$

再考虑钢筋和混凝土间的粘结力作用。钢筋的约束使其周界处的裂缝宽度($\omega_s$)大大减小,截面高度其他位置的裂缝宽度因距钢筋越远、钢筋约束程度逐渐减弱而相应地减小。最后的裂缝宽度变化如图8-9b)所示,与试验量测结果[图8-9c)]相一致。

这也说明,在截面高度较大的梁腹部配设纵向钢筋,有利于约束裂缝的开展,试验中已经证实[8-33]。

### 8.2.4 裂缝宽度的计算

受拉和受弯的混凝土构件,在使用荷载作用下的裂缝宽度,各国参照已有的试验研究结果和分析提出了多种计算方法。虽然所取的主要影响因素一致,但计算式的形式各异,计算结果也有差别。

(1)我国设计规范[8-6]中的计算公式和方法[8-34,8-35]如下。构件受力后出现裂缝,在稳定阶段的裂缝平均间距[参照式(8-18)]取

$$l_{\mathrm{m}} = c_{\mathrm{f}}\left(1.9c + 0.08\frac{d_{\mathrm{eq}}}{\rho_{\mathrm{te}}}\right) \tag{8-22}$$

式中:$c_{\mathrm{f}}$——取决于构件内力状态的系数(表8-1);

$c$——最外层受拉钢筋的外边缘至截面受拉底边的距离;

$d_{\mathrm{eq}}$——受拉钢筋的等效直径,按式(8-23)计算。

$$d_{\mathrm{eq}} = \frac{\sum n_i d_i^2}{\sum \nu_i n_i d_i^2} \tag{8-23}$$

式中:$n_i$——第$i$种钢筋的根数;

$d_i$——第$i$种钢筋的直径;

$\nu_i$——相对粘结特性系数,其中带肋钢筋取$\nu_i = 1$,光圆钢筋取$\nu_i = 0.7$;

$\rho_{\mathrm{te}}$——按混凝土受拉有效截面面积($A_{\mathrm{te}}$,表8-1)计算的配筋比($A_{\mathrm{s}}/A_{\mathrm{te}}$),当$\rho_{\mathrm{te}} < 0.01$时,取$\rho_{\mathrm{te}} = 0.01$。

裂缝宽度的计算参数和系数值[8-34]

表8-1

| 构件受力状态 | 轴心受拉 | 偏心受拉 | 受弯、偏心受压 | 附　注 |
|---|---|---|---|---|
| $c_{\mathrm{f}}$ | 1.1 | 1.0 | 1.0 | $c_{\mathrm{c}} = 1 - \dfrac{\overline{\varepsilon}_{\mathrm{c}}}{\overline{\varepsilon}_{\mathrm{s}}} = 0.85,\quad c_{\mathrm{t}} = 1.5$ |
| $c_{\mathrm{p}}$ | 1.9 | 1.9 | 1.66 | |
| $a_{\mathrm{cr}}$ | 2.7 | 2.4 | 2.1 | |
| $A_{\mathrm{ce}}$ | $bh$ | $0.5bh$ | $0.5bh$ | 矩形截面 |
| $\sigma_{\mathrm{s}}$ | $N/A_{\mathrm{s}}$ | $N\left(e_0 + \dfrac{h}{2} - a'\right)\Big/A_{\mathrm{s}}(h_0 - a')$ | $M/(0.87A_{\mathrm{s}}h_0)$ | 偏心受压构件另行计算 |

在荷载的长期作用下,构件表面上的最大裂缝宽度[参照式(8-13)]为:

$$\omega_{\max} = c_{\mathrm{p}} c_{\mathrm{t}} (\overline{\varepsilon}_{\mathrm{s}} - \overline{\varepsilon}_{\mathrm{c}}) l_{\mathrm{m}} = c_{\mathrm{p}} c_{\mathrm{t}} c_{\mathrm{c}} \overline{\varepsilon}_{\mathrm{s}} l_{\mathrm{m}} \tag{8-24a}$$

以式(8-20)、式(8-22)代入后得:

$$\omega_{\max} = \alpha_{\mathrm{cr}} \psi \frac{\sigma_{\mathrm{s}}}{E_{\mathrm{s}}}\left(1.9c + 0.08\frac{d_{\mathrm{eq}}}{\rho_{\mathrm{te}}}\right) \tag{8-24b}$$

式中:$\alpha_{\mathrm{cr}}$——构件受力特征系数,计算公式为

$$\alpha_{cr} = c_p c_t c_c c_f$$

$c_p$——考虑混凝土裂缝间距和宽度的离散性所引入的最大缝宽与平均缝宽的比值，$c_p = \omega_{max}/\omega_m$，统计试验数据得其分布规律，按 95% 概率取最大裂缝宽时的比值，见表 8-1；

$c_t$——考虑荷载长期作用下，拉区混凝土的应力松弛和收缩、滑移的徐变等因素增大了缝宽的系数，试验结果为 $c_t = 1.5$；

$c_c$——裂缝间混凝土受拉应变的影响，$c_c = 1 - \bar{\varepsilon}_c/\bar{\varepsilon}_s$，试验结果为 0.85；

$\psi$——裂缝间受拉钢筋的应变不均匀系数。

受弯构件试验中实测的 $\psi$ 值随弯矩的变化如图 8-10 所示。构件刚开裂时($M_{cr}/M = 1$)$\psi$ 值最小，弯矩增大($M_{cr}/M$ 减小)后，$\psi$ 值渐增，钢筋屈服后，$\psi$ 值趋近于 1.0。其经验回归式为：

$$\psi = 1.1\left(1 - \frac{M_{cr}}{M}\right) \tag{8-25a}$$

将构件的开裂弯矩 $M_{cr}$ 用混凝土的抗拉强度 $f_t$ 表示，计算裂缝时的弯矩($M$)用截面上钢筋的配筋比 $\rho_{te}$ 和拉应力 $\sigma_s$ 表示，并作适当简化后即得[8-34]：

$$\psi = 1.1 - \frac{0.65f_t}{\rho_{te}\sigma_s} \tag{8-25b}$$

式中，$\rho_{te}$ 和 $\sigma_s$ 值按表 8-1 计算。

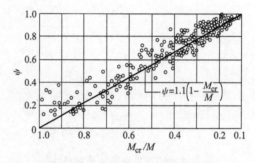

图 8-10　钢筋应变不均匀系数 $\psi$[8-34]

试验结果还证实式(8-25b)也适用于轴心受拉和偏心受拉、压构件。

(2)模式规范 CEB-FIP MC90 中，混凝土构件受拉裂缝的计算主要基于粘结-滑移法，给出了钢筋有效约束范围的裂缝宽度计算式。

若钢筋混凝土拉杆的配筋比为 $\rho_{te} = A_s/A_{te}$，钢筋和混凝土的弹性模量比 $n = E_s/E_c$。在拉杆临开裂($N \approx N_{cr}$)前，钢筋和混凝土分担的轴力为：

$$N_s = \frac{n\rho_{te}}{1 + n\rho_{te}}N_{cr}, \quad N_c = \frac{1}{1 + n\rho_{te}}N_{cr} \tag{8-26a}$$

则二者的应变相等，即 $\varepsilon_{sr1} = \varepsilon_{cr1}$。

$$\varepsilon_{sr1} = \frac{N_s}{E_s A_s}, \quad \varepsilon_{cr1} = \frac{N_c}{E_c A_{te}} \tag{8-26b}$$

式中：$A_{te}$——混凝土的有效截面面积(图 8-12)。

第一条裂缝刚出现时，裂缝截面上混凝土的应力(变)为零，全部轴力由钢筋承担，其应力和应变[图 8-11a)]为：

$$\sigma_{sr2} = \frac{N_{cr}}{A_s}, \quad \varepsilon_{sr2} = \frac{\sigma_{sr2}}{E_s} \tag{8-26c}$$

在裂缝截面两侧的粘结力传递长度 $l_s$ 以外,钢筋和混凝土的应力(变)状况仍与开裂前的相同。这段长度内的钢筋应力差由粘结力(平均粘结应力 $\tau_m$)平衡:

$$\pi d l_s \tau_m = A_s(\sigma_{sr2} - \sigma_{sr1}) = \frac{\sigma_{sr2} A_s}{1 + n\rho_{te}} \tag{8-26d}$$

所以

$$l_s = \frac{d}{4} \frac{\sigma_{sr2}}{\tau_m} \frac{1}{1 + n\rho_{te}} \approx \frac{d}{4} \frac{\sigma_{sr2}}{\tau_m} \tag{8-27}$$

式中:$\sigma_{sr2}$——构件刚开裂时($N_{cr}$)裂缝截面的钢筋应力。

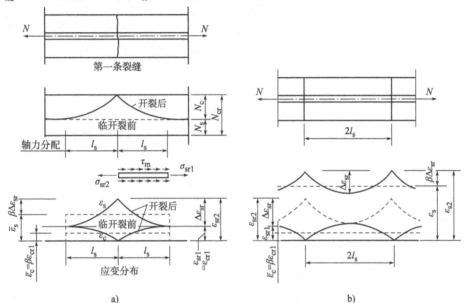

图 8-11 计算拉杆裂缝的应变分布图[8-13]

a)出现第一条裂缝($N \approx N_{cr}$);b)稳定裂缝($N > N_{cr}$)

钢筋在传递长度两端的应变差为 $\Delta\varepsilon_{sr} = \varepsilon_{sr2} - \varepsilon_{sr1}$。在此范围内,钢筋和混凝土的平均应变各为:

$$\overline{\varepsilon}_s = \varepsilon_{sr2} - \beta\Delta\varepsilon_{sr}, \quad \overline{\varepsilon}_c = \beta\varepsilon_{cr1} \tag{8-28}$$

则二者的应变差为:

$$\overline{\varepsilon}_s - \overline{\varepsilon}_c = (1 - \beta)\varepsilon_{sr2} \tag{8-29}$$

分布图形系数可取

$$\beta = 0.6 \tag{8-30}$$

轴力增大($N > N_{cr}$)后,构件的裂缝间距渐趋稳定,最大间距为 $2l_s$[图 8-11b]。此时裂缝截面的钢筋应力和应变为:

$$\sigma_{s2} = \frac{N}{A_s}, \quad \varepsilon_{s2} = \frac{\sigma_{s2}}{E_s} \tag{8-31}$$

假设相邻裂缝间混凝土的应力(变)分布与刚开裂时($N = N_{cr}$)的相同,平均应变仍为 $\overline{\varepsilon}_{c2} = \overline{\varepsilon}_c$;钢筋的应力(变)分布线与刚开裂时的相平行,最大应变差同样是 $\Delta\varepsilon_{sr}$。此时钢筋的

平均应变,以及它和混凝土的应变差则为:

$$\bar{\varepsilon}_{s2} = \varepsilon_{s2} - \beta\Delta\varepsilon_{sr} \tag{8-32a}$$

$$\bar{\varepsilon}_{s2} - \bar{\varepsilon}_{c2} = \varepsilon_{s2} - \beta\varepsilon_{sr2} \tag{8-32b}$$

于是,裂缝的最大宽度可按式(8-30)计算,并与限制值($\omega_{lim}$)作比较:

$$\omega_{max} = 2l_s(\varepsilon_{s2} - \beta\varepsilon_{sr2}) \leqslant \omega_{lim} \tag{8-33}$$

式中:$\varepsilon_{s2}$、$\varepsilon_{sr2}$——轴力为 $N$ 和 $N_{cr}$ 时裂缝截面的钢筋应变,见式(8-31)、式(8-26c)。

受弯构件的裂缝宽度也可用上述公式进行计算,只是截面上混凝土受拉有效面积的取法不同(图8-12)。还需注意在此面积范围外可能出现更大的裂缝。

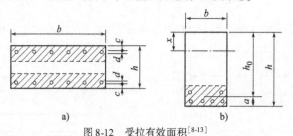

图8-12 受拉有效面积[8-13]

a)拉杆 $A_{te}/2 = 2.5(c + d/2)b < bh/2$;b)梁 $A_{te} = 2.5(h - h_0)b < b(h - x)/3$

(3)美国规范[8-8]对于控制受弯构件的裂缝宽度采用了更简单、直接的计算。经过对大量实测数据的统计[8-36],梁底面裂缝的最大宽度的回归式取

$$\omega_{max} = 11\beta\sigma_s\sqrt[3]{t_bA} \times 10^{-6}(mm) \tag{8-34}$$

式中:$\sigma_s$——裂缝截面的钢筋拉应力,$N/mm^2$,或取 $0.6f_y$;

$\beta = \dfrac{h - x}{h_0 - x}$,其值可取 1.2(梁)或 1.35(板);

$t_b$——最下一排钢筋的中心至梁底面的距离,mm;

$A = A_{te}/n$,其中 $A_{te}$ 为与受拉钢筋形心相重合的混凝土面积,$mm^2$,如图8-13所示;$n$ 为钢筋根数。

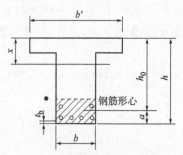

图8-13 裂缝宽度计算参数[8-8]

式(8-34)中考虑了梁底面的保护层厚度和每根钢筋的平均约束面积,实际上与无滑移的结论相似。

在规范[8-8]条款中引入一计算参数 $z$,将式(8-34)转换为:

$$z = \sigma_s\sqrt[3]{t_bA} = \frac{\omega_{max} \times 10^3}{11\beta}(MN/m) \tag{8-35a}$$

要求室内构件 　　　　　 $z = \sigma_s^3 \sqrt{t_b A} \leqslant 30\text{MN/m}$

室外构件 　　　　　　　 $z = \sigma_s^3 \sqrt{t_b A} \leqslant 25\text{MN/m}$ $\left.\rule{0pt}{20pt}\right\}$ 　　　　　 (8-35b)

分别相当于限制裂缝宽度为 0.4mm 和 0.33mm。

# 8.3 变形验算

## 8.3.1 构件的变形及其控制

1) 变形对结构的影响

在结构的使用期限内,各种荷载的作用都将产生相应的变形,如梁和板的跨中挠度、简支端的转角、柱和墙的侧向位移等。钢筋混凝土结构的材料主体是混凝土,和钢结构相比,它的强度低,故构件截面尺寸大,使用阶段的应变小,而且构件的节点和相互连接的整体性强。因而混凝土结构的总体刚度大、绝对变形小,实际工程中很少因变形过大而发生问题。

但是,随着混凝土结构的发展,出现一些新的情况。例如水泥质量和强度的提高,混凝土配制工艺的改进,使工程中采用的混凝土强度等级有较大提高;高强钢筋的采用降低了构件的配筋率,使用阶段的应变增大;结构的跨度加大或柱子的高度增加;为了减轻结构自重而采用多种空心或箱形截面、薄壁构件,等等。这些因素都使得结构(构件)在使用荷载作用下的变形增大,特别是在混凝土开裂后,以及荷载长期作用下混凝土发生徐变后,过大的变形可能影响结构的使用性能,甚至安全性。

构件的变形过大,可能对结构工程产生的不良影响有[8-37]:

(1)改变结构的内力或承载力。例如受压构件的附加偏心距增大,承载力下降;结构的刚度过小,在机械设备振动、移动荷载作用,或风振作用下的结构响应加剧。

(2)妨碍建筑物的使用功能。例如多层厂房结构的变形过大,影响精密仪器的操作精度、精密机床的加工精度、印刷机的彩色印刷质量等;吊车梁的变形影响吊车的正常运行和使用期限;屋面构件变形过大,撕裂防水层,构件下垂,表层积水,渗水。

(3)引起相连建筑部件的损伤。例如天花板和吊顶的下垂和开裂、支承的轻质隔墙的局部损伤和开裂、门窗和移动式隔墙的开启受阻。

(4)人们心理的不安全感。例如梁板的下垂和弯曲、柱的侧向偏斜、薄板的震颤等都可能引起人们的心理恐慌。有时这一因素起主导作用,即使结构的安全性和使用性能不成问题,也不得不采取措施加以解决。

所以,在设计混凝土结构时就应该对使用阶段的构件最大变形进行验算,并按允许值加以限制。我国设计规范[8-6]中规定,一般屋盖和楼层的梁、板允许挠度为其计算跨度 $l_0$ 的 1/300 ~ 1/200,吊车梁取 $l_0$ 的 1/600 ~ 1/500。美国规范[8-8]则按构件的不同工作情况,限制构件的挠度为跨度的 1/480 ~ 1/180,或者挠度的绝对值,以及限制柱和墙的倾斜角(弧度)等[8-37]。

此外,在超静定结构的内力分析时,为了建立变形协调条件,必须获知构件的刚度值及其变化,才能求解赘余未知力。在进行结构(如抗震结构)的非线性受力全过程分析时,要求构件各截面刚度(或曲率)的变化全过程。所以,构件的刚度或截面的弯矩-曲率关系直接影响结构的内力分布和重分布。

2）截面刚度和构件变形

确定一个钢筋混凝土构件的截面刚度及其变化过程,最简单、直接的方法是进行试验,量测其弯矩-曲率曲线。试件设计成一简支梁,中部施加对称的两个集中荷载,其间为纯弯段(剪力 $V=0$)。试件加载后发生弯曲变形,当拉区混凝土开裂后,裂缝逐渐开展和延伸,裂缝截面附近不再符合平面变形假设。如果沿试件的纵向取一定长度(如两条裂缝的间距范围内)量测平均应变,仍符合平面变形条件(图 8-14)。这样处理对于研究构件的总体挠度而言,误差很小。

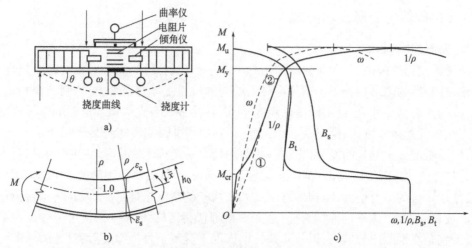

图 8-14  梁的弯矩-曲率关系

a)试件和量测仪表;b)平均应变和曲率;c)曲率和刚度的变化

在试件的纯弯段内布置应变计(或电阻片),量测截面顶部混凝土的平均压应变($\bar{\varepsilon}_c$)和受拉钢筋的平均拉应变($\bar{\varepsilon}_s$),计算截面的平均曲率:

$$\frac{1}{\rho} = \frac{\bar{\varepsilon}_c + \bar{\varepsilon}_s}{h_0} \tag{8-36}$$

式中: $\rho$——平均曲率半径;

$h_0$——截面有效高度。

平均曲率也可用其他仪器或传感器进行量测,如曲率仪($1/\rho = 8f/s^2$)、成对的倾角仪[$1/\rho = (\theta_1 + \theta_2)/s$]等。

根据试验量测结果绘制的适筋梁截面弯矩和平均曲率的典型关系曲线如图 8-14c)所示。曲线的变化反映了各阶段的受力特点。曲率的增长过程中可看到两个几何拐点:试件开裂后($M \geqslant M_{cr}$),曲率突增,曲线出现明显转折,斜率迅速减小。不久,裂缝处于平稳发展阶段,曲率的增长率减缓,即曲线斜率增大,形成拐点①;临近钢筋屈服($M_y$)时,曲率加速增长,曲线的斜率再次迅速减小,出现拐点②。

试验中量测了构件的跨中挠度 $\omega$,绘制的弯矩(或荷载)-挠度($M$-$\omega$)曲线,与弯矩-曲率($M$-$1/\rho$)曲线相似,只是曲线的斜率变化稍小,开裂弯矩 $M_{cr}$ 和钢筋屈服弯矩 $M_y$ 附近的曲线转折平缓些。

构件截面的曲率和弯矩的关系,在材料力学中对线弹性材料推导得:

$$\frac{1}{\rho} = \frac{M}{EI} = \frac{M}{B} \tag{8-37}$$

式中：$B$——截面的弹性弯曲刚度，$B = EI$；

　　$E$——材料的弹性模量；

　　$I$——截面的惯性矩。

钢筋混凝土构件的弯矩-曲率为非线性关系，可以根据 $M$-$1/\rho$ 曲线分别计算割线的和切线的截面平均弯曲刚度：

$$B_s = \frac{M}{1/\rho}, \quad B_t = \frac{\mathrm{d}M}{\mathrm{d}(1/\rho)} \tag{8-38}$$

它们随弯矩变化的过程如图 8-14c）所示。

钢筋混凝土构件开裂前，全截面受力，且应力（变）很小，近似弹性性能，截面弯曲刚度 $B_0 = E_c I_0$，其中 $E_c$ 为混凝土的弹性模量，$I_0$ 为换算截面的惯性矩。

构件的割线弯曲刚度在混凝土开裂前为 $B_s = B_0$；开裂后，它随弯矩的增大而单调减小。刚开裂和接近钢筋屈服时，刚度衰减很快，在其间刚度相对稳定，缓慢下降。钢筋屈服后（$> M_y$），刚度值已很小；达到极限弯矩 $M_u$，并进入下降段后，割线弯曲刚度继续减小。

构件的切线弯曲刚度在混凝土开裂前同为 $B_t = B_0$；开裂后急剧减小。在开裂弯矩和钢筋屈服弯矩（$M_{cr} \rightarrow M_y$）之间出现两个极值，与 $M$-$1/\rho$ 曲线上两个拐点对应。钢筋屈服后，$B_t$ 再次迅速减小，至极限弯矩 $M_u$ 时，$B_t = 0$，进入下降段后 $B_t$ 为负值。在所有情况下，$B_t \leqslant B_s$。

一钢筋混凝土构件在荷载作用下，各截面的弯矩值不等，其截面刚度或曲率必随之变化（图 8-15）。荷载增大后弯矩值相应增大，各截面的刚度值和其分布又有变化。所以，准确地计算构件的变形，必须计及各截面刚度的非线性分布和变化。一般的计算方法如下。

若构件的挠度曲线为 $\omega_{(x)}$，根据曲率的定义，近似的数学表达式为：

$$\frac{1}{\rho} \approx \frac{\mathrm{d}^2 \omega}{\mathrm{d}x^2} \tag{8-39a}$$

将式（8-37）代入，分别进行一次和二次积分，即得构件的变形，包括转角和挠度的计算式：

$$\theta = \frac{\mathrm{d}\omega}{\mathrm{d}x} = \int \left(\frac{1}{\rho}\right)_x \mathrm{d}x = \int \frac{M_x}{B_x} \mathrm{d}x \tag{8-39b}$$

$$\omega = \iint \left(\frac{1}{\rho}\right)_x \mathrm{d}x^2 = \iint \frac{M_x}{B_x} \mathrm{d}x^2 \tag{8-39c}$$

已知构件的荷载、支座条件以及截面的形状和材料性能后，可以确定弯矩 $M_x$ 和刚度 $B_x$ 的变化，并计算积分常数，得到所需的变形值。由于截面刚度的非线性变化，一般需将构件分成若干小段，进行数值积分运算。

### 8.3.2　截面刚度计算

已知钢筋混凝土构件的截面形状、尺寸和配筋，以及钢筋和混凝土的应力-应变关系后，可用截面分析的一般方法计算得弯矩-曲率全过程曲线，或截面刚度值的变化规律。这样的计算结果比较准确，但必须由计算机来实现，一般只用于结构受力性能的全过程分析。

在工程实践中，最经常需要解决的有关问题是：验算构件在使用荷载作用下的挠度值，或者为超静定结构的内力分析提供构件的截面刚度等,一般并不必要进行变形的全过程分析,因而可采用简单的实用计算方法。

这类计算方法的共同特点是:构件的应力状态取为拉区混凝土已经开裂,但钢筋尚未屈服,即弯矩 $M_{cr} < M < M_y$;裂缝间混凝土和钢筋仍保持部分粘着,存在受拉刚化效应;采用平均应变符合平截面的假定。但各种方法的处理方式和计算公式各有不同。

1)有效惯性矩法

在钢筋混凝土结构应用的早期,构件的承载力设计和变形(刚度)的验算都引用当时已经成熟的匀质弹性材料的计算方法。其主要原则是将截面上的钢筋,通过弹性模量比值的折换,得到等效的匀质材料换算截面,推导并建立相应的计算公式。这一原则和方法,至今仍在混凝土结构的一些设计和分析情况中应用,例如开裂前预应力混凝土结构、刚度分析、疲劳验算等[8-6]。

钢筋混凝土的受弯构件和偏心受压(拉)构件,在受拉区裂缝出现的前后有不同的换算截面(图 8-16),须分别进行计算。

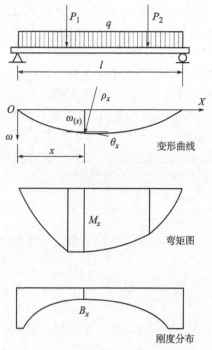

图 8-15  构件的挠度曲线和刚度分布

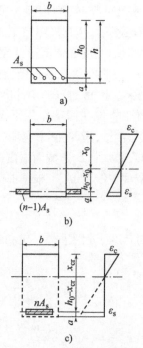

图 8-16  开裂前后的换算截面
a)原截面;b)开裂前;c)开裂后

(1)开裂前截面的换算惯性矩

构件出现裂缝之前,全截面混凝土受力(压或拉)。拉区钢筋面积为 $A_s$,其换算面积为 $nA_s$,其中 $n = E_s/E_0$ 为弹性模量比。除了钢筋原位置的面积外,需在截面同一高度处增设附加面积 $(n-1)A_s$。钢筋换算面积上的应力与相应截面高度混凝土的应力($\varepsilon_s E_0$)相等。以此构成的换算混凝土截面与原钢筋混凝土截面的力学性能等效。

换算截面的总面积为:

$$A_0 = bh + (n-1)A_s \tag{8-40}$$

受压区高度 $x_0$ 由拉、压区对中和轴的面积矩相等的条件确定：

$$\frac{1}{2}bx_0^2 = \frac{1}{2}b(h - x_0)^2 + (n - 1)A_s(h_0 - x_0) \tag{8-41a}$$

所以

$$x_0 = \frac{\frac{1}{2}bh^2 + (n - 1)A_s h_0}{bh + (n - 1)A_s} \tag{8-41b}$$

换算截面的惯性矩为：

$$I_0 = \frac{b}{3}[x_0^3 + (h - x_0)^3] + (n - 1)A_s(h_0 - x_0)^2 \tag{8-42}$$

故开裂前的截面刚度

$$B_0 = E_0 I_0 \tag{8-43}$$

换算截面的这些几何特性 $(x_0, I_0)$ 不仅用于计算构件的截面刚度或变形，也可用于验算构件的开裂[如式(8-8)]和疲劳应力等。

(2) 裂缝截面的换算惯性矩

构件出现裂缝后，假设裂缝截面上拉区的混凝土完全退出工作，只有钢筋承担拉力，将钢筋的换算面积 $(nA_s)$ 置于相同的截面高度，得到的换算混凝土截面如图 8-16c) 所示。

对此裂缝截面的受压区高度 $x_{cr}$ 用同样方法确定：

$$\frac{1}{2}bx_{cr}^2 = nA_s(h_0 - x_{cr}) \tag{8-44a}$$

解得：

$$x_{cr} = (\sqrt{n^2\mu^2 + 2n\mu} - n\mu)h_0 \tag{8-44b}$$

式中，$n = E_s/E_0$；$\mu = A_s/bh_0$。

裂缝截面的换算惯性矩和刚度即为：

$$I_{cr} = \frac{1}{3}bx_{cr}^3 + nA_s(h_0 - x_{cr})^2 \tag{8-45}$$

$$B_{cr} = E_0 I_{cr} \tag{8-46}$$

显然，这是沿构件轴线各截面惯性矩中的最小值，也是钢筋屈服前 $(M \leqslant M_y)$ 裂缝截面惯性矩中的最小值。

(3) 有效惯性矩

钢筋混凝土梁的截面刚度或惯性矩随弯矩值的增大而减小。混凝土开裂前的刚度 $E_0 I_0$ 是其上限值，钢筋屈服、受拉混凝土完全退出工作后的刚度 $E_0 I_{cr}$ 是其下限值。在计算构件变形的使用阶段 $(M/M_u = 0.5 \sim 0.7)$，弯矩-曲率关系比较稳定，刚度值 $[B_s，$ 图 8-14c)]变化幅度小，在工程应用中可取近似值进行计算。

过去曾采用的最简单方法是对构件的平均截面刚度取为一常值：

$$B = 0.625 E_0 I_0 \tag{8-47}$$

常用于超静定结构的内力分析。

美国的设计规范[8-8,8-38]规定，计算构件挠度 $(M > M_{cr})$ 时采用截面的有效惯性矩值，在 $I_0$ 和 $I_{cr}$ 间进行插入：

$$I_{\mathrm{eff}} = \left(\frac{M_{\mathrm{cr}}}{M}\right)^3 I_0 + \left[1 - \left(\frac{M_{\mathrm{cr}}}{M}\right)^3\right] I_{\mathrm{cr}} \leqslant I_0 \tag{8-48}$$

式中,计算 $I_0$ 值时可忽略钢筋的面积 $A_{\mathrm{s}}$,按混凝土的毛截面计算。有效惯性矩($I_{\mathrm{eff}}/I_0$)随弯矩变化的理论曲线如图 8-17 所示。

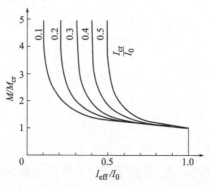

图 8-17　有效惯性矩

### 2)刚度解析法

一钢筋混凝土梁的纯弯段,在弯矩作用下出现裂缝,进入裂缝稳定发展阶段后,裂缝的间距大致均匀。各截面的实际应变分布不再符合平截面假定,中和轴的位置受裂缝的影响成为波浪形[图 8-18a)],裂缝截面处的压区高度 $x_{\mathrm{cr}}$ 为最小值。各截面的顶面混凝土压应变和受拉钢筋应变也因此成波浪形变化[图 8-18b)],平均应变为 $\bar{\varepsilon}_{\mathrm{c}}$ 和 $\bar{\varepsilon}_{\mathrm{s}}$,最大应变( $\varepsilon_{\mathrm{c}}$ 和 $\varepsilon_{\mathrm{s}}$ )也出现在裂缝截面。

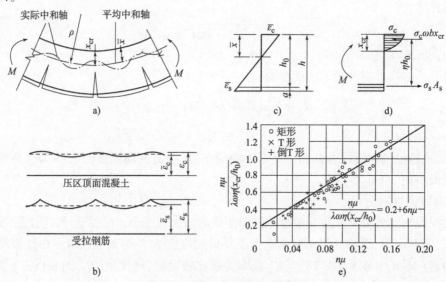

图 8-18　截面平均刚度的计算图形

a)裂缝中和轴;b)应变的纵向分布;c)平均应变;d)裂缝截面的应力;e)混凝土压应变综合系数[8-39]

构件的截面平均刚度可按下述步骤[8-15,8-19,8-39]建立计算式:

(1)几何(变形)条件——试验证明,截面的平均应变仍符合线性分布[图 8-18c)],中和轴距截面顶面 $\bar{x}$,截面的平均曲率用式(8-36)计算。其中,顶面混凝土压应变的变化幅度较小,近似取 $\bar{\varepsilon}_{\mathrm{c}} = \varepsilon_{\mathrm{c}}$;钢筋的平均拉应变则取

$$\overline{\varepsilon}_s = \psi\varepsilon_s \tag{8-49a}$$

式中：$\psi$——裂缝间受拉钢筋应变的不均匀系数［同式(8-25b)］。

（2）物理（本构）关系——在梁的使用阶段，裂缝截面的应力分布如图8-18d)所示；

$$\left.\begin{aligned}\sigma_c &= \varepsilon_c\lambda E_0 \approx \overline{\varepsilon}_c\lambda E_0 \\ \sigma_s &= \varepsilon_s E_s = \frac{\overline{\varepsilon}_s}{\psi}E_s\end{aligned}\right\} \quad 或 \quad \left.\begin{aligned}\overline{\varepsilon}_c &= \frac{\sigma_c}{\lambda E_0} \\ \overline{\varepsilon}_s &= \frac{\psi\sigma_s}{E_s}\end{aligned}\right\} \tag{8-49b}$$

（3）力学（平衡）方程——忽略截面上拉区混凝土的应力，建立裂缝截面的两个平衡方程：

$$\left.\begin{aligned}M &= \omega\sigma_c bx_{cr}\eta h_0 \\ M &= \sigma_s A_s\eta h_0\end{aligned}\right\} \quad 或 \quad \left.\begin{aligned}\sigma_c &= \frac{M}{\omega\eta x_{cr}bh_0} \\ \sigma_s &= \frac{M}{\eta A_s h_0}\end{aligned}\right\} \tag{8-49c}$$

式中：$\omega$——压区应力图形完整系数；

$\eta$——裂缝截面上的力臂系数。

将式(8-49b)、式(8-49c)相继代入式(8-36)，作变换得：

$$\frac{1}{\rho} = \frac{\psi M}{\eta E_s A_s h_0^2} + \frac{M}{\lambda\omega\eta x_{cr}E_0 bh_0^2} = \frac{M}{E_s A_s h_0^2}\left[\frac{\psi}{\eta} + \frac{n\mu}{\lambda\omega\eta\left(\dfrac{x_{cr}}{h_0}\right)}\right] \tag{8-50a}$$

故截面平均刚度（割线值）为：

$$B = \frac{M}{1/\rho} = \frac{E_s A_s h_0^2}{\dfrac{\psi}{\eta} + \dfrac{n\mu}{\lambda\omega\eta(x_{cr}/h_0)}} \tag{8-50b}$$

式中，$E_s$、$A_s$、$h_0$以及$n = E_s/E_0$和$\mu = A_s/bh_0$等为确定值；其余的系数$\psi$、$\eta$、$\lambda$、$\omega$和$x_{cr}/h_0$等的数值均随弯矩而变化，须另行赋值。受拉钢筋应变的不均匀系数$\psi$的计算式见式(8-25b)。

裂缝截面的力臂系数$\eta$，因为构件使用阶段的弯矩水平变化不大（$M/M_u = 0.5\sim0.7$），裂缝发展相对稳定，其值为$\eta = 0.83\sim0.93$，配筋率高者其值偏低，计算时近似地取其平均值为：

$$\eta = 0.87 \tag{8-51}$$

式(8-50)中的其他系数不单独出现，将$\lambda\omega\eta(x_{cr}/h_0)$统称为混凝土受压边缘的平均应变综合系数，其值随弯矩的增大而减小，在使用阶段（$M/M_u = 0.5\sim0.7$）内基本稳定[8-19]，弯矩值对其影响不大，而主要取决于配筋率。根据试验结果［图8-18e)］得矩形截面梁的回归分析式：

$$\frac{n\mu}{\lambda\omega\eta(x_{cr}/h_0)} = 0.2 + 6n\mu \tag{8-52}$$

对于双筋梁和T形、工形截面构件，式(8-52)的右侧改为$0.2 + 6n\mu/(1 + 3.5\gamma_f)$。$\gamma_f$为受压钢筋或受压翼缘（$b_f \times h_f$）与腹板有效面积的比值，前者取$\gamma_f = (n-1)A_s'/bh_0$，后者为$\gamma_f = (b_f - b)h_f/bh_0$。

将式(8-51)和式(8-52)代入式(8-50b)，即为构件截面平均刚度的最终计算式[8-6]：

$$B = \frac{E_s A_s h_0^2}{1.15\psi + 0.2 + 6n\mu} \tag{8-53}$$

若取$M = M_{cr}$时，$\psi = 0$［式(8-25a)］，得刚度最大值：

$$B_0 = \frac{E_s A_s h_0^2}{0.2 + 6n\mu} \tag{8-54}$$

则截面刚度($B/B_0$)随弯矩增长的理论变化曲线如图 8-19 所示。

3)受拉刚化效应修正法

模式规范 CEB-FIP MC90 直接给出构件的弯矩-曲率本构模型(图 8-20),其中有 3 个基本刚度值:

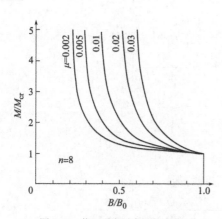

图 8-19　截面刚度随弯矩的变化

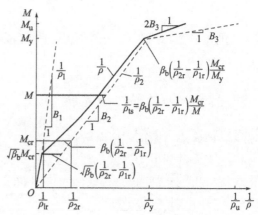

图 8-20　弯矩-曲率本构模型[8-13]

(1)混凝土拉区开裂之前($M \leqslant M_{cr}$)

$$\frac{M}{1/\rho_1} = B_1 = EI_0 \tag{8-55a}$$

(2)混凝土受拉开裂,并完全退出工作($M_{cr} < M < M_y$)

$$\frac{M}{1/\rho_2} = B_2 = EI_{cr} \tag{8-55b}$$

(3)受拉钢筋屈服后($M_y < M < M_u$)

$$B_3 = \frac{M_u - M_y}{1/\rho_u - 1/\rho_y} \tag{8-55c}$$

式中,$I_0$、$I_{cr}$ 按式(8-42)和式(8-45)计算。钢筋屈服 $M_y$ 和极限弯矩 $M_u$ 的曲率分别为:

$$\frac{1}{\rho_y} = \frac{\varepsilon_y}{h_0 - x_y}, \quad \frac{1}{\rho_u} = \frac{\varepsilon_c}{x_u} \tag{8-56}$$

考虑到混凝土收缩和徐变的影响、钢筋和混凝土粘结状况的差别,以及荷载性质的不同等因素,构件的可能开裂弯矩取为 $\sqrt{\beta_b} M_{cr}$,低于计算值($M_{cr}$),引入一修正系数

$$\beta_b = \beta_1 \beta_2 \tag{8-57}$$

式中,$\beta_1 = 1.0$(变形钢筋)或 0.5(光圆钢筋);$\beta_2 = 0.8$(第一次加载)或 0.5(长期持续或重复加载)。

构件的截面平均曲率,在混凝土受拉刚化效应的作用下,如图 8-20 中实线所示,按弯矩值分作 3 段进行计算:

$$M < \sqrt{\beta_b} M_{cr} \qquad \frac{1}{\rho} = \frac{1}{\rho_1} = \frac{M}{EI_0} \tag{8-58a}$$

$$\sqrt{\beta_b} M_{cr} < M < M_y \qquad \frac{1}{\rho} = \frac{1}{\rho_2} = \frac{1}{\rho_{ts}} \tag{8-58b}$$

式中：$\dfrac{1}{\rho_{ts}}$ ——考虑混凝土的受拉刚化效应后的曲率修正值,计算公式见式(8-59)。

$$\frac{1}{\rho_{ts}} = \beta_b\left(\frac{1}{\rho_{2r}} - \frac{1}{\rho_{1r}}\right)\frac{M_{cr}}{M} \tag{8-59}$$

混凝土开裂($M = M_{cr}$)前、后的曲率分别为：

$$\frac{1}{\rho_{1r}} = \frac{M_{cr}}{EI_0}, \quad \frac{1}{\rho_{2r}} = \frac{M_{cr}}{EI_{cr}} \tag{8-60}$$

故

$$\frac{1}{\rho} = \frac{M}{EI_{cr}} - \beta_b\left(\frac{M_{cr}}{EI_{cr}} - \frac{M_{cr}}{EI_0}\right)\frac{M_{cr}}{M} \tag{8-61}$$

当 $M_y < M < M_u$ 时

$$\frac{1}{\rho} = \frac{1}{\rho_y} - \beta_b\left(\frac{M_{cr}}{EI_{cr}} - \frac{M_{cr}}{EI_0}\right)\frac{M_{cr}}{M_y} + \frac{1}{2}\frac{M - M_y}{M_u - M_y}\left(\frac{1}{\rho_u} - \frac{1}{\rho_y}\right) \tag{8-62}$$

### 8.3.3 变形计算

1)一般计算方法

用各种方法获得构件的截面弯矩-平均曲率($M$-$1/\rho$)关系,或者截面平均刚度($B$)的变化规律后,就可以用式(8-39)计算构件的非线性变形。更简便而经常的方法是应用虚功原理进行计算。

将需要计算变形的梁作为实梁[图 8-21a)],计算出荷载作用下的截面内力,即弯矩($M_p$)、轴力($N_p$)和剪力($V_p$),以及相应的变形,即曲率($1/\rho_p = M_p/B$)、应变($\varepsilon_p = N_p/EA$)和剪切角($\gamma_p = kV_p/GA$)。

在支承条件相同的虚梁上,在所需变形处施加相应的单位荷载,例如,求挠度,加集中力 $P = 1$;求转角,加力偶 $M = 1$ 等[图 8-21b)];再计算虚梁的内力 $\overline{M}$、$\overline{N}$ 和 $\overline{V}$。

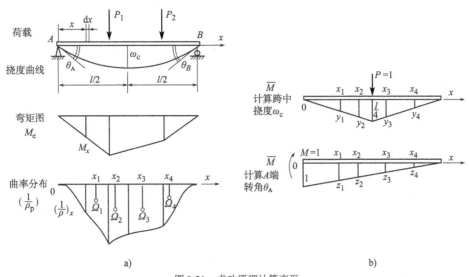

图 8-21 虚功原理计算变形

a)梁的内力和变形;b)虚梁的单位荷载和弯矩图

根据虚功原理,虚梁上外力对实梁变形所做的功,等于虚梁内力对实梁上相应变形所做功的总和,故计算跨中挠度时可建立

$$1 \cdot \omega_c = \sum \int \frac{\overline{M} M_p}{B} dx + \sum \int \frac{\overline{N} N_p}{EA} dx + \sum \int \frac{k \overline{V} V_p}{GA} dx \tag{8-63a}$$

或

$$\omega_c = \sum \int \overline{M} \left( \frac{1}{\rho_p} \right) dx + \sum \int \overline{N} (\varepsilon_p) dx + \sum \int \overline{V} (\gamma_p) dx \tag{8-63b}$$

式中右侧的后二项是由轴力和剪力产生的构件挠度。

轴压力的作用,一般使截面曲率和构件挠度减小。构件开裂前,剪力产生的挠度很小,可以忽略。在梁端出现斜裂缝后增大了梁的跨中挠度,在极限状态时,很宽的斜裂缝产生的挠度可达总挠度的30%。一般情况下,在构件的使用阶段,轴力和剪力产生的变形所占比例很小,计算变形时常予忽略,上式简化为:

$$\omega_c = \sum \int \overline{M} \left( \frac{1}{\rho_p} \right) dx \tag{8-63c}$$

式中:$\dfrac{1}{\rho_p}$——实梁在荷载作用下的截面平均曲率,随弯矩图 $M_p$ 而变化;

$\overline{M}$——单位荷载($P = 1$)在虚梁上的弯矩。

上述算例的图8-21中,梁上有两个集中荷载作用,弯矩图为三折线。按照各折线段上起止点的弯矩值,从梁的弯矩-曲率($M$-$1/\rho$)关系图上截取相应的曲线段,移接成所需的曲率分布($1/\rho_p$)。虚梁上单位荷载作用的弯矩图($\overline{M}$)为直线或折线,故式(8-63c)可用图乘法计算。例如,将曲率($1/\rho_p$)图分成4段,计算各段的面积 $\Omega_i$,确定其形心位置 $x_i$;在虚梁的相同位置($x_i$),找到单位荷载弯矩($\overline{M}$)图上的相应弯矩值($y_i$),式(8-63c)等效为:

$$\omega_c = \sum_{i=1}^{4} \Omega_i y_i \tag{8-64a}$$

同理,计算梁的支座转角时,单位力偶作用下有三角形弯矩图,用图乘法得:

$$\theta_A = \sum_{i=1}^{4} \Omega_i z_i \tag{8-64b}$$

如果将截面的弯矩-曲率关系简化成多段折线,构件的曲率($1/\rho_p$)分布也是多折线,图乘法更为简捷,可以直接写出计算式。

2)实用计算方法

如果在工程中只需要验算构件的变形是否符合规范要求,可以采用更简单的实用计算方法。荷载长期作用下,混凝土的徐变等因素使挠度增长,也可用简单的方法进行计算。

(1)截面刚度分布

荷载作用下,构件的截面弯矩沿轴线变化。截面的平均刚度或曲率相应地有更复杂的变化[图8-21a)],这是准确地计算钢筋混凝土构件变形的主要困难。如果将简支梁的截面刚度取为常值,例如取最大弯矩截面计算所得的最小截面刚度 $B_x = B_{min}$,梁的曲率($1/\rho_p = M_p/B_{min}$)分布与弯矩图相似,用虚功原理(图乘法)计算就很简单。还可以直接查用等截面构件的弹性变形计算式,如均布荷载作用下的简支梁中点挠度为 $\omega_c = 5ql^4/384B_{min}$ 等。这一简化使构件的计算变形值偏大,但一般不超过10%,已被多数设计规范[8-6,8-8,8-13]所采纳。

连续梁和框架梁等构件,在梁的跨间常有正、负弯矩区并存(图8-22)。各设计规范采用

不同的简化假设：文献[8-6]建议按同号弯矩分段，各段内的截面刚度取为常值，分别按该段的最大弯矩值计算；文献[8-8]建议截面刚度沿全跨长取为常值，按各段最大弯矩分别计算有效惯性矩[$I_{eff}$,式(8-48)]后取其平均值。

如果构件正、负弯矩区的截面特征相差悬殊时，例如连续的 T 形截面构件，文献[8-40]仍建议截面刚度沿全跨长取为常值，但须按加权平均法计算构件的平均有效惯性矩：

$$I_{av} = I_c \left[ 1 - \left( \frac{M_{e1} + M_{e2}}{2M_0} \right)^2 \right] + \frac{I_{e1} + I_{e2}}{2} \left( \frac{M_{e1} + M_{e2}}{2M_0} \right)^2 \tag{8-65}$$

式中：$M_{e1}$、$M_{e2}$——构件两端的支座截面弯矩；

$M_0$——简支跨中弯矩[图 8-22a)]；

$I_c$、$I_{e1}$、$I_{e2}$——按跨中和两端弯矩计算的有效惯性矩。

(2) 荷载长期作用

钢筋混凝土构件在荷载作用下，除了即时产生变形之外，当荷载持续作用时，变形还将不断地增长。已有试验[8-19]表明，梁的中点挠度在荷载的长期作用(6 年)以后仍在继续增长，但增长率已很缓慢(图 8-23)。一般认为，荷载持续 3 年以后，构件的变形值已趋稳定。

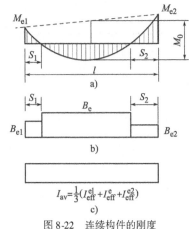

图 8-22 连续构件的刚度

a) 弯矩图；b) 分段刚度[8-6]；c) 平均刚度[8-8]

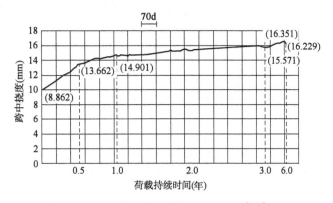

图 8-23 长期荷载作用下梁的挠度变化[8-19]

荷载长期作用在构件上，受压区混凝土产生徐变；受拉区混凝土因为裂缝的延伸和扩展，以及受拉徐变而更多地退出工作；钢筋和混凝土的滑移徐变增大了钢筋的平均应变。这些构成了构件长期变形增长的主要原因。此外，环境条件的变化和混凝土的收缩等也有一定影响。因此，决定这些条件的因素，例如混凝土的材料和配合比、养护状况、加载时混凝土的龄期、配筋率(特别是受压钢筋率)、环境温度和相对湿度、构件的截面形状和尺寸等都将影响构件的长期变形值。

关于钢筋混凝土梁在荷载长期作用下的挠度，国内外已有不少试验实测资料[8-19,8-41,8-42]。由于试件和试验条件的差别，试验结果有一定离散度。

若构件在荷载长期作用下趋于稳定的挠度值为 $\omega_l$，相同荷载即时产生的挠度为 $\omega_s$，其比值称为长期荷载的挠度增大系数：

$$\theta = \frac{\omega_l}{\omega_s} \tag{8-66}$$

表 8-2 中给出了我国的有关试验结果。单筋矩形梁的 $\theta \approx 2$；受压区配设钢筋或有翼缘的梁有利于减小混凝土的徐变,梁的长期挠度减小;拉区有翼缘的梁,其长期挠度稍有增大。规范[8-6]中参照试验结果给出了计算系数。

**长期荷载下挠度增大系数 $\theta$ 的试验值[8-19]**　　表 8-2

| 截面形状 | 单筋矩形梁 | 双筋矩形梁③ | T 形梁 | 倒 T 形梁 |
|---|---|---|---|---|
| 天津大学 | $1.51 \sim 1.89^{②}(1.67)^{①}$ | $1.51 \sim 1.74^{③}$ | $1.70 \sim 2.15$ | $1.86 \sim 2.40$ |
| 东南大学 | $1.84 \sim 2.20(2.03)^{①}$ | $1.91^{③}$ | $1.89 \sim 1.94$ | $2.41 \sim 2.65$ |
| 设计规范 | $2.0$ | $1.6^{④}$ | $2.0$ | $1.2 \times$（左边值） |

注:①括号内为平均值;②试件加载时龄为 168d;③$\mu'/\mu = 0.44 \sim 1.0$;④$\mu'/\mu = 1$ 时取此值,否则按线性内插取值。

国外对钢筋混凝土构件进行长期荷载试验,给出接近的试验结果[8-41~8-44],其平均值 $\bar{\theta} = 1.85 \sim 2.01$。关于受压钢筋对挠度增长的影响,则给出更大的折减率(表 8-3)。美国 ACI 设计规范[8-8]中对荷载持续作用超过 5 年的构件,其挠度和即时挠度的比值,建议了计算式:

$$\theta = \frac{2.4}{1 + 50p'} \tag{8-67}$$

式中:$p'$——受压钢筋率,$p = A_s'/bh_0$。

**受压钢筋对挠度增大系数的折减[8-44]**　　表 8-3

| $\mu'/\mu$ | 0 | 0.5 | 1.0 |
|---|---|---|---|
| 文献[8-41] | 1 | $0.64 \sim 0.76(0.69)$ | $0.47 \sim 0.76(0.56)$ |
| 文献[8-42] | 1 | $0.77 \sim 0.82(0.80)$ | $0.71 \sim 0.81(0.78)$ |
| 全部数据 | 1 | $0.64 \sim 0.82(0.72)$ | $0.47 \sim 0.81(0.64)$ |

注:括号内为平均值。

除了上述的实用计算方法以外,一般设计规范中都给出了能够满足刚度要求、不须进行变形验算的构件最大跨高比($l_0/h$)[8-6,8-37]或最小截面高度($h$)[8-8]。

# 8.4　混凝土结构的耐久性设计

## 8.4.1　概述

结构混凝土的主要原材料是各种天然矿物成分的粗、细骨料,粘结材料同样是石灰矿石烧制加工成的水泥。在一般的环境条件下,天然矿石类材料和有机物的木材、纯金属的钢材等相比,有更稳定的物理和化学性能,抵抗温湿度变化、各种化学作用和生物侵蚀的能力较强,故混凝土结构比木结构、钢结构更为耐久。

现代混凝土应用至今已有 150 多年的时间,国内外建成了大量的各种混凝土结构。其中大部分处于正常环境条件和极少维护的情况中,它们能长期保持良好的工作性能,且可望延续使用很长时间。但是,一些钢筋混凝土结构由于多种原因提前失效,达不到设计寿命。分析其原因有的是由于结构设计的抗力不足引起的,有的是由于使用荷载的不利变化造成的,但更多的是由于结构耐久性不足导致的。

混凝土结构耐久性是指混凝土结构及其构件在正常设计、正常施工、正常使用和正常维护的条件下,在规定的时间内,结构构件性能随着时间而发生劣化,但仍能够满足预定功能的能力[8-45]。混凝土材料方面的研究是混凝土结构耐久性研究中的基础部分,包括对混凝土材料及钢筋材料的研究。从其损伤角度来看,可以分为混凝土碳化、氯离子侵蚀、冻融破坏、碱集料反应和钢筋锈蚀等。

混凝土结构的过早劣化,造成高额的加固费用,甚至引发安全事故。混凝土是全球用量最大的人造材料,保证混凝土结构的高耐久性,是亟需要解决的问题,也是影响我国可持续发展的重大课题[8-46;8-47]。

### 8.4.2 孔结构

多种因素可引发混凝土的性能劣化和耐久性失效,其严重性在很大程度上都取决于混凝土材料内部结构的多孔性和渗透性。一般而言,因混凝土的密实度差,即内部孔隙率大,则各种液体和气体渗透进入其内部的可能性大,渗透的数量和深度都大,因而将加速混凝土的冻融破坏,碳化反应层更厚(深),增大化学腐蚀,钢筋易生锈,甚至可能完全透水。故研究和解决混凝土的耐久性问题,首先要了解其内部孔结构的组成和特点。

混凝土是包含粗、细骨料和水泥等固体颗粒物质,游离水和结晶水等液体,以及气孔和缝隙中的气体等所组成的非匀质、非同向的三相混合材料。混凝土内部的孔隙是其施工配制和水泥水化凝固过程的必然产物,因其产生的原因和条件的不同,孔隙的尺寸、数量、分布和孔形(封闭或开放式)等多有区别,故对混凝土的渗透性有很大影响。混凝土内部的孔结构,依其生成原因和尺度可分作 3 类[8-48],其典型尺寸和在混凝土内部所占体积见表8-4。

**混凝土孔隙结构的类型和特性**[8-48]                                    表8-4

| 序号 | 孔隙类型 | 主要形成原因 | 典型尺寸($\mu$m) | 占总体积(%) | 孔 形 |
|------|----------|--------------|------------------|-------------|--------|
| 1 | 凝胶孔 | 水泥水化的化学收缩 | $0.03 \sim 3$ | $0.5 \sim 10$ | 大部分封闭 |
| 2 | 毛细孔 | 水分蒸发遗留 | $1 \sim 50$ | $10 \sim 15$ | 大部分开放 |
| 3 | 内泌水孔 | 钢筋或骨料周界的离析 | $10 \sim 100$ | $0.1 \sim 1$ | 大部分开放 |
| 4 | 水平裂隙 | 分层离析 | $(0.1 \sim 1) \times 10^3$ | $1 \sim 2$ | 大部分开放 |
| 5 | 气孔 | 引气剂专门引入 | $5 \sim 25$ | $3 \sim 10$ | 大部分封闭 |
| | | 搅拌、浇筑、振捣时引入 | $(0.1 \sim 5) \times 10^3$ | $1 \sim 3$ | 大部分封闭 |
| 6 | 微裂缝 | 收缩 | $(1 \sim 5) \times 10^3$ | $0 \sim 0.1$ | 开放 |
| | | 温度变化 | $(1 \sim 20) \times 10^3$ | $0 \sim 1$ | 开放 |
| 7 | 大孔洞和缺陷 | 漏振、捣不实 | $(1 \sim 500) \times 10^3$ | $0 \sim 5$ | 开放 |

1)凝胶孔

混凝土经搅拌后,水泥遇水发生水化作用后生成水泥石。首先,水泥颗粒表面层的熟料矿物开始溶解,逐渐地形成凝聚结构和结晶结构,裹绕在未水化的水泥颗粒核心的周围。随着水泥的水化作用从表层往内部的深入,未水化核心逐渐缩减,而周围的凝胶体加厚,并和相邻水泥颗粒的凝胶体融合、连接。

凝胶孔就是散布在水泥凝胶体中的细微空间。水化作用初期生成的凝胶孔多为封闭形,后期因水分蒸发,所以孔隙率逐渐增大。凝胶孔的尺度小,多为封闭孔,且占混凝土的总体积不大,故渗透性能差,属无害孔。

2）毛细孔

水泥水化后水分蒸发，凝胶体逐渐变稠硬化，水泥石内部形成细的毛细孔。初始时混凝土的水灰比大，水泥石和粗、细骨料的界面生成直径稍大的毛细孔，水泥水化程度越低，毛细孔越大。随着水泥水化作用的逐渐深入，水泥颗粒表层转变为凝胶体，其体积增大（约 1.2 倍），毛细孔的孔隙率下降。

水泥石中毛细孔的形状多样，大部分为开放形，且孔隙的总体积较大。而在水泥石和骨料界面处，因水分蒸发形成的毛细孔孔径更大，数量和体积更大。毛细孔的总体积可占混凝土体积的 10% ~ 15%，对其渗透性影响最大。

3）非毛细孔

除了上述水泥水化必然形成的两种孔隙外，在混凝土的施工配制和凝结硬化过程中，又形成不同形状、大小和分布的非毛细孔，主要包括：①在混凝土搅拌、浇筑和振捣过程中自然引入的气孔；②为提高抗冻性而有意掺入引气剂所产生的气孔；③混凝土拌合物离析，或在粗骨料、钢筋周围（下方）水泥浆离析、泌水所产生的缝隙；④水化作用多余的拌合水蒸发后遗留的孔隙；⑤混凝土内外的温度或湿度差别引起的内应力所产生的微裂缝；⑥施工中操作不当，在混凝土表层和内部遗留的较大孔洞和缝隙等。

影响混凝土孔结构和孔隙率的主要因素有：

水灰比（或水胶比）——混凝土的水灰（胶）比越大，水泥颗粒周围的水层越厚，部分拌合水形成相互连通的、不规则的毛细孔系统，且孔的直径明显增大，总孔隙率就越大。混凝土水灰（胶）比一般都超过水泥充分水化作用所需的量（$W/C \approx 0.20 \sim 0.25$），多余的水量越多，蒸发后遗留的孔隙率越大。

水泥的品种和细度——在相同的条件下，分别用膨胀水泥、矾土水泥、普通硅酸盐水泥和火山灰水泥、矿渣硅酸盐水泥等配制的混凝土，其孔隙率依次增大。水泥中粗颗粒含量较多者，凝胶孔和毛细孔的尺寸、体积率都增大。掺加细颗粒的粉煤灰、硅粉等可减小孔隙率。

骨料品种——密实的天然岩石作为粗骨料，内部孔隙率很小，且多为封闭形孔；但不同岩石有不等的孔隙率，如花岗石优于石灰石。各种天然的和人造的轻骨料，本身具有很大的孔隙率，且许多孔形属开放形孔。

配制质量——混凝土的搅拌、运输、浇筑和振捣等施工操作不善，易在内部产生大孔洞和缺陷，精心施工可减小孔隙率。

养护条件——及时、充分的养护，有利于保证水泥的水化作用，减小毛细孔的孔径和总孔隙率。采用加热养护时，温湿度的变化都将影响毛细孔的结构，甚至因温湿度梯度大而引起内部裂缝，增大孔隙率。

### 8.4.3　若干耐久性问题

1）渗透

当混凝土与周围介质存在压力差时，高压一方的液体或气体将向低压方迁移，这种现象称为渗透。例如混凝土水坝、水池、水管或路面在水压作用下向结构内部和背水面的渗透，空气中的二氧化碳和侵蚀性成分向混凝土内部的渗透等。过量的渗透将使混凝土材料和结构的耐久性劣化。例如混凝土层完全透水后，水工结构阻水失效；渗入的水发生冰冻，造成冻融破坏，有害气体的侵入使混凝土碳化或腐蚀等。

混凝土抵抗液体和气体渗透的能力称为抗渗性。结构工程中最常见的液体介质是水。混凝土的抗渗水性可用渗透系数($k$,单位 cm/s)[8-49]作为定量指标。其定义为:试件在单位时间、单位水头(cm)作用下,通过单位截面面积 $F(cm^2)$、渗透过 $L(cm)$ 厚度的渗水量 $Q(cm^3/s)$,表达式为:

$$k = \frac{QL}{hF} \tag{8-68a}$$

或

$$Q = k\frac{hF}{L} \tag{8-68b}$$

对于不易渗水的密实混凝土,抗水渗透试验方法主要有两种[8-50]。其中,渗水高度法适用于以测定硬化混凝土在恒定水压力下的平均渗水高度来表示的混凝土抗水渗透性能。对标准试件进行密封后,在 24h 内对其恒定施加(1.2 ±0.05)MPa 的水压,之后用钢尺沿水痕等间距量测 10 个测点的渗水高度值。

试件渗水高度应按式(8-69)进行计算:

$$\bar{h}_i = \frac{1}{10}\sum_{j-1}^{10}h_j \tag{8-69}$$

式中:$h_j$——第 $i$ 个试件第 $j$ 个测点处的渗水高度(mm);

$\bar{h}_i$——第 $i$ 个试件的平均渗水高度(mm)。

逐级加压法适用于通过逐级施加水压力来测定以抗渗等级来表示的混凝土的抗水渗透性能。对标准试件施加水压,并按规定速度(0.1MPa/8h)缓慢地增压,3 个在背水面出现水珠或湿点时,记下水压值($H$,单位 MPa)。抗渗标号 $S$ 的计算式为:

$$S = 10H - 1 \tag{8-70}$$

各项结构工程可依据所处环境(水压)和使用要求,确定混凝土所应达到的抗渗标号或限制渗透量。混凝土的抗渗标号和渗透系数之间可以互相换算,试验给出的结果见表 8-5。

抗渗(水)标号和渗透系数的换算[8-48] 表 8-5

| | 抗渗标号 | $S_2$ | $S_4$ | $S_6$ | $S_8$ | $S_{10}$ | $S_{12}$ | $S_{16}$ | $S_{30}$ |
|---|---|---|---|---|---|---|---|---|---|
| 渗透系数 $k(\times10^{-9}cm/s)$ | | 19.6 | 7.83 | 4.19 | 2.61 | 1.77 | 1.29 | 0.767 | 0.236 |
| 控制水灰比 | 防水混凝土 | | — | | 0.55~0.60 | 0.50~0.55 | | 0.45~0.50 | |
| | 水工混凝土 | <0.75 | 0.60~0.65 | 0.55~0.60 | 0.50~0.55 | | | | |

渗透性对混凝土劣化的物理和化学过程具有重要意义,液体和气体在混凝土中的渗透,主要经由其内部的毛细孔道,渗透性的强弱取决于混凝土的孔结构和孔隙率。强度和渗透性通过毛细管空隙率相互建立联系,影响混凝土强度的诸多因素同样也影响着渗透性。因此提高混凝土抗渗性的具体措施主要有:减小水灰比、保证充足的水泥用量;施工中充分振捣,加强养护,以减少微裂缝的产生[8-51,8-52];在表面覆盖防水涂料或防水砂浆,甚至采用浸渍混凝土。

根据工程使用的需求,既可配制成高抗渗性($>S_{30}$)的混凝土,也可配制成完全透水的混凝土。例如建筑工程中的地下室、储水池、设备基础等所需的防水混凝土,要求抗渗标号 $>S_6$。

通过严格控制混凝土的配合比,限制水灰比(表8-5),注意施工质量,保证密实度,就可以实现。

2)冻融

混凝土凝固硬化后遗存的游离水和毛细孔水[8-53,8-54],当周围气温下降时受冻结冰,体积膨胀,破坏材料的内部结构。混凝土内部除毛细孔外,还有一些凝胶孔和其他空气泡,这些孔隙中常混有部分空气,当毛细孔中的水结冰膨胀时,一部分未冰冻的水从结冰区向外迁移,产生静水压力[8-55,8-56],而这种水的迁移作用减小了膨胀压力,对冰冻破坏起缓冲作用。

但是,当混凝土处于饱水状态时,毛细孔中的水结冰膨胀,产生较大压力。而凝胶孔因孔径很小,其中的水处于过冷状态(可达 -78℃)而不结冰。毛细孔中部分的溶液先结冰后,未冻溶液中的离子浓度上升,与周围凝胶孔中的溶液形成浓度差,使得小孔中的溶液向大孔迁移,产生渗透压力[8-48]。与此同时,凝胶孔中水的蒸发压力超过同温度冰的蒸发压力,因而向毛细孔中冰的界面渗透,此时毛细孔壁同时承受膨胀压力和渗透压力,超过混凝土的细观强度后,破坏孔壁结构,使混凝土内部开裂。

混凝土环境温度的周期性降低和升高,使内部的水结冰融化反复循环,从微观的角度上看,混凝土的水化产物结构由密实状态到疏松状并产生微裂缝[8-57],内部结构的损伤不断积累,裂缝继续扩张延伸并相互贯通。破裂现象从混凝土的表层逐渐向深层发展,促使混凝土的强度下降。

混凝土抵抗冻融破损的能力称为抗冻性,用抗冻标号作为定量指标。按照我国《普通混凝土长期性能和耐久性能试验方法标准》(GB/T 50082—2009)[8-50]的规定,混凝土抗冻性试验方法主要分为慢冻法、快冻法和盐冻法,分别适用于气冻水融、水冻水溶及在大气环境中且与盐接触的条件,将能够经受的冻融循环次数、表面剥落质量、超声波相对动弹性模量作为表示混凝土的抗冻性能的指标。

混凝土在凝固之前早期受冻的情况可分成两种:①拌和后立即受冻,混凝土体积膨胀。由于水泥尚未与水发生水化作用,凝固过程中断。当温度回升后冰融化为水,水泥与水照常进行水化作用,混凝土逐渐凝结硬化。但冰化成水后留下的大量孔隙,使混凝土强度降低。②混凝土已经部分凝结,但尚未达足够强度时受冻。由于水泥没有充分水化,起缓冲作用的凝胶孔尚未形成,毛细孔水结冰,体积膨胀,且混凝土内部结构强度降低,受损严重,造成最终强度的巨大损失。混凝土受冻时的龄期越短,所达强度越低,抵抗膨胀的能力越小(图8-24),抗冻结破坏的能力越差。

混凝土的抗冻性主要取决于其内部的孔结构和孔隙率、含水饱和程度、受冻龄期、冻结的温度和速度等。针对影响混凝土抗冻性能的主要因素,可以采取以下改善措施:①降低水灰比,饱和水的开孔总体及平均孔径均减小,可以有效降低混凝土中可冻水的含量。②掺加优质粉煤灰和硅灰,可以改善骨料与水泥浆体界面过渡区的结构,同时使水泥浆体结构更加致密。③改进施工操作和加强养护等措施,提高混凝土密实性。④拌和混凝土时掺加引气剂,在混凝土内形成大量的分布均匀、但互不连通的封闭形微气孔(表8-4),可吸收毛细孔水结冰时产生的膨胀作用,减轻对内部结构的破坏程度。这是提高抗冻性最为简单有效(图8-25)的方法。⑤冬季施工时,在混凝土内添加防冻剂、早强剂,或采用升温养护等方法防止早期受冻,促进凝固硬化过程。

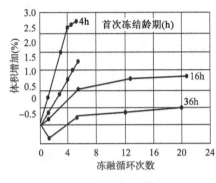

图 8-24 受冻龄期与体积膨胀[8-48]

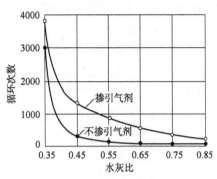

图 8-25 掺引气剂后的抗冻性[8-48]

3）碱-骨料反应

混凝土骨料中的某些活性矿物与混凝土孔隙中的碱性溶液（KOH、NaOH）之间发生化学反应，体积膨胀，在内部产生膨胀应力，导致混凝土开裂和强度下降，称为碱-骨料反应。它一般发生在混凝土凝固数年之后，但碱-骨料反应可遍及混凝土的全体（不仅是表层），因而很难阻抗和修补，严重的可使混凝土完全破坏。

依据混凝土中骨料矿物成分的不同，碱-骨料反应可分作 3 类[8-58,8-59]：

（1）碱-硅反应——燧石岩、硅化岩石、砂岩、石英岩等矿物骨料，其中的活性二氧化硅与混凝土中的碱溶液反应，生成碱硅酸凝胶，遇水膨胀，产生膨胀应力，引起水泥浆的开裂和破坏[8-60]。

（2）碱-硅酸盐反应——片状硅化岩、千枚岩等骨料中的活性硅酸盐与混凝土中碱性化合物的反应，引起缓慢的体积膨胀，破坏程度较轻。

（3）碱-碳酸盐反应——白云石质石灰岩等碳酸盐骨料是活性的，其中的 $MgCO_3$ 与混凝土中碱性物质反应后转化为水镁石 $Mg(OH)_2$，生成的产物堆积在骨料表面，使其体积膨胀，导致混凝土内部开裂[8-61]；而 Gillott[8-62]认为，白云石晶体发生化学反应，包裹在其内部的干燥粘土暴露吸水，是造成膨胀的本质原因。

但现在对于以上划分仍存有争议[8-60,8-63]，一些学者通过试验否定了碱-硅酸盐反应的存在，认为从反应实质划分，碱-硅反应与碱-硅酸盐反应统一归为碱-硅酸反应[8-64]。

混凝土中碱-骨料反应的必要条件是：混凝土中含碱，骨料有活性和孔隙中含水，且各自达一定指标。

混凝土含碱的主要来源是配制的原材料中水泥、骨料、掺合料、外加剂和拌合水中所含的可溶性碱，还有周围环境侵入的碱。其中水泥的含碱量所占份额最大。水泥中含碱的成分和数量取决于制造水泥的原材料和生产工艺。水泥的含碱量可按氧化钠当量（$Na_2O + 0.658K_2O$）的计算值表示。当水泥的碱当量浓度 <0.6% 时，称为低碱水泥，基本上可避免混凝土的碱-骨料反应（图 8-26）。

混凝土中的总含碱量主要取决于水泥品种所决定的氧化钠当量和水泥用量（$kg/m^3$）。混凝土碱-骨料反应的可能性和严重性，可宏观地用单位体积内的含碱量（$kg/m^3$）来表示（图 8-26）。各国规范为防止碱-骨料反应，都区别不同的环境条件，规定了混凝土的最大含碱量（$kg/m^3$，表 8-8）。

防止和减轻混凝土的碱-骨料反应的最有效措施是控制水泥中的含碱量，如采用低碱水泥,掺加非碱性的粉煤灰、硅粉和矿渣等。此外,碱-骨料反应速度及产物均受到骨料性质的影响,选择恰当的骨料,减少活性矿物的含量,是预防碱-骨料反应的有效措施,对于重大工程更应选用无反应活性的骨料;搅拌混凝土时加入引气剂,生成细微孔,可减轻骨料的膨胀应力;碱-骨料反应发生的必要条件之一是有充足的水分存在,因此隔断水分和空气进入是控制混凝土湿度的有效手段,提高混凝土的密实度,保持周围环境干燥,表面上涂抹防水层等,可减少外界水的渗入,抑制碱-骨料反应的作用程度[8-53]。

4)碳化

结构周界的环境介质(空气、水、土壤)中所含的酸性物质,如 $CO_2$、$SO_2$、$HCl$ 等与混凝土表面接触,并通过各种孔隙渗透至内部,与水泥石的碱性物质发生的化学反应,称为混凝土的中性化[8-48]。最普遍发生的形式是空气中混凝土的碳化。空气中的 $CO_2$ 首先渗透到混凝土的孔隙和毛细孔中,而后溶解于孔中液体,与水泥的水化作用产物氢氧化钙 $Ca(OH)_2$、硅酸钙等作用形成碳酸钙等。

混凝土碳化后,部分凝胶孔和毛细孔被碳化产物堵塞,对其密实性和抗压强度($f_c$)有所提高(图 8-27),是其有利方面。但是,更主要的是有害作用。钢筋在混凝土的高碱度环境中,表面形成一层钝化膜,它是一层不渗透的牢固地粘附于钢筋表面上的氧化物,钝化膜的存在,使钢筋表面不存在活性状态的铁,从而使钢筋免受腐蚀[8-65]。混凝土碳化(中性化)后降低了碱度(pH 值),当混凝土的 pH 值小于 11.5 时,钢筋表面的钝化膜将遭到破坏而使其生锈[8-66]。而且,混凝土保持适当的高碱度对于维持水泥石中各水化物稳定有重要意义,碳化过程中释放出水化产物中的结晶水,使混凝土产生了不可逆的收缩[8-67],导致裂缝的出现、粘结力的下降,甚至钢筋保护层的剥落。

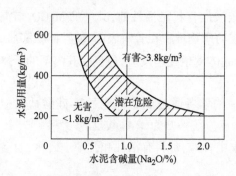

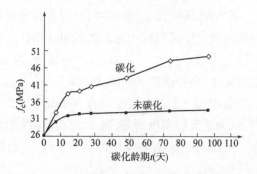

图 8-26  混凝土中碱含量($kg/m^3$)与碱-骨料反应程度[8-48]   图 8-27  混凝土碳化(快速试验)后抗压强度[8-68]

混凝土的碳化从表层逐渐地扩散至内部,生成的碳酸钙含量趋向衰减(图 8-28)。含量最高部分即为碳化区,往里为过渡区和非碳化区。接近表面的薄层内,存在的酸性盐部分地破坏了已出现的碳酸盐,故 $CaCO_3$ 的含量较低。混凝土表面至碳化层的最大厚度称为碳化深度($D$,单位 mm)。

空气中 $CO_2$ 的浓度一般为 0.03%,混凝土的碳化作用非常缓慢,数十毫米厚的钢筋保护层完全碳化需要数年至数十年不等。《普通混凝土长期性能和耐久性能试验方法标准》[8-50]规定,可采用快速试验方法,用高浓度 $CO_2$[含量(20±3)%]气体测定混凝土的碳化深度(图 8-29)。根据大量的试验室快速试验和实际工程的现场实测,得到混凝土碳化深度与其周围空气中的 $CO_2$ 浓度($C$,单位%)、碳化龄期($t$)的一般关系式为:

$$D = \alpha \sqrt{Ct} \tag{8-65}$$

式中：$\alpha$——碳化速度系数。

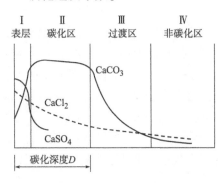

图 8-28  碳化区划分[8-48]

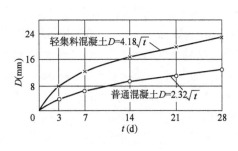

图 8-29  快速试验测定的碳化深度[8-48]

碳化速度系数($\alpha$)是反映混凝土抗碳化能力的一个物理化学性能指标。其值主要取决于混凝土中所用的水泥品种、水灰比、水泥用量、粉煤灰等掺加料的数量，骨料的品种，养护条件，以及环境温湿度和 $CO_2$ 浓度等，国内外的研究人员采用数学统计、神经网络等方法提供了各自的经验计算式[8-48,8-53]。文献[8-68]还提出了多种比较复杂的物理和数学模型，可以预测混凝土的碳化深度。

为了减轻和延缓混凝土的碳化进程，提高结构的耐久性，可采取的措施有：选用抗碳化性能较好的水泥品种，增强混凝土的碱度；配制的混凝土中有足够的水泥用量、较低的水灰比，掺加优质粉煤灰或硅粉等，以减小孔隙率；选取密实的骨料和良好的级配，减少混凝土内部的缺陷，抑制 $CO_2$ 气体在混凝土中的扩散；精心施工，在搅拌、浇筑、振捣和养护过程中，保证混凝土的密实性；表面用涂料或砂浆覆盖，隔绝空气中 $CO_2$ 的渗入，适当增大钢筋的保护层厚度，延迟碳化层抵达钢筋的时间。

5）化学腐蚀

与混凝土相接触的周围介质，如空气、水（海水）或土壤中含有不同浓度的酸、盐和碱类侵蚀性物质时，当它们渗透进入混凝土内部、与相关成分发生物理作用或化学反应后，使混凝土遭受腐蚀，逐渐地发生胀裂和剥落，进而引起钢筋的腐蚀，以至结构失效。

混凝土腐蚀的原因和机理随侵蚀介质与环境条件而异，可分成两类：

（1）溶蚀型腐蚀——水泥的水化生成物中，$Ca(OH)_2$ 最容易被渗入的水溶解，又促使水化硅酸钙等多碱性化合物发生水解，而后破坏低碱性水化产物（$CaO$、$SiO_2$）等，最终完全破坏混凝土中的水泥石结构。某些酸盐（如含 $SiO_2$、$H_2S$、$CO_2$）溶液渗入混凝土，生成无凝胶性的松软物质，易被水溶蚀。水泥石的溶蚀程度随渗透水流的速度而增大。水泥石溶蚀后，导致其强度和粘结性能损失，破坏了混凝土材料的整体性。

（2）结晶膨胀型腐蚀——含有硫酸盐（$SO_4^{2-}$）的水渗入混凝土中，与水泥水化产物 $Ca(OH)_2$ 的化学作用生成石膏（$CaSO_4 \cdot H_2O$），以溶液形式存在。石膏再和水化物铝硫酸盐起作用，则形成带多个结晶水的水化铝硫酸钙（钙矾石）等膨胀性产物，当膨胀应力达到一定程度时，将导致混凝土开裂破坏。

海水中含有大量的氯盐、镁盐和硫酸盐（$NaCl$、$MgCl_2$、$MgSO_4$、$CaSO_4$ 等），它们与混凝土中的水泥水化物 $Ca(OH)_2$ 作用后生成易溶物质，增大了混凝土的孔隙率，削弱材料的内部结构，使混凝土遭受腐蚀。外界迁移进入混凝土中的氯离子大多数是以自由氯离子的状态存在,当氯盐重量达混凝土重量的0.1% ~ 0.2%时就可能引起钢筋锈蚀[8-48],导致混凝土保护层开裂剥落。

地下结构与土壤、地下水长期邻接,若其中含有侵蚀性化学成分,也将使混凝土腐蚀。当含有可溶性硫酸盐( >0.1% )时,即使质量很好的硅酸盐水泥混凝土,也将发生结晶膨胀型腐蚀。《混凝土结构耐久性设计标准》[8-69]按硫酸根浓度的不同将硫酸盐对混凝土的腐蚀分为3级,见表8-6。地下水中含盐量高者( ≈1% ),可使混凝土完全腐蚀解体。地下水中含酸,主要是碳酸( $H_2CO_3$ ),当 pH 值 <6.5 时就可对水泥石产生腐蚀;当 pH 值 =3 ~6 时,腐蚀在初期发展很快,后期渐趋缓慢。一般情况下,酸性水对大体积混凝土的腐蚀只涉及其表层。但若地下水的压力大,混凝土又不甚密实,酸性水将渗入深层混凝土,可引起严重腐蚀。当地下水 pH 值较小时,还会促进硫酸根对混凝土的侵蚀作用[8-70]。

水、土中硫酸盐环境作用等级[8-69] 表 8-6

| 环境作用 | 水中硫酸根离子浓度( mg/L ) | | 土中硫酸根离子浓度( mg/kg ) | |
|---|---|---|---|---|
| | 非干旱高寒地区 | 干旱、高寒地区 | 非干旱高寒地区 | 干旱、高寒地区 |
| V-C( 中度 ) | 200 ~ 1000 | 200 ~ 500 | 300 ~ 1500 | 300 ~ 750 |
| V-D( 严重 ) | 1000 ~ 4000 | 500 ~ 2000 | 1500 ~ 6000 | 750 ~ 3000 |
| V-E(非常严重) | 4000 ~ 10000 | 2000 ~ 5000 | 6000 ~ 15000 | 3000 ~ 7500 |

有些化工、冶金和造纸等工厂,生产的产品就是强酸和碱,或者生产过程需用大量强酸,使得环境空气的腐蚀性浓度大,且渗漏入地下后又使土壤和地下水带有强酸性。这对于厂房的结构、地下基础和管道等产生很强的腐蚀作用,结构可在很短时间内严重受损,甚至不值得修复而被废弃。

为了防止和减轻混凝土的腐蚀,提高结构的耐久性,除了慎重地选择建造地址,对所在环境的空气、水、土进行检测,控制其中的侵蚀性介质(硫酸盐、镁盐、碳酸盐)含量和 pH 值外,还可从结构设计、选用混凝土材料和施工要求等方面采取措施:选用抗腐蚀性能较强的水泥品种(表8-7);配制混凝土时采用较低的水灰比,保证必要的水泥用量,加强振捣和养护,以提高混凝土的密实度和抗渗性;添加活性掺合料,以改善混凝土的微观结构,降低孔隙率,减少混凝土中易发生化学腐蚀的组分[8-71];适当增大受力钢筋的保护层厚度;对结构混凝土的表面涂料或浸渍处理,防止侵蚀性水的渗入和减少混凝土的溶蚀流失。

各种水泥的抗化学腐蚀性能比较[8-48] 表 8-7

| 腐蚀原因 | | 硫酸盐 | 弱酸 | 海水 | 纯水 |
|---|---|---|---|---|---|
| 硅酸盐水泥 | 快硬 | 低 | 低 | 低 | 低 |
| | 普通 | 低 | 低 | 低 | 低 |
| | 低热 | 中 | 低 | 低 | 低 |
| 抗硫酸盐水泥 | | 高 | 低 | 中 | 低 |
| 矿渣硅酸盐水泥 | | 中 ~ 高 | 中 ~ 高 | 中 | 中 |
| 火山灰硅酸盐水泥 | | 高 | 中 | 高 | 中 |
| 超抗硫酸盐水泥 | | 很高 | 很高 | 高 | 低 |
| 矾土水泥 | | 很高 | 高 | 很高 | 高 |

6）钢筋锈蚀

混凝土结构中的钢筋是承受拉力的主要抗体，是保证承载力所必须。结构中混凝土在上述各种因素作用下发生耐久性劣化，出现裂缝和损伤，强度的损失并不很大，但若裂缝、腐蚀和碳化等深入到钢筋所在位置，很易招致钢筋锈蚀。钢筋锈蚀后对结构的耐久性不利影响是多方面的：钢筋锈蚀将产生体积膨胀，导致混凝土保护层受拉而开裂，加速钢筋混凝土结构的劣化[8-72]，使混凝土与钢筋之间的粘结性能退化[8-45]，锈蚀后的钢筋强度将显著降低，使结构的承载力严重折减而出现安全问题。

混凝土中钢筋的锈蚀是一个电化学腐蚀过程[8-48,8-73]。普通硅酸盐水泥配制的密实混凝土，水泥的水化作用使其内部溶液具有高碱性，在未经碳化之前，pH 值约为 13，使钢筋表面形成一层由 $Fe_3O_3 \cdot nH_2O$ 或 $Fe_3O_4 \cdot nH_2O$ 组成的致密钝化膜，厚度为 $0.2 \sim 1\mu m$，可保护钢筋以免生锈（图 8-30）。

当混凝土表层碳化并深入钢筋表面，或者混凝土中原生的和各种原因产生的缝隙，使周围空气、水和土壤中的氯离子（$Cl^-$）到达钢筋表面，都降低了混凝土的碱度（pH 值），破坏了钢筋局部表面上的钝化膜，露出铁基体。它与完好的钝化膜区域之间形成电位差，锈蚀点成为小面积的阳极，而大面积的钝化膜为阴极（图 8-31）。$Cl^-$ 与阳极反应产物 $Fe^{2+}$ 结合生成 $FeCl_2$，使阳极反应顺利进行，这种加速阳极极化反应的作用称为去极化作用，而可溶的 $FeCl_2$ 向混凝土扩散的过程中遇到 $OH^-$ 生成 $Fe(OH)_2$，成为固态腐蚀物；大阴极的阴极反应生成 $OH^-$，提高 pH 值。与此同时，$Cl^-$ 强化了混凝土内离子通道的形成，降低了阴阳极之间的电阻，提高了电化学腐蚀的效率。

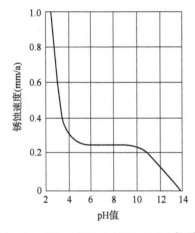

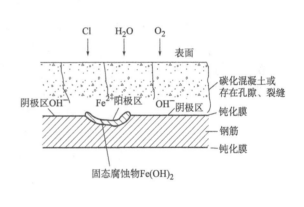

图 8-30　混凝土碱性与钢筋的锈蚀速度[8-48]　　　　图 8-31　钢筋表面点蚀示意图[8-68]

钢筋锈蚀后首先出现点蚀，发展为坑蚀，并较快地向外蔓延，扩展为全面锈蚀。钢筋锈蚀产物的体积均显著超过铁基体的数倍（图 8-32）。钢筋沿长度方向的锈蚀和体积膨胀，使构件发生顺筋裂缝，裂缝的扩张又加速了钢筋的锈蚀。

文献[8-74]通过快速腐蚀试验，测定了钢筋锈蚀后的截面积和强度的损失规律。钢筋试件浸泡在 4‰ 的盐（NaCl）溶液内，并加入少量盐酸（HCl），在预定时间取出试件进行测试，得到腐蚀钢筋和原钢筋相比的面积和屈服强度等的损失率。图 8-33 中表明：随着钢筋腐蚀的加剧，不仅面积减小，其强度损失更大，而且延伸率的减弱最多，即力学性能也有退化，其退化程度随钢材的品种和强度等级而异。

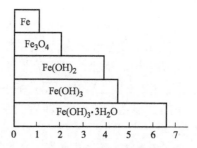

图 8-32　钢筋锈蚀产物的体积膨胀比[8-48]

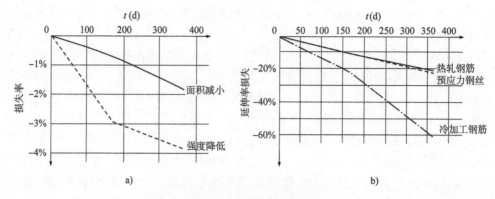

图 8-33　锈蚀钢筋的面积和力学性能退化[8-74]
a)面积和屈服强度;b)延伸率

文献[8-75]采用干湿循环法对钢筋混凝土试件进行了长达两年的锈蚀试验,对 214 根锈蚀钢筋进行机械拉伸试验,发现当钢筋锈蚀率较大时(大于 2%)钢筋非均匀锈蚀特征逐渐明显,钢筋力与变形关系曲线中的屈服平台随锈蚀不均匀性增大逐渐缩短甚至消失。

防止和延缓钢筋的锈蚀,提高结构的耐久性,可采取如下措施:①从环境方面着手,控制各种侵蚀性物质的浓度,限制碳化层和氯离子等深入混凝土内部、抵达钢筋表面。②从材料的选用、制作和构造设计方面着手,则应:优先选用耐腐蚀的水泥,减少配制混凝土的粗细骨料、掺合料和外加剂中的氯化物含量;减小水灰比,掺加优质掺合料,注意振捣质量和养护条件,提高混凝土的密实度;配制混凝土时掺加钢筋阻锈剂[8-48],预防氯盐引起的钢筋锈蚀;适当增大钢筋的保护层厚度,保证保护层的完好无损,或在混凝土外表喷刷防腐涂料,阻延腐蚀介质接触钢筋表面;采用耐腐蚀的钢筋品种,如环氧树脂涂层钢筋、镀锌钢筋、不锈钢钢筋等,钢筋的表面处理能够有效隔离外界侵蚀介质的接触。

上面分别介绍了混凝土(结构)耐久性劣化和失效的各种现象和主要原因,以及其机理、影响因素和改进措施。由于各类耐久性劣化之间相互联系,多数都与混凝土内部的孔隙率和孔结构有密切关系,因而它们的许多改进措施是一致和互利的:

(1)合理选择优质或特种水泥品种,适当增大水泥用量,减小水灰比,添加优质细粒掺合料,如粉煤灰、硅粉。

(2)配制混凝土时注入各种专用外加剂,如高效减水剂、早强剂、引气剂、防冻剂和钢筋阻锈剂。

（3）选用优质粗细骨料：颗粒清洁，级配合理，孔隙小或封闭型孔，活性小，pH值低，$Cl^-$含量小，或采用优质轻骨料。

（4）精心施工，即搅拌均匀，运输和浇注防止离析，振捣密实，加强养护，特别是早龄期养护，减小混凝土的孔隙率。

（5）结构设计时，适当增大钢筋的保护层厚度，并保证有效作用。

（6）表面和表层处理，即喷涂或浸渍各种隔离材料，阻止周围介质中有害液体和气体的渗入。

（7）控制和改善环境条件，如温度、湿度及其变化幅度，降低液体和气体中侵蚀性物质的浓度等。

但是，也应注意到有些措施的两面性，对改善某些耐久性的劣化现象有利，对另一些现象可能反而有害。例如：

（1）配制混凝土时掺加适量的优质粉煤灰或硅粉，既可减小混凝土的孔隙率，提高密实度和抗渗性，又能降低混凝土的碱性、减轻碱-骨料反应，延缓碳化进度，并有利于抗化学腐蚀和钢筋的防锈。但如果掺合料的质量差、数量过多，则需要更多的拌合水，使混凝土的孔隙率增大，强度和抗冻性下降，又易引起钢筋锈蚀。

（2）水泥中的含碱量适当，可增大pH值，有利于钢筋防锈。而含碱量过高，易产生不利的碱-骨料反应。

（3）混凝土浇、捣后采用加热养护，虽能使混凝土获得较高的早期强度，增强抗冻性，但却将加速混凝土的碳化进程，不利于钢筋防锈。

（4）混凝土中掺加引气剂后，在内部产生分布均匀的封闭型微孔，有利于混凝土的抗冻性、抗渗透性和抗腐蚀性。但如果产生的气孔直径大、分布不均匀或总量过多，则会起反面作用，并降低其强度。

（5）采用多孔轻骨料的混凝土有利于抗冻，又可配制要求渗透性好的混凝土。但显然不利于要求抗渗的混凝土，且抗碳化和抗化学腐蚀能力减弱，钢筋易于锈蚀。

故对于提高混凝土耐久性所采取的措施，应做全面深入的分析和评估，以免顾此失彼、适得其反。

### 8.4.4　结构的耐久性设计和评估

1）耐久性设计

一般的混凝土结构，其设计使用年限为50年，要求较高者可定为100年，而临时性结构可予缩短（如30年）。建成的结构和构件在正常维护条件下，不经大修加固，应在此预定期间内保持其安全性和全部使用功能。

过去，由于对混凝土结构耐久性的认识不全面、研究不充分，在设计时因建筑物选址不当，或构造措施不力，或施工质量欠佳等问题，结构建成后、在使用年限到达之前，甚至建成不久就发现结构性能劣化，有明显的宏观破损现象，无法继续使用，即耐久性失效。兴建混凝土工程消耗着大量能源与资源，而大量的混凝土工程由于耐久性劣化而产生巨额维护费，提前退出服役的混凝土结构则产生大量的难以回收和处理的建筑垃圾[8-76]。因此，提高混凝土结构的耐久性，延长混凝土结构的寿命，是个不容回避、必须高度重视的问题。

自从20世纪中叶开始，混凝土结构的各种耐久性失效问题渐露端倪，受到工程界和学术界的重视,开展了全面的研究,取得了广泛而深入的成果。至 20 世纪 80 年代,一些国家的学术组织制定了有关的设计规程,以指导拟建结构的设计和构造。1990 年,日本土木学会发布了《混凝土结构物耐久性设计准则(试行)》,国际材料与结构研究试验联合会(RILEM)于 1990 年出版了《混凝土结构的耐久性设计》,欧盟在 2000 年出版了《混凝土结构耐久性设计指南》等。我国在总结国内外研究成果的基础上,2000 年颁布了交通部行业标准《海港工程混凝土结构防腐蚀技术规范》(JTJ 275—2000),2004 年中国土木工程学会编制了《混凝土结构耐久性设计与施工指南》(CCES 01—2004),2007 年西安建筑科技大学编制了《混凝土结构耐久性评定标准》(CECS 220—2007),2008 年住房和城乡建设部编制了《混凝土结构耐久性设计规范》(GB/T 50476—2008)。它们的问世对改善我国混凝土结构耐久性研究及其工程应用状况将起到积极的作用,也为混凝土结构的耐久性设计和延长工作寿命明确了方向[8-76]。

现今,混凝土(结构)耐久性问题的许多方面,如冻融深度、碳化深度、氯离子侵入、钢筋锈蚀率等,都已建立起多种不同的物理和数学模型[8-47,8-68],可进行定量的理论分析。但是,由于混凝土耐久性劣化和失效的牵涉面广、影响因素多而变化幅度大,物理和化学作用复杂,延续时间长等原因,致使各种理论模型的观点难求统一,机理解释有别,计算方法的通用性和准确度都不足以满足实际工程的需求,有待于继续研究改进。

在这种情况下,为保证新建结构具有足够的耐久性,在结构设计和施工阶段可采取的措施有:结构工程合理选址、控制环境条件、改进结构构造、加强施工管理、提高混凝土配制技术和质量监督等。根据已有的工程经验和教训、试验研究和理论分析等综合结果,可提出对耐久性混凝土的基本定量要求,我国混凝土结构设计规范[8-6]的规定见表 8-8。表中依据结构所处环境条件的差别,给出了混凝土的最低强度等级、最大水灰比,最小水泥用量、最大氯离子含量和最大含碱量等的不同限制值。对构件中钢筋的种类和保护层厚度,规范中也提出了相应要求。有抗渗性和抗冻性要求的混凝土另应满足有关标准的要求。

结构混凝土耐久性的基本要求[8-6]

表 8-8

| 环境作用 | | 最低强度等级 | 最大水灰比 (W/C) | 水泥中氯离子最大含量 (%) | 最大含碱量 (kg/m³) |
|---|---|---|---|---|---|
| 类别 | 条件 | | | | |
| 一 | 室内正常环境 | C20 | 0.60 | 0.30 | 不限制 |
| 二 a | 室内潮湿,非严寒和非寒冷地区露天环境与无侵蚀性水、土直接接触 | C25 | 0.55 | 0.20 | 3.0 |
| 二 b | 严寒和寒冷地区露天环境,与无侵蚀性水、土直接接触 | C30(C25) | 0.50(0.55) | 0.15 | |
| 三 a | 使用除冰盐,严寒和寒冷地区冬季水位变动,滨海室外 | C35(C30) | 0.45(0.50) | 0.15 | |
| 三 b | 盐渍土环境受除冰盐影响海岸环境 | C40 | 0.40 | 0.10 | |

2)已有结构的耐久性检测和评估

已建成的混凝土结构物使用多年后,在各种环境因素和周围介质的不利作用下,或在特殊荷载的偶然作用下,结构的外表和内部常形成程度不等的损伤、性能劣化,耐久性下降。当需要确定其能否在设计使用年限内继续安全承载并满足全部使用功能时,应对结构进行耐久性的检测和评估。

混凝土结构的现场踏勘和检测是了解结构现状和耐久性劣化程度的主要手段,是进行耐久性评估的重要依据。检测的主要内容和方法如下,应尽可能地采用非破损性的检测手段:

(1)调查结构和构件的全貌——结构的体系和布置,结构和基础的沉降,宏观的结构施工质量,结构使用过程的异常情况,如火灾、冲击或局部超载等有害的特殊作用,曾否改建和加固等。必要时可进行现场加载试验,测定结构的实有受力性能。

(2)检查外观损伤——构件裂缝的位置、数量、分布、宽度和深度,构件的变形状况,包括挠度、侧移、倾斜、转动和颤动,支座和节点的变形及裂缝,混凝土表层的缺损,如起皮、剥落、缺棱、掉角等。

(3)测试混凝土性能——用非破损(回弹、超声波)法或局部破损(拔出、钻芯取样)法测定混凝土实有强度,用超声波或声发射仪等测试内部的孔洞缺陷,钻芯取样测定密实性和抗渗性,钻检测孔,测定碳化深度,现场取样并送试验室,分析氯离子含量、侵入深度及碱含量等。基于现场检测方法周期长的不足,为了缩短试验周期,人们还发展了室内加速试验,采用人工加速模拟环境的方法,在较短时间内模拟混凝土试件置于实际环境条件下较长时间的劣化过程,从而研究混凝土结构的破坏特征和结构性能演变等耐久性问题。现场暴露试验通过建立现场暴露试验站,开展结构天然条件下长期的耐久性研究,具有模拟的环境条件比室内加速试验更加真实,且具有不损伤结构自身的优点。

(4)检测钢筋——检查钢筋保护层的完整性,采用钢筋扫描仪可显示混凝土内部钢筋影像及相关数据,便于检测混凝土内部钢筋的直径、数量、位置及保护层厚度。采用专门的仪器或凿开局部保护层,可测定构件中钢筋的锈蚀状况和程度,必要时切取适量钢筋试样并送试验室,测定其锈蚀后的面积和强度(损失率)。

(5)调研和测试环境条件——结构所处环境的温度、湿度及其变化规律,周围的空气、水或土壤等介质中各种侵蚀性物质的种类和含量(浓度)。

将全部的结构现场观察调研和试验室检测的详细结果汇总后进行统计分析,按照结构的损伤和性能劣化的严重程度,评定各部分的耐久性损伤等级,整个结构按相同的损伤等级划分为若干区段,以便分别进行处理。

对现有结构的承载力评定,可根据结构的计算图形和实测的截面尺寸、材料强度等进行计算,也可通过现场的荷载试验进行检验,都可能获得比较准确的结果,做出明确的评定。

但是,要求准确评估结构的"安全耐久年限"和"适用耐久年限"[8-77],或相应的剩余寿命,至今仍难以实现。虽然通过现场踏勘和试验室检测可得到结构现状的详细数据,尽管众多文献提供了许多种混凝土结构耐久性评估的理论分析方法,如可靠性鉴定法、综合鉴定法、层次分析法专家系统、人工神经网络分析法,等等,由于结构耐久性问题的复杂性和一定的随机性、结构材料和施工的离散性,以及耐久性失效本来就很难用一个确切的数值(年,月)来衡量,因此至今尚无成熟、准确的方法可敷应用,较多的还是依靠工程统计资料和经验分析等加以推算、估计。

**本章参考文献**

[8-1] 吕联亚. 混凝土裂缝的成因和治理技术[J]. 混凝土,1998(5):43-48.

[8-2] 朱耀台,詹树林. 混凝土裂缝成因与防治措施研究[J]. 材料科学与工程学报,2003,21 (5):727-730.

[8-3] 陆斌. 工程施工中混凝土裂缝的成因及控制[J]. 硅酸盐通报,2013,32(1):85-88.

[8-4] 骆仲锋. 谈现浇混凝土结构裂缝的危害及成因分析[J]. 甘肃科技纵横,2016,45(5): 58-60,89.

[8-5] 张永存,李青宁. 混凝土裂缝分析及其防治措施研究[J]. 混凝土,2010(12):137-140.

[8-6] 中华人民共和国国家标准. 混凝土结构设计规范(2015 年版):GB 50010—2010[S]. 北京:中国建筑工业出版社,2010.

[8-7] 徐文江,胡德炘. 钢筋混凝土构件裂缝控制的等级和要求[M]//中国建筑科学研究院. 钢筋混凝土结构设计与构造. 北京:中国建筑工业出版社,1985:38-44.

[8-8] The American Standard. ACI 318-11 Building code requirements for structural concrete and commentary [S]. Farmington Hills, MI: American Concrete Institute, 2011.

[8-9] 王传志,滕志明. 钢筋混凝土结构理论[M]. 北京:中国建筑工业出版社,1985.

[8-10] 蔡绍怀. 抗裂度塑性系数 $\gamma_s$ 取值方法的改进:钢筋混凝土结构研究报告选集[R]. 北京:中国建筑工业出版社,1977.

[8-11] 易伟建,沈蒲生. 钢筋混凝土板的裂缝和变形性能:混凝土结构研究报告选集[R]. 北京:中国建筑工业出版社,1994.

[8-12] 李树瑶,等. 钢筋混凝土构件抗裂度计算[M]//中国建筑科学研究院. 钢筋混凝土结构设计与构造. 北京:中国建筑工业出版社,1985:174-178.

[8-13] The European Standard. CEB FIB MC 1990 Model code for concrete structures [S]. Lusanne: Fédération International du Béton, 2010.

[8-14] Saligar R. High grade steel in reinforced concrete [C]//Berlin-Munich: Publication, 2nd Congress of IABSE,1936.

[8-15] Мурашев В И. Трешиноустойчивость, жесткость, и прочность железобетон [M]. Москва, Стройиздат, 1950.

[8-16] Rüsch H, Rehm G. Notes on crack spacing in members subjected to bending: symposium on bond and crack formation in reinforced concrete [M]. Stockholm:RILEM,1957.

[8-17] Chi K, Kirstein A F. Flexural cracks in reinforced concrete beams [J]. ACI Structural Journal,1958,54(4): 865-878.

[8-18] Desayi P. Determination of the maximum crack width in reinforced members [J]. ACI Structural Journal,1976,73(8): 473-477.

[8-19] 钢筋混凝土结构设计规范修订组. 钢筋混凝土受弯构件变形和裂缝的计算[J]. 建筑结构,1976(2):3-39.

[8-20] 四川省建筑科学研究所,等. 钢筋混凝土轴心受拉构件裂缝宽度的计算:钢筋混凝土结构研究报告选集[R]. 北京:中国建筑工业出版社,1977.

[8-21] Base G D, Read J B, Beeby A W, et al. An investigation of the crack control, characteristics of various types of bar in reinforced concrete beams [R]. Research Report No. 18 Part I

and Ⅱ, Cement and Concrete Association, London, 1966.

[8-22] Base G D. Crack control in reinforced concrete—present position[M]. Melbourne: Syposium on Serviceability of Concrete, 1975.

[8-23] Broms B B. Stress distribution in reinforced concrete members with tension cracks [J]. ACI Structural Journal, 1965, 62(9): 1095-1108.

[8-24] Broms B B. Crack width and spacing in reinforced concrete members [J]. ACI Structural Journal, 1965, 62(10): 1237-1310.

[8-25] Broms B B, Lutz L A. Effects of arrangement of reinforcement on crack width and spacing of reinforced concrete members [J]. ACI Structural Journal, 1965, 62(11): 1395-1410.

[8-26] Watstein D, Mathey R G. Width of cracks in concrete at the surface of reinforcing steel evaluated by means of tensile bond specimens [J]. ACI Structural Journal, 1959, 56(7), 47-56.

[8-27] Broms B B. Technique for investigation of internal cracks in reinforced concrete members [J]. ACI Structural Journal, 1965, 62(1): 38-44.

[8-28] 后藤幸正, 大塚浩司. 引張を受けろ異形鐵筋周辺のコンクソートに発生するひびわれに関する実験的研究[C]. 日本土木学会論文報告集, 1980(2).

[8-29] Mills G M, Albandar F A. The prediction of crack width in reinforced concrete beams [J]. Magazine of Concrete Research, 1974, 26(88): 153-160.

[8-30] Beeby A W. The prediction and control of flexural cracking in reinforced concrete members [J]. ACI Special publication, 1971, 30: 55-76.

[8-31] Borges J F, Lima J A. Formation of cracks in beams with low percentage of reinforcement [M]. Stockholm: RILEM, 1957.

[8-32] 于庆荣, 姚崇德, 马继忠. 钢筋混凝土构件裂缝和刚度统一计算模式的研究[M]. 北京: 中国建筑工业出版社, 1994.

[8-33] Frantz G C, Breen J E. Cracking on the side faces of large reinforced concrete beams [J]. ACI Structural Journal, 1980, 77(5): 307-313.

[8-34] 兰宗建, 李树瑶, 等. 钢筋混凝土构件裂缝宽度计算[M]. 中国建筑科学研究院. 钢筋混凝土结构设计与构造——1985 年设计规范背景资料汇编. 北京: 建筑工业出版社, 1985: 183-195.

[8-35] 兰宗建, 王清湘, 等. 混凝土保护层厚度对钢筋混凝土构件裂缝宽度影响的试验研究[M]. 中国建筑科学研究院. 混凝土结构研究报告选集(3). 北京: 中国建筑工业出版社, 1994: 90-101.

[8-36] Gergely P, Lutz L A. Maximum crack width in reinforced concrete flexural members[J]. ACI Special publication, 1971, 20: 87-117.

[8-37] Fling R S. Allowable deflections [J]. ACI Structural Journal, 1968, 65(6): 433-444.

[8-38] ACI Committee 435. Proposed revisions by committee 435 to ACI building code and commentary provisions on deflections [J]. ACI Structural Journal, 1978, 75(6): 228-238.

[8-39] 兰宗建, 等. 钢筋混凝土受弯构件刚度计算公式的改进和简化[M]. 中国建筑科学研究院. 钢筋混凝土结构设计与构造——1985 年设计规范背景资料汇编. 北京: 中国建筑

工业出版社,1985:196-200.

[8-40] Branson D E. Discussion of "proposed revision of ACI 318-63: building code requirement for reinforced concrete",by ACI Committee 318 [J]. ACI Structural Journal,1970,67(9): 692-695.

[8-41] Washa G W,Fluck P G. The effect of compressive reinforcement on the plastic flow of reinforced concrete beams [J]. ACI Structural Journal,1952,48(8): 88-108.

[8-42] Yu W W,Winter G. Instantaneous and long time deflections of reinforced concrete beams under working loads [J]. ACI Structural Journal,1960,57(1): 28-50.

[8-43] Hajnal-Konyi K. Tests on beams with sustained loading [J]. Magazine of Concrete Research, 1963,15(43): 3-14.

[8-44] Branson D E. Compressive steel effect on long-time deflections [J]. ACI Structural Journal, 1971,68(8): 555-559.

[8-45] 牛荻涛. 混凝土结构耐久性与寿命预测[M]. 北京:北京科学出版社,2003.

[8-46] 陈肇元,徐有邻,钱稼茹. 土建结构工程的安全性与耐久性[J]. 建筑技术,2002,33 (4):248-253.

[8-47] 陈肇元. 混凝土结构的耐久性设计方法[J]. 建筑技术,2002,34(5):328-333.

[8-48] 龚洛书,柳春圃. 混凝土的耐久性及其防护修补[M]. 北京:中国建筑工业出版 社,1990.

[8-49] 徐维忠,等. 建筑材料[M]. 北京:中国工业出版社,1962.

[8-50] 中华人民共和国国家标准. 普通混凝土长期性能和耐久性能试验方法标准:GB/T 50082—2009[S]. 北京:中国建筑工业出版社,2010.

[8-51] 库马·梅塔,保罗 J M,蒙特罗,等. 混凝土微观结构性能和材料[M]. 北京:中国电力 出版社,2008.

[8-52] 金南国,金贤玉,郭剑飞. 混凝土孔结构与强度关系模型研究[J]. 浙江大学学报(工学 版),2005,39(11):1680-1684.

[8-53] 冷发光,周永祥,王晶. 混凝土耐久性及其检验评价方法[M]. 北京:中国建材工业出版 社,2012.

[8-54] 过镇海,时旭东. 钢筋混凝土原理和分析[M]. 北京:清华大学出版社,2003.

[8-55] Powers T C. A working hypothesis for further studies of frost resistance of concrete [J]. ACI Structural Journal,1945,16(4): 245-272.

[8-56] Powers T C,Willis T F. The air requirement of frost-resistance concrete [J]. Proceedings of Highway Research Board,1949,29: 184-211.

[8-57] 李金玉,曹建国,徐文雨,等. 混凝土冻融破坏机理的研究[J]. 水利学报,1999,34(1): 41-49.

[8-58] 郝挺玉. 混凝土碱-骨料反应及其预防:混凝土结构耐久性及耐久性设计[M]. 北京:清 华大学,2002:273-282.

[8-59] 王增忠,刘建新. 混凝土碱集料反应与耐久性若干问题的探讨[G]//清华大学结构工 程与振动教育部重点试验室. 土建结构工程的安全性与耐久性. 北京:清华大学,2001: 213-219.

[8-60] 杨华全,李鹏翔,陈霞.水工混凝土碱-骨料反应研究综述[J].长江科学院院报,2014,31(10):58-62.

[8-61] Tang M S,Deng M. Progress on the studies of alkali-carbonate reaction [C]. Proceedings of 12th International Conference on AAR in Concrete,Beijing,China ,October 15-19,2004:51-59.

[8-62] Gillott J E. Mechanism and kinetics of expansion in the alkali-carbonate rock react [J]. Canadian Journal of Earth Sciences,2011,1(2): 121-145.

[8-63] Tang M. Classification of alkali-aggregate reaction [J]. Bulletin of National Natural Science Foundation of China,1992(3):31-37.

[8-64] 唐明述,邓敏.碱集料反应研究的新进展[J].建筑材料学报,2003,6(1):1-8.

[8-65] 程云虹,刘斌.混凝土结构耐久性研究现状及趋势[J].东北大学学报(自然科学版),2003,24(6):600-605.

[8-66] Papadakis V G,Vayenas C G,Fardis M N. Experimental investigation and mathematical modeling of the concrete carbonation problem [J]. Chemical Engineering Science,1991,46(5-6):1333-1338.

[8-67] 高英力,程领,李柯,等.碳化作用下轻骨料混凝土干缩变形及影响规律[J].硅酸盐通报,2012,31(2):440-444.

[8-68] 金伟良,赵羽习.混凝土结构耐久性[M].北京:科学出版社,2002.

[8-69] 中华人民共和国国家标准.混凝土结构耐久性设计标准:GB/T 50476—2019[S].北京:中国建筑工业出版社,2019.

[8-70] 陈强,朱宝龙,胡厚田.地下水对混凝土侵蚀性的热力学研究[J].中国铁道科学,2003,24(6):57-60.

[8-71] 张光辉.混凝土结构硫酸盐腐蚀研究综述[J].混凝土,2012(1):48-61.

[8-72] 赵羽习,金伟良.钢筋锈蚀导致混凝土构件保护层胀裂的全过程分析[J].水利学报,2005,36(8):938-945.

[8-73] 洪乃丰.氯盐引起的钢筋锈蚀及耐久性设计考虑[M].北京:清华大学,2002:20-35.

[8-74] 徐有邻,王晓峰,等.锈蚀钢筋力学性能的试验研究[M].北京:清华大学,2002:291-297.

[8-75] 徐港,张懂,刘德富,等.氯盐环境下混凝土中锈蚀钢筋力学性能研究[J].水利学报,2012,39(4):452-459.

[8-76] 金伟良,吕清芳,赵羽习,等.混凝土结构耐久性设计方法与寿命预测研究进展[J].建筑结构学报,2007,28(1):7-13.

[8-77] 王庆霖,牛荻涛.混凝土结构耐久性评定标准编制[M]//清华大学结构工程与振动教育部重点试验室.土建结构工程的安全性与耐久性.北京:清华大学,2001:178-180.

# 第 9 章

# 钢筋混凝土构件的抗震性能

## 9.1 概　　述

　　地震是由岩体错动、地层陷落等引起的地面运动,地壳岩层中长期累积的巨大变形能突然释放,使得局部地面在短期内发生强烈的垂直和水平运动,这种振动以波的形式从震源向周围迅速传播,对建筑结构产生巨大的破坏作用。为防止钢筋混凝土结构在地震作用下发生严重的破坏或倒塌,必须保证结构构件及其连接节点足够的承载力及抗变形能力,即良好的抗震性能。

　　本章首先介绍了研究结构或构件抗震性能的常用方法——低周反复加载试验的相关内容,接着给出了抗震性能的评价指标及常用的构件恢复力模型,最后基于试验介绍了几种常见钢筋混凝土构件的抗震性能。

## 9.2 低周反复加载试验

　　结构抗震试验是研究结构物在模拟地震的荷载作用的强度、变形情况、非线性性能以及结构实际破坏状态的常用手段。试验不仅可以得到结构或构件的恢复力模型用于地震反应计算,还可以从能量耗散的角度研究结构或构件的滞回特性,探求结构的抗震性能。

低周反复加载试验是目前结构抗震试验中应用最广泛的方法之一,其对结构或构件施加多次往复循环作用力或位移,用以模拟地震时结构的往复振动。试验的加载周期远大于结构基本周期,实质上仍为静力加载,故又称伪静力试验或拟静力试验。试验可以获得结构或构件的非弹性荷载-变形特性,因此又称为恢复力特性试验。

低周反复加载试验的目的是:

(1)研究结构在地震荷载作用下的恢复力特性,确定构件的恢复力计算模型;

(2)从强度、变形和能量3个方面判别和鉴定结构的抗震性能;

(3)研究结构构件的破坏机理,为改进现行抗震设计方法、修改现行抗震设计规范提供依据。

低周反复加载试验的设备一般包括:加载装置——双向作用加载器(千斤顶);反力装置——反力墙或反力架、试验台座等。试验装置与试验加载设备应满足设计受力条件和支承方式的要求,试验台、反力墙、门架、反力架等应具有足够的刚度、强度和整体稳定性。试验台的重量不应小于结构试件最大重量的5倍,在其可能提供反力部位的刚度应大于试件刚度的10倍。试验台应能承受垂直和水平方向的力。

低周反复加载试验的优点是:由于其加载速度较慢,可细致地观察变形及裂缝,在试验过程中可以随时停下来观察结构的开裂和破坏状态,便于检验校核试验数据和仪器的工作情况,并可根据试验需要修改或改变加载历程。低周反复加载试验的不足之处在于:试验的加载历程是研究者预先主观确定的,与实际地震作用历程无关。另外,由于加载周期长,不能反映实际地震作用时应变速率的影响。

进行低周反复加载试验必须预先确定加载制度。以是否考虑结构受力的空间效应为依据,加载制度可分为单方向加载和双向加载两类。

1)单方向加载

目前,国内外采用较多的单向反复加载方案有作用力控制加载、位移控制加载以及位移-作用力混合控制3种。

(1)位移控制加载(图9-1)

位移控制加载是目前结构抗震性能试验研究中使用较多的一种加载方案。该方案在加载过程中以位移为加载控制值,这里说的位移是指广义位移,包括线位移、转角、曲率等。当试件有明确的屈服点时,一般取屈服位移的倍数作为加载控制位移。当试件屈服点不明确或干脆无屈服点时,可由研究人员根据需要确定位移控制标准。

根据位移控制值的不同变化规律,位移控制加载方案又可分为变幅加载、等幅加载和混合加载。

变幅加载如图9-1a)所示。图中纵坐标是延性系数 $\mu$ 或位移值,横坐标为反复加载的周次。位移控制幅值随周次递增,即每一周的位移幅值均不同。当对构件的性能不太了解、作探索性研究或是需要确定恢复力模型时,多用变幅加载。

等幅加载如图9-1b)所示。在整个加载试验过程中位移控制幅值始终相等。此种加载方案常用于研究构件的强度降低和刚度退化等。

混合加载结合了变幅加载和等幅加载,如图9-1c)所示。采用混合加载方案可以综合研究构件的性能,包括等幅加载下强度和刚度退化规律,以及变幅加载(特别是大变形增长)下强度和耗能能力的变化。等幅部分的循环次数应根据研究对象和要求确定,一般可选3～6次。

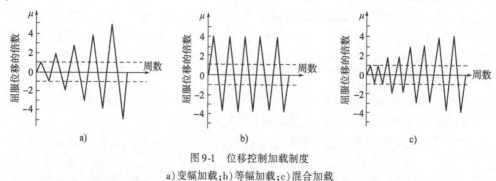

图9-1 位移控制加载制度

a)变幅加载;b)等幅加载;c)混合加载

(2)作用力控制加载(图9-2)

作用力控制加载是在加载过程中以施加于构件上的作用力为加载控制值。当采用电液伺服加载器按控制作用力加载法加载时,如果对试件的实际承载能力估计过高,在试验中很容易发生失控现象,所以在实际试验中这种加载方法较少使用。

(3)位移-作用力混合控制加载(图9-3)

混合加载法是在试验加载过程中先用作用力控制后用位移控制加载的加载方案。以作用力控制加载时,从初始设定的控制力值开始加载,逐级增加控制力直至试件屈服,随后改用位移控制加载。按位移控制加载时应先确定一个标准位移,标准位移可以是结构或构件的屈服位移。当试件无明显屈服点时,标准位移一般由试验研究人员自行确定。改用位移控制后,可以按标准位移的倍数控制加载,直至结构破坏。施加反复荷载的次数应根据试验目的确定,屈服前每级荷载可反复一次,屈服以后每级荷载宜反复进行3次。这种加载法在控制作用力加载阶段,也容易发生失控现象,因此在实际使用中应引起注意。

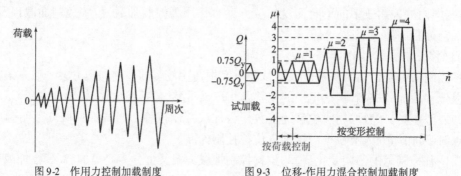

图9-2 作用力控制加载制度

图9-3 位移-作用力混合控制加载制度

2)双方向加载

地震对结构的作用实际上是多维的。两个方向的相互耦合作用将会严重削弱结构的抗震能力,也就是说,水平双向地震作用对结构的破坏作用比单向地震要大。因此,通过试验研究结构或结构构件在双向受力状态下的受力性能是很有必要的。双向反复加载方案有同步加载和非同步加载两种。

（1）双向同步加载

当用两个加载器在两个方向同时加载时,两个主轴方向的分量是同步的,其加载制度与单向受力加载的加载制度相同。

（2）双向非同步加载

双向非同步加载是用两个加载器在两个方向上非同步加载,即可以在两个方向上先后施加荷载。图9-4为常用的沿 $x$、$y$ 方向不同的双向加载制度。

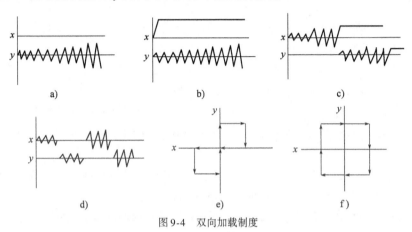

图9-4 双向加载制度

a)单向加载;b)$x$ 方向恒载,$y$ 方向加载;c)$x$、$y$ 方向先后加载;
d)$x$ 和 $y$ 方向交替加载;e)8 字形加载;f)方形加载

# 9.3 抗震性能的评价指标

通过低周反复加载试验可以得到结构或构件的荷载-变形曲线,称为滞回曲线。将滞回曲线同方向各次加载的峰点依次相连得到的曲线称为骨架曲线。荷载-变形曲线形状的变化可以体现结构或材料在不同阶段的性能变化,如弹性变形阶段、塑性变形的出现和发展、混凝土的开裂及裂缝的发展、钢筋的屈服及强化、受压失稳等。为了能够定量地描述和评价钢筋混凝土结构或结构构件的抗震性能,可根据滞回曲线得到相关指标,如强度指标、刚度指标、延性指标、耗能指标等。

## 9.3.1 强度指标

强度是材料抵抗断裂和变形的重要力学性能之一。结构或结构构件的各阶段强度指标如下:

（1）开裂荷载——试件出现第一条明显的水平裂缝、垂直裂缝或斜裂缝时的截面内力（$M_f$、$N_f$、$Q_f$）或应力值（$\sigma_f$、$\tau_f$）。

（2）屈服荷载——试件刚度出现明显变化时的截面内力（$M_y$、$N_y$、$Q_y$）或应力值（$\sigma_y$、$\tau_y$）。对于有明显屈服点的试件,屈服强度可由 $M$-$\Delta$ 曲线的拐点来确定,如图9-5所示;对于无明显屈服点的试件,常用于确定屈服点的方法主要有能量等值法[图9-6a)]和几何作图法[图9-6b)]。能量等值法采用折线 $OY$-$YU$ 代替原来的 $F$-$D$ 曲线,使得面积 $OAB$ 与面积 $BYU$ 相等,$Y$ 点对应的曲线上的点即为屈服点。几何作图法的具体步骤如下:作直线 $OA$ 与 $F$-$D$ 曲线初始段相切,其

与过 $U$ 点的水平线相交于 $A$,过 $A$ 点作垂线 $AB$ 与 $F$-$D$ 曲线交于 $B$ 点,连接 $OB$ 并延长与水平线交于 $C$ 点,过 $C$ 点作垂线与 $F$-$D$ 曲线的交点 $Y$ 即为屈服点。

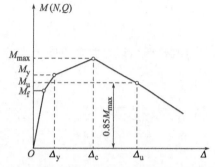

图 9-5　有明显屈服点的构件各阶段的强度指标

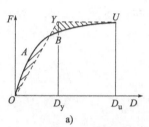

a)

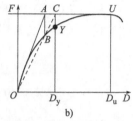

b)

图 9-6　无明显屈服点的构件确定屈服点的方法
a)能量等值法;b)几何作图法

（3）极限荷载——试件达到最大承载能力时的截面内力（$M_{max}$、$N_{max}$、$Q_{max}$）或应力值（$\sigma_{max}$、$\tau_{max}$）。

（4）破损荷载——试件经历最大承载力后,达到某一剩余承载能力时的截面内力（$M_u$、$N_u$、$Q_u$）或应力值（$\sigma_{max}$、$\tau_{max}$）。可取极限荷载的 85%。

另外,构件在多次等幅值循环荷载作用下滞回曲线的峰值降低率,即强度退化率也是一项重要的强度指标。

强度退化率是指在相同控制位移幅值下,后期循环的峰值荷载与第一次循环峰值荷载的比值,反映了一定变形条件下加载循环次数对强度的影响。可用以下指数表示:

$$\lambda_i = \frac{F^i_{j,min}}{F^1_{j,max}} \tag{9-1}$$

式中: $F^i_{j,min}$ ——变形延性系数为 $j$ 时,第 $i$ 次加载循环的峰值荷载,如图 9-7 所示;

$F^1_{j,max}$ ——变形延性系数为 $j$ 时,第 1 次加载循环的峰值荷载,如图 9-7 所示。

### 9.3.2　刚度指标

刚度是材料或结构在受力时抵抗弹性变形的能力。在低周反复加载试验中,有加载、卸载、反向加载及卸载以及重复加载等情况,再加上构件在受力过程中的刚度退化等,实际情况要比一次加载复杂得多。图 9-8 标示了试件在反复加载时各阶段的刚度,具体的各项刚度指标如下:

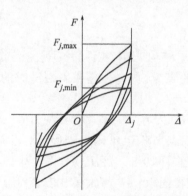

图 9-7　等位移加载下的荷载-位移滞回曲线

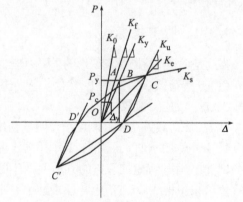

图 9-8　试件反复加载时的各阶段刚度

（1）初始加载刚度、开裂刚度和屈服刚度

从 $P\text{-}\Delta$ 曲线可以看出初始加载阶段为弹性，切线刚度 $K_0$ 即为初始加载刚度，可用于计算结构的自振周期。继续加载到 $A$ 点时，结构或构件开裂，连接 $OA$ 即可得到开裂刚度 $K_f$。持续加载，到达 $B$ 点时结构或构件屈服，屈服刚度为 $OB$ 线的斜率 $K_y$。

（2）卸载刚度

加载到达峰值点 $C$ 后卸载至 $D$ 点，连接 $CD$ 即可得到卸载刚度 $K_u$。卸载刚度一般接近于开裂刚度或屈服刚度，其随构件的受力特性和自身构造特点的不同而变化。

（3）反向加载、卸载刚度和重复加载刚度

从 $D$ 点到 $C'$ 点的反向加载刚度受到许多因素的影响。如试件开裂后受压引起裂缝的闭合，钢材的包辛格效应等导致刚度发生退化。

从 $C'$ 点到 $D'$ 点的反向卸载刚度，由于结构的对称性，与 $CD$ 段刚度较为接近。

从 $D'$ 点正向重复加载时，构件的重复加载刚度随循环次数增加而不断降低，但其与 $DC'$ 段具有相似的特点。

（4）等效刚度

在一个循环中，可用环线刚度作为等效刚度，即在 $OCDC'D'C$ 的一次循环过程中，连接 $OC$ 可以得到作为等效线性体系的等效刚度 $K_e$。等效刚度 $K_e$ 随循环次数增加而不断降低，反映了结构构件的变形能力，是评价结构抗震性能的一项重要指标。

（5）刚度退化率

与强度退化率定义相似，刚度退化率是指在等幅低周反复加载时，每施加一次循环荷载后刚度降低的程度，反映了一定变形条件下加载循环次数对刚度的影响。可用以下指数表示：

$$k_e = \frac{\sum\limits_{i=1}^{n} F_j^i}{\sum\limits_{i=1}^{n} \Delta_j^i} \tag{9-2}$$

式中：$F_j^i$——位移延性系数为 $j$ 时，第 $i$ 次循环的峰值荷载；

$\Delta_j^i$——位移延性系数为 $j$ 时，第 $i$ 次循环的变形峰值。

### 9.3.3 延性指标

延性是指结构或构件超过弹性极限后，在没有明显强度退化的情况下的变形能力。结构或构件破坏时对应的极限变形和屈服时对应的屈服变形之比称为延性系数，可用来表征结构或构件的延性。这里的变形为广义变形，可指位移、转角或曲率。计算表达式如下：

$$\mu_D = \frac{D_u}{D_y} \tag{9-3}$$

式中：$D_u$——试件的极限变形；

$D_y$——试件的屈服变形。

由式（9-3）可知，在确定延性系数 $\mu_D$ 时，需要确定构件的极限变形 $D_u$ 和屈服变形 $D_y$。对于理想的弹塑性变形曲线，其具有明确的屈服点 $Y$，即曲线上的转折点，$D_y$ 有准确值。而对于没有明显屈服点的变形曲线,需要利用图9-6中的方法确定屈服点,以得到$D_y$。一般取最大承载力的0.85倍对应的点为极限点$U$,即$F_U = 85\% F_M$,或取混凝土达到极限压应变$\varepsilon_{cu} = 3.3 \times 10^{-3} \sim 4 \times 10^{-3}$时对应的点为极限点$U$。极限点$U$对应的变形即为极限变形$D_u$。

实际工程中,结构与结构构件需具备良好的延性,主要是因为:

(1)延性破坏之前有明显的预兆,破坏过程缓慢,能给人以警示,而脆性破坏之前毫无预兆。图9-9为钢筋混凝土构件典型破坏类型所对应的荷载-位移曲线。脆性破坏时,曲线有明显的尖峰,构件在达到最大承载力之后承载力急速下降;而延性破坏时,在达到最大承载力后,能够保持较长时间的平台段,即在很大变形的情况下还可以继续保持一定的承载力。

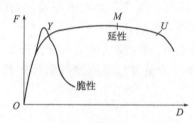

图9-9  延性破坏与脆性破坏下的荷载-位移曲线

(2)对于一些设计中未考虑的因素,如由偶然荷载、荷载反向、温度变化、基础沉降、收缩等引起的附加内力和变形,延性材料能够调整和适应这种变化,它的后期变形能力可作为安全储备。

(3)混凝土连续梁板和框架超静定结构塑性设计时,要求在特定的截面形成塑性铰,实现内力重分布,而产生塑性铰的截面应具有足够延性才能充分转动,故延性有利于实现超静定结构的内力重分布,提高结构的承载力,充分利用材料性能。

(4)对有抗震设防要求的结构,如具有良好的延性,能够吸收更多的地震能量,降低动力反应,减轻破坏程度,防止结构倒塌。

下面再通过一个简单的例子来说明抗震设计中对结构延性系数的数值要求。设有两个质量和初始刚度均相同的单自由度体系,一个为弹性体系,另一个为弹塑性体系。在相同地面水平加速度的作用下,结构的反应如图9-10a)、b)所示。若在相同的地震作用下,这两种结构达到的最大挠度相同[即在图9-10c)中有$\Delta_u' = \Delta_u'' = \Delta_u$],则有

$$R = \frac{OB}{OA} = \frac{\Delta_y}{\Delta_u} = \frac{1}{\mu} \tag{9-4}$$

式中:$R$——弹塑性水平地震作用与弹性水平地震作用的比值。

若两个结构体系达最大挠度时所储存的变形势能相同,即图9-10c)中$OCD$的面积和$OEFG$面积相等,则有

$$R = \frac{1}{\sqrt{2\mu - 1}} \tag{9-5}$$

对于不同的$R$值,由上述两式算出的$\mu$值见表9-1。由表可知,$R$较小时,式(9-4)和式(9-5)之间的差别较大。将上述两式和动力分析的结果进行对比发现,式(9-5)可能是上限值,而式(9-4)更接近动力分析结果[9-1]。

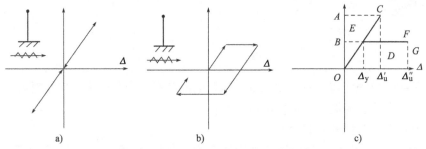

图9-10 地震作用下单自由度结构体系的反应
a) 弹性体系的反应；b) 弹塑性体系的反应；c) 最大挠度即耗能

由式(9-4)和式(9-5)反映的规律可知：结构设计时，若地震作用的取值小于弹性水平地震作用，就要求有足够大的延性系数 $\mu$ 与之对应；若地震作用相同，结构的延性系数 $\mu$ 越大，安全储备越大。目前大多数国家的设计规范考虑到混凝土结构的塑性性能，其水平地震作用的标准值都小于弹性水平地震作用的反应值。根据比值 $R$ 可以估算出结构所需的延性系数 $\mu$，一般取 $\mu = 3 \sim 5$。

位移延性系数 $\mu$ 表9-1

| $R$ | 0.2 | 0.4 | 0.6 | 0.8 | 1.0 |
|---|---|---|---|---|---|
| 式(9-4)的结果 | 5.0 | 2.5 | 1.7 | 1.3 | 1.0 |
| 式(9-5)的结果 | 13.0 | 3.6 | 1.9 | 1.3 | 1.0 |

延性又可分为材料延性、截面延性、构件延性和结构延性。材料延性可用应力-应变曲线表示，如混凝土的受压和受拉曲线、钢筋拉伸曲线、钢筋和混凝土的粘结-滑移曲线；截面延性常用曲率表示，曲率是指构件单位长度上的截面转动能力，如受弯构件的弯矩-曲率曲线、受扭构件的扭矩-扭转角曲线；构件延性可用转角或位移表示，如梁的荷载-跨中挠度、荷载-支座转角、柱的轴力-变形、偏压柱的轴力-中点侧向位移、剪力-跨中挠度曲线；结构延性是指整个结构体系承受变形的能力，如框架或剪力墙的水平荷载-顶层位移、水平荷载-层间位移等曲线。下面分别介绍多种延性系数的计算方法及其影响因素。

(1) 截面延性系数

已知截面和配筋的压弯构件，图9-11为其达到初始屈服和极限变形时截面的应变分布，可计算出构件屈服和极限时所对应的截面曲率如下：

$$\left(\frac{1}{\rho}\right)_y = \frac{\varepsilon_y}{h_0 - x_y} = \frac{f_y}{E_s h_0 (1 - \varepsilon_y)} \tag{9-6}$$

$$\left(\frac{1}{\rho}\right)_u = \frac{\varepsilon_u}{x_u} = \frac{\varepsilon_u}{h_0 \varepsilon_u} \tag{9-7}$$

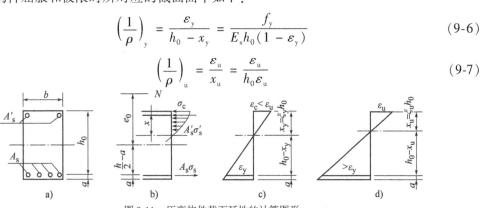

图9-11 压弯构件截面延性的计算图形
a) 截面；b) 荷载和应力；c) 屈服时的应变；d) 极限时的应变

335

曲率延性比为:

$$\mu_{(\frac{1}{\rho})} = \left(\frac{1 - \xi_y}{\xi_u}\right)\frac{\varepsilon_u}{\varepsilon_y} \tag{9-8}$$

式中:$\xi_y$、$\xi_u$——受拉钢筋初始屈服和混凝土达到极限应变时的截面受压区相对高度;

$\varepsilon_u$——受压边缘混凝土的极限压应变;

$\varepsilon_y$——受拉钢筋开始屈服时的应变。

钢筋开始屈服时,混凝土受压区应力图形取为三角形,由截面应力-应变协调条件和静力平衡条件,可推导出双筋矩形截面的相对受压区高度系数:

$$\xi_y = \sqrt{(\rho + \rho')^2\alpha_E^2 + 2(\rho + \rho'a_s'/h_0)\alpha_E} - (\rho + \rho')\alpha_E \tag{9-9}$$

若为单筋矩形截面梁,令式(9-9)中的 $\rho' = 0$,有

$$\xi_y = \sqrt{\rho^2\alpha_E^2 + 2\rho\alpha_E} - \rho\alpha_E \tag{9-10}$$

式中:$\rho$、$\rho'$——截面受拉和受压钢筋的配筋率,$\rho = A_s/bh_0$,$\rho' = A_s'/bh_0$;

$\alpha_E$——钢筋和混凝土的弹性模量之比,即 $\alpha_E = E_s/E_c$。

采用极限状态承载力计算得到的混凝土达极限压应变时的受压区相对高度 $\xi_u$ 为:

$$\xi_u = \frac{(\rho - \rho')f_yh_0}{\beta_1\alpha_1 f_c} \tag{9-11}$$

式中:$\beta_1$——截面极限状态时实际受压区高度与截面保持平截面假定所确定的受压区高度的比值;

$\alpha_1$——与混凝土强度等级有关的系数。

从 20 世纪 70 年代后期开始,我国进行了大量钢筋混凝土构件的延性试验研究[9-2~9-4],研究了包括不同强度等级的混凝土、不同种类钢筋和不同配筋率等,在大量试验的基础上,回归出屈服曲率和极限曲率的经验公式,如下所示:

$$\left(\frac{h_0}{\rho}\right)_y = \varepsilon_y + (0.45 + 2.1\xi) \times 10^{-3} \tag{9-12}$$

$$\left(\frac{h_0}{\rho}\right)_u = \begin{cases} \varepsilon_u + \dfrac{1}{35 + 600\varepsilon} & (\xi < 0.5) \\ \varepsilon_u + 2.7 \times 10^{-3} & (0.5 \leqslant \xi < 1.2) \end{cases} \tag{9-13}$$

式中:$\xi$——构件极限状态时按矩形应力图形计算出的截面受压区相对高度;

$\varepsilon_u$——构件达到极限状态时截面受压区边缘混凝土的极限压应变,其可按式(9-14)取值。

$$\varepsilon_u = (4.2 - 1.6\xi) \times 10^{-3} \tag{9-14}$$

(2)构件延性系数

求得截面的弯矩-曲率关系之后,可利用虚功原理依次计算得到梁在首次屈服和达到极限时的跨中挠度和支座转角,从而计算出构件延性系数,其计算原理如图9-12所示。

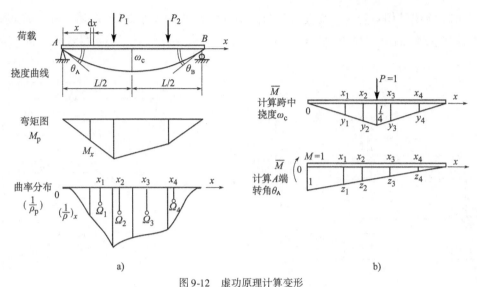

图 9-12　虚功原理计算变形

a)梁的内力和变形；b)单位荷载和单位转角下的弯矩图

图 9-12a)为梁在外荷载作用下的挠度曲线、弯矩图和对应的截面曲率图,将曲率分布图分成 4 部分,各部分的面积为 $\Omega_i$,各部分的形心的位置记为 $x_i$。当计算梁跨中挠度时,首先在跨中增加单位外荷载,并绘制出相应的弯矩图,如图 9-12b)所示,此时跨中挠度可表示为曲率分布图中各段面积 $\Omega_i$ 与 $x_i$ 位置对应的单位荷载下构件弯矩值 $y_i$ 的乘积,见式(9-15)。当计算梁端转角时,首先梁端施加单位弯矩,得到相应的弯矩图,如图 9-12b)所示,利用虚功原理即可得梁的转角,见式(9-16)。

$$\omega_c = \sum_{i=1}^{4} \Omega_i y_i \tag{9-15}$$

$$\theta_A = \sum_{i=1}^{4} \Omega_i z_i \tag{9-16}$$

构件的挠度和转角延性比有如下回归计算式:

$$\beta_\omega = \beta_\theta = \begin{cases} \dfrac{1}{0.045 + 1.75\xi} & (\xi \leqslant 0.5) \\ 1.1 & (\xi > 0.5) \end{cases} \tag{9-17}$$

式中:$\xi$——极限状态时按矩形应力图计算的截面相对受压区高度($\beta x_u / h_0$)。

(3)构件延性的影响因素

①纵向钢筋配筋率。

理论上,当梁的纵向配筋率取为平衡配筋率时,即使得纵向受拉钢筋屈服和压区混凝土压碎同时发生,截面延性系数为零。因此,为保证构件的延性,应限制纵向受拉钢筋配筋率。图 9-13 为不同配筋率下梁的弯矩-曲率曲线[9-3]。可以看出,低配筋试件 L 3-1、L 3-4 曲线能保持较长的水平段后才缓慢下降,延性最优;高配筋试件 L 3-6、L 3-8 在弯矩达到峰值后,很快下降;超筋试件 L 3-14、L 3-15 由于受压区高度过大,直接发生脆性破坏,延性最差。试验证明,随着纵向受拉钢筋配筋率的增大,极限状态时的相对压区高度 $\xi$ 增大,构件延性减弱。在受压区增加受压钢筋可减小受压区高度,从而改善构件延性。

图 9-14 给出了相对受压区高度系数与曲率延性系数的关系曲线,随着受压区高度系数 $\xi$ 的增大,曲率延性比 $\mu_\phi$ 急剧下降后趋于平缓。在周期反复荷载下的曲率延性系数大于单调加载下的值。

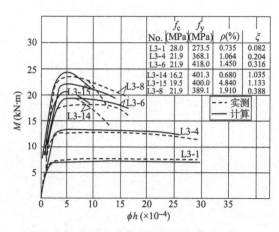

图 9-13 不同配筋率的弯矩曲率曲线[9-3]

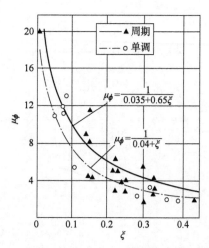

图 9-14 相对受压区高度系数与曲率延性系数关系曲线

②轴力。

图 9-15 给出了对称配筋柱轴力 $N$ 与弯矩 $M$ 相互作用曲线和 $N$ 与 $\phi h$ 的关系曲线。曲线 1 为无约束柱混凝土极限应变为 0.004 时的 $N$-$M$ 曲线和 $N$-$\phi h$ 曲线;曲线 2 为受拉钢筋首次屈服时各点相对应的 $N$-$M$ 组合及其 $\phi h$ 值。大小偏心受压的平衡界限点 $N/N_0 = 0.31$,$N_0$ 为柱的轴心受压承载力。平衡界限点以上的受拉钢筋不会屈服,截面处于小偏心受压状态,曲线 2 不会出现在界限点以上。平衡界限点以下 $N$-$M$ 曲线,曲线 1 和曲线 2 相互靠近,说明在钢筋屈服之后,截面的承载力变化不大;平衡界限点以下 $N$-$\phi h$ 曲线,曲线 1 和曲线 2 相互分离,说明钢筋屈服之后发生非弹性弯曲变形。由 $N$-$M$ 曲线和 $N$-$\phi h$ 曲线,依据柱的 $N/N_0$ 比值,即可求出相应的曲率延性系数 $\mu_\phi = \phi_u / \phi_y$,如图 9-16 所示。随着轴向力的增加,曲率延性系数 $\mu_\phi$ 很快降低。

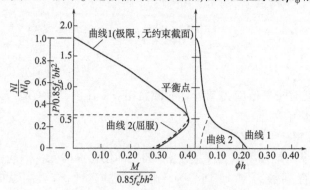

图 9-15 $N$-$M$ 曲线和 $N$-$\phi h$ 曲线

③箍筋对构件的约束。

在受弯构件或压弯构件中,配置封闭式箍筋、螺旋箍筋等密排横向钢筋,可以限制混凝土的横向变形,提高构件的承载力和极限变形能力,使混凝土在极限荷载下具有良好的延性。箍筋对构件延性的贡献,取决于箍筋的形式和体积配箍率。如第 7 章所述,不同形式的箍筋对核心区混凝土的约束作用是不同的。如图 9-17 所示,矩形箍筋只对角隅处的混凝土产生有效约束,侧面混凝土有外凸的趋势;而螺旋箍筋则对核心区混凝土产生均匀分布的侧向压力。配有螺旋箍筋的构件,其延性优于配有矩形箍筋的构件,但在实际工程中,由于螺旋箍筋施工复杂,一般很少采用。采用如图 9-18 所示的复合箍筋可以形成横向钢筋网格,增强箍筋对混凝土的约束,进而提高构件的延性。

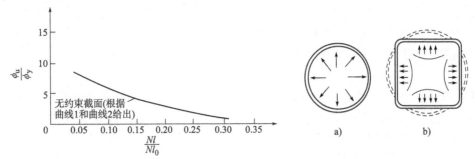

图 9-16 曲率延性系数 $\mu_\phi$ 与轴力 $N$ 的关系

图 9-17 圆形箍筋与矩形箍筋侧向压力
a)螺旋箍筋;b)矩形箍筋

### 9.3.4 耗能指标

耗能能力是指结构或结构构件在地震反复作用下吸收能力的大小,以滞回曲线包围的面积来衡量,是重要的抗震性能之一。滞回环的饱满程度取决于构件的受力类型、材料、配筋和反复加载的循环次数等。如图 9-19 所示,滞回曲线中加荷阶段的荷载-位移曲线下所包围的面积反映结构吸收的能量,而卸荷时的曲线包围的面积表示结构耗散的能量,这些能量是通过材料内部的摩擦或局部损伤(如开裂、塑性铰转动等)被转化为热能消耗掉的。

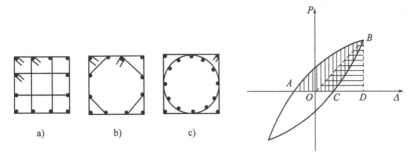

图 9-18 复合箍筋的形式
a)井字复合箍;b)多边形复合箍;c)方圆复合箍筋

图 9-19 荷载-位移滞回曲线

引入等效黏滞阻尼系数 $h_e$ 来定量地衡量结构或结构构件的耗能能力:

$$h_e = \frac{1}{2\pi} \frac{S_{ABC}}{S_{OBD}} \tag{9-18}$$

由式(9-18)可知,$ABC$ 面积越大,则等效黏滞阻尼系数 $h_e$ 的值就越大,结构的耗能能力也越强。

不同构件在不同试验状况下的滞回曲线表现为不同的形状,一般有如下 4 种(图 9-20):

(1)梭形

钢筋混凝土受弯构件的弯矩-曲率滞回曲线如图 9-20a)所示。由图可知,构件在屈服阶段卸载时,卸载曲线因出现残余变形而无法回到零点,反向加载时,曲线斜率较上一循环降低,出现刚度退化,这种现象随着加载循环次数的增多变得显著。但受弯构件的滞回环能保持稳定的梭形,滞回环饱满,具有较强的耗能能力(滞回环面积大);剪切变形影响小;同一位移处,循环曲线接近,曲线峰值无降低或降低很小,即构件的刚度和强度退化率较小。

(2)弓形

钢筋混凝土压弯构件和弯剪构件的滞回曲线如图 9-20b)所示。由图可知,滞回曲线由于中部出现捏拢现象而呈弓形。"捏拢"现象是由于构件斜裂缝反复地张开、闭合,导致剪切刚度退化造成的,该段曲线也称"滑移"段。

(3)反 S 形

钢筋混凝土剪切构件的滞回曲线如图 9-20c)所示。由图可知,当钢筋混凝土构件中的剪应力较大时,滞回曲线呈反 S 形。这是因为剪切构件延性差,一旦出现斜裂缝,随着加载循环次数的增多,剪切刚度将发生显著退化,导致滞回曲线呈反 S 形。另外,受弯构件、弯剪构件中钢筋锚固不足,粘结滑移较严重时滞回曲线也会呈反 S 形。与弓形滞回曲线相比,反 S 形曲线包围的面积缩小,构件耗能能力降低。

(4)Z 形

当钢筋混凝土梁柱节点发生滑移、锚固破坏后,其滞回曲线、骨架曲线、节点变形图分别如图 9-20d)~f)所示。由图可知,Z 形滞回曲线滑移段更长,其包围的面积最小,耗能能力最低。

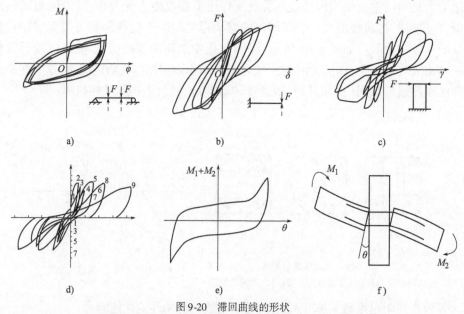

图 9-20  滞回曲线的形状

a)梭形;b)弓形;c)反 S 形;d)Z 形;e)骨架曲线-Z 形;f)节点的粘结滑移

滞回环的饱满程度及所围面积表征构件的耗能能力。在上述 4 种典型的滞回曲线中,梭形耗能能力最强,弓形次之,反 S 形和 Z 形最差。滞回曲线出现捏拢现象,会严重影响构件的耗能能力,下面以钢筋混凝土压弯构件为例(图 9-21),进一步说明滞回曲线出现捏拢现象的原因。

如图 9-21a)所示,钢筋混凝土构件在多次反复加卸载的后期,总变形较大的情况下经常会出现捏拢现象(曲线②)。图 9-21b)为构件对应于图 9-21a)中特征点的受力图,构件达正向最大弯矩( $+M_{max}$ ,A 点)时,变形最大,截面底部受拉钢筋早已屈服且出现很大塑性变形,裂缝开展宽,两旁混凝土粘结破坏。完全卸载后($M=0$,B点),虽然仍有轴力($N$)作用,但残余变形仍在($\Delta_B > 0$),受弯裂缝没有闭合,底部钢筋($A_s$)虽然受压但总应变仍为伸长,截面上部仍存在残余变形和压应力。开始反向加载($M<0$)后,上部的混凝土和钢筋($A_s'$)逐渐由压转为受拉,而截面下部只有钢筋($A_s$)受压,因而变形增长大,$P$-$\Delta$曲线平缓。当下部钢筋受压屈服,原有混凝土裂缝逐渐闭合并开始受压后,变形增长速度减慢,$P$-$\Delta$曲线的斜率加大,在曲线上形成了反弯点(C点)。继续反向加载,截面下部混凝土的受压塑性变形增加,截面上部的钢筋受拉屈服和混凝土裂缝开展使得构件刚度再次减小,位移由正向转为负向。当构件达反向最大弯矩($-M_{max}$,D点)时,上部受弯(拉)裂缝很宽,钢筋滑移大。

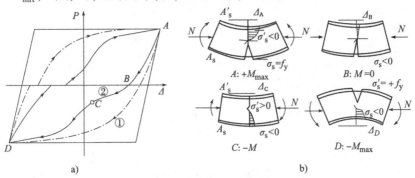

图9-21 滞回环捏拢现象分析

a)滞回环形状:①梭形②弓形;b)各点的变形和裂缝状态

由上述分析可知,钢筋混凝土构件滞回曲线的捏拢程度主要与混凝土受拉裂缝的开展宽度、受拉钢筋的伸长应变、钢筋与混凝土的相对滑移、混凝土受压塑性(残余)变形的积累、中和轴的变化等因素有关。

# 9.4 钢筋混凝土构件的恢复力模型

钢筋混凝土结构在地震作用下会产生一系列的非线性反应,结构的内力、变形、混凝土的裂缝开展等都在往复变化。为了进行构件在地震作用下的全过程动力分析,必须提前掌握反复荷载下材料或截面性能的准确本构关系,即恢复力模型。对于恢复力模型,若仅用于静力非线性分析,一般是指力与变形关系骨架曲线的数学模型;而若是用于动力非线性时程分析,则不仅包含骨架曲线,同时也包含各变形阶段滞回环的变化规律。

由于地震作用的不确定性和混凝土材料的离散性,钢筋混凝土结构或构件在地震作用下的裂缝发展、刚度退化、强度降低以及滑移效应等破坏现象缺乏明显的规律性,因而要想寻找一个能完整反映这些特点的恢复力模型是极其困难的。

考虑到恢复力模型必须具有一定的精度且简便实用,目前较为简单的方法是通过低周反复加载试验或其他动力试验确定骨架曲线和滞回关系的技术参数,找到刚度退化规律和滞回规则后,将拟定的恢复力模型应用于结构动力分析,再根据试验结果加以修正,直至结构分析和试验结果基本相符,恢复力模型才得以建立。除此之外,还有一种适用于各种受力构件且结果较为准确,但计算量大且较为复杂的方法:通过确立基本方程,依靠计算机进行数值计算完成。这种方法的一般步骤为:①给定钢筋和混凝土在拉、压反复作用下的应力-应变($\sigma$-$\varepsilon$)关系,以及二者之间的粘结-滑移($\tau$-$s$)模型;②假设构件符合平均平截面变形的条件,建立各应变的相对关系;③建立内外力的平衡方程,求解未知数,计算时将构件沿轴线分段,沿截面分条。

在过去的四十多年里,国内外地震工程界对各种钢筋混凝土构件的滞回特性展开了大量研究[9-5,9-6],提出了许多恢复力模型,包括最简单适用的双线性模型、适用于钢筋混凝土受弯构件的 Clough 三线型退化模型等[9-7~9-10]。常用的构件恢复力模型介绍如下。

1)双线型恢复力模型[图 9-22a)]

双线型恢复力特征曲线是一种最简单的恢复力模型,它是以双折线表示恢复力 $F$ 和位移 $x$ 之间的关系,曲线沿图 9-22a)中的 0、1、2……顺序前进。

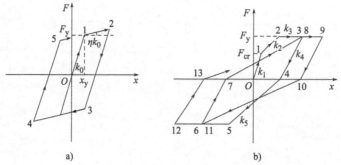

图 9-22　钢筋混凝土构件常用的恢复力模型
a)双线型恢复力模型;b)三线型刚度退化恢复力模型

在初始加载阶段,构件处于弹性工作状态,刚度为弹性刚度 $k_0$。点 1 为屈服点,与之相应的荷载称为屈服荷载 $F_y$,相应的位移称为屈服位移 $x_y$。进入塑性阶段后,刚度为 $\eta k_0$,线段 1-2 的斜率小于线段 0-1 的,说明塑性阶段的构件刚度明显低于弹性阶段,$\eta$ 为构件由弹性进入塑性时的刚度降低系数。线段 2-3 表示卸载及反向加载时构件由塑性回到弹性阶段工作。线段 3-4 表示反向加载下的塑性阶段,线段 4-5 为第二次循环开始。双线型恢复力模型没有考虑刚度的退化,只能近似地反映钢筋混凝土构件的试验结果。

2)三线型刚度退化模型[图 9-22b)]

三线退化型恢复力特征曲线考虑了反复加载过程中构件刚度的退化现象,曲线有两个转折点 $F_{cr}$、$F_y$,分别对应混凝土开裂点和钢筋屈服点,较好地反映了钢筋混凝土构件恢复力和位移的关系。曲线沿图 9-22b)的 0、1、2……顺序前进。

在初始弹性阶段,弹性刚度为 $k_1$。加载至点 1 混凝土开裂,刚度降为 $k_2$。继续加载至点 2,钢筋屈服,屈服后假设构件进入完全塑性状态,刚度 $k_3$ 为零。若在点 3 开始卸载,特征曲线将沿平行于屈服点的割线 0-2 的方向下降,直至点 4,刚度 $k_4$ 等于首次屈服点割线刚度。从点 4 开始反向加载,特征曲线下移至点 5,线段 4-5 的斜率 $k_5$ 小于 $k_4$,说明构件在承受反向荷载时存在刚度退化现象。达到点 5 后继续反向加载,特征曲线沿水平线段 5-6 前进。若在点 6 处停止反向加载并卸载,特征曲线以首次屈服点割线斜率到达点 7,此时恢复力为零。

重新开始第二轮加载时,特征曲线直接趋向点 3(点 8 重合于点 3),线段 7-8 的斜率小于线段 7-2 的斜率,又一次出现刚度退化。继续加载,点 8 沿水平段右移至点 9。从点 9 卸载,依旧以首次屈服点割线斜率至点 10。再继续反向加载至点 6(点 11 重合于点 6),线段 10-11 的斜率小于线段 4-5 的斜率,可见每一轮正反加载,特征曲线均有半个循环存在刚度退化。

现有的钢筋混凝土构件恢复力模型还存在以下问题:

(1)适用性问题。常用的恢复力模型一般都是针对某种特殊受力状态或几何特征的试件进行试验研究的基础上提出来的,往往只适合于某种特定几何条件和受力状态的试件,使用上存在局限。

(2)对各种变形成分的合理模拟有限。如何在钢筋混凝土结构构件的恢复力特性中真实模拟弯曲、剪切和纵向钢筋滑移变形等各种非线性变形因素,是钢筋混凝土结构弹塑性地震反应分析中迫切需要解决的课题。

(3)需进一步开展轴心受力构件恢复力模型研究。目前恢复力模型主要针对的是构件在反复横向力作用下的滞回性能,而对钢筋混凝土轴心受力构件的恢复力模型研究较少。

(4)需逐步建立多向地震作用下钢筋混凝土构件的恢复力模型。大多数恢复力特性曲线都只能描述结构在单向单轴输入下的地震反应[9-11]。

# 9.5 钢筋混凝土构件的抗震性能

钢筋混凝土构件的抗震性能需通过低周反复荷载试验加以研究[9-12,9-13],图9-23为各主要构件的常见加载方式。

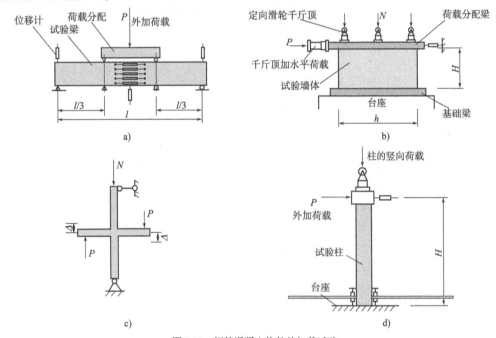

图9-23 钢筋混凝土构件的加载试验

a)梁;b)剪力墙;c)节点;d)柱

## 9.5.1 钢筋混凝土梁的抗震性能

框架结构中钢筋混凝土梁的震害一般出现在与柱连接的端部,纵向梁的震害重于横向梁。常见的破坏现象有以下几种:

(1)正截面受弯破坏——在地震的往复作用下梁端产生附加的正负向弯矩,导致梁端产生竖向的周围裂缝,当梁的抗弯承载力不足时发生正截面受弯破坏。

（2）斜截面受剪破坏——梁在强烈地震作用下产生较大的附加剪力，导致两端附近出现斜裂缝或交叉斜裂缝，当抗剪承载力不足时发生斜截面受剪破坏。

（3）锚固破坏——当梁的主筋在节点内锚固长度不足、锚固构造不当或节点区混凝土被压碎时，钢筋与混凝土之间的粘结力就会遭到破坏，钢筋发生滑移，甚至从梁中拔出，从而发生锚固破坏。

图 9-24 为一对称配筋梁反复受弯试验下的荷载-位移滞回曲线[9-3]。由图可知，钢筋混凝土简支梁反复受弯时，其滞回曲线呈较稳定的梭形。纵向钢筋屈服前，强度基本没有降低，刚度退化较小，滞回曲线的外包络线（骨架曲线）与单调加载时的荷载-位移滞回曲线基本相同；纵向钢筋屈服后，刚度退化渐趋明显。相对于其他受力构件，弯曲破坏梁的滞回曲线最为饱满，具有较好的延性和耗能能力。影响弯曲破坏梁滞回特性的主要因素是纵向受力钢筋的配筋率，对称配筋梁的抗震性能优于非对称配筋梁。

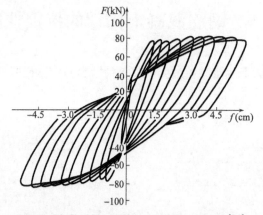

图 9-24　钢筋混凝土梁受弯时的荷载-位移曲线[9-3]

图 9-25 为一钢筋混凝土悬臂梁受剪破坏时的荷载-位移滞回曲线[9-12]。在反复加载的过程中，梁中的斜裂缝要经历反复地开展-闭合过程，使滞回曲线出现滑移段（即"捏拢"现象），刚度退化严重，滞回曲线的形状从梭形转化为弓形或反 S 形。反 S 形滞回环的耗能能力远不如梭形滞回环，故梁受弯剪时的耗能能力和延性均小于受弯梁。试验表明，适当增加箍筋用量可以减缓刚度退化，改善梁的抗剪性能，但箍筋过多会导致梁发生脆性斜压破坏，使梁的耗能能力变得更差。

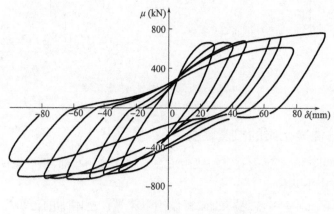

图 9-25　钢筋混凝土梁受弯剪时的荷载-位移曲线[9-12]

### 9.5.2 钢筋混凝土柱的抗震性能

钢筋混凝土柱根据剪跨比 $\lambda = M/Vh$ 可分为长柱、短柱：当 $\lambda \geq 2$ 时，为长柱；当 $\lambda < 2$ 时，为短柱。一般在地震作用下，钢筋混凝土柱的震害比钢筋混凝土梁严重，角柱的震害比内柱严重，短柱的震害比一般柱严重，柱上端的震害比下端严重。柱子是结构中的重要受力构件，一旦柱子发生破坏，结构就有整体倒塌的危险。钢筋混凝土框架的抗震设计中提倡"强柱弱梁"，就是从大量震害中得出的教训。柱同时承受竖向的轴力和两个主轴方向的弯矩与剪力的共同作用，受力十分复杂。柱子的破坏主要有以下几种形式：

①压弯破坏——柱子在变号弯矩和轴力共同作用下，混凝土压碎剥落，主筋压屈成灯笼状。破坏属于脆性破坏，较难修复。破坏的位置大多位于梁底柱顶交界处。柱子轴压比过大、主筋不足、箍筋过稀或设计时框架纵向柱子无相应抗弯钢筋等情况都会造成这种破坏，且在竖向地震作用较为明显的高烈度地区较常发生。

②剪切破坏——柱子在地震剪力反复作用下出现斜裂缝或 X 形裂缝，裂缝宽度往往较大，修复较困难，属于脆性破坏。当框架中存在错层、夹层或半高填充墙且未采取相应的抗震措施时，柱子剪跨比变小，形成短柱，刚度增大，吸收的地震剪力增大，容易出现剪切破坏。另外，当长柱箍筋不足时，也会形成剪切破坏。

③弯曲破坏——当轴压比偏小、纵筋不足时，在变号弯矩作用下，柱周围会产生水平裂缝而出现弯曲破坏。

试验研究表明，钢筋混凝土柱的抗震性能主要取决于柱的轴压比、加荷方式、纵向受力钢筋和箍筋的形式及用量等。

（1）轴压比对柱抗震性能的影响

轴压比的大小直接影响截面相对受压区高度。图 9-26 为不同轴压比下钢筋混凝土柱的荷载-位移滞回曲线[9-13]，图 a)试件的轴压比为 0.213，截面相对受压区高度为 0.243，图 b)试件的轴压比为 0.367，截面相对受压区高度为 0.419。由图可知，随着轴压比的增加，滞回曲线的面积明显减小，耗能能力明显降低，柱的强度和刚度退化速度加快，延性明显减小。

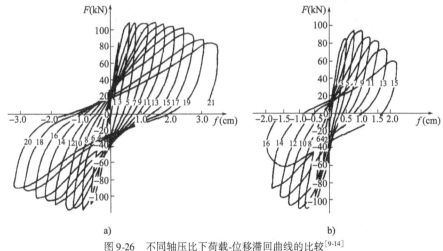

图 9-26 不同轴压比下荷载-位移滞回曲线的比较[9-14]

a)L 2-22 轴压比为 0.213；b)L 2-21 轴压比为 0.367

（2）加载方向对柱抗震性能的影响

同济大学曾做过一系列钢筋混凝土柱的抗震性能试验[9-14,9-15]，对相同尺寸的试件采用不同的水平荷载的加载方式，如图 9-27 所示，有沿截面主轴单向加载、沿截面主轴方向 45°斜向加载、双向矩形加载和双向菱形加载等。

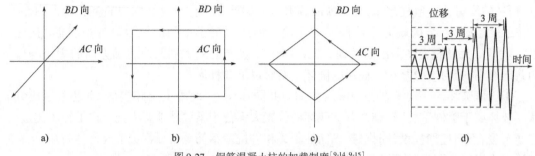

图 9-27 钢筋混凝土柱的加载制度[9-14,9-15]
a）斜向加载；b）矩形加载；c）菱形加载；d）变幅加载

根据不同加载路径下钢筋混凝土柱荷载-位移滞回曲线可知，无论加载路径如何，纵向受力钢筋屈服后柱的承载力和刚度都有明显的退化。由于斜向加载时柱中纵向受力钢筋是依次屈服的，故斜向加载柱的耗能能力优于单向加载柱。矩形加载柱、菱形加载柱的耗能能力和其他加载形式柱的耗能能力略有不同。

（3）纵筋配筋率对柱抗震性能的影响

柱通常采用对称配筋的方式，以承受往复地震水平作用。研究表明，随着柱中纵向钢筋配筋率的增加，钢筋混凝土柱的滞回曲线趋于饱满，承载力和耗能能力增加。图 9-28 为不同配筋率的钢筋混凝土柱荷载-位移滞回曲线[9-13]。由图可知，随着配筋率的提高，试件的极限荷载从 54kN 提高到 83kN，滞回曲线由反 S 形变为梭形，延性和耗能能力均提高，抗震性能得到了提高。

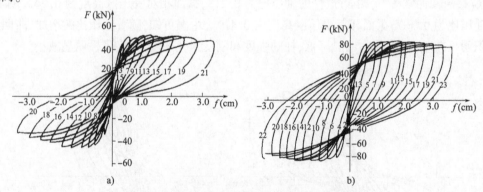

图 9-28 不同纵向配筋率下荷载-位移滞回曲线的比较[9-13]
a）配筋率为 0.467%；b）配筋率为 2.54%

（4）箍筋形式和用量对柱抗震性能的影响

箍筋可约束混凝土的横向变形，增加箍筋配箍率可延缓构件的强度及刚度退化。图 9-29 为不同箍筋间距试件的滞回曲线[9-13]。由图可知，随着箍筋的加密（配箍率的增加），滞回曲线趋于饱满，耗能能力增加，荷载达到峰值后承载力缓慢下降，故可通过加密箍筋（增加配箍率）改善构件的抗震性能。

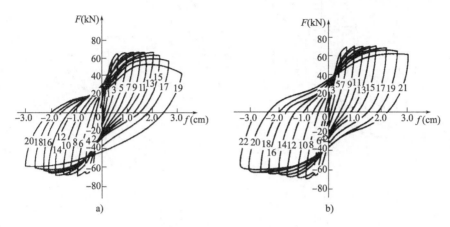

图 9-29　不同箍筋间距荷载-位移滞回曲线的比较[9-13]

a) 箍筋间距为 100mm；b) 箍筋间距为 37.5mm

与钢筋混凝土长柱相比,短柱的变形能力较差。在轴力、剪力和弯矩的共同作用下,由于水平剪力的往复作用,短柱在柱身出现 X 形交叉裂缝,可能会发生剪切破坏。短柱的强度、刚度退化严重,延性、耗能能力很差。图 9-30 为典型的短柱剪切破坏时的荷载-位移滞回曲线。由图可知,滞回曲线没有明确的屈服点,存在突降点,承载能力达到峰值后,承载能力陡降,曲线急剧下跌,滞回环"捏拢"现象十分严重。

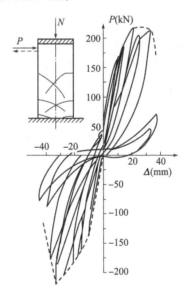

图 9-30　短柱荷载-位移滞回曲线

短柱的抗震性能受剪跨比、配筋率、轴压比等因素的影响。一般来说,随剪跨比和配筋率的提高,滞回曲线趋于丰满,可提高柱的耗能能力。增大轴压力可延缓裂缝的出现,但超过一定限度后,柱的耗能能力反而变差。日本学者的试验研究表明,在钢筋混凝土短柱中配置类似于梁中的弯起钢筋,即 X 形交叉钢筋,可明显改善短柱的抗剪性能,减少"捏拢"现象,增加变形能力。图 9-31 为配置了 X 形交叉钢筋的短柱与普通短柱的滞回曲线对比图[9-12],可以看出,增配 X 形交叉钢筋短柱的耗能能力优于普通短柱。

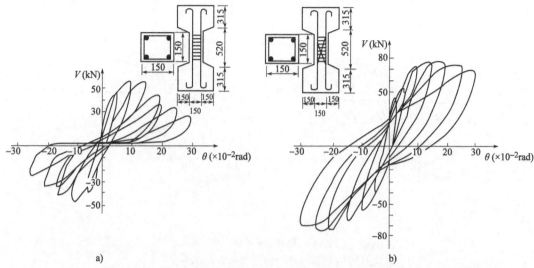

图9-31　普通配筋及X形交叉配筋的钢筋混凝土短柱剪力-变形滞回曲线[9-12]（尺寸单位：mm）

a）普通配筋钢筋混凝土短柱；b）配置X形交叉钢筋的钢筋混凝土短柱

### 9.5.3　钢筋混凝土梁柱节点的抗震性能

在钢筋混凝土结构中，梁柱节点在地震作用下受到梁端和柱端传来的剪力、轴力和弯矩，受力十分复杂[图9-32a)]，是结构抗震的薄弱部位，常为震害的主要部位，故在我国设计规范中要求"强节点弱构件"。

节点核心区的震害主要为抗剪强度不足引起的剪切破坏。在强烈地震作用下，节点核心区两侧梁、上下柱端部的反向弯矩及剪力会使节点核心区产生较大的剪力，当节点内不配箍筋或箍筋不足时，会导致核心区产生X形交叉斜裂缝从而发生剪切破坏。梁与柱的裂缝有时也会发展到节点内，出现弧状裂缝。

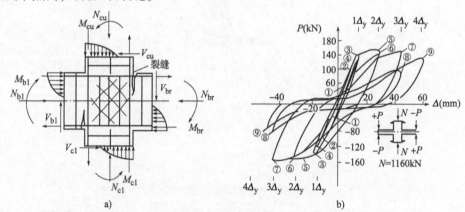

图9-32　框架梁柱节点滞回曲线和受力状态[9-20]

a）中节点的受力状态；b）节点滞回曲线

试验中常用梁柱组合体研究节点的受力机理和抗震性能[9-16~9-19]。试件在梁端施加的低周反复荷载作用下，其受力与破坏过程可分为初裂阶段、通裂阶段、极限阶段和破坏阶段：①节点区混凝土开裂前，核心区应力接近于弹性分布，箍筋应力很小，随着荷载的增加，核心区沿对角线方向出现初始斜裂缝，即试件的初裂，通常初裂荷载为极限荷载的60%~70%；②随着加载循环的继续,初始裂缝不断加宽,核心区出现对角贯通裂缝,箍筋应力随裂缝的发展增长很快,此时试件处于通裂状态,通裂荷载为极限荷载的80%左右;③节点通裂后继续加载,主裂缝和其他斜向裂缝将节点核心区分割成若干菱形块体,与主裂缝相交的箍筋相继屈服,节点承载力达极限状态;④试件核心区达极限状态后,并没有完全丧失承载力,仍能继续承受荷载循环,其承载能力为极限荷载的90%左右。在最后的循环加载中,节点核心区剪切变形剧增,裂缝间混凝土表层开始脱落,钢筋滑移区向核心区伸展,节点发生破坏。

图9-32b)为中节点核心区的荷载-位移滞回曲线。由图可知,在加载初期,节点处于弹性工作状态,刚度呈线性变化。开裂后,刚度急剧下降,节点核心区存在较大的剪力,核心区混凝土在斜向拉应力、压应力的交替作用下,斜裂缝多次张开、闭合。而梁纵筋的粘结滑移破坏了剪力的正常传递,导致滞回曲线出现严重的"捏拢"现象,滞回曲线呈 Z 形,表现出较差的抗震性能。

梁柱组合件通过反复荷载试验得到的位移一般由三部分组成:①梁、柱自身的弯曲和剪切变形;②节点本身的剪切变形;③锚固于节点内主筋的滑移。其中第一项变形分量可反映梁、柱自身的抗震性能,后两项可反映节点核心区内的抗震性能。故节点的承载力和滞回特性受到梁、柱端内力的比例、轴压比、纵筋的数量、箍筋的构造和钢筋锚固、梁柱的偏心距等因素的影响。

(1)梁、柱偏心对节点抗震性能的影响

图9-33 给出了不同偏心距下节点的荷载-梁端位移滞回曲线[9-21]。由图可知,两个滞回曲线在前几个循环中,节点均处于弹性状态,曲线几乎呈直线变化,滞回曲线包围的面积很小。随着荷载的增加,滞回曲线出现明显的捏拢现象,刚度退化严重。到加载后期,节点发生剪切变形,梁中纵筋出现滑移,导致滞回曲线形状为反 S 形。对比可知,随着偏心距的增大,滞回曲线的捏拢现象严重,滞回环包围的面积变小,耗能能力降低。故工程实际中应尽量采用梁柱对中的中节点。

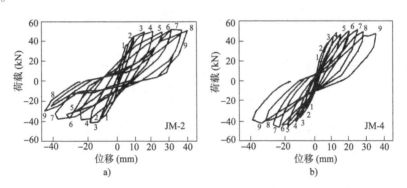

图9-33 不同梁柱偏心距的梁柱组合体的荷载-位移滞回曲线[9-21]

a)JM-2 ($e=33mm$);b)JM-4 ($e=100mm$)

(2)箍筋对节点抗震性能的影响

箍筋的配置可明显改善节点区域的抗震性能。图9-34为节点核心区内中间部位箍筋的应变情况。循环加载初期,节点开裂前主要由混凝土形成斜压杆抵抗剪力,而箍筋的应变片刚好位于斜压杆的中间部位,因此存在初始压应力;加载后期随着荷载的增大,箍筋由于约束混凝土的横向膨胀而产生拉力,所以在试验完全卸载之后有残余变形存在。

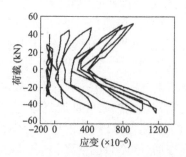

图9-34　节点核心区中间部位的荷载-箍筋应变滞回曲线

### 9.5.4　钢筋混凝土剪力墙的抗震性能

剪力墙与垂直放置的悬臂梁(柱)受力状况类似。剪力墙的高宽比决定着剪力墙的开裂方式和破坏形态。高剪力墙(高宽比大于3)的破坏形态以弯曲破坏为主。在地震作用下,在剪力墙底部的正方形区域内形成典型的 X 形裂缝,在此区域以上主要以水平弯曲裂缝为主。低矮剪力墙的破坏形态以剪切破坏为主。在地震作用下,墙身出现大致平行于两对角线的交叉斜裂缝。中等高度剪力墙的破坏形态介于以上二者之间,表现为弯剪混合的开裂状态。图9-35为同济大学所做的地震作用下不同高宽比剪力墙破坏形态试验的试验结果[9-22]。

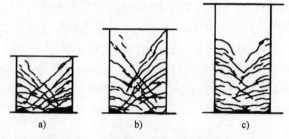

图9-35　不同高度剪力墙的破坏形态[9-17]
a)高宽比=1.0;b)高宽比=1.5;c)高宽比=2.0

图9-36 为开洞剪力墙的弯曲破坏和剪切破坏时的滞回曲线[9-23]。由图9-36a)可知,试件S-9(2)的剪跨比较大,在墙顶水平荷载的反复作用下,先在连系梁端出现弯曲裂缝,随后在墙肢自下而上地出现多条水平的弯曲裂缝。当墙肢钢筋受拉屈服,在墙底形成塑性铰后,墙顶侧向变形很快增长,而承载力变化很小,骨架曲线走向平缓,结构具有良好延性。但滞回曲线在后期出现捏拢现象,耗能能力减小。最后,墙底塑性铰的往复变形使得混凝土受压破坏,剪力墙呈弯曲型破坏。

由图9-36b)可知,试件S-1D为底层加强的剪力墙,水平反复荷载为倒三角形分布,广义剪跨比为1.38。试件加载过程中,底层的墙肢先出现水平方向的弯曲受拉裂缝,钢筋屈服,后因受压墙肢出现斜裂缝而突然发生剪切破坏,承载力显著下降,破坏部位为底层门洞的上端。

在剪力墙上开有洞口不改变其主体受力性能,但是洞口的大小和位置决定了墙肢和连系梁的受力和破坏特征,影响剪力墙的抗震性能。试验研究表明,设置边缘构件(如翼墙、边柱、暗柱、暗梁等)可有效提高剪力墙的承载力与耗能能力。

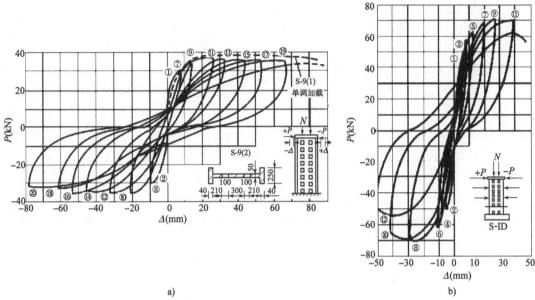

a)                                   b)

图 9-36    开洞剪力墙的荷载-位移滞回曲线[9-23]

a)弯曲破坏;b)剪切破坏

## 本章参考文献

[9-1]  P Park,T Paulay. Reinforced Concrete Structures[M]. New York:John Wiley and Sons Inc. ,
1975.

[9-2]  沈聚敏,翁义军.钢筋混凝土构件的刚度和延性[J]//清华大学抗震抗爆工程研究室.
科学研究报告集   第3集   钢筋混凝土结构的抗震性能.北京:清华大学出版社,1981:
54-71.

[9-3]  朱伯龙,吴明舜.钢筋混凝土受弯构件延性系数的研究[J].同济大学学报,1987(1).

[9-4]  方鄂华,等.轴压比和含箍率对框架柱延性的影响[J].建筑技术通讯(建筑结构),1983
(3).

[9-5]  朱伯龙,张琨联.矩形及环形截面压弯构件恢复力特性的研究[J].同济大学学报,
1981,9(2):1-10.

[9-6]  成文山,邹银生,等.钢筋混凝土压弯构件恢复力特性的研究[J].湖南大学学报,1983,
10(4):13-22.

[9-7]  Penizen J. Dynamic response of elasto-plastic frames[J]. Journal of Structure Division,ASCE,
1962,88(ST7):1322-1340.

[9-8]  Jennings P C. Periodic response of general yielding structure [J]. Journal of Engineering
Mechanical Division,ASCE,1964,90(EM2): 131-165.

[9-9]  Clough,Ray W. Effect of stiffness degradation on earthquake ductility requirements[M].
Univ. of California,1966.

[9-10]  Takeda T,Sozen M A,Nielson N N. Reinforced concrete response to stimulate earthquakes

[J]. Journal of Structure Division ,ASCE,1970,90(ST12):2557-2572.

[9-11] 郭子雄,杨勇.恢复力模型研究现状及存在问题[J].世界地震工程,2004(04): 47-51.

[9-12] 朱伯龙,张琨联.建筑结构抗震设计原理[M].上海:同济大学出版社,1993.

[9-13] 沈聚敏,翁义军,冯世平.周期反复荷载下钢筋混凝土压弯构件的性能[R]//清华大学抗震抗爆工程研究室.科学研究报告集 第3集 钢筋混凝土结构的抗震性能.北京:清华大学出版社,1981:72-95.

[9-14] 王立明,顾祥林,沈祖炎,等.钢筋混凝土柱的累计损伤试验研究[M]//混凝土结构基本设计理论及工程应用.天津:天津大学出版社,1998:114-119.

[9-15] 孙飞飞,顾祥林,沈祖炎,等.双向地震作用下钢筋混凝土柱的累计损试验研究[M]//混凝土结构基本设计理论及工程应用.天津:天津大学出版社,1998:120-124.

[9-16] 框架节点专题研究组.低周反复荷载作用下钢筋混凝土框架梁柱节点抗剪强度的试验研究[J].建筑结构学报,1983(6).

[9-17] 白绍良,等.钢筋混凝土框架顶层边节点的静力及抗震性能试验研究[M]//中国建筑科学研究院.混凝土结构研究报告选集(3).北京:中国建筑工业出版社,1994:184-216.

[9-18] 焦心亮,张连德,卫云亭.钢筋混凝土框架顶层中节点抗震性能研究[J].建筑结构,1995(11).

[9-19] 姜维山,等.多层钢筋混凝土框架节点的抗震设计[M]//中国建筑科学研究院.钢筋混凝土结构设计与构造——1985年设计规范背景资料汇编.北京:中国建筑工业出版社,1985:314-321.

[9-20] 钢筋混凝土结构标准技术委员会节点连接学组与结构抗震学组.混凝土结构节点连接及抗震构造研究与应用论文集[M].北京:中国建筑工业出版社,1996.

[9-21] 柳炳康,黄慎江,等.钢筋混凝土框架梁柱偏心节点抗震性能的试验研究[J].建筑结构学报,1999,20(5):50-58.

[9-22] 张展,周克荣.变高宽比剪力墙抗震性能的试验研究[J].结构工程师,2004,20(2):62-68.

[9-23] 方鄂华,李国威.开洞钢筋混凝土剪力墙性能研究[M]//清华大学抗震抗爆工程研究室.科学研究报告集 第3集 钢筋混凝土结构的抗震性能.北京:清华大学出版社,1981:96-117.

# 第10章

# 混凝土的特殊受力性能

## 10.1 概　　述

混凝土结构在正常工作状态以外,还有可能承受非正常状况下的特殊荷载或环境的作用,如外部荷载引起的往复振动、火灾事故中的高温以及高速荷载(核爆炸、重物撞击)的瞬时作用,故疲劳、抗暴、高温环境下的工作性能已成为钢筋混凝土结构在工程实际中不可忽略的问题,需要分别予以研究和解决。

## 10.2 钢筋混凝土的疲劳性能

钢筋混凝土结构和预应力混凝土结构通常主要承受静载作用,但实际工程中,如公路桥梁、吊车梁、铁路枕轨、海洋采油平台等结构,除了承受静载作用外,还长期承受重复循环荷载作用,从而导致结构材料常常在低于静载强度时发生疲劳破损或失效。采用充分利用材料强度的设计方法,如极限状态设计理论、混凝土多轴强度理论等,导致结构中许多构件处于高应力工作状态,使得工作应力变幅越来越接近于疲劳应力。

### 10.2.1 混凝土的疲劳性能

疲劳指在循环载荷的作用下,材料的性能产生永久性变化,并经一定循环周次后产生裂纹甚至疲劳完全断裂的现象[10-1]。常见的工程实例有:厂房结构承受机械设备的周期性或随机性振动;桥梁、吊车梁及其支护结构承受车辆的垂直和水平荷载;水工和海洋结构承受海浪的拍击等。

混凝土产生疲劳破坏的一般原因是其内部存在细微缺陷,如孔隙、微裂缝、低强界面或杂质等,荷载作用在缺陷附近会产生应力集中现象,经过多次重复加、卸载,缺陷附近会出现损伤,并不断积累和拓展,减少有效受力面积,产生更不利的偏心受力和应力集中现象,使得结构承载力下降,最后导致结构突然破坏。

1) 重复荷载作用下混凝土应力-应变关系

通过混凝土棱柱体试验,得出在压应力重复作用下的应力-应变曲线,如图 10-1 所示。当压应力低于混凝土的疲劳强度时($\sigma_1$,$\sigma_2 < f_c^f$),每次卸载和再加载的曲线都形成一封闭的滞回环,滞回环的面积随荷载重复次数 $n$ 的增多而减小。当荷载重复到一定次数后,加、卸载的应力-应变关系趋于固定曲线,残余应变不再增大,表明混凝土内部材料组织的变形(包括裂缝的发展)已趋于稳定,不会产生过大变形而致破坏。

在混凝土所受压应力超过疲劳强度($f_c > \sigma_3 > f_c^f$)的情况下,开始重复加载时,滞回环的面积逐渐变小,如图 10-2 所示,加、卸载线渐近于一直线,此后暂时处于该稳定变形状态。因其应力值较大,每次加载都会引起混凝土内部微裂缝的产生和发展。如继续施加重复荷载,加、卸载曲线就由凸向应力轴转变为凸向应变轴,此时曲线不再能形成封闭的滞回环,试件的变形(包括残余变形)逐渐增大,曲线的斜率(刚度)减小。当重复次数超过疲劳寿命 $N$ 后,混凝土因内部损伤积累,裂缝发展相连,使变形加快增长以致发散,最终引发混凝土的破坏。

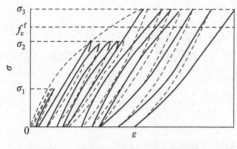

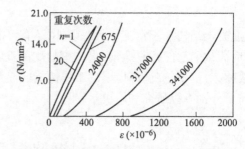

图 10-1　混凝土重复加压 $\sigma$-$\varepsilon$ 曲线[10-2]　　图 10-2　混凝土在不同重复次数下的 $\sigma$-$\varepsilon$ 曲线[10-3]

疲劳试验所用试件采用 $100\text{mm} \times 100\text{mm} \times 300\text{mm}$ 或 $150\text{mm} \times 150\text{mm} \times 450\text{mm}$ 的棱柱体。通常把能使试件承受 200 万次(或以上)循环荷载时发生破坏的压应力值称为混凝土的疲劳抗压强度。

2) 影响疲劳强度 $f_c^f$ 的主要因素

(1) 应力梯度。棱柱体试件的不同偏心距重复加卸载试验获得的 S-N 图,如图 10-3 所示。该图表明混凝土的疲劳强度随应力梯度的增大而提高。应力梯度为零,即均匀受压试件,全截面都处于高应力状态,混凝土较早出现损伤的概率大,疲劳强度理应偏低。

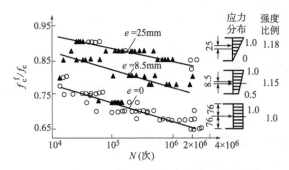

图 10-3  不同应力梯度的 $S$-$N$ 图[10-4]（尺寸单位：mm）

（2）混凝土的材料和组成。一般认为混凝土中的水泥含量、水胶比、骨料种类以及养护条件和加载时的龄期等因素对混凝土的疲劳强度无直接影响，但通过影响混凝土的抗压强度（静）而间接反映。高强混凝土的内部缺陷较少，相对的疲劳强度偏高；轻骨料混凝土刚好相反，相对疲劳强度较低。

（3）加载的频率。试验时的加载频率在 100~900 次/min 之间，对混凝土疲劳强度无明显影响。加载速度很慢时（如 4 次/min），混凝土内部微裂缝有相对较充裕的时间发展，徐变作用显著，则疲劳强度会降低。

（4）受拉疲劳强度。试验结果表明，无论是轴心受拉、劈拉和弯曲受拉的混凝土疲劳强度，其相对值（$f_t^f/f_t$）都与其抗压疲劳强度值（$f_c^f/f_c$）相一致。但是，在拉-压应力反复作用下的混凝土疲劳强度低于重复受拉的混凝土疲劳强度。

为了验算结构中混凝土的疲劳强度或寿命，各国给出了多种形式的简化计算式或图表，如图 10-4 所示，疲劳强度值一般偏低（安全）。有些只给出规定荷载重复次数时的疲劳强度 $S$，有的则可根据应力变化幅度计算疲劳寿命 $N$。

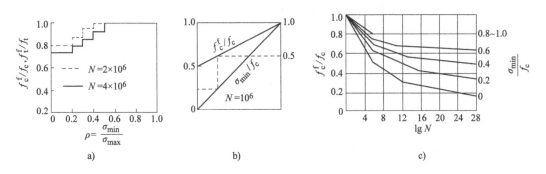

图 10-4  混凝土疲劳强度计算图

a）GB 50010—2010[10-5]；b）ACI 215 委员会[10-2]；c）CEB-FIP MC90[10-6]

其中图 10-4b）为美国 ACI 215 委员会给出的 Goodman 图，它给出了疲劳寿命 $N=10^6$ 时的应力变化幅度（$\sigma_{max}$ 和 $\sigma_{min}$）。由图可见，如果最小应力为零（$\sigma_{min}=0$），则最大应力值保守地取为静载强度的 50%，在 100 万次循环荷载作用下，也不会出现疲劳破坏。当最小应力值增加时，混凝土承受的应力变化幅度随之减小。如果最小应力值为静载强度的 24%，则最大应力值则约为静载强度的 62%。

其他研究人员也给出了计算式，例如[10-7]：

Aas-Jacobson(瑞典)

$$\lg N = \frac{1 - \sigma_{\max}/f_c}{\beta(1 - \sigma_{\min}/\sigma_{\max})}, \quad \beta = 0.0685 \tag{10-1}$$

Kakuta-Okamura(日本)

$$\lg N = 17\left(1 - \frac{\sigma_{\max} - \sigma_{\min}}{f_c - \sigma_{\min}}\right) \tag{10-2}$$

### 10.2.2 钢筋的疲劳性能

钢筋疲劳断裂时一般没有明显的预兆,属于脆性破坏。

钢筋进行疲劳试验时有 3 种不同的试件:①原状的光圆或变形钢筋;②将钢筋制成光滑的标准试件;③埋置在梁受拉区的钢筋。

前两者直接在材料试验机上进行重复加、卸载试验。后者所在梁试件在两个集中荷载作用下进行重复加、卸载试验。钢筋疲劳强度试验结果如图 10-5 所示,可以看出:原状钢筋的疲劳强度最低;梁内钢筋的疲劳断裂发生在纯弯段内裂缝截面附近,疲劳强度稍高。试验中发现,钢筋疲劳断裂口的起始点常出现于表面横肋的根部,故标准试件经过机械加工消除了大部分表面缺陷,疲劳强度增大将近一倍。

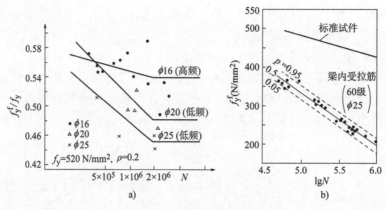

图 10-5　钢筋的疲劳强度

a)原状钢筋;b)梁内钢筋和标准试件[10-7]

1)钢筋的疲劳及其机理

钢筋疲劳寿命 $N_f$ 定义为从循环加载开始到试件疲劳断裂所经历的应力循环数。图 10-6 为典型的疲劳寿命曲线。

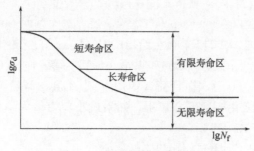

图 10-6　典型的疲劳寿命曲线

钢筋疲劳寿命曲线可分为 3 个区。

(1)低周疲劳区:在很高的应力下,经过很少的循环次数后,试件发生断裂,并有较明显的塑性变形。一般认为,低周疲劳发生在循环应力超过弹性极限时,疲劳寿命 $N_f$ 在 $1 \sim 10^4$ 之间。因此,低周疲劳又称为短寿命疲劳。

(2)高周疲劳区:在高周疲劳区,循环应力低于弹性极限,疲劳寿命长 $N_f > 10^4$ 次循环,且随循环应力降低疲劳寿命大大增加。试件在最终断裂前,整体上无可测得的塑性变形,因而在宏观上表现为脆性断裂。此区内试件的疲劳寿命长,故又称为长寿命疲劳。低周寿命区与高周寿命区合称为有限寿命区。

(3)无限寿命区或安全区:试件在低于某一临界应力幅 $\sigma_{ac}$ 的应力下,可经受无数次应力循环而不发生断裂,疲劳寿命趋于无限,故 $\sigma_{ac}$ 可称为材料的理论疲劳极限或耐久限。在大多数情况下,$S\text{-}N$ 曲线存在一条水平渐近线,其高度即为 $\sigma_{ac}$。

钢筋能无限期抵抗循环荷载作用的最大应力值称为钢筋的疲劳强度 $R^f$。如果钢筋在经历了若干万次循环试验没有破坏,一旦进入了无限寿命区,则认为它可以承受无限次的循环,此时的最大应力也为钢筋的疲劳强度。

钢筋疲劳失效过程可分为 3 个主要阶段:

(1)疲劳裂纹形成。钢筋在冶炼、轧制和现场成型加工过程中可能在其内部和表面出现一些缺陷,如杂质、刻痕、缝隙和锈蚀斑等。荷载作用下,这些缺陷附近和表面横肋的凹角处产生应力集中。当应力过高,使钢筋晶粒滑移,就会形成初始裂纹。

(2)疲劳裂纹扩展。应力重复作用的次数增加,裂纹逐渐扩展,损伤积累,减小了有效截面面积。钢筋截面上的裂纹面因为重复加卸载产生的变形增大和恢复,使之摩擦光滑而色暗。

(3)当钢筋的剩余有效截面面积不再能承受既定的荷载(拉力)时,试件突然脆性断裂。断裂面上部分面积色泽新亮,呈粗糙的晶粒状。

2)影响钢筋疲劳的因素

许多试验表明,钢筋疲劳强度试验结果是很分散的,原因是影响钢筋疲劳强度的因素众多,如循环应力的幅度、最小应力值的大小、钢筋的外表面几何形状、钢筋直径、钢筋等级以及轧制工艺、钢筋焊接、弯曲和试验方法。

(1)应力幅。应力幅是钢筋疲劳强度的主要影响因素。应力幅越大,钢筋的疲劳强度越低。钢筋的疲劳强度和疲劳寿命之间的关系常用应力幅和应力循环次数的 $S\text{-}N$ 曲线表示。

(2)最小应力值。最小应力值是除了应力幅外,影响程度最大的因素之一。在长寿命区和无限寿命区,钢筋的疲劳强度随最小应力值的增加而降低。

(3)外观和直径。变形钢筋横肋底部的半径和肋高之比 $r/h$(图 10-7),影响肋底附近的应力集中系数。增大 $r/h$ 值,有利于提高疲劳强度。

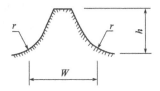

图 10-7 钢筋疲劳断裂面横肋形状

(4)强度等级。提高钢筋的强度等级,其疲劳强度的绝对值增大,但相对强度降低。预应力混凝土结构中采用的高强钢丝、钢绞线等也符合这一趋势。

（5）钢筋的加工和所处环境。钢筋经过弯折、焊接、机械拼接等加工，或者在海水和空气中遭受腐蚀，对受影响的局部处造成损伤，钢筋受力后加剧了应力集中现象，不利于其疲劳性能，甚至有试验给出了疲劳强度降低约 50% 的结果。

（6）加载的频率。钢筋的疲劳试验有低频（$200 \sim 600$ 次/min）和高频（$5000 \sim 10000$ 次/min）加载两种，取决于试验机功能和研究的要求。后者因为试验总时间短，损伤积累较小而给出稍高的疲劳强度。

3）钢筋疲劳强度的计算方法

通过拟合 S-N 曲线并对拟合结果进行适当简化，可得到钢筋疲劳强度或疲劳应力幅限值的计算公式。

当在无限寿命区时：

$$f_r = \sigma_{max} - \sigma_{min} = 145 - 0.33\sigma_{min} + 55(r/h) \tag{10-3}$$

当在长寿命区时：

$$\lg N = 6.1044 - 591 \times 10^{-5} f_r - 200 \times 10^{-5} \sigma_{min} + 103 \times 10^{-3} f_b - $$
$$8.77 \times 10^{-5} A_s + 0.0127 d(r/h) \tag{10-4}$$

式中：　　$d$——钢筋直径；

$A_s$——截面面积；

$\sigma_{max}$、$\sigma_{min}$、$f_b$——钢筋的应力和强度；

$r$、$h$——变形钢筋横肋底部的半径和肋高。

### 10.2.3　钢筋与混凝土粘结的疲劳性能

大量的试验研究和对实际工程结构的检测表明，在多次重复荷载作用下，钢筋混凝土构件刚度降低的原因之一是钢筋与混凝土之间的粘结力发生退化，引起的相对滑移增大。在重复荷载下，钢筋混凝土结构中无论是锚固端钢筋，还是裂缝面两侧的钢筋粘结区，由于钢筋（拉）应力的重复加、卸载作用，粘结应力的分布不断变化，促使粘结损伤积累，相对滑移量逐渐增大，粘结刚度减小，平均粘结强度降低。这些统称为粘结退化。

钢筋和混凝土间粘结的退化，使钢筋锚固或粘结区的局部变形增大，受拉裂缝加宽，构件的刚度降低，变形增长，为钢筋混凝土构件在使用阶段的性能带来不利影响。对于某些构件，特别是光圆钢筋作为主筋的构件，在荷载的多次重复作用下，可能因承载力下降而提前破坏。例如主筋锚固端弯钩内侧的混凝土被压碎，主筋产生很大滑移，致使构件端部的斜裂缝迅速开展，箍筋拉断，并进一步导致受压区混凝土压碎而提前破坏。

钢筋粘结性能的重复试验一般采用设计成短埋式（$l = 3d$）的拉式试件。重复荷载下的最小平均粘结应力为 $\tau_{min} = 0.1\tau_u$，其中 $\tau_u$ 为一次加载的（静）平均粘结强度。重复荷载作用下，钢筋与混凝土之间的平均粘结应力和相对滑移（$\tau$-$S$）曲线如图 10-8 所示。

由图可观察到，该曲线与混凝土受压的应力-应变曲线有些相似特点：在等量重复荷载下每加卸载一次，$\tau$-$S$ 曲线构成一个滞回环。滞回环的面积逐次减小，并渐趋稳定；每次加载至最大值 $\tau_{max}$，加载端和自由端的相对滑移均有所增长；每次完全卸载后，有相对滑移残余，但相对滑移增量逐次减小，并渐趋稳定；当增大重复荷载 $\tau_{max}$ 后，滞回环的面积和加卸载时的滑移量又有所增加，随重复次数 $n$ 的增加，也会有类似的变化规律。若荷载作用下钢筋的平均粘结应力大于粘结疲劳强度,经过荷载多次重复后,滑移量突然增大,周围混凝土被劈裂或钢筋被拔出,试件即告破坏。

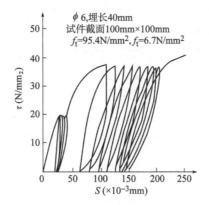

图 10-8 重复荷载的 $\tau$-$S$ 曲线[10-2]

粘结退化主要由钢筋与混凝土接触面附近"边界层"混凝土破坏引起。这种破坏是由加荷端(或开裂截面边缘处)逐步向内发展的,因为该处的粘结应力最大。当粘结应力低于临界值时,将产生较大的非弹性变形和局部挤碎,这时将出现"边界层"的破坏。低于临界值的粘结应力,由摩擦力及咬合力来传递。最大粘结应力向内移,"边界层"的破坏也随之向内发展。与此同时,由于混凝土局部挤碎及内裂缝的发展,钢筋与混凝土的相对滑动增长。应力水平越高,"边界层"的破坏程度和范围也越大,相对滑动也越大。

图 10-9 所示是加、卸载过程沿钢筋埋长上应力的变化,图中的实线和虚线分别为加、卸载时钢筋的应力分布曲线。从图中可以看出,卸载过程中除加荷端外,钢筋应力并不退回到加载时相应钢筋的应力,而是高于加载时的应力,愈靠近试件的中间应力高出的就愈多。这说明近加荷端处,钢筋的反向移动受到接触面反向摩擦力的阻止,形成了反向滑动阻力。卸载开始时此阻力大于加载时的阻力,反映在 $\tau$-$s$ 曲线上是曲线斜率较陡。进一步卸载,咬合作用被削弱,曲线斜率略缓。当外拉力全部卸掉时,钢筋的拉伸变形不能完全恢复,出现残余拉力[10-2]。

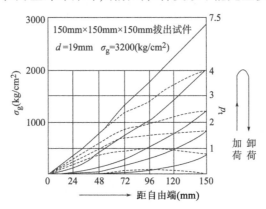

图 10-9 加、卸载时钢筋的应力分布

另外,钢筋和混凝土之间粘结退化的不可恢复是其一个重要特征。当粘结钢筋在高应力的多次重复作用下发生退化,以后即使在较低的应力作用下,其滑移变形、裂缝开展和刚度降低均很大。

### 10.2.4　构件的疲劳性能及其验算

钢筋混凝土构件在重复荷载作用下,刚度降低、裂缝宽度增大,从而影响其正常使用。为了提高结构的疲劳性能,保证其安全性,对主要承受重复动荷载的桥梁和吊车梁等结构常采用预应力混凝土,包括在使用荷载作用下混凝土不出现拉应力的"全预应力混凝土",允许出现拉应力、甚至细微裂缝的"部分预应力混凝土"。

若钢筋混凝土和预应力混凝土结构在荷载作用下不开裂,即不出现受弯垂直裂缝和弯剪(腹剪)斜裂缝,在荷载的多次重复加卸作用下,混凝土、钢筋、箍筋的应力幅很小,构件均不会发生疲劳破坏。疲劳破坏一般只发生在使用阶段存在裂缝的构件。

1)受弯疲劳

一般的钢筋混凝土和部分预应力混凝土构件,在重复荷载上限值的一次作用下就已出现裂缝。因此在荷载的多次重复作用时,构件都处在带裂缝的工作阶段,直至发生疲劳破坏。

图 10-10 给出了钢筋混凝土梁的跨中挠度随荷载作用次数增加而增大的变化规律。钢筋混凝土梁的裂缝宽度随荷载重复次数增多而增大的变化规律和跨中挠度的变化规律相类似,如图 10-11 所示。在试验过程中,梁的纯弯段没有产生太多的新裂缝。图 10-12 为重复荷载下实测的荷载-位移曲线,在第 1、2 周循环时,曲线变化较显著,残余变形发展很快,随荷载重复次数的增加,挠度的增加速率逐渐降低,荷载-位移曲线没有明显的变化。

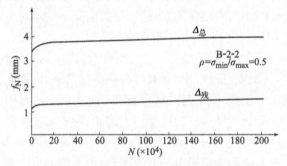

图 10-10　梁挠度随荷载重复次数变化的规律[10-8]

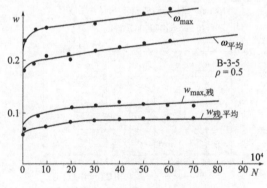

图 10-11　裂缝宽度变化规律[10-8]

在荷载重复次数增加的过程中,纯弯段截面的中和轴位置变化不明显,且平截面变形假定对受弯构件在重复荷载作用下的性能分析中仍可采用。在重复荷载作用下,钢筋混凝土受弯构件的刚度降低,挠度和裂缝宽度增大的主要原因有:受压区混凝土在重复荷载作用下,混凝土的内部损伤增加,变形随荷载循环次数的增加而增大;受拉区混凝土疲劳,钢筋和混凝土之间的粘结力在重复荷载作用下发生退化,钢筋和混凝土之间的滑移量不断增大;钢筋在重复荷载作用下残余变形不断增加。

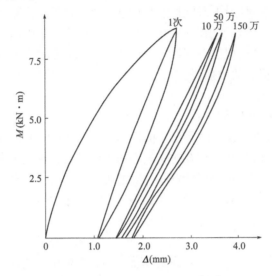

图 10-12 荷载-位移曲线的变化[10-8]

国外的试验结果表明,绝大多数的钢筋混凝土和部分预应力混凝土受弯构件的疲劳破坏是由纵筋断裂所控制的。只有极少数配筋率很高、截面形状特殊(如倒 T 形)的构件,才因受压区混凝土受压疲劳而破坏。

承受重复荷载的构件,首先用极限状态方法按一般压弯构件进行承载力设计,先确定截面尺寸和配筋等,然后验算其疲劳强度,但计算原则和方法均有所不同。

疲劳荷载值——计算构件中材料重复应力的最小值和最大值时必须确定荷载的最小值和最大值。由于多次重复出现的荷载值必小于构件承载力设计所取的荷载值(包括了超载系数在内),验算疲劳强度的荷载最大值一般为偏低的荷载标准值。

验算条件——在疲劳荷载作用下,构件截面上钢筋和混凝土的最大应力 $\sigma_{\max}$ 应低于材料在相应的变化幅度($\sigma_{\min}$,$\sigma_{\max}$)时的疲劳强度:

$$\left.\begin{array}{ll}\text{钢筋} & \sigma_{\max} - \sigma_{\min} \leqslant \Delta f_y^f \\ \text{混凝土} & \sigma_{\max} \leqslant f_c^f \end{array}\right\} \qquad (10\text{-}5)$$

疲劳应力计算——按换算截面计算疲劳荷载或相应的弯矩($M_{\min}$,$M_{\max}$)值下的材料应力($\sigma_{\min}$,$\sigma_{\max}$)。采用的基本假定为:①截面应变保持平面;②受压区混凝土应力为三角形分布;③忽略中和轴下受拉区混凝土的作用;④计算换算面积时,钢筋和混凝土的弹性模量比为 $n^f = E_s/E_c^f$,其中 $E_c^f$ 为混凝土的疲劳变形模量,其值小于混凝土的弹性模量 $E_c$。

确定换算截面后,按匀质弹性材料的方法计算中和轴位置和换算截面惯性矩,以及材料的应力 $\sigma_{\min}$ 和 $\sigma_{\max}$。

2)受(弯)剪疲劳

由于剪切破坏属于脆性破坏,在结构设计中应避免发生。然而在某些情况下,同样的梁在静力加载下发生弯曲破坏,而在循环加载下却发生剪切破坏。由于斜截面的受力特性较复杂,同静力加载条件一样,在重复荷载作用下的斜截面受力特性研究中也分为无腹筋梁和有腹筋梁两种情况。

(1)无腹筋梁斜截面受力特性

当荷载循环次数较少时,梁的裂缝形态已形成。在临界剪切裂缝出现前,裂缝延伸很小;梁的破坏是由临界剪切裂缝发展引起的;在某些梁中,由于暗销作用,纵向承受弯矩的受拉钢筋与其上的混凝土发生分离,但没有直接导致破坏。从循环加载开始,观察到在荷载的峰值与谷值时挠度与应变都有很大的增加,随着循环次数的增多,增加变小,同时发生一定的应力重分布。

(2)有腹筋梁斜截面受力特性

在第一次加载时,如果重复荷载所产生的剪力 $V_f$ 小于出现裂缝时的剪力 $V_{cr}$,即斜裂缝出现前,箍筋的应力很小,且有的受拉,有的受压。这说明钢筋混凝土构件若不出现斜裂缝,则不会发生斜截面疲劳破坏。但当斜裂缝出现后,因混凝土退出工作,箍筋应力应变急剧增加,且随重复次数 $N$ 的增加而进一步增加;分配给混凝土的剪力值 $V_c^f$ 随重复次数 $N$ 的增加而降低,发生明显的内力重分配,使箍筋首先发生疲劳破坏。

对于带有斜裂缝的部分预应力混凝土梁,当腹板中部混凝土的预压应力被外荷载产生的主拉应力抵消以前,箍筋应力增长不大;随着荷载增加,腹板中部混凝土的预压应力被抵消后,箍筋应力随外荷载的增加而明显增大。由于混凝土动力徐变变形的发展,斜裂缝上混凝土骨料咬合力的降低以及混凝土与箍筋之间的粘结力的逐渐减小,箍筋应力比第二次静载作用下有所增长,其增长值的大小随重复荷载上限值的大小和重复次数的增加而增大。

承受重复荷载的构件,首先用极限状态方法按一般受剪构件进行承载力设计或验算,确定截面尺寸和箍筋后,再验算其抗剪疲劳强度,采用的计算原则和方法也有不同。

①疲劳荷载值——同梁的抗弯疲劳验算。

②验算条件——对于不允许出现斜裂缝的预应力混凝土构件,验算疲劳荷载下的最大主拉应力:

$$\sigma_{cl}^f \leqslant f_t^f \tag{10-6}$$

对于允许出现裂缝的钢筋混凝土构件,取其名义剪应力 $v^f$ 为混凝土的主拉应力。在

$$v^f \leqslant 0.6 f_t^f \tag{10-7}$$

的梁跨区段内,可不必验算箍筋的疲劳强度。梁端的区段若 $v^f > 0.6 f_t^f$,还需验算箍筋和弯起钢筋的疲劳强度。

③疲劳应力计算——一般按梁模型或者桁架模型建立的简化计算公式计算,详见各国规范[10-9,10-10]的具体规定。

# 10.3 抗爆性能

## 10.3.1 结构抗爆炸的特点

爆炸是一种物质状态突然发生物理或化学变化,能够在极短时间内释放出极大的能量,产

生高温,并放出大量的气体,在周围介质中造成高压[10-11]。在结构工程中,遇到的爆炸主要有4类。

(1)燃料爆炸:汽油和煤气等燃料的容器和管道,以及生产易燃化工产品的车间和仓库的爆炸。

(2)工业粉尘爆炸:面粉厂、纺织厂等类的生产车间充斥着颗粒极细的粉尘,在一定的温度和压力条件下突然起火爆炸。

(3)武器爆炸:战争期间的常规武器和核武器的袭击、汽车炸弹的袭击、军火仓库的爆炸。

(4)定向爆破:专为拆除现有结构而设计的爆炸。

这些爆炸多数是偶然性事故,部分则是人为的事件。各种物质的爆炸需要不同的触发条件,产生不同的爆炸过程和破坏力。现在以破坏力量大、最有特点的核爆炸为例,说明爆炸的性质和作用[10-12]。

当核弹在空气介质中引发爆炸后,爆心的反应区瞬时产生极高的压力,远超过周围空气的正常气压,从而形成一股高压气流,从爆心很快地向四周推进,形成一道压力墙面,称为波阵面。经过时间 $t_z$,波阵面到达距爆心 $R_z$ 处,压力为 $p_z$,如图 10-13a)所示。此时,波阵面处的超压值最高,沿爆心向内逐渐降低,称为压缩区;再往里,由于气体运动的惯性及爆心区得不到能量的补充,形成了空气稀疏区,其压力低于正常气压。前后连续的压缩区和稀疏区构成了爆炸的空气冲击波。

空气冲击波从爆心往外推进,其运动速度超过了声速。随着时间的延续,压缩区和稀疏区的面积不断增大,波阵面的压力峰值逐渐降低。经过一段时间后,波阵面距爆心已远,爆心附近转为正常气压。

距离爆心 $R_z$ 的一个结构物,在发生爆炸后 $t_z$ 秒波阵面到达时,所在处的气压即时由正常值升至峰值 $p_z$。波阵面过后,压缩区到达该处的超压值逐渐缩小,经过时间 $t^+$ 后超压值为零。稀疏区到达该处时,即出现负压,直至冲击波全部通过,才恢复正常气压。该处的气压与时间关系曲线如图 10-13b)所示,其中超压作用时间为 $t^+$,负压作用时间为 $t^-$。

根据试验研究,空气冲击波的超压峰值、最大负压和正负压作用时间等都是 $Q^{1/3}/R$ 的单调变化函数,其中 $R$ 为离爆心的距离,$Q$ 为爆炸当量。以 $Q = 10^9 \text{kg}$ 的氢弹地面爆炸为例,爆炸后量测的冲击波参数见表 10-1。

**氢弹爆炸冲击波参数** 表 10-1

| $t_z(\text{s})$ | 0.6 | 0.8 | 3.5 |
|---|---|---|---|
| $R_z(\text{km})$ | 1.1 | 1.5 | 2.6 |
| $\Delta p_z(\text{N/mm}^2)$ | 0.6 | 0.3 | 0.1 |
| $\Delta p^-(\text{N/mm}^2)$ | $0.030 \sim 0.013$ | | |
| $t^+(\text{s})$ | $1.4 \sim 2.1$ | | |
| $t^-(\text{s})$ | $5.9 \sim 6.8$ | | |

核爆炸对结构的破坏作用,最主要的是空气冲击波的超压直接摧毁结构物。当水平方向的超压值 $\Delta p_z = 0.1\text{N/mm}^2$ 时,已相当于一般地区风荷载($0.5\text{kN/m}^2$)的数百倍,或者地震荷载的数倍至数十倍,地面结构物均难以幸存。爆炸时产生的光和高温辐射,以光速向周围传播,作用时间可达数十秒,结构经受高温冲击,可能引发火灾。爆炸时飞起的破碎物块坠落,撞击

结构。

在结构工程中,与爆炸性质较类似的还有一类撞击问题,例如导弹和飞机撞击核电站的安全壳,汽车撞击建筑物或其他结构物,舰船撞击桥梁的墩台或上部结构以及港口或海洋工程、打桩机的打桩过程、坠落重物的撞击等。

结构承受爆炸或者突发性的瞬间撞击,其主要受力特点如下:

(1)荷载的特殊性。这类荷载都是偶然性瞬间作用,作用次数常常只有一次,但荷载特别大,其具体值又不确定。故此类结构的设计原则与承受普通荷载的结构应有不同:设计的安全度或承载力储备可降低要求,允许结构在达到设计荷载时进入塑性屈服状态,允许出现较大的变形和裂缝,甚至局部破坏,但是必须防止倒塌,具备必要的维护功能。

(2)结构的动力反应。爆炸后的空气冲击波作用在结构的压力-时间曲线如图 10-13 所示,即可作为结构上的一次脉冲性动荷载,一般简化为升压段和衰减段组成的同向荷载,如图 10-14a)所示。在此荷载作用下,结构产生振动,内力和变形值随时间呈一定规律变化,如图 10-14b)所示,称为结构的动力反应。由此可确定结构的最大内力,判断结构的安全性或损坏程度。

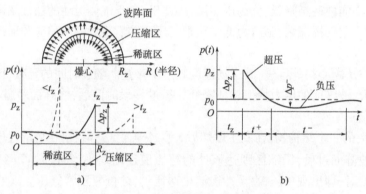

图 10-13　核爆炸的空气冲击波
a)压力沿推进半径的分布;b)距爆心 $R_z$ 处的 $p$-$t$ 曲线

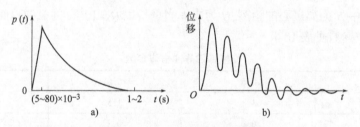

图 10-14　爆炸荷载和结构动力反应
a)荷载-时间曲线;b)结构动力反应

(3)材料的高速加载或变形。在正常荷载作用下,结构的材料应变速度极低。试验室内进行结构破坏试验时,若材料的极限应变为 $3000 \times 10^{-6}$,试验时间为 10min～2h,其平均应变速度仅为 $(0.5～5) \times 10^{-6}/s$。混凝土和钢筋的力学性能标准试验一般在 1～3min 内完成,其平均应变速度也不高,仅为 $(10～200) \times 10^{-6}/s$;在核爆炸情况下,若在 $t_z = (5～80) \times 10^{-3}$ 时达超压峰值,材料也达最大应变($\varepsilon = 2000 \times 10^{-6}s$),平均应变速度为 $\dot{\varepsilon} = (25～400) \times 10^{-3}/s$,比标准材性试验的应变速度高出数千倍。在其他各种动(撞击)荷载作用下,结构材料应变速度的变化范围很大。应变速度的巨大变化势必将影响材料和结构的强度与变形等力学性能。

（4）结构的形式。核爆炸后，在其有效破坏范围内的地面结构将荡然无存，必要的人防工事和隐蔽所必须修建在地下。在地面空气冲击波作用下，岩土内产生相应的应力波，使得地下结构的荷载和内力分析更加复杂。地下结构的静载和动载都很大，跨度较大的结构常设计成拱形或厚壳，跨度较小的结构则设计成梁（板）、柱框架结构。一般构件的截面较大，长宽比较小，使得抗剪成为主要因素。为了缩小构件尺寸和提高结构效率，采用高强材料较为合理[10-13]。

### 10.3.2 快速加载的材料性能

1）钢筋

采用不同的应变速率对钢筋进行拉伸试验，得到相应的应力-应变曲线，如图 10-15 所示。由图 10-15 可知，钢筋的力学性能随加载时间 $t_y$ 的减小而变化的一般规律如下：

（1）上屈服点出现明显尖峰，应力提高较大。加载速度越快，尖峰越高耸，甚至可能超过钢材的极限强度 $f_b$。然而，上屈服应力值的离散度大，且其后的屈服台阶低于此峰值，在工程应用中不能作为控制强度的指标。

（2）由屈服台阶确定的快速荷载下的屈服强度 $f_y^{imp}$ 单调增长，且提高幅度较大。快速荷载下的极限强度 $f_b^{imp}$ 虽稍有增长，但提高值不超过 5% ~ 10%，故强屈比 $f_b^{imp}/f_y^{imp}$ 下降。

（3）钢材的弹性模量 $E_s$、屈服台阶的长度和极限延伸率 $\delta$ 等无明显变化。

（4）试件临破坏前的颈缩过程、破坏后的颈缩率和断口形状无明显差别。

（5）快速加载前施加初始应力（0.5 ~ 0.7）$f_y$，对其快速加载强度无明显影响。

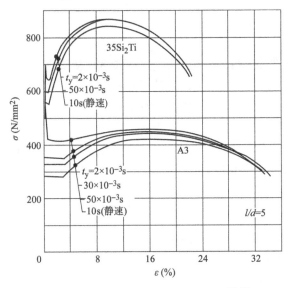

图 10-15 不同加载速度的钢筋拉伸曲线[10-14]

可见，快速加载对钢筋性能的主要变化是屈服强度的提高，而变形性能（包括延性）不受影响。国内外的研究成果也表明：强度等级（$f_b$、$f_y$）越高的钢材，快速加载时强度提高越小。当加载时间 $t_y = (8 \sim 40) \times 10^{-3}$ s 或应变速率 $\dot{\varepsilon} = (50 \sim 250) \times 10^{-3}$/s 时，钢筋屈服强度的提高率见表 10-2。对于屈服强度 $f_y > 600$ MPa 或无明显屈服台阶的高强度钢材，在快速加载时强度的提高很少,设计中一般不予考虑。

钢筋强度提高率 表 10-2

| 钢筋级别 | HPB235 | HRB335 | HRB400 |
|---|---|---|---|
| 强度提高率(%) | 30 | 13 | 8 |

2)混凝土

混凝土棱柱体受压试件在不同加载速率下加载,得到相应的应力-应变曲线。混凝土的受压性能随试件加载(或变形)速度的提高而变化的一般规律如下:

(1)棱柱体抗压强度单调增长;

(2)泊松比无明显变化;

(3)破坏形态与静载试验相同,但更急速,高强混凝土破坏时有碎块飞出;

(4)应力-应变曲线的形状无明显差别,峰值应变和弹性模量值同为单调增长,但前者增加幅度一般不超过 10%,后者增加幅度稍大,但低于抗压强度的增长幅度。

根据试验研究,混凝土抗压强度和弹性模量在快速加载或变形下的变化规律的一般结论为:随着加载速率的增大,混凝土抗拉性能的变化规律与抗压性能的相似,但抗拉强度的提高幅度较大,峰值应变提高幅度相似,弹性模量的提高幅度稍小。

对于钢筋和混凝土间的粘结强度,试验结果表明,加载速率对光圆钢筋粘结强度的影响可以忽略,对变形钢筋粘结强度的影响较大,且与混凝土强度等级有关。一般的定性结论为:钢筋和混凝土之间的粘结强度在快速加载下的提高幅度大于钢筋强度的提高值。因此,承受快速荷载的结构构件中钢筋的锚固长度和搭接长度可保守的采用正常荷载下的相同数值。

### 10.3.3 构件性能

1)受弯构件

清华大学对一批梁试件进行了等变形快速加载试验(从试件开始受力至钢筋受拉屈服的时间约为 $t_y = 50 \times 10^{-3}$s)和模拟爆炸荷载试验(荷载峰值取为快速加载时钢筋屈服荷载 $P_y$ 的 85% ~ 95%,升压时间约为 $50 \times 10^{-3}$s,衰减过程约 1s)。

(1)等变形加载试验

等变形快速加载试验得到的钢筋混凝土梁的荷载-挠度典型曲线如图 10-16 所示。其宏观形状与静载试验的同类曲线相似。

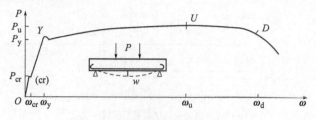

图 10-16 梁的荷载-挠度曲线[10-14]

构件在加载初期,受拉混凝土尚未开裂,荷载-挠度关系成直线,梁处于弹性阶段。受拉混凝土开裂时荷载-挠度曲线上出现突变(cr 点),配筋率很低的试件甚至形成一个明显的平台。试件的开裂荷载 $P_{cr}$ 比静载下的相应值提高 13% ~ 33%,原因在于快速加载时混凝土抗拉强

度 $f_t^{imp}$ 的提高,此后构件进入带裂缝工作阶段。

在混凝土开裂之前和开裂之后,构件的刚度因混凝土的弹性模量提高而略高于静载试验的同类构件。

当受拉钢筋进入屈服阶段,荷载先出现一个峰值,稍后有所下降,与钢筋的上屈服点尖峰相对应。试件的配筋率越低,此屈服尖峰越高。构件的屈服荷载($Y$点)取此峰谷的低值,均高出静载试验的相应值,但对应的变形 $w_y$ 与静载试验的接近。

受拉钢筋屈服后,构件的变形增长很大而荷载上升缓慢,截面边缘的压应变增大,达峰值压应变。其间的最大值($U$点),为构件的极限荷载 $P_u$。构件的变形继续增加,受压区混凝土的破损区由边缘向中和轴扩展,水平裂缝增多,以致混凝土压酥、剥落,承载力显著下降($D$点),荷载-挠度曲线出现转折和下跌。

快速加载的钢筋混凝土梁在这一阶段的性能指标和静载试验梁相比,其极限承载能力明显提高,且提高幅度随钢筋强度等级的不同而不同。

受弯试件的配筋率不同,快速加载试验的荷载-挠度曲线也存在差异,如图 10-17 所示。这一批试件的配筋率均低于发生超筋破坏的界限配筋率,属受拉钢筋控制破坏的适筋梁。构件的配筋率增大,钢筋屈服时的荷载 $P_y$ 和最大承载力 $P_u$ 约按比例增长,但钢筋屈服后的塑性变形能力逐渐缩减,延性比减小。

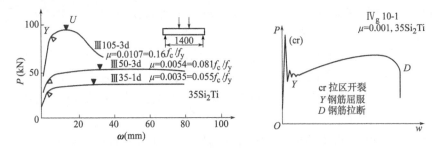

图 10-17 不同配筋率构件的快速加载的荷载-挠度曲线[10-14](尺寸单位:mm)

配筋率过低的试件,拉区混凝土开裂时的荷载大于钢筋屈服时的荷载($Y$点),也大于钢筋发生颈缩断裂时的荷载 $D$。当第一条受拉裂缝出现后,构件承载力骤然下降,其他位置不再出现裂缝。裂缝截面的钢筋变形集中,迅速发生颈缩断裂。此时混凝土压区的最大压应变仅约 $2000 \times 10^{-6}$,尚无破坏征兆。

(2)模拟爆炸荷载试验

模拟爆炸荷载试验的结果表明,只要荷载峰值受拉主筋应力低于屈服强度 $f_y^{imp}$,对结构的安全性不会造成威胁,引起的变形和裂缝也很小。试件在荷载峰值下的最大裂缝宽度为 $0.2 \sim 0.4mm$。试验结束后,试件的残留裂缝宽度均小于 $0.1mm$,而且配筋率越高的试件,其残留缝宽越小。在爆炸荷载的多次重复作用下,残留缝宽也未出现明显增大。

基于上述的试验结果可得出一般性的结论:快速加载情况下,钢筋混凝土梁的抗弯承载力明显提高,提高的幅度($f_y^{imp}/f_y$)主要取决于钢筋屈服强度,而变形和延性与静载下构件的性能相近。

在设计或验算钢筋混凝土构件的抗爆性能时,遵循的一般原则如下:

①抗弯承载力。计算方法和公式同静载构件,只需将其中的钢筋和混凝土强度项改为考虑加载或应变速度后的提高值。试验证明,按此计算的极限弯矩值小于试验值,故偏于安全,

且配筋率越低,越偏于安全。构件的开裂弯矩和钢筋屈服时的弯矩均可按相同的原则进行计算。

②刚度和变形。采用与静载构件相同的方法进行计算,包括截面刚度、构件开裂及钢筋屈服时的变形等。但是计算式中的钢筋和混凝土的弹性模量及特征应变值应改为用符合加载或应变速度的相应数值。

③配筋率的限制。为了防止抗爆结构的总体坍塌,且具有较好的抗震性能,受弯构件应具有充分的塑性变形能力。严格控制截面配筋率是最有效的措施之一,与静载构件相比,应该减小最大配筋率和增大最小配筋率。建议将配筋率限值取为:

$$\left.\begin{array}{l}\rho_{max} = 0.3\dfrac{f_c}{f_y}\\[2mm]\rho_{min} = 0.14\% ~ 0.30\%\end{array}\right\} \tag{10-8}$$

当钢筋强度偏低或混凝土强度偏高时,$\rho_{min}$取偏大的值。

④加强构造措施。如配置受压钢筋和加密箍筋以增强塑性变形能力;适当加长钢筋端部锚固长度和中间搭接长度;增强节点附近的连接构造钢筋;加厚变形钢筋的保护层厚度等。

钢筋混凝土梁除了上述抗弯性能外,还必须注意其抗剪承载力。在快速加载或变形情况下,梁端斜裂缝破坏形态与静载构件相同,有斜压、剪压和斜拉破坏等,随剪跨比的增大而逐渐过渡。快速荷载下钢筋混凝土梁的极限抗剪承载力有显著提高,提高的幅度($V_u^{imp}/V_u$)与混凝土抗压或抗拉强度的提高幅度($f_t^{imp}/f_t$或$f_c^{imp}/f_c$)相一致。

原则上,钢筋混凝土梁在快速加载或变形情况下的抗(弯)剪承载力可以采用静载构件的计算方法,其材料强度则以不同加载或变形速度下的数值代入。为满足抗爆结构的塑性变形能力,设计时应保证构件首先出现受弯裂缝和钢筋屈服,防止过早地发生斜裂缝破坏。

2)受压构件

在快速加载或变形情况下的钢筋混凝土轴心受压和偏心受压性能已有相应的试验研究。等变形快速加载试验中得到的轴心受压试件轴力-应变曲线与静载试验曲线的对比如图 10-18 所示。可见两者的轴力峰值相差很大,但对应的应变值相差无几,处于 $\varepsilon = 2300 \times 10^{-6} ~ 3000 \times 10^{-6}$。

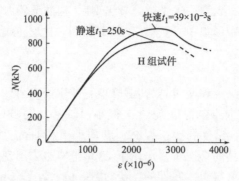

图 10-18　轴心受压柱的轴力-应变曲线[10-14]

偏心受压构件在等变形快速加载试验中,同样有小偏心受压和大偏心受压两种破坏形态,随轴向力偏心距($e_0/h$)的增大而过渡。两种受力破坏过程分别与轴心受压构件和受弯构件相似。破坏形态的特征和界限偏心距都与静载试件的相一致。试件的极限承载力因加载(变形)速度而变化,随材料强度同步增长,特征变形值和塑性变形能力等都与相同偏心距的静载试验相似。

钢筋混凝土柱的模拟爆炸试验[10-14]得到以下主要结论:当轴心受压柱的试验荷载峰值为其最大承载力 $N_u^{imp}$ 的50% ~ 85%时,试验结束后,试件表面未见裂缝;再次做静载试验,得到的极限承载力 $N_u$ 与未经模拟爆炸荷载试验的试件相比并未降低。然而,当试验荷载峰值为0.95 $N_u^{imp}$时,峰值后 $70 \times 10^{-3}$ s 后试件才发生破坏,故在实际工程中处理超压衰减过程缓慢的爆炸荷载时应予以重视。

偏心受压构件的模拟爆炸荷载试验中,试验荷载峰值小于 $0.8N_u^{imp}$ 的试件,试验结束后的残余裂缝宽度不大于 0.03mm。再次进行等变形快速加载试验直至试件破坏,其最大承载力 $N_u^{imp}$ 与未经模拟爆炸荷载试验的试件无明显差别。

基于此,在快速加载(或变形)情况下,钢筋混凝土柱的极限承载力明显提高,提高的幅度主要取决于钢筋和混凝土的强度($f_y^{imp}/f_y$,$f_c^{imp}/f_c$),而构件的破坏形态、变形性能和指标等都与静载构件的无明显差别。计算构件的极限承载力和变形时,都可采用静载构件的有关公式,但式中的材料强度和弹性模量等需改用快速加载(变形)情况下的相应值。这样的计算结果偏于安全。

# 10.4 抗高温性能

混凝土结构在高温条件下性能较常温下复杂。环境温度的变化使得结构形成了动态的不均匀温度场,材料强度和变形性能的严重劣化引起结构内应力重分布现象显著,进而引起结构使用性能恶化、承载能力下降等。

## 10.4.1 结构抗高温的特点

实际工程中,钢筋混凝土结构的高温工作状态主要分为两类[10-15]:

(1)经常性的,处于正常工作状态的高温下,如冶金和化工行业受高温辐射的车间(200 ~ 300℃)、核电站的压力容器和安全壳(60 ~ 120℃)、烟囱的内衬(500 ~ 600℃)和外壳(100 ~ 200℃)等。

(2)偶然性的,如建筑物遭受火灾、核电站事故、建筑物或工事受武器轰击等。结构表面温度可在 1h 内上升到 1000℃或更高。

针对以上两种高温工作状态,根据已有的工程实践经验和试验研究成果,抗高温的钢筋混凝土结构具下述受力特性:[10-13]

(1)不均匀温度。混凝土的导热系数极低,结构受火后表面温度迅速升高,而内部温度增长缓慢,截面上形成不均匀温度场,表层的温度变化梯度尤大。但杆系结构一般不考虑沿构件纵向的温度不均匀性。决定截面温度场的主要因素是火灾温度、持续时间、混凝土的热工性能及构件的形状、尺寸等。温度场对结构的内力、变形及承载力等有很大影响。反之,结构的内力状态、变形及细微裂缝等对其所处温度场的影响却很小。因此,对结构温度场的分析可以独立并先于结构的内力和变形分析。

(2)材料性能的严重恶化。高温下,钢筋和混凝土材料的强度和弹性模量显著降低,混凝土还会出现开裂、边角崩裂等现象,这是构件的承载力和耐火极限严重下降的主要原因。

(3)应力-应变-温度-时间的耦合本构关系。分析一般的常温结构时,只需要材料的应力-应变本构关系。高温结构的温度值和持续时间对材料的变形和强度影响很大,且不同的升温-加载(应力)途径又有各异的材料变形和强度值,故构成了材料的应力-应变-温度-时间的耦合本构关系,增大了对高温结构分析的难度。

(4)截面应力和结构内力的重分布。截面的不均匀温度场产生不同的温度变形和截面应力重分布。超静定结构因温度变形受约束而发生内力($M$、$N$、$V$)重分布,改变了结构的破坏机构和破坏形态,影响了极限承载力。火灾经常是在局部空间或个别房间内生成,并向周围蔓延,高温区的结构变形受到非高温区结构的约束,无论是对温度场还是对结构的分析都是动态问题。

### 10.4.2　温度-时间曲线和截面温度场

建筑物火灾对于结构的高温作用主要体现在温度-时间曲线上,而高温下钢筋混凝土的受力性能主要取决于材料的热工特性和构件的截面温度分布。因此,确定火灾温度-时间曲线和构件的温度场是研究结构抗火性能的基础[10-3]。

(1)温度-时间曲线

建筑物的火灾一般经历起火、燃烧、蔓延和灭火等阶段,相应的温度-时间曲线与许多因素有关,如可燃物的密度、燃烧性能及其分布,房间的构造、尺寸、形状,通风和气流条件等。因此,温度-时间曲线具有较大的随机性,要完全准确地预先描述火灾温度与延续时间的关系曲线是很困难的。为了统一结构的抗火性能要求,建立一个客观的比较尺度,一些研究机构和组织制定了如图10-19所示的标准温度-时间曲线。其中国际标准组织(ISO)建议的建筑构件抗火试验曲线最为常用,计算式取为:

$$T - T_0 = 345\lg(8t + 1) \tag{10-9}$$

式中:$T_0$——初始温度,一般取为20℃;

$T$——起燃后 $t$min 的温度。

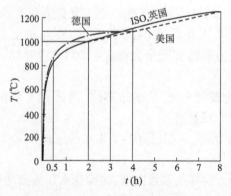

图10-19　火灾的标准温度-时间曲线[10-17]

各种标准的温度-时间曲线都是单调升温曲线,且差别不大,虽与实际燃烧过程不完全相同,但在高温性能分析、耐火极限验算中应用,可保证各个结构具有一致的抗火性能和耐火极限,并可得出不同结构的可比抗火安全性[10-16]。

(2)截面温度场

在某一瞬时,空间各点温度分布的总体称为"温度场"。它是以某一时刻在一定时间内所有点上的温度值来描述的,可以表示成空间坐标和时间坐标的函数。在直角坐标系中,温度场可表达为：

$$T = f(x,y,z,t) \tag{10-10}$$

若温度场各点的值均不随时间变化,则温度场为稳定温度场,反之,称为不稳定温度场。钢筋混凝土构件在火灾时的导热属于不稳定导热,此时构件内温度场为不稳定温度场[10-28]。

结构温度场只取决于环境温度的变化、材料热工性能及构件的形状、尺寸,而与结构的受力状态无关。反之,结构的受力状态和性能,包括内力(应力)、变形、承载力等都因温度场的变化而有很大差异。因而,高温结构的分析,可首先独立地确定温度场及其随时间的变化,而后按确定的温度场进行力学分析和构件设计[10-19]。

在钢筋混凝土结构的温度场分析中,有变化的升温过程、非线性的材料热工参数及复杂的边界条件,使得准确、快速地求解热传导微分方程非常困难。现今,在确定结构的温度场时,一般采用如下几种方法,可根据工程所要求的计算精度选择[10-16]：

①简化成稳态的线性一维或二维问题,求解析解；

②用有限元法或差分法,或二者结合的方法,编制计算机程序进行数值分析,有些通用的结构分析程序可以计算简单的温度场问题；

③制作足尺试件进行高温试验,加以实测；

④直接利用有关专著、设计规程及手册所提供的温度场图表或数据。

### 10.4.3 材料的高温力学性能

1)钢材

各国就钢材的高温性能进行了大量的试验研究,虽因试件材料和试验方法的不同使得试验结果存在离散性,但总的结论是一致的。

(1)强度

我国建筑结构常用钢筋(Ⅰ～Ⅴ级)的试验研究[10-20]结果如图10-20所示,钢筋的屈服强度和极限强度都随着温度的升高而降低,其程度因钢筋等级而异,其中低合金钢(Ⅱ、Ⅲ、Ⅳ级)的强度降低幅度要小于低碳钢(Ⅰ级),Ⅴ级钢筋的降低幅度最大。在不同的应力-温度途径下,钢筋的强度无明显的上下限之分[10-19]。

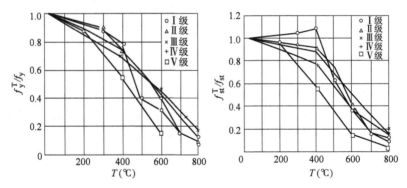

图10-20　高温下钢筋的屈服强度和极限强度[10-9]

(2)变形及弹性模量

钢筋的自由线膨胀与其强度等级无关,基本上随着温度的升高呈线性增加。而在应力作用下,钢筋的温度变形与应力水平成正比,与温度成指数函数关系[10-6]。

钢筋的弹性模量随温度升高的变化趋势与强度的变化相似。如图 10-21 所示,当 $T \leqslant 200℃$ 时,弹性模量下降有限,$T$ 在 $300 \sim 700℃$ 范围内迅速下降,当 $T = 800℃$ 时,弹性模量很低,一般不超过常温下模量值的 10% 。

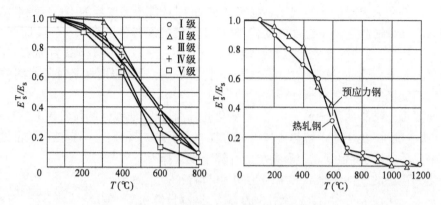

图 10-21　高温下钢筋的弹性模量[10-9,10-10,10-21]

（3）应力-应变关系

钢筋的应力-应变曲线随着温度的升高而逐渐趋于平缓、屈服平台消失、突然屈服的现象越来越不明显。有文献建议将应力-应变曲线取为简单的几何形状,如弹-塑性二折线、不同斜率的两段上升折线[10-9,10-10],或由直线段加曲线硬化段构成[10-13],并给出特征强度和变形值的计算式。文献[10-21]则给出的如图 10-22 所示的应力-应变全曲线,由弹性直线、椭圆过渡曲线、塑性水平段和下降段等组成。按照说明,此应力-应变关系对受拉和受压钢筋均适用。

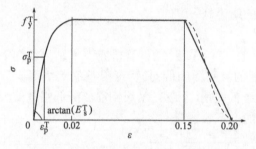

图 10-22　钢筋的高温应力-应变关系[10-23]

2）混凝土

（1）抗压和抗拉强度

混凝土的抗压强度是力学性能中最基本、最重要的一项。图 10-23 是已有试验研究结果,在 300℃ 以内,混凝土的抗压强度在常温（20℃）抗压强度值上下波动,变化幅度约为 +5% 和 -8% ;$T > 300℃$ 后抗压强度近于线性下降;当 $T = 900℃$ 时,抗压强度已不足常温下抗压强度的 10% 。

过镇海等[10-15]根据试验数据回归得高温下混凝土的抗压强度 $f_c^T$ 与温度 $T$ 的关系式如下：

$$f_c^T = \frac{f_c}{1 + 18 \, (T/1000)^{5.1}} \tag{10-11}$$

式中：$f_c$——常温下混凝土的棱柱体抗压强度；

　　　$T$——混凝土的温度。

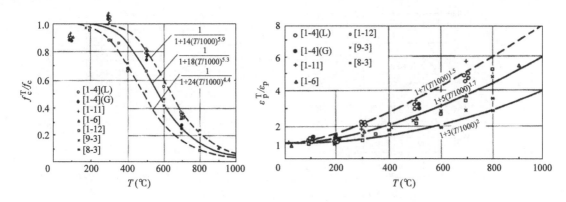

图 10-23 高温时混凝土的棱柱体抗压强度和峰值应变[10-13]

混凝土的强度等级、骨料类型、配合比及升温速度等都对高温强度有一定的影响。高强度混凝土在高温下的强度损失幅度更大;轻骨料混凝土的强度损失较小;石灰岩骨料优于花岗岩骨料;增大水灰比,混凝土的强度将降低,但温度较高时,降低的幅度要小一些;加热速度较慢的混凝土高温强度比加热较快的稍低;延长高温下暴露时间,混凝土的抗压强度逐渐下降;升降温后的残余强度比高温时的抗压强度稍低[10-1]。

高温下的混凝土抗拉强度离散大,损失幅度比抗压强度更大,与混凝土的骨料、温度以及试验方法等有关[10-15]。

(2)应力-应变曲线

图 10-24 所示是混凝土棱柱体或圆柱体的受压应力-应变全曲线,曲线随试验温度的增高而逐渐趋于扁平,峰点显著下降和右移,即棱柱体高温抗压强度 $f_c^T$ 降低、峰值应变 $\varepsilon_p^T$ 增大。不同骨料和强度等级的混凝土有相似的曲线形状[10-16]。

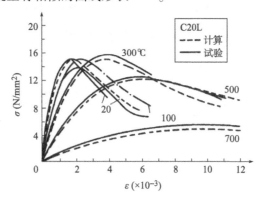

图 10-24 高温时混凝土的受力应力-应变全曲线[10-16]

(3)弹性模量和泊松比

从实测的应力-应变曲线上取 $\sigma = 0.4 f_c^T$ 时的割线模量作为混凝土的初始弹性模量 $E_p^T$,由棱柱体强度和相应应变计算峰值变形模量 $E_p^T = f_c^T/\varepsilon_p^T$。这两个模量都随温度的升高( $>50℃$ )而单调下降,见图10-25,且数值很接近。还有试验表明,混凝土的弹性模量在降温过程中很少变化,与抗压强度的状况相似,同样是由于高温下混凝土内部损伤不可恢复所致。混凝土的泊松比随温度升高( $>50℃$ )而减小,至 $400℃$ 时其值不足常温时的一半。在降温过程中,泊松比保持高温时的低值,同样不可恢复。

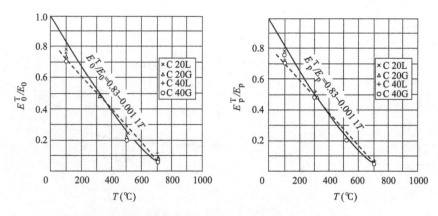

图 10-25　高温时混凝土的弹性模量和泊松比[10-13]

### 10.4.4　混凝土的耦合本构关系

1）不同应力-温度途径的影响

结构中混凝土达到一确定的温度和应力值,可有无数种途径。其中两种极端、也是最基本的途径为图 10-26 所示的恒温加载过程 $OAP$ 和恒载升温过程 $OBP$。试验结果[10-22]表明,恒温加载途径下混凝土抗压强度的连线是各种途径的下包络线,即高温抗压强度的下限;而恒载升温途径的强度连线是各种途径的上包络线,即高温抗压强度的上限。其他各种加载-升温途径下的混凝土强度都在此上、下限范围之内。在 600~800℃ 之间时,强度上下限相差最大。

不同应力-温度途径下的混凝土变形相差更大。例如图 10-27 所示情况,混凝土同样达到 $T=500$℃ 和 $\sigma=0.6f_c$ 时,先升温后加载途径下测得应变为 $+4.75\times10^{-3}$(膨胀),而先加载后升温途径下得 $-0.40\times10^{-3}$(缩短)。二者不仅应变值相差悬殊,甚至符号相反。因此,在进行结构高温性能分析时,想要获得准确、合理的结果,必须考虑混凝土的应力-温度途径,引入耦合本构关系。

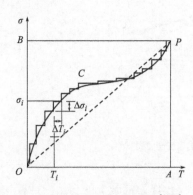

图 10-26　不同的应力-温度途径[10-23]

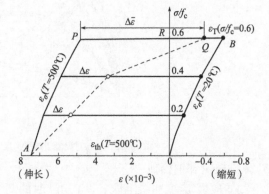

图 10-27　不同应力-温度途径下的混凝土变形[10-23]

2）耦合本构关系

混凝土在应力和温度的共同作用下产生的应变值,按照图 10-26 所示的应力-温度途径的分解,可看作由三部分组成[10-13,10-22],恒温下应力产生的应变 $\varepsilon_\sigma$、恒载(应力)下的温度应变 $\varepsilon_T$ 和短期高温徐变 $\varepsilon_{cr}$,故总应变为:

$$\varepsilon = -\varepsilon_\sigma(\sigma, T) + \varepsilon_T(\sigma/f_c, T) - \varepsilon_{cr}(\sigma/f_c^T, T, t) \qquad (10\text{-}12)$$

式中,各高温应变分量可分别从试验中测定,或者采用文献[10-13]中建议的经验计算式。

混凝土的高温本构关系需要解决应力 $\sigma$、应变 $\varepsilon$、温度 $T$ 和时间 $t$ 4个因素的相互耦合关系,比常温下的应力-应变关系复杂得多。况且混凝土的高温应变值很大,而应力(强度)值很低,材料的热工和力学性能变异大,结构中混凝土的应力-温度途径变化极多,故准确建立混凝土高温本构关系的难度大,现有的一些建议仍不够完善,还需更多的研究和改进[10-16]。

### 10.4.5 构件的高温性能

1)受弯构件

当钢筋混凝土结构体系遭受火灾时,经常是楼板底面(或顶面)受火、梁的底面和侧面三面受火,而顶面仍保持或稍高于常温。简支梁、板在加热炉中的模拟火灾试验[10-24],可以按照恒载升温途径得到一定荷载水平下的极限温度或耐火极限时间(ISO 标准 $T$-$t$ 曲线),也可以按照恒温加载途径得到高温极限承载力。

(1)极限承载力

一组矩形截面对称配筋梁的三面高温试验结果[10-25]如图 10-28 所示。拉区高温的试件在恒温加载途径下,材料强度($f_y^T$、$f_c^T$)因升温而有不同程度的下降。试件加载后,当弯矩产生的钢筋拉应力达到其高温屈服强度($\sigma_s = f_y^T$)时,构件临界截面的裂缝迅速开展,因挠度增长而破坏。试件破坏时的高温极限弯矩和常温下极限弯矩的比值($M_u^T/M_u$)随试验温度的升高而降低,其变化规律与钢筋屈服强度的变化很接近。

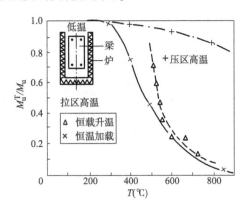

图 10-28 三面高温梁的极限弯矩-温度关系

拉区高温的试件在恒载升温试验中,初始荷载(或弯矩)在截面上建立的应力状态($\sigma_s$、$\sigma_c$),在升温过程中因截面应力重分布和中和轴的少量移动而发生一定波动。升温后,材料强度逐渐下降,当钢筋的屈服强度降至当时的应力值时($\sigma_s = f_y^T$),试件临界截面的裂缝迅速开展,因挠度增大而破坏,此时的温度为极限温度($T_u$)。由图 10-28 可见,试件在恒载升温途径下的极限承载力-温度曲线高于恒温加载途径的相应值。

受弯构件的另一种三面高温试验为截面的压区和侧面高温,相当于连续梁中间支座的负弯矩区。试件升温后,梁顶部受拉钢筋的温度不高,强度损失有限。但压区混凝土因升温而降低强度($f_c^T$),极限状态时的压区面积增大才能和钢筋拉力保持平衡。因而截面力臂减小,极限弯矩 $M_u^T$ 相应地减小,但减小的幅度有限(图 10-28),其高温承载力远远高于拉区高温的试件。

（2）破坏特征

试验温度小于400℃的构件，破坏特征与常温时相同；试验温度大于400℃后，无论在常温下是弯曲破坏还是剪弯破坏形态的构件都转为弯曲破坏[10-25]，且破坏过程相当突然。三面受火的梁，在正弯矩作用下构件的受拉区受高温，裂缝分布均匀，但较常温下的宽度大而数量少；破坏时拉区裂缝延伸到接近受压区的顶面，压溃区段的高度和长度均很小。负弯矩作用下构件是受压区受高温，破坏时拉区裂缝短小，受压破损区的高度和长度大。试件破坏后冷却至室温，可见表面裂缝分布均匀，宽度大；临界截面的受拉裂缝延伸很长，已接近压区边缘；混凝土压碎部分的高度小，但纵向长度大。

（3）其他性能

钢筋混凝土受弯构件的高温极限承载力或耐火极限还因混凝土骨料的种类和性质、热工参数、截面尺寸、保护层厚度、配筋率等因素的影响而变动。此外，受弯构件的极限抗（弯）剪承载力（$V_u^T$）也随温度的升高而降低。由于梁的弯剪破坏主要取决于截面高度中间和顶部（压区）的混凝土强度，且梁内部温度低，强度损失少，故极限弯剪承载力（$V_u^T/V_u$）的降低幅度一般小于抗弯承载力（$M_u^T/M_u$）的降低幅度。有些在常温下应该发生斜裂缝弯剪破坏的试件，因试验温度较高而转为弯曲破坏[10-25]。

2）轴心受压构件

钢筋混凝土轴心受压柱在四面受火情况下的极限承载 $N_u^T$ 随温度的升高而降低[10-26,10-27]。恒载升温试验中，试件的极限温度或耐火时间随初始荷载水平（$N_u^T/N_0$）的提高而减小。其变化规律与素混凝土棱柱体抗压强度相似，其降低幅度取决于骨料的种类、截面尺寸、保护层厚度、混凝土强度和配筋率等。

轴心受压柱在三面高温情况下进行恒温加载试验[10-28,10-29]。试件升温后，截面温度不均匀且不对称，产生凸向高温面的挠曲变形，加载时成为初始偏心距。施加轴力后，高温区的混凝土弹性模量下降多，压应变大于低温区，试件产生凹向高温区的挠曲变形。二者变形方向相反。试验温度 $T>400℃$ 的试件，破坏时的变形凹向高温一侧，为小偏心受压破坏形态，即高温侧混凝土压坏，低温侧有横向受拉裂缝。试件的极限承载力（$N_u^T$）随温度的升高而下降，降低的幅度小于四面高温的情况。

3）压弯构件

杆系结构遭遇火灾时最普遍的是三面（或一面）受火的压弯构件。柱和墙一侧受火是如此，梁和板受火后，其轴向膨胀常受周围未受火结构的约束而承受轴压力也是如此。轴压力有利于提高构件的极限弯矩值，且影响较大[10-16]。

（1）三面高温压弯构件

压弯构件在三面高温情况下的系列试验结果示于图10-29，受三面高温的试件，截面上有不均匀且不对称的温度场，材料的力学性能发生相应变化，形成不均匀且不对称的强度场和变形场，截面的强度中心必定移向低温一侧。在相同的温度条件下，轴心受压构件的承载力（$N_e^T, e_0=0$）并非最大值。当荷载移向低温一侧（$e_0>0$）时，极限承载力逐渐增大；当偏心距 $e_0=e_u^T$ 时，承载力达最大值；$e_0>e_u^T$ 后，承载力又逐渐减小。构件在某一温度下达到最大承载力时的荷载（轴向力）偏心距称为极强偏心距 $e_u^T$。

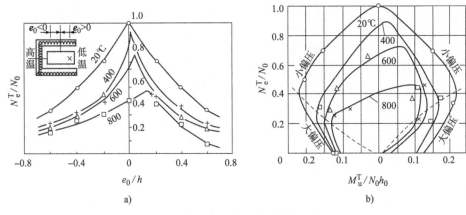

图 10-29 不同温度下的压弯构件极限承载力
a) 极限承载力和偏心距[10-28~10-30]; b) 极限弯矩-轴力包络图[10-30]

对称截面构件的极强偏心距在常温时为零, 随着温度的升高, 极强偏心距逐渐向低温侧漂移。在构件的极限轴力-偏心距($N_e^T/N_0$-$e_0/h$)曲线上, 在极强偏心距处出现一个尖峰, 峰点两侧的曲线不对称。右侧曲线代表截面低温侧的混凝土受压破坏(小偏压状态)控制或者高温侧的钢筋受拉屈服(大偏压状态)控制的构件极限承载力, 曲线的下降斜率大。右侧曲线的含义相反, 下降斜率较小。

压弯构件的极限轴力-弯矩($N_e^T/N_0$-$M_u^T/N_0h_0$)包络图如图 10-29b) 所示, 在常温状态时对轴力轴对称, 在高温下曲线不再对称, 其峰点随温度升高而逐渐往右下方移动。压弯构件的大、小偏压破坏形态的界限也随温度而变化, 截面两侧的界限偏心距($e_b^T$)不再相等。

三面高温压弯构件的变形和破坏过程比常温构件的复杂, 极限状态时的附加偏心距变化也大。构件自由升温($N=0$)时, 截面温度变形不均, 产生凸向高温侧的挠曲变形。构件在荷载作用下的变形取决于截面的应力和混凝土高温弹性模量的分布。当荷载偏向低温侧($e_0>0$)较多时, 荷载变形凸向高温侧, 与温度变形同向相加; 当荷载偏向高温一侧($e_0<0$)时, 荷载变形凹向高温侧, 与温度变形反向, 构件的附加偏心距在加载过程中将发生正负号变化。压弯构件最终变形的方向和数值, 取决于试验温度和荷载偏心距等[10-30]。

(2)两面高温压弯构件

两面高温偏压构件的极限承载力和大、小偏压破坏形态随偏心距的变化规律与三面高温偏压构件的相似。具有相同材料和截面尺寸的矩形截面构件, 在相同的升温-时间的试验情况下, 两面高温和三面高温的极限承载力对比如图 10-30 所示。虽然两面高温构件的截面温度分布沿两个方向均不对称, 且在截面短向出现更大的横向弯曲变形, 但截面上高温部分的面积小, 总体的材料强度损失少, 因此比三面高温构件有更高的极限承载力。在混凝土抗压控制的小偏压状态下, 二者的承载力相差很大。

4)超静定结构

实际工程中常用的超静定混凝土结构, 由于高温下钢筋和混凝土的强度和变形性能发生变化, 又因截面温度不均匀分布引起弯曲和轴向变形, 导致超静定结构内力重分布。由于试验技术难度大, 有些试验只量测了结构的变形和极限承载力, 时旭东等[10-25]采取措施直接量测到混凝土超静定结构的内力变化过程。

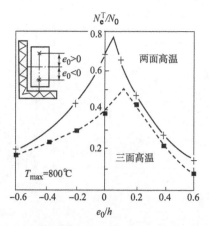

图 10-30　两面高温偏压构件的极限承载力[10-31]

从钢筋混凝土超静定结构的高温试验研究中,已经可看到的重要力学性能特点有[10-16]:①高温下,截面和构件的极限承载力和变形性能严重下降;②不对称高温(三面、一面)构件,在正、负弯矩作用下的极限承载力和变形值相差悬殊;③升温过程中发生剧烈内力重分布的构件,在某些区段内弯矩将正、负易号;④塑性铰形成后,其弯矩值仍随温度值而不断变化,不能保持常值;⑤塑性铰的位置和出现次序,以及破坏机构等随结构温度而变化;⑥构件的高温变形大,对于内力和极限承载力都有较大影响;⑦不同的荷载-温度路径影响结构的内力(承载力)和破坏过程;⑧局部空间的结构高温变形,受到周围常温结构的约束,产生相应的约束力。

## 本章参考文献

[10-1]　吴圣川,李源,王清远.材料与结构的疲劳[M].北京:国防工业出版社,2016.

[10-2]　王传志.钢筋混凝土结构理论[M].北京:中国建筑工业出版社,1985.

[10-3]　Nordby G M. A review of research—fatigue of concrete [J]. ACI Structural Journal,1958, 55(2):191-220.

[10-4]　Ople F S,Hulsbos C L. Probable fatigue life of plain concrete with stress gradient [J]. ACI Structural Journal,1966,63(1):59-81.

[10-5]　中华人民共和国国家标准.混凝土结构设计规范(2015年版):GB 50010—2010[S]. 北京:中国建筑工业出版社,2010.

[10-6]　FIB (Fédération International du Béton). Model code for concrete structures 2010:CEB-FIP MC 1990[S]. Lusanne:Fédération International du Béton,2013.

[10-7]　Hanson J M. Design of fatigue. Handbook of structure concrete [M]. London: Pitman,1983.

[10-8]　赵国藩.高等钢筋混凝土结构学[M].北京:中国水利水电出版社,2013.

[10-9]　吕彤光.高温下钢筋的强度和变形试验研究[D].北京:清华大学,1996.

[10-10]　钮宏,陆洲导.高温下钢筋与混凝土本构关系的试验研究[J].同济大学学报(自然科学版),1990,18(3):287-297.

[10-11] 张守中.爆炸基本原理[M].北京:国防工业出版社,1988.

[10-12] 清华大学,等.地下防护结构[M].北京:中国建筑工业出版社,1982.

[10-13] 陈肇元.高强钢筋在快速变形下的性能及其在抗爆结构中的应用:钢筋混凝土结构构件在冲击荷载下的性能[R].北京:清华大学出版社,1986.

[10-14] 过镇海,时旭东.钢筋混凝土原理和分析[M].北京:清华大学出版社,2003.

[10-15] 清华大学抗震抗爆工程研究室.钢筋混凝土结构构件在冲击荷载下的性能(科学研究报告集 第四集)[M].北京:清华大学出版社,1986.

[10-16] 李卫,过镇海.高温下混凝土的强度和变形性能试验研究[J].建筑结构学报,1993,14(1):8-16.

[10-17] 过镇海.钢筋混凝土原理[M].北京:清华大学出版社,2013.

[10-18] Kong F K. Design of fatigue. Handbook of structure concrete [M]. London: Pitman,1983.

[10-19] 路春森.建筑结构耐火设计[M].北京:中国建材工业出版社,1995.

[10-20] 时旭东,过镇海.高温下钢筋混凝土受力性能的试验研究[J].土木工程学报,2000,33(6):36-45.

[10-21] 吕彤光,时旭东,过镇海.高温下Ⅰ-Ⅴ级钢筋的强度和变形试验研究[J].福州大学学报,1996(S1):13-19.

[10-22] British Standards Institution. Design of concrete structures: EN 1992-1-1: 2004 [S]. London: British Standards Institution,2004.

[10-23] 南建林,过镇海,时旭东.混凝土的温度-应力耦合本构关系[J].清华大学学报(自然科学版),1997(6):87-90.

[10-24] 过镇海,李卫.混凝土在不同应力-温度途径下的变形试验和本构关系[J].土木工程学报,1993(5):58-69.

[10-25] Ellingwood B, Lin T D. Flexure and shear behavior of concrete beans during fires [J]. ASCE,1991,117(ST2): 440-457.

[10-26] 时旭东.高温下钢筋混凝土杆系结构试验研究和非线性有限元分析[D].北京:清华大学,1992.

[10-27] Ah B N G, Mirza M S, Lie T T. Response of direct models of reinforced concrete columns subjected to fire [J]. ACI Structural Journal,1990,87(5-6): 313-323.

[10-28] 苏南,林铜柱,Lie T T.钢筋混凝土柱的抗火性能[J].土木工程学报,1992,25(6):25-36.

[10-29] 李华东.高温下钢筋混凝土压弯构件的试验研究[D].北京:清华大学,1994.

[10-30] 时旭东,李华东,过镇海.三面受火钢筋混凝土轴心受压柱的受力性能试验研究[J].建筑结构学报,1997,18(4):13-22.

[10-31] 张杰英.钢筋混凝土压弯构件的高温试验研究[D].北京:清华大学,1997.

[10-32] 杨建平.高温下钢筋混凝土压弯构件的试验研究和理论分析及实用计算[D].北京:清华大学,2000.

# 第 11 章

# 现代混凝土结构的发展

## 11.1 概　　述

随着经济的发展和社会需求的增长,工程结构向着高层、超高层、大跨方向发展,结构形式的复杂程度不断提高,加之对结构抗震、耐久性、使用环境等要求的提高,促使混凝土向着使用多功能方向发展。经过多年的研究和工程经验积累,已经成功研制了超高性能混凝土、轻质混凝土、纤维混凝土、再生混凝土等多种结构混凝土,用以适应多样的工程需求,进而推动了钢筋混凝土结构的发展。

## 11.2 超高性能混凝土

### 11.2.1 概述

超高性能混凝土(Ultra-High Performance Concrete,UHPC)是一种超高强、低脆性、耐久性优异并具有广阔应用前景的新型超高强混凝土,由水泥、粉煤灰、石英砂、硅粉、高效减水剂等组成,为了提高 UHPC 的韧性和延性加入纤维。在 UHPC 的凝结、硬化过程中采取适当的加压、加热等成型养护工艺。

美国、加拿大等国首先对 UHPC 进行了研究。1996 年 Richad 等[11-1,11-2]研究了原材料、成型工艺与养护制度对 UHPC 性能的影响;Dugat 等[11-3]进行了 UHPC200 和 UHPC800 的力学性能试验,研究了 UHPC 的应力-应变全曲线、弹性模量、泊松比、极限应变、抗弯(折)强度和平均断裂能,考察了钢纤维掺量对 UHPC 延性的影响。Bonneau 等[11-4]研究了 UHPC 的抗压强度、弹性模量、抗冻融循环的能力、抗除冰盐腐蚀、抗氯离子渗透能力等耐久性能。

在国内,清华大学[11-5]首先提出从物理和化学角度,即静态的密实堆积和动态的水化填充两方面来研究 UHPC。湖南大学[11-6~11-8]研究了原材料品种、性质及配合比对 UHPC 强度的影响。北京交通大学安明喆等[11-9~11-11]研究了 UHPC 的微观结构和耐久性,对试件在标准养护和高温养护下的水化产物和内部形貌进行了分析。同济大学的龙广成等[11-12]研究了养护温度和龄期对 UHPC 强度的影响,以期确定最佳养护条件。北京科技大学刘娟红等[11-13]研究了大掺量超高性能混凝土的性能和微结构。

随着对 UHPC 研究的逐渐深入,UHPC 开始应用于实际工程中。美国、加拿大对 UHPC 的研究较早,故 UHPC 的应用也最先在这些国家展开。1997 年,加拿大 Shwrbrooke 建起一座跨径 60m 的 UHPC 桁架桥[11-14]。桥构件采用 30mm 厚无纤维 UHPC 桥面板、直径 150mm 的预应力 UHPC 钢管混凝土桁架、纤维 UHPC 加劲肋和纤维 UHPC 梁,这较大减轻了桥梁结构的自重,同时提高了桥梁在高湿度环境、除冰盐腐蚀和冻融循环作用下的耐久性能[11-15]。2006 年美国建成了一座 UHPC 单跨简支梁桥梁,如图 11-1 所示,该桥主梁是由 3 片跨度为 33.53m 的 T 梁构成[11-16],被获誉为开创"未来桥梁"的重要一步。

图 11-1　加拿大 Shwrbrooke 桥和美国火星山 UHPC 桥

我国应用 UHPC 较晚,北京交通大学在 2003 年首次用 UHPC 材料制成无筋空心盖板,并用于北京五环路桥建设,有效降低了主体结构恒载,至今运营良好。2006 年在青藏铁路多年冻土区的桥梁上试用了 UHPC 人行道板。2007 年在迁曹铁路上试用了 20m 跨度的低高度 T 形 UHPC 梁,减小了梁的高度和截面尺寸。

工程实践表明,应用 UHPC 可大幅度地减轻结构自重,降低结构恒载,提高结构的耐久性能,具有良好的社会经济效益。

基于 UHPC 自身及工程应用的优越性,在以下领域极具推广价值和发展前景:

(1)大跨结构和桥梁工程领域

UHPC 具有超高强度和高韧性,能够承受剪切荷载,故在梁构件中无须配备辅助配筋,既利于生产出薄壁、细长、大跨等新颖形式的预制构件,又可减小构件自重、降低工程造价、缩短施工工期。

(2)高层建筑领域

钢筋混凝土结构的最大缺点是自重较大,通常可达有效荷载的 8 ~ 10 倍,而用无纤维 UHPC 制作的钢管混凝土结构构件,用于高层或超高层建筑中可大幅度减小截面尺寸和结构自重,增加建筑物使用面积[11-17]。

(3)市政环境工程领域

将 UHPC 制作的预制构件用于立交桥等市政工程,可增加桥下净空间、降低工程造价、缩短建设工期。此外,利用 UHPC 制作的下水道井盖可取代铸铁井盖广泛用于市政工程中,具有良好的社会经济效益。

(4)石油、核电工业等特殊工程

利用 UHPC 的抗腐蚀与抗拉性能,可代替钢材制造压力管道和腐蚀性介质的输送管道,用于石油、天然气输送、城市远距离大管径输水及腐蚀性气体的输送。

(5)军事防护工程领域

掺入钢纤维的 UHPC 具有良好的强度和冲击韧性,可用于承受冲击荷载和爆炸荷载,在军事防护领域具有极大的开发应用空间[11-18,11-19]。

(6)其他工程

UHPC 的早期强度发展快,后期强度高,用于补强和修补工程时,替代钢材和昂贵的有机聚合物,既可保持混凝土体系的整体性,又可降低工程造价[11-20]。此外,UHPC 还可用于对耐磨性、抗冲击、耐蚀性及抗渗性等性能要求较高的其他工程或结构部位,如路面、仓库地坪、物料流槽、水坝溢流坝面、闸墩表层及下游消力池与泄洪洞等。

### 11.2.2　特点

基于国内外学者的深入研究,与普通混凝土相比,超高性能混凝土具有以下优点:

(1)超高力学性能 UHPC 的立方体抗压强度可达 200 ~ 800MPa,抗拉强度则可以达到25 ~ 150MPa。

(2)自重小。UHPC 的自重仅为同体积普通混凝土的 1/3 ~ 1/2,其体积密度与钢结构相当。根据这一特点,在结构设计时可减小恒载和构件的截面尺寸,加大设计跨度,增大建筑物或构筑物的使用空间[11-21]。

(3)优异的耐久性。UHPC 水胶比低,具有良好的孔结构和较低孔隙率。UHPC 的孔径分布在纳米级别上,因此具有极低的渗透性、很高的抗环境介质侵蚀能力和良好的耐磨性能,表现出优异的抗冻性、抗碳化性、抗氯离子渗透性、抗硫酸盐侵蚀和抗化学溶液侵蚀能力。

此外,超高性能混凝土还具有良好环保性。但 UHPC 也有缺陷,即抗火性能差,且配置成本高于普通混凝土,单方造价达 4000 元以上,若能设法降低配置成本,UHPC 的应用前景会更广阔。

### 11.2.3 制备

UHPC 的基本配制原理[11-22]是剔除粗骨料,通过提高组分的细度与活性,减少材料的内部孔隙与微裂缝,以获得较高的强度与耐久性。UHPC 中的活性组分通常包括优质水泥、硅粉、高效减水剂和微钢纤维等。通常骨料颗粒粒径在 0.5~1.0mm 之间,以尽量减少混凝土中的孔隙,使拌合物更加密实。

1)材料选取

考虑 UHPC 骨料的矿物成分、平均粒径、粒径范围、颗粒形状等因素,选用平均粒径为 250μm 的细砂代替粗骨料,减小了过渡区的厚度和范围,消除了粗骨料对浆体收缩的约束,在整体上提高了体系的匀质性,从而改善 UHPC 的各项性能。细石英砂具有很高的强度和优良的界面性能,同时易于采购,因而在 UHPC 中使用较多。

选用粒度为 40~80μm 的普通硅酸盐水泥作为活性基材,用磨细钢渣、粉煤灰、硅灰、石灰石粉作为混合材料,掺入活性组分相容性良好的高效减水剂以达到极高的强度和极好的性能,辅以超细矿物掺合料,通过降低水胶比、提高组分细度的方法,使 UHPC 内部达到最大填充密实度,以此将材料的初始缺陷降至最低。

掺入微细钢纤维,在一定范围内可提高 UHPC 的强度,对提高韧性和延性效果显著。未掺钢纤维的 UHPC,其受压应力-应变曲线呈线弹性变化,破坏时呈明显的脆性,断裂能低。但钢纤维含量过高会使拌制中的拌和物变得非常干涩,造成施工不便,故需合理控制钢纤维的掺入量。通常,UHPC 中使用的钢纤维直径为 0.15~0.20mm,长度约为 12mm,掺量为体积的1.5%~3%。

2)制备工艺

(1)优化颗粒级配,在凝固前和凝固期间加压,以提高拌和物的密实度。水泥基材料体系的堆积密实度对硬化浆体性能有重要影响,提高混合物体系的颗粒堆积密实度,可以加快体系的水化反应进程,改善体系的微观结构,提高其力学性能。

(2)凝固后进行热养护,以改善微观结构。在凝固后进行热养护可以加快水化反应及火山灰效应的进程和程度,促进细骨料和活性粉末的反应,改善水化物的微观结构,提高界面粘结力。

(3)采用高频常速搅拌,使黏稠的浆料得到有效的液化。采用高频常速搅拌,极大提高了各组分间的匀质性。同时排出料浆中的空气,提高了料浆的密实度。

为配制出高性能的 UHPC,国内外学者对其配合比进行了大量的试验研究,几种典型的配合比见表 11-1、表 11-2。

国内外几种典型的 UHPC 配合比       表 11-1

| 原料种类 | 配比试样编号 | | | | |
| --- | --- | --- | --- | --- | --- |
| | 1[11-23] | 2[11-24] | 3[11-25] | 4[11-26] | 5[11-27] |
| 水泥 | 42.5 级 | 42.5 级 | 42.5 级 | 42.5 级 | 52.5 级 |
| 硅灰 | 0.30 | 0.25 | 0.20~0.30 | 0.25 | 0.35 |
| 超细粉煤灰 | — | 0.30~0.40 | 0.25 | 0.20 | — |
| 超细矿渣 | 0.45~0.50 | — | — | — | — |

| 原料种类 | 配比试样编号 | | | | |
|---|---|---|---|---|---|
| | 1[11-23] | 2[11-24] | 3[11-25] | 4[11-26] | 5[11-27] |
| 石英粉 | 0.3 | — | 0.3 ~ 0.4 | — | 0.3 |
| 砂 | 1.00 ~ 1.50 | — | 0.88 ~ 1.12 | 1.25 | 1.10 |
| 砂胶比 | 0.56 ~ 0.83 | 1.2 | 0.70 ~ 0.90 | 0.86 | 0.81 |
| 高效减水剂(%) | 2.5 | 2.0 | 2.5 ~ 3.0 | 1.3 | 2.5 |
| 水胶比 | 0.23 ± 0.01 | 0.16 | 0.22 | 0.16 | 0.18 ~ 0.22 |
| 钢纤维(%) | 1.5 ~ 2.0 | — | — | 2.6 | — |
| 抗压强度(MPa) | 125 | 200/250 | 150 ~ 60 | 210 | 160 ~ 170 |
| 养护制度 | 热水养护 | 热水养护 | 热水养护 | 热水养护 | 热水养护 |

**国内外几种典型的 UHPC 配合比**　　　　　　表 11-2

| 原料种类 | 配比试样编号 | | | | |
|---|---|---|---|---|---|
| | 6[11-27] | 7[11-28] | 8[11-29] | 9[11-30] | 10[11-31] |
| 水泥 | 52.5 级 | 42.5 级 | 42.5 级 | 52.5 级 | 42.5 级 |
| 硅灰 | 0.13 | 0.35 | 0 ~ 0.35 | 0.20 | 0.30 |
| 超细粉煤灰 | 0.20 ~ 0.32 | — | — | 0 ~ 0.35 | — |
| 超细矿渣 | 0 ~ 0.13 | — | — | — | 0.25 |
| 石英粉 | — | 0.25 ~ 0.40 | 0.37 | — | 0.3 |
| 砂 | 1.25 | 0.9 | 1.1 | 1.44 ~ 1.86 | 1.20 |
| 砂胶比 | 0.86 | — | 0.70 ~ 0.90 | 1.2 | — |
| 高效减水剂(%) | 5.7 | 1.6 | 2.0 ~ 3.0 | 5.0 | 4.0 |
| 水胶比 | 0.17 | 0.2 | 0.22 | 0.24 ~ 0.31 | 0.22 |
| 钢纤维(%) | 2 ~ 3 | — | 2 | 3 | 2 |
| 抗压强度(MPa) | 160 ~ 175 | 110 ~ 125 | 145 ~ 180 | 200 ~ 240 | 150 ~ 160 |
| 养护制度 | 热水养护 | 热水养护 | 热水养护 | 热水养护 | 热水养护 |

### 11.2.4　力学性能

1)抗压强度

根据组分、养护方法和成型条件的不同,UHPC 可分为两类:一类是采用蒸汽养护处理的 UHPC,强度可达到 200MPa;另一类是经高温、高压处理的 UHPC,强度可达到 800MPa[11-5]。

UHPC 不仅具有极高的抗压强度,其抗剪强度和抗拉强度也很大,可不配置钢筋抵抗各种荷载共同产生的剪力。若对 UHPC 施加环向约束或预应力,其强度和韧性会进一步提高。

UHPC200、UHPC800 与高强混凝土(HSC)及普通混凝土(NSC)的比较见表 11-3。由

表11-3可知,UHPC 的抗压强度是 NSC 的 6 倍到 40 倍,是 HSC 的 3 倍到 12 倍。UHPC200 的抗折强度达 50 ~ 60MPa,是 HSC 和 NSC 的 5 倍到 30 倍。

UHPC200、UHPC800、HSC 与 NSC 的主要力学性能比较　　　　表 11-3

| 主要力学性能 | 混凝土种类 | | | |
|---|---|---|---|---|
| | UHPC200 | UHPC800 | HSC | NSC |
| 抗压强度(MPa) | 170 ~ 230 | 500 ~ 800 | 60 ~ 100 | 15 ~ 55 |
| 抗折强度(MPa) | 50 ~ 60 | 45 ~ 140 | 6 ~ 10 | 2.0 ~ 4.5 |
| 断裂能(J/m²) | 20000 ~ 40000 | 1200 ~ 2000 | 140 | 100 |
| 弹性模量(GPa) | 50 ~ 60 | 65 ~ 75 | 30 ~ 40 | 20 ~ 35 |

表11-4 是几种不同材料的断裂能,图 11-2 为不同材料的断裂能和抗弯强度。由图 11-2 和表 11-4 可知,UHPC 属于高断裂能材料,其断裂能比普通混凝土高 2 个数量级以上,抗弯强度比普通混凝土高 1 个数量级。

几种不同材料的断裂能　　　　表 11-4

| 项　　目 | 材 料 种 类 | | | | | |
|---|---|---|---|---|---|---|
| | 玻璃 | 陶瓷及岩石 | 金属 | 钢 | 普通混凝土 | UHPC |
| 断裂能(J/m²) | 5 | <100 | 10000 | >100000 | 120 | 30000 |

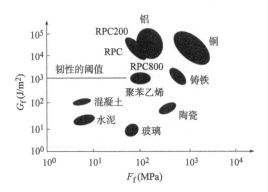

图 11-2　不同材料的断裂能和抗弯强度

2)抗拉强度

NSC 的拉压强度比一般在 1/20 ~ 1/15,超高性能混凝土的拉压强度比为 1/10 ~ 1/6,其韧性高于普通高强混凝土,这主要是因为钢纤维的增强、增韧效应。钢纤维具有控制混凝土的开裂的作用,当混凝土所受应变超过脆性基体的最大应变时,起到了在裂缝间(裂缝后区域)的桥接作用,为超高性能混凝土提供了开裂后的延性。在裂后区域,钢纤维可以传递通过裂缝的荷载,增强混凝土的抗拉强度。混凝土通过逐步脱黏和拔出钢纤维来消耗能量,以此增加自身的韧性。

3)弹性模量

表11-5 给出了超高性能混凝土弹性模量的部分研究结果。同时,部分学者建立了弹性模

量与抗压强度的关系,见表11-6。

超高性能混凝土弹性模量 表 11-5

| 研究机构 | 同济大学 | 北京交通大学 | 南京理工大学 | 福州大学 | 马尔凯理工大学 | Dokuz 大学 | Bouygues 大学 |
|---|---|---|---|---|---|---|---|
| 弹性模量(GPa) | 33.8 | 43~47 | 55~57 | 40 | 25~40 | 46~57 | 50~60 |

弹性模量表达式 表 11-6

| 研 究 者 | 弹性模量表达式 | 研 究 者 | 弹性模量表达式 |
|---|---|---|---|
| 郝文秀[11-32] | $E = (0.25\sqrt{f_c} + 1.52) \times 10^4$ | 柯开展[11-35] | $E = (0.3011\sqrt{f_c} + 0.6135) \times 10^4$ |
| 吕雪源[11-33] | $E = 0.3027\sqrt{f_c} + 0.9533$ | 何雁斌[11-36] | $E = (0.084\sqrt{f_c} + 3.49) \times 10^4$ |
| 余志武[11-34] | $E = 0.95(1.25f_c)^{2/7}$ | | |

由表11-5、表11-6可知,UHPC 的弹性模量较 HSC(30~40GPa)和 NSC(≤35GPa)有所增加,且随抗压强度的增大而提高。

4)受压应力-应变全曲线及本构模型

图11-3为超高性能混凝土典型受压应力-应变全曲线[11-37]。由全曲线可知,曲线上升段斜率变化较小,应力与应变基本保持线弹性关系,弹性比例极限约为峰值应力的85%,远高于普通混凝土的40%~50%。超过比例极限点(A 点)后,进入裂缝稳定扩展阶段。随着荷载增加,试件中部的细微裂缝沿对角线方向稳定发展,试件内部发出嘈杂的劈裂声,曲线斜率开始逐渐减小,当达到峰值应力点(B 点)时,曲线斜率为零,此时试件中裂缝宽度仍然较小。

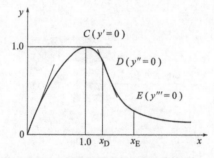

图11-3 鞠彦忠等应力-应变曲线[11-37]

达到峰值应力后,进入裂缝失稳扩展阶段,裂缝迅速发展,试件内部劈裂声更加明显,表明钢纤维发挥了更加显著的阻裂作用。在曲线下降段,斜率为负值,首先到达一个拐点(C 点),继而到达曲率最大的点(D 点),随后曲率缓慢下降并逐渐趋于平缓,进入残余强度阶段。

鞠彦忠等[11-37]对试验结果进行了线性回归,给出了 UHPC 受压应力-应变全曲线方程:

$$y = \begin{cases} 1.35x + 0.05x^2 - 0.33x^4 & (0 \leq x \leq 1) \\ \dfrac{x}{8.3(x-1)^2 + 12x} & (x > 1) \end{cases} \tag{11-1}$$

式中,$x = \varepsilon_c/\varepsilon_{c0}$,$y = \sigma_c/f_c$。

对于超高性能混凝土受压应力-应变全曲线,其他学者给出的本构关系见表11-7。

受压应力-应变全曲线方程　　　　　　　　　　　表 11-7

| 研 究 者 | 本 构 关 系 | | 峰值应变 ($\times 10^{-3}$) |
|---|---|---|---|
| | 上升段 | 下降段 | |
| 屈文俊[11-38] | $y = 0.0338x$ | — | 约为 3 |
| 安明喆[11-39] | $y = 1.2x + 0.2x^4 - 0.6x^5$ | $y = \dfrac{x}{12(x-1)^2 + x}$ | 2.5～4 |
| 郑文忠[11-40] | $y = 1.35x + 0.05x^2 - 0.33x^4$ | $y = \dfrac{x}{8.3(x-1)^2 + 12x}$ | 约为 4 |
| 吴有明[11-41] | $y = 1.1x + 0.5x^5 - 0.6x^6$ | $y = \dfrac{x}{3(x-1)^2 + x}$ | 3.1～4.2 |

# 11.3　轻质混凝土

## 11.3.1　概述

我国《轻骨料混凝土应用技术标准》[11-42]对轻骨料混凝土(light weight aggregate concrete)的定义为:用轻粗骨料、轻砂(或普通砂)、水泥和水配制而成的干表观密度不大于 1950kg/m³的混凝土。其中由普通砂或部分轻砂做细骨料的称为砂轻混凝土,全部由轻砂做细骨料的称为全轻混凝土。对轻质混凝土的定义,国内外略有区别,例如美国 ACI 318-1995[11-43]定义:使用轻骨料并且干表观密度不超过 1840kg/m³的混凝土,不使用普通砂的称为"全轻混凝土",全部细骨料采用普通砂的称为"砂轻混凝土"。

轻骨料可选用天然轻骨料(如浮石、凝灰岩等)、工业废料轻骨料(如炉渣、粉煤灰陶粒、自燃煤矸石等)、人造轻骨料(如页岩陶粒、黏土陶粒、膨胀珍珠岩等)等。因陶粒为人造轻骨料,质量稳定可靠,因此目前使用的轻骨料主要是陶粒。与普通骨料(天然密实石子)相比,陶粒的密度小、强度低且弹性模量小。

20 世纪 90 年代初期挪威、日本等国家研究了高性能轻骨料混凝土的配方、生产工艺,高性能轻骨料重点在于改善混凝土的工作性和耐久性并取得了一定的成果。挪威是应用轻骨料混凝土最先进的国家之一,自 1987 年以来,已用强度等级为 LC55～LC60 的轻骨料混凝土建造了 11 座桥梁,其中 1999 年建造了当时世界上跨度最长的两座悬臂桥 Stolma,主跨分别为 301m 和 298m,在主跨 184m 处采用 LC60 的高强轻骨料混凝土。在美国,采用轻骨料混凝土修建的桥梁已有几百座,取得了显著的经济效益。

轻骨料混凝土在国内也得到了广泛应用。早在 20 世纪 50 年代,我国就开始研究将轻骨料混凝土用于桥梁工程,如湛河大桥、山东黄河大桥、南京长江大桥和九江长江大桥公路桥桥面板等都使用了轻骨料混凝土,但这些轻骨料混凝土的强度都比较低,强度等级为 LC25～LC30[11-44,11-45],主要用来减轻桥梁上部结构重量。20 世纪 90 年代以来我国高强轻骨料混凝土的研究取得突破性进展,并在高层、大跨房屋建筑和桥梁工程宁的应用越来越多。例如,珠海国际会议中心 20 层以上的结构全都采用 LC40 级轻骨料混凝土;阜新 22 层的商业大厦、本溪 24 层的建溪大厦的主体结构均采用 LC30 级天然煤矸石轻骨料混凝土;卢浦大桥部分引桥使用了 LC30～LC40 级轻骨料混凝土[11-46];2000 年竣工的天津永定新河大桥南北引桥,是我国目前轻骨料混凝土用量最大、强度等级最高的桥梁,总长度约 1.2km,原设计方案为普通混凝土预应力箱梁结构,经优化设计后由 LC40 级高强轻骨料混凝土取代普通混凝土,跨度由原来的 24m 增至 35m[11-47]。

对于大跨度桥梁,恒重占很大比重,减轻自重可以有效降低结构的内力,使桥梁跨度增大,减少桥墩数量;可以减少上部结构的预应力钢筋数量,降低基础处理费用,有显著的经济效益。对于地震区域的桥梁工程,由于地震作用与上部结构的自重成正比,当采用高强轻骨料混凝土时,可显著降低地震作用。可见,轻骨料混凝土具有广阔的应用前景。

### 11.3.2 特点

(1)轻质高强。强度等级达到 LC30 以上的轻骨料混凝土,干表观密度在 1200 ~ 1900kg/m³ 之间,相比相同强度等级的普通混凝土低 20% ~ 50%,因此应用轻骨料混凝土可以显著降低建筑物的自重,并有利于预制构件的轻量化。

(2)保温隔热性能好。多孔轻质骨料的引入使混凝土密度减小的同时,也使其导热系数显著降低。如密度等级为 1700 的轻骨料混凝土在平衡含水率的条件下导热系数低于 0.87W/(m·K),相比于普通混凝土的 1.5W/(m·K),减小 40% 以上。

(3)耐火性优。热量在轻骨料混凝土内部传导速率较低,使其具有更好的耐火性。一般建筑物发生火灾时,普通混凝土耐火 1h,而轻骨料混凝土可耐火 4h。在 600℃ 高温下,轻骨料混凝土能维持室温强度的 85%,而普通混凝土只能维持 35% ~ 75%。

(4)有利于抗震。轻骨料混凝土由于密度小,弹性模量低,变形性能好,可有效降低结构自重,大量吸收地震荷载下的冲击波能量,具有很好的减震效果。

(5)耐久性能优。轻骨料表面粗糙并具有大量的纹路凹槽,增加了其与水泥石的机械咬合力,同时,多孔的结构具有"微泵"作用,改善了骨料-水泥浆体界面过渡区的致密程度,因此具有良好的抗渗性,轻骨料的多孔性可以缓解低温下水结冰产生的膨胀力,使得轻骨料混凝土具有良好的抗冻性。

(6)技术经济性好。尽管高性能轻骨料混凝土单方价格比同强度等级的普通混凝土高,但由于其减轻了结构自重、降低基础处理费用,缩小结构断面和增加使用面积,可降低工程造价 5% ~ 10%,尤其在用于高层建筑、大跨度结构维修加固工程时,具有更显著的经济效益。

基于以上特点,轻骨料混凝土在各类天然、人造、工业废渣轻骨料混凝土及其制品都取得了一定的实际工程应用,多用于高层建筑、桥梁建筑,其中目前应用最多的是陶粒混凝土,尤其是在承载结构中,陶粒混凝土相比于其他轻骨料混凝土具有明显的强度优势。

### 11.3.3 制备

在轻骨料混凝土配合比设计时,水泥强度等级和用量、砂率、水灰比是 3 个最为重要的设计参数。轻骨料混凝土配合比设计的关键在于确定三者关系。

轻骨料混凝土的配合比设计主要应满足工作性能和力学性能的要求,并以合理使用材料和节约水泥为原则。砂轻混凝土和全轻混凝土宜采用松散体积法进行配合比计算,砂轻混凝土也可采用绝对体积法[11-42]。松散体积法是以给定每立方米混凝土的粗细集料松散总体积为基础进行计算的[11-48],配合比计算中粗细骨料用量均应以干燥状态为基准[11-42]。

不同试配强度的轻骨料混凝土的水泥用量可按表 11-8 选用。

轻骨料混凝土的水泥用量　　　　　　表 11-8

| 混凝土试配强度（MPa） | 轻骨料密度等级（kg/m³） | | | | | | |
|---|---|---|---|---|---|---|---|
| | 400 | 500 | 600 | 700 | 800 | 900 | 1000 |
| <5.0 | 260～320 | 250～300 | 230～280 | — | — | — | — |
| 5.0～7.5 | 280～360 | 260～340 | 240～320 | 220～300 | — | — | — |
| 7.5～10 | — | 280～370 | 260～350 | 240～320 | — | — | — |
| 10～15 | — | 280～350 | 260～340 | 240～330 | — | — | — |
| 15～20 | — | — | 300～400 | 280～380 | 270～370 | 260～360 | 250～350 |
| 20～25 | — | — | — | 330～400 | 320～390 | 310～380 | 300～370 |
| 25～30 | — | — | — | 380～450 | 370～440 | 360～430 | 350～420 |
| 30～40 | — | — | — | 420～500 | 390～490 | 380～480 | 370～470 |
| 40～50 | — | — | — | — | 430～530 | 420～520 | 410～510 |
| 50～60 | — | — | — | — | 450～550 | 440～540 | 430～530 |

净水用量根据稠度和施工要求,可按表 11-9 选用。

净水用量　　　　　　表 11-9

| 轻骨料混凝土用途 | 拌合物性能要求 | | 净水用量（kg/m³） |
|---|---|---|---|
| | 维勃稠度(s) | 坍落度(mm) | |
| 振动加压成型 | 10～20 | — | 45～140 |
| 振动台成型 | 5～10 | 0～10 | 140～180 |
| 振动棒或平板振动台振实 | — | 30～80 | 160～180 |
| 机械振捣 | — | 150～200 | 140～170 |
| 钢筋密集机械振捣 | — | ≥200 | 145～180 |

当采用松散体积法设计配合比时,粗细骨料松散状态的总体积可按表 11-10 选用。

粗细骨料总体积　　　　　　表 11-10

| 轻粗骨料粒型 | 细骨料品种 | 粗细骨料总体积(m³) |
|---|---|---|
| 圆球型 | 轻砂 | 1.25～1.50 |
| | 普通砂 | 1.10～1.40 |
| 碎石型 | 轻砂 | 1.35～1.65 |
| | 普通砂 | 1.10～1.60 |

借鉴高强轻骨料混凝土制备技术,参考《轻骨料混凝土应用技术标准》(JGJ/T 12—2019)[11-42],以强度等级为 LC60 的轻骨料混凝土为例,对轻骨料混凝土配合比的设计步骤进行介绍。

(1)确定试配强度。轻骨料混凝土的试配强度按式(11-2)确定,式中 $f_{cu,o}$ 为试配强度;$f_{cu,k}$ 为抗压强度标准值;$\sigma$ 为轻骨料混凝土强度标准差,取 6MPa,则轻骨料混凝土的试配强度为 70MPa。

$$f_{cu,o} \geqslant f_{cu,k} + 1.645\sigma \tag{11-2}$$

(2)确定水泥及用量。LC60 轻骨料混凝土,试配强度大于 30MPa,故水泥选用 42.5 级水泥。根据国内外经验,水泥用量一般在 450～550kg/m³ 之间,胶凝材料总量采用550kg/m³,粉煤灰取代率为 12%,硅灰取代率为 8%。

(3)确定净用水量。轻骨料混凝土的用水量分为净用水量和总用水量,由于轻骨料混凝土中的陶粒具有一定的吸水作用,所以通常用净用水量来表示。为提高混凝土的强度,选用较低的水胶比,同时掺入减水剂来保证拌合物的流动性。根据相关制备技术,水胶比定为 0.26,净用水量为 143kg/m³。

(4)确定砂率。根据规范,当采用松散体积法进行配合比设计,砂率控制在 35% ~ 45%,综合考虑轻骨料混凝土强度、拌合物工作性和混凝土干密度 3 种影响因素,选择砂率为 40%。

(5)确定骨料质量。按式(11-3)、式(11-4)计算粗细骨料的质量。

$$\frac{m_c}{\rho_c} + \frac{m_f}{\rho_f} + \frac{m_g}{\rho_g} + \frac{m_s}{\rho_s} + \frac{m_a}{\rho_a} + \frac{m_a \times w}{\rho_w} + \frac{m_{wn}}{\rho_w} + \frac{m_{bks}}{\rho_{bks}} = 1 \tag{11-3}$$

$$S_p = \frac{m_s}{\rho_s\left(\dfrac{m_s}{\rho_s} + \dfrac{m_a}{\rho_a}\right)} \times 100\% \tag{11-4}$$

式中:$m_a$——混凝土中粗骨料的质量;

$m_{bks}$——聚羧酸减水剂的用量;

$m_c$——混凝土中水泥用量;

$m_f$——混凝土中粉煤灰用量;

$m_g$——混凝土中硅灰用量;

$m_s$——混凝土中细骨料的质量;

$m_{wn}$——混凝土中的净用水量;

$S_p$——砂率;

$w$——粗骨料 1h 吸水率,取 2.2%;

$\rho_a$——混凝土中粗骨料的表观密度,取 1512kg/m³;

$\rho_{bks}$——聚羧酸减水剂的密度,取 1000kg/m³;

$\rho_c$——水泥表观密度,取 3150kg/m³;

$\rho_f$——粉煤灰表观密度,取 2600kg/m³;

$\rho_g$——硅灰的表观密度,取 2700kg/m³;

$\rho_s$——混凝土中细骨料的表观密度,取 2620kg/m³;

$\rho_w$——水的表观密度,取 1000kg/m³。

把每立方米混凝土中水泥 440kg/m³、粉煤灰 66kg/m³、硅灰 44kg/m³、水 143kg/m³、减水剂 5.5kg/m³ 代入式(11-3)、式(11-4)中,可得到混凝土中细骨料和预湿粗骨料的用量,分别为 690kg/m³、608kg/m³。

(6)计算干表观密度。按式(11-5)计算混凝土干表观密度,计算的混凝土干表观密度为 1930kg/m³ < 1950kg/m³,满足重度要求。

$$\rho_{cd} = 1.15(m_c + m_f + m_g) + m_a + m_s \tag{11-5}$$

### 11.3.4 力学性能

1)弹性模量

普通混凝土弹性模量通常只与抗压强度有关,而轻骨料混凝土弹性模量则是抗压强度和密度的函数,其弹性模量比普通混凝土低 25% ~ 50%。

《轻骨料混凝土应用技术标准》[11-42]建议:

$$E_c = 2.02\rho\sqrt{f_{cu,k}} \tag{11-6}$$

式中:$E_c$——轻骨料混凝土弹性模量;

$\rho$——轻骨料混凝土表观密度。

2)受压应力-应变全曲线及本构模型

与普通混凝土类似,轻骨料混凝土试件在单轴受压荷载作用下经历了弹性变形、内部裂缝开展、可见裂缝发展和破坏 4 个阶段[11-49],典型单轴受压应力-应变全曲线如图 11-4 所示,各阶段曲线的特征如下:

(1)弹性变形阶段(O-A 段)。应力与应变呈线性增长,曲线斜率反映试件的初始刚度,弹性模量较同强度等级普通混凝土略小。

(2)内部裂缝开展阶段(A-B 段)。应力增长稳定而应变增大速率提升,曲线斜率逐渐降低,试件刚度退化。

(3)可见裂缝发展阶段(B-C 段)。相比普通混凝土,轻骨料混凝土内部薄弱面增多,裂缝数量和发展速率增大,当达到峰值应力后,应力下降速率较快,脆性显著。

(4)残余强度阶段(C-D 段)。随着应变继续增加,应力下降缓慢,试件承载力主要由裂缝间残余粘结力及摩阻力提供,约为峰值荷载的 60%。

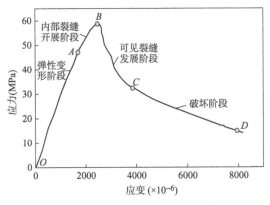

图 11-4 典型试件应力-应变全曲线

叶列平等[11-50]使用 3 种不同类型的高强轻骨料配置了 LC30 ~ LC50 的轻骨料混凝土,轻骨料混凝土的干表观密度为 1700 ~ 1800kg/m³,其骨料选用见表 11-11。试件尺寸为 100mm × 100mm × 300mm,应变量测标距为 200mm,加载速率为 50 ~ 400με/min。

**试验所用高强轻骨料** 表 11-11

| 标记 | 高强轻骨料种类 | 堆积密度<br>(kg/m³) | 表观密度<br>(kg/m³) | 筒压强度<br>(MPa) | 1h 吸水率<br>(%) |
|---|---|---|---|---|---|
| LG | 碎石状普通型火山岩轻骨料 | 820 | 1400 | 18.0 | 2.5 |
| KB | 短柱状普通型黏土轻骨料 | 820 | 1543 | 12.0 | 12.0 |
| LH | 碎石型页岩轻骨料 | 770 | 1470 | 6.1 | 2.5 |

图 11-5 给出了不同强度轻骨料混凝土受压应力-应变全曲线,其中轴压强度为58.5MPa的

轻骨料混凝土只做了上升段曲线。轴压强度为16.2MPa、25.5MPa、30.0MPa的数据引自文献[11-51,11-52]。对于低强轻骨料混凝土,受压应力-应变曲线下降较平缓,有较好的延性;高强轻骨料混凝土到达峰值应变后,曲线骤然下降,表现出很大的脆性。可见混凝土强度越高,下降越陡,曲线参数见表11-12。

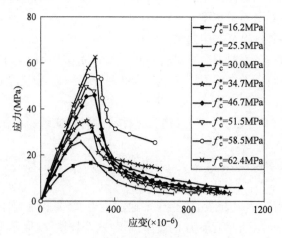

图11-5　轻骨料混凝土受压应力-应变全曲线

主 要 试 验 结 果　　　　　　　　　　　　　　　　　表 11-12

| 数据来源 | 文献[11-50] | | | | | 文献[11-51]、[11-52] | | |
|---|---|---|---|---|---|---|---|---|
| 强度等级 | LC30 | LC40 | LC45 | LC50 | LC55 | LC10 | LC20 | LC25 |
| 峰值应力$f_c$(MPa) | 34.7 | 46.7 | 51.5 | 58.5 | 62.4 | 16.2 | 25.5 | 30.0 |
| 加载速度($\times 10^{-6}$/min) | 400 | 200 | 150 | 100 | 50 | 500 | 770 | 500 |
| 峰值应变$\varepsilon_c$($\times 10^{-6}$) | 2351 | 2710 | 2558 | 2926 | 2836 | 2160 | 2014 | 2470 |
| 拐点应变($\times 10^{-6}$) | 2935 | 3161 | 2924 | — | 3164 | 3425 | 2576 | 3297 |
| 拐点应力(MPa) | 27.8 | 36.8 | 41.4 | — | 48.5 | 13.8 | 20.5 | 24.6 |
| 收敛点应变($\times 10^{-6}$) | 3404 | 3513 | 3213 | — | 3415 | 4523 | 3000 | 3052 |
| 收敛点应力(MPa) | 20.5 | 26.4 | 30.0 | — | 34.1 | 11 | 15.4 | 18.8 |

3)受压应力-应变本构模型

针对轻骨料混凝土构件的正截面承载力计算,我国《轻骨料混凝土应用技术标准》(JGJ/T 12—2019)[11-42]给出的受压应力-应变本构关系如式(11-7)所示:

$$\left.\begin{aligned}
\sigma_c &= f_c\left[1.5\left(\frac{\varepsilon_c}{\varepsilon_0}\right) - 0.5\left(\frac{\varepsilon_c}{\varepsilon_0}\right)^2\right] &&(\varepsilon \leqslant \varepsilon_0)\\
\sigma_c &= f_c &&(\varepsilon_0 < \varepsilon \leqslant \varepsilon_{cu})
\end{aligned}\right\} \tag{11-7}$$

式中,$\sigma_c$、$\varepsilon_c$、$f_c$、$\varepsilon_0$、$\varepsilon_{cu}$含义均与式(3-4)相同。

文献[11-49]结合轻骨料混凝土自身特点,对已有模型相关参数进行修正,建立了修正的分段式轻骨料混凝土应力-应变全曲线模型,上升段采用过镇海模型,下降段采用Wee TH模型:

$$\left.\begin{aligned}
\text{上升段} \quad &y = ax + (3-2a)x^2 + (a-2)x^3\\
\text{下降段} \quad &y = \frac{k_1\beta x}{k_1\beta - 1 + x^{k_2\beta}}
\end{aligned}\right\} \tag{11-8}$$

式中：$\alpha$、$k_1$、$k_2$——曲线形状系数，计算公式见式（11-9）。

$$\left.\begin{array}{l} a = 1.797E_c/E_p - 1.264 \\ k_1 = (37.15/f_c)^{3.062} \\ k_2 = (41.25/f_c)^{1.544} \end{array}\right\} \tag{11-9}$$

式中：$E_p$——割线弹性模量。

4）受拉应力-应变关系

叶列平等[11-50]采用短柱状黏土高强陶粒配了抗压强度等级为 LC30～LC50 的试件，轻骨料混凝土的干表观密度为 1700～1800kg/m³。试件尺寸为 100mm×100mm×100mm，应量测标距为 200mm，加载速率为 6με/min。抗拉强度为轴心受拉试验中应力-应变曲线的峰值应力。其结果汇总在表 11-13。

受拉应力-应变全曲线试验结果      表 11-13

| 试件编号 | 立方体抗压强度 $f_{cu}$(MPa) | 劈拉强度 $f_{ts}$(MPa) | 轴心受拉试验 | | |
|---|---|---|---|---|---|
| | | | 抗拉强度 $f_t$(MPa) | 峰值应变 $\varepsilon_p$(×10⁻⁶) | 初始弹性模量 $E_0$(GPa) |
| T2-5 | 52.5 | 2.67 | 3.37 | 166 | 24.3 |
| | | | 2.85 | 154 | 22.8 |
| T2-6 | 44.7 | 2.81 | 2.98 | 149 | 21.7 |
| | | | 2.45 | 118 | 28.5 |
| T2-7 | 40.4 | 2.54 | 2.89 | 152 | 22.3 |
| | | | 2.39 | 121 | 21.6 |
| T2-8 | 57.7 | 2.67 | 3.01 | 137 | 25.9 |
| | | | 3.57 | 156 | 30.0 |

由图 11-6 应力-应变全曲线可得，峰值应变 $\varepsilon_{t,p}$ 随抗拉强度的提高而增大。试件开始加载后，当应力 $\sigma < 0.5f_t$ 时，混凝土的变形基本随拉应力增加按比例增大，此后出现少量塑性变形，应变增长稍快，曲线微凸。当平均应变达到 $(130～170)×10^{-6}$ 时，曲线的切线水平，达到抗拉强度 $f_t$，随后试件承载力很快下降，出现尖峰，其峰值应力比同强度等级的普通混凝土大 15%[11-51]。曲线进入下降段，平均应变为 $(1.5～2)\varepsilon_{t,p}$，出现细而短的横向裂缝，残余应力为 $(0.15～0.3)f_t$。此后荷载缓慢下降，曲线平缓，直至残余应力 $< 0.1f_t$。

轻骨料混凝土受拉应力-应变全曲线与普通混凝土的相似，也建议采用在峰值点连续的两个方程分别描述上升段和下降段曲线。曲线的应力和应变采用式（11-10）：

$$x = \frac{\varepsilon}{\varepsilon_p} = \frac{\delta}{\delta_p}, \quad y = \frac{\sigma}{f_t} \tag{11-10}$$

根据试验实测曲线分析，轻骨料混凝土和普通混凝土受拉应力-应变全曲线的上升段形式相同且 $E_0/E_p$ 也非常接近。故上升段采用过镇海[11-51]建议的六阶抛物线，取 $E_0/E_p = 1.2$，则：

$$x \leqslant 1, \quad y = 1.2x - 0.2x^6 \tag{11-11}$$

下降段采用有理分式：

$$y = \frac{x}{a(x-1)^\beta + x} \tag{11-12}$$

对普通混凝土过镇海建议 $a=0.312f_{\rm t}^2$，$\beta=1.4$，对轻骨料混凝土曲线上述试验拟合可得：

$$a = 1.1f_{\rm t}^2 \qquad\qquad (11\text{-}13)$$

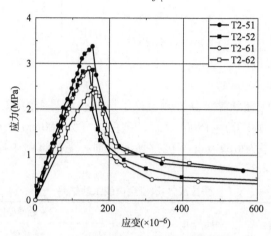

图 11-6　轻骨料混凝土受拉应力-应变全曲线

# 11.4　纤维混凝土

## 11.4.1　概述

纤维增强混凝土（Fiber Reinforced Concrete，FRC）简称纤维混凝土，是通过在水泥净浆、砂浆或混凝土基质中，适量掺入非连续的短纤维或连续的长纤维等增强材料，生产而成的一种可浇筑、可喷射的新型增强建筑材料[11-53]。采用纤维进行改性，能够克服普通混凝土脆性大、抗拉强度较低等缺陷，使混凝土的抗拉强度、抗弯强度、变形能力和抗冲击能力等得到提升[11-54]。

依照纤维弹性模量的高低可将纤维混凝土分为高弹模纤维增强混凝土（如钢纤维、碳纤维、玻璃纤维等）和低弹模纤维增强混凝土（如尼龙纤维、聚乙烯纤维、聚酯纤维等）。目前在实际工程中使用最多的纤维混凝土主要是钢纤维混凝土、碳纤维混凝土和聚丙烯纤维混凝土。其中以钢纤维混凝土和合成纤维混凝土应用最为广泛。近年来，混杂纤维混凝土的发展也异常迅速。

纤维混凝土的研究始于 20 世纪初，其中以钢纤维混凝土的研究时间最早，应用也最广泛。钢纤维混凝土由 Porter 在 1910 年提出，到 20 世纪 40 年代，西方发达国家先后进行了许多关于采用钢纤维来提高混凝土耐磨性和抗裂性的研究。20 世纪 60 年代初期，美国 Romualdi 提出纤维的阻裂机理，提出了钢纤维混凝土开裂强度是由对拉伸应力起有效作用的钢纤维平均间距所决定的结论，即纤维间距理论，大大促进了钢纤维混凝土的研究和应用。到 20 世纪 80 年代，我国对于钢纤维混凝土的研究也逐渐兴起，中国工程院赵国藩等对钢纤维混凝土进行了系统的理论研究，取得了重要的科研成果[11-55]。

合成纤维混凝土由 Goldfein 于 1965 年提出，他研究了用合成纤维改善混凝土力学性能的可能性，并建议使用聚丙烯纤维拌合混凝土。到 20 世纪 60 年代末，美国、欧洲等国开始把聚丙烯纤维混凝土用于水泥制品和建筑业。目前,研究和应用最多的是丙纶纤维、维纶纤维、锦纶纤维和高弹模聚乙烯纤维等[11-56,11-57]。我国对于合成纤维混凝土的研究和应用起步较晚,20世纪80年代中国建筑材料科学研究院和北京建筑材料研究所等开始对丙纶纤维混凝土和维纶纤维混凝土进行研究。之后,有更多的合成纤维出现在纤维混凝土的研究中,国内的应用也越来越广泛。

### 11.4.2 特点

纤维混凝土相对于普通混凝土,有更优异的力学性能,能适应更多的使用环境,具体表现在:

(1)纤维混凝土的抗拉强度、抗弯强度和抗剪强度均有所提高,尤其当掺入高弹模纤维或纤维含量高时,提高幅度较大。

(2)掺入纤维可明显抑制早期收缩裂缝的出现,并可减缓温度裂缝和长期收缩裂缝的发展。

(3)纤维混凝土收缩变形和徐变变形较小。

(4)纤维混凝土的抗压疲劳和弯拉疲劳性能以及抗冲击、抗爆性能有显著提高。

(5)纤维混凝土在拌和后有较好的黏聚性能,可满足某些特殊环境的施工需求,如纤维混凝土在水下施工时有更优异的不分散性。

虽然掺入纤维很大程度上改善了混凝土的性能,但目前所使用的纤维也有自身缺陷。钢纤维拌和时易结团、和易性差、自重大、泵送困难且易被腐蚀;玻璃纤维耐久性差,长时间暴露于环境中其强度和韧性会大幅度下降;合成纤维抗拉强度较低,抗老化和耐碱方面也存在不足。

### 11.4.3 力学性能

相对于普通混凝土,纤维混凝土的抗拉强度、抗弯强度均有增大,抗剪强度也有所改善,抗压强度增加有限,但延性大大提高。纤维混凝土与普通混凝土的差别,以钢纤维混凝土为例进行分析。

1)抗压强度

《纤维混凝土试验方法标准》[11-58]中明确表示钢纤维混凝土 100mm×100mm×100mm 非标准试件对于 150mm×150mm×150mm 标准试件立方体抗压强度换算系数为 0.90;100mm×100mm×300mm 非标准试件对于 150mm×150mm×300mm 标准试件轴心抗压强度换算系数为 0.90。

高丹盈等[11-59]分别测定了钢纤维高强混凝土试件的立方体抗压强度和轴心抗压强度,发现钢纤维对高强混凝土立方体抗压强度的影响并不显著,基于试验结果提出立方体抗压强度可采用如下公式计算:

$$f_{fcu} = f_{cu}(1 + \alpha_{cu}\lambda_f) \qquad (11\text{-}14)$$

式中:$\lambda_f$——钢纤维含量特征参数,即钢纤维体积分数与长径比的乘积;

$\alpha_{cu}$——钢纤维对高强混凝土立方体抗压强度的增强系数,可根据试验确定;

$f_{fcu}$——钢纤维高强混凝土的立方体抗压强度;

$f_{cu}$——素混凝土的立方体抗压强度。

同时,试验结果表明,钢纤维的加入并没有对高强混凝土的轴心抗压强度产生明显影响,因此在实际设计中,钢纤维高强混凝土的轴心抗压强度可取用基体高强混凝土的轴心抗压强度。

已有研究结果表明,高强混凝土标准棱柱体抗压强度与标准立方体抗压强度间的换算系数随混凝土强度等级的提高而提高[11-60],混凝土强度等级和钢纤维特征参数对钢纤维高强混凝土棱柱体抗压强度与立方体抗压强度之间的换算系数无显著影响[11-61]。根据文献[11-59]的试验结果,高强混凝土轴心抗压强度与立方体抗压强度间的换算系数 $f_c/f_{cu}$ 平均值为 0.88($f_c$ 为同强度等级普通混凝土的轴心抗压强度),钢纤维高强混凝土轴心抗压强度与立方体抗压强度换算系数 $f_{fc}/f_{fcu}$ 平均值为 0.80($f_{fc}$ 为钢纤维高强混凝土的轴心抗压强度),高于相应普通强度混凝土换算系数(0.76)和普通强度钢纤维混凝土的换算系数(0.7)。

2)受压应力-应变全曲线

钟晨等[11-62]对不同体积率的钢纤维混凝土进行了材料准静态力学性能试验,得到同一应变率下,不同钢纤维含量混凝土的受压应力-应变全曲线,如图 11-7 所示,曲线形状与普通混凝土相似,以钢纤维掺量为 6% 为例,曲线可分为 3 个阶段:

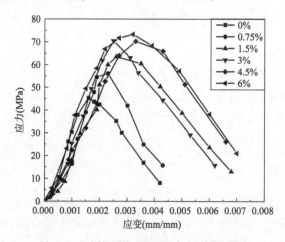

图 11-7　不同钢纤维含量下的应力-应变全曲线

(1)线弹性阶段(O-A 段)。应力与应变呈线性关系,曲线斜率反映试件的初始刚度。

(2)峰值应力前非线性段(A-B 段)。裂纹萌生后稳定发展,材料随之损伤呈现出非线性特征。

(3)达到峰值应力后,由于微裂纹的非稳定扩展使试件出现软化效应,曲线进入明显下降段,最终导致材料强度迅速降低直至破坏。

可以看出,在材料受压损伤后钢纤维含量是影响峰值应力、峰值应变、曲线丰满程度及形状的主要因素。相对素混凝土而言,钢纤维可以显著提高混凝土材料的峰值应力和极限应变,即钢纤维对混凝土基体具有增强和增韧效果且钢纤维含量越高对材料的增韧效果就越明显。

3)受压应力-应变本构模型

目前,针对钢纤维混凝土本构关系,国内外学者开展了广泛的研究,给出了以不同理论为基础的本构关系表达式。

(1)钟晨等[11-62]通过拟合不同钢纤维含量混凝土试验曲线如图 11-8 所示,并基于唯象学理论,提出了在材料低应变率范围内的受压应力-应变本构关系的一般表达式(11-15)。其中

①为对试验曲线的最优拟合,设 $k(v_f) = 1.0$,得出 $f(\varepsilon) = \alpha_1\varepsilon + \alpha_2\varepsilon^2 + \alpha_3\varepsilon^3 + \alpha_4\varepsilon^4$;②通过对试验曲线的拟合,可得出 $k(v_f) = c_0 + c_1 v_f + c_2 v_f^2$ [当 $v_f = 0\%$ 时,$k(v_f) = 1.0$]。

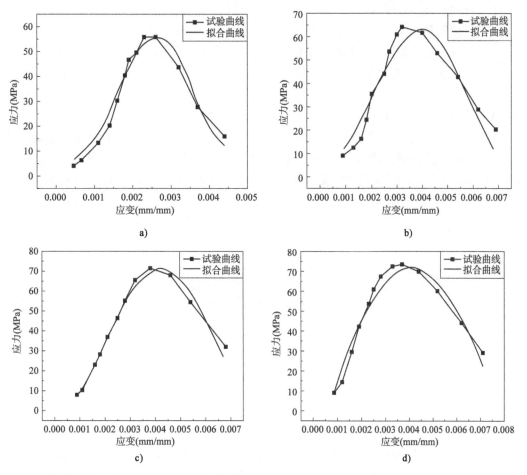

图 11-8 不同钢纤维含量下试验曲线和拟合曲线

a)试验曲线拟合(0.5%,$\varepsilon = 10^{-4}/s$);b)试验曲线拟合(1.5%,$\varepsilon = 10^{-4}/s$);c)试验曲线拟合(4.5%,$\varepsilon = 10^{-4}/s$);
d)试验曲线拟合(6%,$\varepsilon = 10^{-4}/s$)

$$\sigma = (\alpha_1\varepsilon + \alpha_2\varepsilon^2 + \alpha_3\varepsilon^3 + \alpha_4\varepsilon^4)(c_0 + c_1 v_f + c_2 v_f^2) \qquad (11\text{-}15)$$

上述:$f(\varepsilon)$——钢纤维含量 $v_f = 0\%$ 时试件的应力-应变关系,描述了素混凝土材料的非线性力学行为;

　　$k(v_f)$——材料的钢纤维增强效应;

　　$\alpha_1$——材料在线性弹性阶段的应力应变,即原点处的初始切线模量;

$\alpha_2$、$\alpha_3$、$\alpha_4$——用来描述进入塑性阶段的非线性力学行为的参数。

(2)王肖钧等[11-63]根据钢纤维混凝土试验的应力-应变全曲线的基本特征且假定纤维增强和应变率硬化是两个相互独立的增强因素,提出了一种钢纤维混凝土的含损伤的受压应力-应变本构模型,具体表达式为:

$$\sigma = E\varepsilon(1 - D)K_f K_g \qquad (11\text{-}16)$$

$$K_f = 0.45987\ln(V_f + 0.00346) + 3.60643 \qquad (11\text{-}17)$$

$$K_\varepsilon = 1.04656 - 0.07846 \lg\left(\frac{\varepsilon}{\varepsilon_s}\right) + 0.04691 \left[\lg\left(\frac{\varepsilon}{\varepsilon_s}\right)\right]^2 \qquad (11\text{-}18)$$

式中: $E$——材料的杨氏模量;

$D$——损伤量;

$K_f$——材料的增强效果,即钢纤维混凝土与素混凝土的峰值应力比($K_f = \sigma / \sigma_0$);

$K_\varepsilon$——描述应变率对钢纤维混凝土峰值应力的增强效果,其中 $\sigma_s$ 为参考应变 $\varepsilon_s = 10^{-5}/s$ 下的峰值应力。

4) 受拉应力-应变关系

赵顺波等[11-64]研究了钢纤维体积率、钢纤维长径比、钢纤维类型对于钢纤维混凝土劈裂抗拉强度、轴心抗拉强度及轴心受拉应力-应变全曲线的影响规律。由试验得到钢纤维混凝土轴心抗拉强度 $f_{ft}$ 与钢纤维含量特征值 $\lambda_f$ 有关,如图 11-9 所示,钢纤维混凝土与基体混凝土轴心抗拉强度的比值 $f_{ft}/f_t$ 和钢纤维含量特征值 $\lambda_f$ 线性关系良好,轴心抗拉强度随纤维含量的增加而提高。

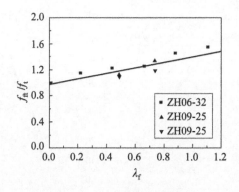

图 11-9 $f_{ft}/f_t$ 与 $\lambda_f$ 的关系

不同纤维掺量的混凝土轴心受拉应力-应变全曲线如图 11-10 所示。与素混凝土试件相比,下降段逐渐平缓,试件开裂后仍能承受较大拉力。纤维混凝土的峰值点应力随纤维掺入量的增加而增大。

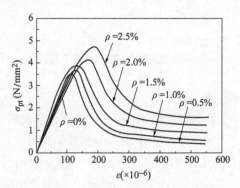

图 11-10 纤维掺量对混凝土轴心受拉应力-应变全曲线的影响

5) 抗剪性能

高丹盈等[11-65]对钢纤维高强混凝土进行了抗剪试验,研究了纤维类型和纤维体积率对高强混凝土的抗剪强度和变形性能的影响。其试件剪切破坏形式如图 11-11 所示。对于不掺入纤维的高强混凝土试件,其破坏呈现脆性,无明显征兆,破坏时试件丧失完整性。对于钢纤维高强混凝土,存在随荷载不断增加,裂缝开展、蔓延、连通的过程,其破坏具有较好的塑性性质。

图 11-11　纤维高强混凝土试件的破坏形态

图 11-12 为钢纤维高强混凝土试件在剪切荷载作用下的荷载-变形($P$-$\delta$)关系曲线。对于高强混凝土试件,剪切破坏荷载与变形的关系表现为线性,沿剪切破坏面中部出现可见裂缝后便随之发生破坏,变形能力差,脆性大,破坏极具突然性。对于钢纤维高强混凝土试件,初裂前荷载-变形关系仍为线性,开裂后,曲线下降段较为平缓。对比高强混凝土与钢纤维高强混凝土曲线可以看出,掺入纤维使试件初裂荷载、极限荷载及变形均有所提高。

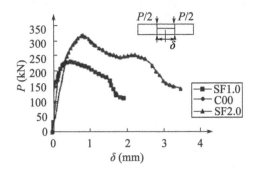

图 11-12　剪切荷载-变形曲线

对于钢纤维高强混凝土,在达到极限荷载之后,表现出应变软化行为,其原因主要是在试件开裂后跨越裂缝的钢纤维起到较大的抗拉作用,使原本已失去承载力的高强混凝土试件重新获得一定的承载能力。

# 11.5　再生混凝土

## 11.5.1　概述

随着全球经济的发展,建筑物的拆除和重建产生了大量废弃混凝土,导致砂石资源的过度消耗,长久下去必将导致生态环境的破坏。而且废弃混凝土会占用大量土地,现今所采用的填埋处理方式并不是有效的解决办法。再生混凝土的问世,为废弃混凝土的处理提供了一个绿色有效的解决途径。

再生混凝土(Recycled Concrete,RC)也称再生集料混凝土,是指将废弃混凝土经过破碎、清洗、分级后，按一定比例与级配混合，部分或全部替代天然集料配制而成的新混凝土。再生集料因其低能耗、可循环再生等特点受到广泛关注。

再生混凝土的研究起于第二次世界大战之后，苏联、德国、日本等国对再生混凝土材料及构件进行了大量的研究，并取得了丰厚的成果[11-66,11-67]。Crentsil 等[11-68]对全再生骨料混凝土的抗压强度进行了试验，研究表明水泥的种类对于混凝土的强度有较大影响。Mukai 等[11-69]和 Isill 等[11-70]分别对再生混凝土梁的受弯性能开展了研究，结果均表明再生混凝土梁在挠度及承载力方面和普通混凝土相差不大，而 Ippei 等[11-71]的研究表明弯矩作用下再生混凝土梁裂缝宽度大于普通混凝土梁。

我国对再生混凝土也进行了一定的研究和发展，但起步较晚，对再生混凝土的应用还处于试验和继续研究阶段，并没有进行大范围的工程推广应用。肖建庄等[11-72]研究了单一来源再生混凝土梁的受弯性能，研究表明再生混凝土梁的受弯破坏过程依然具有弹性、开裂、屈服和破坏 4 个阶段，且基本符合平截面假定。陈宗平等[11-73]对再生混凝土的棱柱体抗压强度、抗折强度、弹性模量和泊松比等力学性能开展了系统的研究，并提出了再生混凝土应力-应变本构方程。

### 11.5.2　特点

再生集料由废弃混凝土经过处理加工而成，具有低消耗、低能耗、无污染、可循环再生等特点，其使用和推广有利于解决大量废弃混凝土处理困难和堆积掩埋引起的生态环境恶化等问题，同时可减少对天然石材的开采，缓解由大量开山凿石引起的生态环境破坏。

和普通混凝土相比，再生混凝土虽然有绿色环保等方面的优势，但在强度、裂缝、承载力等方面仍存在不足。再生混凝土的骨料也存在结构问题，其吸水性大、孔隙率高、强度普遍比天然骨料低。若能改进再生混凝土的力学性能和结构性能，提高其强度和耐久性，那么再生混凝土将得到广泛的应用。

### 11.5.3　制备

再生骨料的特性与天然石材骨料相差较大，主要表现在吸水性大、空隙率高、强度普遍比天然骨料低等。考虑以上特点，在进行再生混凝土配合比设计时应该满足以下要求：

（1）保证再生混凝土的变形性能和耐久性；

（2）满足再生混凝土的强度设计要求；

（3）施工和易性、节约水泥用量和成本控制问题。

对于再生混凝土，还没有统一的配合比设计方法，常用的方法有如下几种：

（1）遵循普通混凝土配合比设计方法。由于再生骨料吸水率高，用该法配制水灰比较低的再生混凝土工作性较差，又由于改变了水灰比，实际用水量降低，使得再生混凝土强度有所提高。因此，该方法适宜配制强度等级较低如 C25 及以下等级的混凝土。

（2）以普通混凝土配合比设计方法为基础，根据再生骨料吸水率计算所得的水量计入拌合水中，或用水对再生骨料进行预处理。该法的特点是所得的再生混凝土和易性较好，满足施工要求，但改变了水灰比，增加了实际用水量，在一定程度上降低了混凝土的强度。

（3）以普通混凝土配合比设计方法为基础，用相同水灰比的水泥浆对再生骨料进行预处理，或者拌和时直接增加水泥和水的用量。该方法的最大特点是不会改变水灰比，混凝土的强度可以控制，但却增加了水泥的用量。

针对再生混凝土的配合比设计,国内部分学者开展了研究,并已取得了一定成果。

肖建庄等[11-74]将连续级配的再生粗骨料与天然粗骨料混合,配制再生混凝土,骨料性能见表11-14。考虑了5种再生粗骨料的取代率,分别为0%、30%、50%、70%和100%,具体配合比见表11-15。

粗骨料的基本性能 表11-14

| 粗骨料<br>类型 | 粒径<br>(mm) | 堆积密度<br>(kg/m³) | 表观密度<br>(kg/m³) | 吸水率<br>(%) | 压碎指标<br>(%) |
|---|---|---|---|---|---|
| 天然 | 5~31.5 | 1453 | 2820 | 0.40 | 4.04 |
| 再生 | 5~31.5 | 1290 | 2520 | 9.25 | 15.2 |

混凝土的配合比 表11-15

| 编号 | 水灰比 | 单位体积使用量(kg/m³) | | | | | |
|---|---|---|---|---|---|---|---|
| | | 水泥 | 砂 | 粗骨料 | | 水 | |
| | | | | 天然 | 再生 | 拌合水 | 附加水 |
| NC | 0.43 | 430 | 555 | 1295 | — | 185 | — |
| RC-30 | 0.43 | 430 | 534 | 872 | 374 | 185 | 15 |
| RC-50 | 0.43 | 430 | 522 | 609 | 609 | 185 | 24 |
| RC-70 | 0.43 | 430 | 510 | 357 | 832 | 185 | 33 |
| RC-100 | 0.43 | 430 | 492 | — | 1149 | 185 | 46 |

注:NC表示普通混凝土,RC表示再生混凝土。

古松等[11-75]对再生混凝土的配合比设计及其早期强度进行了试验研究。采用某工程废弃混凝土块作为再生骨料的原材料,其基本性能见表11-16。在试验中采用了基于自由水灰比再生混凝土配合比的设计方法,设计了3种不同水灰比,以其中一个为基准,另外两个水灰比分别增加和减少0.05,砂率随之增减0.01。配合比见表11-17,表中附加的用水量为使再生粗骨料处于饱和面干状态的用水量。

再生骨料与普通骨料基本性能 表11-16

| 骨料类型 | 表观密度<br>(kg/m³) | 吸水率<br>(%) | 含水率<br>(%) | 堆积密度<br>(kg/m³) | 压碎指标<br>(%) |
|---|---|---|---|---|---|
| 再生骨料 | 2484 | 5.79 | 2.5 | 1223 | 15.2 |
| 普通碎石 | 2670 | 2.19 | <0.5 | 1392 | 10.1 |

再生混凝土配合比设计 表11-17

| 组别 | 再生<br>骨料 | 混凝土中材料用量(kg/m³) | | | | 净水灰比<br>($W_1/C$) | 总水灰比<br>($(W_1+W_2)/C$) | 砂率<br>($S_P$) |
|---|---|---|---|---|---|---|---|---|
| | | 砂<br>($S$) | 水泥<br>($C$) | 水<br>($W_1$) | 附加用水<br>($W_2$) | | | |
| A1 | 1223.3 | 499.5 | 584.1 | 232.8 | 70.8 | 0.40 | 0.52 | 0.29 |
| A2 | 1236.0 | 529.1 | 516.4 | 232.8 | 71.6 | 0.45 | 0.59 | 0.30 |
| A3 | 1244.5 | 558.7 | 465.6 | 232.8 | 72.1 | 0.50 | 0.65 | 0.31 |

陈宗平等[11-73]采用来自南方电网已服役 50d 的废弃混凝土电杆作为再生骨料,进行再生混凝土基本力学性能试验。废弃混凝土设计强度为 C30,破碎筛分成的再生粗骨料实测强度为 31MPa,最大粒径 20mm。再生骨料取代率为 0 ~ 100%(中间级差为 10%)。混凝土的强度配置,以取代率 0% 即普通混凝土为基准,试配强度为 C30,水胶比 0.41,细骨料砂率 0.32。不同取代率条件下保证水泥、水、砂的配比以及粗骨料总质量相同,只按级差改变再生粗骨料的取代率。

### 11.5.4 力学性能

再生骨料是由废弃混凝土经过回收处理后制备而成,其力学性能与天然石材制成的骨料存在差异,使得再生混凝土与普通混凝土的力学性能也不同,故对再生混凝土的研究应用不能直接套用普通混凝土的力学性能。基于国内外对再生混凝土基本力学性能的研究成果,介绍了再生混凝土的抗压性能、弹性模量、泊松比等基本性能,并与普通混凝土力学性能进行对比。

1)抗压强度

肖建庄等[11-74]将连续级配的再生粗骨料与天然粗骨料混合,配制再生混凝土,骨料性能见表 11-14。再生粗骨料取代率为 0、30%、50%、70% 和 100% 的情况下,混凝土的棱柱体抗压强度和立方体抗压强度的平均值见表 11-18。

再生混凝土的棱柱体强度与立方体强度　　　　表 11-18

| 编　　号 | 坍落度<br>(mm) | 表观密度<br>(kg/m³) | 立方体强度<br>(MPa) | 棱柱体强度<br>(MPa) | 棱柱体与立方<br>体强度之比 |
|---|---|---|---|---|---|
| NC | 42 | 2402 | 35.9 | 26.9 | 0.75 |
| RC-30 | 33 | 2368 | 34.1 | 25.4 | 0.74 |
| RC-50 | 41 | 2345 | 29.6 | 23.6 | 0.80 |
| RC-70 | 40 | 2316 | 30.3 | 24.2 | 0.80 |
| RC-100 | 44 | 2280 | 26.7 | 23.8 | 0.89 |

对比普通混凝土发现,再生混凝土的棱柱体抗压强度和立方体抗压强度均有所降低,且棱柱体与立方体强度之比 $f_c/f_{cu}$ 随着取代率的提高而增加。再生混凝土棱柱体抗压强度($f_c^r$)与立方体抗压强度($f_{cu}^r$)和骨料取代率($r$)之间的关系为:

$$f_c^r = \frac{0.76 f_{cu}^r \rho_r}{2400}\left(1 + \frac{r}{A}\right) \tag{11-19a}$$

式中:$\rho_r$——混凝土表观密度;

$A$——$r$ 的函数,可表示为

$$A = -89.338r^2 + 131.49r - 37.572 \tag{11-19b}$$

陈宗平等[11-73]以设计强度为 C30 的再生骨料混凝土制备了 66 个标准棱柱体试件和 33 个150mm × 150mm × 550mm 的棱柱体试件,对再生骨料混凝土的基本力学性能进行了试验研究,包括抗压强度、抗折强度、弹性模量以及泊松比。

在标准棱柱体试件抗压强度试验中,加载初期再生混凝土试件与普通混凝土试件的破坏发展并无区别。但荷载达到峰值后,部分试件的破坏裂缝发展迅速,表现为明显的脆性,突然破坏而丧失承载力。部分试件的裂缝发展缓慢,最后劈裂,承载力缓慢降低,与普通混凝土并无太大差异,最终破坏形式如图 11-13 所示。

图 11-13 标准龄期试件的破坏形态

通过试验实测得到的标准龄期条件下再生混凝土与普通混凝土峰值应力和峰值应变比值关系如图 11-14 所示,可见再生骨料的取代率对混凝土的峰值应力影响不大,大概在 10% 范围内上下波动。但取代率对混凝土的峰值应变影响较大,在 20% 的范围内上下波动。当骨料取代率超过 20% 时,峰值应力和峰值应变呈现相似的波动情况,但峰值应变的波动范围略大于峰值应力。

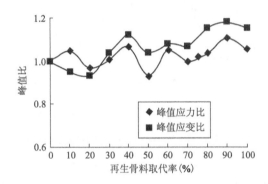

图 11-14 再生混凝土与天然混凝土的峰值比与取代率的变化

2)受压应力-应变全曲线及本构模型

陈宗平等[11-73]完成了再生粗骨料取代率在 0 ~ 100% 之间(中间级差为 10%)的混凝土棱柱体单轴受压应力-应变研究。不同再生粗骨料取代率条件下,再生混凝土的典型应力-应变全曲线如图 11-15 所示。与普通混凝土相比,再生混凝土的应力-应变全曲线也经历了上升段和下降段,但在峰值之后的应力下降段,再生混凝土要比普通混凝土下降更快,且下降速度随粗骨料取代率的增加而加快。说明再生骨料存在天然的材料缺陷,内部裂缝的发展速度更快,材料呈现明显的脆性。

基于普通混凝土单轴受压本构方程式(11-20),对再生混凝土应力-应变全曲线进行拟合[式(11-20)],结果如图 11-16 所示。

$$y = \begin{cases} 1.4x + 0.2x^2 - 0.6x^3 & (0 \leqslant x < 1) \\ \dfrac{x}{10(x-1)^2 + x} & (x \leqslant 1) \end{cases} \qquad (11\text{-}20)$$

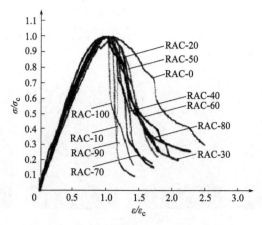

图 11-15　再生混凝土的受压应力-应变全曲线

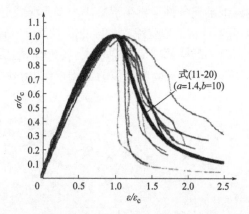

图 11-16　拟合的应力-应变曲线与试验曲线

肖建庄等[11-74]通过试验研究发现,再生混凝土棱柱体试块的破坏形态与普通混凝土类似,如图 11-17 所示。但再生混凝土达到峰值应力后,裂缝很快贯通从而破坏,其裂缝和荷载垂线的夹角明显大于普通混凝土。图 11-18 为通过实测得到的不同再生骨料取代率的应力-应变全曲线(以 $\sigma/f_c^c$ 和 $\varepsilon/\varepsilon_0^c$ 为坐标)。可以看出,曲线与普通混凝土的应力-应变全曲线形状相似,但随骨料取代率的增大,应力-应变全曲线上升段斜率变小,达到峰值应力后的下降段变陡,即弹性模量降低,脆性增大。

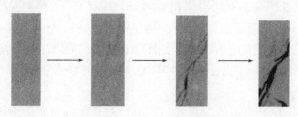

图 11-17　再生混凝土棱柱体试块的典型破坏过程与形态

基于试验结果得到的本构方程如式(11-21)所示。式中 $a$ 为曲线初始切线的斜率;$b$ 的值与下降段曲线下的面积有关,其值见表 11-19。由表中数据可看出,再生混凝土参数 $a$ 小于普通混凝土,说明再生混凝土弹性模量小,其值随取代率的提高而降低;再生混凝土参数 $b$ 大于普通混凝土,说明再生混凝土脆性大,其值随取代率提高而增大。

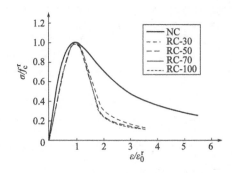

图 11-18 再生混凝土应力-应变全曲线

$$y = \begin{cases} ax + (3 - 2a)x^2 + (a - 2)x^3 & (0 \leqslant x < 1) \\ \dfrac{x}{b(x - 1)^2 + x} & (x \geqslant 1) \end{cases} \qquad (11\text{-}21)$$

**参数 $a$ 和 $b$**                                                                                         表 11-19

| $r(\%)$ | 0 | 30 | 50 | 70 | 100 |
|---|---|---|---|---|---|
| $a$ | 2.20 | 1.32 | 1.26 | 1.15 | 1.04 |
| $b$ | 0.80 | 3.30 | 3.96 | 4.31 | 7.50 |

经过统计分析,得到再生骨料取代率为 50% 和 70% 条件下,拟合全曲线与试验所得全曲线对比图如图 11-19 所示。

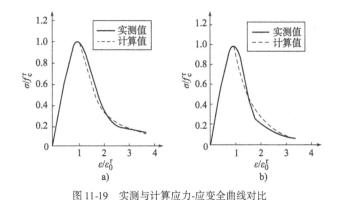

图 11-19 实测与计算应力-应变全曲线对比

a) $r = 50\%$ ; b) $r = 70\%$

3) 抗折强度

陈宗平等[11-73] 的研究结果表明:设计强度为 C30 的再生混凝土实测抗折强度在 5.1 ~ 6.0MPa之间,其均值为 5.65MPa,同普通混凝土相比总体差距不大,但再生混凝土的抗折强度随骨料取代率的提高呈现先增大后减小的趋势。比较同批次再生混凝土的抗折强度与立方体试件的抗压强度,由表 11-20 可以看出再生混凝土的抗折强度 $f_{\text{tm}}$ 与立方体抗压强度 $f_{\text{cu}}$ 的比值在 0.12 附近波动,二者之间的关系可近似为式(11-22)。

$$f_{\text{tm}} = 0.12 f_{\text{cu}} \qquad (11\text{-}22)$$

非标准棱柱体试件的抗折强度值和立方体抗压强度值 表 11-20

| 再生混凝土替代率 | 抗折强度<br>（MPa） | 立方体抗压强度<br>（MPa） | 抗折强度与立方体<br>抗压强度之比 |
|:---:|:---:|:---:|:---:|
| 0% | 5.50 | 45.30 | 0.121 |
| 10% | 5.70 | 46.50 | 0.123 |
| 20% | 5.90 | 44.7 | 0.132 |
| 30% | 6.00 | 47.20 | 0.127 |
| 40% | 6.10 | 46.80 | 0.130 |
| 50% | 5.10 | 43.40 | 0.118 |
| 60% | 5.70 | 49.20 | 0.116 |
| 70% | 5.50 | 44.60 | 0.123 |
| 80% | 5.30 | 48.40 | 0.110 |
| 90% | 5.40 | 47.40 | 0.114 |
| 100% | 5.90 | 48.40 | 0.122 |

4）弹性模量

肖建庄等[11-74]给出了不同取代率下再生混凝土弹性模量,如图 11-20 所示。再生混凝土弹性模量较普通混凝土低,当全部使用再生骨料即取代率为 100% 时,弹性模量下降约 45%。再生混凝土弹性模量的统计回归公式为:

$$E_c^r = 5.0 \times 10^3 \sqrt{f_c^r} \frac{\rho_r}{2400}\left(1 - \frac{r}{2.2876r + 0.1288}\right) \qquad (11-23)$$

式中:$E_c^r$——再生混凝土弹性模量;

$\quad\quad f_c^r$——再生混凝土棱柱体抗压强度;

$\quad\quad \rho_r$——再生混凝土表观密度;

$\quad\quad r$——再生骨料取代率。

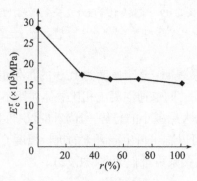

图 11-20　再生混凝土的弹性模量

**本章参考文献**

[11-1] Richard P,Cheyrez M. Composition of reactive powder concretes［J］. Cement and Concrete Research,1995,25(7)：1501-1511.

[11-2] Richard P,Cheyrezy M. Reactive powder concretes with high ductility and 200-800MPa compressive strength［J］. ACI Special Publication,1994,144(24)：507-518.

[11-3] Dugat J,Roux N,Bernier G. Mechanical properties of reactive powder concrete［J］. Materials and Structures,1996,29(4)：233-240.

[11-4] Bonneau O,Vernet C,Moranville M,et al. Characterization of the granular packing and percolation threshold of reactive powder concrete［J］. Cement and Concrete Research, 2000,30(12)：1861-1867.

[11-5] 覃维祖,曹峰.一种超高性能混凝土——活性粉末混凝土［J］.工业建筑,1999,29(4)：16-18.

[11-6] 何峰,黄政宇.200~300MPa 活性粉末混凝土(RPC)的配制技术研究［J］.混凝土与水泥制品,2000(4):3-7.

[11-7] 杨吴生,黄政宇.活性粉末混凝土耐久性能研究［J］.混凝土与水泥制品,2003(1):19-20.

[11-8] 何峰,黄政宇.硅灰和石英粉对活性粉末混凝土抗压强度贡献的分析［J］.混凝土, 2006(1):39-42.

[11-9] 闫光杰,阎贵平,安明喆,等.200MPa 级活性粉末混凝土试验研究［J］.铁道学报, 2004,26(2):116-119.

[11-10] 安明喆,杨新红,王军民,等.RPC 材料的耐久性研究［J］.建筑技术,2007,38(5):367-368.

[11-11] 安明喆,王军民,崔宁,等.活性粉末混凝土的微观结构研究［J］.低温建筑技术,2007 (3):1-3.

[11-12] 龙广成,谢友均,陈瑜.养护条件对活性粉末砼(RPC200)强度的影响［J］.混凝土与水泥制品,2001(3):15-16.

[11-13] 刘娟红,宋少民.颗粒分布对活性粉末混凝土性能及微观结构影响［J］.武汉理工大学学报,2007,29(1):26-29.

[11-14] Blais P Y,Couture M. Precast,prestressed pedestrian bridge—world's first reactive powder concrete structure［J］. PCI Journal,1999,44(5)：60-71.

[11-15] Dowd W M,Dauriac C E,Adeline R. Reactive powder concrete for bridge construction ［J］. American Society of Civil Engineers,2010：359-366.

[11-16] Bierwagen D,Hawash A. Ultra high performance concrete highway bridge［C］. Proceeding of the 2005 Mid-Contineht. Transportation Symposium,Iowa,2005：1-14.

[11-17] 毕巧巍,杨兆鹏.活性粉末混凝土的研究与应用概述［J］.山西建筑,2008,34(17)：5-6.

[11-18] 颜祥程,许金余,段吉祥,等.超高强活性粉末混凝土的抗侵蚀特性数值仿真研究［J］.弹箭与制导学报,2009,29(6):103-106.

[11-19] 陈万祥,郭志昆.活性粉末混凝土基表面异形遮弹层的抗侵彻特性［J］.爆炸与冲击,

2010,30(1):51-57.

[11-20] 王立闻.活性粉末混凝土高温后动力学特性研究[D].哈尔滨:哈尔滨工业大学,2011.

[11-21] 李业学,谢和平,彭琪,等.活性粉末混凝土力学性能及基本构件设计理论研究进展[J].力学进展,2011,41(1):51-59.

[11-22] 刘娟红,宋少民.活性粉末混凝土:配制、性能与微结构[M].北京:化学工业出版社,2013.

[11-23] 施韬,陈宝春,施惠生.掺矿渣活性粉末混凝土配制技术的研究[J].材料科学与工程学报,2005,23(6):867-870.

[11-24] 谢友均,刘宝举,龙广成.掺超细粉煤灰活性粉末混凝土的研究[J].建筑材料学报,2001,4(3):280-284.

[11-25] 吴炎海,何雁斌.活性粉末混凝土(RPC200)的配制试验研究[J].中国公路学报,2003,16(4):44-49.

[11-26] 刘娟红,宋少民,梅世刚.RPC高性能水泥基复合材料的配制与性能研究[J].武汉理工大学学报,2001,23(11):14-18.

[11-27] 黄利东,邢锋,邓良鹏,等.活性粉末混凝土强度影响因素研究[J].深圳大学学报(理工版),2004,21(2):178-182.

[11-28] 时术兆,齐砚勇,严云,等.活性粉末混凝土的配合比试验研究[J].混凝土,2009(4):83-86.

[11-29] 王震宇,王俊亭,袁杰.活性粉末混凝土配比试验研究[J].混凝土,2006(6):80-85.

[11-30] 刘娟,侯新宇,嵇晓雷.基于正交试验设计的活性粉末混凝土配合比优化研究[J].四川建筑科学研究,2015,41(3):98-100.

[11-31] 李莉.活性粉末混凝土梁受力性能及设计方法研究[D].哈尔滨:哈尔滨工业大学,2010.

[11-32] 郝文秀,徐晓.钢纤维活性粉末混凝土力学性能试验研究[J].建筑技术,2012,43(1):35-37.

[11-33] 吕雪源,王英,符程俊,等.活性粉末混凝土基本力学性能指标取值[J].哈尔滨工业大学学报,2014,46(10):1-9.

[11-34] 余志武,丁发兴.混凝土受压力学性能统一计算方法[J].建筑结构学报,2003,24(4):41-46.

[11-35] 柯开展,周瑞忠.掺短切碳纤维活性粉末混凝土的受压力学性能研究[J].福州大学学报,2006,34(5):39-744.

[11-36] 何雁斌.活性粉末混凝土(RPC)的配制技术与力学性能试验研究[D].福州:福州大学,2003.

[11-37] 鞠彦忠,王德弘,康孟新,等.不同钢纤维掺量活性粉末混凝土力学性能的试验研究[J].应用基础与工程科学学报,2013,21(2):299-306.

[11-38] 屈文俊,邬生吉,秦宇航.活性粉末混凝土力学性能试验[J].建筑科学与工程学报,2008,25(4):13-18.

[11-39] 安明喆,宋子辉,李宇.不同钢纤维含量RPC材料受压力学性能研究[J].中国铁道科

学,2009,30(5):34-38.

[11-40] 郑文忠,李海艳,王英.高温后不同聚丙烯纤维掺量活性粉末混凝土力学性能试验研究[J].建筑结构学报,2012,33(9):119-126.

[11-41] 吴有明.活性粉末混凝土(RPC)受压应力-应变全曲线研究[D].广州:广州大学,2012.

[11-42] 中华人民共和国行业标准.轻骨料混凝土应用技术标准:JGJ/T 12—2019[S].北京:中国建筑工业出版社,2019.

[11-43] American Concrete Institute. Building code requirements for structural concrete and commentary:ACI 318-95[S]. Farmington Hills,MI: American Concrete Institute,1995.

[11-44] 中国建筑科学研究院建筑结构研究所.轻骨料混凝土的研究和应用文集[M].北京:中国建筑工业出版社,1981.

[11-45] 翟红侠,李美娟.高强轻集料混凝土的发展与分析[J].安徽建筑工业学院学报(自然科学版),1997,5(3):64-67.

[11-46] 黄融.上海桥梁建设的发展与展望[C].第十九届全国桥梁学术会议论文集,2010.

[11-47] 曹诚,杨玉强.高强轻质混凝土在桥梁工程中应用的效益和性能特点分析[J].混凝土,2000(12):27-29.

[11-48] 中华人民共和国国家标准.混凝土结构设计规范:GB 50010—2010[S].北京:中国建筑工业出版社,2010.

[11-49] 赵天俊.高强轻骨料混凝土单轴受压力学性能研究[D].西安:长安大学,2017.

[11-50] 叶列平,孙海林,陆新征,等.高强轻骨料混凝土结构——性能、分析与计算[M].北京:科学出版社,2009.

[11-51] 过镇海,张秀琴,张达成,等.混凝土应力-应变全曲线的试验研究[J].建筑结构学报,1982,3(1):1-12.

[11-52] 王玉起,王春瑞,倪钰,等.混凝土轴心受压时的应力应变关系[J].天津大学学报,1979(2):29-40.

[11-53] 林倩,吴飚.浅谈纤维混凝土[J].福建建材,2011(1):30-32.

[11-54] 赵国藩,彭少民,黄承逵.钢纤维混凝土结构[M].北京:中国电力出版社,1999.

[11-55] 赵国藩,黄承逵.钢纤维混凝土的性能和应用[J].工业建筑,1989,2-9.

[11-56] 陈润锋,张国芳,顾国芳.我国合成纤维混凝土研究与应用现状[J].建筑材料学报,2001,4(2):168-174.

[11-57] 周明耀,杨鼎宜,汪洋.合成纤维混凝土材料的发展与应用[J].水利与建筑科学工程,2003,1(4):1-4.

[11-58] 中国工程建设标准化协会.纤维混凝土试验方法标准:CECS 13—2009[S].北京:中国计划出版社,2009.

[11-59] 高丹盈,汤寄予.钢纤维高强混凝土的强度指标及其相互关系[J].建筑材料学报,2009,12(3):323-327.

[11-60] 高丹盈,刘建秀.钢纤维混凝土基本理论[M].北京:科学技术文献出版社,1994.

[11-61] 赵顺波,孙晓燕,黄承逵.钢纤维高强混凝土基本力学性能试验研究[J].水利学报,2002,33(增刊):93-99.

[11-62] 钟晨,叶中豹,王颖.一种新形势非线性钢纤维混凝土本构关系[J].硅酸盐通报,2018,37(5),1583-1588.

[11-63] 王肖钧,金挺,劳俊,等.钢纤维混凝土力学性能和本构关系研究[J].中国科技技术大学学报,2007,37(7):717-23.

[11-64] 赵顺波,赵明爽,张晓燕,等.钢纤维轻骨料混凝土单轴受压应力-应变曲线研究[J].建筑结构学报,2019,40(5):1-10.

[11-65] 高丹盈,朱海堂,汤寄予.纤维高强混凝土抗剪性能的试验研究[J].建筑结构学报,2004,25(6):88-92.

[11-66] Nixon P J. Recycled concrete as an aggregate for concrete-a review [J]. Materials and Structures,1978,11(6): 371-378.

[11-67] Topcu,Bekir L,Guncan,et al. Using waste concrete as aggreate [J]. Cement and Concrete Research,1995,25(7): 1385-1390.

[11-68] Crentsil K K, Brown T, Taylor A H. Performance of concrete made with commercially produced coarse recycled aggregate concrete [J]. Cement and Concrete Research, 2001 (37): 707-712.

[11-69] Mukai T,KikuchiM. Properties of reinforced concrete beams containing recycled aggregate: Demolition and Reuse of Concrete and Masonry Proceedings of the Third International RILEM Symposium[C]. Ed. Erik K. Lauritzon. 1993: 331-343.

[11-70] Ishill K, et al. Flexible characters of RC beam with recycled coarse aggregate [A]. Proceedings of the 25# JSCE Annual Meeting[C]. Kanto Branch,1998: 886-887.

[11-71] Ippei M,Masaru S,Takahisa S,et al. Flexural properties of reinforced concrete betas [A] // Conference on the Use of Recycled Materials in Building and Structures. November,2004,Barcelona,Spain.

[11-72] 肖建庄,兰阳.再生粗骨料混凝土梁抗弯性能试验研究[J].特种结构,2006,23(1):9-12.

[11-73] 陈宗平,徐金俊,郑华海,等.再生混凝土基本力学性能试验及应力-应变本构关系[J].建筑材料学报,2013,16(1):24-32.

[11-74] 肖建庄.再生混凝土单轴受压应力-应变全曲线试验研究[J].同济大学学报(自然科学版),2007,35(11):1445-1449.

[11-75] 古松,雷挺,陶俊林.再生混凝土配合比设计及早期强度试验研究[J].工业建筑,2012,42(4):1-4.